国家精品课程配套教材

科学出版社“十四五”普通高等教育本科规划教材

结构化学

（第二版）

景欢旺　编著

科学出版社

北　京

内 容 简 介

本书由兰州大学教材建设基金资助，是国家精品课程配套教材之一。全书共7章，涵盖结构化学基本内容，介绍了量子和波粒二象性概念；完整求解薛定谔方程中的 R、Θ、Φ 方程得到原子轨道和能量量子化的本征解；求解氢分子离子推出分子轨道理论，并用其处理不同类型分子的能级结构和空间结构问题；介绍了分子对称性及其判断方法和应用；讲解各类原子、分子光谱及核磁共振谱的产生和分析原理；讲解了晶体的结构特性及其键型变异规律，晶体的X射线衍射和应用等。本书讲解深入浅出，数理模型清晰，强调对概念的理解，举例翔实，理论和实践互相印证，有一定的特色。

本书可供高等学校化学、材料化学、应用化学等专业使用，也可供工科院校相关专业师生及有关科技人员参考。

图书在版编目（CIP）数据

结构化学 / 景欢旺编著. —2版. —北京：科学出版社，2023.12
科学出版社“十四五”普通高等教育本科规划教材
ISBN 978-7-03-077447-7

Ⅰ. ①结… Ⅱ. ①景… Ⅲ. ①结构化学–高等学校–教材 Ⅳ. ①O641

中国国家版本馆CIP数据核字（2023）第252650号

责任编辑：赵晓霞 李丽娇 / 责任校对：杨 赛
责任印制：赵 博 / 封面设计：迷底书装

科学出版社 出版
北京东黄城根北街16号
邮政编码：100717
http://www.sciencep.com

保定市中画美凯印刷有限公司印刷
科学出版社发行 各地新华书店经销
*
2014年 6月第 一 版 开本：787×1092 1/16
2023年12月第 二 版 印张：21 1/2
2024年11月第七次印刷 字数：531 000

定价：86.00元

（如有印装质量问题，我社负责调换）

遂古之初，谁传道之？
上下未形，何由考之？
冥昭瞢暗，谁能极之？
冯翼惟象，何以识之？
——屈原《天问》

第二版前言

本书第一版自 2014 年 6 月出版以来得到了广大读者的喜爱，并于 2021 年荣获甘肃省高等学校优秀教材奖，第二版入选科学出版社“十四五”普通高等教育本科规划教材。

这次再版对全书进行了全面修订，每章的内容也进行了补充和完善，使本书的特色“理论联系实际”更加鲜明，理论描述更系统、连贯、简明，实际应用更多出自最新科研实践，希望读者既明白理论的物理根源，又体会到其对具体物质性质的解释和描述；通过既讲理又见物的方法，达到学以致用的目的。

第 1 章量子力学基础增加了“宇称和量子隧穿”，第 2 章原子结构增加了“同步辐射 X 射线吸收精细结构谱”等，第 3 章分子结构增加了“超分子结构”，第 4 章分子的对称性修订并增加了“群的表示”，第 5 章分子结构分析原理增加了“配位化合物的电子光谱”、修订了核磁共振谱和电子顺磁共振谱的应用实例，第 6 章晶体结构修订并增加了“准晶体”、“金属晶体实例”和“半导体晶体”，第 7 章晶体结构分析原理增加了“倒易点阵与反射球”和“X 射线荧光光谱”等。

最后，希望本次修订能够解决部分读者的理论如何应用之困，帮助读者初步建立起物质内部电子运动的轨道能级结构、空间结构与其性质之间的逻辑联系，从微观角度和电子的波粒二象性理解和处理分子、物质和材料等对象。

景欢旺

2023 年 9 月

为中华之崛起而读书。
——周恩来

第一版前言

本书根据作者在兰州大学教授结构化学时所用讲义及教学体会编写而成。

结构化学是研究原子、分子及晶体的微观能级和立体结构及其结构与宏观性能关系的科学。结构化学的理论基础是量子力学。

结构化学发端于20世纪50年代末，当时量子力学刚刚诞生30余年。徐光宪院士编著的《物质结构》第一版于1959年出版发行。这本优秀的经典教材是结构化学课程的基础。结构化学是将物质结构与结晶化学合并的新课程，在20世纪80年代形成。结构化学的基本概念（除结晶化学外）在国外是纳入物理化学和量子化学课程中进行教授的。结构化学课程的基本内容包含四部分：量子力学基础、原子结构、分子结构和晶体结构。

结构化学不仅是大学化学一门重要的基础课，而且是一门提高课。它包括两个核心内容：一是描述单个电子运动规律的波函数，即原子轨道和分子轨道，它们所描述的正是微观粒子的运动规律；二是分子和晶体中原子的空间排布。轨道能级的高低是由量子力学原理经数学运算严格解出的，它的真实存在被相应的光谱实验所证实。同时轨道能级的概念也是各类光谱实验的理论基础。原子轨道相互作用组成分子轨道，决定了分子的能级结构，也给出其空间结构。人们对化学反应原理和化学键本质的理解正是从轨道相互作用开始的。

结构化学有两大教学目的：一是培养学生思考问题的方法——从微观的角度理解和认识分子和物质的化学性质和化学反应原理；二是启迪学生提高发现和解决问题的能力，并为进一步学习量子化学打下良好的基础。为达此目的，本书将介绍量子力学中的微扰法，并用来处理原子光谱和分子光谱。

作者有幸师从国家级教学名师钱伯初教授学习量子力学；师从潘毓刚和彭周人教授学习量子化学；跟随李笃和李炳瑞教授，长期从事结构化学教学工作；从他们身上，不仅学到了科学知识，而且学到了好的教学方法。希望本书能够传承老师们的思想精华。

景欢旺

遂古之初，谁传道之？
上下未形，何由考之？
冥昭瞢暗，谁能极之？
冯翼惟象，何以识之？
——屈原《天问》

第二版前言

本书第一版自 2014 年 6 月出版以来得到了广大读者的喜爱，并于 2021 年荣获甘肃省高等学校优秀教材奖，第二版入选科学出版社“十四五”普通高等教育本科规划教材。

这次再版对全书进行了全面修订，每章的内容也进行了补充和完善，使本书的特色“理论联系实际”更加鲜明，理论描述更系统、连贯、简明，实际应用更多出自最新科研实践，希望读者既明白理论的物理根源，又体会到其对具体物质性质的解释和描述；通过既讲理又见物的方法，达到学以致用的目的。

第 1 章量子力学基础增加了“宇称和量子隧穿”，第 2 章原子结构增加了“同步辐射 X 射线吸收精细结构谱”等，第 3 章分子结构增加了“超分子结构”，第 4 章分子的对称性修订并增加了“群的表示”，第 5 章分子结构分析原理增加了“配位化合物的电子光谱”、修订了核磁共振谱和电子顺磁共振谱的应用实例，第 6 章晶体结构修订并增加了“准晶体”、“金属晶体实例”和“半导体晶体”，第 7 章晶体结构分析原理增加了“倒易点阵与反射球”和“X 射线荧光光谱”等。

最后，希望本次修订能够解决部分读者的理论如何应用之困，帮助读者初步建立起物质内部电子运动的轨道能级结构、空间结构与其性质之间的逻辑联系，从微观角度和电子的波粒二象性理解和处理分子、物质和材料等对象。

景欢旺

2023 年 9 月

为中华之崛起而读书。
——周恩来

第一版前言

本书根据作者在兰州大学教授结构化学时所用讲义及教学体会编写而成。

结构化学是研究原子、分子及晶体的微观能级和立体结构及其结构与宏观性能关系的科学。结构化学的理论基础是量子力学。

结构化学发端于 20 世纪 50 年代末，当时量子力学刚刚诞生 30 余年。徐光宪院士编著的《物质结构》第一版于 1959 年出版发行。这本优秀的经典教材是结构化学课程的基础。结构化学是将物质结构与结晶化学合并的新课程，在 20 世纪 80 年代形成。结构化学的基本概念（除结晶化学外）在国外是纳入物理化学和量子化学课程中进行教授的。结构化学课程的基本内容包含四部分：量子力学基础、原子结构、分子结构和晶体结构。

结构化学不仅是大学化学一门重要的基础课，而且是一门提高课。它包括两个核心内容：一是描述单个电子运动规律的波函数，即原子轨道和分子轨道，它们所描述的正是微观粒子的运动规律；二是分子和晶体中原子的空间排布。轨道能级的高低是由量子力学原理经数学运算严格解出的，它的真实存在被相应的光谱实验所证实。同时轨道能级的概念也是各类光谱实验的理论基础。原子轨道相互作用组成分子轨道，决定了分子的能级结构，也给出其空间结构。人们对化学反应原理和化学键本质的理解正是从轨道相互作用开始的。

结构化学有两大教学目的：一是培养学生思考问题的方法——从微观的角度理解和认识分子和物质的化学性质和化学反应原理；二是启迪学生提高发现和解决问题的能力，并为进一步学习量子化学打下良好的基础。为达此目的，本书将介绍量子力学中的微扰法，并用来处理原子光谱和分子光谱。

作者有幸师从国家级教学名师钱伯初教授学习量子力学；师从潘毓刚和彭周人教授学习量子化学；跟随李笃和李炳瑞教授，长期从事结构化学教学工作；从他们身上，不仅学到了科学知识，而且学到了好的教学方法。希望本书能够传承老师们的思想精华。

景欢旺

目　录

当你工作和学习在实验室和图书馆的宁静中时，首先问自己：我为自己的学习做了什么？当你学有所成时，再问自己：我为祖国做了什么？有一天，你会因自己为人类的进步做出的些许贡献而感到自豪和幸福。

——巴斯德(L. Pasteur)

第 1 章　量子力学基础
(Principles of Quantum Mechanics)

结构化学是研究原子、分子及晶体的微观结构及其结构与宏观性能关系的科学。

量子力学诞生于 20 世纪初，是物理学的伟大发现，是结构化学的理论基础，揭示了微观物质世界的基本运动规律。1925 年，沃纳·卡尔·海森伯(Werner Karl Heisenberg)、马克斯·玻恩(Max Born)和帕斯库尔·乔丹(Pascual Jordan)提出了量子力学的第一种形式——矩阵力学(matrix mechanics)。1926 年，埃尔温·薛定谔(Erwin Schrödinger)提出了量子力学的第二种形式——波动力学(wave mechanics)，其解是描述体系状态的波函数。矩阵力学和波动力学实质上是等价的。1928 年，保罗·狄拉克(Paul A. M. Dirac)建立了相对论量子力学的波动方程，解释了电子的自旋并且预测了正电子和反物质的存在；提出电磁场的量子描述，建立了量子场论的基础。本书将介绍薛定谔的量子力学体系——波动力学及其在原子、分子、晶体和材料等领域的应用。

量子力学的诞生同时促进了化学和生物学的发展。弗里茨·伦敦(Fritz London)和沃尔特·海特勒(Walter Heitler)于 1927 年计算了氢分子的结构，开了量子化学计算的先河，在此基础上，1930 年，弗里德里希·洪德(Friedrich Hund)和罗伯特·马利肯(Robert Mulliken)创立了分子轨道理论，莱纳斯·鲍林(Linus Pauling)建立了价键理论。费利克斯·布洛赫(Felix Bloch)创立了能带结构理论；海森伯解释了铁磁性的起因等。这些从量子力学衍生的理论促使化学和生物学进入迅猛发展的分子时代。

1.1　经典物理学的局限及对策
(Limitation and solutions of classical physics)

上溯到 19 世纪末，物理学已经发展到比较完美的阶段：描述物体运动规律的牛顿力学；描述光运动规律的电磁波理论；描述热-功转换规律的热力学及统计热力学等。人们可以运用这些理论，对常见的物理现象给予圆满的解释和预测。这些物理学理论的共同特点是连续性概念：物体携带的能量是连续的，大小从零到无穷大；运动轨迹是连续的，如子弹的弹道是连续的，其瞬时位置是可预测的；星球的运动轨迹也是连续的和可预测的；光波的运动也是连续的；热量传递和热-功转换也是连续的；等等。但是，仍然有四个物理现象不能用当时的物理学理论给出合理的解释：黑体辐射、光电效应、氢原子光谱和高速运动的物体不服从牛顿定律。

1.1.1 黑体辐射与量子概念(Blackbody radiation and energy quantization)

黑体是可以吸收任意波长光波的物体，即吸收波的波长是连续的。实验表明，黑体受热时释放电磁波的频率是有极值的，有起始和终止，是不连续的(图 1.1)。这与经典物理学的连续性概念相悖。

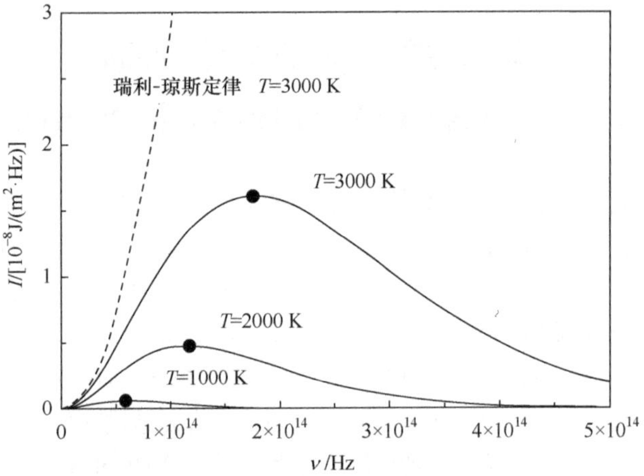

图 1.1 黑体辐射示意图

为了解释这一物理现象，许多物理学家对其进行了深入研究，他们尝试用经典物理学的各种理论对黑体辐射进行解释，但均以失败告终。1900 年，德国物理学家普朗克(M. Planck)首次提出黑体辐射电磁波的能量是不连续的、分立的，它们由黑体内原子做简谐振动而将振动的势能以 $E=nh\nu(n=1, 2, 3,\cdots)$的光波能量形式放出[Annalen der Physik, 1900, 1(4)：719-737；Annalen der Physik, 1901 (4)：553]。由统计物理学知识可以得到振子的平均能量为$\bar{\varepsilon}(\nu,T)=\dfrac{h\nu}{e^{h\nu/kT}-1}$；那么，黑体辐射中单位频率的体积能量密度分布为

$$\rho(\nu,T)\mathrm{d}\nu=\frac{8\pi\nu^2}{c^3}\frac{h\nu}{e^{h\nu/kT}-1}\mathrm{d}\nu=\frac{8\pi h\nu^3}{c^3(e^{h\nu/kT}-1)}\mathrm{d}\nu \quad \mathrm{J/(m^3\cdot Hz)} \tag{1.1}$$

或写成黑体辐射单位面积的辐射强度为

$$I(\nu,T)=\frac{2\pi h\nu^3}{c^2(e^{h\nu/kT}-1)} \quad \mathrm{J/(m^2\cdot Hz)} \tag{1.2}$$

这一公式与实验结果高度一致，而不是像经典物理学中那样具有连续性的特征。说明黑体吸收和辐射时能量是量子化和不连续的，公式中的常数 h 称为普朗克常量，大小为

$$h=6.626196\times10^{-34}\ \mathrm{J\cdot s}$$

普朗克因首次提出能量量子化(enrgy quantization)的概念，突破了经典物理学的概念，

打破了物理学家的思维定式，为即将到来的量子风暴打下了坚实的基础，从而荣获了1918年诺贝尔物理学奖。

经典物理学只能在低频区由瑞利-琼斯(Rayleigh-Jones)公式预测黑体辐射，在高频区由维恩(W. Wien)位移公式预测，而在实际工作温度区间则不能准确解释。

1.1.2 光电效应与光的波粒二象性(Photoelectric effect and wave-particle duality of light)

实验表明，对于某种金属只有当照射光的频率大于或等于某一值(称为阈频率ν_0)时，才能产生光电流；频率小于阈值时，无论光强多大均不能产生光电流。光生电子的动能 T 与照射光的频率成正比。图1.2是测试光电效应的电路示意图，所加电压为反向电压，即阻止光电流产生的电压，又称遏止电压 U；显然，当$\nu \geqslant \nu_0$时，增加遏止电压使得 $I=0$，则光生电子的动能等于所加电势的势能，即$eU=\frac{1}{2}m\upsilon^2$。这一现象不能用经典物理学关于光的电磁波理论进行解释，因为经典光波的能量正比于光的强度即振幅，而与光的频率无关。

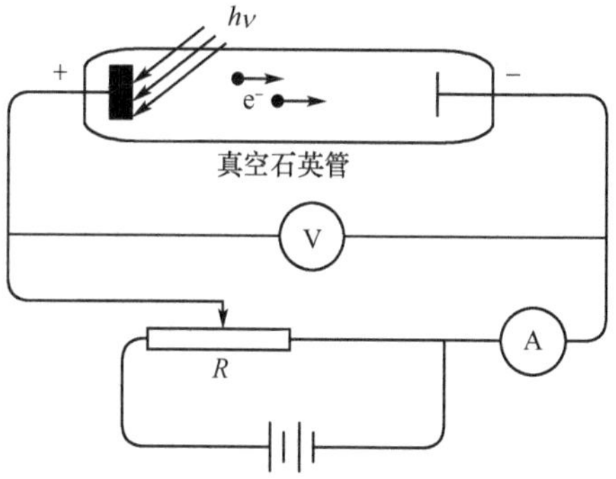

图1.2 光电效应测试示意图

为了解释这一实验现象，1905年爱因斯坦(A. Einstein)发展了普朗克的量子概念，他认为光是一种粒子，即光子(photon)，它具有能量、质量和动量等粒子的特性：

$$E=h\nu \tag{1.3}$$

由于光的静止质量为零，而运动物体的质速关系式(同年，爱因斯坦为解释高速运动的物体不服从牛顿力学规律而在其狭义相对论中提出)

$$m=\frac{m_0}{\sqrt{1-\left(\frac{\nu}{c}\right)^2}} \tag{1.4}$$

不能应用于光子，但是可以用他在狭义相对论中提出的质能关系式 $E=mc^2$，则有光子的质量为

$$m=E/c^2=h\nu/c^2=h/(\lambda c)=h/(\lambda^2\nu) \tag{1.5}$$

光子的动量为

$$p=m\upsilon=mc=\frac{E}{c}=\frac{h}{\lambda} \tag{1.6}$$

那么，光的强度就是单位体积内光子的个数，即光密度。

众所周知，光的电磁波理论可以完美地解释光的传播、衍射和干涉等性质。所以说，光本身就应该具有波动性和粒子性的属性，称为光的波粒二象性。连接这两种属性之间的纽带就是普朗克常量 h。这可以非常清晰地从式(1.3)、式(1.5)和式(1.6)中看到：左边是粒子特性(E, m, p)，右边是波动特性(λ, ν)。

用爱因斯坦的光子假说可以完美地解释光电效应：当光线照射到金属板上时，一个电子吸收一个光子，能量增加 $h\nu$。而电子在金属中受到金属原子的束缚，即电子有逸出功(功函数)ϕ。显然，只有当电子增加的能量大于或等于其逸出功时，才能逃离金属本体成为自由电子；光子的频率越高，能量越大，激发出自由电子的能量(动能)就越大，即

$$T = \frac{1}{2}m_e\upsilon^2 = eU = h\nu - \phi \tag{1.7}$$

运用式(1.7)，将光生电子的动能对光的频率作图(图 1.3)得一直线。可知，其斜率即为普朗克常量 h，在 x 轴上的截距为阈频率 ν_0，在 y 轴上的截距为相应金属的逸出功 ϕ(表 1.1)。

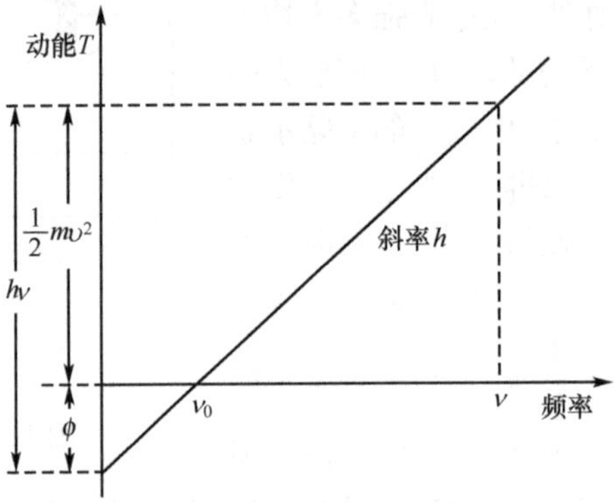

图 1.3 光电效应的爱因斯坦解释

表 1.1 几种金属的逸出功(eV)

元素	表面晶面	逸出功	元素	表面晶面	逸出功
Ag	(100)	4.64	Ni	(100)	5.22
	(110)	4.52		(110)	5.04
	(111)	4.74		(111)	5.35
Cs	多晶体	2.14	Ge	(111)	4.80
Cu	(100)	4.59	W	(100)	4.63
	(110)	4.48		(110)	5.25
	(111)	4.98		(111)	4.47

爱因斯坦也因为他的光子理论而荣获 1921 年诺贝尔物理学奖。由于光子理论中用到了狭义相对论的结论 $E = mc^2$，因此他没有因为相对论而第二次获得诺贝尔物理学奖。同时，我们注意到从普朗克量子概念的诞生到爱因斯坦光量子概念的升华所体现的人类哲学思想的内在联系及其重要性！

1.1.3 氢原子光谱与玻尔模型(Atomic spectra and Bohr model of hydrogen atom)

早在 1885 年，巴耳末(J. J. Balmer)根据科学家已经发现的可见光区 14 条氢光谱线(氢灯作光源，由棱镜分光观察得到)总结出了一个经验公式：

$$\tilde{\nu} \equiv \frac{1}{\lambda} = \frac{4}{B}\left(\frac{1}{2^2} - \frac{1}{n^2}\right), \quad n = 3,4,5,\cdots \tag{1.8}$$

式中，$B = 364.56\ \text{nm} = 3.6456\times10^{-7}\ \text{m}$，是一个经验常数。

四年后，1889 年里德伯(J. R. Rydberg)提出了一个更普遍的描述氢光谱线的公式：

$$\tilde{\nu} \equiv \frac{1}{\lambda} = R_{\text{H}}\left(\frac{1}{n^2} - \frac{1}{n'^2}\right) = T(n) - T(n'), \quad n = 1,2,3,4,5,\cdots;\ n' > n \tag{1.9}$$

式中，里德伯常量 R_{H} 当时为 $1.09677\times10^7\ \text{m}^{-1}$；$T = \dfrac{R_{\text{H}}}{n^2}$ 称为谱项。

可见，人们从氢原子的光谱，已经认识到光谱的分立特性是由其内在的、客观存在的分立谱项决定的。但是，为什么呢？

为了解释此公式的来源及其正确性，玻尔(N. Bohr)于 1913 年修正了卢瑟福(E. Rutherford，1911 年 α 射线散射实验)关于原子结构是“原子核+周围许多负电颗粒”的假说，提出了关于原子结构的玻尔模型。

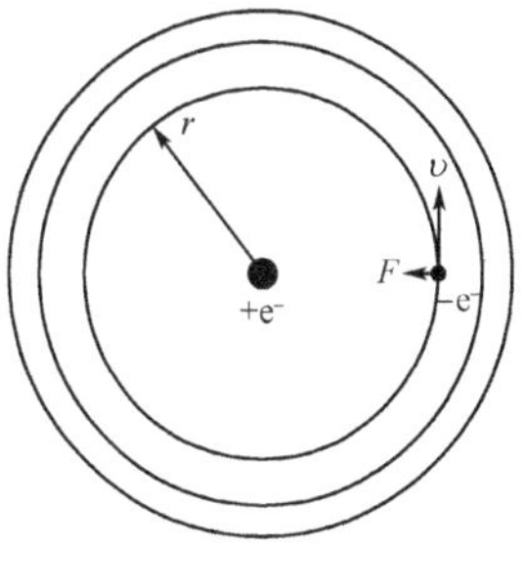

图 1.4　氢原子的玻尔模型

(1) 定态条件：电子围绕原子核做匀速圆周运动(轨道)，并规定电子只能处在分立的轨道上，且不会辐射电磁波(图 1.4)。此时，按照经典力学可以写出电子做圆周运动的向心力(类似于绳子的张力)为 $F = m_{\text{e}}\dfrac{\upsilon^2}{r}$，这个力显然是由正负电荷之间的库仑吸引力提供，即

$$F = \frac{1}{4\pi\varepsilon_0}\frac{e^2}{r^2} = \frac{m_{\text{e}}\upsilon^2}{r} \tag{1.10}$$

则电子的总能量为

$$E = T + V = \frac{1}{2}m_{\text{e}}\upsilon^2 - \frac{e^2}{4\pi\varepsilon_0 r} = \frac{1}{2}\frac{e^2}{4\pi\varepsilon_0 r} - \frac{e^2}{4\pi\varepsilon_0 r} = -\frac{1}{2}\frac{e^2}{4\pi\varepsilon_0 r} \tag{1.11}$$

可见，氢原子中电子的动能为势能的一半，势能为负，动能为正，物体动能小于势能的状态在物理学上称为束缚态(bound state)。

(2) 频率条件：当电子从一个轨道跃迁到另一个轨道中时，将吸收(或放出)能量为 $h\nu$ 的电磁波[爱因斯坦的光子(Einstein's photon)]：

$$h\nu = E_{n'} - E_n \tag{1.12}$$

改写为波数的形式为

$$hc\tilde{\nu} = E_{n'} - E_n$$

$$\tilde{\nu} = \frac{E_{n'}}{hc} - \frac{E_n}{hc} = T_{n'} - T_n$$

与式(1.9)比较得 $\frac{E_n}{hc}=-\frac{R_{\mathrm{H}}}{n^2}$，即

$$E_n=-\frac{R_{\mathrm{H}}hc}{n^2}=-\frac{R_{\mathrm{y}}}{n^2} \tag{1.13}$$

$R_{\mathrm{y}}\equiv R_{\mathrm{H}}hc=13.6\ \mathrm{eV}$，称为里德伯能量(Rydberg unit of energy)。

(3) 角动量量子化条件：电子绕轨道运动的角动量(angular momentum) M 为

$$M=m\upsilon r=n\frac{h}{2\pi}=n\hbar,\ n=1,2,3,\cdots,\ \hbar\equiv\frac{h}{2\pi} \tag{1.14}$$

将式(1.14)代入式(1.10)有

$$\frac{1}{4\pi\varepsilon_0}\frac{e^2}{r^2}=\frac{m_{\mathrm{e}}^2\upsilon^2r^2}{m_{\mathrm{e}}r^3}=\frac{n^2\hbar^2}{m_{\mathrm{e}}r^3}$$

得

$$r=4\pi\varepsilon_0\frac{n^2\hbar^2}{m_{\mathrm{e}}e^2} \tag{1.15}$$

当 $n=1$ 时，$r=0.529$ Å $=0.0529$ nm $=52.9$ pm $=0.529\times10^{-10}$ m $=a_0$，这个值就是氢原子基态的轨道运动半径，通常称为玻尔半径，用 a_0 表示。

将式(1.15)代入式(1.11)得

$$E=-\frac{1}{2}\frac{e^2}{4\pi\varepsilon_0 r}=-\frac{1}{2}\frac{m_{\mathrm{e}}e^4}{(4\pi\varepsilon_0)^2n^2\hbar^2}=-\frac{m_{\mathrm{e}}c^2}{2n^2}\left(\frac{e^2}{4\pi\varepsilon_0\hbar c}\right)^2=-\frac{m_{\mathrm{e}}c^2\alpha^2}{2n^2}=-\frac{R_{\mathrm{y}}}{n^2} \tag{1.16}$$

式中，$\alpha\equiv\frac{e^2}{4\pi\varepsilon_0\hbar c}\approx\frac{1}{137}$，称为精细结构常数[由索墨菲(A. Sommerfeld)提出]，与式(1.13)比较可得

$$R_{\mathrm{H}}=\frac{R_{\mathrm{y}}}{hc}=\frac{1}{2}\frac{m_{\mathrm{e}}e^4}{(4\pi\varepsilon_0)^2\hbar^2hc}=\frac{m_{\mathrm{e}}e^4}{8\varepsilon_0^2h^3c}=1.09737\times10^7\,\mathrm{m}^{-1}$$

由此，玻尔精确地得到了氢原子能量的普遍表达式，也揭开了里德伯常量之谜。因氢原子由原子核与电子构成，考虑到原子核的贡献，R_{H} 的数值会有差异，氢气和氘气的 R_{H} 的差异来自两者的折合质量不同。氢原子的能级图、发射光谱图、各谱系与能级及谱项的关系如图 1.5 所示。

玻尔的贡献是将卢瑟福原子结构模型即原子核加外围的无序电子分布修正为核加轨道运动的电子并将能量的量子化推广到角动量的量子化，从而得到氢原子能量的普遍表达式，并成功解释了里德伯常量的物理意义。缺点是不能解释其他原子的光谱，也不能解释氢原子光谱的精细结构等。尽管有人对玻尔的原子结构模型进行了修正，如让电子在椭圆中运动[索墨菲模型(Sommerfeld elliptic orbit)]等，也未能从根本上解决问题。另外，可以看出，玻尔的成功也是量子概念的成功。由于玻尔的贡献，人们对原

子结构的认识更加清晰，这一认识也一直延续至今，他因此荣获了 1922 年诺贝尔物理学奖。

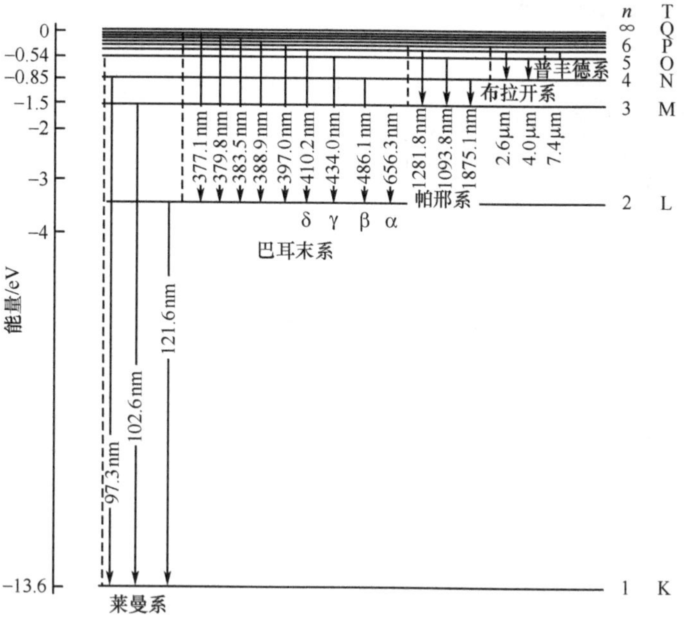

图 1.5　氢原子的能级图与发射光谱

1.1.4　实物微粒的波粒二象性(Wave-particle duality of matter)

1924 年，年轻的法国学者德布罗意(L. V. de Broglie)敏锐地意识到当时物理学家对于物质本性的认识正在发生大的变化，并大胆地将爱因斯坦的光子假说全盘照搬到实物微粒(如电子)中。他指出：波粒二象性不仅对光成立，对静止质量不为零的粒子，即实物微粒也适用[Recherches sur la théorie des quanta (Researches on the quantum theory). Thesis(Paris), 1924；Ann. de Physique, 1925, 3 (10)：22]，只是质量越大，波动性越小。它们的频率和波长分别为

$$\nu = \frac{E}{h} \tag{1.17}$$

$$\lambda = \frac{h}{p} = \frac{h}{m\upsilon} \tag{1.18}$$

这一大胆的假设[即德布罗意假设(de Broglie hypothesis)]分析了以往光的电磁理论只考虑光的波动性，忽视了光的粒子性，而对于实物微粒则相反，只考虑了粒子性，忽视了它的波动性，一经提出就立即引起了科学家的注意。1927 年，戴维逊(C. J. Davisson)和革末(L. H. Germer)在贝尔电话实验室中对金属镍做照射实验，证实了德布罗意的假设成立，即电子具有像光一样的波动属性。以后的许多实验也证实，不仅电子，中子、质子、分子等均可观察到衍射现象。并且当降低电子流的密度时，长时间记录的结果与短时间大电子流密度照射晶体的结果一致，得到相同的衍射花纹。从物理学中单色光的单缝衍射规律可

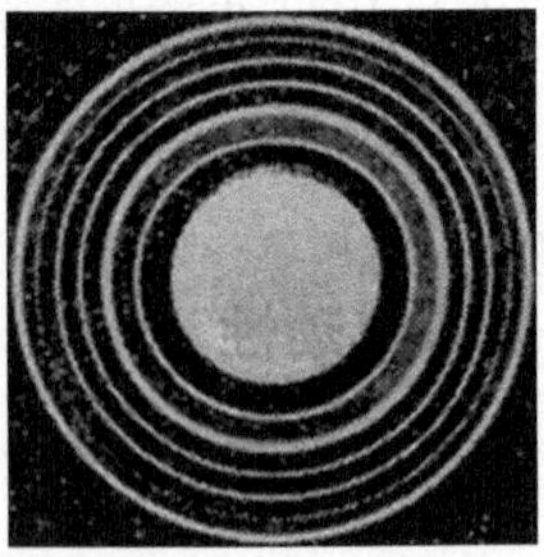

图 1.6 粉末晶体的电子衍射图

知，只有当狭缝的宽度与光波的波长接近时，才能观察到衍射的发生。波长越长，越容易发生衍射现象，电子的衍射只有在晶体的原子、离子间距离与电子波的波长相近时才能发生。图 1.6 为晶体的电子衍射图。这也为现代利用电子波较短的优势发明和运用的许多技术如扫描隧道显微镜(STM)、透射电子显微镜(TEM)等打下了坚实的理论基础。

真空中光的波动方程为

$$\nabla^2\psi - \frac{1}{c^2}\frac{\partial^2}{\partial t^2}\psi = 0 \tag{1.19}$$

它的单色平面波特解是$\psi = A\mathrm{e}^{\mathrm{i}(kr-\omega t)}$；一维空间：

$$\psi = A\mathrm{e}^{2\pi\mathrm{i}\left(\frac{x}{\lambda}-\nu t\right)} \tag{1.20}$$

将式(1.17)和式(1.18)代入式(1.20)得光子的波函数为

$$\psi = A\mathrm{e}^{2\pi\mathrm{i}\left(\frac{p_x}{h}x-\frac{E}{h}t\right)} = A\mathrm{e}^{\frac{\mathrm{i}}{\hbar}(p_x x-Et)} \tag{1.21}$$

按照德布罗意关系，这个波函数对于实物微粒同样适用。但是如何理解它的物理意义呢？物理学家玻恩于 1926 年提出了实物微粒的波是一种概率波的概念，称为玻恩的统计解释(Born interpretation)：波函数模的平方代表微粒在空间某处出现的概率密度(probability density)，$|\psi|^2 = \psi^*\psi$。

由式(1.21)可得$\psi^*\psi = A^2$，因为 A 代表波的强度，所以 A^2 代表概率波在某处的概率密度也就容易理解了。

在全空间找到一个微粒的概率为 100%，那么波函数模的平方在全空间的积分应为一个常数 K：$\int_{-\infty}^{+\infty}|\psi|^2\mathrm{d}\tau = K$；微粒在小空间 d$\tau$ 内出现的概率为

$$\frac{|\psi|^2\mathrm{d}\tau}{\int_{-\infty}^{+\infty}|\psi|^2\mathrm{d}\tau} \tag{1.22}$$

在此意义上，如果有一个微粒的波函数ψ_1，那么乘以一个常数 c，有$\psi_1 \equiv c\psi_1$。因为将它们代入式(1.22)得到相同的结果，所以对描述微观粒子运动的波函数，总可以乘以合适的常数，使得 $K=1$，简写为

$$\int|\psi|^2\mathrm{d}\tau = 1 \tag{1.23}$$

满足式(1.23)的波函数称为归一化的波函数。

实物微粒具有明确的波粒二象性，这在物理学上以及在人类认识未知世界的历史上都是一个重大的思想突破，也是人类哲学思想的光辉闪耀。因此，德布罗意(路易·德·布浩伊公爵)获得 1929 年诺贝尔物理学奖，戴维逊获得 1937 年诺贝尔物理学奖，玻恩获得 1954 年诺贝尔物理学奖。

1.1.5　不确定性原理(Uncertainty principle)

1927 年，海森伯提出具有波粒二象性的微粒具有不确定性原理，即坐标和动量的涨落(误差)的乘积大于或等于 $h/4\pi$：

$$\Delta q \times \Delta p \geqslant \hbar/2 \tag{1.24}$$

从图 1.7 单缝衍射图中可以大概推出 $\Delta x \times \Delta p_x \geqslant h$：电子沿 y 方向前进，发生衍射时 x 方向在狭缝的不确定度为

$$\Delta x = d = 2OA$$

电子从 O 点出发和从 A 点出发到达第一个波谷 P 或 Q 点的波程差为

$$OC = \frac{\lambda}{2} = OA\sin\theta$$

动量的不确定度为

$$\Delta p_x = p\sin\theta$$

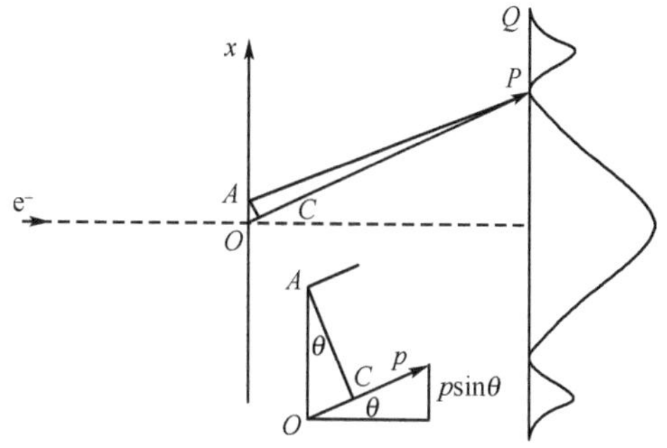

图 1.7　单缝衍射图推证不确定性原理

所以

$$\Delta x \times \Delta p_x = \frac{\lambda}{\sin\theta} \times p\sin\theta = h$$

再考虑到第二个波谷 Q 点的情况，故有 $\Delta x \times \Delta p_x \geqslant h$。

微观粒子在客观上不能同时具有确定的坐标和动量，粒子的坐标测量得越准确，其动量越不准确；反之，动量越准确，坐标就越不准确，即没有确定的运动轨道。坐标和动量的涨落是由微观粒子的波动性引起的。不确定性原理反映了微观粒子运动的基本规律，是微观粒子波粒二象性的必然结果。不确定性原理也同时存在于能量和时间之间：$\Delta E \times \Delta t \geqslant \hbar/2$。

运用不确定性原理，可以判断研究的对象是用经典力学还是量子力学描述：当误差可以忽略不计时，用经典力学处理；当误差不能忽略时，用量子力学处理。所以，不确定性原理又称为经典力学和量子力学的分水岭。

例如，质量为 5 g 的钢珠从 10000 m 高空的飞机上落下，接近地面时的速度约 800 m/s。这是一个典型的宏观物体运动。由不确定性原理给出的误差相比钢珠的运动轨迹可以忽略不计，它有固定的轨道。

计算如下：若速度可以精确测量到 0.001 m/s，位置即坐标可以精确测量到 0.001 m，那么由式(1.24)规定的位置的不确定度为：$\Delta x = h/(m\Delta \upsilon) = 6.626 \times 10^{-34}$ J · s/(0.005 kg × 0.001 m/s) = 1.32×10^{-28} m。这一涨落太小，不影响测量钢珠的位置，可以忽略不计，所以完全符合经典力学规律。可以同时确定它的坐标位置和动量大小。

有人会将上述体系中坐标和动量的误差相乘得到 5×10^{-9}，说这也符合不确定性原理，为什么不用量子力学处理？原因是，作为一个独立的原理，它对于宏观和微观体系当然都成立。对于微观体系，注意它的等号关系，也就是公式规定的误差极限。当它不能被忽略

时，微粒的位置和动量不能同时被确定。

而原子、分子的大小为 10^{-10}～10^{-8} m，当电子在其中运动时，假设速度也是 800 m/s，若速度误差也是 0.001 m/s，则由式(1.24)规定的位置的不确定度为：$\Delta x = h/(m_e\Delta\upsilon) = 6.626\times10^{-34}\ \text{J}\cdot\text{s}/(9.1\times10^{-31}\ \text{kg}\times0.001\ \text{m/s}) = 0.728\ \text{m}$，其远大于原子、分子本身，无法忽略。即使 10 m/s 的速度误差是允许的，$\Delta x = 7.28\times10^{-5}$ m，也远大于分子的千万倍，无法忽略。

由于电子的波粒二象性，它的波动性造成了位置的不确定度远大于它运动的区域，具有完全的波动性，而不具有确定的经典运动轨道，必须用量子力学描述。

1.2　量子力学基本假设 (The postulates of quantum mechanics)

许多自然科学理论的大突破都是建立在假设之上的，这是科学家在没有依据的情况下不得不采取的公理方法。它的正确与否是看其能否被实验所证实。当薛定谔等科学家看到德布罗意的实物微粒假说之后，立即着手对它们建立理论体系。薛定谔建立了波动力学，而海森伯和狄拉克则建立了矩阵力学；两者都是量子力学的重要内容，它们是用不同的数学方法研究同一个物理问题，最后殊途同归。由于所做出的重要贡献，他们都先后获得了诺贝尔物理学奖(海森伯，1932 年；狄拉克和薛定谔，1933 年)。本课程学习薛定谔的波动力学理论和方法。

1.2.1　假设一　状态与波函数(State and wave function)

微观体系的任意一个状态可以用包含坐标和时间的波函数 $\Psi(q_1, q_2, \cdots, q_n, t)$描述。这里的波函数要求是品优函数(well-behaved function)，即满足单值(single-valued)、连续(continuous)和平方可积分(quadratically integrable)的性质。当体系仅有一个粒子时，波函数一般为 $\psi(x, y, z, t)$。其平方可积(归一化)条件表述为

$$\int\Psi^*\Psi\mathrm{d}\tau = \int\Psi^*\Psi\mathrm{d}\tau_1\mathrm{d}\tau_2\cdots\mathrm{d}\tau_n \overset{n=1}{=\!=\!=} \int\psi^*\psi\mathrm{d}x\mathrm{d}y\mathrm{d}z = 1 \tag{1.25}$$

体系有多个状态，每个波函数代表体系的一个状态。这些波函数之间满足正交性条件：

$$\int\Psi_i^*\Psi_j\mathrm{d}\tau = 0,\ \ i\neq j \tag{1.26}$$

通常将式(1.25)和式(1.26)合并为

$$\int\Psi_i^*\Psi_j\mathrm{d}\tau = \delta_{ij} = \begin{cases}1, & i=j\\ 0, & i\neq j\end{cases} \tag{1.27}$$

称为波函数的正交归一性(orthonormality)条件。

为什么波函数要满足单值、连续和平方可积的条件呢？

说明如下：根据玻恩概率波的统计解释，波函数模的平方代表粒子在空间某处出现的概率密度，所以不可能在同一处有两个概率密度数据；后续将看到薛定谔方程是一个二阶

偏微分方程，所以要求波函数是连续的，它的一阶导数也要求是连续的。平方可积的条件当然也是为满足全空间找到微粒的概率为 1 的要求。正交性条件则是由于粒子的独立性决定了它们不可能同一时刻在两处出现，即微粒不可能同时出现在两个状态中。

当体系的状态与时间无关时，称为定态(time-independent state)，对应的波函数为 $\psi(x, y, z)$。定态又称有确定能量的状态、能量不随时间变化的状态或坐标和时间可以分离的状态 $\psi(q, t) = \psi(q)f(t)$ 等。这种状态对应的是驻波。化学工作者关心的原子、分子体系和化学反应涉及的都是电子运动的定态。只有光化学和放射化学涉及与时间有关的状态。

薛定谔于 1926 年证明了波动力学与矩阵力学是等同的，宣告了量子力学的诞生。图 1.8 列出了几个非品优函数的例子。

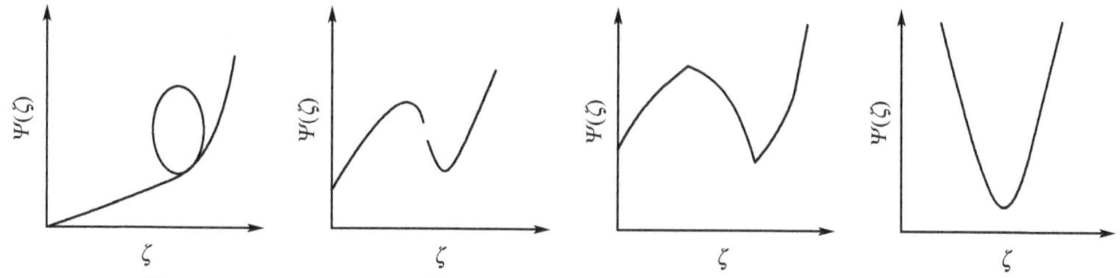

图 1.8　非品优函数图形示例

(a)多值函数；(b)不连续函数；(c)一阶导数不连续；(d)平方不可积分

1.2.2　假设二　力学量与算符(Physical observable and operators)

一个微观粒子的任意一个宏观可观测力学量对应一个线性、厄米算符。它们由基本的算符按照经典力学的方法构成。基本算符为

$$\hat{p}_x = -\mathrm{i}\hbar\frac{\partial}{\partial x};\ \hat{x} = x;\ \hat{t} = t;\ \hat{E} = \mathrm{i}\hbar\frac{\partial}{\partial t}$$

由此可得势能算符为

$$\hat{V}(x) = V(x)$$

动能算符为

$$\hat{T} = \frac{\hat{p}^2}{2m} = \frac{\hat{p}_x^2 + \hat{p}_y^2 + \hat{p}_z^2}{2m} = -\frac{\hbar^2}{2m}\left(\frac{\partial^2}{\partial x^2} + \frac{\partial^2}{\partial y^2} + \frac{\partial^2}{\partial z^2}\right) = -\frac{\hbar^2}{2m}\nabla^2$$

∇^2 称为拉普拉斯(Laplace)算符。与时间无关的能量算符称为哈密顿(Hamiltonian)算符。

$$\hat{H} = \hat{T} + \hat{V}$$

算符(operator)又称算子，在数学意义上，就是将一个函数变为另一个函数的运算工具。例如，sin$x$ 就是用算符 sin 将函数 x 变为正弦函数。

算符对任意线性组合函数的作用满足分配律称为线性算符(linear operator)，即

$$\hat{A}[f(x)+g(x)]=\hat{A}f(x)+\hat{A}g(x)$$

那么微分算符 d/dx 和 d^2/dx^2 都是线性算符；而算符 sin 不是线性算符。要求力学量算符是线性是由下面的态叠加原理决定的。

满足式(1.28)定义的算符称为厄米算符(Hermitian operator)，有

$$\int \psi^* \hat{F}\psi \mathrm{d}\tau = \int \psi (\hat{F}\psi)^* \mathrm{d}\tau \tag{1.28}$$

更广义的定义为

$$\int f^* \hat{A} g \mathrm{d}\tau = \int g (\hat{A}f)^* \mathrm{d}\tau$$

要求力学量算符是厄米算符的原因是力学量的测量值必须是实数。

显然，由于算符是运算工具，它单独存在没有意义，只有将它作用到函数上，才能体现其意义。因此，算符自身的运算法则与一般的数学运算不同。

加法：
$$\hat{C}=\hat{A}+\hat{B}$$

乘法：
$$\hat{D}=\hat{A}\hat{B},\ \hat{E}=\hat{B}\hat{A}$$

$\hat{D}$ 不一定等于 $\hat{E}$。若 $\hat{D}=\hat{E}$，即 $\hat{A}\hat{B}=\hat{B}\hat{A}$，则称 $\hat{A}$ 和 $\hat{B}$ 互相对易，对易式又称对易子(commutator)，记作 $[\hat{A},\hat{B}]=\hat{A}\hat{B}-\hat{B}\hat{A}=0$；反之，则称 $\hat{A}$ 和 $\hat{B}$ 不对易。

两个力学量算符如果互相对易，则它们可以同时准确测量。如果不对易，则不能同时准确测量。

例如，动量算符和坐标算符就是互相不对易的，它们不能同时准确测量，满足不确定性原理。

证明：
$$\begin{aligned}[\hat{x},\hat{p}_x]\psi(x) &= [\hat{x}\hat{p}_x-\hat{p}_x\hat{x}]\psi \\ &= \hat{x}\hat{p}_x\psi-\hat{p}_x\hat{x}\psi \\ &= x(-\mathrm{i}\hbar)\frac{\partial}{\partial x}\psi-(-\mathrm{i}\hbar)\frac{\partial}{\partial x}(x\psi) \\ &= x(-\mathrm{i}\hbar)\psi'+\mathrm{i}\hbar\psi+\mathrm{i}\hbar x\psi' \\ &= \mathrm{i}\hbar\psi\end{aligned}$$

所以，$[\hat{x},\hat{p}_x]=\mathrm{i}\hbar\neq 0$，即动量算符和坐标算符不对易，微粒的坐标和动量不能同时准确测量。那么，动量算符是如何得来的？

下面进行推引，但不是证明。

对式(1.21)所描述的单色平面波的一维表达式求 x 的一阶导数，得

$$\frac{\partial}{\partial x}\psi=\left(\mathrm{i}\frac{p_x}{\hbar}\right)A\mathrm{e}^{\mathrm{i}\left(\frac{p_x}{\hbar}x-\frac{E}{\hbar}t\right)}=\left(-\frac{p_x}{\mathrm{i}\hbar}\right)\psi$$

即

$$-\mathrm{i}\hbar\frac{\partial}{\partial x}\psi=p_x\psi$$

令

$$\hat{p}_x = -\mathrm{i}\hbar\frac{\partial}{\partial x}$$

同理，对式(1.21)求 t 的一阶导数，可知

$$\hat{E} = \mathrm{i}\hbar\frac{\partial}{\partial t}$$

在数学上，对于任意算符 $\hat{A}$，如果存在方程

$$\hat{A}\psi = a\psi$$

式中，a 为常数，则称此方程为算符 $\hat{A}$ 的本征方程(eigen equation)；ψ为算符的本征函数(eigen function)；a 称为算符 $\hat{A}$ 在 ψ 中的本征值(eigen value)。

在物理上，对于任意一个力学量算符 $\hat{A}$，如果存在方程

$$\hat{A}\psi_n = a_n\psi_n$$

则称此方程为力学量算符 $\hat{A}$ 的本征方程；ψ_n 为算符 $\hat{A}$ 的本征态(eigen state)；a_n 称为算符 $\hat{A}$ 在状态 ψ_n 中的本征值，即宏观可测量值。

由此可知关于厄米算符的一个重要推论：厄米算符的本征值一定是实数。

证明：若有本征方程 $\hat{F}\psi = f\psi$，代入式(1.28)得

$$\int \psi^* f\psi \mathrm{d}\tau = \int \psi f^* \psi^* \mathrm{d}\tau$$

即

$$f\int \psi^* \psi \mathrm{d}\tau = f^* \int \psi\psi^* \mathrm{d}\tau$$

由于ψ是归一化的，得到 $f = f^*$，得证。

若算符 $\hat{A}$ 和 $\hat{B}$ 有共同的本征函数，在共同的状态中，它们对应的力学量同时可以准确测定，则算符互相对易(commute)。

证明：设它们的共同本征函数为ψ，则必有

$$\hat{A}\psi = a\psi,\ \hat{B}\psi = b\psi$$

$$\begin{aligned}[\hat{A}\hat{B} - \hat{B}\hat{A}]\psi &= \hat{A}\hat{B}\psi - \hat{B}\hat{A}\psi \\ &= \hat{A}(\hat{B}\psi) - \hat{B}(\hat{A}\psi) \\ &= \hat{A}(b\psi) - \hat{B}(a\psi) \\ &= b\hat{A}\psi - a\hat{B}\psi \\ &= ba\psi - ab\psi \\ &= 0\end{aligned}$$

即$[\hat{A}\hat{B}-\hat{B}\hat{A}]=0$，得证。

1.2.3 假设三 薛定谔方程(Schrödinger equation)

描述微观体系运动规律的波函数$\psi(q,t)$遵循薛定谔方程：

$$\mathrm{i}\hbar\frac{\partial\psi_j(q,t)}{\partial t}=\hat{H}\psi_j(q,t) \tag{1.29}$$

这个方程称为含时薛定谔方程(time-dependent Schrödinger equation)。

对于定态，薛定谔方程为

$$\hat{H}\psi_j(q)=E\psi_j(q) \tag{1.30}$$

定态薛定谔方程(time-independent Schrödinger equation)是哈密顿算符的本征方程。代表的意义是一个哈密顿算符有一系列不同的本征状态$\psi_j(q)$，在本征态中，能量是可测量的，即本征值。如果另一力学量算符$\hat{G}$作用在这个本征态上，也得到本征值：$\hat{G}\psi_j(q)=g\psi_j(q)$，这个力学量与能量可以同时准确测量，此时$\hat{G}$与哈密顿算符$\hat{H}$对易，$[\hat{G},\hat{H}]=0$。否则，不能同时测量到本征值。$\psi_j(q)$称为空间波函数(spatial wave function)。

同样，将式(1.21)代入式(1.29)，左式$=E\psi$，右式$=\dfrac{p_x^2}{2m}\psi$，对于自由粒子，势能为零，故左式=右式。对于定态，有$\psi(q,t)\equiv\psi(q)f(t)=\psi(q)\mathrm{e}^{-\mathrm{i}\frac{E}{\hbar}t}$。代入式(1.29)得式(1.30)。

式(1.30)中解的集合$\{\psi_j(q), j=1,2,3,\cdots\}$组成一个完备集。它们有无穷多，且满足正交归一的条件。它们描述的是体系不连续的、分立的状态，也决定了体系的能级、能量和角动量等物理性质。

1.2.4 假设四 态叠加原理(Principle of superposition)

如果$\psi_1,\psi_2,\cdots,\psi_n$是体系的一些状态(波函数、状态函数)，那么它们的线性组合仍然是体系的一个状态，即$\psi=c_1\psi_1+c_2\psi_2+\cdots$。它所代表的新状态不是微粒同时处在两个或多个状态，而是某一时刻处在状态1，下一时刻处在状态2等。显然，这个新的状态不是本征态，没有本征方程，因而不能直接测量其力学量的值。

如果$\psi_1,\psi_2,\cdots,\psi_n$是体系的本征函数集，那么可以方便地求得新状态下体系力学量的平均值：

$$\overline{A}=\langle A\rangle=\frac{\int\psi^*\hat{A}\psi\mathrm{d}\tau}{\int\psi^*\psi\mathrm{d}\tau} \tag{1.31}$$

根据态叠加原理，将非本征态向本征函数集展开(本征函数集可能还未得到，但不影响理论推导)。

令$\psi=c_1\psi_1+c_2\psi_2$，代入式(1.31)，因为ψ_1和ψ_2是本征态，所以有

$$\hat{A}\psi_1=a_1\psi_1,\quad \hat{A}\psi_2=a_2\psi_2$$

且ψ_1和ψ_2是正交归一的。

$$\begin{aligned}分母&=\int(c_1\psi_1+c_2\psi_2)^*(c_1\psi_1+c_2\psi_2)\mathrm{d}\tau\\&=c_1^*c_1\int\psi_1^*\psi_1\mathrm{d}\tau+c_2^*c_2\int\psi_2^*\psi_2\mathrm{d}\tau+c_1^*c_2\int\psi_1^*\psi_2\mathrm{d}\tau+c_1c_2^*\int\psi_2^*\psi_1\mathrm{d}\tau\\&=|c_1|^2+|c_2|^2\end{aligned}$$

$$\begin{aligned}分子&=\int(c_1\psi_1+c_2\psi_2)^*\hat{A}(c_1\psi_1+c_2\psi_2)\mathrm{d}\tau\\&=c_1^*c_1\int\psi_1^*\hat{A}\psi_1\mathrm{d}\tau+c_2^*c_2\int\psi_2^*\hat{A}\psi_2\mathrm{d}\tau+c_1^*c_2\int\psi_1^*\hat{A}\psi_2\mathrm{d}\tau+c_1c_2^*\int\psi_2^*\hat{A}\psi_1\mathrm{d}\tau\\&=|c_1|^2a_1+|c_2|^2a_2\end{aligned}$$

得

$$\overline{A}=\frac{|c_1|^2a_1+|c_2|^2a_2}{|c_1|^2+|c_2|^2}$$

如果$|c_1|^2+|c_2|^2=1$，说明新的波函数已经归一化。这也是新波函数的归一化条件。显然，各个本征态前系数模的平方代表了它在新状态中所占的概率。

态叠加原理指出的正是实物微粒具有波动性的本质。例如，七彩光合成的白光仍然是一个光波，但它们是同一时刻的叠加；这与微粒不同，微粒是同一时刻只能出现在一个本征态中。态叠加原理同时给出了非本征态的测量问题：非本征态不可直接测量，只能通过长时间对本征态测量进行概率统计和计算。

1.2.5　假设五　泡利不相容原理(Pauli exclusion principle)

具有多个全同粒子的多粒子体系，将其体系总波函数中任意两个粒子的坐标进行交换，其他粒子的坐标不变。此时，将满足下列全同粒子交换对称性(exchange symmetry of identical particles)。

交换对称性的量子力学表示为：首先定义一个交换算符(interchange operator) $\hat{P}_{ij}$，

$$\hat{P}_{ij}\Psi(q_1\cdots q_i\cdots q_j\cdots q_n)=\pm\Psi(q_1\cdots q_j\cdots q_i\cdots q_n)\tag{1.32}$$

对于符合玻色-爱因斯坦(Bose-Einstein)统计的全同粒子——玻色子(boson)，如光子(自旋为 1)、π介子(自旋为 0，产生于核力的强相互作用，不属于基本粒子)，交换算符 $\hat{P}_{ij}$ 的本征值为+1，即交换对称；对于符合费米-狄拉克(Fermi-Dirac)统计的全同粒子——费米子(fermion)，如电子(自旋为 1/2)，交换算符 $\hat{P}_{ij}$ 的本征值为–1，即交换反对称。

泡利不相容原理是 1925 年由奥地利物理学家沃尔夫冈・泡利(Wolfgang E. Pauli)提出的：在费米子组成的系统中，不能有两个或两个以上的粒子处于完全相同的状态。在原子中完全确定一个电子的状态需要四个量子数。所以，在一个原子中不能有两个电子具有完全相同的四个量子数(n, l, m_l, m_s)或一个轨道中只能填两个自旋相反的电子。泡利不相容原理其实是全同粒子交换对称性在费米子中的推论，是微观粒子运动的基本规律之一，泡利因此获得了 1945 年诺贝尔物理学奖。

1.3　箱中粒子的薛定谔方程 (Schrödinger equation of particles in the box)

1.3.1　一维势箱与零点能(One-dimensional box and zero-point energy)

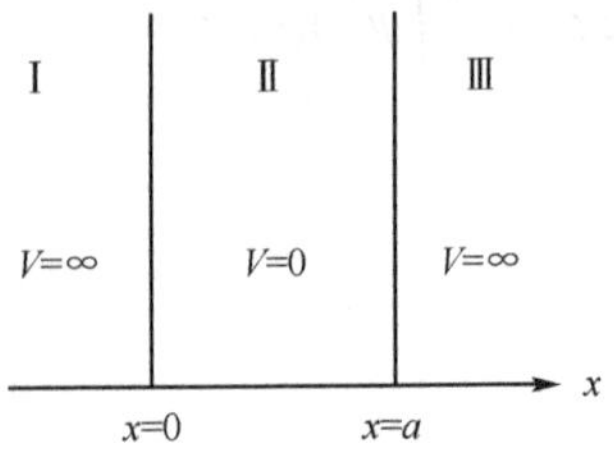

图 1.9　一维势箱示意图

最简单的量子力学体系，如图 1.9 所示的一维势箱中的自由粒子，它被某种力场限制在 $0 \leqslant x \leqslant a$ 的一维势阱(potential well)中。求粒子在势箱中的能量和波函数。

(1) 设波函数为 $\psi(x)$。当粒子处在Ⅰ区和Ⅲ区时，即 $x \leqslant 0$ 和 $x \geqslant a$，哈密顿算符为 $\hat{H} = \hat{T} + \hat{V} = \infty$。

薛定谔方程分别为

$$\infty \psi_{\mathrm{I}}(x) = E\psi_{\mathrm{I}}(x), \qquad \infty \psi_{\mathrm{III}}(x) = E\psi_{\mathrm{III}}(x)$$

显然，若要方程成立，则

$$\psi_{\mathrm{I}}(x) = \psi_{\mathrm{III}}(x) = 0$$

当粒子处在Ⅱ区时，则

$$V = 0, \quad \psi_{\mathrm{II}}(x) \neq 0$$

(2) 哈密顿算符为

$$\hat{H} = \hat{T} + \hat{V} = \hat{T} = \frac{\hat{P}_x^2}{2m} = -\frac{\hbar^2}{2m}\frac{\mathrm{d}^2}{\mathrm{d}x^2}$$

(3) 薛定谔方程为

$$-\frac{\hbar^2}{2m}\frac{\mathrm{d}^2}{\mathrm{d}x^2}\psi(x) = E\psi(x) \tag{1.33}$$

(4) 求数学解：式(1.33)改写为

$$\psi''(x) + \frac{2mE}{\hbar^2}\psi(x) = 0$$

令 $k = \frac{\sqrt{2mE}}{\hbar}$，方程写为 $\psi''(x) + k^2\psi(x) = 0$。

这个二阶常系数线性齐次常微分方程有两个特解，为虚函数：

$$\psi(x) = A\mathrm{e}^{\pm \mathrm{i}kx} \tag{1.34}$$

解的正确性可以通过求它的二次微商后代入式(1.33)验证。

实函数通解为

$$\begin{aligned}\psi^{(a)}(x) &= A\mathrm{e}^{+\mathrm{i}kx} + A\mathrm{e}^{-\mathrm{i}kx} \\ &\overset{\text{欧拉公式}}{=\!=\!=} A(\cos kx + \mathrm{i}\sin kx) + A(\cos kx - \mathrm{i}\sin kx) \\ &= 2A\cos kx \\ &= B\cos kx\end{aligned}$$

$$\begin{aligned}\psi^{(b)}(x) &= A\mathrm{e}^{+\mathrm{i}kx} - A\mathrm{e}^{-\mathrm{i}kx} \\ &\xlongequal{\text{欧拉公式}} A(\cos kx + \mathrm{i}\sin kx) - A(\cos kx - \mathrm{i}\sin kx) \\ &= 2\mathrm{i}A\sin kx \\ &= C\sin kx \quad (A\text{可以是虚数，}C\text{即为实数})\end{aligned}$$

(5) 讨论。

边界条件的讨论：波函数要求在全空间是连续的，所以当 $x = 0$ 时，要求Ⅱ区波函数和Ⅰ区波函数连续，即

$$\psi_{\mathrm{II}}(0) = \psi_{\mathrm{I}}(0) = 0$$

将 $\psi^{(a)}(x)$ 代入得 $B\cos 0 = B = 0$，所以 $\psi^{(a)}(x)$ 不是体系的非平庸解。

当 $x = a$ 时，要求Ⅱ区波函数和Ⅲ区波函数连续，即

$$\psi_{\mathrm{II}}(a) = \psi_{\mathrm{III}}(a) = 0$$

将 $\psi^{(b)}(x)$ 代入得

$$C\sin ka = C\sin\frac{\sqrt{2mE}}{\hbar}a = 0$$

此时，$C \neq 0$，否则无意义。$\psi(x) = 0$ 是方程的常解、平庸解，故得

$$\sin\frac{\sqrt{2mE}}{\hbar}a = 0$$

根据 sin 函数的性质，必要求

$$\frac{\sqrt{2mE}}{\hbar}a = n\pi, \quad n = 1,2,3,\cdots$$

即得到能量量子化的表达式为

$$E_n = \frac{n^2h^2}{8ma^2}, \quad n = 1,2,3,\cdots \tag{1.35}$$

代入 $\psi^{(b)}(x)$ 得到Ⅱ区波函数的表达式为

$$\psi(x) = C\sin\frac{n\pi}{a}x$$

归一化条件的讨论：要求波函数是归一化的，即

$$\begin{aligned}\int\psi^*\psi\mathrm{d}\tau &= C^2\int_0^a \sin^2\frac{n\pi}{a}x\mathrm{d}x \\ &= \frac{C^2}{2}\int_0^a\left(1-\cos\frac{2n\pi}{a}x\right)\mathrm{d}x \\ &= \frac{C^2}{2}\mathrm{d}x\Big|_0^a - \frac{C^2}{2}\frac{a}{2n\pi}\sin\frac{2n\pi}{a}x\Big|_0^a \\ &= \frac{C^2}{2}a - 0 = 1\end{aligned}$$

故 $C=\pm\sqrt{\dfrac{2}{a}}$，正负均可，一般取正值，舍去负值，得 $C=\sqrt{\dfrac{2}{a}}$。

描述一维势箱中微粒运动规律的波函数为

$$\psi_n(x)=\sqrt{\frac{2}{a}}\sin\frac{n\pi}{a}x,\quad n=1,2,3,\cdots \tag{1.36}$$

能量量子化的讨论：

从式(1.35)得出以下几点结论。

(1) 能量量子化是数学求解中自然得到的，并没有像普朗克或玻尔一样人为引入能量不连续的量子化条件。

(2) 量子数 n 的取值最小为 1，这时体系的能量称为零点能，它与热力学体系不同，与温度无关。它的意义在于，微粒的能量不会为零，也就是说，物质不会停止运动，即使是在绝对零度。这种区别于宏观物体的能量效应称为零点能效应。

(3) 能量与量子数的平方成正比，量子数越大，能量越高。

(4) 当微粒活动范围加大，即 a 增大时，体系的零点能减小；反之，a 越小，零点能越大，量子化效应越明显。而当 a 扩大到无穷大，即束缚微粒的力场消失，零点能也为零时，量子化效应消失。所以说，被势能束缚了的微粒，或者说微粒处于束缚态时，其能量量子化是必然的结果。原子和分子中的电子正是这样的情况。

波函数的讨论(图 1.10)：

(1) 式(1.36)的波函数是式(1.33)的本征解，它们构成完备集，满足正交归一化的条件。

(2) 波函数数值的正负代表波振幅的正负，更重要的是代表了波函数的对称性。

(3) 能级越高，节点(波函数数值为零)越多。

(4) 所有的波函数都是驻波，其振幅不随时间发生变化。

(5) 波函数的平方代表了粒子在某处出现的概率密度。可以看到，无论波函数的振幅是正还是负，它们代表的概率密度是相同的。

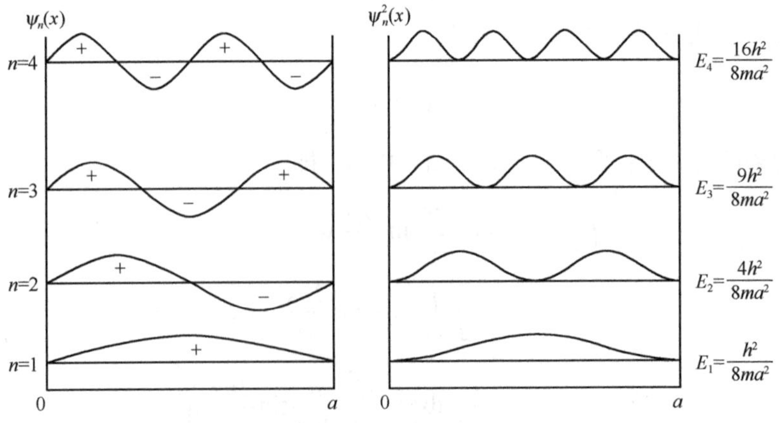

图 1.10 一维势箱粒子的波函数、概率密度和能量关系图

1.3.2　三维势箱中的粒子(The particle in a three-dimensional box)

微粒被限制在一个长、宽、高分别为 a、b、c 的势阱中，箱内微粒的势能为零，箱外势能为无穷大。

(1) 设波函数为 $\psi(x,y,z)$。当粒子处在箱外时，哈密顿算符为

$$\hat{H}=\hat{T}+\hat{V}=\infty$$

薛定谔方程分别为

$$\infty\psi(x,y,z)=E\psi(x,y,z)$$

显然，若要方程成立，需

$$\psi(x,y,z)=0$$

当粒子处在箱内时，即

$$0\leqslant x\leqslant a\text{，}\quad 0\leqslant y\leqslant b\text{，}\quad 0\leqslant z\leqslant c\text{，}\quad V=0\text{，}\quad \psi(x,y,z)\neq 0$$

(2) 哈密顿算符为

$$\hat{H}=\hat{T}+\hat{V}=\hat{T}=\frac{\hat{P}_x^2+\hat{P}_y^2+\hat{P}_z^2}{2m}=-\frac{\hbar^2}{2m}\left(\frac{\mathrm{d}^2}{\mathrm{d}x^2}+\frac{\mathrm{d}^2}{\mathrm{d}y^2}+\frac{\mathrm{d}^2}{\mathrm{d}z^2}\right)$$

(3) 薛定谔方程为

$$-\frac{\hbar^2}{2m}\left(\frac{\mathrm{d}^2}{\mathrm{d}x^2}+\frac{\mathrm{d}^2}{\mathrm{d}y^2}+\frac{\mathrm{d}^2}{\mathrm{d}z^2}\right)\psi(x,y,z)=E\psi(x,y,z) \tag{1.37}$$

(4) 求数学解：

令 $\psi(x,y,z)=\psi(x)\psi(y)\psi(z)$, $E=E_x+E_y+E_z$，代入式(1.37)得

$$-\frac{\hbar^2}{2m}\left(\frac{\mathrm{d}^2}{\mathrm{d}x^2}+\frac{\mathrm{d}^2}{\mathrm{d}y^2}+\frac{\mathrm{d}^2}{\mathrm{d}z^2}\right)\psi(x)\psi(y)\psi(z)=(E_x+E_y+E_z)\psi(x)\psi(y)\psi(z)$$

两边同时除以 $\psi(x)\psi(y)\psi(z)$，得

$$-\frac{\hbar^2}{2m}\left[\frac{1}{\psi(x)}\frac{\mathrm{d}^2\psi(x)}{\mathrm{d}x^2}+\frac{1}{\psi(y)}\frac{\mathrm{d}^2\psi(y)}{\mathrm{d}y^2}+\frac{1}{\psi(z)}\frac{\mathrm{d}^2\psi(z)}{\mathrm{d}z^2}\right]=E_x+E_y+E_z$$

可得到 x, y, z 变量分离的三个独立方程：

$$\begin{aligned}
&-\frac{\hbar^2}{2m}\frac{1}{\psi(x)}\frac{\mathrm{d}^2\psi(x)}{\mathrm{d}x^2}=E_x\\
&-\frac{\hbar^2}{2m}\frac{1}{\psi(y)}\frac{\mathrm{d}^2\psi(y)}{\mathrm{d}y^2}=E_y\\
&-\frac{\hbar^2}{2m}\frac{1}{\psi(z)}\frac{\mathrm{d}^2\psi(z)}{\mathrm{d}z^2}=E_z
\end{aligned} \tag{1.38}$$

与式(1.33)相同。

所以，解式(1.35)和式(1.36)适用，即得

$$E_{n_x,n_y,n_z}=\frac{n_x^2h^2}{8ma^2}+\frac{n_y^2h^2}{8mb^2}+\frac{n_z^2h^2}{8mc^2},\quad n_x=1,2,3,\cdots,\quad n_y=1,2,3,\cdots,\quad n_z=1,2,3,\cdots \tag{1.39}$$

$$\psi_{n_xn_yn_z}(x,y,z)=\sqrt{\frac{8}{abc}}\sin\frac{n_x\pi x}{a}\sin\frac{n_y\pi y}{b}\sin\frac{n_z\pi z}{c} \tag{1.40}$$

$$n_x=1,2,3,\cdots,\quad n_y=1,2,3,\cdots,\quad n_z=1,2,3,\cdots$$

被束缚在三维势阱中的粒子，当$n_x=n_y=n_z=1$时，处在基态，零点能为

$$E_{111}=\frac{h^2}{8m}\left(\frac{1}{a^2}+\frac{1}{b^2}+\frac{1}{c^2}\right)$$

当 $a=b=c$，三维势阱变为三维的方势阱时，$E_{111}=\frac{3h^2}{8ma^2}$；第一激发态有$E_{211}=E_{121}=E_{112}$，对应有三个不同的状态，分别为

$$\psi_{211}(x,y,z)=\sqrt{\frac{8}{a^3}}\sin\frac{2\pi x}{a}\sin\frac{\pi y}{a}\sin\frac{\pi z}{a}$$

$$\psi_{121}(x,y,z)=\sqrt{\frac{8}{a^3}}\sin\frac{\pi x}{a}\sin\frac{2\pi y}{a}\sin\frac{\pi z}{a}$$

$$\psi_{112}(x,y,z)=\sqrt{\frac{8}{a^3}}\sin\frac{\pi x}{a}\sin\frac{\pi y}{a}\sin\frac{2\pi z}{a}$$

这种具有相同能量的不同状态称为简并态(degenerate state)。

1.4 宇称和量子隧穿
(Parity and quantum tunneling)

1.4.1 宇称守恒与不守恒(Parity conservation and nonconservation)

定义空间反射变换算符$\hat{\Pi}$，其作用规则为

$$\hat{\Pi}\psi(\boldsymbol{r},t)=\psi(-\boldsymbol{r},t)$$

$\hat{\Pi}$也称为宇称算符(parity operator)。显然，任何体系的状态经过两次反射变换都应还原，即

$$\hat{\Pi}^2\psi(\boldsymbol{r},t)=\xi^2\psi(\boldsymbol{r},t)$$

所以，$\hat{\Pi}^2$的本征值$\xi^2=1$。$\xi=1$的状态称为偶宇称(+或 g)，$\xi=-1$的状态称为奇宇称(–或 u)。

由物理学原理可以证明，当体系中的基本粒子处于强相互作用(核力)时，满足宇称守恒(parity conservation)定律，如能量守恒定律、动量守恒定律和角动量守恒定律等。

物理学原理也可以证明，当体系中的基本粒子(费米子)处于弱相互作用(衰变)时，宇称不守恒(parity nonconservation)。

1956 年，杨振宁和李政道从理论上提出了弱相互作用中宇称不守恒定律，华裔实验物

理学家吴健雄很快设计出在低温(0.01 K)和强磁场中，用两套实验装置同时观测钴-60的β衰变(一种弱相互作用)，一套装置中的钴-60原子核自旋方向为左旋，把另一套装置中的钴-60原子核自旋方向转为右旋，这两套装置中的钴-60互为镜像。实验结果表明，这两套装置中钴-60的K介子(θ-T粒子)衰变出来的π介子个数和方向都不同；同时伴生的具有左旋性的电子数也多于右旋的电子数。实验结果证实了弱相互作用中的宇称不守恒。杨振宁和李政道也因此获得1957年诺贝尔物理学奖。

对比德布罗意的实物微粒具有波动性概念的提出，不难看出在探索未知世界和科学规律时逆向思维的重要性；由此也可以看出，质疑是进行科学研究工作的基本素质。

后来，粒子物理学由此还发展出CPT守恒定律(C: charge 电荷；P: parity 宇称；T: time 时间)。即便如此，仍然有不能解释的实验现象，所以在人类探索物质世界运动规律时，需要持续不断地进行自我否定，才能推动科学研究的不断进步。

1.4.2　量子隧穿(Quantum tunneling)

微观粒子由于其波粒二象性表现出与宏观粒子运动不一样的运动规律，面对势垒的贯穿行为是一个典型的范例。

通常，把微观粒子对势垒的穿越称为量子隧穿，是微观粒子具有波动性的另一个例证。

一维量子隧穿的物理模型是一个波随时间分布的问题，必须考虑时间变量，描述其运动规律的波函数是含时间的。故设其波函数为

$$\psi(x,t)=\psi(x)\mathrm{e}^{\frac{-\mathrm{i}Et}{\hbar}}$$

当粒子处在图1.11的Ⅰ区和Ⅲ区时，即$x\leqslant 0$和$x\geqslant a$时为自由粒子，势能为零，$V_0(x)=0$。

当规定粒子由左侧Ⅰ区入射，穿透势垒Ⅱ区，由Ⅲ区射出，因此可以规定其在Ⅰ区的动能为总能量$E=\dfrac{p^2}{2m}=\dfrac{k^2\hbar^2}{2m}$，$k$为波矢量$2\pi/\lambda$，可以写出其定态薛定谔方程为

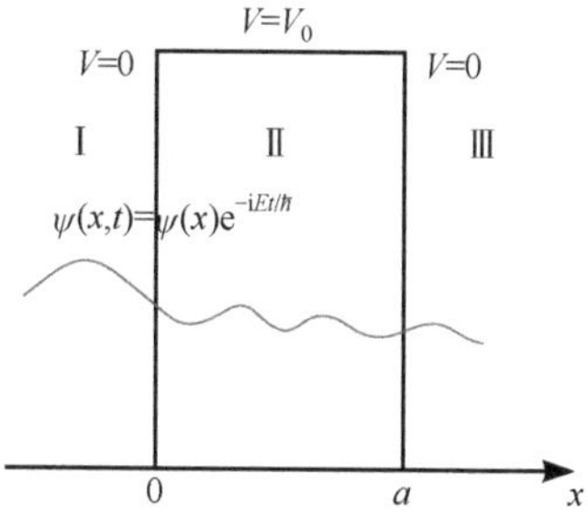

图1.11　一维势垒穿越示意图

$$\begin{cases}\psi''(x)+k^2\psi(x)=0, & x<0,x>a \quad (1.41)\\ \psi''(x)-\beta^2\psi(x)=0, & 0\leqslant x\leqslant a \quad (1.42)\end{cases}$$

$$k=\frac{\sqrt{2mE}}{\hbar},\quad \beta=\frac{\sqrt{2m(V_0-E)}}{\hbar} \tag{1.43}$$

式(1.41)和式(1.42)的解为

$$\psi(x)=\begin{cases}A\mathrm{e}^{\mathrm{i}kx}+R\mathrm{e}^{-\mathrm{i}kx} & x<0\\ D\mathrm{e}^{\mathrm{i}kx} & x>a\\ B\mathrm{e}^{\beta x}+C\mathrm{e}^{-\beta x} & 0<x<a\end{cases} \tag{1.44}$$

式中，A 为入射波；R 为反射波；D 为透射波；B 与 C 之和为势垒中的定态波函数通解。

由于对自由粒子平面波描述为 $\psi(\boldsymbol{r}) = A\mathrm{e}^{\mathrm{i}(k\cdot r-\omega t)}$，此时 $E = h\nu = \hbar\omega$， $p = m\upsilon = \hbar k$ 。

自由粒子的概率密度 $\rho=\psi^*\psi = |A|^2$，对应其概率密度流为

$$j = \rho\upsilon = |A|^2 \frac{k\hbar}{m} \tag{1.45}$$

所以，粒子对势垒的入射流量 j_A(概率密度流)、反射流量 j_R 和透射流量 j_D 分别为

$$j_\mathrm{A} = |A|^2 \frac{k\hbar}{m}, \quad j_\mathrm{R} = |R|^2 \left(-\frac{k\hbar}{m}\right), \quad j_\mathrm{D} = |D|^2 \frac{k\hbar}{m} \tag{1.46}$$

反射系数 η_R 和透射系数 η_D 分别为

$$\eta_\mathrm{R} = \left|\frac{j_\mathrm{R}}{j_\mathrm{A}}\right| = \frac{|R|^2}{|A|^2}, \quad \eta_\mathrm{D} = \left|\frac{j_\mathrm{D}}{j_\mathrm{A}}\right| = \frac{|D|^2}{|A|^2} \tag{1.47}$$

利用边界条件求系数 R 和 D：

当 $x = 0$ 时，$\psi(x)$和 $\psi'(x)$均需满足连续性条件，由式(1.44)可得

$$\begin{cases} A + R = B + C \\ \mathrm{i}k(A - R) = \beta(B - C) \end{cases} \tag{1.48}$$

当 $x = a$ 时，$\psi(x)$和 $\psi'(x)$也应满足连续性条件，由式(1.44)可得

$$\begin{cases} D\mathrm{e}^{\mathrm{i}ka} = B\mathrm{e}^{\beta a} + C\mathrm{e}^{-\beta a} \\ \mathrm{i}kD\mathrm{e}^{\mathrm{i}ka} = \beta B\mathrm{e}^{\beta a} - \beta C\mathrm{e}^{-\beta a} \end{cases} \tag{1.49}$$

由式(1.48)可得

$$\begin{cases} \dfrac{2B}{A} = 1 + \dfrac{\mathrm{i}k}{\beta} + \left(1 - \dfrac{\mathrm{i}k}{\beta}\right)\dfrac{R}{A} \\ \dfrac{2C}{A} = 1 - \dfrac{\mathrm{i}k}{\beta} + \left(1 + \dfrac{\mathrm{i}k}{\beta}\right)\dfrac{R}{A} \end{cases} \tag{1.50}$$

由式(1.49)可得

$$\begin{cases} \dfrac{2B}{A} = \left(1 + \dfrac{\mathrm{i}k}{\beta}\right)\dfrac{D}{A}\mathrm{e}^{-\beta a+\mathrm{i}ka} \\ \dfrac{2C}{A} = \left(1 - \dfrac{\mathrm{i}k}{\beta}\right)\dfrac{D}{A}\mathrm{e}^{\beta a+\mathrm{i}ka} \end{cases} \tag{1.51}$$

显然式(1.50)与式(1.51)左边相同，右边也相同，得

$$\begin{cases} \gamma + \dfrac{R}{A} = \dfrac{D}{A}\gamma\mathrm{e}^{-\beta a+\mathrm{i}ka} \\ \gamma^* + \dfrac{R}{A} = \dfrac{D}{A}\gamma^*\mathrm{e}^{\beta a+\mathrm{i}ka} \end{cases}; \quad \gamma = \frac{\beta + \mathrm{i}k}{\beta - \mathrm{i}k}, \quad \gamma^* = \frac{\beta - \mathrm{i}k}{\beta + \mathrm{i}k} = \frac{1}{\gamma}, \quad |\gamma| = 1 \tag{1.52}$$

$$
\text{故}\begin{cases}\eta_{\rm D}=\dfrac{|D|^2}{|A|^2}=\dfrac{(\gamma-\gamma^*)^2}{e^{2\beta a}+e^{-2\beta a}-(\gamma^2-\gamma^{*2})}\approx|\gamma-\gamma^*|^2 e^{-2\beta a}=\dfrac{16E(V_0-E)}{V_0^2}e^{-\frac{2a}{\hbar}\sqrt{2m(V_0-E)}}\\ \eta_{\rm R}=\dfrac{|R|^2}{|A|^2}=\dfrac{(e^{\beta a}-e^{-\beta a})^2}{e^{2\beta a}+e^{-2\beta a}-(\gamma^2-\gamma^{*2})}\approx 1-\eta_{\rm D}\end{cases} \tag{1.53}
$$

举例如下，取微观粒子为电子 $m=m_e$，势垒 $V_0=5$ eV，电子动能为 3 eV，$V_0-E=2$ eV，势垒厚度 $a=0.2$ nm，得到电子穿透势垒的透射系数为

$$
\eta_{\rm D}=\frac{|D|^2}{|A|^2}=\frac{16E(V_0-E)}{V_0^2}e^{-\frac{2a}{\hbar}\sqrt{2m(V_0-E)}}=\frac{16\times3\times2}{25}e^{-2.8947}=0.212=21.2\%
$$

可见，电子穿透势垒的能力很强。常用的原子力显微镜(atomic force microscope，AFM)就是利用电子的量子隧穿效应设计的形貌检测仪器。20 世纪 90 年代，美国西北大学的 Chad Mirkin 教授依据 AFM 发明了 Deep-Pen 技术，利用 AFM 技术在材料表面直接进行原位修饰得到新的功能材料。

习 题

1. 试从黑体辐射公式[式(1.1)]出发，推导出高频适用的维恩位移律公式 $\lambda_{\rm m}T=0.2898\ \text{cm}\cdot\text{K}$。

2. 已知金属钠、锌、铜的逸出功分别为 2.28 eV、2.48 eV、4.70 eV，求产生光电流的最大波长。

3. 对于类氢原子核 He^+，分别求：

(1) 第一、第二玻尔轨道半径及其在轨道上的运动速度；

(2) 电子在基态的结合能；

(3) 电子由第一激发态跃迁回基态时放出光子的波长。

4. 证明氢原子与氘原子的里德伯常量之比为 $R_{\rm H}/R_{\rm D}=0.999728$。

5. 证明电子显微镜中，电子的波长与加速电压的关系为

$$
\lambda=\frac{1.226}{\sqrt{U}}\text{nm}
$$

6. 计算 2×10^4 V 电压加速后电子的速度和德布罗意波长。

7. 为什么用光学光栅(10^{-6} m)观察不到电子的衍射现象?

8. 下列哪些函数是品优函数? 为什么?

(1) $y=x^2$；(2) $y=\tan\theta$；(3) $y=\sin\theta$；(4) $y=x^{3/2}$；(5) $y^2=x^2\dfrac{a-x}{a+x}$。

9. 下列哪些函数是算符 $\dfrac{d^2}{dx^2}$ 的本征函数?

(1) $y=x^n$；(2) $y=\tan x$；(3) $y=\sin x-\cos x$；(4) $y=Ae^{mx^2}$。

10. 证明一维势箱中描述微粒运动的系列波函数完备集 $\psi_n(x)$ [式(1.36)]是正交归一的。

11. 求一维势箱中微粒在任意本征态 ψ_n 的坐标平均值 $\bar{x}$。

12. 求一维势箱中微粒在基态的动量平均值 $\bar{p}_x$。

13. 证明两个力学量 $\hat{A}$ 与 $\hat{B}$ 算符对易有共同本征函数；不对易则没有共同本征函数。

14. 质量为 1 g 的实物微粒，以 100 m/s 的速度运动，遇到厚度为 1 mm 的势垒与其能级差为 100 eV，求微粒的透射系数。

15. 对处于束缚状态的微观粒子，解释以下概念：

(1) 线性算符；(2) 厄米算符；(3) 状态；(4) 本征态；(5) 定态；(6) 简并态；(7) 概率密度；(8) 概率；(9) 本征值；(10) 平均值；(11) 零点能；(12) 波粒二象性；(13) 宇称；(14) 量子隧穿。

一些人比另外一些人获得更多的成就，主要是由于他们对放在面前的问题比一般人能够更加专注和坚持，而不是由于他们的天赋比别人高多少。

——道尔顿(J. Dalton)

第2章　原子结构 (Atomic Structure)

人们对于物质世界的好奇是推动认知它们的动力之一。研究物质的基本结构及其运动一般规律的科学称为物理学。已知物质可以有四种存在状态：气态、液态、固态和等离子态。而物质由原子、分子或离子组成。

在原子概念提出之前，法国著名的化学家和生物学家安托万-洛朗·德·拉瓦锡(Antoine-Laurent de Lavoisier)于1789年提出化学“元素”的概念，并定义为“元素是任何方法都不能分解的物质”。他对化学的贡献包括给出了“氧气”和“氢气”的命名、提出了燃烧是氧化反应的认识和动物呼吸是缓慢氧化等。他撰写了第一本《化学基础概论》(*Traité élémentaire de chimie*)，推动了化学的定量分析，并验证了质量守恒定律等，被后世尊称为“近代化学之父”。

原子(atom)的概念最初由古希腊哲学家德谟克利特(Democritus，约公元前460—公元前370)提出，他认为物质是由许多微粒组成的，这些微粒称为原子，意为不可分割，这与《庄子·天下》中提出的“一尺之棰，日取其半，万世不竭”有异曲同工之妙。现代的原子理论是英国化学家道尔顿于1803年提出的：原子在一切化学变化中不可再分，并保持自己的独特性质。道尔顿还测定并发表了第一张原子量表。玻尔认为原子是由原子核及绕核做轨道运动的电子组成的。那么真正的电子轨道是怎样的呢？

2.1　单电子体系的薛定谔方程 (Schrödinger equation of single electron system)

量子力学最成功的范例之一就是精确求解类氢原子薛定谔方程。目前，化学科学中的许多概念均出于此。

2.1.1　玻恩-奥本海默近似(Born-Oppenheimer approximation)

参照玻尔的原子结构模型，可以认为类氢原子是由含多个质子和中子的原子核(正电荷 Z)与核外沿球面运动的一个电子构成的体系。体系的总能量由两部分构成：

$$E_{\text{体系}} = T_{\text{核动能}} + T_{\text{电子动能}} + V_{\text{电子-核势能}}$$

因为原子核比电子的质量大 $10^3 \sim 10^5$ 倍，玻恩-奥本海默认为核的运动可以忽略，即核动

能为零，又称为定核近似；然后将 $V_{电子\text{-}核势能}$修改为 $V_{电子势能}$。所以，

$$E_{体系} \approx E_{电子} = T_{电子动能} + V_{电子势能}$$
$$= \frac{1}{2} m_e \upsilon^2 - \frac{Ze^2}{4\pi\varepsilon_0 r} = \frac{p^2}{2m_e} - \frac{Ze^2}{4\pi\varepsilon_0 r} = \frac{p_x^2 + p_y^2 + p_z^2}{2m_e} - \frac{Ze^2}{4\pi\varepsilon_0 r}$$

体系的哈密顿算符为

$$\hat{H} = \frac{\hat{p}_x^2 + \hat{p}_y^2 + \hat{p}_z^2}{2m_e} - \frac{Ze^2}{4\pi\varepsilon_0 r} = -\frac{\hbar^2}{2m_e}\left(\frac{\partial^2}{\partial x^2} + \frac{\partial^2}{\partial y^2} + \frac{\partial^2}{\partial z^2}\right) - \frac{Ze^2}{4\pi\varepsilon_0 r} = -\frac{\hbar^2}{2m_e}\nabla^2 - \frac{Ze^2}{4\pi\varepsilon_0 r} \tag{2.1}$$

∇^2 称为拉普拉斯算符。类氢原子的定态薛定谔方程为

$$\left[-\frac{\hbar^2}{2m_e}\nabla^2 - \frac{Ze^2}{4\pi\varepsilon_0 r}\right]\psi(x,y,z) = E\psi(x,y,z) \tag{2.2}$$

2.1.2　坐标变换与变量分离(Transformation of coordinate and separation of variables)

从哈密顿算符的表达式(2.1)可以看出，电子的动能算符是直角坐标系的表达式，而电子的势能算符为球坐标系的表达式，故需要将它们统一为球坐标系，这更符合原子模型的假设。

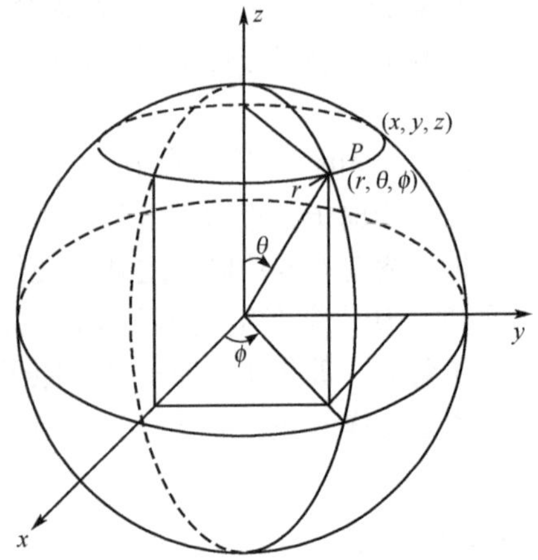

图 2.1　球坐标与直角坐标的关系

如图 2.1 所示，当原子核在圆心，电子在 P 点时，可以描述为 $P(x,y,z)$，也可以描述为 $P(r,\theta,\phi)$，关系为

$$x = r\sin\theta\cos\phi \tag{2.3}$$

$$y = r\sin\theta\sin\phi \tag{2.4}$$

$$z = r\cos\theta \tag{2.5}$$

$$r^2 = x^2 + y^2 + z^2 \tag{2.6}$$

$$\cos\theta = z/r = z/\sqrt{x^2+y^2+z^2} \tag{2.7}$$

$$\tan\phi = y/x \tag{2.8}$$

数学上，对于任意函数 $G(x,y,z) \equiv G(r,\theta,\phi)$，由全微分和偏微分的关系可知：

$$\frac{\partial G(x,y,z)}{\partial x} = \left[\left(\frac{\partial r}{\partial x}\right)\frac{\partial}{\partial r} + \left(\frac{\partial \theta}{\partial x}\right)\frac{\partial}{\partial \theta} + \left(\frac{\partial \phi}{\partial x}\right)\frac{\partial}{\partial \phi}\right]G(r,\theta,\phi) \tag{2.9}$$

$$\frac{\partial G(x,y,z)}{\partial y} = \left[\left(\frac{\partial r}{\partial y}\right)\frac{\partial}{\partial r} + \left(\frac{\partial \theta}{\partial y}\right)\frac{\partial}{\partial \theta} + \left(\frac{\partial \phi}{\partial y}\right)\frac{\partial}{\partial \phi}\right]G(r,\theta,\phi) \tag{2.10}$$

$$\frac{\partial G(x,y,z)}{\partial z} = \left[\left(\frac{\partial r}{\partial z}\right)\frac{\partial}{\partial r} + \left(\frac{\partial \theta}{\partial z}\right)\frac{\partial}{\partial \theta} + \left(\frac{\partial \phi}{\partial z}\right)\frac{\partial}{\partial \phi}\right]G(r,\theta,\phi) \tag{2.11}$$

注意，式(2.9)～式(2.11)中，右边函数 G 的变量为 r,θ,ϕ，因此，小括号中与 x,y,z 有

关的微商$\frac{\partial r}{\partial x}$、$\frac{\partial r}{\partial y}$、$\frac{\partial r}{\partial z}$、$\frac{\partial \theta}{\partial x}$、$\frac{\partial \theta}{\partial y}$、$\frac{\partial \theta}{\partial z}$、$\frac{\partial \phi}{\partial x}$、$\frac{\partial \phi}{\partial y}$、$\frac{\partial \phi}{\partial z}$均看作常量。求出这些量的表达式，即可完成拉普拉斯算符的直角坐标到球坐标的转换。

将式(2.6)代入式(2.9)，并用式(2.3)，即$G(x,y,z)=x^2+y^2+z^2=r^2=G(r,\theta,\phi)$，则

$$\text{左式}=\frac{\partial G(x,y,z)}{\partial x}=\frac{\partial (x^2+y^2+z^2)}{\partial x}=2x=2r\sin\theta\cos\phi$$

$$\text{右式}=\left[\left(\frac{\partial r}{\partial x}\right)\frac{\partial}{\partial r}+\left(\frac{\partial \theta}{\partial x}\right)\frac{\partial}{\partial \theta}+\left(\frac{\partial \phi}{\partial x}\right)\frac{\partial}{\partial \phi}\right]G(r,\theta,\phi)$$

$$=\left[\left(\frac{\partial r}{\partial x}\right)\frac{\partial}{\partial r}+\left(\frac{\partial \theta}{\partial x}\right)\frac{\partial}{\partial \theta}+\left(\frac{\partial \phi}{\partial x}\right)\frac{\partial}{\partial \phi}\right]r^2=2r\left(\frac{\partial r}{\partial x}\right)$$

得

$$\frac{\partial r}{\partial x}=\sin\theta\cos\phi \tag{2.12}$$

将式(2.7)代入式(2.9)，并用式(2.12)，即$G(x,y,z)=\frac{z}{r}=G(r,\theta,\phi)=\cos\theta$，则

$$\text{左式}=-\frac{z}{r^2}\left(\frac{\partial r}{\partial x}\right)=-\frac{\cos\theta}{r}\sin\theta\cos\phi \quad (r\text{是}x\text{的隐函数})$$

$$\text{右式}=-\sin\theta\left(\frac{\partial \theta}{\partial x}\right)$$

得

$$\frac{\partial \theta}{\partial x}=\frac{\cos\theta\cos\phi}{r} \tag{2.13}$$

将式(2.8)代入式(2.9)，并用式(2.3)、式(2.4)，即$G(x,y,z)=y/x=G(r,\theta,\phi)=\tan\phi$，则

$$\text{左式}=-\frac{y}{x^2}=-\frac{r\sin\theta\sin\phi}{r^2\sin^2\theta\cos^2\phi}=-\frac{\sin\phi}{r\sin\theta\cos^2\phi}$$

$$\text{右式}=\left(\frac{\partial \phi}{\partial x}\right)\left[\frac{\partial}{\partial \phi}\frac{\sin\phi}{\cos\phi}=-\frac{\sin\phi}{\cos^2\phi}\frac{\partial\cos\phi}{\partial \phi}+\frac{1}{\cos\phi}\frac{\partial\sin\phi}{\partial \phi}=\frac{\sin^2\phi}{\cos^2\phi}+1\right]=\left(\frac{\partial \phi}{\partial x}\right)\frac{1}{\cos^2\phi}$$

得

$$\frac{\partial \phi}{\partial x}=-\frac{\sin\phi}{r\sin\theta} \tag{2.14}$$

将式(2.12)、式(2.13)、式(2.14)代入式(2.9)，并约去函数，方便地得到了关于直角坐标系下的偏微分算符向球坐标系展开的表达式：

$$\frac{\partial}{\partial x}=\left(\frac{\partial r}{\partial x}\right)\frac{\partial}{\partial r}+\left(\frac{\partial \theta}{\partial x}\right)\frac{\partial}{\partial \theta}+\left(\frac{\partial \phi}{\partial x}\right)\frac{\partial}{\partial \phi}=\sin\theta\cos\phi\frac{\partial}{\partial r}+\frac{\cos\theta\cos\phi}{r}\frac{\partial}{\partial \theta}-\frac{\sin\phi}{r\sin\theta}\frac{\partial}{\partial \phi} \tag{2.15}$$

按照此方法，将式(2.6)、式(2.7)和式(2.8)分别代入式(2.10)和式(2.11)，得

$$\frac{\partial}{\partial y}=\left(\frac{\partial r}{\partial y}\right)\frac{\partial}{\partial r}+\left(\frac{\partial \theta}{\partial y}\right)\frac{\partial}{\partial \theta}+\left(\frac{\partial \phi}{\partial y}\right)\frac{\partial}{\partial \phi}=\sin\theta\sin\phi\frac{\partial}{\partial r}+\frac{\cos\theta\sin\phi}{r}\frac{\partial}{\partial \theta}+\frac{\cos\phi}{r\sin\theta}\frac{\partial}{\partial \phi} \tag{2.16}$$

$$\frac{\partial}{\partial z}=\left(\frac{\partial r}{\partial z}\right)\frac{\partial}{\partial r}+\left(\frac{\partial \theta}{\partial z}\right)\frac{\partial}{\partial \theta}+\left(\frac{\partial \phi}{\partial z}\right)\frac{\partial}{\partial \phi}=\cos\theta\frac{\partial}{\partial r}-\frac{\sin\theta}{r}\frac{\partial}{\partial \theta} \tag{2.17}$$

由式(2.15)、式(2.16)和式(2.17)分别写出$\frac{\partial^2}{\partial x^2}$、$\frac{\partial^2}{\partial y^2}$和$\frac{\partial^2}{\partial z^2}$的$r$、$\theta$、$\phi$表达式(注意不要丢了交叉项)，代入式(2.1)中的拉普拉斯算符得

$$\nabla^2=\frac{1}{r^2}\frac{\partial}{\partial r}\left(r^2\frac{\partial}{\partial r}\right)+\frac{1}{r^2\sin\theta}\frac{\partial}{\partial \theta}\left(\sin\theta\frac{\partial}{\partial \theta}\right)+\frac{1}{r^2\sin^2\theta}\frac{\partial^2}{\partial \phi^2} \tag{2.18}$$

则哈密顿算符为

$$\hat{H}=-\frac{\hbar^2}{2m_e}\nabla^2-\frac{Ze^2}{4\pi\varepsilon_0 r}=-\frac{\hbar^2}{2m_e r^2}\left[\frac{\partial}{\partial r}\left(r^2\frac{\partial}{\partial r}\right)+\frac{1}{\sin\theta}\frac{\partial}{\partial \theta}\left(\sin\theta\frac{\partial}{\partial \theta}\right)+\frac{1}{\sin^2\theta}\frac{\partial^2}{\partial \phi^2}\right]-\frac{Ze^2}{4\pi\varepsilon_0 r} \tag{2.19}$$

类氢原子的定态薛定谔方程式(2.2)在球坐标系的表达式为

$$\left[-\frac{\hbar^2}{2m_e}\nabla^2-\frac{Ze^2}{4\pi\varepsilon_0 r}\right]\psi(r,\theta,\phi)=E\psi(r,\theta,\phi)$$

即

$$\left\{-\frac{\hbar^2}{2m_e r^2}\left[\frac{\partial}{\partial r}\left(r^2\frac{\partial}{\partial r}\right)+\frac{1}{\sin\theta}\frac{\partial}{\partial \theta}\left(\sin\theta\frac{\partial}{\partial \theta}\right)+\frac{1}{\sin^2\theta}\frac{\partial^2}{\partial \phi^2}\right]-\frac{Ze^2}{4\pi\varepsilon_0 r}\right\}\psi(r,\theta,\phi)=E\psi(r,\theta,\phi) \tag{2.20}$$

为了求解薛定谔方程式(2.20)，先令$\psi(r,\theta,\phi)=R(r)Y(\theta,\phi)$，代入并左右同乘$\frac{-2m_e r^2}{\hbar^2}\frac{1}{R(r)Y(\theta,\phi)}$，合并同类项，将径向函数$R(r)$与角度函数$Y(\theta,\phi)$分离得

$$\frac{1}{R(r)}\left[\frac{\partial}{\partial r}\left(r^2\frac{\partial}{\partial r}\right)+\frac{Ze^2}{4\pi\varepsilon_0}\frac{2m_e r}{\hbar^2}+\frac{2m_e E r^2}{\hbar^2}\right]R=\frac{-1}{Y(\theta,\phi)}\left[\frac{1}{\sin\theta}\frac{\partial}{\partial \theta}\left(\sin\theta\frac{\partial}{\partial \theta}\right)+\frac{1}{\sin^2\theta}\frac{\partial^2}{\partial \phi^2}\right]Y \tag{2.21}$$

左边为r的函数，右边为θ、ϕ的函数，它们必同时等于一个常数β，于是得到两个独立的关于$R(r)$和$Y(\theta,\phi)$的方程：

$$\left[\frac{\partial}{\partial r}\left(r^2\frac{\partial}{\partial r}\right)+\frac{Ze^2}{4\pi\varepsilon_0}\frac{2m_e r}{\hbar^2}+\frac{2m_e r^2 E}{\hbar^2}\right]R(r)-\beta R(r)=0 \tag{2.22}$$

$$\left[\frac{1}{\sin\theta}\frac{\partial}{\partial \theta}\left(\sin\theta\frac{\partial}{\partial \theta}\right)+\frac{1}{\sin^2\theta}\frac{\partial^2}{\partial \phi^2}\right]Y(\theta,\phi)+\beta Y(\theta,\phi)=0 \tag{2.23}$$

再令$Y(\theta,\phi)=\Theta(\theta)\Phi(\phi)$，代入式(2.23)，并左右同乘$\sin^2\theta/[\Theta(\theta)\Phi(\phi)]$得

$$\frac{\sin\theta}{\Theta(\theta)}\frac{\partial}{\partial\theta}\left(\sin\theta\frac{\partial}{\partial\theta}\right)\Theta+\beta\sin^2\theta=-\frac{1}{\Phi(\phi)}\frac{\partial^2}{\partial\phi^2}\Phi \tag{2.24}$$

它们必等于同一个常数v，得到两个独立的关于$\Theta(\theta)$和$\Phi(\phi)$的方程：

$$\sin\theta\frac{\mathrm{d}}{\mathrm{d}\theta}\left(\sin\theta\frac{\mathrm{d}}{\mathrm{d}\theta}\right)\Theta+(\beta\sin^2\theta-v)\Theta=0 \tag{2.25}$$

$$\frac{\mathrm{d}^2\Phi}{\mathrm{d}\phi^2}+v\Phi=0 \tag{2.26}$$

接下来的任务就是分别求解关于Φ、Θ和 R 的方程，然后再把它们相乘，得到薛定谔方程式(2.20)的解$\psi(r,\theta,\phi)$，它与式(2.2)中$\psi(x,y,z)$等同，都是用来描述原子内单个电子运动规律的波函数，即原子轨道(atomic orbital)。

2.1.3 Φ 方程的解(Solution of Φ equation)

方程式(2.26)是一个简单的二阶线性常系数常微分方程。

已知一个指数函数$y(x)=A\mathrm{e}^{mx}$的二阶导数为

$$y''(x)=m^2A\mathrm{e}^{mx}=m^2y(x) \tag{2.27}$$

故当令$v=m^2$时，则式(2.26)写作

$$\Phi''(\phi)=-v\Phi=-m^2\Phi(\phi)$$

与式(2.27)比较，发现仅当Φ为虚函数时，式(2.26)才能成立，即方程的一对特解为

$$\Phi(\phi)=A\exp(\pm\mathrm{i}m\phi)=A\mathrm{e}^{\pm\mathrm{i}m\phi} \tag{2.28}$$

作为波函数的Φ必须是连续的，在边界必须满足：$\Phi(2\pi+\phi)=\Phi(\phi)$，代入式(2.28)，得

$$左式=\Phi(2\pi+\phi)=A\mathrm{e}^{\pm\mathrm{i}m(2\pi+\phi)}=A\mathrm{e}^{\pm2\pi\mathrm{i}m}\mathrm{e}^{\pm\mathrm{i}m\phi}$$

$$右式=\Phi(\phi)=A\mathrm{e}^{\pm\mathrm{i}m\phi}$$

可见

$$\mathrm{e}^{\pm\mathrm{i}2\pi m}=1$$

又从数学中的欧拉公式(Euler’s formula)已知$\mathrm{e}^{\pm\mathrm{i}\alpha}=\cos\alpha\pm\mathrm{i}\sin\alpha$，上式变为

$$\cos(2\pi m)\pm\mathrm{i}\sin(2\pi m)=1$$

它成立的条件是：当且仅当$m=0,\pm1,\pm2,\pm3,\cdots$，所以两个特解可以统一记作

$$\Phi_m(\phi)=A\mathrm{e}^{\mathrm{i}m\phi},\quad m=0,\pm1,\pm2,\cdots \tag{2.29}$$

如果函数Φ、Θ、R分别都是归一化的，那么描述体系中电子运动规律的波函数$\psi(r,\theta,\phi)$也一定是归一化的。故系数A可由品优函数的归一化条件求得

$$\int_0^{2\pi}\Phi^*\Phi\mathrm{d}\phi=A^2\int_0^{2\pi}\mathrm{e}^{-\mathrm{i}m\phi}\mathrm{e}^{\mathrm{i}m\phi}\mathrm{d}\phi=A^2\int_0^{2\pi}\mathrm{d}\phi=2\pi A^2=1,\quad A=\frac{1}{\sqrt{2\pi}}$$

故Φ方程式(2.26)的特解为

$$\Phi_m(\phi)=\frac{1}{\sqrt{2\pi}}\mathrm{e}^{\mathrm{i}m\phi},\quad m=0,\pm1,\pm2,\cdots \tag{2.30}$$

由于方程有无穷多个解Φ_m，数学上称这种方程为不定方程。而这种多解的物理意义恰恰说明电子运动在空间的 ϕ 方向上是量子化的，量子数 m 自然得到。这一结论是由严格的数学逻辑得到的。从算符的角度理解这个方程时，它说明式(2.30)所表示的函数集是二阶微分算符的本征函数，它们也必然是类氢原子体系哈密顿算符式(2.19)的本征函数，其本征方程为式(2.26)，本征值为$-m^2$。当 $m=0$ 时，$\Phi_0(\phi)=\frac{1}{\sqrt{2\pi}}$，表明当电子处于这种状态时，与 ϕ 无关。

又由于此函数集均是虚函数，因此它们没有明确的物理图像。可以通过它们的线性组合，运用欧拉公式得到它们的实函数通解：

$$\Phi_{|m|}^{\cos}(\phi)=c'(\Phi_{|m|}+\Phi_{-|m|})=c'\left(\frac{1}{\sqrt{2\pi}}\mathrm{e}^{\mathrm{i}|m|\phi}+\frac{1}{\sqrt{2\pi}}\mathrm{e}^{-\mathrm{i}|m|\phi}\right)=\frac{2c'}{\sqrt{2\pi}}\cos|m|\phi=c\cos|m|\phi$$

$$\Phi_{|m|}^{\sin}(\phi)=c''(\Phi_{|m|}-\Phi_{-|m|})=c''\left(\frac{1}{\sqrt{2\pi}}\mathrm{e}^{\mathrm{i}|m|\phi}-\frac{1}{\sqrt{2\pi}}\mathrm{e}^{-\mathrm{i}|m|\phi}\right)=\frac{2c''\mathrm{i}}{\sqrt{2\pi}}\sin|m|\phi=c\sin|m|\phi$$

根据归一化条件

$$\int_0^{2\pi}c^2\cos^2|m|\phi\,\mathrm{d}|m|\phi=1$$

$$\int_0^{2\pi}c^2\sin^2|m|\phi\,\mathrm{d}|m|\phi=1$$

以$|m|\phi$为变量，求得

$$c=\frac{1}{\sqrt{\pi}}$$

故

$$\Phi_{|m|}(\phi)=\begin{cases}\frac{1}{\sqrt{\pi}}\cos|m|\phi\\ \frac{1}{\sqrt{\pi}}\sin|m|\phi\end{cases},\quad m=\pm1,\pm2,\cdots \tag{2.31}$$

可见，当 $m\neq0$ 时，电子运动的特性具有正弦波或余弦波特征。

表 2.1 列出了Φ方程的复函数和实函数解。

表 2.1　类氢原子Φ方程的解

m	复函数解 Φ_m	实函数解 $\Phi_{\lvert m\rvert}$
0	$\Phi_0(\phi)=\frac{1}{\sqrt{2\pi}}$	$\Phi_0(\phi)=\frac{1}{\sqrt{2\pi}}$

续表

m	复函数解 Φ_m	实函数解 $\Phi_{\|m\|}$
1	$\Phi_1(\phi)=\frac{1}{\sqrt{2\pi}}e^{i\phi}$	$\Phi_1^{\cos}(\phi)=\frac{1}{\sqrt{\pi}}\cos\phi$ $\Phi_1^{\sin}(\phi)=\frac{1}{\sqrt{\pi}}\sin\phi$
−1	$\Phi_{-1}(\phi)=\frac{1}{\sqrt{2\pi}}e^{-i\phi}$	
2	$\Phi_2(\phi)=\frac{1}{\sqrt{2\pi}}e^{i2\phi}$	$\Phi_2^{\cos}(\phi)=\frac{1}{\sqrt{\pi}}\cos 2\phi$ $\Phi_2^{\sin}(\phi)=\frac{1}{\sqrt{\pi}}\sin 2\phi$
−2	$\Phi_{-2}(\phi)=\frac{1}{\sqrt{2\pi}}e^{-i2\phi}$	

2.1.4 Θ 方程的解(Solution of Θ equation)

将 $\nu=m^2$ 代入式(2.25)，左右同乘 $1/\sin^2\theta$ 得

$$\frac{1}{\sin\theta}\frac{d}{d\theta}\left(\sin\theta\frac{d}{d\theta}\right)\Theta+\left(\beta-\frac{m^2}{\sin^2\theta}\right)\Theta=0 \tag{2.32}$$

为方便求解，对式(2.32)进行变量代换。令 $u=\cos\theta$，则 $P(u)=\Theta(\theta)$。

因为 $\frac{du}{d\theta}=-\sin\theta$，得 $\frac{d}{d\theta}=\frac{d}{du}\frac{du}{d\theta}=-\sin\theta\frac{d}{du}$，代入式(2.32)得

$$\frac{-\sin\theta}{\sin\theta}\frac{d}{du}\left(-\sin^2\theta\frac{d}{du}\right)P+\left(\beta-\frac{m^2}{\sin^2\theta}\right)P=0$$

即

$$\frac{d}{du}[(1-u^2)\frac{d}{du}]P+\left(\beta-\frac{m^2}{1-u^2}\right)P=0$$

也可写为

$$(1-u^2)P''-2uP'+\left(\beta-\frac{m^2}{1-u^2}\right)P=0 \tag{2.33}$$

称为缔合勒让德方程(associated Legendre equation)。

当 $m=0$ 时，勒让德方程为

$$(1-u^2)P''-2uP'+\beta P=0 \tag{2.34}$$

这是一个变系数的二阶线性微分方程。下面讨论它的合理解。因为在球坐标系中，$0\leqslant\theta\leqslant\pi$，而 $u=\cos\theta$，所以勒让德方程中自变量 u 的定义域为 $-1\leqslant u\leqslant 1$。那么，方程的解 $P(u)$ 可以表达为收敛级数的形式：

(参考三角函数的泰勒级数展开：$\cos x=1-\frac{x^2}{2!}+\frac{x^4}{4!}-\frac{x^6}{6!}+\cdots$；$\sin x=x-\frac{x^3}{3!}+\frac{x^5}{5!}-\frac{x^7}{7!}+\cdots$)

$$P(u) = a_0 + a_1 u + a_2 u^2 + \cdots = \sum_{k=0}^{k} a_k u^k \tag{2.35}$$

对 $P(u)$求导，得

$$P'(u) = a_1 + 2a_2 u + 3a_3 u^2 + \cdots = \sum_{k=0}^{k} k a_k u^{k-1} = \sum_{k=0}^{k} (k+1) a_{k+1} u^k \tag{2.36}$$

$$P''(u) = 2a_2 + 3\times 2a_3 u + \cdots = \sum_{k=0}^{k} k(k-1) a_k u^{k-2} = \sum_{k=0}^{k} (k+2)(k+1) a_{k+2} u^k \tag{2.37}$$

将式(2.35)、式(2.36)、式(2.37)代入式(2.34)得

$$(1-u^2)\sum_{k=0}^{k} k(k-1) a_k u^{k-2} - 2u\sum_{k=0}^{k} k a_k u^{k-1} + \beta\sum_{k=0}^{k} a_k u^k = 0$$

即

$$\sum_{k=0}^{k} k(k-1) a_k u^{k-2} - \sum_{k=0}^{k} k(k-1) a_k u^k - 2\sum_{k=0}^{k} k a_k u^k + \beta\sum_{k=0}^{k} a_k u^k = 0$$

这是一个关于变量 u 的级数，要恒等于零，必要求各幂次项为零，即要求各幂次系数的代数和为零。合并同类项得

$$\sum_{k=0}^{k} (k+2)(k+1) a_{k+2} u^k - \sum_{k=0}^{k} k(k-1) a_k u^k - 2\sum_{k=0}^{k} k a_k u^k + \beta\sum_{k=0}^{k} a_k u^k = 0$$

故

$$(k+2)(k+1) a_{k+2} u^k - k(k-1) a_k u^k - 2k a_k u^k + \beta a_k u^k = 0$$

得系数间递推公式

$$a_{k+2} = \frac{k(k+1) - \beta}{(k+2)(k+1)} a_k \tag{2.38}$$

可见，当已知 a_0 和 a_1 时，方程的各幂次项的系数可以通过式(2.38)得到，从而方程得解。然而，由于β 没有限制，当 $u = 1$ 或-1 时，$P(u)$成为一个发散的级数，不能作为方程的解。只有当常数取值为

$$\beta = l(l+1),\ l = 0,1,2,\cdots \tag{2.39}$$

那么，级数将中断于第 k 项，$P(u)$收敛，方程有解。

若令 $a_0 = 1$、$a_1 = 0$ 或 $a_0 = 0$、$a_1 = 1$，根据式(2.38)可以得到两个未归一化的特征解，分别为

$$P_1(u) = 1 - \frac{l(l+1)}{2}u^2 - \frac{6-l(l+1)}{12}\frac{l(l+1)}{2}u^4 - \frac{20-l(l+1)}{30}\frac{6-l(l+1)}{12}\frac{l(l+1)}{2}u^6 + \cdots,\quad l = 0,2,4\cdots$$

$$P_2(u) = u + \frac{2-l(l+1)}{6}u^3 + \frac{12-l(l+1)}{20}\frac{2-l(l+1)}{6}u^5 + \frac{30-l(l+1)}{42}\frac{12-l(l+1)}{20}\frac{2-l(l+1)}{6}u^7 + \cdots,\quad l = 1,3,5\cdots$$

当 $l=0$ 时，$\Theta_{0,0}=P_1=1$；当 $l=1$ 时，$\Theta_{1,0}=P_2=\cos\theta$; 当 $l=2$ 时，$\Theta_{2,0}=P_3=1-3u^2=1-3\cos^2\theta$; 当 $l=3$ 时，$\Theta_{3,0}=P_4=\cos\theta-5/3\cos^3\theta$。

可见，得到量子数 l 是数学求解的必然结果。

通常，经过归一化，$P(u)$的通解表示为微分式

$$P_l(u)=\frac{1}{2^l l!}\frac{\mathrm{d}^l}{\mathrm{d}u^l}(u^2-1)^l,\quad l=0,1,2,\cdots \tag{2.40}$$

根据二项式定理：$(x+y)^l=\sum_{r=0}^{l}\frac{l!}{r!(l-r)!}x^{l-r}y^r$，展开 $(u^2-1)^l$ 为

$$(u^2-1)^l=\sum_{r=0}^{l}\frac{l!}{r!(l-r)!}u^{2l-2r}(-1)^r$$

因此

$$\begin{aligned}P_l(u)&=\frac{1}{2^l l!}\frac{\mathrm{d}^l}{\mathrm{d}u^l}\sum_{r=0}^{l}\frac{(-1)^r l!}{r!(l-r)!}u^{2l-2r}\\&=\frac{1}{2^l}\frac{\mathrm{d}^l}{\mathrm{d}u^l}\sum_{r=0}^{l/2}\frac{(-1)^r}{r!(l-r)!}u^{2l-2r}\qquad\left(r>\frac{l}{2}\text{的项，其}l\text{次导数为零}\right)\\&=\frac{1}{2^l}\sum_{r=0}^{l/2}\frac{(-1)^r}{r!(l-r)!}\{(2l-2r)(2l-2r-1)\cdots[2l-2r-(l-1)]u^{2l-2r-l}\}\\&=\frac{1}{2^l}\sum_{r=0}^{l/2}\frac{(-1)^r}{r!(l-r)!}[(2l-2r)(2l-2r-1)\cdots(l-2r+1)u^{l-2r}]\\&=\sum_{r=0}^{l/2}\frac{(-1)^r(2l-2r)!}{2^l r!(l-r)!(l-2r)!}u^{l-2r}\end{aligned}$$

同理，当 $m\neq 0$ 时，可以求得缔合勒让德方程式(2.33)的解为

$$P_l^{|m|}(u)=(1-u^2)^{\frac{m}{2}}\frac{\mathrm{d}^{|m|}}{\mathrm{d}u^{|m|}}P_l(u)=\frac{1}{2^1 l!}(1-u^2)^{\frac{m}{2}}\frac{\mathrm{d}^{|m|+l}}{\mathrm{d}u^{|m|+l}}(u^2-1)^l \tag{2.41}$$

将 u 换回 $\cos\theta$, 并用归一化条件

$$\int_0^{\pi}\Theta^*\Theta\sin\theta\mathrm{d}\theta=1$$

求归一化系数后得到Θ的解(表 2.2)：

$$\Theta_{l,m}(\theta)=\sqrt{\frac{(2l+1)(l-|m|)!}{2(l+|m|)!}}P_l^{|m|}\cos\theta \tag{2.42}$$

表 2.2 类氢原子Θ方程的解

l 值	Θ 方程的解
$l=0$	$\Theta_{0,0}(\theta)=\frac{\sqrt{2}}{2}$
$l=1$	$\Theta_{1,0}(\theta)=\frac{\sqrt{6}}{2}\cos\theta$；$\Theta_{1,\pm1}(\theta)=\frac{\sqrt{3}}{2}\sin\theta$

续表

l值	Θ方程的解
$l=2$	$\Theta_{2,0}(\theta)=\frac{\sqrt{10}}{4}(3\cos^2\theta-1)$；$\Theta_{2,\pm1}(\theta)=\frac{\sqrt{15}}{2}\sin\theta\cos\theta$；$\Theta_{2,\pm2}(\theta)=\frac{\sqrt{15}}{4}\sin^2\theta$
$l=3$	$\Theta_{3,0}(\theta)=\frac{3\sqrt{14}}{4}\left(\frac{5}{3}\cos^3\theta-\cos\theta\right)$；$\Theta_{3,\pm1}(\theta)=\frac{\sqrt{42}}{8}\sin\theta(5\cos^2\theta-1)$ $\Theta_{3,\pm2}(\theta)=\frac{\sqrt{105}}{4}\sin^2\theta\cos\theta$；$\Theta_{3,\pm3}(\theta)=\frac{\sqrt{70}}{8}\sin^3\theta$

2.1.5 *R* 方程的解(Solution of *R* equation)

已知$\beta=l(l+1)$，代入式(2.22)得

$$\left[\frac{\mathrm{d}}{\mathrm{d}r}\left(r^2\frac{\mathrm{d}}{\mathrm{d}r}\right)+\frac{Ze^2}{4\pi\varepsilon_0}\frac{2m_{\mathrm{e}}r}{\hbar^2}+\frac{2m_{\mathrm{e}}r^2E}{\hbar^2}\right]R(r)-l(l+1)R(r)=0 \tag{2.43}$$

令$\frac{2m_{\mathrm{e}}E}{\hbar^2}=-\alpha^2$，$\frac{Ze^2}{4\pi\varepsilon_0}\frac{m_{\mathrm{e}}}{\hbar^2}=n\alpha$，$\rho=2\alpha r$，则

$$L(\rho)\equiv R(r)$$

式(2.42)变为

$$\rho L''+[2(l+1)-\rho]L'+(n-l-1)L=0 \tag{2.44}$$

此为缔合拉盖尔方程(associated Laguerre equation)。同样地，也可以像解Θ方程一样，通过变量变换将上式简化，并用级数解法求得系数间递推公式：

$$a_{k+1}=\frac{(n-l-1-k)}{2(k+1)(l+1)+k(k+1)}a_k \tag{2.45}$$

R 方程的解为(表 2.3)

$$R_{n,l}(r)=-\sqrt{\left(\frac{2Z}{na_0}\right)^3\frac{(n-l-1)!}{2n[(n+l)!]^3}}\mathrm{e}^{-\frac{\rho}{2}}\rho^l\frac{\mathrm{d}^{2l+1}}{\mathrm{d}\rho^{2l+1}}\left[\mathrm{e}^{\rho}\frac{\mathrm{d}^{n+l}}{\mathrm{d}\rho^{n+l}}(\rho^{n+l}\mathrm{e}^{-\rho})\right];\quad \rho=\frac{2Z}{na_0}r \tag{2.46}$$

也可以表达为未归一化的级数表达式：

$$R_{n,l}(r)=(c_1\rho^l+c_2\rho^{l+1}+\cdots+c_{n-2}\rho^{n-1})\mathrm{e}^{-\rho}=\sum_{i=1}^{n-l}c_i\rho^{l+i-1}\mathrm{e}^{-\rho} \tag{2.47}$$

在求解过程中，会得到能量的表达式和量子数 n：

$$E_n=-\frac{Z^2}{n^2}\frac{me^4}{2\hbar^2(4\pi\varepsilon_0)^2}=-\frac{Z^2}{n^2}R_{\mathrm{y}} \tag{2.48}$$

R_{y} 为里德伯能量。

表 2.3　类氢原子 *R* 方程的解

n 和 l 值	R 方程的解	函数图像
$n=1$ $l=0$	$R_{1,0}=2\left(\frac{Z}{a_0}\right)^{3/2}\mathrm{e}^{-\frac{Z}{a_0}r}$	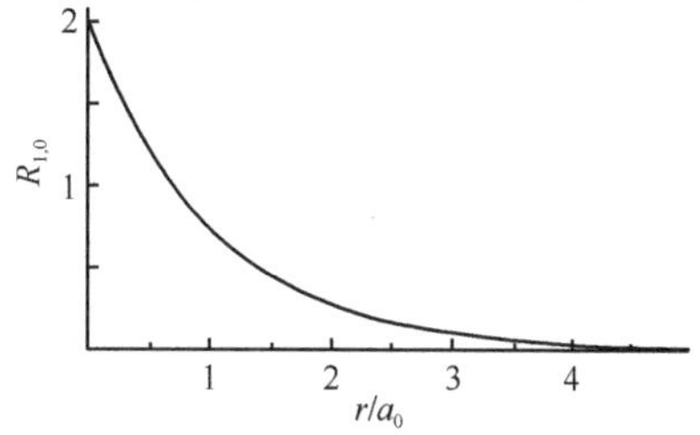
$n=2$ $l=0$	$R_{2,0}=\frac{1}{\sqrt{2}}\left(\frac{Z}{a_0}\right)^{3/2}\left(1-\frac{Zr}{2a_0}\right)\mathrm{e}^{-\frac{Z}{2a_0}r}$	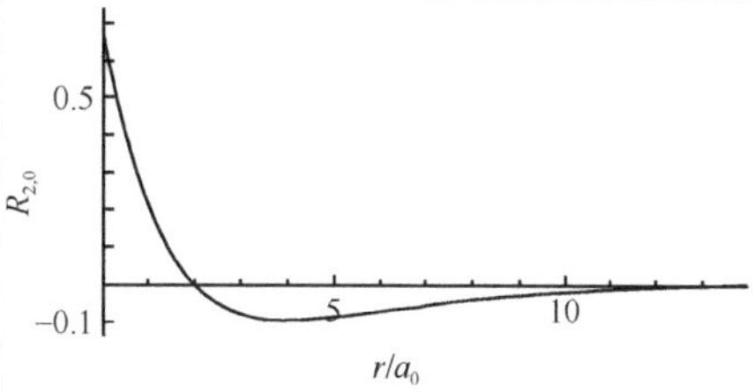
$n=2$ $l=1$	$R_{2,1}=\frac{1}{\sqrt{2}}\left(\frac{Z}{a_0}\right)^{5/2}r\mathrm{e}^{-\frac{Z}{2a_0}r}$	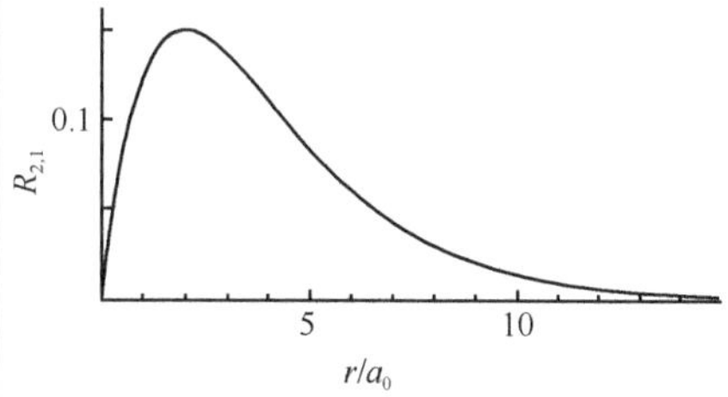
$n=3$ $l=0$	$R_{3,0}=\frac{1}{2\sqrt{6}}\left(\frac{Z}{a_0}\right)^{5/2}\left(1-\frac{2Zr}{3a_0}+\frac{2Z^2r^2}{27a_0^2}\right)\mathrm{e}^{-\frac{Z}{3a_0}r}$	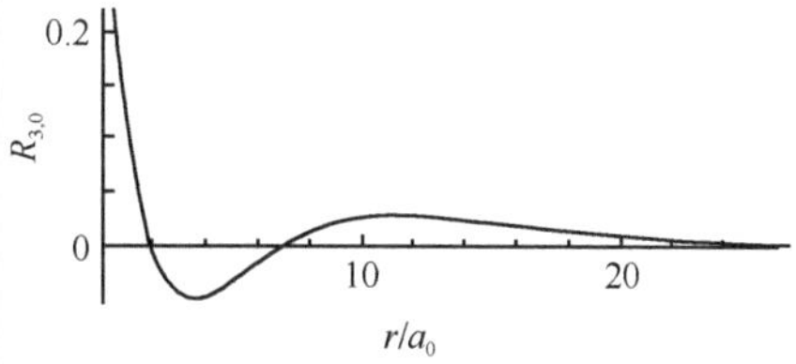
$n=3$ $l=1$	$R_{3,1}=\frac{8}{27\sqrt{6}}\left(\frac{Z}{a_0}\right)^{5/2}\left(r-\frac{Z^2r^2}{6a_0}\right)\mathrm{e}^{-\frac{Z}{3a_0}r}$	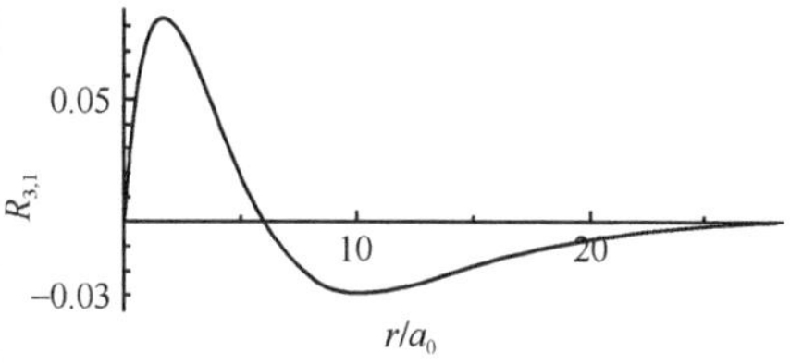
$n=3$ $l=2$	$R_{3,2}=\frac{4}{81\sqrt{30}}\left(\frac{Z}{a_0}\right)^{7/2}r^2\mathrm{e}^{-\frac{Z}{3a_0}r}$	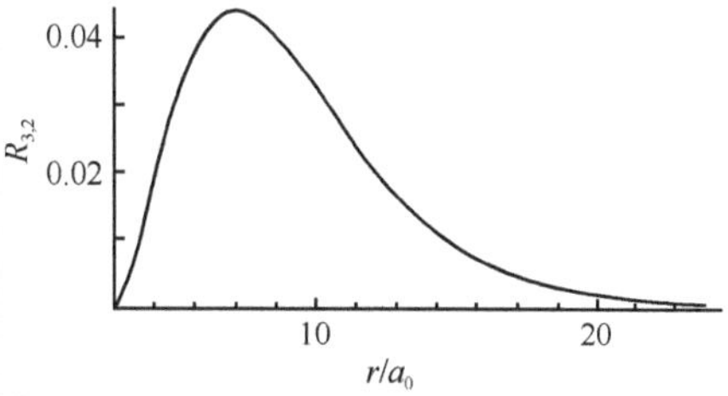

为简便地得到式(2.48)的能量表达式，可以求解 $l=0$，即 s 状态的能量。

此时，式(2.43)变为

$$\left[\frac{\mathrm{d}}{\mathrm{d}r}\left(r^2\frac{\mathrm{d}}{\mathrm{d}r}\right)+\frac{Ze^2}{4\pi\varepsilon_0}\frac{2m_e r}{\hbar^2}+\frac{2m_e r^2 E}{\hbar^2}\right]R(r)=0$$

即

$$R''+\frac{2}{r}R'+\frac{Ze^2}{4\pi\varepsilon_0 r}\frac{2m_e}{\hbar^2}R+\frac{2m_e E}{\hbar^2}R=0 \tag{2.49}$$

下面用待定系数法求解方程式(2.49)：

设方程的简单解为

$$R(r)=c\mathrm{e}^{-\alpha r} \tag{2.50}$$

则其一阶、二阶导数分别为

$$R'=-\alpha c\mathrm{e}^{-\alpha r}=-\alpha R, \quad R''=\alpha^2 R$$

代入式(2.49)得

$$\alpha^2-\frac{2}{r}\alpha+\frac{Ze^2}{4\pi\varepsilon_0 r}\frac{2m_e}{\hbar^2}+\frac{2m_e E}{\hbar^2}=0 \tag{2.51}$$

要使式(2.51)恒等于零，级数中各同类项的系数必须等于零，故

$$\alpha^2+\frac{2m_e E}{\hbar^2}=0, \quad -2\alpha+\frac{Ze^2}{4\pi\varepsilon_0}\frac{2m_e}{\hbar^2}=0$$

即

$$\alpha=\frac{Zm_e e^2}{4\pi\varepsilon_0\hbar^2}=\frac{Z}{a_0}\ (a_0\text{为玻尔半径})$$

$$E=-\frac{\alpha^2\hbar^2}{2m_e}=-\frac{m_e e^4 Z^2}{(4\pi\varepsilon_0)^2 2\hbar^2}=-Z^2 R_y \tag{2.52}$$

与式(2.48)相比，显然是 $n=1$，即基态 1s 时的能量。将 $\alpha=Z/a_0$ 代入式(2.50)，得

$$R(r)=c\mathrm{e}^{-\frac{Z}{a_0}r}$$

下面求归一化系数 c：量子力学要求 $\psi(r,\theta,\phi)$ 是品优函数，必须满足平方可积的条件，$R(r)$ 函数是其一部分，当然也要求是平方可积的。在球坐标系中，不同于直角坐标系中的积分元是小立方体 $\mathrm{d}\tau=\mathrm{d}x\mathrm{d}y\mathrm{d}z$；其积分元是一个不规则的弧状锥体 $\mathrm{d}\tau=r\mathrm{d}\theta\, r\sin\theta\,\mathrm{d}\phi\,\mathrm{d}r=r^2\sin\theta\mathrm{d}r\mathrm{d}\theta\mathrm{d}\phi$，积分变量是 $\mathrm{d}r$、$\mathrm{d}\theta$、$\mathrm{d}\phi$。对于 $R^2(r)$ 函数，积分元为 $r^2\mathrm{d}r$，故多次运用分部积分法 $\int u\mathrm{d}v=uv|-\int v\mathrm{d}u$ 得

$$
\begin{aligned}
\int_0^\infty R^2 r^2 \mathrm{d}r &= c^2 \int_0^\infty r^2 \mathrm{e}^{-\frac{2Z}{a_0}r} \mathrm{d}r \\
&= c^2 \int_0^\infty r^2 \left(-\frac{a_0}{2Z}\right) \mathrm{d}\mathrm{e}^{-\frac{2Z}{a_0}r} \\
&= c^2 \left(-\frac{a_0}{2Z}\right) r^2 \mathrm{e}^{-\frac{2Z}{a_0}r} \Bigg|_0^\infty - c^2 \left(-\frac{a_0}{2Z}\right) \int_0^\infty \mathrm{e}^{-\frac{2Z}{a_0}r} 2r\mathrm{d}r \\
&= -2c^2 \left(-\frac{a_0}{2Z}\right)^2 \int_0^\infty r\mathrm{d}\mathrm{e}^{-\frac{2Z}{a_0}r} \\
&= -2c^2 \left(-\frac{a_0}{2Z}\right)^2 r\mathrm{e}^{-\frac{2Z}{a_0}r} \Bigg|_0^\infty + 2c^2 \left(-\frac{a_0}{2Z}\right)^2 \int_0^\infty \mathrm{e}^{-\frac{2Z}{a_0}r} \mathrm{d}r \\
&= 2c^2 \left(-\frac{a_0}{2Z}\right)^3 \int_0^\infty \mathrm{d}\mathrm{e}^{-\frac{2Z}{a_0}r} \\
&= 2c^2 \left(-\frac{a_0}{2Z}\right)^3 \mathrm{e}^{-\frac{2Z}{a_0}r} \Bigg|_0^\infty \\
&= \frac{c^2}{4} \left(\frac{a_0}{Z}\right)^3 = 1
\end{aligned}
$$

所以

$$
c = \pm 2\sqrt{\left(\frac{Z}{a_0}\right)^3}
$$

由于正负号在波函数中代表的仅是波动振幅的正或负，其代表的物理意义一致，因此一般舍去负值取正值，得到类氢原子基态 1s 的 $R(r)$ 函数为

$$
R(r) = 2\sqrt{\left(\frac{Z}{a_0}\right)^3} \mathrm{e}^{-\frac{Z}{a_0}r} \tag{2.53}
$$

设复杂的解为

$$
R(r) = (c_1 + c_2 r)\mathrm{e}^{-\alpha r} \tag{2.54}
$$

则其一阶、二阶导数分别为

$$
R' = -\alpha c_1 \mathrm{e}^{-\alpha r} + c_2 \mathrm{e}^{-\alpha r} - \alpha c_2 r \mathrm{e}^{-\alpha r}, \quad R'' = \alpha^2 c_1 \mathrm{e}^{-\alpha r} - 2\alpha c_2 \mathrm{e}^{-\alpha r} + \alpha^2 c_2 r \mathrm{e}^{-\alpha r}
$$

代入式(2.49)得

$$
\begin{aligned}
&\alpha^2 c_1 - 2\alpha c_2 + \alpha^2 c_2 r - \frac{2\alpha}{r} c_1 + \frac{2}{r} c_2 - 2\alpha c_2 \\
&+ \frac{Ze^2}{4\pi\varepsilon_0 r} \frac{2m_e}{\hbar^2} c_1 + \frac{Ze^2}{4\pi\varepsilon_0} \frac{2m_e}{\hbar^2} c_2 + \frac{2m_e E}{\hbar^2} c_1 + \frac{2m_e E}{\hbar^2} c_2 r = 0
\end{aligned}
$$

$$\left(\alpha^2+\frac{2m_eE}{\hbar^2}\right)c_1+\left(-4\alpha+\frac{Ze^2}{4\pi\varepsilon_0}\frac{2m_e}{\hbar^2}\right)c_2+\frac{2}{r}\left(-\alpha c_1+c_2+\frac{Ze^2}{4\pi\varepsilon_0}\frac{m_e}{\hbar^2}c_1\right)+\left(\alpha^2+\frac{2m_eE}{\hbar^2}\right)c_2r=0$$

$$\alpha^2+\frac{2m_eE}{\hbar^2}=0;\quad -4\alpha+\frac{Ze^2}{4\pi\varepsilon_0}\frac{2m_e}{\hbar^2}=0$$

即

$$\alpha=\frac{Zm_ee^2}{8\pi\varepsilon_0\hbar^2}=\frac{Z}{2a_0}$$

$$E=-\frac{\alpha^2\hbar^2}{2m_e}=-\frac{m_ee^4Z^2}{8(4\pi\varepsilon_0)^2\hbar^2}=-\frac{Z^2}{2^2}R_y \tag{2.55}$$

与式(2.48)相比，显然是 $n=2$，即基态 2s 时的能量。

当然，进一步设更复杂的解为 $R(r)=(c_1+c_2r+c_3r^2)\mathrm{e}^{-\alpha r}$，可以得到 $\alpha=Z/3a_0$，对应能量的公式为

$$E=-\frac{\alpha^2\hbar^2}{2m_e}=-\frac{m_ee^4Z^2}{18(4\pi\varepsilon_0)^2\hbar^2}=-\frac{Z^2}{3^2}R_y \tag{2.56}$$

由此，用归纳法总结得到类氢原子能量的普遍表达式[式(2.48)]。

可见，能量的量子化是自然得到的，n 为主量子数，决定能量的高低。能级公式也是由电子的波函数自然求解得到的。说明微观粒子的波动性必然导致其能量量子化的结果。

2.1.6　本征态和波函数(Eigenstate and wave function)

至此，分别得到了变量分离后的三个方程式(2.22)、式(2.25)、式(2.26)的解。将 R、Θ、Φ合并，即将它们相乘得到类氢原子薛定谔方程式(2.2)的解：描述类氢原子运动规律的波函数 $\psi_{n,l,m}(r,\theta,\phi)$，其中的每一个波函数代表了一个电子在原子中的一个状态(轨道)，这种状态与时间无关，是定态，也就是驻波，其振幅不随时间的变化而变化。所有波函数满足正交归一化的条件：

$$\int\psi_i^*\psi_j\mathrm{d}\tau=\int_0^\infty\int_0^\pi\int_0^{2\pi}\psi_{n,l,m}{}^*\psi_{n',l',m'}r^2\sin\theta\mathrm{d}\theta\mathrm{d}\phi=\delta_{ij}=\begin{cases}1, & i=j\\0, & i\neq j\end{cases} \tag{2.57}$$

$\psi_{n,l,m}(r,\theta,\phi)$是由哈密顿算符的本征方程(薛定谔方程)求解得到的，故又称它们为本征态。由于它们有的是虚函数，因此需要对它们进行线性组合处理以得到其实函数解。按照态叠加原理，本征态的线性组合得到的实函数仍然是体系的一个状态，这就是原子轨道。其轮廓图列于表 2.4。

表 2.4　类氢原子薛定谔方程的解 ψ 及其图像 $\rho=\dfrac{Z}{a_0}r$

本征函数解 $\psi_{n,l,m}(r,\theta,\phi)$	实函数解——原子轨道	实函数图像
$\psi_{1,0,0}=\psi_{1s}$	$\psi_{1s}=\dfrac{1}{\sqrt{\pi}}\left(\dfrac{Z}{a_0}\right)^{3/2}\mathrm{e}^{-\rho}$	

续表

本征函数解 $\psi_{n,l,m}(r,\theta,\phi)$	实函数解——原子轨道	实函数图像
$\psi_{2,0,0}=\psi_{2s}$	$\psi_{2s}=\frac{1}{4\sqrt{2\pi}}\left(\frac{Z}{a_0}\right)^{3/2}(2-\rho)e^{-\frac{\rho}{2}}$	
$\psi_{2,1,0}=\psi_{2p_z}$	$\psi_{2p_z}=\frac{1}{4\sqrt{2\pi}}\left(\frac{Z}{a_0}\right)^{3/2}\rho e^{-\frac{\rho}{2}}\cos\theta$	
$\psi_{2p_x}=\frac{1}{\sqrt{2}}(\psi_{2,1,1}+\psi_{2,1,-1})$	$\psi_{2p_x}=\frac{1}{4\sqrt{2\pi}}\left(\frac{Z}{a_0}\right)^{3/2}\rho e^{-\frac{\rho}{2}}\sin\theta\cos\phi$	
$\psi_{2p_y}=\frac{1}{\sqrt{2}i}(\psi_{2,1,1}-\psi_{2,1,-1})$	$\psi_{2p_y}=\frac{1}{4\sqrt{2\pi}}\left(\frac{Z}{a_0}\right)^{3/2}\rho e^{-\frac{\rho}{2}}\sin\theta\sin\phi$	
$\psi_{3,0,0}=\psi_{3s}$	$\psi_{3s}=\frac{1}{81\sqrt{3\pi}}\left(\frac{Z}{a_0}\right)^{3/2}(27-18\rho+2\rho^2)e^{-\frac{\rho}{3}}$	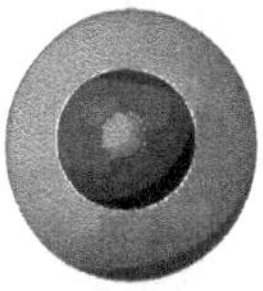
$\psi_{3,1,0}=\psi_{3p_z}$	$\psi_{3p_z}=\frac{\sqrt{2}}{81\sqrt{\pi}}\left(\frac{Z}{a_0}\right)^{3/2}(6-\rho)\rho e^{-\frac{\rho}{3}}\cos\theta$	
$\psi_{3p_x}=\frac{1}{\sqrt{2}}(\psi_{3,1,1}+\psi_{3,1,-1})$	$\psi_{3p_x}=\frac{\sqrt{2}}{81\sqrt{\pi}}\left(\frac{Z}{a_0}\right)^{3/2}(6-\rho)\rho e^{-\frac{\rho}{3}}\sin\theta\cos\phi$	
$\psi_{3p_y}=\frac{1}{\sqrt{2}i}(\psi_{3,1,1}-\psi_{3,1,-1})$	$\psi_{3p_y}=\frac{\sqrt{2}}{81\sqrt{\pi}}\left(\frac{Z}{a_0}\right)^{3/2}(6-\rho)\rho e^{-\frac{\rho}{3}}\sin\theta\sin\phi$	
$\psi_{3,2,0}=\psi_{3d_{z^2}}$	$\psi_{3d_{z^2}}=\frac{1}{81\sqrt{6\pi}}\left(\frac{Z}{a_0}\right)^{3/2}\rho^2 e^{-\frac{\rho}{3}}(3\cos^2\theta-1)$	
$\psi_{3d_{xz}}=\frac{1}{\sqrt{2}}(\psi_{3,2,1}+\psi_{3,2,-1})$	$\psi_{3d_{xz}}=\frac{\sqrt{2}}{81\sqrt{6\pi}}\left(\frac{Z}{a_0}\right)^{3/2}\rho^2 e^{-\frac{\rho}{3}}\sin\theta\cos\theta\cos\phi$	
$\psi_{3d_{yz}}=\frac{1}{\sqrt{2}i}(\psi_{3,2,1}-\psi_{3,2,-1})$	$\psi_{3d_{yz}}=\frac{\sqrt{2}}{81\sqrt{6\pi}}\left(\frac{Z}{a_0}\right)^{3/2}\rho^2 e^{-\frac{\rho}{3}}\sin\theta\cos\theta\sin\phi$	
$\psi_{3d_{xy}}=\frac{1}{\sqrt{2}i}(\psi_{3,2,2}-\psi_{3,2,-2})$	$\psi_{3d_{xy}}=\frac{1}{81\sqrt{2\pi}}\left(\frac{Z}{a_0}\right)^{3/2}\rho^2 e^{-\frac{\rho}{3}}\sin^2\theta\sin 2\phi$	
$\psi_{3d_{x^2-y^2}}=\frac{1}{\sqrt{2}}(\psi_{3,2,2}+\psi_{3,2,-2})$	$\psi_{3d_{x^2-y^2}}=\frac{1}{81\sqrt{2\pi}}\left(\frac{Z}{a_0}\right)^{3/2}\rho^2 e^{-\frac{\rho}{3}}\sin^2\theta\cos 2\phi$	

从能量公式(2.48)可知，求解的是单电子类氢原子体系，得到的是电子的能量及其波函数。这也是在定核近似下体系的能量。考虑到核也运动，在物理学上，可以将类氢原子看作由两个质点构成的体系，它们的运动就是两个质点绕质心的运动。其折合质量为 $\mu=\dfrac{mM}{m+M}$(见 5.2.1 小节)；对于氢原子，已知质子的质量是电子质量的 1836 倍，则

$$\mu=\frac{m_{\mathrm{e}}M_{\mathrm{p}}}{m_{\mathrm{e}}+M_{\mathrm{p}}}=\frac{1836m^2_{\mathrm{e}}}{1837m_{\mathrm{e}}}=0.999456m_{\mathrm{e}}$$

用折合质量代替式(2.48)中电子的质量，得到的能量就是氢原子的能量公式。可见两者之间差别很小。其他类氢原子的质量是质子质量的 2 倍、3 倍、4 倍甚至更大，折合质量更接近氢原子的质量。所以，玻恩-奥本海默近似是合理的。于是，得到一个对原子、分子运动规律重要的理解：由于电子运动的能量占据了原子和分子体系的绝大部分，那么体系中电子运动的规律基本代表了原子和分子的运动规律。

所以，将求解薛定谔方程式(2.2)得到的波函数称为原子轨道是合理的。轨道一词只是借用牛顿力学关于宏观物体运动规律的描述。实际上，得到的波函数就是量子力学基本假设下电子波的运动规律；它的粒子性是通过玻恩的统计解释——波函数模的平方表示粒子在空间某处出现的概率密度来理解。

2.1.7　*Y* 方程的解与电子的角动量(Solution of *Y* equation and electronic angular momentum)

对于方程式(2.23)，即 *Y* 方程的解，由于 $\varPhi$ 方程和 $\varTheta$ 方程已经求解，因此只要将表 2.1 和表 2.2 中的函数相乘即可得到需要的描述电子运动的角度函数 $Y(\theta,\ \phi)$(表 2.5)，它的形状与熟悉的原子轨道类似，它的正负号决定了轨道的正负号，它的形状决定了轨道的形状，它的对称性与轨道的对称性一致。它本身也是正交归一化的：

$$\int Y_i^* Y_j \mathrm{d}\omega=\int_0^{\pi}\int_0^{2\pi} Y_{l,m}{}^* Y_{l',m'}\sin\theta\mathrm{d}\theta\mathrm{d}\phi=\delta_{ij}=\begin{cases}1, & i=j\\ 0, & i\neq j\end{cases}$$

类氢原子 *Y* 方程的通解——角度函数为

$$\begin{aligned}Y_{l,m}(\theta,\phi)&=\varTheta_{l,m}(\theta)\varPhi_m(\phi)\\&=(-1)^{\frac{m+|m|}{2}}\sqrt{\frac{(2l+1)(l-|m|)!}{2(l+|m|)!}}P_l^{|m|}\cos\theta\frac{1}{\sqrt{2\pi}}\exp(\mathrm{i}m\phi)\\&=NP_l^{|m|}\cos\theta\exp(\mathrm{i}m\phi)\end{aligned}\tag{2.58}$$

表 2.5　类氢原子 *Y* 方程的解

l	*m*	复函数解 $Y_{l,m}(\theta,\phi)$	实函数解 $Y_{l,\lvert m\rvert}(\theta,\phi)$	实函数图像
0	0	$Y_{0,0}=\dfrac{1}{\sqrt{4\pi}}$	$Y_{\mathrm{s}}=Y_{1,0}=\dfrac{1}{\sqrt{4\pi}}$	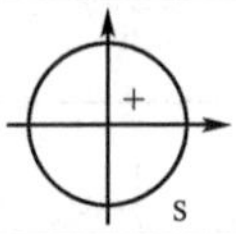

续表

l	m	复函数解 $Y_{l,m}(\theta,\phi)$	实函数解 $Y_{l,\lvert m\rvert}(\theta,\phi)$	实函数图像
1	0	$Y_{1,0}=\sqrt{\frac{3}{4\pi}}\cos\theta$	$Y_{p_z}=Y_{1,0}=\sqrt{\frac{3}{4\pi}}\cos\theta$	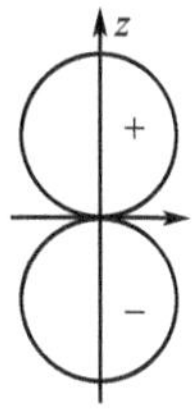
	1	$Y_{1,1}=\sqrt{\frac{3}{8\pi}}e^{i\phi}\sin\theta$	$Y_{p_x}=Y_{1,1}^{\cos}=\sqrt{\frac{3}{4\pi}}\sin\theta\cos\phi$	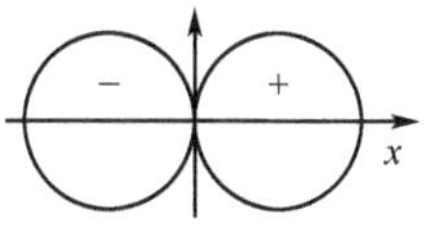
	−1	$Y_{1,-1}=\sqrt{\frac{3}{8\pi}}e^{-i\phi}\sin\theta$	$Y_{p_y}=Y_{1,1}^{\sin}=\sqrt{\frac{3}{4\pi}}\sin\theta\sin\phi$	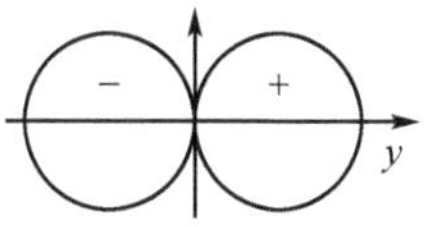
2	0	$Y_{2,0}=\sqrt{\frac{5}{16\pi}}(3\cos^2\theta-1)$	$Y_{d_{z^2}}=Y_{2,0}=\sqrt{\frac{5}{16\pi}}(3\cos^2\theta-1)$	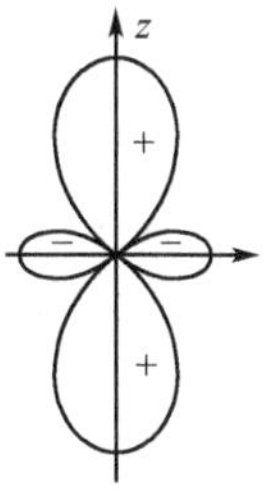
	1	$Y_{2,1}=\sqrt{\frac{15}{8\pi}}e^{i\phi}\sin\theta\cos\theta$	$Y_{xz}=Y_{2,1}^{\cos}=\sqrt{\frac{5}{16\pi}}\sin 2\theta\cos\phi$	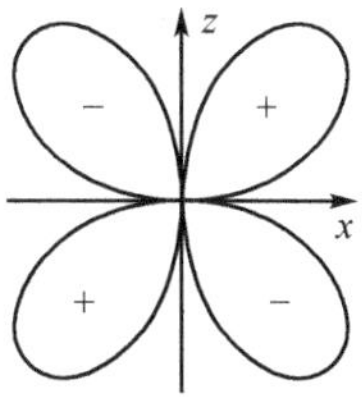
	−1	$Y_{2,-1}=\sqrt{\frac{15}{8\pi}}e^{-i\phi}\sin\theta\cos\theta$	$Y_{yz}=Y_{2,1}^{\sin}=\sqrt{\frac{5}{16\pi}}\sin 2\theta\sin\phi$	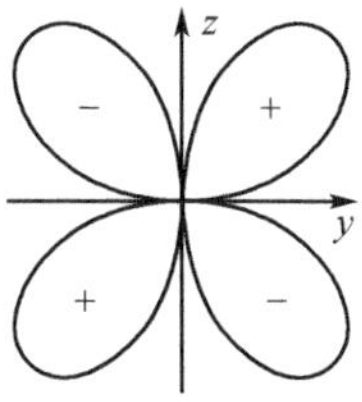
	2	$Y_{2,2}=\sqrt{\frac{15}{32\pi}}e^{i2\phi}\sin^2\theta$	$Y_{xy}=Y_{2,2}^{\sin}=\sqrt{\frac{15}{16\pi}}\sin^2\theta\sin 2\phi$	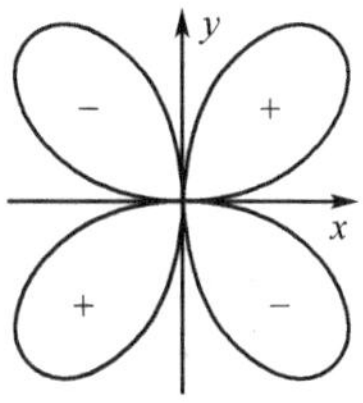

续表

l	m	复函数解 $Y_{l,m}(\theta,\phi)$	实函数解 $Y_{l,\|m\|}(\theta,\phi)$	实函数图像
2	−2	$Y_{2,-2}=\sqrt{\dfrac{15}{32\pi}}e^{-i2\phi}\sin^2\theta$	$Y_{x^2-y^2}=Y_{2,2}^{\cos}=\sqrt{\dfrac{15}{16\pi}}\sin^2\theta\cos 2\phi$	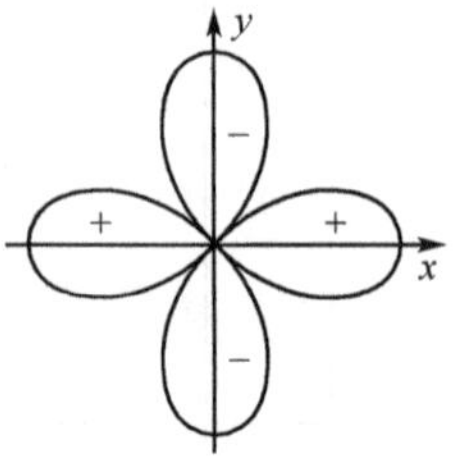

1. Y 函数的图像

Y 函数的图像：单电子波函数ψ(原子轨道)角度部分的球坐标图。Y 称为原子轨道的角度函数[ψ 的角度函数，数学上称其为球谐函数(spherical harmonics)]。其图像是当 r = 1，Y 对θ,ϕ 作图得到。例如，$Y_s=\dfrac{1}{\sqrt{4\pi}}$ 的图像是 r = 1(1 为任意单位)的球壳[图 2.2(a)]。$Y_{p_z}=Y_{1,0}=\sqrt{\dfrac{3}{4\pi}}\cos\theta$ 的图像是 r = 1，θ 从 0 到 π 取值，得到的点连成线，再让ϕ 从 0 到 2π变化，即绕 z 轴旋转一周得到的两个球壳，$0\leqslant\theta<\pi/2$ 为正值，$\pi/2<\theta\leqslant\pi$ 为负值；而当$\theta=\pi/2$ 时，cosθ为 0，即 z 轴与 xy 平面的交点为节点(node)，对应立体图在 xy 平面有一个节面(nodal plane)[图 2.2(b)]。在 $Y_{d_{z^2}}$ 中的节面为两个锥形面(nodal surface)，$3\cos^2\theta-1=0$，$\cos\theta=\pm\sqrt{3}/3$，θ 取值 54.73°和 125.27°[图 2.2(c)]。一般仅画出平面示意图(图 2.3)。

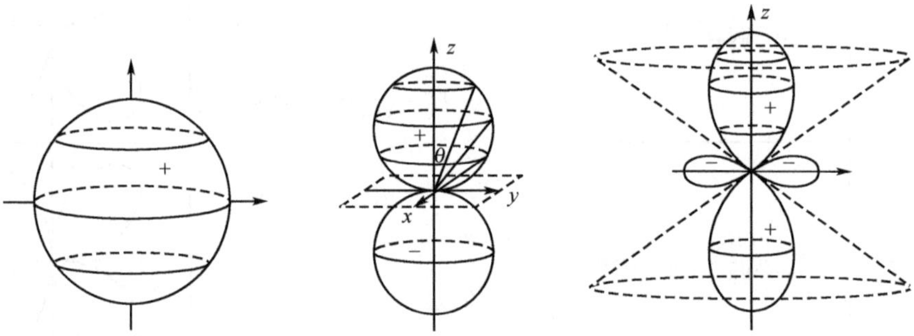

(a)　　(b)　　(c)

图 2.2　Y_s-(θ,ϕ)图、Y_{p_z} -(θ,ϕ)图和 $Y_{d_{z^2}}$ (θ,ϕ)图

2. Y^2 函数的图像

Y^2 函数的图像：单电子波函数平方ψ^2 角度部分的球坐标图。其图像是当 r=1，Y^2 对θ,ϕ 作图得到，称为电子密度的角度分布图。由于ψ^2 代表电子在空间某处出现的概率密度，它的黑点图称为电子云。Y^2 又称为电子云的角度分布。由于 Y 的绝对值一般小于或等于 1，故 Y^2 图除 Y_s^2 仍为球壳外，其余 Y_p^2、Y_d^2 等均比 Y 图“瘦”(图 2.3)，这就是有机

化学书上常见的哑铃形 p 轨道的出处。

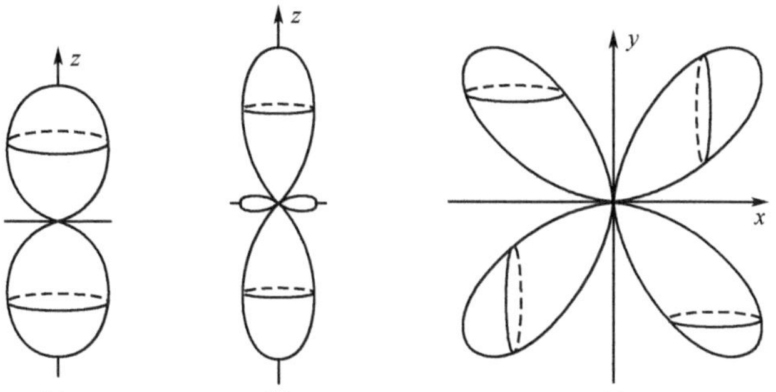

图 2.3 $Y_{p_z}^2$-(θ,ϕ)图、$Y_{d_{z^2}}^2$-(θ,ϕ)图和 $Y_{d_{xy}}^2$-(θ,ϕ)图

3. 电子的角动量(Angular momentum of electron)

角动量是一个重要的物理量，在玻尔的氢原子结构模型中曾假设电子的角动量是量子化的，从而圆满地解释了氢原子光谱。为了求解它，首先要确定角动量对应的力学量算符的表达形式。它是一个矢量，与方向有关；而角动量的平方是一个标量，与方向无关。

角动量 $\boldsymbol{M}$ 的一般表达式是

$$\boldsymbol{M}=\boldsymbol{r}\times\boldsymbol{p}=\begin{vmatrix}\boldsymbol{i} & \boldsymbol{j} & \boldsymbol{k}\\ x & y & z\\ p_x & p_y & p_z\end{vmatrix}=(yp_z-zp_y)\boldsymbol{i}+(zp_x-xp_z)\boldsymbol{j}+(xp_y-yp_x)\boldsymbol{k}$$
$$=\boldsymbol{M}_x+\boldsymbol{M}_y+\boldsymbol{M}_z \tag{2.59}$$

角动量矢量无法确定，没有对应的方程可解。其分量算符之间存在下列不对易关系

$$\begin{aligned}[\hat{M}_x,\hat{M}_y]&=\mathrm{i}\hbar\hat{M}_z\\ [\hat{M}_y,\hat{M}_z]&=\mathrm{i}\hbar\hat{M}_x\\ [\hat{M}_z,\hat{M}_x]&=\mathrm{i}\hbar\hat{M}_y\end{aligned} \tag{2.60}$$

角动量平方 M^2 的一般表达式为

$$M^2=M_x^2+M_y^2+M_z^2$$

算符为

$$\begin{aligned}\hat{M}^2&=\hat{M}_x^2+\hat{M}_y^2+\hat{M}_z^2\\ &=(yp_z-zp_y)^2+(zp_x-xp_z)^2+(xp_y-yp_x)^2\\ &=-\hbar^2\left[\left(y\frac{\partial}{\partial z}-z\frac{\partial}{\partial y}\right)^2+\left(z\frac{\partial}{\partial x}-x\frac{\partial}{\partial z}\right)^2+\left(x\frac{\partial}{\partial y}-y\frac{\partial}{\partial x}\right)^2\right]\end{aligned}$$

将式(2.3)、式(2.4)、式(2.5)和式(2.15)、式(2.16)、式(2.17)代入上式并整理得

$$\hat{M}^2 = -\hbar^2\left[\frac{1}{\sin\theta}\frac{\partial}{\partial\theta}\left(\sin\theta\frac{\partial}{\partial\theta}\right)+\frac{1}{\sin^2\theta}\frac{\partial^2}{\partial\phi^2}\right] = -\hbar^2[\wedge] \tag{2.61}$$

式中，[∧]称为勒让德算符。

与式(2.23)的 Y 方程比较，

$$\left[\frac{1}{\sin\theta}\frac{\partial}{\partial\theta}\left(\sin\theta\frac{\partial}{\partial\theta}\right)+\frac{1}{\sin^2\theta}\frac{\partial^2}{\partial\phi^2}\right]Y(\theta,\phi)+\beta Y(\theta,\phi)=0$$

关于氢原子中电子角动量的方程为

$$-\hbar^2[\wedge]Y(\theta,\phi)-\hbar^2\beta Y(\theta,\phi)=0$$

已知$\beta=l(l+1)$，代入得

$$\hat{M}^2Y(\theta,\phi)-\hbar^2 l(l+1)Y(\theta,\phi)=0 \tag{2.62}$$

故方程得解，本征值为

$$M^2=\hbar^2 l(l+1);\ \ |M_l|=\sqrt{l(l+1)}\hbar,\ \ l=0,1,2,3,\cdots,n-1$$

可见，束缚于库仑场中的电子，其也是角动量量子化(angular momentum quantization)的，量子数 l 的大小决定了角动量的大小。这就是将量子数 l 称为角动量量子数，简称角量子数的原因。与式(1.14)玻尔模型规定的角动量是$\hbar$的整数倍不同，真实氢原子角动量在 z 方向(磁场方向)的投影是$\hbar$的整数倍：角动量在 z 方向的分量也是一个重要的物理量，由式(2.59)可知，

$$\hat{M}_z=-\mathrm{i}\hbar\left(x\frac{\partial}{\partial y}-y\frac{\partial}{\partial x}\right)$$

将式(2.3)、式(2.4)和式(2.15)、式(2.16)代入得

$$\begin{aligned}\hat{M}_z&=-\mathrm{i}\hbar\begin{Bmatrix}(r\sin\theta\cos\phi)\left(\sin\theta\sin\phi\dfrac{\partial}{\partial r}+\dfrac{\cos\theta\sin\phi}{r}\dfrac{\partial}{\partial\theta}+\dfrac{\cos\phi}{r\sin\theta}\dfrac{\partial}{\partial\phi}\right)\\-(r\sin\theta\sin\phi)\left(\sin\theta\cos\phi\dfrac{\partial}{\partial r}+\dfrac{\cos\theta\cos\phi}{r}\dfrac{\partial}{\partial\theta}-\dfrac{\sin\phi}{r\sin\theta}\dfrac{\partial}{\partial\phi}\right)\end{Bmatrix}\\&=-\mathrm{i}\hbar\left(\cos^2\phi\frac{\partial}{\partial\phi}+\sin^2\phi\frac{\partial}{\partial\phi}\right)\\&=-\mathrm{i}\hbar\frac{\partial}{\partial\phi}\end{aligned}\tag{2.63}$$

已知$[\hat{H},\hat{M}_z]=0$，　$[\hat{H},\hat{M}^2]=0$(读者可以自己证明)，所以三个力学量有共同的本征函数 $\psi_{n,l,m}(r,\theta,\phi)$，由于$\hat{M}_z$仅与 ϕ 有关，因此关于角动量在 z 方向的方程为

$$-\mathrm{i}\hbar\frac{\partial}{\partial\phi}\Phi(\phi)=\hat{M}_z\Phi(\phi)=M_z\Phi(\phi) \tag{2.64}$$

已知

$$\Phi_m(\phi)=\frac{1}{\sqrt{2\pi}}\mathrm{e}^{\mathrm{i}m\phi},\quad m=0,\pm1,\pm2,\cdots$$

代入得 M_z 的本征值为

$$M_z = m\hbar,\quad m = 0,\pm1,\pm2,\cdots,\pm l \tag{2.65}$$

可见，束缚于库仑场中的电子，角动量除大小量子化外，还存在空间方向的量子化。量子数 m 的大小决定了角动量在 z 方向(磁场 $\boldsymbol{H}$ 方向)分量的大小。这就是将量子数 m 称为磁量子数的原因。

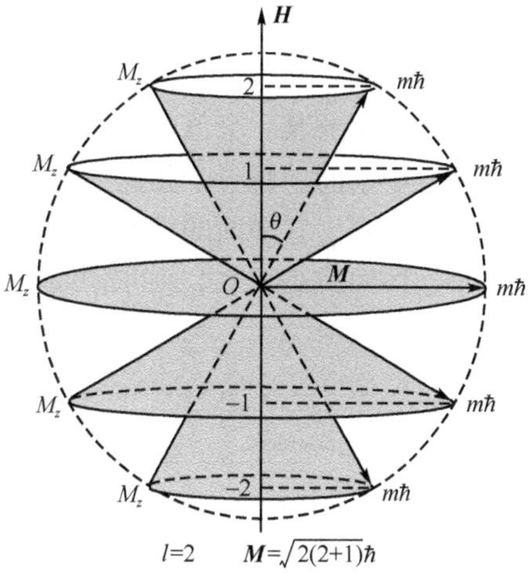

图 2.4 原子中电子角动量的空间方向量子化

总结式(2.62)和式(2.65)于图 2.4 中。显然，M_z 与 z 轴的夹角为

$$\cos\theta = \frac{m}{\sqrt{l(l+1)}} \tag{2.66}$$

4. 电子的自旋角动量

量子力学的波动力学无法解释电子的自旋现象。狄拉克的矩阵力学可以得出电子具有内禀自旋属性，并预测了正电子的存在。我们这样理解问题：从经典力学角度看，电子具有角动量是电子绕原子核旋转运动的结果。那么电子的自旋也是旋转，只是围绕自己的质心旋转而已，所以用类比的方法直接给出关于电子自旋角动量的表达式：

$$|\boldsymbol{M}_s| = \sqrt{s(s+1)}\hbar,\quad s \equiv 1/2 \tag{2.67}$$

在磁场方向的分量为

$$M_{s_z} = m_s\hbar,\quad m_s = \pm 1/2 \tag{2.68}$$

s 称为自旋量子数，由实验测定，恒为 1/2；m_s 称为自旋磁量子数，决定自旋角动量在磁场 z 方向的分量。

实际上，电子自旋与电子的波粒二象性一样是电子的内禀特性，它的数值很大，不能由电子自身的旋转运动得到。

5. 电子的总角动量

既然电子同时具有轨道角动量和自旋角动量，这两种矢量一定会按照矢量加和法则进行耦合，$\boldsymbol{M}_j = \boldsymbol{M}_l + \boldsymbol{M}_s$，电子会表现出总的角动量属性，具体表现为角量子数和磁量子数的代数和。所以，同样用类比的方法写出电子运动的总角动量

$$|\boldsymbol{M}_j| = \sqrt{j(j+1)}\hbar,\quad j = l+s, l+s-1,\cdots,|l-s| \tag{2.69}$$

在磁场方向的分量为

$$M_{j_z} = m_j\hbar,\quad m_j = \pm j, \pm|j-1|,\cdots,\pm s \tag{2.70}$$

2.1.8　原子轨道的图像(Shape of atomic orbital)

在 2.1.6 小节已经叙述了原子轨道即单电子的波函数 $\psi_{n,l,m}(r,\theta,\phi)$ 与本征态的关系，它们的轮廓图展示于表 2.4 中。本小节主要讲述原子轨道(波函数)的等值线图。轮廓图其实就是等值线图的某一个值的球面的平面投射图。将 R 函数和 Y 函数乘积即得到波函数的图，将其中空间上每一个相同的数据连接起来就是一个空间的立体面，而一般是在一个赤道平面上画出它平面的等值线图(图 2.5)，将它绕轴旋转 360°，可以得到立体图形，它的一个立体面就是表 2.4 中的轮廓图。

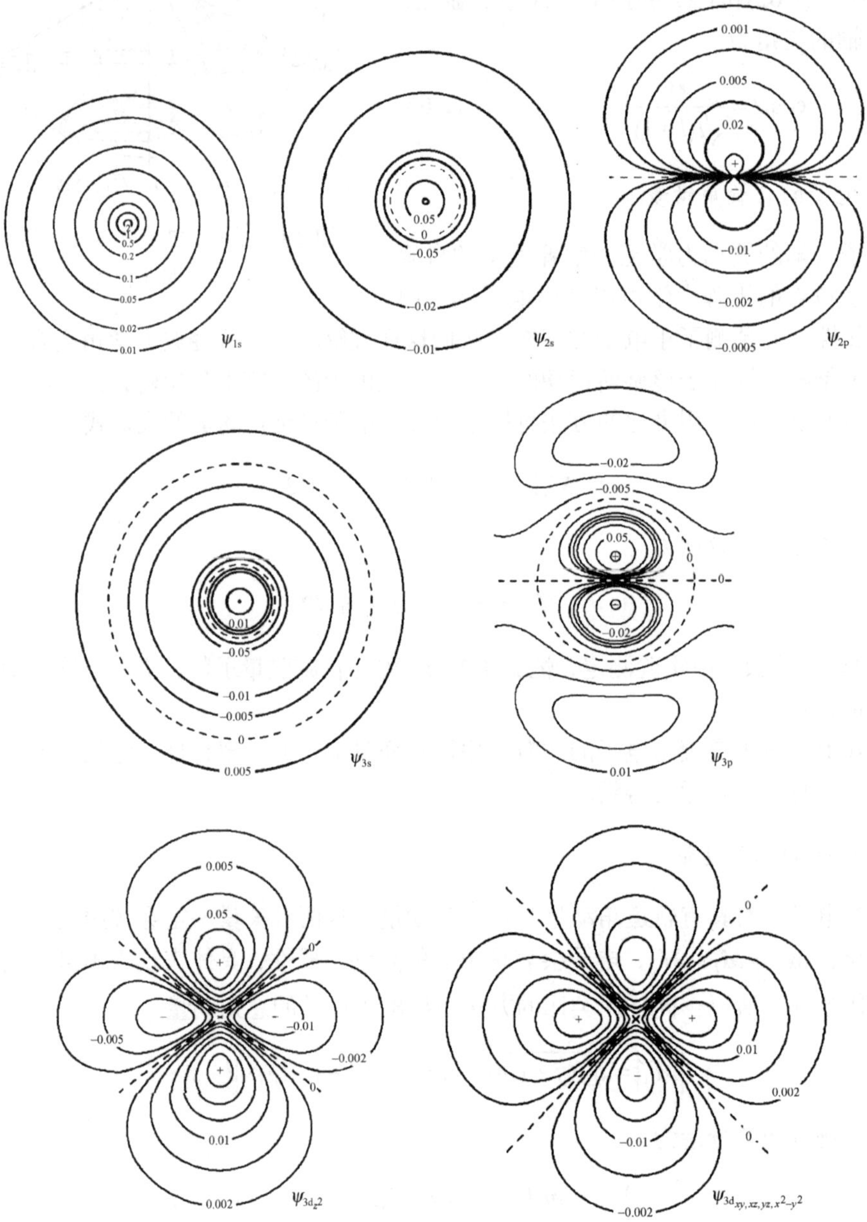

图 2.5　波函数的等值线图

2.1.9　电子云与径向分布函数(Radial distribution function)

由玻恩的统计解释知道，波函数模的平方代表电子在空间某处出现的概率密度。需要求出 R^2 和 Y^2，乘积后得 ψ^2。R^2 称为电子云的径向函数。它也是电子密度的径向函数，是 R^2 对 r 的对画图(图 2.6)。ψ^2 电子云的黑点图是大家熟知的，不再赘述。

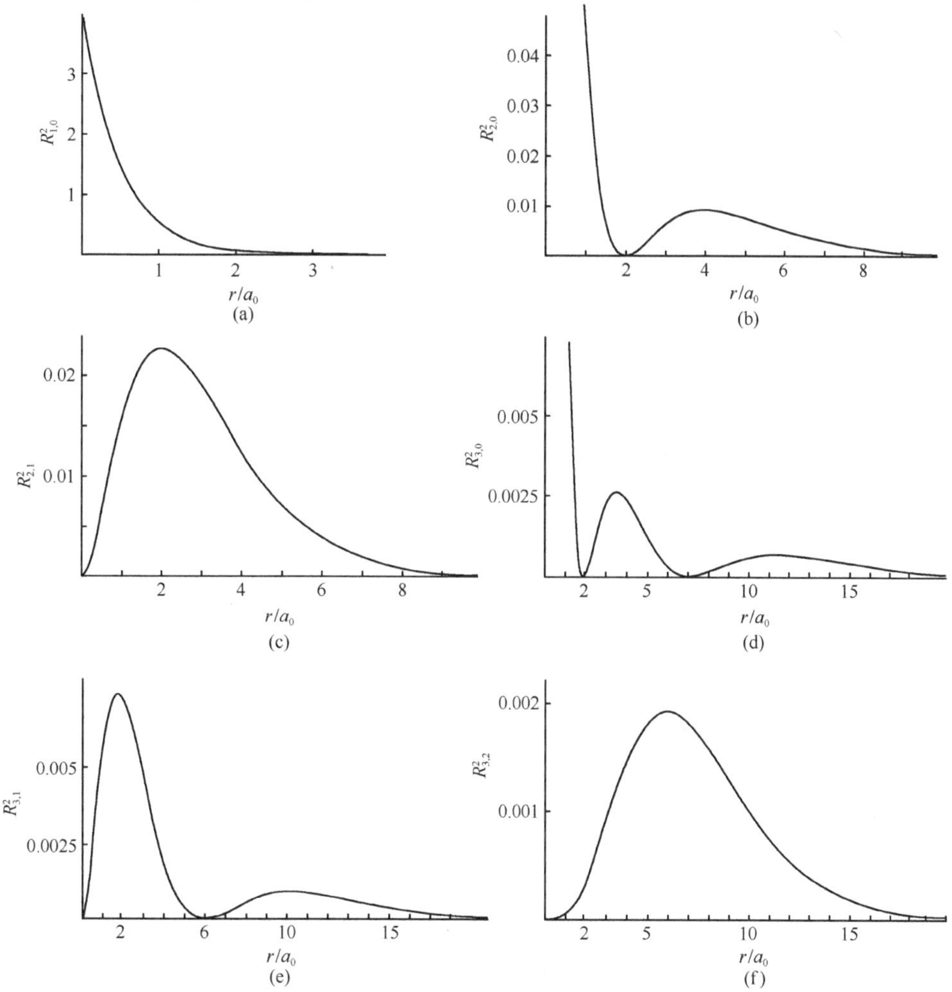

图 2.6　电子密度的径向函数 R^2-r 图

定义一个新函数称径向分布函数 $D(r) \equiv r^2R^2$，它具有明确的物理意义：$D(r)$代表单位球壳内出现电子的概率。$D(r)$对 r 的对画图见图 2.7。

说明如下：

$$\iiint \psi^* \psi \mathrm{d}\tau = \iiint \psi^2 r^2 \sin\theta \mathrm{d}r\mathrm{d}\theta\mathrm{d}\phi = \int_0^\infty R^2 r^2 \mathrm{d}r \int_0^\pi \Theta^2 \sin\theta\mathrm{d}\theta \int_0^{2\pi} \Phi^2 \mathrm{d}\phi$$
$$= \int_r^{r+1} D(r)\mathrm{d}r = D(r) \tag{2.71}$$

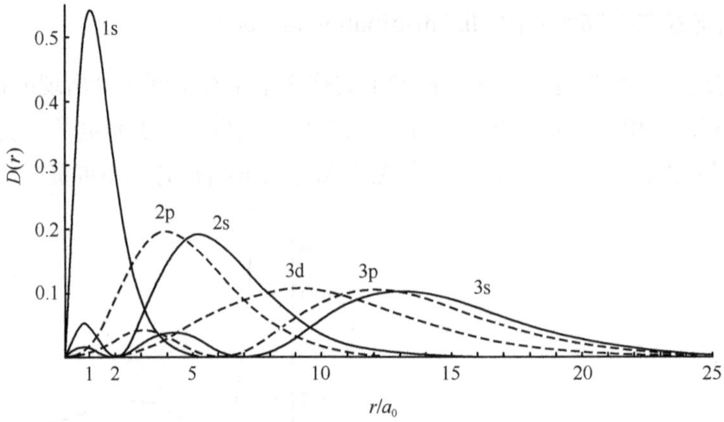

图 2.7　径向分布函数 $D(r)$-r 图

波函数ψ及其各部分函数 R、Θ、Φ 均是归一化的。新函数 $D(r)$其实就是径向密度函数积分时必须用 $r^2\mathrm{d}r$ 的积分元所造成的。但是这一新的定义确实有用处。

玻尔为什么能取得成功呢?

对氢原子

$$D_{1\mathrm{s}}(r)=r^2R^2=r^2\frac{4}{a_0^3}\mathrm{e}^{-\frac{2}{a_0}r}$$

对 D 求 r 的一阶导数:

$$D'_{1\mathrm{s}}(r)=2rR_{1,0}^2-\frac{2}{a_0}r^2R_{1,0}^2$$

当一阶导数为零时，$D'_{1\mathrm{s}}(r)=0$，即 $r=a_0$ 时函数 D 有极值。这正好是玻尔半径的位置，而从图 2.7 中也可以看出，此时函数有极大值。所以，玻尔半径正好是氢原子基态 1s 轨道单位球壳内电子出现概率最大的位置。玻尔正好抓住了主要矛盾!

容易发现在 $r=0$ 附近，原子核中小体积内电子出现的概率为零。而从 $R_1^2,0$ 和$\psi_{1\mathrm{s}}^2$ 图中得到的是电子密度最大在 $r=0$，即原子核的正中心。原子核的大小由 α 粒子对核的散射证实约为 $r_\mathrm{m}=15\times10^{-15}$ m(飞米量级)；而经典力学给出电子的经典半径为 $r_\mathrm{e}=\dfrac{1}{4\pi\varepsilon_0}\dfrac{e^2}{m_\mathrm{e}c^2}=2.88\times10^{-15}$ m。电子其实就是在 $r=0\sim15\times10^{-15}$ m 的原子核内出现的概率接近于零，这与 $\psi_{1\mathrm{s}}^2$ 图并无实质矛盾，只是前者为概率，后者为概率密度。但 $D(r)$图更直观、更合理。从图 2.7 中很容易看出，1s 电子对外层电子有屏蔽作用，2s、3s 电子的钻穿效应大于 3p 电子等。由此，可以知道 $D_{6\mathrm{s}}(r)$图(图 2.8)有 6 个极大值，6s 电子在元素周期表的常见元素中具有最大的电子钻穿效应$\left[V_{6\mathrm{s}}=-\dfrac{\delta_1}{r_1}-\dfrac{\delta_2}{r_2}-\dfrac{\delta_3}{r_3}-\dfrac{\delta_4}{r_4}-\dfrac{\delta_5}{r_5}-\dfrac{\delta_6}{r_6}，R_{6,0}(r)=\dfrac{(Z/a_0)^{3/2}}{2160\sqrt{6}}(720-1800\rho+1200\rho^2-300\rho^3+30\rho^4-\rho^5)，\rho=\dfrac{2Zr}{na_0}\right]$，使得 6s 电子对惰性大

大增强，相应的金属键键能和晶格能降低，造就了 80 号金属汞成为唯一的液态金属。

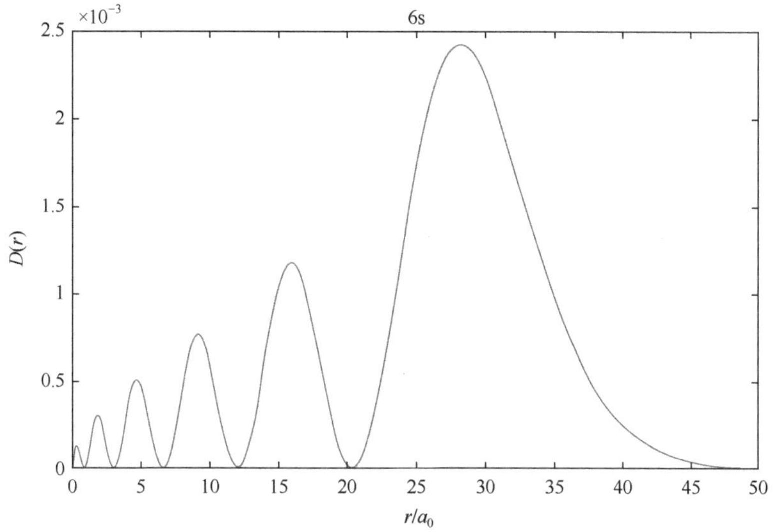

图 2.8　径向分布函数 $D_{6s}(r)$-r 图

2.2　多电子原子的薛定谔方程 (Schrödinger equation of multi-electron system)

对多电子原子的处理，首先在定核近似下，根据量子力学基本假设 I，描述它们的定态波函数是包含坐标的函数 $\Psi(q_1,q_2,\cdots,q_n)$。哈密顿算符为

$$\hat{H}=-\frac{\hbar^2}{2m_e}\sum_{i=1}^{n}\nabla_i^2-\sum_{i=1}^{n}\frac{Ze^2}{4\pi\varepsilon_0 r_i}+\sum_{1=i<j}^{n}\frac{e^2}{4\pi\varepsilon_0 r_{ij}} \tag{2.72}$$

引入原子单位(atomic unit)：$\hbar=1$，$m_e=1$，$e=1$，$a_0=1$，$4\pi\varepsilon_0=1$，这样求得能量的单位为 Hartree，1 Hartree = $2R_y$ = 27.2 eV。

多电子原子体系总的薛定谔方程为

$$\left[-\frac{1}{2}\sum_{i=1}^{n}\nabla_i^2-\sum_{i=1}^{n}\frac{Z}{r_i}+\sum_{1=i<j}^{n}\frac{1}{r_{ij}}\right]\Psi(q_1,q_2,\cdots,q_n)=E\Psi(q_1,q_2,\cdots,q_n) \tag{2.73}$$

从式(2.72)可以看到，在多电子原子中，电子间的排斥势能项比类氢原子多，也是必须考虑的，而且它涉及两个电子的坐标，数学上造成不能像氢原子那样直接分离变量求解。

2.2.1　单电子近似(Single electron approximation)

假设在多电子原子中，每一个电子都可以像在氢原子中一样有自己独立的轨道——波函数，而与其他电子的坐标无关，则可以将原子的总波函数写成各个单电子波函数的乘积：

$$\Psi(q_1,q_2,\cdots,q_n)=\prod_{i=1}^{n}\psi_i(q_i)=\prod_{i=1}^{n}\psi_i(r_i,\theta_i,\phi_i) \tag{2.74}$$

2.2.2 中心力场模型(Model of central force field, MCF)

在单电子近似下，哈密顿算符中电子间排斥势能与其他电子的坐标有关，仍然无法分离变量。如果将每个电子都看成是在核与其他电子所形成的球形势场中运动，则电子 i 的势能项将只与其坐标有关，即将式(2.72)变为

$$\hat{H}=-\frac{1}{2}\sum_{i=1}^{n}\nabla_i^2-\sum_{i=1}^{n}\frac{Z}{r_i}+\sum_{i=1}^{n}U_i(r_i)=\sum_{i=1}^{n}\left(-\frac{1}{2}\nabla_i^2-\frac{Z}{r_i}\right)+\sum_{i=1}^{n}U_i(r_i)=\sum_{i=1}^{n}(\hat{h}_i+U_i) \tag{2.75}$$

那么多电子原子体系的总薛定谔方程为

$$\sum_{i=1}^{n}(\hat{h}_i+U_i)\prod_{i=1}^{n}\psi_i(r_i,\theta_i,\phi_i)=E\prod_{i=1}^{n}\psi_i(r_i,\theta_i,\phi_i)$$

这样，就将复杂的多电子原子体系简化为单电子体系，令 $E=\sum_{i=1}^{n}E_i$ ，得

$$\hat{H}_i\psi_i(r_i,\theta_i,\phi_i)=E_i\psi_i(r_i,\theta_i,\phi_i)$$

即

$$\left[-\frac{1}{2}\nabla_i^2-\frac{Z}{r_i}+U_i(r_i)\right]\psi_i(r_i,\theta_i,\phi_i)=\left[-\frac{1}{2}\nabla_i^2-V_i(r_i)\right]\psi_i(r_i,\theta_i,\phi_i)=E_i\psi_i(r_i,\theta_i,\phi_i) \tag{2.76}$$

与式(2.20)的氢原子薛定谔方程相比，只是势能项不同，可以分离变量：

$$\frac{1}{R'(r)}\left[\frac{\partial}{\partial r}\left(r^2\frac{\partial}{\partial r}\right)+2r_i^2\left(E_i+\frac{Z}{r_i}-U_i\right)+\right]R'=\frac{-1}{Y(\theta,\phi)}\left[\frac{1}{\sin\theta}\frac{\partial}{\partial\theta}\left(\sin\theta\frac{\partial}{\partial\theta}\right)+\frac{1}{\sin^2\theta}\frac{\partial^2}{\partial\phi^2}\right]Y \tag{2.77}$$

$$\frac{1}{R'(r)}\left[\frac{\partial}{\partial r}\left(r^2\frac{\partial}{\partial r}\right)+2r_i^2\left(E_i+\frac{Z}{r_i}-U_i\right)+\right]R'(r)=\beta R'(r) \tag{2.78}$$

$$\frac{-1}{Y(\theta,\phi)}\left[\frac{1}{\sin\theta}\frac{\partial}{\partial\theta}\left(\sin\theta\frac{\partial}{\partial\theta}\right)+\frac{1}{\sin^2\theta}\frac{\partial^2}{\partial\phi^2}\right]Y(\theta,\phi)=\frac{-[\wedge]Y(\theta,\phi)}{Y(\theta,\phi)}=\beta Y(\theta,\phi) \tag{2.79}$$

可见，$Y(\theta,\phi)$函数与氢原子的完全相同，所以对所有原子轨道图形的理解都是正确的，差别仅在能量和径向函数 $R(r)$上。

2.2.3 屏蔽模型(Shielding model)

对于多电子原子，哈密顿算符中势能项的常用近似方法是用斯莱特(Slater)经验参数，认为其他电子对原子核起到屏蔽作用，从而使得原子核对第 i 个电子的吸引力减小，所以式(2.76)中的 U_i项消失，而用有效核电荷 Z^*代替 Z，得

$$\left(-\frac{1}{2}\nabla_i^2-\frac{Z^*}{r_i}\right)\psi_i(r_i,\theta_i,\phi_i)=E_i\psi_i(r_i,\theta_i,\phi_i) \tag{2.80}$$

显然，这样仅相当于修正了类氢原子模型的核电荷常数，所有关于类氢原子的解都未发生变化。R、Θ、Φ 也一模一样，可以得到电子在多电子原子中的能级公式为

$$E_n=-\frac{(Z-\sigma)^2}{n^2}R_{\mathrm{y}}=-\frac{Z^{*2}}{n^2}R_{\mathrm{y}} \tag{2.81}$$

式中，Z^*为有效核电荷数。

2.2.4 哈特里-福克自洽场方法(Hartree-Fock self consistent field, SCF)

1928 年，哈特里提出将中心力场中的 U_i 用其他电子排斥势能的平均值表达：

$$U_i(r_i)=\sum_{j\neq i}^{n}\int\varphi_i^*\frac{e^2}{4\pi\varepsilon_0 r_{ij}}\varphi_i\mathrm{d}\tau=\sum_{j\neq i}^{n}\int\varphi_i^*\frac{1}{r_{ij}}\varphi_i\mathrm{d}\tau \tag{2.82}$$

式中，$\{\varphi_i\}$为试探函数，它们符合品优函数的条件，量子化学计算中对它可以有几种不同的选择。显然，由于 i 和 j 被计算了两次，如 r_{12} 和 r_{21}，故由式(2.76)求得单电子的能量要进行校正：

$$E_i=E_i^0+J_{ij} \tag{2.83}$$

其中，

$$J_{ij}=\sum_{j>i}^{n}\int\varphi_i^*\frac{1}{r_{ij}}\varphi_i\mathrm{d}\tau$$

称为电子相关能。

1930 年，福克提出对 U_i 的附加修正：考虑到电子瞬间处于自旋平行的情况，按照洪德规则引起体系能量降低，即电子间还存在交换作用能，记作

$$K_{ij}=-\frac{1}{2}\sum_{j>i}^{n}\int\varphi_i^*\frac{1}{r_{ij}}\varphi_j\mathrm{d}\tau \tag{2.84}$$

$$E_i=E_i^0+J_{ij}+K_{ij} \tag{2.85}$$

自洽场方法就是以试探函数$\{\varphi_i\}$开始求得的每个电子与其他电子的排斥势能函数代入式(2.76)求解薛定谔方程，得到一系列的能量$\{E_i\}$和波函数$\{\psi_i\}$。用求得的 ψ_i 代替$\{\varphi_i\}$代入式(2.82)，求得电子新的势能函数，重复求解过程，直至两次求得的能量差值小于某一个值如 1×10^{-6} kJ/mol，且电子的动能平均值等于电子势能平均值负值的一半，即 $\langle T\rangle=-\frac{1}{2}\langle V\rangle$，误差也要求小于 1×10^{-6}kJ/mol，这时求解结束，称为自洽。自洽场方法更多用于分子轨道理论计算，其中 E_i^0 为负值，电子相关能 J_{ij} 为正值，电子交换能 K_{ij} 为负值。

2.2.5 赫尔曼-费曼定理与位力定理(Hellmann-Feynman theorem and virial theorem)

1. 赫尔曼-费曼定理

对于任意一个束缚态量子体系，其哈密顿量 $\hat{H}$ 、本征函数完备集 ψ_n 和本征能量之间满足能量本征方程(薛定谔方程)：

$$(\hat{H}-E_n)\psi_n=0$$

设λ为 $\hat{H}$ 中的任意一个参数(如 m、h、e 等)，则 E、ψ 均与λ有关，所以将上式对λ求导，得

$$\left(\frac{\partial\hat{H}}{\partial\lambda}-\frac{\partial E_n}{\partial\lambda}\right)\psi_n+(\hat{H}-E_n)\frac{\partial\psi_n}{\partial\lambda}=0 \tag{2.86}$$

左乘ψ_n^*，再对全空间积分，得

$$\int\psi_n^*\left(\frac{\partial\hat{H}}{\partial\lambda}-\frac{\partial E_n}{\partial\lambda}\right)\psi_n\mathrm{d}\tau+\int\psi_n^*(\hat{H}-E_n)\frac{\partial\psi_n}{\partial\lambda}\mathrm{d}\tau=0$$

$$\int\psi_n^*\left(\frac{\partial\hat{H}}{\partial\lambda}\right)\psi_n\mathrm{d}\tau-\int\psi_n^*\left(\frac{\partial E_n}{\partial\lambda}\right)\psi_n\mathrm{d}\tau+\int\psi_n^*(\hat{H}-E_n)\frac{\partial\psi_n}{\partial\lambda}\mathrm{d}\tau=0$$

$$\left\langle\frac{\partial\hat{H}}{\partial\lambda}\right\rangle_n-\frac{\partial E_n}{\partial\lambda}+\int\psi_n^*\hat{H}\frac{\partial\psi_n}{\partial\lambda}\mathrm{d}\tau-\int\psi_n^*E_n\frac{\partial\psi_n}{\partial\lambda}\mathrm{d}\tau=0$$

$\hat{H}$ 算符是厄米算符，由其定义式(1.28)可以变换式中第三项，

$$\left\langle\frac{\partial\hat{H}}{\partial\lambda}\right\rangle_n-\frac{\partial E_n}{\partial\lambda}+\int\frac{\partial\psi_n}{\partial\lambda}(\hat{H}\psi_n)^*\mathrm{d}\tau-\int\psi_n^*E_n\frac{\partial\psi_n}{\partial\lambda}\mathrm{d}\tau=0$$

$$\left\langle\frac{\partial\hat{H}}{\partial\lambda}\right\rangle_n-\frac{\partial E_n}{\partial\lambda}+\int\frac{\partial\psi_n}{\partial\lambda}(E_n\psi_n)^*\mathrm{d}\tau-\int\psi_n^*E_n\frac{\partial\psi_n}{\partial\lambda}\mathrm{d}\tau=0$$

所以后两项相等，得到赫尔曼-费曼公式：

$$\frac{\partial E_n}{\partial\lambda}=\left\langle\frac{\partial\hat{H}}{\partial\lambda}\right\rangle_n \tag{2.87}$$

这个公式在进行量子力学和量子化学运算时非常有用。

2. 位力定理

位力定理对经典力学和量子力学都适用。对于受势场 $V(r)$作用而局限在有限范围内运动的粒子，其力学量对时间微商的长时间平均值必为零。

$$\left\langle\frac{\mathrm{d}}{\mathrm{d}t}(\boldsymbol{r}\cdot\boldsymbol{p})\right\rangle=0$$

常用的表现形式是体系平均动能和平均势能的关系：

$$\langle T\rangle = \frac{1}{2}\langle r\cdot\nabla V\rangle = \frac{\upsilon}{2}\langle V\rangle \tag{2.88}$$

式中，∇ 为梯度算符，这里是对坐标的一阶微分。

对于谐振子(harmonic oscillator)，$V=\frac{1}{2}kx^2$，$\upsilon=2$，代入得$\langle T\rangle=\langle V\rangle$。

对于原子、分子中的电子，$V=-\frac{Z}{r}$，$\upsilon=-1$，代入得$\langle T\rangle=-\frac{1}{2}\langle V\rangle$。

这一定理其实在玻尔模型的定态条件下[式(1.11)]已经出现。

2.3 电 子 自 旋
(Electron spin)

电子自旋假设的提出是由于实验发现两个事实：氢原子光谱的一条线分裂为多条，氢原子蒸气在通过不均匀磁场时向两个方向偏转[斯特恩(O. Stern)、盖拉赫(W. Gerlach) 1921 年实验首先做的是银、金和铜原子蒸气]。1925 年，荷兰的两位博士生乌仑贝克(G. E. Uhlenbeck)和古兹密特(S. Goudsmit)独立提出了电子自旋的假设，并指出其自旋角动量为

$$|s| = \sqrt{s(s+1)}\hbar, \quad s=\frac{1}{2}$$

并以此解释了斯特恩-盖拉赫实验。

2.3.1 自旋波函数、空间波函数和全波函数(Spin, space and complete wave function)

电子自旋是电子的内禀特性，它的自旋角动量是$\frac{\sqrt{3}}{2}\hbar$，在磁场方向的分量为$\pm\frac{1}{2}\hbar$。这种特性与坐标无关。引入自旋波函数 χ，自变量为 m_s，这就是电子的自旋波函数(spin wave function)，记作 $\chi(m_s)$，它有两种表现形式，即 $\chi(1/2)=\alpha$，$\chi(-1/2)=\beta$。

我们熟悉的波函数 $\psi_{n,l,m}(r,\theta,\phi)$ 则称为电子的空间波函数(spatial wave function)。将电子的空间波函数和自旋波函数合写在一起称为电子的旋-轨波函数(spin-orbital wave function)，它所描述的是电子的全部特性：

$$\psi_{n,l,m,m_s}(r,\theta,\phi,m_s) = \psi_{n,l,m}(r,\theta,\phi)\chi(m_s) \tag{2.89}$$

这是一个四维空间的波函数。

2.3.2 全同粒子和斯莱特行列式(Identical particles and the Slater determinant)

按照量子力学基本假设五，交换算符 $\hat{P}_{ij}$ 对全同费米粒子体系的波函数作用后，其本征值为−1，即波函数是交换反对称的：交换任意两个全同费米子的四个变量，波函数变为负值。

$$\hat{P}_{ij}\Psi(q_1,q_2,\cdots,q_i,\cdots q_j,\cdots,q_n) = -\Psi(q_1,q_2,\cdots,q_j,\cdots q_i,\cdots,q_n)$$

此时的Ψ称为全波函数(complete wave function)，为 $4n$ 维空间，q 为r,θ,ϕ,m_s。

按照单电子近似，可以方便地写出描述 He 原子中两个电子的全波函数为

$$\psi_{1s}(1)\alpha(1)\psi_{1s}(2)\beta(2)$$

经交换算符作用后，

$$\hat{P}_{ij}\psi_{1s}(1)\alpha(1)\psi_{1s}(2)\beta(2)=\psi_{1s}(2)\alpha(2)\psi_{1s}(1)\beta(1)$$

不满足反对称条件

$$\hat{P}_{ij}\Psi(1,2)=-\Psi(2,1)$$

根据量子力学基本假设四，体系任意状态的叠加仍然是体系的一个状态。

所以，将这两个全波函数线性组合为

$$\Psi(1,2)=\frac{1}{\sqrt{2}}[\psi_{1s}(1)\alpha(1)\psi_{1s}(2)\beta(2)-\psi_{1s}(1)\beta(1)\psi_{1s}(2)\alpha(2)]$$

此时的全波函数满足泡利不相容原理。常记作斯莱特行列式的形式：

$$\Psi(1,2)=\frac{1}{\sqrt{2}}\begin{vmatrix}\psi_{1s}(1)\alpha(1) & \psi_{1s}(1)\beta(1)\\ \psi_{1s}(2)\alpha(2) & \psi_{1s}(2)\beta(2)\end{vmatrix}$$

更多电子的全波函数照此写法，每一列电子有相同的旋-轨波函数，每一行是同一个电子出现在不同的轨道。全波函数斯莱特行列式为(闭壳层，电子全部配对)

$$\Psi(1,2,\cdots,2n)=\frac{1}{\sqrt{2n!}}\begin{vmatrix}\psi_1(1)\alpha(1) & \psi_1(1)\beta(1) & \cdots & \psi_n(1)\alpha(1) & \psi_n(1)\beta(1)\\ \psi_1(2)\alpha(2) & \psi_1(2)\beta(2) & \cdots & \psi_n(2)\alpha(2) & \psi_n(2)\beta(2)\\ \vdots & \vdots & & \vdots & \vdots\\ \psi_1(2n)\alpha(2n) & \psi_1(2n)\beta(2n) & \cdots & \psi_n(2n)\alpha(2n) & \psi_n(2n)\beta(2n)\end{vmatrix} \tag{2.90}$$

式中，$\frac{1}{\sqrt{2n!}}$是归一化因子。对于开壳层体系，有未配对的电子，就会有多种简并状态存在，若有一个单电子时，有两种可能的状态，一种是α态成单，一种是β态成单。

$$\Psi(1,2,\cdots,2n+1)=\frac{1}{\sqrt{(2n+1)!}}\begin{vmatrix}\psi_1(1)\alpha(1) & \psi_1(1)\beta(1) & \cdots & \psi_{n+1}(1)\beta(1)\\ \psi_1(2)\alpha(2) & \psi_1(2)\beta(2) & \cdots & \psi_{n+1}(2)\beta(2)\\ \vdots & \vdots & & \vdots\\ \psi_1(2n+1)\alpha(2n+1) & \psi_1(2n+1)\beta(2n+1) & \cdots & \psi_{n+1}(2n+1)\beta(2n+1)\end{vmatrix}$$

$$\Psi'(1,2,\cdots,2n+1)=\frac{1}{\sqrt{(2n+1)!}}\begin{vmatrix}\psi_1(1)\alpha(1) & \psi_1(1)\beta(1) & \cdots & \psi_{n+1}(1)\alpha(1)\\ \psi_1(2)\alpha(2) & \psi_1(2)\beta(2) & \cdots & \psi_{n+1}(2)\alpha(2)\\ \vdots & \vdots & & \vdots\\ \psi_1(2n+1)\alpha(2n+1) & \psi_1(2n+1)\beta(2n+1) & \cdots & \psi_{n+1}(2n+1)\alpha(2n+1)\end{vmatrix}$$

(2.91)

2.3.3 电子自旋与物质的磁性(Electron spin and the magnetism of matter)

从电磁学知道，电流绕一个线圈运动就产生垂直于线圈平面的磁矩 $\boldsymbol{\mu}=IS\boldsymbol{n}^0$，$I$ 为电流的大小，S 为线圈包围的面积，$\boldsymbol{n}^0$ 仅表示单位矢量方向。当一个电子绕原子轨道做匀速(υ)圆周运动时，也相应地产生轨道磁矩：

$$\boldsymbol{\mu}_l=IS\boldsymbol{n}^0=-\frac{e\upsilon}{2\pi r}(\pi r^2)\boldsymbol{n}^0=-\frac{e}{2m_e}(m_e\upsilon r)\boldsymbol{n}^0=-\frac{e}{2m_e}\boldsymbol{M}_l$$

令 $\gamma\equiv\dfrac{e}{2m_e}$，称为电子的磁旋比。将式(2.62)电子的轨道角动量代入，$\boldsymbol{\mu}_l=-\gamma\boldsymbol{M}_l$，负号表示角动量的方向与磁矩的方向相反。写出其绝对值即标量的形式：

$$|\boldsymbol{\mu}_l|=\big|-\gamma|\boldsymbol{M}_l|\big|=\gamma\sqrt{l(l+1)}\hbar=\sqrt{l(l+1)}\mu_B \tag{2.92}$$

其中，$\mu_B=\dfrac{e\hbar}{2m_e}=\gamma\hbar=9.274\times10^{-24}\,\mathrm{J/T(A\cdot m^2)}$，称为玻尔磁子，是磁矩的最小单位。

电子的轨道磁矩在磁场方向的分量为

$$\mu_{l,z}=-mg_l\mu_B,\quad g_l=1 \tag{2.93}$$

这样，电子运动的角动量就与其产生的磁矩联系起来了。

既然电子的轨道运动会产生磁矩，那么电子的自旋运动也必然产生磁矩。仿照上述公式，写出：

$$|\boldsymbol{\mu}_s|=\left|-\frac{g_se}{2m_e}|\boldsymbol{M}_s|\right|=\frac{g_se}{2m_e}\sqrt{s(s+1)}\hbar=g_s\sqrt{s(s+1)}\mu_B \tag{2.94}$$

电子的自旋磁矩在 z 方向的分量为

$$\mu_{s,z}=-g_sm_s\mu_B \tag{2.95}$$

g_s 称为朗德(Landé)因子，它反映许多物质内部的信息，对电子的自旋，$g_s=2.0023$。

类似地，可以写出总磁矩与总角动量的关系：

$$|\boldsymbol{\mu}_j|=\left|-\frac{g_je}{2m_e}|\boldsymbol{M}_j|\right|=\frac{g_je}{2m_e}\sqrt{j(j+1)}\hbar=g_j\sqrt{j(j+1)}\mu_B \tag{2.96}$$

$$\mu_{j,z}=-g_jm_j\mu_B \tag{2.97}$$

以上描述的是单个电子在原子中可能具有的角动量和磁矩的物理性质。而物质是由大量相同的原子或分子构成。此时前面所述单电子角动量公式则变为以下形式。

对于一个体系中有 n 个自旋平行电子时，有

$$|\boldsymbol{M}_S|=\sqrt{S(S+1)}\hbar,\quad S=n/2 \tag{2.98}$$

$$M_{S_z}=m_S\hbar,\quad m_S=\pm1/2,\cdots,\pm S \tag{2.99}$$

$$|\boldsymbol{M}_L|=\sqrt{L(L+1)}\hbar,\quad L=\sum_{i=1}^{n}l_i \tag{2.100}$$

$$M_{L_z} = m_L \hbar\ , \qquad m_L = 0, \pm 1, \cdots, \pm L \tag{2.101}$$

$$|\boldsymbol{M}_J| = \sqrt{J(J+1)}\hbar\ , \qquad J = L+S, L+S-1, \cdots, |L-S| \tag{2.102}$$

$$M_{J_z} = m_J \hbar\ , \qquad m_J = \pm J, \pm J-1, \cdots \tag{2.103}$$

抗磁性物质(diamagnetic material)：如果原子或分子中电子全部配对，即每一条轨道中都填满了两个自旋相反的电子，称为轨道封闭。这时，物质表现出抗磁特性，即当物质处于外磁场(H_0)中时，内部感受到的磁场强度($\boldsymbol{B}$)小于外加磁场[$\boldsymbol{B} = (1+\chi)\boldsymbol{H}_0$]，且磁化率 χ 约为-1×10^{-5}。

顺磁性物质(paramagnetic material)：一般是轨道角动量约为零，而只有自旋角动量贡献的物质，χ 为 1×10^{-5}～1×10^{-3}。若每个分子中有 n 个未成对电子，总自旋量子数 $S = n/2$，一般将自旋磁矩(永久磁矩)记作：

$$\mu_S = g_s\sqrt{S(S+1)}\mu_B = g_s\sqrt{\frac{n}{2}\left(\frac{n}{2}+1\right)}\mu_B = \sqrt{n(n+2)}\mu_B \tag{2.104}$$

当轨道角动量不为零时，总角动量与磁矩的关系是

$$|\boldsymbol{\mu}_J| = g\sqrt{J(J+1)}\mu_B \tag{2.105}$$

式中的朗德因子为

$$g = 1 + \frac{J(J+1)+S(S+1)-L(L+1)}{2J(J+1)} \tag{2.106}$$

磁矩在 z 方向的分量为

$$\mu_{J,z} = -m_J g \mu_B \tag{2.107}$$

铁磁性物质(ferromagnetic material)的磁化率 χ 为 1×10^{2}～1×10^{5}，它们的轨道和自旋均是未填满的，即开放的。所有未成对电子均自旋平行排列，轨道磁矩和自旋磁矩得到加强，在固体物理中有详细论述。

任何材料在磁场的作用下将被磁化，并表现出一定特征的磁性。这种磁性通常不仅由磁化强度或磁感应强度的大小来表征，而且由磁化强度随外磁场的变化特征来反映。为此，定义材料在磁场作用下，磁化强度 M 与磁场强度 B 的比值为磁化率：$\chi = M/B$，所以它是量纲为一的数。

通常，磁化强度指的是材料单位体积中原子或离子磁矩的矢量和，所以上式定义的磁化率也称为体积磁化率。如果已知材料的密度为ρ，则材料单位质量的磁化率为 $\chi_m = \chi/\rho$。

化学上习惯用摩尔磁化率(molar susceptibility) χ_M 表示磁性，$\chi_M = M\chi_m = M\chi/\rho$，$M$ 为分子量。统计力学给出 χ_M 与 μ_J 的关系为

$$\chi_M = \frac{N_A \mu_J^2}{3kT} = \frac{C}{T_C - \theta} \tag{2.108}$$

式中，N_A 为阿伏伽德罗常量；k 为玻耳兹曼常量；T 为热力学温度；C 为居里常数。前半

个公式称为顺磁物质的朗之万(P. Langevin)公式。后半个公式是法国物理学家居里(Pierre Curie)于 1905 年从实验中总结得到，又被维斯(P. Weiss)于 1907 年修订。T_C 为居里温度，指出当铁磁性物质加热到某一温度后，铁磁性退化为顺磁性。

2.3.4 顺磁性物质的磁性(Magnetism of paramagnetic materials)

顺磁性物质总的摩尔磁化率由顺磁磁化率 χ_M^{p} 和抗磁磁化率 χ_M^{d} 构成：

$$\chi_M = \chi_M^{\mathrm{p}} + \chi_M^{\mathrm{d}} \tag{2.109}$$

抗磁磁化率近似等于分子中每个原子的摩尔磁化率和结构磁化率(如双键等)的总和，原子、离子、分子或基团的摩尔磁化率(cgs 单位 cm^3/mol)见表 2.6。顺磁磁化率的理论和实验值由式(2.108)给出，其中，理论和实验的朗德因子见表 2.7。

表 2.6 常见原子、离子、分子或基团的摩尔磁化率 χ_M (cm^3/mol)

离子	χ_M^{d}	离子	χ_M^{d}	离子	χ_M^{d}	原子	χ_M^{d}	原子/分子	χ_M^{d}	基团/分子	χ_M
Li^+	−1.0	Cu^{2+}	−18.0	I^-	−50.6	H	−2.98	N(开链)	−5.57	联吡啶	−105.0
Na^+	−6.8	Ag^+	−31.0	NO_3^-	−18.9	C	−6.0	N(亚胺)	−2.11	邻菲咯啉	−128.0
K^+	−14.9	Au^+	−45.8	CN^-	−13.0	N(环)	−4.61	O(醚醇)	−4.61	C=C	5.5
Rb^+	−22.5	Ba^{2+}	−28.0	NCS^-	−31.0	F	−6.3	O(醛酮)	−1.78	C=C—C=C	10.6
Cs^+	−35.0	As(Ⅴ)	−48.0	ClO_4^-	−32.0	Cl	−20.1	H_2O	−13.0	C≡C	0.8
Tl^+	−35.7	As(Ⅲ)	−20.9	OH^-	−12.0	Br	−30.6	NH_3	−18.0	C(苯中)	0.24
NH_4^+	−13.3	Sb(Ⅲ)	−74.0	SO_4^{2-}	−40.1	I	−44.6	C_2H_4	−15.0	N=N	1.8
Ca^{2+}	−10.4	F^-	−9.1	O^{2-}	−12.0	S	−15.0	乙二胺	−46.0	C=N—R	8.2
Mg^{2+}	−5.0	Cl^-	−23.4	$C_2O_4^{2-}$	−25.0	Se	−23.0	乙酰丙酮	−52.0	C—Cl	3.1
Zn^{2+}	−15.0	Br^-	−34.5	OAc^-	−30.0	P	−26.3	吡啶	−49.0	C—Br	4.1

表 2.7 常见顺磁性离子的有效磁子数 p (μ_B)

离子	组态	基态	$g[J(J+1)]^{1/2}$	$g[S(S+1)]^{1/2\,*}$	实验值 p
Ti^{3+}	$3d^1$	$^2D_{3/2}$		1.73	1.8
V^{3+}	$3d^2$	$^3F_2$		2.83	2.8
Cr^{3+}	$3d^3$	$^4F_{3/2}$		3.87	3.8
Mn^{3+}	$3d^4$	$^5D_0$		4.90	5.4
Fe^{3+}, Mn^{2+}	$3d^5$	$^6S_{5/2}$		5.92	5.9
Fe^{2+}	$3d^6$	$^5D_4$		4.90	5.4
Co^{2+}	$3d^7$	$^4F_{9/2}$		3.87	4.8
Ni^{2+}	$3d^8$	$^3F_4$		2.83	3.2
Cu^{2+}	$3d^9$	$^2D_{5/2}$		1.73	1.9
Ce^{3+}	$4f^15s^2p^6$	$^2F_{5/2}$	2.54		2.4

续表

离子	组态	基态	$g[J(J+1)]^{1/2}$	$g[S(S+1)]^{1/2}$*	实验值 p
Pr	$4f^2 5s^2 p^6$	$^3H_4$	3.58		3.5
Nd	$4f^3 5s^2 p^6$	$^4I_{9/2}$	3.62		3.5
Sm	$4f^5 5s^2 p^6$	$^6H_{5/2}$	0.84	0.93	1.5
Eu	$4f^6 5s^2 p^6$	$^7F_0$	0	3.46	3.4
Gd	$4f^7 5s^2 p^6$	$^8S_{7/2}$	7.94		8.0
Tb	$4f^8 5s^2 p^6$	$^7F_6$	9.72		9.5
Dy	$4f^9 5s^2 p^6$	$^6H_{15/2}$	10.63		10.6
Ho	$4f^{10} 5s^2 p^6$	$^5I_8$	10.60		10.4
Er	$4f^{11} 5s^2 p^6$	$^4I_{15/2}$	9.59		9.5
Tm	$4f^{12} 5s^2 p^6$	$^3H_6$	7.57		7.4
Yb	$4f^{13} 5s^2 p^6$	$^2F_{5/2}$	4.54		4.5

* 过渡金属 $g = g_s = 2$。

2.4 微扰法及应用 (Perturbation method and application)

2.4.1 微扰法(Perturbation method)

量子力学处理能级修正问题有两种方法，一种是微扰法，另一种是变分法。

微扰法的本质是将对能级有影响的力学量都写出其相应的算符并加入哈密顿算符中来处理问题：

$$\hat{H} = \hat{H}^0 + \hat{H}' + \hat{H}'' + \cdots$$

式中，$\hat{H}'$ 和 $\hat{H}''$ 为两个不同力学量的影响，要分别进行处理。

要求对应的能量有

$$E^0 \gg \Delta E' > \Delta E''$$

$\hat{H}^0$ 为薛定谔方程中的哈密顿算符，故有

$$\hat{H}^0 \psi_k^0 = E_k^0 \psi_k^0 \tag{2.110}$$

$\left\{\psi_k^0\right\}$ 为 $\hat{H}^0$ 的完备集。

当有微扰时，$\hat{H} = \hat{H}^0 + \hat{H}'$，波函数变为 ψ_i，相应的能量为 E_i。

薛定谔方程为

$$(\hat{H}^0 + \hat{H}')\psi_i = E_i \psi_i \tag{2.111}$$

根据态叠加原理，将 ψ_i 用 ψ_k^0 的线性组合来表达

$$\psi_i = \psi_i^{\ 0} + \sum_{k \neq i} c_k \psi_k^0 \tag{2.112}$$

代入式(2.111)得

$$(\hat{H}^0 + \hat{H}')\left(\psi_i^{\ 0} + \sum_{k \neq i} c_k \psi_k^0\right) = E_i\left(\psi_i^{\ 0} + \sum_{k \neq i} c_k \psi_k^0\right) \tag{2.113}$$

用$\psi_i^{\ 0*}$左乘方程两边，并积分：

$$\int \psi_i^{\ 0*}(\hat{H}^0 + \hat{H}')\left(\psi_i^{\ 0} + \sum_{k \neq i} c_k \psi_k^0\right)\mathrm{d}\tau = \int \psi_i^{\ 0*} E_i\left(\psi_i^{\ 0} + \sum_{k \neq i} c_k \psi_k^0\right)\mathrm{d}\tau$$

左右同时展开得

$$\int \psi_i^{\ 0*}\hat{H}^0\psi_i^0\mathrm{d}\tau + \int \psi_i^{\ 0*}\hat{H}'\psi_i^{\ 0}\mathrm{d}\tau + \sum_{k \neq i} c_k \int \psi_i^{\ 0*}\hat{H}^0\psi_k^0\mathrm{d}\tau + \sum_{k \neq i} c_k \int \psi_i^{\ 0*}\hat{H}'\psi_k^0\mathrm{d}\tau$$
$$= \int \psi_i^{\ 0*}E_i\psi_i^0\mathrm{d}\tau + \sum_{k \neq i} c_k \int \psi_i^{\ 0*}E_i\psi_k^0\mathrm{d}\tau$$

将式(2.110)代入，并考虑$\left\{\psi_k^0\right\}$是正交归一的，所以有

$$E_i = E_i^0 + \int \psi_i^{\ 0*}\hat{H}'\psi_i^{\ 0}\mathrm{d}\tau + \sum_{k \neq i} c_k \int \psi_i^{\ 0*}\hat{H}'\psi_k^0\mathrm{d}\tau$$

即

$$E_i = E_i^0 + \hat{H}'_{ii} + \sum_{k \neq i} c_k \hat{H}'_{ik} \tag{2.114}$$

若忽略第三项，得到能量的一级近似值：

$$E_i = E_i^0 + \hat{H}'_{ii}$$

用另一个已知的波函数ψ_m^{0*}左乘式(2.113)两边，并积分得

$$H'_{mi} + c_m E_m^0 + \sum_{k \neq i} c_k \hat{H}'_{mk} = E_i c_m \tag{2.115}$$

因为$c_k \ll 1$，$\hat{H}'_{mk} \ll 1$，所以第三项为极小，略去，同时用E_i^0代替右式中的E_i得

$$c_m = \frac{\hat{H}'_{mi}}{E_i^0 - E_m^0}$$

同理，系数$c_k = \dfrac{\hat{H}'_{ik}}{E_i^0 - E_k^0}$，代入式(2.114)得

$$E_i = E_i^0 + \hat{H}'_{ii} + \sum_{k \neq i} \frac{\left|\hat{H}'_{ik}\right|^2}{E_i^0 - E_k^0} \tag{2.116}$$

这样，在没有求解薛定谔方程的情况下，得到了微扰下的二级近似能量。

将c_k代入式(2.112)，得到一级近似的波函数为

$$\psi_i = \psi_i^{\ 0} + \sum_{k \neq i} \frac{\hat{H}'_{ik}}{E_i^0 - E_k^0}\psi_k^0 \tag{2.117}$$

2.4.2　相对论效应(Relativistic effect)

由爱因斯坦的狭义相对论知道，一个自由粒子的能量为 $E_0 = m_0c^2$，当它高速运动时，能量为

$$E = mc^2 = \frac{m_0c^2}{\sqrt{1-\left(\frac{\upsilon}{c}\right)^2}}$$

那么，它比静止时多出的能量就是它的动能：$T = E - E_0$，令 $\left(\frac{\upsilon}{c}\right)^2 = x$，有

$$T = \frac{m_0c^2}{\sqrt{1-x}} - m_0c^2 = m_0c^2[(1-x)^{-\frac{1}{2}} - 1]$$

利用公式 $(1-x)^{-\frac{1}{2}} \approx 1 + \frac{1}{2}x + \frac{3}{8}x^2 + \cdots (|x| < 1)$，

$$\begin{aligned} T &\approx m_0c^2\left(\frac{1}{2}x + \frac{3}{8}x^2\right) = \frac{m_0c^2}{2}\left(\frac{\upsilon}{c}\right)^2 + \frac{3m_0c^2}{8}\left(\frac{\upsilon}{c}\right)^4 \\ &= \frac{m_0^2\upsilon^2}{2m_0} + \frac{3m_0^4\upsilon^4}{8m_0^3c^2} = \frac{m^2\upsilon^2}{2m_0}\left[1-\left(\frac{\upsilon}{c}\right)^2\right] + \frac{3m_0^4\upsilon^4}{8m_0^3c^2} \\ &= \frac{p^2}{2m_0} - \frac{4m^2m_0^2\upsilon^4}{8m_0^3c^2} + \frac{3m_0^4\upsilon^4}{8m_0^3c^2} \approx \frac{p^2}{2m_0} - \frac{p^4}{8m_0^3c^2} \end{aligned} \tag{2.118}$$

于是得到相对论校正的哈密顿量：

$$\hat{H}' = -\frac{\hat{p}^4}{8m_0^3c^2}$$

$$(\hat{H}^0 + \hat{H}')\psi_i^0(r,\theta,\phi) = E\psi_i^0(r,\theta,\phi) \tag{2.119}$$

式中，$\hat{H}^0 = -\frac{\hbar^2}{2m_e}\nabla^2 - \frac{Ze^2}{4\pi\varepsilon_0 r}$，为氢原子中非相对论哈密顿算符，$\psi_i^0(r,\theta,\phi)$ 为任意一个本征解。

又由式(2.114)可知，一级修正后能量为

$$E = E^0 + \hat{H}'_{ii} = E^0 + \Delta E_r$$

求 $\hat{H}'_{ii}$：先将 $\hat{H}'$ 进行转化，因为

$$E^0 = \frac{p^2}{2m_e} - \frac{Ze^2}{4\pi\varepsilon_0 r}$$

所以

$$-\frac{p^4}{8m_0^3c^2} = -\frac{1}{2m_ec^2}\left(\frac{p^2}{2m_e}\right)^2 = -\frac{1}{2m_ec^2}\left(E^0 + \frac{Ze^2}{4\pi\varepsilon_0 r}\right)^2$$

那么，就将动量算符转化为势能算符：

$$\hat{H}' = -\frac{\hat{p}^4}{8m_0^3c^2} = -\frac{1}{2m_{\mathrm{e}}c^2}\left(E^0 + \frac{Ze^2}{4\pi\varepsilon_0 r}\right)^2$$

利用$\left\langle\frac{1}{r}\right\rangle = \int\psi_i^*\frac{1}{r}\psi_i\mathrm{d}\tau = \frac{Zm_{\mathrm{e}}e^2}{n^2\hbar^2}$和$\left\langle\frac{1}{r^2}\right\rangle = \int\psi_i^*\frac{1}{r^2}\psi_i\mathrm{d}\tau = \frac{Zm_{\mathrm{e}}^2e^4}{n^3(l+1/2)\hbar^4}$得到

$$\Delta E_{\mathrm{r}} = \hat{H}'_{ii} = -\frac{R_{\mathrm{y}}\alpha^2Z^4}{n^3}\left(\frac{1}{l+1/2} - \frac{3}{4n}\right) \tag{2.120}$$

式中，R_{y}为里德伯能量；α为精细结构常数。这个公式是海森伯于 1926 年用矩阵力学严格导出的。

类似地，由于$J^2 = M_l^2 + M_s^2 + 2\boldsymbol{M}_l\cdot\boldsymbol{M}_s$，可以将轨道和自旋角动量的矢量耦合作用(磁相互作用，习惯于用量子数的大写黑体表示为 ***L-S***)转化为标量，可以得到

$$\Delta E_{\mathrm{s}} = (\Delta E_{l,s}) = -\frac{R_{\mathrm{y}}\alpha^2Z^4}{n^3}\left[\frac{j(j+1)-l(l+1)-s(s+1)}{2l(l+1/2)(l+1)}\right] \tag{2.121}$$

将式(2.120)和式(2.121)合并为

$$\Delta E = \Delta E_{\mathrm{r}} + \Delta E_{\mathrm{s}} = -\frac{R_{\mathrm{y}}\alpha^2Z^4}{n^3}\left(\frac{1}{j+1/2} - \frac{3}{4n}\right) \tag{2.122}$$

故在考虑相对论效应和磁相互作用下，类氢原子的能量修正公式(2.106)改写为

$$E_n = E^0 + \Delta E = -\frac{Z^2R_{\mathrm{y}}}{n^2} - \frac{R_{\mathrm{y}}\alpha^2Z^4}{n^3}\left(\frac{1}{j+1/2} - \frac{3}{4n}\right) \tag{2.123}$$

式(2.123)是 1928 年由狄拉克从矩阵力学严格给出的。

可以将类氢原子中电子的能级 $n=2$ 变化示意于图 2.9 中。

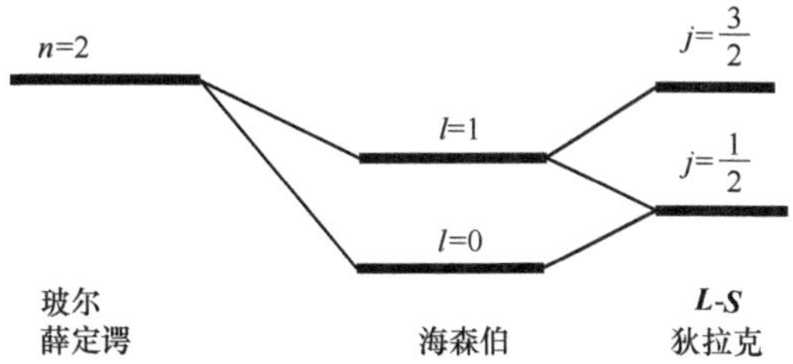

图 2.9　类氢原子能级分裂图

得到了类氢原子精确的电子能级公式，将这一结果推广到所有多电子原子中，就可以让电子按能级高低的次序进行更准确的排布。

2.4.3　氦原子结构(Structure of helium atom)

在定核近似下，不考虑电子的自旋-轨道相互作用，氦原子的哈密顿算符可以写作

$$\hat{H}=-\frac{\hbar^2}{2m}(\nabla_1^2+\nabla_2^2)-\left(\frac{Ze^2}{r_1}+\frac{Ze^2}{r_2}\right)+\frac{e^2}{r_{12}}=\left(-\frac{1}{2}\nabla_1^2-\frac{2}{r_1}\right)+\left(-\frac{1}{2}\nabla_2^2-\frac{2}{r_2}\right)+\frac{1}{r_{12}}$$

按照微扰法处理，哈密顿算符写为

$$\hat{H}=\hat{H}_1^0+\hat{H}_2^0+H'$$

其中，$\hat{H}_i^0=-\frac{1}{2}\nabla_i^2-\frac{2}{r_i}$，为类氢原子的哈密顿算符；$\hat{H}'=\frac{1}{r_{12}}$为微扰项。

按照零级近似波函数，一级近似能量，哈密顿算符对应有

$$\hat{H}_1^0\psi_{1s}^0(1)=E_{1s}(1)\psi_{1s}^0(1),\quad \hat{H}_2^0\psi_{1s}^0(2)=E_{1s}(2)\psi_{1s}^0(2),\quad \left\langle\hat{H}'\right\rangle=\hat{H}'_{11}=\left\langle\psi_{1s}^0\middle|\hat{H}'\middle|\psi_{1s}^0\right\rangle$$

氦原子的总能量为两个电子对应两个类氢原子的 1s 轨道能量和一份微扰能

$$E_{He}=2E_{1s}(He)+H'_{11}=-\frac{Z^2}{n^2}R_y\times 2+\left\langle\psi_{1s}^0\middle|\hat{H}'\middle|\psi_{1s}^0\right\rangle \tag{2.124}$$

$$\left\langle H'\right\rangle=\iint\psi_{1s}^*\frac{1}{r_{12}}\psi_{1s}\mathrm{d}\tau_1\mathrm{d}\tau_2=\frac{5}{8}\frac{Ze^2}{4\pi\varepsilon_0a_0}=\frac{10}{4}\frac{e^2}{8\pi\varepsilon_0a_0}=2.5R_y$$

得到 He 原子基态总能量为

$$E_{He}=E_1(1)+E_2(2)+2.5R_y=-8R_y+2.5R_y=-5.5R_y=-74.8\text{ eV}$$

实验值为 79.01 eV，误差 5.3%。在不用精确求解薛定谔方程时这个结果已经很好了。

2.5 原子光谱与原子光谱项
(Atomic spectra and terms)

按照前面的讲述，原子中的每一个电子都处在一个独立的轨道中运动，即具有一个单独的波函数(状态)。在这个状态中，电子就具有一份能量，不同状态的电子具有的能量不同，能量是量子化的。所有电子尽可能处于能量最低的状态(能级)中，使得原子体系最稳定，即原子处于基态——能量最低原理。

当原子受到外界的扰动，如光照、高能粒子轰击、通电、加热等，电子就会吸收能量而跃迁到高能级，原子体系能量升高，到达激发态。原子的激发态是一个不稳定的状态。此时，电子处于高能级的比例很大，会很快跃迁回到能量低的轨道中(电子在高能级的寿命一般是 10^{-13}～10^{-9} s，电子在能级间的跃迁速率小于飞秒级，约 10^{-18} s)。根据爱因斯坦的光电转换关系，电子就会将多余的能量以光子的形式放出；电子从不同高能级跃迁返回低能级，得到具有不同波长的光线而形成光谱。这种电子从原子中的高能级跃迁到低能级而放出光子得到系列的原子光谱线称为原子的发射光谱。它直接反映了原子内部的能级结构、电子间相互作用、电子与原子核间的相互作用等，是人们认识和研究原子、分子及物质本性的重要方法和手段。根据爱因斯坦的原子受激发射辐射理论，人们发明了激光。当电子将能量传递给原子核，而不是以光子的形式放出，则会导致原子体系的温度升高或引发原子核的反应。这些都超出了化学的研究范畴。原子光谱还有一种被称为原子吸收光谱的技术，它也是利用原子内部电子能级的特异性，检测原子对白

光的吸收情况，来判断原子/离子的种类、含量等。原子吸收和发射光谱统称为原子光谱，是现代分析化学较早应用的仪器分析技术。

2.5.1 原子光谱精细结构(Fine structure of atomic spectra)

原子光谱是原子中电子及其能级结构的直接反映。尽管已经从薛定谔方程得到电子运动的波函数、能量量子化、角动量量子化等信息，如氢原子中电子在能级间跃迁产生的氢原子光谱为

$$\tilde{\nu}=\frac{E_{n'}}{hc}-\frac{E_n}{hc}=T_n-T_{n'},\quad T=-E/hc \tag{2.125}$$

但是，当人们仔细研究原子光谱，提高分辨率时，却发现原来的一条线是由几条线组成的，如氢原子的 α 线是由 7 条线组成、钠黄光由两条线组成等。说明电子在原子核内的能级更丰富。这不能从玻尔模型，也不能从薛定谔方程得到解释。考虑到薛定谔方程中哈密顿算符只考虑了电子的动能和势能项，电子与核之间还存在磁相互作用，薛定谔方程也没有考虑电子高速运动时的相对论效应等，可以用相对论量子力学和量子电动力学等解决这些问题，但这已经超出本课程的内容。另外，电磁间的相互作用还未考虑等。综上所述，类氢原子中电子的能级公式应修正为

$$E_n=-\frac{Z^2R_{\mathrm{y}}}{n^2}+\Delta E_{\mathrm{r}}+\Delta E_{\mathrm{s}}=E_n^0+\Delta E \tag{2.126}$$

式中，ΔE_{r} 为相对论修正项；ΔE_{s} 为磁相互作用修正项，即电子自旋和轨道磁矩进而相互作用。

下面介绍量子力学中的简便方法——微扰法的原理和思路，并引入原子光谱项记号解决实际问题。

2.5.2 原子中电子的组态和状态(Electron configuration and state in atom)

原子中所有电子在轨道中的排布情况称为电子的组态，如碳原子的电子组态是 C $1s^22s^22p^2$。对于电子较多的原子，经常用原子实和价层电子组态的方式表达，如 Au [Xe]$4f^{14}5d^{10}6s^1$。状态指的是每一个电子所占据的波函数(轨道)，电子处在不同的状态，能级不同，波函数不同。电子在原子中不同状态间的跃迁产生相应的光谱。光谱实验证实了狄拉克的结果，也就是式(2.123)表达的能级分裂是正确的。换句话说，通过式(2.123)对原子内部能级的表达方式，量子力学合理地解释了光谱实验现象。

2.5.3 原子光谱项与能级(Atomic spectral term and energy level)

为了能用光谱项(spectroscopic term)表达电子的状态，人们发现，根据轨道角动量和自旋角动量的矢量加法规则，用量子数 L、S、J 等合理地加以限制就可以用原子光谱项简洁地表示电子在原子中所处的状态(state)，也就是电子在原子中的能级(energy level)，因为能量是量子化的，角动量也是量子化的。

规定在多电子原子中，总的角动量量子数

$$L = 0, 1, 2, 3, 4, 5, 6, \cdots$$

记号为　　S, P, D, F, G, H, I

将总的自旋角动量量子数 S 以 $2S+1$ 的形式写在记号的左上角，称为自旋多重度，光谱项记号的形式为 ${}^{2S+1}L$ 。

这种谱项代表电子在原子中的粗能级，是比玻尔模型或薛定谔方程更精确的能级，如式(2.120)所述。考虑到电子轨道和自旋角动量的耦合，将总角动量量子数置于谱项记号的右下角，称为光谱支项：

$${}^{2S+1}L_J$$

这样，光谱支项(level)就与狄拉克修正过的能级[式(2.123)]对应起来了。

总量子数的计算：闭壳层(原子实)内的电子均不考虑，因为它们已经成对出现，所有轨道形成了球对称场，对外没有角动量表现；价层各电子角动量的不同耦合构成了原子角动量的表现，所以要根据原子的价层电子组态计算总的 L、S 和 J 量子数。

2.5.4 单电子原子光谱项(Atomic spectral terms in one-electron atom)

对于氢原子和类氢原子，它们只有一个电子，故 $L = l$，$S = s$。

当电子处于基态时，电子组态为 X $1s^1$，$l = 0$，$s = 1/2$；$2S + 1 = 2$，光谱项记作 ${}^2S$，此时，$j = l + s = 1/2$，光谱支项记作 ${}^2S_{1/2}$，读作二(两)重 S 二分之一。

当电子处于激发态时，电子组态为 X ns^1，$l = 0$，$s = 1/2$；$2S + 1 = 2$，光谱项记作 $n\,{}^2S$，此时，$j = l + s = 1/2$，光谱支项记作 $n\,{}^2S_{1/2}$。

当电子处于激发态时，电子组态为 X np^1，$l = 1$，$s = 1/2$；$2S + 1 = 2$，光谱项记作 $n\,{}^2P$，此时，$j = l + s = 3/2, 1/2$，光谱支项分别记作 $n\,{}^2P_{3/2}, n\,{}^2P_{1/2}$。

当电子处于激发态时，电子组态为 X nd^1，$l = 2$，$s = 1/2$；$2S + 1 = 2$，光谱项记作 $n\,{}^2D$，为了区分电子的组态，谱项或支项前的主量子数时常不写。

有了光谱项，就要解释光谱现象。

量子力学证明，单电子原子中电子在能级间跃迁时必须遵循的规则，即光谱选律。

$$\Delta l = \pm 1,\quad \Delta j = 0, \pm 1$$

这样，对于氢原子光谱巴耳末系的 H_α 线如何由 1 条分裂为 7 条：

当 $n = 3$ 时，$L = l = 2,1,0$，$S = s = 1/2$，光谱项为 $3\,{}^2D, 3\,{}^2P, 3\,{}^2S$；相应的光谱支项为 $3^2D_{5/2}, 3^2D_{3/2}, 3^2P_{3/2}, 3^2P_{1/2}, 3^2S_{1/2}$。

当 $n = 2$ 时，$L = l = 1,0$，$S = s = 1/2$，光谱项为 $2\,{}^2P, 2\,{}^2S$；相应的光谱支项为 $2^2P_{3/2}, 2^2P_{1/2}, 2^2S_{1/2}$。

当仪器分辨率不高时，可以观察到原来的一条线 H_α 线(656.3 nm)分裂为三条线；根据量子力学关于单电子原子电子跃迁的光谱选律 $\Delta l = \pm 1$，它们是由于谱项间三个跃迁而来：$3^2D \rightarrow 2^2P$、$3^2P \rightarrow 2^2S$ 和 $3^2S \rightarrow 2^2P$。

由于 $\Delta l = \pm 1$，可见相同谱项间的跃迁是禁阻的，即 $3^2P \rightarrow 2^2P$ 和 $3^2S \rightarrow 2^2S$ 的跃迁

不能发生，原因是电偶极跃迁时，要求轨道波函数的对称性(宇称)改变才行。对于 s、p、d 轨道来说，就是 *n*s 电子不能跃迁回到 1s 基态，*n*p 电子不能跃迁回到 2p，*n*d 电子不能跃迁回到 3d；高 s 态的电子只能回到 2p，只有 *n*p 轨道的电子可以回到 1s 态，*n*d 轨道的电子回到 2p，*n*f 轨道的电子回到 *n*d 等(图 2.10 和图 2.11)。

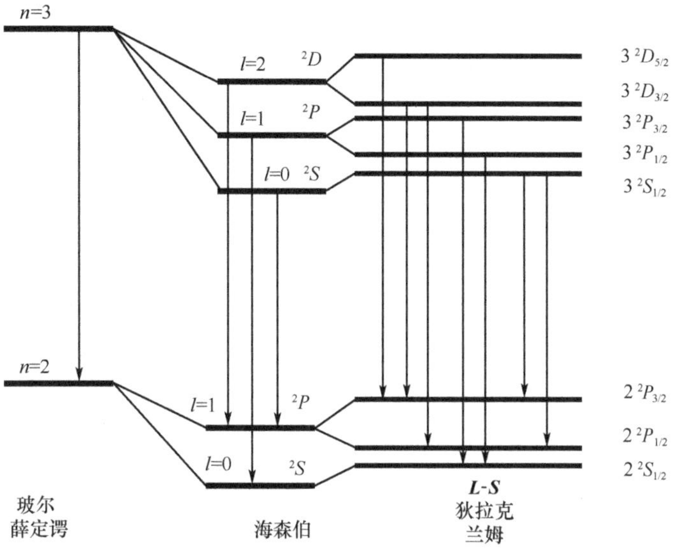

图 2.10 氢原子光谱的分裂(H_α线精细结构)及其对应支谱项

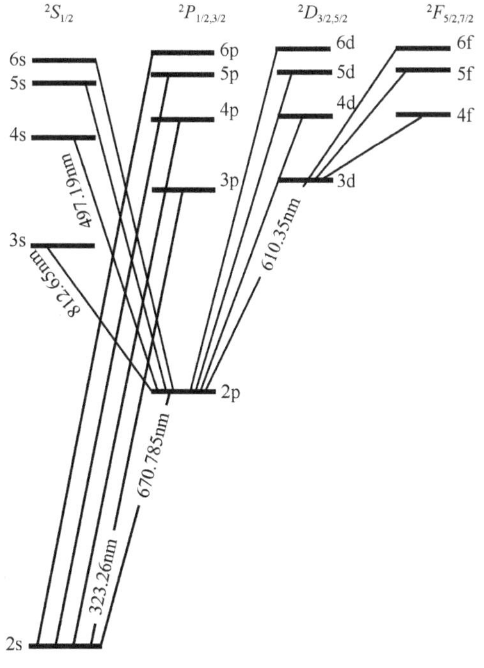

图 2.11 锂原子能级光谱示意图

当仪器分辨率提高时，可以观察到 7 条光谱线，根据电子跃迁的光谱选律 $\Delta j = 0, \pm 1$，它们是由两个状态的光谱支项之间按照选律跃迁的结果(图 2.10)。

$$3^2D_{5/2} \to 2^2P_{3/2}, 3^2D_{3/2} \to 2^2P_{3/2}, 3^2D_{3/2} \to 2^2P_{1/2}$$

$$3^2P_{3/2} \to 2^2S_{1/2}, 3^2P_{1/2} \to 2^2S_{1/2}, 3^2S_{1/2} \to 2^2P_{3/2}, 3^2S_{1/2} \to 2^2P_{1/2}$$

由此看到，用角动量量子数描述的光谱项比狄拉克的结果更准确(狄拉克考虑了 ***L-S*** 耦合，给出的量子数 j 相同的谱项，图 2.9)。但是，光谱项的致命弱点是，不知道谱项能量的绝对值大小。也可以看到，我们对氢原子建立的模型及其修正并没有达到完美，可以对量子力学的哈密顿算符继续进行修正，目前可以修正到五项，可以参阅物理专业书。1947 年，兰姆(Lamb)和学生实验发现了 $2^2P_{1/2}$ 与 $2^2S_{1/2}$ 的能量不相同，称为兰姆移位(Lamb shift)。

对于 I A 族的其他金属，原子实不予考虑，它们的基态电子组态也是 X ns^1，所以也按照单电子原子的情况处理，上述结果全部适用。

钠黄光(钠灯 D 线)是由两条线组成的，得到圆满的解释：电子组态为 Na [Ne]3s^1，光谱项为 ^2S，支项为 $^2S_{1/2}$，第一激发态电子组态为 Na [Ne]3p^1，光谱项为 ^2P，支项为 $^2P_{3/2}$ 和 $^2P_{1/2}$，所以两条谱线对应的跃迁是电子从 3p 到 3s，它是主线系中的可见光部分：

$$3^2P_{3/2} \to 3^2S_{1/2}(\lambda = 588.9963\ \text{nm}),\quad 3^2P_{1/2} \to 3^2S_{1/2}(\lambda = 589.5930\ \text{nm})$$

碱金属原子的光谱一般有四个系，$n\text{p} \to n\text{s}$ 称为主线系(principal serie)；$n\text{s} \to n\text{p}$ 称为锐线系(sharp serie)；$n\text{d} \to n\text{p}$ 称为漫线系(diffuse serie)；$n\text{f} \to n\text{d}$ 称为基线系(fundamental serie)。

2.5.5 多电子原子光谱项(Atomic spectral terms in polyelectronic atom)

由于原子光谱项是基于它的价电子组态写出的，对于其他多电子原子光谱项主要分为两部分，其中一部分是等价组态(equivalent configuration)：即有两个以上 n, l 都相同的价电子的组态，这样的组态受到泡利不相容原理的限制。其他组态统称为非等价组态(non-equivalent configuration)。

非等价组态关于量子数的计算方法为

$$L = \sum_i l_i,\quad L-1,\cdots$$

$$m_L = \sum_i m_{l_i}$$

$$S = \frac{n}{2}, \frac{n}{2}-1,\cdots$$

$$m_S = \sum_i m_{s_i}$$

$$J = L+S, L+S-1, \cdots, |L-S|$$

氦原子基态 He 1s^2 是等价组态，$n_1 = n_2$，$l_1 = l_2 = 0$，L=0，$m_{l_1} = m_{l_2} = 0$，由于受到泡利不相容原理的限制，S=1 舍去，S=0 保留，此时，$m_{s_1} = \frac{1}{2}$，$m_{s_2} = -\frac{1}{2}$，两个电子的自旋角动量大小相同，均为 $\frac{\sqrt{3}}{2}\hbar$，但它们的方向完全相反，在 z 方向的分量分别为 $\frac{1}{2}\hbar$ 和 $-\frac{1}{2}\hbar$

(图 2.12)，$m_S=\sum_i m_{s_i}=\frac{1}{2}-\frac{1}{2}=0$，总的自旋角动量为零，即封闭。说明 He 原子的基态就像是一个原子实。$L=0$，$S=0$，$2S+1=1$，光谱项为 ^1S (单重 S)；由于此时 $J=L+S=0$，光谱支项为 $^1S_0$ (单重 S 零)。

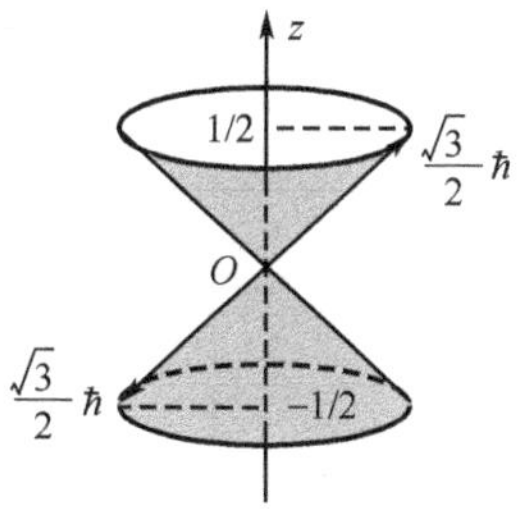

图 2.12　自旋角动量封闭

对于氦原子一个可能的激发态 He $1s^12s^1$，为非等价组态，$n_1\neq n_2$，$l_1=l_2=0$，$L=0$，$S=1,0$，$S=0$ 时，光谱项为 ^1S；$J=0$，光谱支项为 $^1S_0$；$S=1$，$L=0$，光谱项为 ^3S；$J=1$，光谱支项为 $^3S_1$。

对于氦原子另一个激发态 He $1s^12p^1$，为非等价组态，$n_1\neq n_2$，$l_1=0$，$l_2=1$，$L=\sum_i l_i=1$；此时，$m_{l_1}=m_{l_2}$，$S=1,0$，当 $L=1$，$S=0$ 时，光谱项为 ^1P，$J=1$，光谱支项为 $^1P_1$；当 $L=1$，$S=1$ 时，光谱项为 ^3P，$J=2,1,0$，光谱支项为 $^3P_2,{}^3P_1,{}^3P_0$。

硼原子的基态，电子组态为 $2s^22p^1$，按单电子处理，光谱项为 ^2P，光谱支项为 $^2P_{3/2},{}^2P_{1/2}$。

氟原子的基态，电子组态为 $2s^22p^5$，按组态为 $2s^22p^1$ 处理，称为互补原理。

显然，基组态为 ns^2 的所有原子的基态和激发态与 He 原子的光谱项及其支项相同，包括稀有气体和碱土金属。基组态为 ns^2np^1 和 ns^2np^5 的所有原子的基态与 B 原子的光谱项及其支项相同。

碳原子的基态，电子组态为 $2s^22p^2$，是等价组态，$n_1=n_2$，$l_1=l_2$，当 $L=l_1+l_2=1+1=2$ 时，$m_{l_1}=m_{l_2}$，$S=0$，$m_{s_1}=\frac{1}{2}$，$m_{s_2}=-\frac{1}{2}$，这时的光谱项为 ^1D，$J=2$，光谱支项为 $^1D_2$；受泡利不相容原理的限制，$S=1$ 舍去，故 ^3D 不存在。当 $L=1$ 时，$m_{s_1}=m_{s_2}=\frac{1}{2}$，不违反泡利不相容原理，$S=1$，光谱项为 ^3P，$J=2,1,0$，光谱支项为 $^3P_2,{}^3P_1,{}^3P_0$。当 $L=0$ 时，$m_{s_1}=\frac{1}{2}$，$m_{s_2}=-\frac{1}{2}$，$S=0$，光谱项为 ^1S，$J=0$，光谱支项为 $^1S_0$。那么，是否有 ^1P 和 ^3S 存在呢？答案是否定的。因为有三个简并的 p 轨道中填充两个电子(同科电子)，共有 15 种排列方式，$C_6^2=\frac{6!}{2!(6-2)!}=15$，对应着电子的 15 种微观状态(表 2.8)；这正好对应总角动量 $\boldsymbol{M}_J$ 在磁场方向的分量 M_{J_z} 的个数(m_J 的个数)，不能超出。

表 2.8　$n\mathrm{p}^2$ 组态 15 种微观状态排列表

m_l			$m_L=\sum m_l$	$m_S=\sum m_s$	$^{2S+1}L_J$
1	0	−1			
↑↓			2	0	$^1D_2$
	↑↓		0	0	

续表

m_l			$m_L=\sum m_l$	$m_S=\sum m_s$	$^{2S+1}L_J$
1	0	−1			
		↑↓	−2	0	$^1D_2$
↑	↓		1	0	
	↑	↓	−1	0	
↑	↑		1	1	$^3P_2$ $^3P_1$ $^3P_0$
↑		↑	0	1	
	↑	↑	−1	1	
↓	↓		1	−1	
↓		↓	0	−1	
	↓	↓	−1	−1	
↓	↑		1	0	
↓		↑	0	0	
	↓	↑	−1	0	
↑		↓	0	0	$^1S_0$

注：微观状态与光谱项的对应关系并无定论，这样的排列具有对称美。

同理，电子组态(electron configuration)为 ns^2np^2 的ⅣA 族原子的光谱项及其支谱项与碳原子相同。电子组态为 np^2 的能级结构及其分裂情况和对应的光谱项见图 2.13。

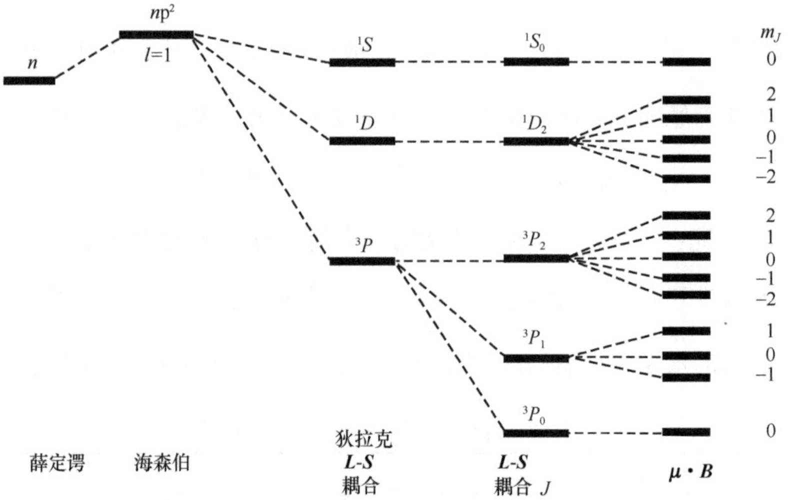

图 2.13　np^2 组态电子的能级和光谱分裂示意图

常用下列关于 m_l 取值的加法图(图 2.14)来快速写出等价组态 p^2、d^2、f^2 的光谱项(以 d^2 为例)：仔细观察会发现它们的总角动量量子数 L 和总自旋角动量量子数 S 的奇偶组合规律，

偶对偶 $S=0$，$L=0,2,4$，得 $^1S,{}^1D,{}^1G$；奇对奇 $S=1$，$L=1,3$，得 $^3P,{}^3F$ (注意不要推广)。

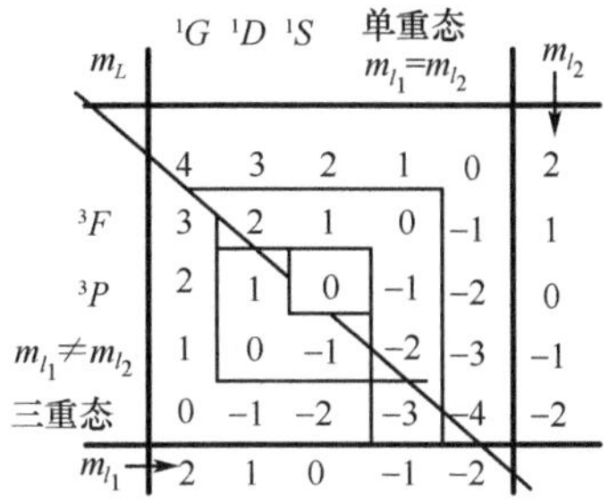

图 2.14　用 m_l 加法表快速求 d^2 组态光谱项

氮原子基态，组态为 ns^2np^3，为等价组态，$n_1=n_2=n_3$，$l_1=l_2=l_3=1$，$L=3,2,1,0$，因受泡利不相容原理和微观状态数限制，$C_6^3=\dfrac{6!}{3!(6-3)!}=20$，$S=3/2,1/2$，只有光谱项 ^2D 、^2P 和 ^4S 存在，对应的光谱支项为：$^2D_{5/2},{}^2D_{3/2}$、$^2P_{3/2}$，$^2P_{1/2}$和$^4S_{3/2}$。所以，对于等价组态，先求微观状态数，再根据泡利不相容原理进行取舍，其中，半充满时由洪德规则知道电子有最大自旋平行，此时轨道角动量封闭。其余情况，没有对应最大的 L 值的光谱项。

多电子原子中的电子处在不同的能级(光谱项和光谱支项)中，当受到外力作用时，电子在能级间发生跃迁，就会吸收或放出光子，产生光谱而被观察到。

跃迁时遵循的规则如下。

多电子原子光谱选律：

$$\Delta S=0$$

$$\Delta L=0,\pm 1(L=0\leftrightarrow L'=0\text{除外})$$

$$\Delta J=0,\pm 1(J=0\leftrightarrow J'=0\text{除外})$$

洪德规则用来判断谱项能级高低：

(1) 同一组态电子的光谱项，S 大者能量低；S 相同，L 大者能量低。

(2) 同科电子，小于或等于半满，J 小者能量低；大于半满，J 大者能量低。

根据洪德规则，图 2.13 中碳原子基态谱项及其支谱项能级排列次序为 $^3P_0<{}^3P_1<{}^3P_2<{}^1D_2<{}^1S_0$；而与其互补的氧原子组态 ns^2np^4，光谱支项的能级次序变为 $^3P_2<{}^3P_1<{}^3P_0<{}^1D_2<{}^1S_0$。同样，硼原子基态 $^2P_{1/2}<{}^2P_{3/2}$；氟原子基态 $^2P_{3/2}<{}^2P_{1/2}$。

某些等价组态光谱项列于表 2.9 中。

表 2.9　等价电子组态光谱项

电子组态	光谱项	电子组态	光谱项
s^2	^1S	d^2	$^1S,{}^1D,{}^1G,{}^3P,{}^3F$
p^2	$^1S,{}^1D,{}^3P$	d^3	$^2P,{}^2D(2),{}^2F,{}^2G,{}^2H,{}^4P,{}^4F$
p^3	$^4S,{}^2P,{}^2D$	d^4	$^1S(2),{}^1D(2),{}^1F,{}^1G(2),{}^1I,{}^3P(2),{}^3F(2),{}^3D,{}^3G,{}^3H,{}^5D$
p^4	$^1S,{}^1D,{}^3P$	d^5	$^6S,{}^2S,{}^2P,{}^2D(2),{}^2F(2),{}^2G(2),{}^2H,{}^2I,{}^4P,{}^4D,{}^4F,{}^4G$
p^5	^2P	f^2	$^1S,{}^1D,{}^1G,{}^1I,{}^3P,{}^3F,{}^3H$

2.5.6 塞曼效应(Zeeman effect)

原子光谱在磁场中发生分裂的现象称为塞曼效应。这种现象是塞曼(P. Zeeman)在1896年发现的。物理学原理告诉我们，当磁矩为 $\boldsymbol{\mu}$ 的小磁子置于磁场 $\boldsymbol{B}$ 中，磁子具有附加能量：

$$\delta E = -\boldsymbol{\mu} \cdot \boldsymbol{B} = -\mu_z B \tag{2.127}$$

原子中的电子具有轨道角动量、自旋角动量和总角动量，产生的总磁矩在 z 方向的分量为：$\mu_{J,z} = -m_J g \mu_{\rm B}$，代入式(2.127)得

$$\delta E = m_J g \mu_{\rm B} B \tag{2.128}$$

考虑到在没有外加磁场时，电子在两个能级(光谱项)E_2和E_1之间跃迁，吸收或放出光子的情况是

$$\Delta E = E_2 - E_1 = h\nu$$

当原子处于外加磁场 B 中时，相当于一个小磁子，那么两个能级都将分裂为

$$\begin{aligned} E_2' &= E_2 + \delta E_2 = E_2 + m_{J_2} g_2 \mu_{\rm B} B \\ E_1' &= E_1 + \delta E_1 = E_1 + + m_{J_1} g_1 \mu_{\rm B} B \end{aligned} \tag{2.129}$$

可见，每个能级(光谱支项)都分裂为 m_J个($2J+1$ 个)能级(图 2.13)，跃迁情况为

$$\Delta E' = E_2' - E_1' = h\nu' = (E_2 - E_1) + (m_{J_2} g_2 - m_{J_1} g_1)\mu_{\rm B} B$$

即

$$h\nu' = h\nu + (m_{J_2} g_2 - m_{J_1} g_1)\mu_{\rm B} B \tag{2.130}$$

当电子自旋为零时，$S=0$，$J=L$，$g_2 = g_1 = g_l = 1$，则

$$h\nu' = h\nu + (m_{J_2} - m_{J_1})\mu_{\rm B} B \tag{2.131}$$

由于光谱选律是 $\Delta m_J = \Delta m_L = 0, \pm 1$，因此得到三条谱线：

$$h\nu' = h\nu + \begin{cases} \mu_{\rm B} B \\ 0 \\ -\mu_{\rm B} B \end{cases} \tag{2.132}$$

写成波数为

$$\tilde{\nu}' = \tilde{\nu} + \begin{cases} \mu_{\rm B} B/hc \\ 0 \\ -\mu_{\rm B} B/hc \end{cases} \tag{2.133}$$

且三条谱线间隔相同，这称为正常塞曼效应。

镉 $^1D \sim {}^1P$ 谱项的跃迁只有正常塞曼效应，可观察到三条谱线，没有反常塞曼效应，因为自旋封闭，$S=0$，见图 2.15。

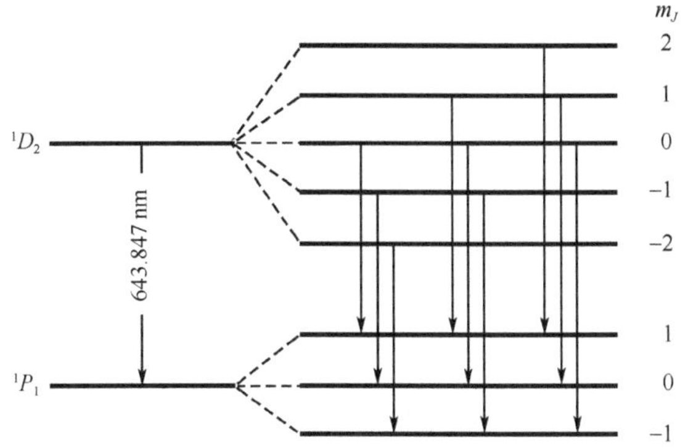

图 2.15　镉 $^1D\sim{}^1P$ 谱项的正常塞曼效应

当电子自旋不为零时，由式(2.106)可知，朗德因子 g 将有多个取值。光谱选律不变；得到的光谱线就多于三条，这称为反常塞曼效应。反常塞曼效应光谱由式(2.130)决定，改为波数的形式：

$$\tilde{\nu}' = \tilde{\nu} + (m_{J_2} g_2 - m_{J_1} g_1)\mu_B B/hc \tag{2.134}$$

例如，钠黄光 D 线的 $3^2P\sim3^1S$ 跃迁，S 不为零，属于反常塞曼效应，可观察到全部 10 条谱线(图 2.16)。而当外加磁场 B 特别大时，会打破 $\boldsymbol{L}$-$\boldsymbol{S}$ 耦合，观察到三条正常塞曼效应谱线(图 2.17)，选律是：$\Delta m_S = 0$，$\Delta m_L = 0, \pm1$ 。

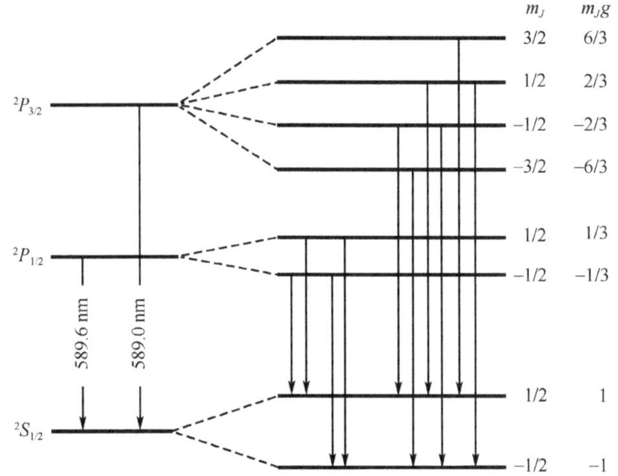

图 2.16　钠光 D 线反常塞曼效应

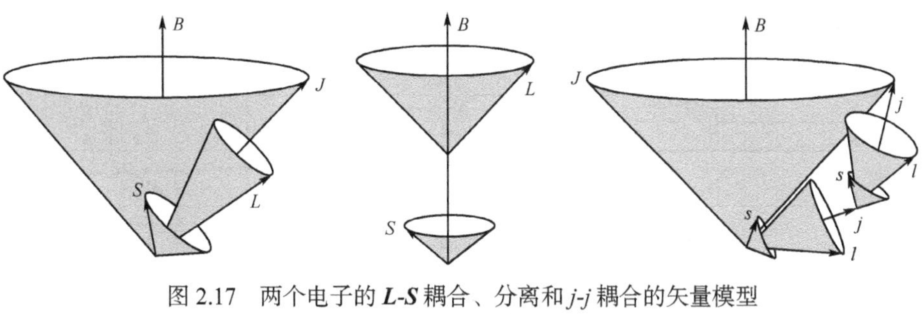

图 2.17　两个电子的 $\boldsymbol{L}$-$\boldsymbol{S}$ 耦合、分离和 j-j 耦合的矢量模型

也有发现$\Delta S \neq 0$的光谱跃迁，此时电子的角动量耦合采取 *j-j* 耦合，而不是 ***L-S*** 耦合。***L-S*** 耦合是由于一个电子内部 *l-s* 耦合较弱，而电子间的 *s-s* 和 *l-l* 耦合较强；*j-j* 耦合时，一个电子内部 *l-s* 耦合较强，而电子间的 *s-s* 和 *l-l* 耦合较弱(图 2.17)。例如，汞的一条强谱线就属于 $6^3P_1 \sim 6^1S_0$ 的跃迁($\lambda = 253.7$ nm)，是 *j-j* 耦合的结果(一般地，轻元素多采取 ***L-S*** 耦合，重元素多是 *j-j* 耦合)。此时的光谱选律为 $\Delta J = \pm 1$。

2.6 电子能谱
(Electron spectroscopy)

电子能谱是通过分析固体样品被各种粒子(光子、电子、离子、原子等)撞击后所发射出的电子的能量来测定和分析原子的价态及其配位情况的技术。电子能谱主要包括 X 射线光电子能谱、俄歇电子能谱、紫外光电子能谱、电子能量损失谱等。

2.6.1 X 射线的产生(Generation of X-ray)

1895 年伦琴(W. K. Röntgen)发现了 X 射线，波长一般在 0.001～1 nm。波长小于 0.1 nm 为硬 X 射线，大于 0.1 nm 为软 X 射线。软 X 射线一经发现即在第一次世界大战中应用于检查伤员，拯救了无数生命。

X 射线是由 X 射线管(阴极射线管)产生的，其工作原理示意图如图 2.18 所示。它的工作电压高达几万到几十万伏特。阳极一般用 Mg($\lambda_{K_{\alpha_1}} = 0.98962$ nm，$\lambda_{K_{\alpha_2}} = 0.98986$ nm)、Al($\lambda_{K_{\alpha_1}} = 0.83452$ nm，$\lambda_{K_{\alpha_2}} = 0.83475$ nm)、Cu($\lambda_{K_{\alpha_1}} = 0.15405$ nm，$\lambda_{K_{\alpha_2}} = 0.15425$ nm)、Mo($\lambda_{K_{\alpha_1}} = 0.071007$ nm，$\lambda_{K_{\alpha_2}} = 0.071409$ nm)等高纯金属。电子(阴极射线)经高电压电场加速后，带着很大的动能撞击阳极的金属靶，金属的内层电子 K 层(1s)电子被激发，产生空穴，高层(L、M、N、O、P)电子迅速跃迁(按照光谱选律)回填到 1s 轨道，放出 X 射线，分别称为 K_α、K_β、K_γ、K_δ、K_ε 射线的能量。由类氢原子能级公式规定 $E_n = -R_y Z^2/n^2$，Z 用 $Z-1$ 代替，因为 1s 轨道总保持一个电子。而其中 K_α、K_β 的强度较大。K_α射线是每个金属的特征 X 射线，K_β 等射线是干扰线，需要屏蔽。K_α 射线是由双线构成，对应电子从谱项

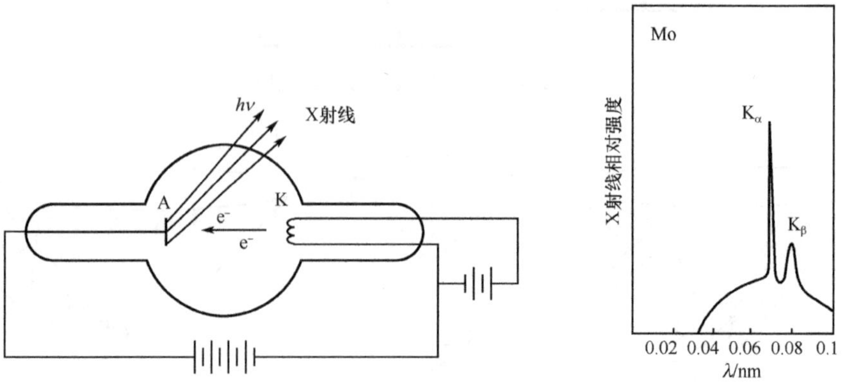

图 2.18 X 射线的产生

$^2P_{3/2}$跃迁到 $^2S_{1/2}(K_{\alpha_1})$和 $^2P_{1/2}$跃迁到谱项 $^2S_{1/2}(K_{\alpha_2})$(图 2.19)。因此，射线波数的估算公式为

$$\tilde{\nu}_{K_\alpha} = \frac{1}{\lambda} = R_H(Z-1)^2\left(\frac{1}{1^2}-\frac{1}{2^2}\right) = \frac{3}{4}R_H(Z-1)^2 \tag{2.135}$$

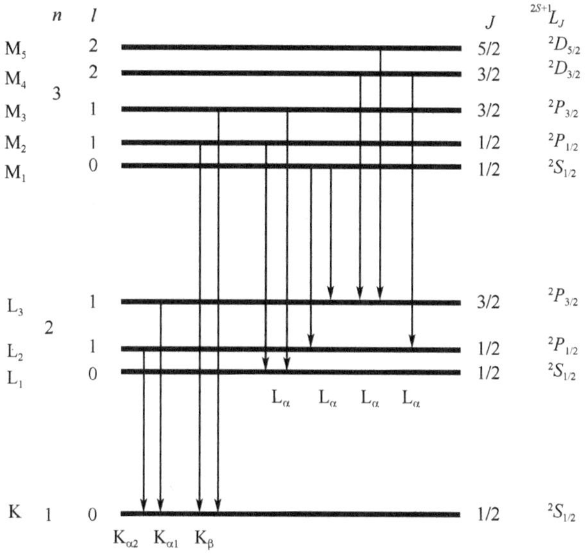

图 2.19 产生 X 射线的能级关系

2.6.2 X 射线光电子能谱(X-ray photoelectron spectroscopy，XPS)

光电子能谱学主要包括 X 射线光电子能谱、紫外光电子能谱(UPS)和俄歇电子能谱。它们都是用光照射样品，生成光电子(photoelectron)，然后收集光电子，测量其动能 E_K。这些都是光电效应的应用，是现代材料科学、化学等对表面的重要分析方法。

由于 X 射线的光子能量很大(X 射线光电子能谱仪一般用 Mg 或 Al 的 Kα射线作光源，能量分别为 1253.8 eV 和 1486.6 eV)，它能快速(10^{-15} s)激发样品的 1s 电子逃逸出样品。光电子需要克服的不仅是逸出功，而且有 1s 的束缚能即 1s 轨道电子的结合能(图 2.20)。利用下面的公式计算出其结合能 E_B(binding energy)[比式(1.7)多了一项结合能 E_B，E_F 为费米能级]。

$$E_K = h\nu - E_B - \phi \tag{2.136}$$

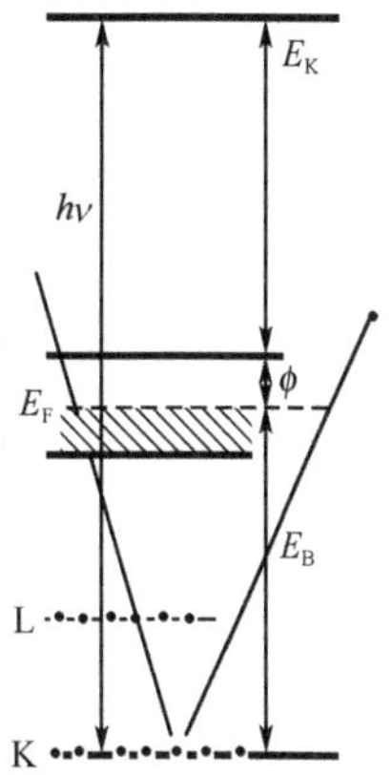

图 2.20 光电子产生和能级示意图

各种元素 1s 轨道的电子结合能在能谱图中就出现特征吸收谱线，可以根据这些谱线在能谱图中的位置来鉴定周期表中除 H 和 He 以外的所有元素。通过对样品进行全扫描，在一次测定中就可以检出全部元素。在实际的 XPS 分析中，一般采用内标法进行校准。最常用的方法是用真空系统中最常见的有机污染碳的 C 1s 的结合能(284.6 eV)进行校准(图 2.21)。

光电子能谱提供的信息可称为“原子指纹”。它提供有关化学键方面的信息，即直接

测量价层电子及内层电子轨道能级。而相邻元素的同种能级的谱线相隔较远，相互干扰少。同时，XPS 是一种高灵敏超微量表面分析技术。分析所需试样约 10^{-8} g 即可，绝对灵敏度高达 10^{-18} g，样品分析深度约 2 nm。

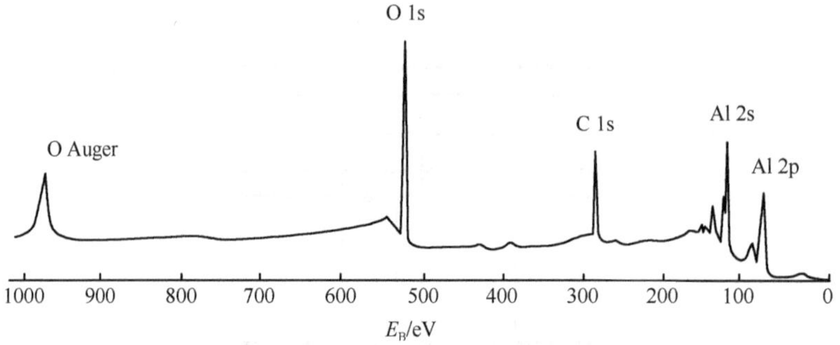

图 2.21　金属铝片的 XPS 谱图

X 射线光电子能谱因对化学分析最有用，因此又称为化学分析用电子能谱(electron spectroscopy for chemical analysis，ESCA)。每个元素的电子结合能均不相同，所以 XPS 原则上可以对样品进行元素的定性和定量分析。在对样品进行分析时，原子所处的化学环境不同引起内层电子结合能的变化，这种变化表现为谱峰的移动就称为化学位移。三氟乙酸乙酯的谱图最具代表性(图 2.22)。可以通过化学位移来分析和确定原子在样品中存在的状态、化合价等信息。

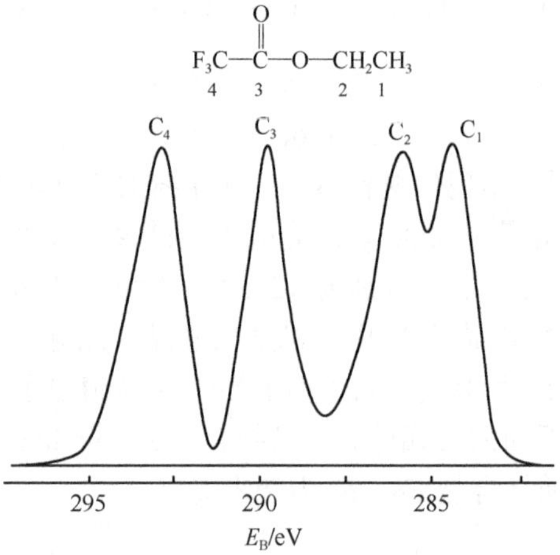

图 2.22　三氟乙酸乙酯的化学位移

2.6.3　能谱与光谱项的关系(Relationship between spectra and atomic terms)

XPS 测定得到的是由高能 X 射线激发出来的电子的动能，经由公式(2.126)换算得到的是电子在原子或离子中的轨道能(orbital energy)，原子轨道能即电子在某个光谱支项代表的能级的能量，由位力定理可知其为负值。同时，金属元素的电子结合能一般总是成对出现的(s 电子除外)，这是由于测量前，内层轨道中的电子是全充满的，当电离一个电子后，得到电子的组态为 p^5、d^9、f^{13} 等，由互补原理可知其光谱支项(levels = orbital energy level)可以由组态 p^1、d^1、f^1 给出，即 $^2P_{3/2}$、$^2P_{1/2}$，$^2D_{5/2}$、$^2D_{3/2}$ 和 $^2F_{7/2}$、$^2F_{5/2}$。在实际的科研实践中，这种光谱项记号常被记作 $2p_{3/2}$、$2p_{1/2}$，$3d_{5/2}$、$3d_{3/2}$ 和 $4f_{7/2}$、$4f_{5/2}$。这些谱项可以成为动态原子光谱项(kinetic atomic term)，图 2.23 给出几个 XPS 谱图实例。

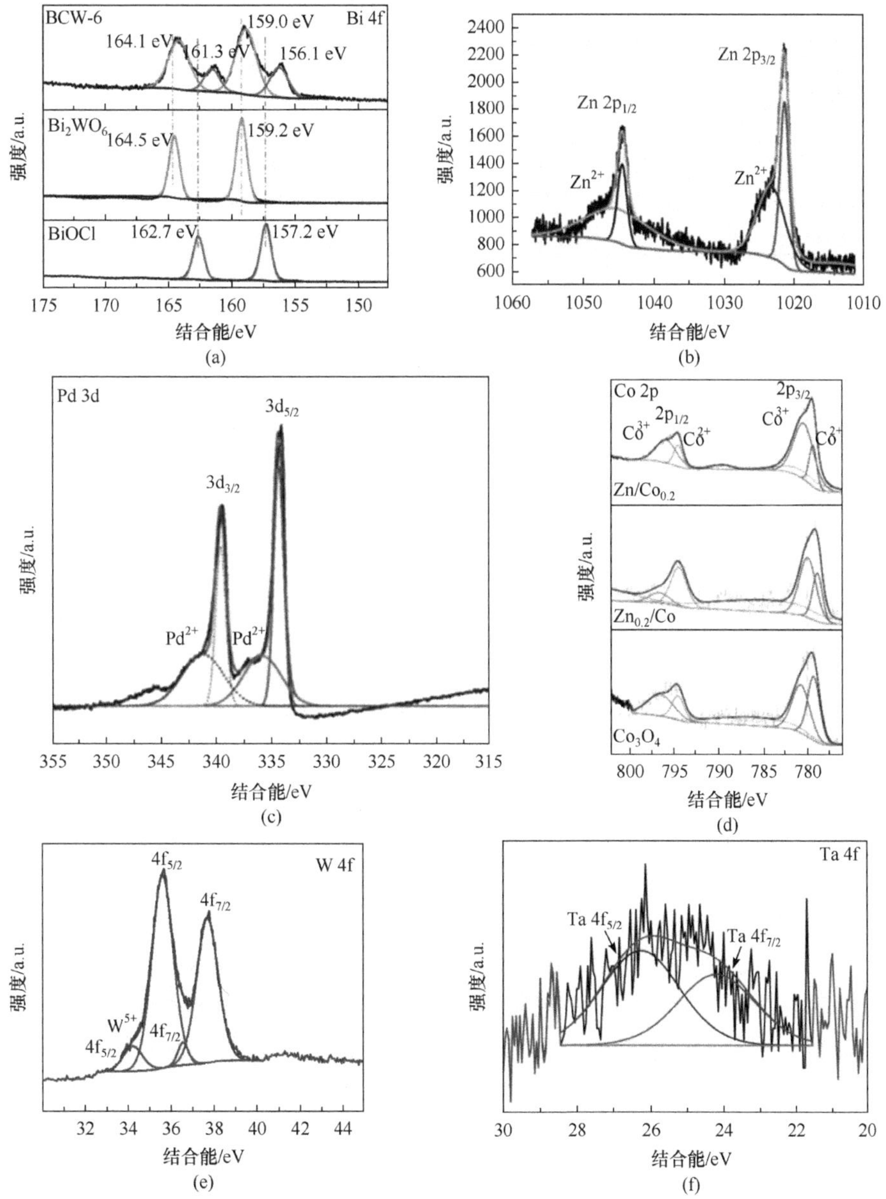

图 2.23　金属 Bi、Zn、Pd、Co、W、Ta 的 XPS 特征谱图

2.6.4　化学位移与价态的关系(Relationship between chemical shift and valence of atoms)

由式(2.76)和式(2.116)可知，处于原子中的电子，当元素的化合价升高时，其轨道能降低(负值更大)，因此其 XPS 能谱数据相应会增大(正值)。如果以零价金属的电子结合

能为参照，随着价态(valence state)升高，去屏蔽作用加强，电子结合能增大，对应化学位移为正即蓝移，反之为红移。例如，图 2.23 中电化学沉积金属 Zn 和 Pd 在 TiO_2 表面上时，仍然残留了少量的二价金属 Zn^{2+}和 Pd^{2+}，所以在高结合能处分别都有两个肩峰出现。ZnO 和 Co_3O_4 的混合氧化物中，随着 ZnO 含量的变化，影响了 Co^{3+}的峰强度和化学位移，但是其动态光谱支项(kinetic level)对应的结合能总是 Co^{3+}高于 Co^{2+}。

2.6.5　俄歇电子能谱(Auger electron spectroscopy)

1925 年，法国物理学家俄歇(Pierre Auger)发现了俄歇电子。俄歇电子是次生电子，当 X 射线的光子激发了 1s 电子，形成空穴后，L 层电子跃迁回到 1s 时，没有放出光子，而是将能量传递给附近的另一个电子，使它电离成携带能量的自由电子(图 2.24)。

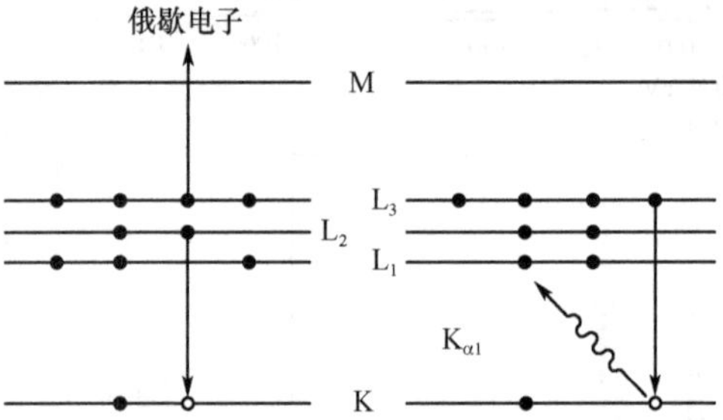

图 2.24　俄歇电子的产生与 X 射线形成机制对比图

俄歇电子能谱由于电离的是 L 层、M 层或 N 层的电子，它们更靠近表面，受化学环境的影响更大，因此俄歇光电子能谱中的化学位移比 XPS 中的大。所以化学分析用得更多。根据经验，对于 $Z \leqslant 14$ 的元素，采用 KLL 俄歇电子分析；对于 $14<Z<42$ 的元素，采用 LMM 俄歇电子较合适；$Z>42$ 时，以采用 MNN 和 MNO 俄歇电子为佳。金属铜的零价和一价经常分不开，需要用俄歇谱进行二次分析[图 2.27(d)]。

2.6.6　同步辐射 X 射线吸收精细结构谱(X-ray absorption fine structure spectroscopy, XAFS)

速度接近光速的带电粒子在磁场中沿弧形轨道运动时沿切线方向发出的电磁辐射，由于最初是在同步加速器上观察到的，因此被称为同步辐射。基本特征表现为：①高亮度，辐射功率和功率密度高，第三代同步辐射光源的亮度是 X 光机的上亿倍；②宽波段，覆盖从远红外、可见光、紫外光直到 X 射线范围内的连续光谱；③脉冲光，脉冲宽度在 10^{-11}～10^{-8} s 之间可调，对动态研究特别有利；④高准直，辐射在以电子运动方向为中心的一个很窄的圆锥内，张角非常小，几乎是平行光束；⑤高偏振，在电子轨道平面内是完全偏振光，轨道上下是椭圆偏振光，从特殊设计的插件可以得到任意偏振的光。

X 射线吸收精细结构谱的吸收基本原理与 XPS 相同，但是横坐标记录的是入射光光子的能量 $h\nu$，纵坐标记录的是吸收系数μ。由于其入射光的高能量和高分辨等特点，XAFS 比 XPS 有更宽的应用范围。XAFS 一般分为 X 射线吸收近边结构谱(X-ray absorption near edge structure，XANES)和扩展 X 射线吸收精细结构谱(extended X-ray absorption fine structure spectroscopy，EXAFS)。

20 世纪 70 年代，Sayers 等基于光电子单次散射的理论[图 2.25(a)、(b)]推出的理论表达式通过傅里叶变换后，发现傅里叶空间上的峰的位置刚好对应着吸收原子周围近邻配位原子的位置，而峰的高度则与配位原子的种类和数量相关，这一推论也得到了实验证实。

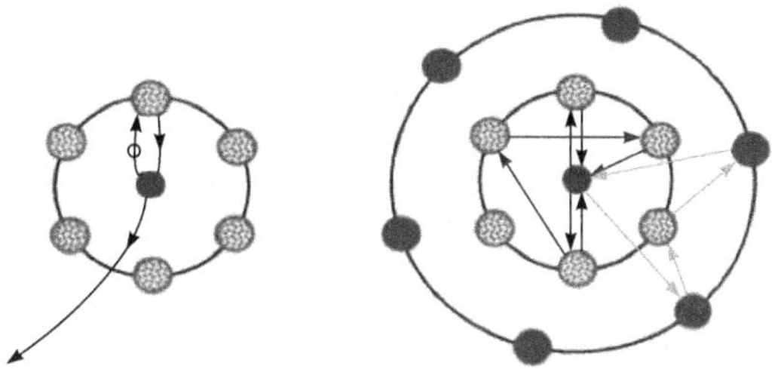

(a)　(b)

图 2.25　光电子单次散射(a)和多重散射(b)

这个工作的完成，证实了 EXAFS 的短程有序理论，即 EXAFS 信号的产生是由邻近原子对光电子的散射而对光电子的终态波函数进行调制而形成的。自此，EXAFS 分析方法能够广泛地应用于各个领域的研究，能够定量得到吸收原子周围的局域结构信息，为 EXAFS 的应用发展奠定了坚实的基础。

常用 EXAFS 谱图解析的程序为 ARTEMIS，所用吸收曲线拟合公式为

$$\chi(k)=\sum_j \frac{S_0^2 N_j F_j}{kR_j^2}\exp[-2(k^2+R_j/\lambda)]\sin(2kR_j+\delta) \tag{2.137}$$

式中，S_0 为散射面积；N_j 为配位数；F_j 为散射因子；R_j 为原子(离子)间距离(Å)；δ 为位移。

谱图后处理是通过程序进行解析，过程示意图见图 2.26。

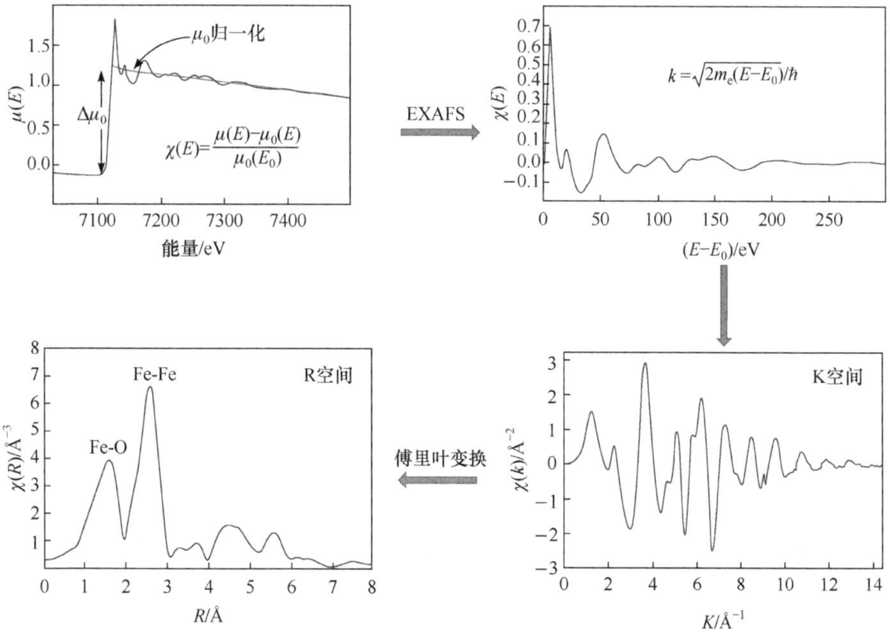

图 2.26　XAFS 解析过程示意图

关于 K 空间处理的解释：k 为单色平面驻波中的波矢量，由公式(1.20)：$\psi(r) = Ae^{ikr}$，代入对应的自由电子波函数的薛定谔方程，

$$-\frac{\hbar^2}{2m_e}\nabla^2\psi(r) = E\psi(r)$$

得到公式

$$E=\frac{\hbar^2 k^2}{2m_e}$$

所以，波矢量 $k(2\pi/\lambda)$ 的计算公式为

$$k = \sqrt{2m_e(E - E_0)}\,/\,\hbar \tag{2.138}$$

XANES 主要分析价态和束缚态电子的能级结构。如图 2.27(c)边前峰(pre-edge peak)给出 1s 到 4p(束缚态)的跃迁；吸收边(阶跃中间)指出价态的不同，价态越高，结合能越大，吸收峰右移。吸收顶端代表 1s 电子持续跃迁到自由空带即被电离。EXAFS 主要分析原子周围配位环境，往右持续的振荡峰来自于周围不同配位层次原子簇对 X 射线散射峰与主峰的叠加。故而可分析出周围微粒对中心原子的配位和缺陷情况。

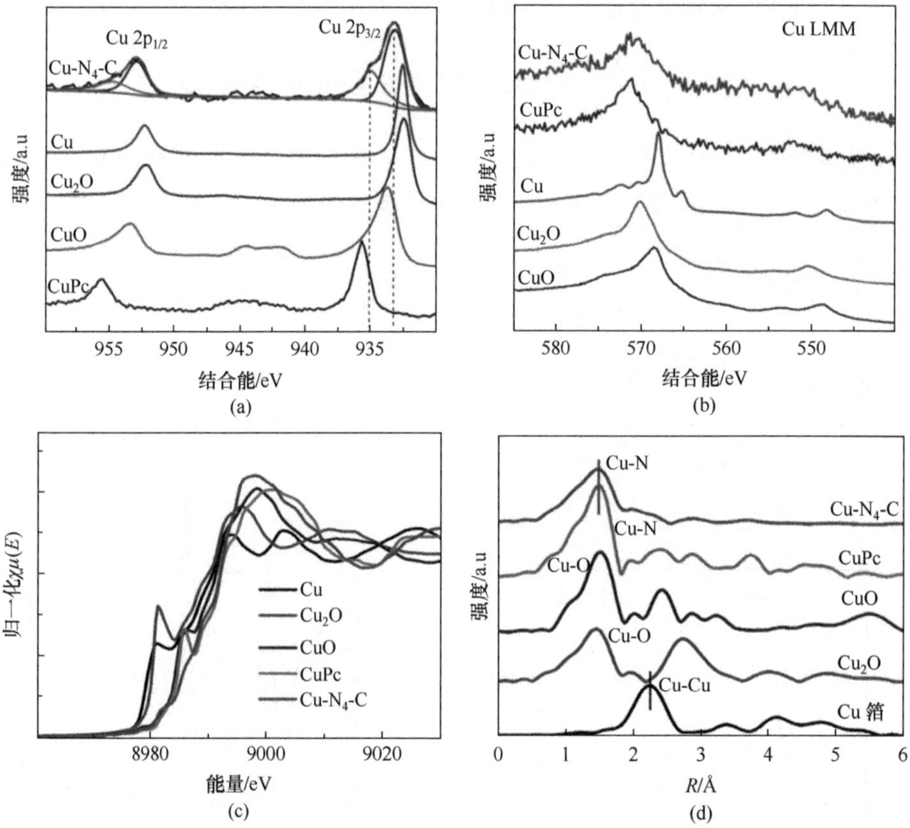

图 2.27　(a) $Cu/Cu_2O/CuO$ 和 CuPc(铜酞菁)及其焙烧后的产物 $Cu\text{-}N_4\text{-}C$ 的 XPS；(b) Cu/Cu_2O 的 Cu-LMM 俄歇电子谱；(c) 同步辐射光源下的 X 射线吸收精细结构谱(XAFS)；(d) EXAFS 的 R 空间分析

通过程序分析和模拟，可以得到中心原子的配位数、化学键和原子缺位情况等材料中电子的能级结构信息和原子/离子排布的空间结构信息等，是目前最先进的材料表征方法。

2.7　元素的周期性与原子的电负性 (Periodic properties of elements and electronegativity of atoms)

从前面对原子结构的学习知道，元素的周期性质是由元素的电子组态决定的。而每一种电子组态下对应还有用光谱项描述的精细能级。鲍林从实验中总结的电负性概念也可以用光谱数据进行描述。

2.7.1　元素周期表(Periodic table of the elements)

元素的周期性质早在 1869 年由俄国化学家门捷列夫(Mendeleev)发现。我们现在可以运用薛定谔方程的结果 $E_n=-\dfrac{Z^2}{n^2}R_{\mathrm{y}}$，$n=1,2,3,\cdots$，并考虑相对论效应与电子的轨道和自旋耦合效应，$\Delta E_{\mathrm{r}}=\hat{H}'_{ii}=-\dfrac{R_{\mathrm{y}}\alpha^2Z^4}{n^3}\left(\dfrac{1}{l+1/2}-\dfrac{3}{4n}\right)$，近似计算出多电子原子中电子的能级能量。这时，角量子数 l 不同，电子的轨道能量不同。而元素的周期性质显然与元素的核外电子排布有关。将 1～90 号元素的基本性质如基态的电子组态、光谱支项、玻尔原子半径、共价半径、离子半径(CN＝6，pm)、第一电离能(eV)、熔点(℃)及鲍林电负性数据列于元素周期表中(见附录二)。

2.7.2　原子轨道能级(Energy level of atomic orbital)

电子在原子轨道中所具有的能量是固定的，故讲述的理论是尽量用波函数描述电子在原子中运动的真实情况。多电子原子用哈特里-福克方法，通过 $E_i=E_i^0+J_{ij}+K_{ij}$ 进行计算得到的原子中单电子波函数所对应的能量为原子轨道的粗能级，它是实验上用 XPS 测定对应中性电子结合能的负值。更精细的能级用光谱项描述，一般地，光谱支项与能级一一对应，因此基谱支项可以理解为原子整体电子处于基态能级时的描述符。电子相关能 J_{ij} 表明电子间的互斥能，其值为正；电子交换能 K_{ij} 为负值，与洪德规则一致，自旋平行使得原子整体能量降低。

原子中的单电子波函数称为原子轨道。原子轨道中电子所具有的能量称为原子轨道能。由于原子中电子运动的波粒二象性本质，电子的能量是不连续的，因此就形成了所谓能级的概念。这与第 1 章中一维势箱模型的结论一致。

实验可以测定原子的电离能 I。对于氢原子，只有一个电子，电离能为 13.6 eV，等于 XPS 的电子结合能；原子轨道能则为−13.6 eV。这与玻尔模型的结果及薛定谔方程的结论一致。对于多电子原子如碳原子，电子组态为 $1s^22s^22p^2$。它有 6 个电子，实验可以测定 6 个电离能。其中，第一电离能 $I_1=11.26$ eV，为 2p 电子的轨道能量的负值；第二

电离能 $I_2 = 24.38$ eV，是碳正离子 C^+中 2p 电子的轨道能；依此类推，I_6 为 C^{5+}的 1s 电子轨道能，它可以用薛定谔方程得到的能级公式(2.52)直接求解，因为它是类氢离子。

He 原子的第一电离能为 $I_1 = 24.6$ eV，为 He 原子 1s 轨道能量的负值，第二电离能为 $I_2 = 54.4$ eV，是类氢离子 He^+ 1s 轨道能量的负值。由于电子间有排斥能，当电离第一个电子时，电子相关能 J_{ij} 也同时丢失。斯莱特从实验中总结得出了电子对原子核有屏蔽的概念，得出了一系列的屏蔽常数经验值。例如，对于 He 原子，屏蔽常数$\sigma = 0.30$，可以计算体系中两个电子的平均轨道能量为 $\bar{E}_{1s} = -\dfrac{(Z-\sigma)^2}{n^2}R_y = -13.6(2-0.3)^2 = -39.3(\text{eV})$，与电离能实验值 $\bar{E}_{1s} = -\dfrac{I_1+I_2}{2} = -\dfrac{24.6+54.4}{2} = -39.5(\text{eV})$ 基本一致。

2.7.3 原子的电负性(Electronegativity of atom)

1932 年，鲍林提出原子电负性的概念，用来表示分子中中性原子对电子吸引力的大小，也表示化学键极性的大小。原子的鲍林电负性χ_P可由实验数据计算得到。

对于一个双原子分子 AB，定义如下

$$\chi_A - \chi_B = 0.102\sqrt{E_{AB} - (E_{AA} \times E_{BB})^{1/2}} \tag{2.139}$$

式中，E_{AB} 为 A—B 键键能；E_{AA} 为 A—A 键键能；E_{BB} 为 B—B 键键能。

例如，H—F 键键能为 568 kJ/mol，H—H 键键能为 436 kJ/mol，F—F 键键能为 158 kJ/mol，鲍林设定 F 的电负性$\chi_F = 3.98$，可以由式(2.139)得到$\chi_H = 2.20$，电负性是量纲为一的数值。

2.7.4 原子电负性的光谱定义(Spectral definition of electronegativity)

1989 年，艾伦(L. C. Allen)根据光谱数据提出电负性的光谱定义：基态时自由原子价层电子的平均单电子能量。

$$\bar{E}_V = \frac{mE_s + nE_p}{m+n}$$

式中，E_s 和 E_p 为电子的原子轨道能量的负值，即电子的轨道结合能 E_B，由 XPS 实验得到。

光谱电负性χ_S为了与鲍林电负性χ_P吻合而引入系数

$$\chi_S = \frac{2.30}{13.6} \times \frac{mE_s + nE_p}{m+n} \tag{2.140}$$

由此算出 F 原子的电负性为 4.19，氢原子的电负性为 2.30，其他元素的电负性数据χ_S与χ_P也相差不大。而稀有气体也具有电负性值：He 4.16，Ne 4.79，Ar 3.24，Kr 2.97，Xe 2.58。预测稀有气体也能形成化合物，如 XeF_2、XeF_4稳定化合物存在等。由此可见，电负性的光谱定义是合理的，即基态时自由原子价层电子的平均单电子能量越低(负值越大)，电负性越大，吸电子的能力越强(非金属性越强)，相当于电子填入能量低的原子轨道体系能量低一样；反之，基态时自由原子价层电子的平均单电子能量越高(负值越小)，电负性越小，吸电子的能力越弱(金属性越强)。

习 题

1. 证明式(2.17)。

2. 推导式(2.18)和式(2.61)。

3. 计算氢原子中电子在基态 ψ_{1s} 的 $r \leqslant 2a_0$ 出现的概率。

4. 对于类氢原子体系，验证 $\psi_{2,1,0}$ 既不是动能算符 $\hat{T}$ 的本征函数，也不是势能算符 $\hat{V}$ 的本征函数，而只能是哈密顿算符 $\hat{H}$ 的本征函数。

5. 对于氢原子的 $\psi_{3d_{z^2}}$ 状态，求：

(1) 单电子能量；(2) 轨道角动量；(3) 轨道磁矩；(4) 轨道角动量与 z 轴的夹角；(5) 画出径向分布函数；(6) 计算电子出现概率密度极大值的 r。

6. 写出 He^+ 的薛定谔方程并计算：

(1) 1s 电子离核的平均距离；(2) 基态的平均势能和零点能。

7. 写出 Li 原子的薛定谔方程及其基态的斯莱特行列式。

8. 根据公式(2.47)，求出 D_{4p} 的表达式，并用 Matlab 画出其图像。

9. 用径向分布函数 D_{6s} 解释液态汞及其与金的性质差异。

10. 写出 Se 原子基态的光谱项，并判断基态光谱支项。

11. 写出 Pr^{3+} 基态 $4f^2$ 的所有谱项。

12. 写出 p^2 组态与 pd 组态间可能的光谱跃迁。

13. 高价金属与低价金属的同一个谱项对应的电子结合能哪个大？

14. 简述 XAFS 与 XPS 的异同。

15. 用微扰法求 Li^+ 的基态总能量。

16. 对原子体系，解释以下概念：

(1) 原子轨道；(2) 空间波函数；(3) 自旋波函数；(4) 旋-轨波函数；(5) 角度函数；(6) 径向函数；(7) 径向分布函数；(8) 组态；(9) 电子云；(10) 玻恩-奥本海默近似；(11) 塞曼效应；(12) 反常塞曼效应；(13) 原子轨道能；(14) 电子结合能；(15) 平均轨道能；(16) 电离能；(17) 电负性；(18) 俄歇电子；(19) j-j 耦合。

在分子科学和原子科学的交点上，双方都称与自己无关，但恰恰这一点有望取得最大成果。

——恩格斯(F. von Engels)

第 3 章　分 子 结 构
(Molecular Structure)

分子是构成物质的基本单元。21 世纪的今天，化学研究者每天都制造出许多新型的分子，包括一般分子、超分子、配合物等。现代科技的进步离不开新材料的开发和利用。而新材料的研发则依赖于人们对分子性质的深刻理解。计算机技术所用的半导体芯片硅晶体材料、液晶显示器所用的液晶材料等就是很好的例子。绿色环保的燃料电池所用的甲醇分子早已经大工业生产，是从合成气($CO+H_2$)催化转化得到，而合成气(syngas)则是从煤或天然气而来。甲醇又可以被工业化制备出烯烃，烯烃可以被氧气环氧化生成环氧化合物，再经开环生成精细化学品等。化学科学最新的应用是利用丰富的半导体材料作催化剂将温室气体二氧化碳和水在温和的光电联合催化条件下进行人工光合成得到高附加值的化学品，这些过程的开发利用所涉及的催化剂及其产品本身，无不要求我们对分子本身的结构做详细研究和理解。所以现在的世纪又称为分子时代(the age of molecules)。一般地，分子是由原子构成的，分子间的化学反应就是不同分子间原子的重新组合，也是化学键的打开和形成的过程。所以研究原子在分子中的位置，电子在分子中的运动规律，即了解分子的空间结构和能级结构，是了解分子性质乃至物质性质的基础。

3.1　H_2^+的薛定谔方程及其解
(Schrödinger equation of H_2^+ and its solutions)

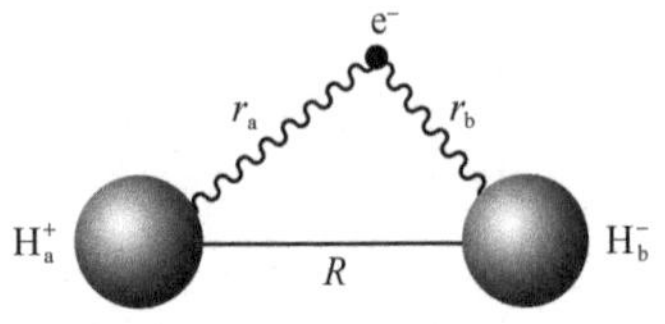

图 3.1　H_2^+模型示意图

除去单原子分子，最简单的分子是氢分子。而氢分子离子 H_2^+则是最简单的分子体系，它只包含两个原子核和一个电子(图 3.1)。

3.1.1　H_2^+的薛定谔方程(Schrödinger equation of H_2^+)

对 H_2^+和氢原子一样，首先采取定核近似，即玻恩-奥本海默近似。此时，两个原子核 H_a^+和 H_b^+不动，动能为零，核间的距离 R 不变，为常量，一个电子绕着两个原子核运动。波函数为$\psi(r,\theta,\phi)$。体系的哈密顿算符为

$$\hat{H} = -\frac{\hbar^2}{2m_e}\nabla^2 - \frac{e^2}{4\pi\varepsilon_0 r_a} - \frac{e^2}{4\pi\varepsilon_0 r_b} + \frac{e^2}{4\pi\varepsilon_0 R}$$

用原子单位表示为

$$\hat{H} = -\frac{1}{2}\nabla^2 - \frac{1}{r_a} - \frac{1}{r_b} + \frac{1}{R}$$

则 H_2^+ 的定态薛定谔方程为

$$\left[-\frac{1}{2}\nabla^2 - \frac{1}{r_a} - \frac{1}{r_b} + \frac{1}{R}\right]\psi(r,\theta,\phi) = E\psi(r,\theta,\phi) \tag{3.1}$$

分析图 3.1，当电子运动到几乎完全属于 H_a^+ 核时，式(3.1)可以按照微扰法写为

$$(\hat{H}_a + \hat{H}')\psi_a(r,\theta,\phi) = E\psi_a(r,\theta,\phi)$$

同样地，当电子运动到几乎完全属于 H_b^+ 核时，式(3.1)可以写为

$$(\hat{H}_b + \hat{H}')\psi_b(r,\theta,\phi) = E\psi_b(r,\theta,\phi)$$

所以，根据量子力学基本假设四——态叠加原理，将描述图 3.1 模型中 H_2^+ 的波函数写为

$$\psi(r,\theta,\phi) = c_1\psi_a(r,\theta,\phi) + c_2\psi_b(r,\theta,\phi) \tag{3.2}$$

代入式(3.1)得

$$\hat{H}(c_1\psi_a + c_2\psi_b) = E(c_1\psi_a + c_2\psi_b) \tag{3.3}$$

为了求解式(3.3)，首先介绍量子力学-波动力学的另一个基本的近似方法——变分法(variation method)。

3.1.2 变分原理与线性变分法(Variation principle and the linear variation method)

对于一个微观体系，根据量子力学基本假设三，定态薛定谔方程为

$$\hat{H}\psi_j(q) = E\psi_j(q)$$

即体系的哈密顿算符 $\hat{H}$ 对应有一系列的本征态和本征能量(不考虑能量简并)：

$$\psi_1,\ \psi_2,\ \cdots,\ \psi_j,\ \cdots$$

$$E_1 < E_2 < \cdots < E_j < \cdots$$

变分原理指出：体系哈密顿算符 $\hat{H}$ 在任意一个品优波函数描述的非本征状态 ψ 中的平均值总是大于其在体系基态的能量 E_1。

$$\langle E \rangle = W = \frac{\int \psi^* \hat{H}\psi \mathrm{d}\tau}{\int \psi^* \psi \mathrm{d}\tau} \geqslant E_1 \tag{3.4}$$

显然，$W = E_1$，只有在 $\psi = \psi_1$ 时成立。

实际上，体系哈密顿算符的本征函数和本征能量通常是不知道的，所以可以在平均能量 W 中引入参变量 $\lambda_1, \lambda_2, \cdots$，即令 $W = W(\lambda_1, \lambda_2, \cdots)$，然后，为了获得 W 的极小值，对

W 求λ的微商

$$\frac{\partial W}{\partial \lambda_1}=\frac{\partial W}{\partial \lambda_2}=\cdots=0 \tag{3.5}$$

求出 W 的极小值最接近基态能量 E_1，对应的ψ就是ψ_1 的近似表达。可见，变分原理就是能量最低原理在分子中的一种表现形式。

式(3.4)的证明：对于任意一个品优波函数ψ，按照量子力学基本假设四，总可以将 ψ 向哈密顿算符的本征函数系(完备集)展开：

$$\psi=c_1\psi_1^o+c_2\psi_2^o+\cdots=\sum_j c_j\psi_j^o$$

代入式(3.4)得

$$W-E_1=\frac{\int\psi^*\hat{H}\psi\mathrm{d}\tau}{\int\psi^*\psi\mathrm{d}\tau}-E_1=\frac{\int(c_1\psi_1^o+c_2\psi_2^o+\cdots)^*\hat{H}(c_1\psi_1^o+c_2\psi_2^o+\cdots)\mathrm{d}\tau}{\int(c_1\psi_1^o+c_2\psi_2^o+\cdots)^*(c_1\psi_1^o+c_2\psi_2^o+\cdots)\mathrm{d}\tau}-E_1$$

考虑ψ_j的正交归一性质：

$$W-E_1=\frac{\sum_j|c_j|^2\int\psi_j^{o*}\hat{H}\psi_j^o\mathrm{d}\tau}{\sum_j|c_j|^2}-E_1=\frac{\sum_j|c_j|^2\left(\int\psi_j^{o*}\hat{H}\psi_j^o\mathrm{d}\tau-E_1\right)}{\sum_j|c_j|^2}$$

将薛定谔方程 $\hat{H}\psi_j^o(q)=E\psi_j^o(q)$ 代入得

$$W-E_1=\frac{\sum_j|c_j|^2\left(E_j-E_1\right)}{\sum_j|c_j|^2}$$

已知 $E_1<E_2<\cdots<E_j<\cdots$，所以，$E_j-E_1\geqslant 0$，即$W-E_1\geqslant 0$，得证。

以哈密顿算符的本征函数的线性加和作为试探变分函数ψ，利用变分原理进行求解的方法，即为线性变分法。第 2 章中介绍的对多电子原子求解的自洽场方法用的就是变分法。

3.1.3　线性变分法求解 H_2^+的薛定谔方程(Solving equation of H_2^+ by LVM)

因为$\psi_a=\psi_b$，取 $\psi_a=\psi_{1s}=\frac{1}{\sqrt{\pi}}e^{-r_a}$ (a.u.)。将式(3.2)和式(3.3)代入式(3.4)得平均能量：

$$W=\frac{Y}{Z}=\frac{\int(c_1\psi_a+c_2\psi_b)^*\hat{H}(c_1\psi_a+c_2\psi_b)\mathrm{d}\tau}{\int(c_1\psi_a+c_2\psi_b)^*(c_1\psi_a+c_2\psi_b)\mathrm{d}\tau}=\frac{c_1^2\int\psi_a\hat{H}\psi_a\mathrm{d}\tau+2c_1c_2\int\psi_a\hat{H}\psi_b\mathrm{d}\tau+c_2^2\int\psi_b\hat{H}\psi_b\mathrm{d}\tau}{c_1^2+2c_1c_2\int\psi_a\psi_b\mathrm{d}\tau+c_2^2}$$

令 $H_{aa}=\int\psi_a\hat{H}\psi_a\mathrm{d}\tau$ 库仑积分，$H_{ab}=\int\psi_a\hat{H}\psi_b\mathrm{d}\tau$ 交换积分，$S_{ab}=\int\psi_a\psi_b\mathrm{d}\tau$ 重叠积分；

显然，$H_{aa}=H_{bb}$，$H_{ab}=H_{ba}$，$S_{ab}=S_{ba}$，均为已知数，则

$$W=\frac{Y}{Z}=\frac{c_1^2H_{aa}+2c_1c_2H_{ab}+c_2^2H_{bb}}{c_1^2+2c_1c_2S+c_2^2} \tag{3.6}$$

$\dfrac{\partial W}{\partial c_1}=0$，$\dfrac{\partial W}{\partial c_2}=0$，得

$$\begin{cases}\dfrac{1}{Z}(2c_1H_{aa}+2c_2H_{ab})-\dfrac{E}{Z}(2c_1+2c_2S_{ab})=0\\ \dfrac{1}{Z}(2c_1H_{ab}+2c_2H_{bb})-\dfrac{E}{Z}(2c_2+2c_1S_{ab})=0\end{cases}$$

即

$$\begin{cases}(H_{aa}-E)c_1+(H_{ab}-ES_{ab})c_2=0\\(H_{ab}-ES_{ab})c_1+(H_{bb}-E)c_2=0\end{cases} \tag{3.7}$$

称为关于系数 c 为参量的久期方程。它存在非平庸解(非零解)的条件是系数行列式为零：

$$\begin{vmatrix}H_{aa}-E & H_{ab}-ES_{ab}\\ H_{ab}-ES_{ab} & H_{bb}-E\end{vmatrix}=0 \tag{3.8}$$

由于 $H_{aa}=H_{bb}$，故得

$$(H_{aa}-E)^2=(H_{ab}-ES_{ab})^2$$

$$H_{aa}-E=\pm(H_{ab}-ES_{ab})$$

得

$$E_1=\frac{H_{aa}+H_{ab}}{1+S_{ab}} \tag{3.9}$$

$$E_2=\frac{H_{aa}-H_{ab}}{1-S_{ab}} \tag{3.10}$$

将能量表达式 E_1 代入久期方程得 $c_1=c_2$。用归一化条件

$$c_1^2\int(\psi_a+\psi_b)^2\,d\tau=2c_1^2(1+S_{ab})=1$$

得

$$c_1=c_2=\frac{1}{\sqrt{2+2S_{ab}}}$$

则

$$\psi_1=\frac{1}{\sqrt{2+2S_{ab}}}(\psi_a+\psi_b)=\frac{1}{\sqrt{2\pi(1+S_{ab})}}(e^{-r_a}+e^{-r_b}) \tag{3.11}$$

将 E_2 代入久期方程得 $c_1=-c_2$，用归一化条件

$$c_1^2\int(\psi_a-\psi_b)^2\,d\tau=2c_1^2(1-S_{ab})=1$$

得

$$c_1 = -c_2 = \frac{1}{\sqrt{2-2S_{ab}}}$$

则

$$\psi_{II} = \frac{1}{\sqrt{2-2S_{ab}}}(\psi_a - \psi_b) = \frac{1}{\sqrt{2\pi(1-S_{ab})}}(e^{-r_a} - e^{-r_b}) \tag{3.12}$$

能量的讨论：

先看库仑积分

$$H_{aa} = \int \psi_a \hat{H} \psi_a d\tau = \int \psi_a (\hat{H}_a + \hat{H}')\psi_a d\tau = E_H + J$$

显然它是对氢原子能量 E_H 的一级微扰修正。其中的修正项为

$$J = H'_{aa} = \int \psi_a^* \frac{1}{R} \psi_a d\tau - \int \frac{\psi_a^2}{r_b} d\tau = \frac{1}{R} - \int \frac{\psi_a^2}{r_b} d\tau$$

是两个核之间的排斥作用势与电子在 ψ_a 中运动时，受 H_b^+核的吸引势，两者符号相反。

当 $R = R_e$(平衡核间距)时，$J > 0$，约为氢原子能量 E_H 的 5.4%。$E_H = -13.6$ eV，$H_{aa} < 0$。

当 R 为变量时，可以通过共焦椭圆坐标求积分得(a.u.)

$$J = \left(\frac{1}{R} + 1\right) e^{-2R} \tag{3.13}$$

再看重叠积分

$$S_{ab} = \int \psi_a \psi_b d\tau = (R^2/3a_0^2 + R/a_0 + 1)e^{-R/a_0} \tag{3.14}$$

S_{ab} 代表两个波函数 ψ_a 和 ψ_b 的重叠程度，按照极限情况讨论：当 $R = 0$ 时(不能出现)，$\psi_a = \psi_b$，$S_{ab} = 1$；当 $R = \infty$时(不能出现)，$S_{ab} = 0$。所以，$0 < S_{ab} < 1$。然后看交换积分

$$\begin{aligned} H_{ab} &= \int \psi_a \hat{H} \psi_b d\tau = \int \psi_a (\hat{H}_b + \hat{H}')\psi_b d\tau \\ &= E_H S_{ab} + K \end{aligned}$$

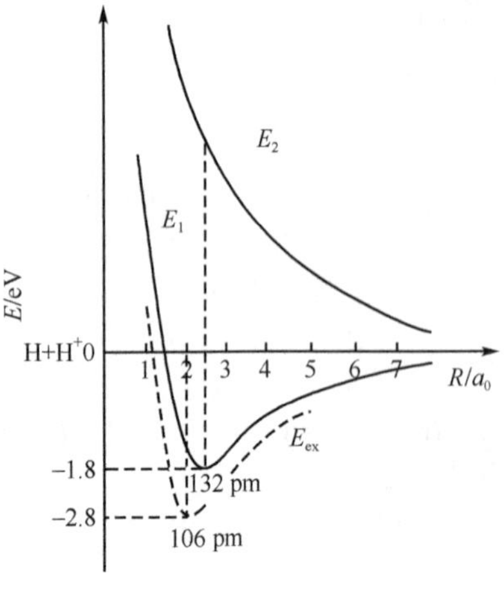

图 3.2　H_2^+的能量曲线示意图

可见 $E_H = -13.6$ eV，$H_{ab} < 0$。交换积分与重叠积分密切相关，即与 ψ_a 和 ψ_b 的重叠程度相关。也就是与 R 有关，可以通过共焦椭圆坐标求积分得(a.u.)

$$K = \left(\frac{1}{R} - \frac{2R}{3}\right) e^{-R} \tag{3.15}$$

将这些结果代入式(3.9)和式(3.10)并绘图 3.2，可知 $E_1 < E_H < E_2$。

从 E_1-R 的曲线可知，当 $R = 132$ pm 时，能量

有一个极小点(平衡解离能 D_e)$E_{1min} = D_e = -1.8$ eV，此时 R 称为平衡核间距 R_e，对应的波函数 ψ^{I} 称为吸引态。

从 E_2-R 的曲线可知，当 R 逐渐变小时，能量一直增大，对应的波函数 ψ^{II} 称为推斥态。

而实验测定的结果是 R_e= 106 pm = $2a_0$，对应能量为 $E_{1min} = -2.8$ eV。$R = 2a_0$ 时，$J = 0.027$，$K = -0.113$，$S = 0.586$，$H_{aa} = -12.85$ eV，$H_{ab} = -0.407$ Hartree= -11.07 eV。

考虑到电子更多地进入原子核之间引起的收缩效应，调节有效核电荷，即令 $\psi_a = \psi_b = k\exp(-\xi r)$，再进行变分，当调节 $\xi = 1.24$ 时，得到比较满意的结果：$R_e = 107$ pm，对应解离能为 $D_e = E_{1min} = -2.35$ eV。

如果考虑到极化效应，将变分函数引入两个参量 ξ 和 ζ，$\psi_a = k\exp(-\xi r_a - \zeta r_b)$，再进行变分，同时调节 ξ 和 ζ，可以得到与实验基本一致的结果(误差 0.1%)。

变分法从原理上没有规定用几个变分函数去模拟和逼近真实的波函数，实际运算中，经常将激发态波函数引入变分函数，进行计算，可以得到好的能量结果。

综上所述，变分法是一个很好的近似方法，使得我们可以在不用精确求解体系薛定谔方程的情况下，得到微观粒子运动的近似波函数和能量。

这里可以看出，与传统化学键理论认为的电子只有成对才能形成化学键的观念不同，一个电子只要扩大它的运动范围，就可以引起能量降低。

3.1.4 成键、反键轨道与共价键的本质(Bonding, antibonding and the nature of covalence bond)

1. 波函数的讨论

对于 H_2^+的吸引态 ψ_I 由两个氢原子的 1s 轨道加和而成，它是具有中心对称的波函数，且在两个原子核的中心波函数振幅加倍。电子在这个状态时，引起体系能量的降低，称为成键轨道(bonding)σ_{1s} 波函数(图 3.3)。对于 H_2^+的推斥态 ψ_{II} 由两个氢原子的 1s 轨道相减而成，它是具有中心反对称的波函数，且在两个原子核的中心有一个节面。电子在这个状态时，引起体系能量的升高，称为反键轨道(antibonding)σ_{1s}^* 波函数(图 3.4)。图 3.5 为其等值线图。

再考察电子处于 H_2^+的吸引态时，电子密度分布——电子云的情况，即$|\psi_I|^2$ 的情况。

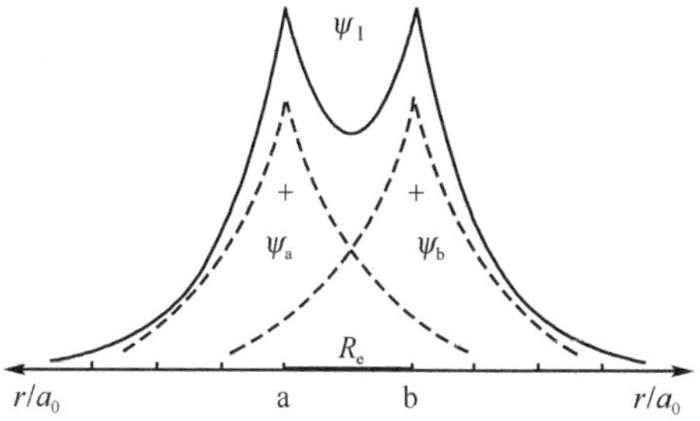

图 3.3 H_2^+的成键波函数

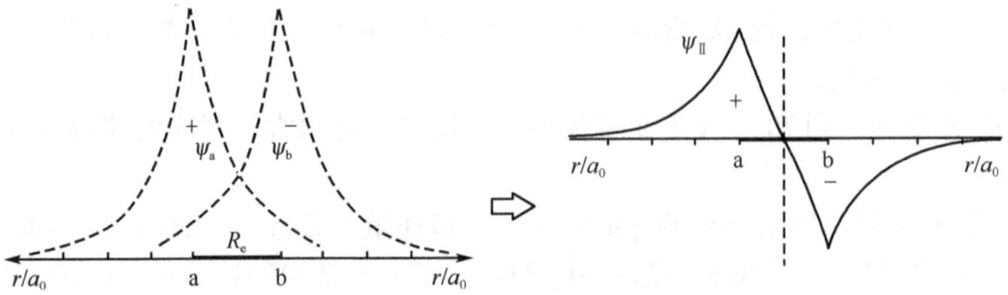

图 3.4　H_2^+的反键波函数

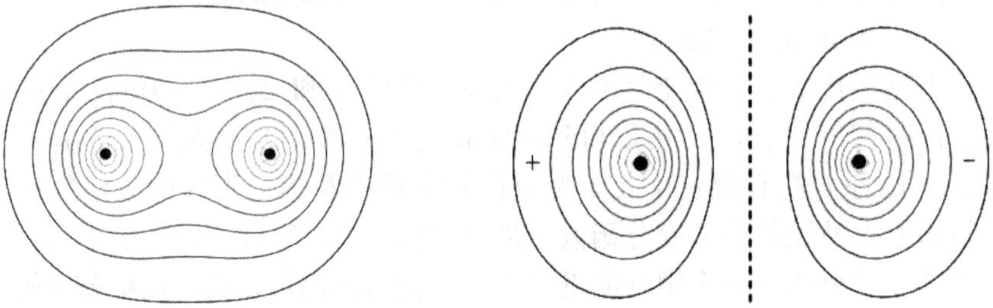

图 3.5　H_2^+的成键σ_{1s}(a)、反键σ_{1s}^*(b)波函数等值线图

$$|\psi_{\mathrm{I}}|^2 = \frac{1}{2+2S_{ab}}(\psi_a + \psi_b)^2 = \frac{\psi_a^2}{2+2S_{ab}} + \frac{2\psi_a\psi_b}{2+2S_{ab}} + \frac{\psi_b^2}{2+2S_{ab}}$$

其中，第二项代表两个原子轨道在两个核中间的电子密度，当电子分别处在氢原子 *a* 或 *b* 时，没有这一项。可以理解为：当两个原子核互相靠近时，原子轨道 $1s_a$ 与 $1s_b$ 对称性相同，发生波的干涉，即波的加和或轨道重叠，电子在核中间的概率密度增加，以降低核间排斥作用力。一个电子在全空间的概率是 1，是不变的，那么，如果在核中间电子出现的概率密度增加，势必在核 a、b 外侧出现的概率密度减少。电子在 H_2^+成键轨道的概率密度分布与分别在氢原子 a 和氢原子 b 的概率密度分布的差值为(图 3.6)

$$|\psi_{\mathrm{I}}|^2 - \psi_a^2 - \psi_b^2 = \left(\frac{\psi_a^2}{2+2S_{ab}} - \psi_a^2\right) + \frac{2\psi_a\psi_b}{2+2S_{ab}} + \left(\frac{\psi_b^2}{2+2S_{ab}} - \psi_b^2\right)$$

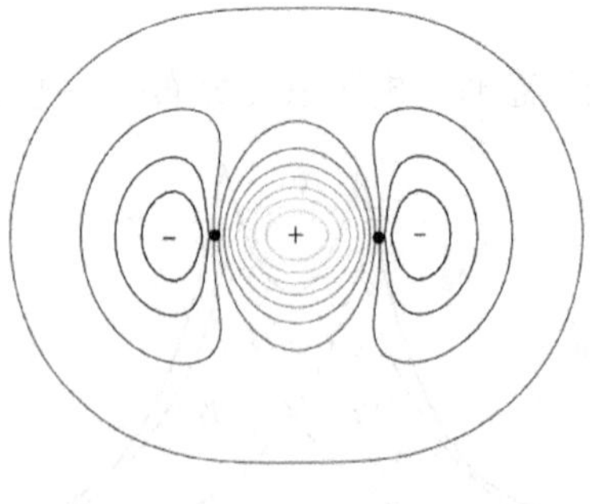

图 3.6　电子在 H_2^+的概率密度与氢原子的差值图

2. 共价键的本质

由此可以得出结论，共价键的本质就是电子由原子轨道进入分子的成键轨道而引起

体系的能量降低。这份能量就是共价键的键能。由于电子更多地分布在原子核中间，既降低了核间的斥力，又增大了核与电子间的吸引力，从而使体系能量降低，这种效应又称为收缩效应，这使得原子核间距 R 减小。另一种效应称为极化效应，它是由于另一个原子核对电子的吸引，而使得原子轨道极化、偏离球对称场的结果，也使得体系能量降低。第三种效应就是电子的离域效应，由于扩大了电子的运动范围而造成的能量降低。

以上讨论的是电子占据成键轨道的情况。与经典的电子配对化学键观念的区别是，当电子占据反键轨道时，体系的能量会升高，这恰恰是发生化学反应的必备条件。

3.1.5　H_2 的薛定谔方程及其解(Schrödinger equation and solutions of H_2)

在定核近似下，氢分子的哈密顿算符为

$$\hat{H}=-\frac{1}{2}\nabla_1{}^2-\frac{1}{2}\nabla_2{}^2-\frac{1}{r_{1a}}-\frac{1}{r_{1b}}-\frac{1}{r_{2a}}-\frac{1}{r_{2b}}+\frac{1}{r_{12}}+\frac{1}{R} \tag{3.16}$$

式(3.16)包含两个电子的动能项两项、两个电子分别被两个原子核吸引的势能项四项、两个电子之间的排斥势能一项和两个原子核核间排斥势能一项。

定态薛定谔方程为

$$\left[-\frac{1}{2}\nabla_1{}^2-\frac{1}{2}\nabla_2{}^2-\frac{1}{r_{1a}}-\frac{1}{r_{1b}}-\frac{1}{r_{2a}}-\frac{1}{r_{2b}}+\frac{1}{r_{12}}+\frac{1}{R}\right]\psi(1,2)=E\psi(1,2) \tag{3.17}$$

单电子近似为

$$\psi(1,2)=\psi(1)\psi(2)=\psi(r_1,\theta_1,\phi_1)\psi(r_2,\theta_2,\phi_2) \tag{3.18}$$

若令 $\dfrac{1}{r_{12}}\approx\dfrac{1}{R}$，则式(3.17)可改写为

$$\left\{\left[-\frac{1}{2}\nabla_1^2-\frac{1}{r_{1a}}-\frac{1}{r_{1b}}+\frac{1}{R}\right]+\left[-\frac{1}{2}\nabla_2^2-\frac{1}{r_{2a}}-\frac{1}{r_{2b}}+\frac{1}{R}\right]\right\}\psi(1)\psi(2)=E\psi(1)\psi(2)$$

令 $E=E_1+E_2$，即氢分子的能量为两个电子的能量之和。两边除以 $\psi(1)\psi(2)$ 得

$$\frac{1}{\psi(1)}\left[-\frac{1}{2}\nabla_1^2-\frac{1}{r_{1a}}-\frac{1}{r_{1b}}+\frac{1}{R}\right]\psi(1)+\frac{1}{\psi(2)}\left[-\frac{1}{2}\nabla_2^2-\frac{1}{r_{2a}}-\frac{1}{r_{2b}}+\frac{1}{R}\right]\psi(2)=E_1+E_2$$

$$\frac{1}{\psi(1)}\left(-\frac{1}{2}\nabla_1^2-\frac{1}{r_{1a}}-\frac{1}{r_{1b}}+\frac{1}{R}\right)\psi(1)=E_1$$

$$\frac{1}{\psi(2)}\left(-\frac{1}{2}\nabla_2^2-\frac{1}{r_{2a}}-\frac{1}{r_{2b}}+\frac{1}{R}\right)\psi(2)=E_2$$

这显然在形式上就与式(3.1)描述的 H_2^+的薛定谔方程一样。由此就将两个电子分离变量，将解氢分子 H_2 的问题转化为求解两个类 H_2^+的问题。那么，前面求解 H_2^+的结果 E_1 和 E_2 及 ψ_{I} 和 ψ_{II} 就可以全部借用到 H_2 中。

$$\psi_{\text{I}}=\frac{1}{\sqrt{2+2S_{ab}}}(\psi_a+\psi_b),\quad E_1'=\frac{H_{aa}'+H_{ab}'}{1+S_{ab}'}$$

$$\psi_{\mathrm{II}}=\frac{1}{\sqrt{2-2S_{\mathrm{ab}}}}(\psi_{\mathrm{a}}-\psi_{\mathrm{b}}),\quad E_2'=\frac{H_{\mathrm{aa}}'-H_{\mathrm{ab}}'}{1-S_{\mathrm{ab}}'} \tag{3.19}$$

这样，波函数 ψ_{I}和 ψ_{II}就具有完全意义上的分子轨道(molecular orbital)的概念：分子中的单电子空间波函数(spatial wave function)。其意义叙述为：两个原子轨道相加组成成键分子轨道(bonding MO)，$\sigma_{1s}=\psi_{\mathrm{I}}$，能量降低；相减组成反键分子轨道(antibonding MO)，$\sigma_{1s}^{*}=\psi_{\mathrm{II}}$，能量升高。求解得到的能量将图 2.5 中的 1s 和图 3.5 中的波函数等值线图组合描述如图 3.7 所示。经常用原子轨道的轮廓图加减组成分子轨道的轮廓图，表示为图 3.8。而成键分子轨道σ_{1s}中填入两个电子是由量子力学基本假设五决定的。

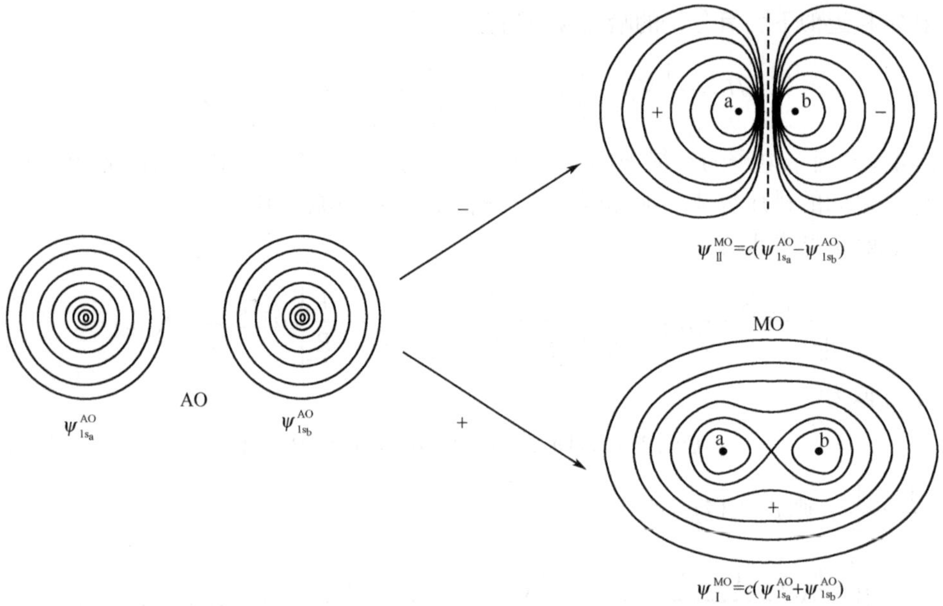

图 3.7　原子轨道形成分子轨道示意图(一)

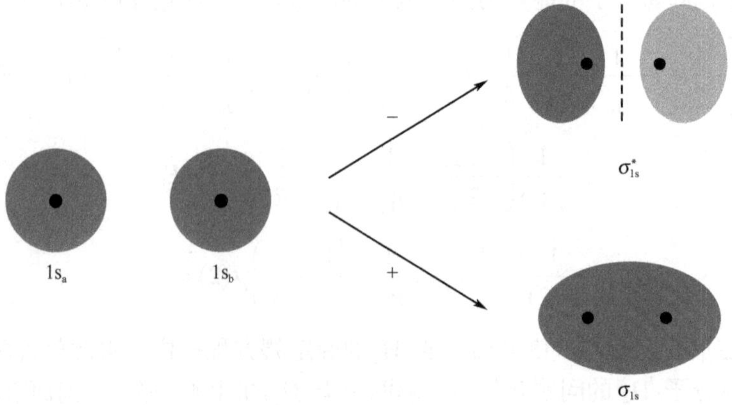

图 3.8　原子轨道形成分子轨道示意图(二)

式(3.19)与式(3.9)～式(3.12)的形式一样，但数值不同，因为实际上在氢分子 H_2 中，原子之间的平衡核间距 R = 74 pm，E_1 = −4.75 eV；而在氢分子离子中，R = 106 pm，

$E_1=-2.35$ eV。尽管式(3.19)不能直接给出和上述实验数据一致的结果，但指出一个正确的思路，即可以用态叠加原理，将分子中电子运动规律用其原子轨道的线性组合做近似表达。

考虑到电子的自旋，氢分子的基态旋-轨波函数用斯莱特行列式写为

$$\Psi(1,2)=\frac{1}{\sqrt{2}}\begin{vmatrix}\psi_{\mathrm{I}}(1)\alpha(1) & \psi_{\mathrm{I}}(1)\beta(1)\\ \psi_{\mathrm{I}}(2)\alpha(2) & \psi_{\mathrm{I}}(2)\beta(2)\end{vmatrix} \tag{3.20}$$

此旋-轨波函数包含两个空间波函数和两个自旋波函数，对应氢分子的总能量 E_{H_2} 是 σ_{1s} 轨道能 E_1 的 2 倍：$E_{\mathrm{H}_2}=2E_1$。从而氢分子的基电子组态(ground-state electron configuration)记作 $H_2(\sigma_{1s})^2(\sigma_{1s}^*)^0$。

氢分子的第一激发态旋-轨波函数用斯莱特行列式写为

$$\Psi_1(1,2)=\frac{1}{\sqrt{2}}\begin{vmatrix}\psi_{\mathrm{I}}(1)\alpha(1) & \psi_{\mathrm{II}}(1)\alpha(1)\\ \psi_{\mathrm{I}}(2)\alpha(2) & \psi_{\mathrm{II}}(2)\alpha(2)\end{vmatrix}\quad \text{三重态}$$

或

$$\Psi_2(1,2)=\frac{1}{\sqrt{2}}\begin{vmatrix}\psi_{\mathrm{I}}(1)\alpha(1) & \psi_{\mathrm{II}}(1)\beta(1)\\ \psi_{\mathrm{I}}(2)\alpha(2) & \psi_{\mathrm{II}}(2)\beta(2)\end{vmatrix}\quad \text{单重态} \tag{3.21}$$

3.2 分子轨道理论

(Molecular orbital theory)

将处理 H_2^+ 和 H_2 的方法推广到其他多电子分子中，即为分子轨道方法。它强调的是每一个电子在分子中的整体运动特性：当原子互相靠近时，原子轨道(单电子空间波函数)之间发生波的干涉而发生根本性的变化，原子轨道消失，生成新的分子轨道(单电子空间波函数)。每一个电子都是在遍布于整个分子的轨道中运动，受到每一个核的吸引作用；同时，电子间随时都发生排斥作用。而描述分子中所有电子的总波函数用斯莱特行列式表达。

3.2.1 分子中的单电子波函数(Wave function of single electron in molecule)

这是分子轨道理论的第一个假设，即分子中总的空间波函数可以表述为每一个电子的全波函数(四维)的乘积

$$\Psi(q_1,q_2,\cdots,q_j,\cdots,q_n)=\prod_{i=1}^{n}\psi_i(q_i) \tag{3.22}$$

在定核近似下，一个含有 m 个核、n 个电子的分子体系，其哈密顿算符为

$$\hat{H}=-\frac{1}{2}\sum_{i=1}^{n}\nabla_i^2-\sum_{a=1}^{m}\sum_{i=1}^{n}\frac{Z_a}{r_{a_i}}+\sum_{i=1}^{n-1}\sum_{j>i}^{n}\frac{1}{r_{ij}}+\sum_{a=1}^{m-1}\sum_{b>a}^{m}\frac{Z_aZ_b}{R_{ab}} \tag{3.23}$$

对应的薛定谔方程为

$$\left(-\frac{1}{2}\sum_{i=1}^{n}\nabla_i^2-\sum_{a=1}^{m}\sum_{i=1}^{n}\frac{Z_a}{r_{a_i}}+\sum_{i=1}^{n-1}\sum_{j>i}^{n}\frac{1}{r_{ij}}+\sum_{a=1}^{m-1}\sum_{b>a}^{m}\frac{Z_aZ_b}{R_{ab}}\right)\prod_{i=1}^{n}\psi_i(q_i)=\sum_{i}E_i\prod_{i=1}^{n}\psi_i(q_i)$$

式中，第一项为动能项；第二项为吸引势；第三项为电子间排斥势；第四项为核间排斥势。

Roothan 将哈特里-福克的方法推广到分子体系中，因为核不动，那么核之间的排斥势是常量，所以对分子体系的计算不考虑第四项，求体系总能量时，统一加上这一项即可，故分子体系的纯电子哈密顿算符记为福克算符：

$$\hat{F} = -\frac{1}{2}\sum_{i=1}^{n}\nabla_i^2 - \sum_{a=1}^{m}\sum_{i=1}^{n}\frac{Z_a}{r_{a_i}} + \sum_{i=1}^{n-1}\sum_{j>i}^{n}\frac{1}{r_{ij}} = \sum_{i=1}^{n}\left(-\frac{1}{2}\nabla_i^2 - \sum_{a=1}^{m}\frac{Z_a}{r_{a_i}}\right) + \sum_{i=1}^{n}U(r_i)$$

将式(2.82)～式(2.84)代入，得

$$\hat{F} = \sum_{i=1}^{n}(\hat{h}_i + J_{ij} + K_{ij}) = \sum_{i=1}^{n}\hat{F}_i \tag{3.24}$$

式中，每个电子的哈密顿算符 $\hat{h}_i = -\frac{1}{2}\nabla_i^2 - \sum_{a=1}^{m}\frac{Z_a}{r_{a_i}}$ ；与氢原子的不同，因为分子中的每个核都对第 i 个电子产生吸引势；J_{ij} 是分子体系的电子相关能，即电子间的排斥作用势，值为正；K_{ij} 是分子体系的电子交换能，是由于电子处于平行状态时，引起的体系能量的降低，值为负。

将福克算符作用到分子的总波函数 $\Psi(q_1,q_2,\cdots,q_m)$ (complete wave function)上，写出平均电子总能量的表达式为 $E = \int \Psi^* \hat{F} \Psi \mathrm{d}\tau$ 。令 $E = \sum_i \varepsilon_i$ ，则

$$\varepsilon_i = \int \psi_i \hat{F}_i \psi_i \mathrm{d}\tau_i = \int \psi_i \hat{h}_i \psi_i \mathrm{d}\tau_i + \int \psi_i J_{ij} \psi_i \mathrm{d}\tau + \int \psi_i K_{ij} \psi_i \mathrm{d}\tau = \langle \varepsilon_0 \rangle + \langle J_{ij} \rangle + \langle K_{ij} \rangle \tag{3.25}$$

3.2.2 原子轨道线性组合为分子轨道(Molecular orbital via linear combination of atomic orbitals，MO-LCAO)

分子轨道消除自旋后其空间波函数仍用原来的符号表示，量子力学证明求得能量不变。由于分子轨道的真实形式并不知道，因此像处理 H_2^+和 H_2 一样。根据态叠加原理，规定空间波函数 ψ_j (三维)由原子轨道线性组合(linear combination of atomic orbitals)而成：

$$\psi_j = \sum_{i=1}^{m} c_{ij}\varphi_i \tag{3.26}$$

m 个核，每个核上不同的原子轨道之间进行加和(波的干涉)，所以系数标度是 c_{ij}，φ_i 是原子轨道。

将福克算符[式(3.24)]与分子轨道波函数[式(3.26)]代入式(3.25)，并用变分法反复求解 $\langle \varepsilon_0 \rangle$、$\langle J_{ij} \rangle$、$\langle K_{ij} \rangle$ 和 c_{ij}，直至自洽，这样就得到分子的哈特里-福克-罗森(HFR)方程的解，即可得到每个电子的能量 ε_i 及对应的单电子空间波函数——分子轨道 ψ_i。

3.2.3　成键三原则(Three principles for bonding)

原子轨道$\{\varphi_i\}$形成分子轨道ψ_j的条件是：

(1) 原子轨道$\{\varphi_i\}$对称性匹配(图 3.9～图 3.11)。

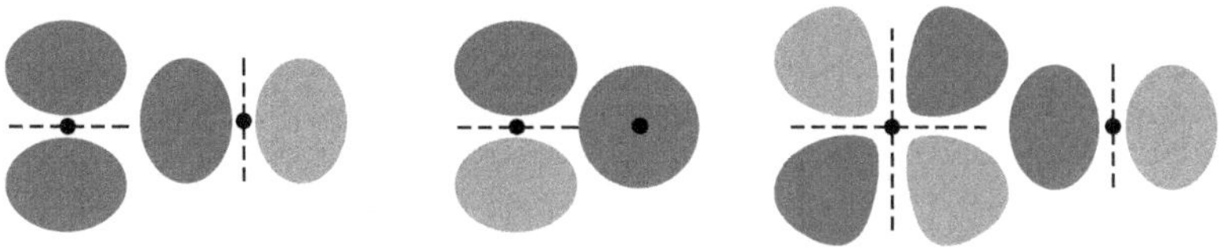

图 3.9　两个原子轨道对称性不匹配，不能形成分子轨道

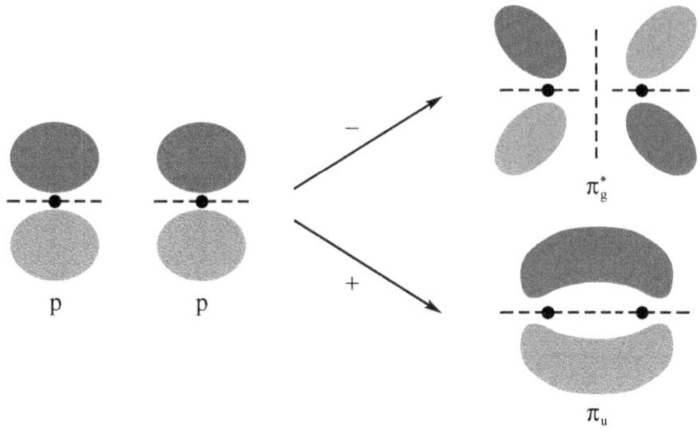

图 3.10　两个原子 p 轨道对称性匹配形成π_u成键和π_g^*反键分子轨道

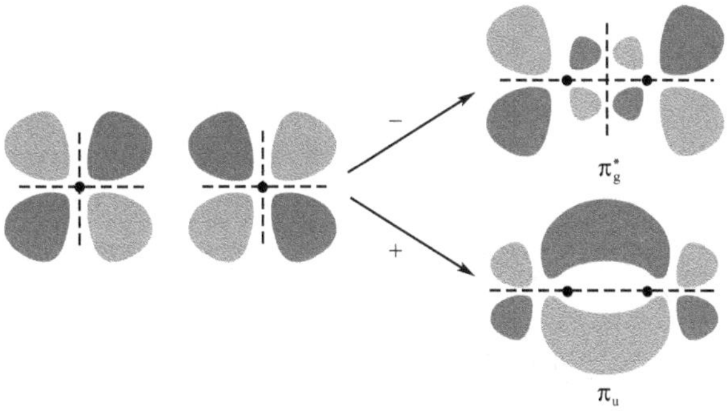

图 3.11　两个原子 d 轨道对称性匹配形成π_u成键和π_g^*反键分子轨道

(2) 原子轨道$\{\varphi_i\}$对应的能量相近，一般以能量差小于 10 eV 为有效成键。

(3) 原子轨道$\{\varphi_i\}$之间最大重叠。

当两个原子轨道能量不同时，由变分法得到的久期行列式为

$$\begin{vmatrix} H_{aa}-E & H_{ab}-ES_{ab} \\ H_{ab}-ES_{ab} & H_{bb}-E \end{vmatrix}=0$$

此时，$H_{aa}\neq H_{bb}$，则

$$\begin{vmatrix} H_{aa}-E & H_{ab}-ES_{ab} \\ H_{ab}-ES_{ab} & H_{bb}-E \end{vmatrix}=(H_{aa}-E)(H_{bb}-E)-(H_{ab}-ES_{ab})^2=0$$

这时的重叠积分 $0 < S_{ab} \ll 1$，忽略 S_{ab}，得到 $(H_{aa}-E)(H_{bb}-E)-H_{ab}^2=0$，令库仑积分 $H_{aa}=\alpha_a$，$H_{bb}=\alpha_b$；交换积分 $H_{ab}=\beta$（注意 $\alpha_a<0$，$\alpha_b<0$，$\beta<0$），则得

$$E^2-(\alpha_a+\alpha_b)E+(\alpha_a\alpha_b-\beta^2)=0$$

$$E=\frac{1}{2}\left[(\alpha_a+\alpha_b)\mp\sqrt{(\alpha_a-\alpha_b)^2+4\beta^2}\right]$$

若 $\alpha_a>\alpha_b$，则

$$E_1=\alpha_b-\frac{1}{2}\left[\sqrt{(\alpha_a-\alpha_b)^2+4\beta^2}-(\alpha_a-\alpha_b)\right]$$

$$E_2=\alpha_a+\frac{1}{2}\left[\sqrt{(\alpha_a-\alpha_b)^2+4\beta^2}-(\alpha_a-\alpha_b)\right]$$

令

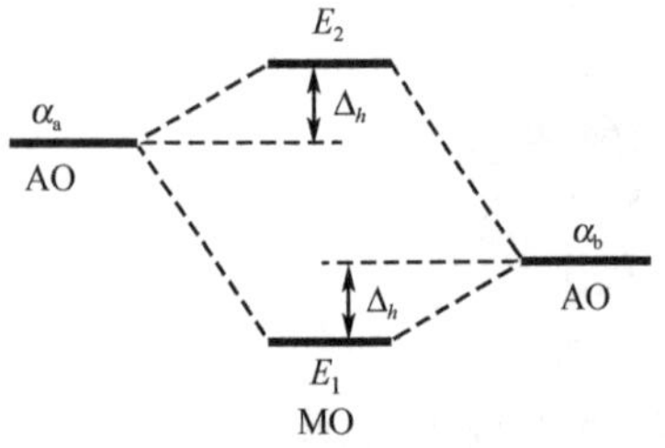

图 3.12　原子轨道能量不同对分子轨道的影响

$$\frac{1}{2}\left[\sqrt{(\alpha_a-\alpha_b)^2+4\beta^2}-(\alpha_a-\alpha_b)\right]=\Delta_h$$

因为 $\alpha_a>\alpha_b$，所以 $\Delta_h>0$，得到分子轨道能量为

$$\begin{aligned}E_1&=\alpha_b-\Delta_h\\E_2&=\alpha_a+\Delta_h\end{aligned}\tag{3.27}$$

显然，E_1 为成键分子轨道，比能量低的原子轨道 α_b 能量更低了 Δ_h；E_2 为反键分子轨道，比能量高的原子轨道 α_a 能量更高了 Δ_h（图 3.12）。

轨道最大重叠分为三种情况：

第一种，正常化学键，由两个原子轨道定域组成，原子轨道沿键轴方向最大重叠，s+s→σ，p+p→σ，s+p→σ；　p+p→π，p+d→π，d+d→π，d+d→δ，f+f→ϕ 等。

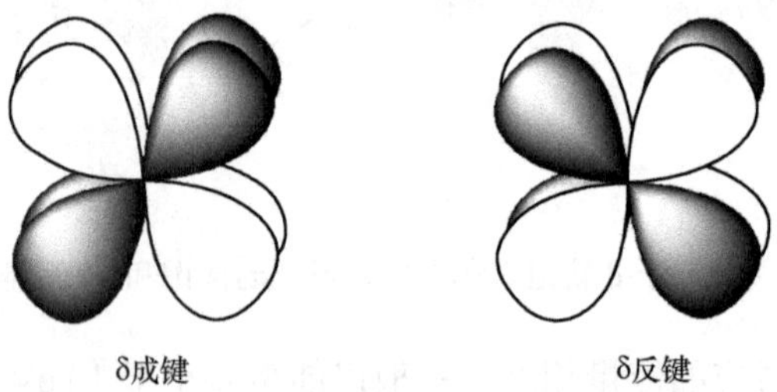

第二种，环烷烃中的张力键均采取弯键形式以减小张力，如环丙烷、环丁烷、立方烷等，由杂化轨道形成。

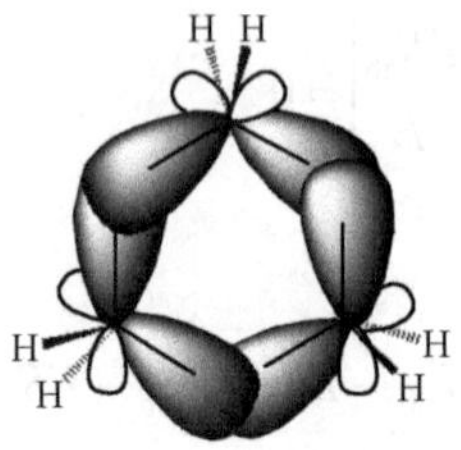

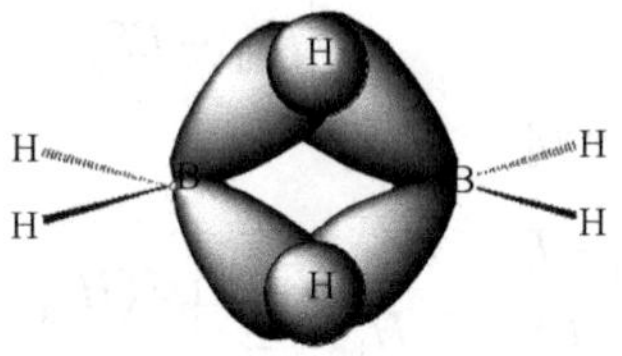

第三种，三中心两电子键，B_2H_6、过渡金属和稀土金属簇合物(cluster)中的 M—H—M 键等。

3.2.4 分子轨道理论与价键理论比较(Comparison between MOT and VBT)

关于共价键的理论主要有价键理论(valence bond theory，VBT)和分子轨道理论(molecular orbital theory，MOT)。以下做简要历史回顾。

1927 年，海特勒和伦敦运用量子力学计算了 H_2 分子的键能，是量子化学的开端。

1930 年，洪德和马利肯创建分子轨道理论。1966 年，马利肯获诺贝尔化学奖。

1931 年，鲍林发表了《化学键的本质》(*The Nature of the Chemical Bond*)一书——价键理论创立。1954 年，鲍林获诺贝尔化学奖。

1952 年，福井谦一提出前线分子轨道理论。1981 年，福井谦一与霍夫曼(R. Hoffmann)获诺贝尔化学奖。

1952 年，波普尔(J. Pople)实现量子化学自洽场计算方法，后又实现了半经验和从头计算(*ab initio*)。1998 年，波普尔与卡恩获诺贝尔化学奖。

1964 年，霍恩伯格(P. Hohenberg)和卡恩(W. Kohn)提出电子密度泛函(以函数为自变量的函数)理论(density functional theory，DFT)，从计算电子密度出发，精确计算能量。

1968 年，伍德沃德(R. Woodward)和霍夫曼提出分子轨道对称守恒原理。

波普尔发展起来的量子化学计算机程序 Gaussian 已经商业化几十年，所用方法主要是自洽场计算方法和密度泛函方法等。它是进行量子化学计算的强大工具，不仅可以计算分子体系能量，还可以计算分子光谱、化学反应中的过渡态、预测反应机理等。

先看 1927 年海特勒和伦敦对 H_2 分子的处理情况：

令氢分子总的空间波函数 $\psi(1,2)$ 由原子轨道 ψ_a 和 ψ_b 组成：

$$\psi(1,2) = c_1\psi_1(1,2) + c_2\psi_2(2,1) = c_1\psi_a(1)\psi_b(2) + c_2\psi_a(2)\psi_b(1) \tag{3.28}$$

由于两个电子为全同粒子，具有不可分性质，不能确定电子 1 在 a 核还是 b 核，因此将波函数写作它们交换位置后的加和。

同样用变分法将 $\psi(1,2)$ [式(3.28)]代入 H_2 分子的薛定谔方程式(3.17)，不做变量分离，直接变分求解，得到的结果是 H_2 分子整体的能量与分子波函数：

$$\psi^+(1,2) = \frac{1}{\sqrt{2+2S_{12}}}\left[\psi_1(1,2) + \psi_2(2,1)\right] = \frac{1}{\sqrt{2+2S_{12}}}\left[\psi_a(1)\psi_b(2) + \psi_a(2)\psi_b(1)\right] \tag{3.29}$$

$$\psi^-(1,2) = \frac{1}{\sqrt{2-2S_{12}}}\left[\psi_1(1,2) - \psi_2(2,1)\right] = \frac{1}{\sqrt{2-2S_{12}}}\left[\psi_a(1)\psi_b(2) - \psi_a(2)\psi_b(1)\right] \tag{3.30}$$

$$E_1 = \frac{H_{11} + H_{12}}{1 + S_{12}} \tag{3.31}$$

$$E_2 = \frac{H_{11} - H_{12}}{1 - S_{12}} \tag{3.32}$$

$\psi^+(1,2)$ 对应的能量 E_1 比两个原子轨道能量低，称为吸引态。$\psi^-(1,2)$ 对应的能量 E_2 比两个原子轨道能量高，称为推斥态。考虑电子的自旋和泡利不相容原理，分子全波函数 $\Psi^+(1,2)$ 只能写为

$$\Psi^+(1,2)=\frac{1}{\sqrt{2+2S_{12}}}\left[\psi_{\mathrm{a}}(1)\psi_{\mathrm{b}}(2)+\psi_{\mathrm{a}}(2)\psi_{\mathrm{b}}(1)\right]\left[\alpha(1)\beta(2)-\alpha(2)\beta(1)\right] \tag{3.33}$$

而分子全波函数 $\Psi^-(1,2)$ 却有三种写法：

$$\begin{aligned}
\Psi^-(1,2)&=\frac{1}{\sqrt{2-2S_{12}}}\left[\psi_{\mathrm{a}}(1)\psi_{\mathrm{b}}(2)-\psi_{\mathrm{a}}(2)\psi_{\mathrm{b}}(1)\right]\alpha(1)\alpha(2)\\
\Psi^-(1,2)&=\frac{1}{\sqrt{2-2S_{12}}}\left[\psi_{\mathrm{a}}(1)\psi_{\mathrm{b}}(2)-\psi_{\mathrm{a}}(2)\psi_{\mathrm{b}}(1)\right]\beta(1)\beta(2)\\
\Psi^-(1,2)&=\frac{1}{\sqrt{2-2S_{12}}}\left[\psi_{\mathrm{a}}(1)\psi_{\mathrm{b}}(2)-\psi_{\mathrm{a}}(2)\psi_{\mathrm{b}}(1)\right]\left[\alpha(1)\beta(2)+\alpha(2)\beta(1)\right]
\end{aligned} \tag{3.34}$$

鲍林忽略了式(3.34)中的第三种情况，指出共价键的本质是由于电子自旋相反，互相配对而引起了能量的降低。从分子空间波函数 $\psi^+(1,2)$、$\psi^-(1,2)$ 和分子全波函数 $\Psi^+(1,2)$、$\Psi^-(1,2)$ 可以看出，它们均没有分子轨道的概念。它们不是分子中的单电子波函数，而是氢分子整体包含两个电子的波函数，强调的是电子保持独立性，处在原子轨道中，当两个电子互相靠近时，若自旋相反，则互相配对，引起能量降低，形成化学键；若自旋相同，则引起能量升高，不能形成化学键。这在解释氧气具有顺磁性性质时就遇到困难。尽管现在认识到价键理论的缺点，但在 1927 年，量子力学理论诞生的第二年，就提出对化学键的理论解释，并得到 $R = 87$ pm，$E_1 = 3.14$ eV 的结果，被公认为是量子化学的开端。

价键理论的根本缺陷是没有充分认识到原子轨道的波动特性，没有运用态叠加原理，也就没有原子轨道之间的干涉效应发生。只能将成键的原因归为电子配对，给 1916 年路易斯(Lewis)的八隅律做了注解。用价键理论处理所有其他分子时，也仅仅处理两个电子的体系，即将处理 H_2 的结果推广到所有分子中，无论是 σ 键或是 π 键均是如此。原则上认为原子各出一个电子，当自旋相反时，电子配对，形成吸引态[式(3.33)]，化学键使得体系能量降低；当自旋相同时，电子不配对，形成推斥态[式(3.34)前两式]，体系能量将升高，不能成键，没有赋予物理含义，被忽略。

这一认识与分子轨道理论有着本质的区别。分子轨道理论正是运用了态叠加原理，当原子轨道靠近时，发生相互干涉，即线性叠加，更好地反映了微观粒子——电子在分子体系中的运动规律，不仅有成键的概念，而且有反键的概念。分子轨道理论原则上处理分子中的所有电子，按照式(3.24)写出体系的福克算符，按照式(3.26)写出每一个分子轨道的变分函数，按照式(3.25)求解每一个电子的能量，进而用自洽场方法得到最接近的每个电子的能量和波函数(分子轨道)。为化学家研究物质的光谱性质、化学性质等都提供了平台，从而取得了更大的成功。如果说描述分子中原子间形成化学键的价键理论是学习和认识化学的入门理论，那么分子轨道理论则是进阶理论，更需要认真学习和领会其精髓。

3.3 双原子分子结构
(Structure of diatomic molecules)

将分子轨道理论用到比两个电子还多的双原子分子中时，根据成键三原则，通常两个原子中对应的两条原子轨道的对称性匹配，能量相同。按照分子轨道理论处理 H_2 分子的变分方法处理两个价键电子的结果就是相加组成成键分子轨道；相减，对称性也是匹配，形成反键分子轨道。为了说明能量相近原则，将常见原子的原子轨道的轨道能的 XPS 实验数据(部分为计算值)列于表 3.1 中。

表 3.1 原子轨道的轨道能(eV)

原子	组态	1s	2s	2p	3p
H	$1s^1$	−13.6	−3.4	−3.4	−1.51
He	$1s^2$	−24.6	−4.7	−3.4	—
Li	$1s^2\ 2s^1$	−55.1	−5.39	−3.54	−1.55
Be	$1s^2\ 2s^2$	−111.6	−9.32	−6.3	—
B	$1s^2\ 2s^2\ 2p^1$	−186.4	−13.6	−8.3	—
C	$1s^2\ 2s^2\ 2p^2$	−284.6	−18.0	−11.3	—
N	$1s^2\ 2s^2\ 2p^3$	−396.8	−22.6	−14.5	—
O	$1s^2\ 2s^2\ 2p^4$	−529.1	−29.7	−13.6	—
F	$1s^2\ 2s^2\ 2p^5$	−689.0	−38.9	−17.4	—
Ne	$1s^2\ 2s^2\ 2p^6$	−862.4	−48.5	−21.6	—

3.3.1 同核双原子分子(Homonuclear diatomic molecules)

以氧气分子为代表，讨论如下：氧原子的电子组态 O $1s^22s^22p^4$。考虑到 1s 电子对成键的贡献很小，在分子轨道中继续用它们的光谱记号 K 来代替。两个 2s 价层电子对称性匹配，能量相同，轨道波函数是$\psi_{2s}=\dfrac{1}{4\sqrt{2\pi}}(2-r)e^{-\frac{Zr}{2a_0}}$，相互靠近时形成一个成键分子轨道$\sigma_{2s}$和一个反键分子轨道$\sigma_{2s}^*$，其中各填两个电子。它的分子轨道与 H_2 中类似 $\psi_{\sigma_{2s}}=c\left[(2-r_a)e^{-\frac{4r_a}{a_0}}+(2-r_b)e^{-\frac{4r_b}{a_0}}\right]$；$\psi_{\sigma_{2s}^*}=c'\left[(2-r_a)e^{-\frac{4r_a}{a_0}}-(2-r_b)e^{-\frac{4r_b}{a_0}}\right]$。化学键的键轴方向定义为 z 方向，那么，当两个 p_z 轨道$\psi_{2p_z}=\dfrac{1}{4\sqrt{2\pi}}re^{-\frac{4r}{a_0}}\cos\theta$互相靠近时，相加形成

σ_{2p_z} 成键分子轨道，$\psi_{\sigma_{2p_z}} = c\left(r_a e^{-\frac{4r_a}{a_0}}\cos\theta_a + r_b e^{-\frac{4r_b}{a_0}}\cos\theta_b\right)$；相减形成 $\sigma^*_{2p_z}$ 反键分子轨道，$\psi_{\sigma^*_{2p_z}} = c\left(r_a e^{-\frac{4r_a}{a_0}}\cos\theta_a - r_b e^{-\frac{4r_b}{a_0}}\cos\theta_b\right)$。可以看出，这两个分子轨道与$\phi$无关，所以它们是绕 z 轴柱状对称的，成键是中心对称的σ_g，反键是中心反对称的σ_u(图 3.13)。同时，p_x 和 p_y 轨道肩并肩形成π键，对称性与σ相反，成键分子轨道是中心反对称的(图 3.9)π_u：

$$\psi_{\pi_{2p_x}} = c\left(r_a e^{-\frac{4r_a}{a_0}}\sin\theta_a + r_b e^{-\frac{4r_b}{a_0}}\sin\theta_b\right)\cos\phi,\quad \psi_{\pi_{2p_y}} = c\left(r_a e^{-\frac{4r_a}{a_0}}\sin\theta_a + r_b e^{-\frac{4r_b}{a_0}}\sin\theta_b\right)\sin\phi$$

反键分子轨道是中心对称的π_g：

$$\psi_{\pi^*_{2p_x}} = c\left(r_a e^{-\frac{4r_a}{a_0}}\sin\theta_a - r_b e^{-\frac{4r_b}{a_0}}\sin\theta_b\right)\cos\phi,\quad \psi_{\pi^*_{2p_y}} = c\left(r_a e^{-\frac{4r_a}{a_0}}\sin\theta_a - r_b e^{-\frac{4r_b}{a_0}}\sin\theta_b\right)\sin\phi$$

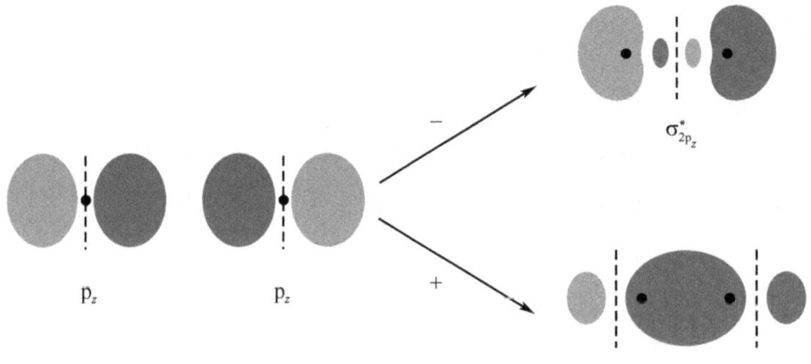

图 3.13　两个 p_z 轨道形成π键示意图

故将氧气的分子轨道成键情况——氧气分子的电子组态/分子轨道排布(仿照原子的电子组态写法，molecular-orbital configuration)记作：

$$O_2\quad KK\,(\sigma_{2s})^2(\sigma^*_{2s})^2(\sigma_{2p_z})^2(\pi_{2p_x})^2(\pi_{2p_y})^2\,(\pi^*_{2p_x})^1(\pi^*_{2p_y})^1(\sigma^*_{2p_z})^0$$

或按照对称性记作：

$$O_2\quad KK\,(1\sigma_g)^2(1\sigma_u)^2(2\sigma_g)^2(1\pi_u)^4\,(1\pi_g)^2\,(2\sigma_u)^0\text{(图 3.14)}$$

Levine 的命名(nomenclature)为

$$O_2\quad KK\,(\sigma_g 2s)^2(\sigma_u 2s^*)^2(\sigma_g 2p_z)^2(\pi_u 2p_x)^2\,(\pi_u 2p_y)^2\,(\pi_g 2p_x^*)^1(\pi_g 2p_y^*)^1(\sigma_u 2p_z^*)^0$$

动态反映由原子轨道生成分子轨道的情况可以写为

$$O_a\ 1s^2\,2s^2\,2p^4 + O_b\ 1s^2\,2s^2\,2p^4 \longrightarrow O_2\ KK(\sigma_{2s})^2(\sigma^*_{2s})^2(\sigma_{2p_z})^2(\pi_{2p_x})^2(\pi_{2p_y})^2\,(\pi^*_{2p_x})^1(\pi^*_{2p_y})^1(\sigma^*_{2p_z})^0$$

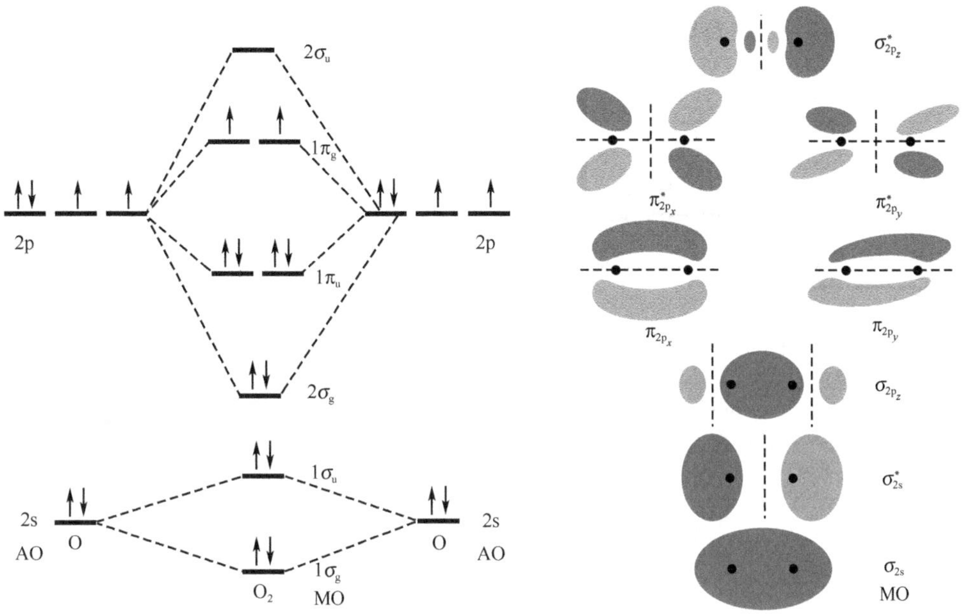

图 3.14 氧气分子的分子轨道形成示意图

由图3.14可见，当电子进入反键分子轨道时，按照洪德规则，电子自旋平行地填入两个简并分子轨道$(\pi^*_{2p_x})^1(\pi^*_{2p_y})^1$[这个有单个电子占据的分子轨道在量子化学计算中被称为 singly occupied molecular orbital(SOMO)]，从而圆满地解释了氧气具有顺磁的性质。而价键理论则无法解释。氧原子在形成氧气的过程中，它的 2s 电子形成的成键$(\sigma_{2s})^2$ 和反键$(\sigma^*_{2s})^2$ 分子轨道，能量的降低和升高基本抵消。化学键主要由氧原子的 2p 电子形成分子轨道的三个成键$(\sigma_{2p_z})^2(\pi_{2p_x})^2(\pi_{2p_y})^2$ 和两个反键分子轨道$(\pi^*_{2p_x})^1(\pi^*_{2p_y})^1$贡献，由于形成了所谓的两个三电子π键$[(\pi_{2p_x})^2(\pi^*_{2p_x})^1$和$(\pi^*_{2p_y})^2(\pi^*_{2p_y})^1]$，氧气的成键电子数为6，反键电子数为2，价键键级仍为2。按照传统的价键法，氧气分子的价键式写为O┅O或O∴O。

氟气的分子轨道成键情况——分子电子组态/分子轨道排布为：动态反映由原子轨道生成分子轨道的情况可以写为

$$F_a\ 1s^2 2s^2 2p^5 + F_b\ 1s^2 2s^2 2p^5 \longrightarrow F_2\ KK(\sigma_{2s})^2(\sigma^*_{2s})^2(\sigma_{2p_z})^2(\pi_{2p_x})^2(\pi_{2p_y})^2(\pi^*_{2p_x})^2(\pi^*_{2p_y})^2(\sigma^*_{2p_z})^0$$

氮气分子与氧气和氟气不同，因为氮原子的 2s 和 2p 原子轨道的能级差小于 10 eV (表 3.1)，就产生了所谓的 sp 混杂：当两个 2s 形成σ_{2s}成键分子轨道时，两个 2p 轨道也有部分参与，而当两个 p_z 轨道形成σ_{2p_z}成键分子轨道时，s 轨道也部分参与；也可以理解为两个 2s 和两个 2p 分别成键，然后σ_{2p_z}与σ^*_{2s}再进行进一步组合。这是由于它们形成的σ_{2p_z}成键分子轨道与反键分子轨道σ^*_{2s}对称性类同，且能量相近，故而互相参与发生 sp 混杂，使得分子轨道的离域效应增强，能量更低，其能级次序也发生了变化，

σ_{2p_z} 成键分子轨道的能级高于$(\pi_{2p_x})^2$ 和$(\pi_{2p_y})^2$(图 3.15)。

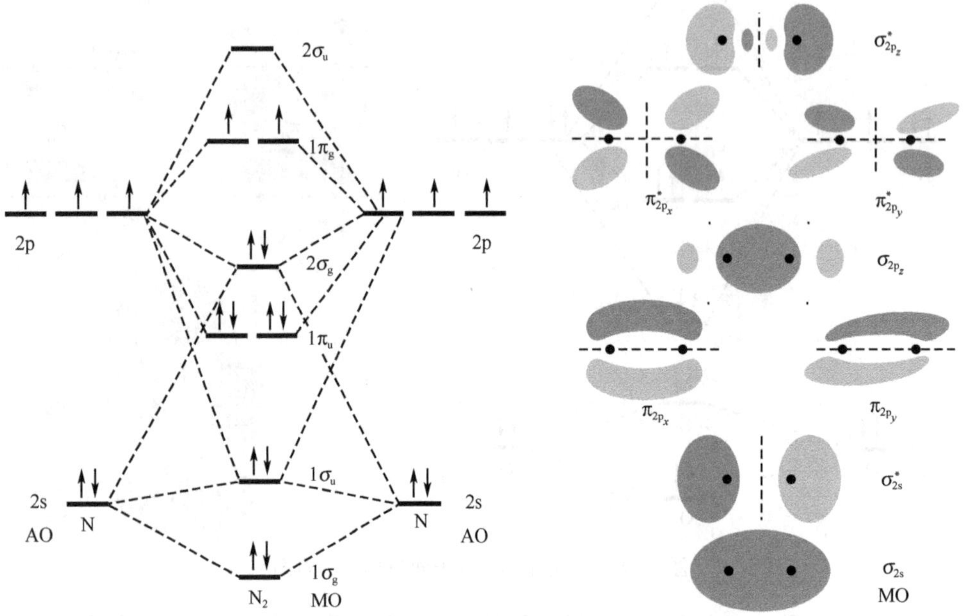

图 3.15　氮气分子的分子轨道形成示意图

$$\psi'_{\sigma_{2p_z}} = c\left(r_a e^{-\frac{7r_a}{2a_0}}\cos\theta_a + r_b e^{-\frac{7r_b}{2a_0}}\cos\theta_b\right) + \delta\left[(2-r_a)e^{-\frac{7r_a}{2a_0}} - (2-r_b)e^{-\frac{7r_b}{2a_0}}\right]$$

$$= \left[e^{-\frac{7r_a}{2a_0}} r_a(c\cos\theta_a - \delta) + e^{-\frac{7r_b}{2a_0}} r_b(c\cos\theta_b + \delta)\right] + 2\delta\left(e^{-\frac{7r_a}{2a_0}} - e^{-\frac{7r_b}{2a_0}}\right)$$

与此同时，由于成键 σ_{2p_z} 轨道部分混入反键σ^*_{2s}使得其轨道能量降低：

$$\psi'_{\sigma^*_{2s}} = c\left[(2-r_a)e^{-\frac{7r_a}{2a_0}} - (2-r_b)e^{-\frac{7r_b}{2a_0}}\right] + \delta\left(r_a e^{-\frac{7r_a}{2a_0}}\cos\theta_a + r_b e^{-\frac{7r_b}{2a_0}}\cos\theta_b\right)$$

$$= 2c\left(e^{-\frac{7r_a}{2a_0}} - e^{-\frac{7r_b}{2a_0}}\right) + \left[e^{-\frac{7r_a}{2a_0}} r_a(\delta\cos\theta_a - c) + e^{-\frac{7r_b}{2a_0}} r_b(\delta\cos\theta_b + c)\right]$$

分子电子组态/分子轨道排布为 N_2 KK $(\sigma_{2s})^2(\sigma^*_{2s})^2(\pi_{2p_x})^2(\pi_{2p_y})^2(\sigma_{2p_z})^2(\pi^*_{2p_x})^0(\pi^*_{2p_y})^0(\sigma^*_{2p_z})^0$。可见，氮气的化学键有三个成键分子轨道 $(\pi_{2p_x})^2(\pi_{2p_y})^2(\sigma_{2p_z})^2$ 组成，反键没有电子。所以，氮气分子很稳定。为了活化氮分子，工业上采用便宜的铁催化剂催化氮气与氢气的反应以生成氨气，是因为铁具有丰富的 d 轨道电子，其对称性与氮气的反键分子轨道 $\pi^*_{2p_x}$ 相同，能量也相近，所以铁的 d 轨道电子可以进入氮气的反键分子轨道，从而使得氮气被活化而与氢气发生反应(氢气的反键分子轨道的对称性也与 d 轨道匹配)。

同周期的 B_2 分子和 C_2 分子的存在已经被质谱等所证实，从表 3.1 可知，它们的 2s 与 2p 轨道的能级差很小，所以成键情况与 N_2 类似。分子的电子组态/分子轨道排布分别为

$$B_2 \quad KK\,(\sigma_{2s})^2(\sigma_{2s}^*)^2\,(\pi_{2p_x})^1\,(\pi_{2p_y})^1(\sigma_{2p_z})^0\,(\pi_{2p_x}^*)^0\,(\pi_{2p_y}^*)^0\,(\sigma_{2p_z}^*)^0$$

此时，分子体系的总自旋量子数 $S=1$，永久磁矩为

$$\mu_S = g_s\sqrt{S(S+1)}\mu_B = \sqrt{n(n+2)}\mu_B = \sqrt{8}\mu_B$$

所以 B_2 分子为顺磁性物质。

$$C_2 \quad KK\,(\sigma_{2s})^2(\sigma_{2s}^*)^2\,(\pi_{2p_x})^2\,(\pi_{2p_y})^2(\sigma_{2p_z})^0\,(\pi_{2p_x}^*)^0\,(\pi_{2p_y}^*)^0\,(\sigma_{2p_z}^*)^0$$

电子均已经成对，显然，分子的总自旋量子数 $S=0$，磁矩为 0，C_2 分子为抗磁性物质。

表 3.2 列出了一些同核双原子分子和离子的键长和键能。

表 3.2　双原子分子和离子的键长和键能

分子	分子轨道电子组态	成键电子数	键长(R_e)/ pm	键能/eV
H_2^+	$1\sigma_g^1$	1	106	2.79
H_2	$1\sigma_g^2$	2	74	4.75
He_2^+	$1\sigma_g^2\,1\sigma_u^1$	1	108	2.50
Li_2^+	$1\sigma_g^1$	1	314	1.29
Li_2	$KK\,1\sigma_g^2$	2	267	1.05
B_2	$KK\,1\sigma_g^2\,1\sigma_u^2\,1\pi_u^2$	2	159	3.0
C_2^+	$KK\,1\sigma_g^2\,1\sigma_u^2\,1\pi_u^3$	3	130	5.3
C_2	$KK\,1\sigma_g^2\,1\sigma_u^2\,1\pi_u^4$	4	124	6.36
N_2^+	$KK\,1\sigma_g^2\,1\sigma_u^2\,1\pi_u^4\,2\sigma_g^1$	5	111.6	8.86
N_2	$KK\,1\sigma_g^2\,1\sigma_u^2\,1\pi_u^4\,2\sigma_g^2$	6	109.8	9.80
O_2^+	$KK\,1\sigma_g^2\,1\sigma_u^2\,2\sigma_g^2\,1\pi_u^4\,1\pi_g^1$	5	111.7	6.78
O_2	$KK\,1\sigma_g^2\,1\sigma_u^2\,2\sigma_g^2\,1\pi_u^4\,1\pi_g^2$	4	120.8	5.21
O_2^-	$KK\,1\sigma_g^2\,1\sigma_u^2\,2\sigma_g^2\,1\pi_u^4\,1\pi_g^3$	3	132	4.14
F_2^+	$KK\,1\sigma_g^2\,1\sigma_u^2\,2\sigma_g^2\,1\pi_u^4\,1\pi_g^3$	3	132	3.39
F_2	$KK1\sigma_g^2\,1\sigma_u^2\,2\sigma_g^2\,1\pi_u^4\,1\pi_g^4$	2	142	1.65

3.3.2　异核双原子分子(Heteronuclear diatomic molecules)

以一氧化碳分子为例(图 3.16)，由于它与 N_2 分子具有相同的电子数，称其为等电子分子(isoelectronic molecule)，实验研究表明，等电子分子具有相似的能级结构。只是由

于各原子轨道对分子轨道贡献的概率不同，而使得分子轨道失去了对称性，如 CO：

$$\psi_{\sigma_{2s}^*} = 2c\left(e^{-\frac{3r_C}{a_0}} - e^{-\frac{4r_O}{a_0}}\right) + \left[e^{-\frac{3r_C}{a_0}} r_C(\delta\cos\theta_C - c) + e^{-\frac{4r_O}{a_0}} r_O(\delta\cos\theta_O + c)\right]$$

$$\psi_{\sigma_{2p_z}} \approx c\left[e^{-\frac{3r_C}{a_0}} r_C(\cos\theta_C + \delta) + e^{-\frac{4r_O}{a_0}} r_O(\cos\theta_O - \delta)\right]$$

其分子的电子组态/分子轨道排布为

$$\text{CO}\quad \text{KK}(\sigma_{2s})^2(\sigma_{2s}^*)^2(\pi_{2p_x})^2(\pi_{2p_y})^2(\sigma_{2p_z})^2(\pi_{2p_x}^*)^0(\pi_{2p_y}^*)^0(\sigma_{2p_z}^*)^0$$

或

$$\text{CO}\quad \text{KK}(1\sigma)^2(2\sigma)^2(1\pi)^4(3\sigma)^2(2\pi)^0(4\sigma)^0$$

由于化学键中的三个成键分子轨道 $(\pi_{2p_x})^2(\pi_{2p_y})^2(\sigma_{2p_z})^2$ 里有一对电子完全来自于氧原子，而在分子轨道中电子被两个原子核共享，因此 CO 中电偶极矩发生了逆转，即碳端显负电，氧端显正电，电偶极矩为 0.12 deb(德拜)。从轨道对称性的角度可以从 σ_{2p_z} 与 σ_{2s}^* 再进行进一步组合使得 σ_{2s}^* 反键轨道的电子进入 σ_{2p_z} 的成键分子轨道，从而改变了分子轨道的形状，进而改变了电子云的分布，结果是 CO 中碳端电子密度大于氧端。

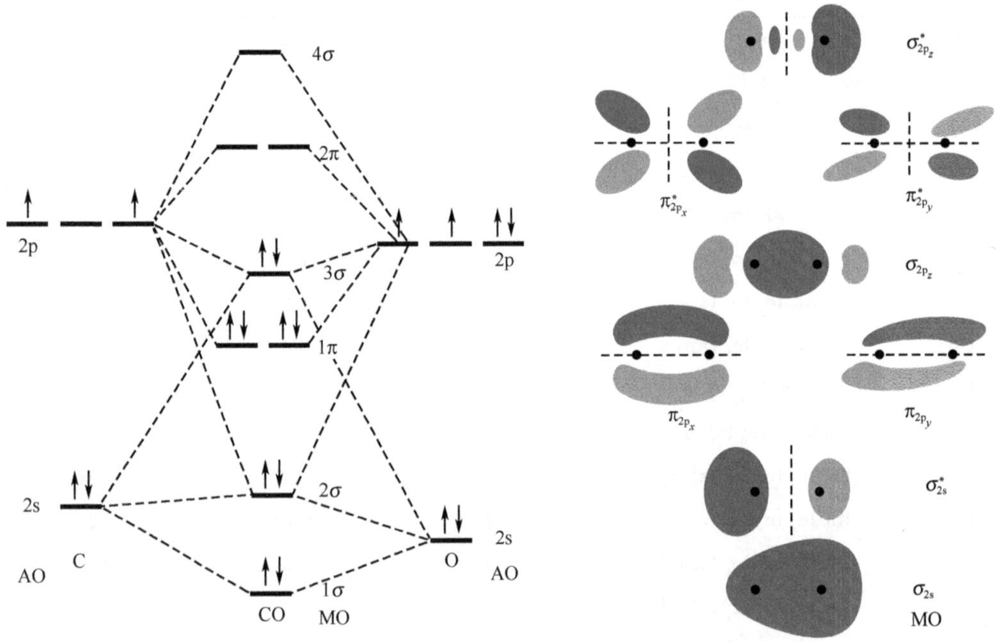

图 3.16　一氧化碳分子的分子轨道形成示意图

当其与过渡金属 M 形成配位键时，总是以碳端的$(\sigma_{2p_z})^2$ 与金属的 d_{z^2} 形成配位键(coordinate bond)，且由于$(\pi_{2p_x}^*)^0(\pi_{2p_y}^*)^0$ 为空轨道，过渡金属的 d_{xy} 等轨道电子可以反馈回 CO，形成所谓σ-π配键而使得配合物更加稳定(图 3.17)。而 CO 分子的毒性，正是由于它能与人体内血红蛋白中的 Fe^{2+}迅速结合，导致氧气的输运困难所致。当 CO 遇到三价稀土金属离子时，由于稀土离子的强路易斯酸性和 f 轨道的作用，CO 的三键迅速打开而形成羰基：

$$cp_2LnR + CO \longrightarrow cp_2Ln\overset{\overset{\displaystyle O}{\|}}{C}R$$

不能形成有效的 Ln←CO 配位键。

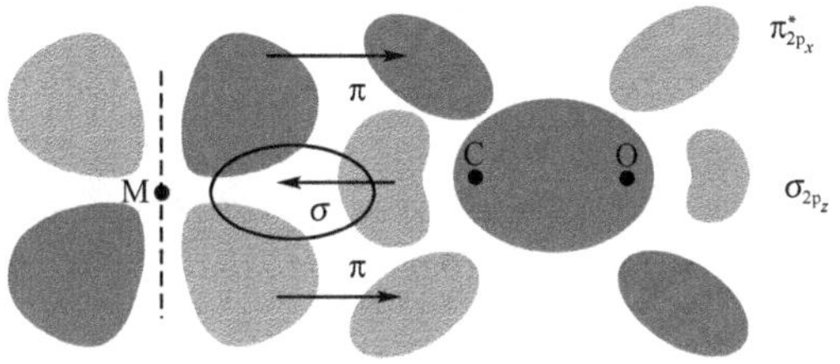

图 3.17　CO 与过渡金属的 σ-π 配位键成键情况

NO 分子与 CO 的结构类似，其分子的电子组态/分子轨道排布为

$$NO\quad KK(\sigma_{2s})^2(\sigma^*_{2s})^2(\pi_{2p_x})^2(\pi_{2p_y})^2(\sigma_{2p_z})^2(\pi^*_{2p_x})^1(\pi^*_{2p_y})^0(\sigma^*_{2p_z})^0$$

或

$$NO\ KK(1\sigma)^2(2\sigma)^2(1\pi)^4(3\sigma)^2(2\pi)^1(4\sigma)^0$$

NO 分子被美国化学会(ACS)评为 1992 年的明星分子，它被生物化学家发现是人类和动物神经传导物质——信使分子，在心血管、神经系统和免疫系统等都起着无法替代的作用。其发现者也因此获得 1998 年的诺贝尔生理学或医学奖。究其原因，也因为它是与氧气最为接近的分子，同样有反键未成对电子，同时也是顺磁性分子。但是，它比氧气更活泼，仅在生物体内起作用。我们知道它是无色气体，见到氧气迅速被氧化为棕色的 NO_2 气体，成为污染物种。

氟化氢分子(图 3.18)是另一个典型的非同核双原子分子的例子。氢原子的 1s 轨道与氟原子的 $2p_z$ 轨道对称性匹配，能量差为 4.4 eV，形成一个σ单键。成键分子轨道为

$$\psi_{1\sigma} = c_1\psi_{H1s} + c_2\psi_{F2p_z} = c_1 e^{-r_H} + c_2 r_F e^{-\frac{4.5r_F}{a_0}}\cos\theta_F$$

反键分子轨道为

$$\psi_{2\sigma} = c_1\psi_{H1s} - c_2\psi_{F2p_z} = c_1 e^{-r_H} - c_2 r_F e^{-\frac{4.5r_F}{a_0}}\cos\theta_F$$

而此时氟原子的 2s 轨道没有参与成键，因为它与氢原子的 1s 轨道能级差大于 25 eV。氟原子的 $2p_x$ 和 $2p_y$ 轨道上的电子，由于其对称性与氢原子 1s 对称性不同，因此也不参与成键。这样，氟原子的 1s、2s、$2p_x$ 和 $2p_y$ 轨道均保持原来原子轨道的特性，这种在形成分子后仍然保持原子轨道性质的轨道称为非键分子轨道(nonbinding molecular orbital)。氟化氢分子的电子组态/分子轨道排布记为

$$HF\quad K\,(2s)^2(1\sigma)^2(2p_x)^2(2p_y)^2(2\sigma)^0$$

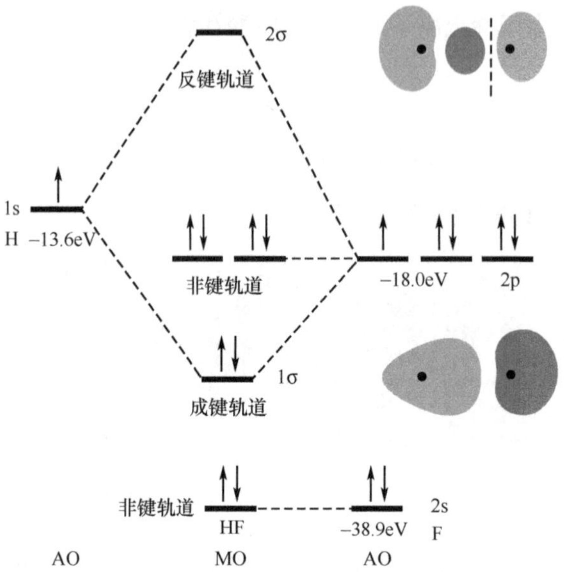

图 3.18　氟化氢分子的成键示意图

由此，可以将分子轨道分为三种类型：成键、反键和非键轨道。

对于更多电子的双原子分子如 HCl 的分子电子组态/分子轨道排布则可以用原子实加原子轨道加分子轨道的写法：

$$\mathrm{HCl}\quad [\mathrm{Ne}]\,(3s)^2(1\sigma)^2(3p_x)^2(3p_y)^2(2\sigma)^0$$

3.4　饱和分子结构 (Structure of saturated molecules)

碳是有机化合物和组成生命体最重要的元素。它在自然界存在有最多的同素异形体(allotropy)，常见的有四种：金刚石(diamond)、石墨(graphite)、富勒烯(fullerene，C_{60})和碳纳米管(carbon nanotube)。与金刚石结构类似的有机化合物称为饱和分子，它们分子中的所有碳原子均与四个原子或基团相连接；与石墨结构类似的有机化合物称为不饱和分子；而富勒烯和碳纳米管的衍生物均单独成系。

尽管金刚石没有石墨的稳定性高，但是一般地，饱和分子的稳定性要高于不饱和分子。如何用量子力学衍生的分子轨道理论来解释这些不同类型分子的空间结构和能级结构问题，就是需要介绍和学习的主要内容。本节针对饱和分子的空间结构和能级结构进行阐述。

3.4.1　杂化轨道理论(Hybrid orbital theory)

杂化轨道是由鲍林与斯莱特于 1931 年为了解决分子的形状问题而提出的。1953 年唐敖庆等统一对 s-p-d-f 杂化轨道进行了处理。尽管从它诞生后一直归于价键理论，即用杂化轨道的一个电子与其他原子轨道的一个电子进行配对形成化学键。但是，现在更多是将其归于分子轨道理论范畴讲解，因为杂化轨道理论也是以态叠加原理为基础进行的函数变换。

杂化轨道理论要点一：将能量相近或简并的原子轨道 ψ_i 重新组合形成新的原子轨道(这个运用态叠加原理，属于分子轨道理论范畴)：

$$\phi_k = \sum_i c_{ki}\psi_i \tag{3.35}$$

有 n 个原子轨道参加杂化就得到 n 个新的杂化原子轨道，杂化前后，轨道数目不变。

因为若体系有 n 个简并的本征态，那么它们的任意线性组合仍然是体系的本征态。

证明：若 $\psi_1,\psi_2,\cdots,\psi_i$ 为体系具有能量ε的 i 个简并态，则必有

$$\begin{gathered}\hat{H}\psi_1 = \varepsilon\psi_1 \\ \hat{H}\psi_2 = \varepsilon\psi_2 \\ \vdots \\ \hat{H}\psi_i = \varepsilon\psi_i\end{gathered}$$

用体系的哈密顿算符 $\hat{H}$ 作用到杂化轨道式(3.35)中得

$$\begin{aligned}\hat{H}\phi_k &= \sum_i c_{ki}\hat{H}\psi_i \\ &= c_{k1}\hat{H}\psi_1 + c_{k2}\hat{H}\psi_2 + \cdots + c_{ki}\hat{H}\psi_i \\ &= c_{k1}\varepsilon\psi_1 + c_{k2}\varepsilon\psi_2 + \cdots + c_{ki}\varepsilon\psi_i \\ &= \varepsilon(c_{k1}\psi_1 + c_{k2}\psi_2 + \cdots + c_{ki}\psi_i) \\ &= \varepsilon\sum_i c_{ki}\psi_i\end{aligned}$$

即 $\hat{H}\phi_k = \varepsilon\phi_k$，得证。

原子轨道 ψ_i 是正交归一化的，重新组合形成新的杂化原子轨道 ϕ_k 也是正交归一化的。

$$\int \phi_k^*\phi_l \mathrm{d}\tau = \delta_{kl} \tag{3.36}$$

杂化轨道理论要点二：新杂化原子轨道中的一个电子与另外一个原子轨道中的一个电子配对形成化学键，且两个电子自旋相反(这个是价键理论概念，没有反键概念)。

由于杂化轨道讨论的是分子几何构型问题，因此径向部分不用讨论，而只讨论原子轨道的角度函数 $Y(\theta,\phi)$。

下面讨论 s 轨道与 p 轨道的杂化情况。

$$\psi_1 = Y_{\mathrm{s}} = \frac{1}{\sqrt{4\pi}}，\quad \psi_2 = Y_{\mathrm{p}_z} = \sqrt{\frac{3}{4\pi}}\cos\theta，\quad \psi_3 = Y_{\mathrm{p}_x} = \sqrt{\frac{3}{4\pi}}\sin\theta\cos\phi$$

$$\psi_4 = Y_{\mathrm{p}_y} = \sqrt{\frac{3}{4\pi}}\sin\theta\sin\phi$$

当半径 $r = 1$ 时，由式(2.3)～式(2.6)有

$$x = r\sin\theta\cos\phi = \sin\theta\cos\phi$$

$$y = r\sin\theta\sin\phi = \sin\theta\sin\phi$$

$$z = r\cos\theta = \cos\theta$$

$$r^2 = x^2 + y^2 + z^2 = 1$$

那么，参与杂化的原子轨道写为

$$\psi_1 = \frac{1}{\sqrt{4\pi}}, \quad \psi_2 = \sqrt{\frac{3}{4\pi}}z, \quad \psi_3 = \sqrt{\frac{3}{4\pi}}x, \quad \psi_4 = \sqrt{\frac{3}{4\pi}}y \tag{3.37}$$

将式(3.37)代入式(3.35)得

$$\phi_k = c_{k1}\frac{1}{\sqrt{4\pi}} + c_{k2}\sqrt{\frac{3}{4\pi}}x + c_{k3}\sqrt{\frac{3}{4\pi}}y + c_{k4}\sqrt{\frac{3}{4\pi}}z \tag{3.38}$$

由ϕ_k的归一化条件知道[式(1.31)的证明]

$$\int \phi_k^* \phi_k \mathrm{d}\tau = \sum_i \left|c_{ki}\right|^2 = 1 \tag{3.39}$$

若 c_{ki} 为实数，令

$$c_{k1}^2 = \alpha \tag{3.40}$$

$$c_{k2}^2 + c_{k3}^2 + c_{k4}^2 = \beta \tag{3.41}$$

式中，α 为 s 轨道在杂化轨道中贡献的概率；β 为 p 轨道在杂化轨道中贡献的概率。所以，$\alpha + \beta = 1$。

$$c_{k1} = \sqrt{\alpha}, \quad k = 1, 2, 3, 4 \tag{3.42}$$

对于等性 sp^3 杂化，

$$c_{k2} = c_{k3} = c_{k4} = \frac{\sqrt{3\beta}}{3}$$

那么，

$$\phi_k = \sqrt{\alpha}\psi_{\mathrm{s}} + \frac{\sqrt{3\beta}}{3}\psi_{\mathrm{p}_x} + \frac{\sqrt{3\beta}}{3}\psi_{\mathrm{p}_y} + \frac{\sqrt{3\beta}}{3}\psi_{\mathrm{p}_z} \tag{3.43}$$

若定义波函数的振幅为其成键能力 f，由式(3.37)可知，令 ψ_{s} 的成键能力 $f_{\mathrm{s}} = 1$，则 p 轨道的成键能力为 $f_{\mathrm{p}} = \sqrt{3}$，则杂化轨道$\phi_k$的成键能力由式(3.43)给出：

$$F = \sqrt{\alpha} + \sqrt{3\beta} \tag{3.44}$$

可见，每一条杂化轨道的成键能力与轨道的方向无关，只与 s 轨道和 p 轨道的占比有关。

对于等性 sp^3 杂化，$c_{k1} = c_{k2} = c_{k3} = c_{k4}$，由式(3.39)可得 $4c_{ki}^2 = 1$，那么，

$$c_{k1} = c_{k2} = c_{k3} = c_{k4} = \frac{1}{2}$$

$$c_{k1}^2 = c_{k2}^2 = c_{k3}^2 = c_{k4}^2 = \frac{1}{4}$$

所以，$\alpha = \frac{1}{4}$，$\beta = \frac{3}{4}$，则

$$\phi_1^{sp^3} = \frac{1}{2}\psi_s + \frac{1}{2}\psi_{p_x} + \frac{1}{2}\psi_{p_y} + \frac{1}{2}\psi_{p_z} \tag{3.45}$$

在满足归一化[式(3.39)]的条件下，令 $c_{k1} = c_{k2} = -c_{k3} = -c_{k4}$，得

$$\phi_2^{sp^3} = \frac{1}{2}\psi_s + \frac{1}{2}\psi_{p_x} - \frac{1}{2}\psi_{p_y} - \frac{1}{2}\psi_{p_z}$$

令 $c_{k1} = -c_{k2} = c_{k3} = -c_{k4}$，得

$$\phi_3^{sp^3} = \frac{1}{2}\psi_s - \frac{1}{2}\psi_{p_x} + \frac{1}{2}\psi_{p_y} - \frac{1}{2}\psi_{p_z}$$

令 $c_{k1} = -c_{k2} = -c_{k3} = c_{k4}$，得

$$\phi_4^{sp^3} = \frac{1}{2}\psi_s - \frac{1}{2}\psi_{p_x} - \frac{1}{2}\psi_{p_y} + \frac{1}{2}\psi_{p_z}$$

对于等性 sp 杂化，$c_{k1} = c_{k2}$，由式(3.39)可得 $2c_{ki}^2 = 1$，那么，

$$c_{k1} = c_{k2} = \frac{\sqrt{2}}{2}，\quad c_{k1}^2 = c_{k2}^2 = \frac{1}{2}$$

所以，$\alpha = \frac{1}{2}$，$\beta = \frac{1}{2}$，则

$$\phi_1^{sp} = \frac{1}{\sqrt{2}}\psi_s + \frac{1}{\sqrt{2}}\psi_{p_x} \tag{3.46a}$$

显然，另一条杂化轨道为

$$\phi_2^{sp} = \frac{1}{\sqrt{2}}\psi_s - \frac{1}{\sqrt{2}}\psi_{p_x} \tag{3.46b}$$

不同轨道成键能力的比较列于表 3.3。可见，s 轨道成键能力最小，sp^3 杂化轨道的成键能力最大。

表 3.3 杂化轨道与 s 及 p 轨道的成键能力 *F* 比较

α	轨道	F
1	s	1
0	p	1.732
1/4	sp^3	2
1/3	sp^2	1.991
1/2	sp	1.933

关于杂化轨道的方向问题，可以通过其轨道间的正交性条件 $\int \phi_k^* \phi_l \mathrm{d}\tau = 0$ 求得。

将 $\phi_k = \sum\limits_i c_{ki}\psi_i$ 及 $\phi_l = \sum\limits_j c_{lj}\psi_j$ 代入得

$$\int \phi_k^* \phi_l \mathrm{d}\tau = \int \sum_i c_{ki}\psi_i \sum_j \psi_j \mathrm{d}\tau = \sum_i \sum_j c_{ki} c_{lj} \int \psi_i \psi_j \mathrm{d}\tau \xlongequal{\psi_i与\psi_j的正交归一性} \sum_i \sum_i c_{ki} c_{li} = 0$$

即
$$c_{k1}c_{l1} + c_{k2}c_{l2} + c_{k3}c_{l3} + c_{k4}c_{l4} = 0 \tag{3.47}$$

比较式(3.44)与式(3.38)可知，当令 $\psi_s = \frac{1}{\sqrt{4\pi}} = f_s = 1$，且 $c_{k2} = \sqrt{\beta}x$，$c_{k3} = \sqrt{\beta}y$，$c_{k4} = \sqrt{\beta}z$ 时，并 $c_{k1} = \sqrt{\alpha}$ 代入式(3.38)可得

$$\begin{aligned}\phi_k &= \sqrt{\alpha} + \sqrt{3\beta}x^2 + \sqrt{3\beta}y^2 + \sqrt{3\beta}z^2 \\ &= \sqrt{\alpha} + \sqrt{3\beta}(x^2 + y^2 + z^2) \\ &= \sqrt{\alpha} + \sqrt{3\beta}r^2 \\ &= \sqrt{\alpha} + \sqrt{3\beta} \\ &= F\end{aligned}$$

所以

$$c_{k2} = \sqrt{\beta}x_k, \quad c_{k3} = \sqrt{\beta}y_k, \quad c_{k4} = \sqrt{\beta}z_k \tag{3.48}$$

是系数 c_{ki} 的普遍表达式。得到 s 轨道与 p 轨道的杂化轨道的一般表达式

$$\phi_k^{\mathrm{sp}} = \sqrt{\alpha}\psi_s + \sqrt{\beta}x_k\psi_{p_x} + \sqrt{\beta}y_k\psi_{p_y} + \sqrt{\beta}z_k\psi_{p_z} \tag{3.49}$$

设 ϕ_k 的方向有坐标 (x_k, y_k, z_k)，ϕ_l 的方向有坐标 (x_l, y_l, z_l)，则

$$c_{k1} = \sqrt{\alpha}, \quad c_{k2} = \sqrt{\beta}x_k, \quad c_{k3} = \sqrt{\beta}y_k, \quad c_{k4} = \sqrt{\beta}z_k$$

$$c_{l1} = \sqrt{\alpha}, \quad c_{l2} = \sqrt{\beta}x_l, \quad c_{l3} = \sqrt{\beta}y_l, \quad c_{l4} = \sqrt{\beta}z_l$$

代入式(3.47)得

$$\alpha + \beta(x_k x_l + y_k y_l + z_k z_l) = 0$$

设 ϕ_k 与 ϕ_l 之间的夹角为 θ，则由坐标变换公式可知

$$x_k x_l + y_k y_l + z_k z_l = \cos\theta$$

得

$$\alpha + \beta\cos\theta = 0$$

所以两条杂化轨道的夹角为

$$\cos\theta = -\frac{\alpha}{\beta} = -\frac{\alpha}{1-\alpha} \tag{3.50}$$

对于等性 sp^3 杂化，$\alpha=\frac{1}{4}$，$\beta=\frac{3}{4}$，$\cos\theta=-\frac{1}{3}$，$\theta=109°28'$。

对于等性 sp^2 杂化，$\alpha=\frac{1}{3}$，$\beta=\frac{2}{3}$，$\cos\theta=-\frac{1}{2}$，$\theta=120°$。

对于等性 sp 杂化，$\alpha=\frac{1}{2}$，$\beta=\frac{1}{2}$，$\cos\theta=-1$，$\theta=180°$。

对于等性 sp^2 杂化，s、p_x 和 p_y 参与杂化，p_z 不参与杂化，$c_{k1}=\sqrt{\alpha}=\frac{1}{\sqrt{3}}$，若将 ϕ_1 的方向置于 x 轴上，即坐标为(1,0,0)，那么 ϕ_2 的方向在 $\theta=120°$，坐标为 $\left(-\frac{1}{2},\frac{\sqrt{3}}{2},0\right)$；$\phi_3$ 的方向在 $\theta=240°$，坐标为 $\left(-\frac{1}{2},-\frac{\sqrt{3}}{2},0\right)$(图 3.19)。分别代入式(3.49)得

$$
\begin{aligned}
\phi_1^{sp^2} &= \frac{1}{\sqrt{3}}\psi_s + \sqrt{\frac{2}{3}}\psi_{p_x} \\
\phi_2^{sp^2} &= \frac{1}{\sqrt{3}}\psi_s - \frac{1}{\sqrt{6}}\psi_{p_x} + \frac{1}{\sqrt{2}}\psi_{p_y} \\
\phi_3^{sp^2} &= \frac{1}{\sqrt{3}}\psi_s - \frac{1}{\sqrt{6}}\psi_{p_x} - \frac{1}{\sqrt{2}}\psi_{p_y}
\end{aligned}
\tag{3.51}
$$

同理，sp 杂化轨道的坐标分别为(1,0,0)和(−1,0,0)(图 3.20)，代入式(3.49)得到式 (3.46)。

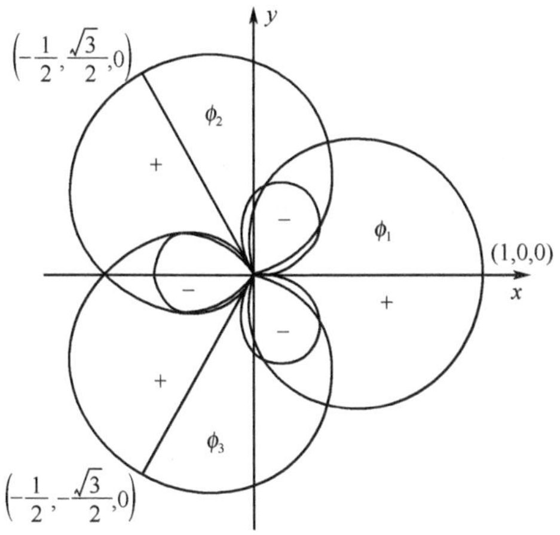

图 3.19 sp^2 杂化轨道的坐标和图像

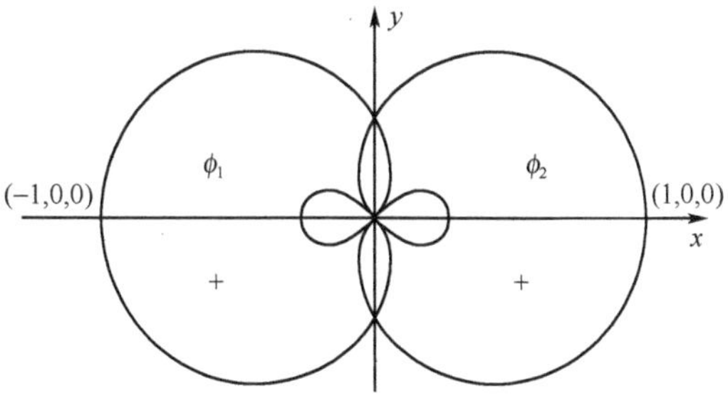

图 3.20 sp 杂化轨道的坐标和图像

同样，sp^3 杂化轨道在正四面体的四个顶点上，体心为(0,0,0)，四个轨道的坐标分别为 $\left(\frac{1}{\sqrt{3}},\frac{1}{\sqrt{3}},\frac{1}{\sqrt{3}}\right)$、$\left(\frac{1}{\sqrt{3}},-\frac{1}{\sqrt{3}},-\frac{1}{\sqrt{3}}\right)$、$\left(-\frac{1}{\sqrt{3}},\frac{1}{\sqrt{3}},-\frac{1}{\sqrt{3}}\right)$ 和 $\left(-\frac{1}{\sqrt{3}},-\frac{1}{\sqrt{3}},\frac{1}{\sqrt{3}}\right)$(图 3.21)。代入式(3.49)，得到与式(3.45)一致的结果。其轮廓图和等值线图见图 3.22。

$$
\begin{aligned}
\phi_1^{sp^3} &= \frac{1}{2}\psi_s + \frac{1}{2}\psi_{p_x} + \frac{1}{2}\psi_{p_y} + \frac{1}{2}\psi_{p_z} \\
\phi_2^{sp^3} &= \frac{1}{2}\psi_s + \frac{1}{2}\psi_{p_x} - \frac{1}{2}\psi_{p_y} - \frac{1}{2}\psi_{p_z} \\
\phi_3^{sp^3} &= \frac{1}{2}\psi_s - \frac{1}{2}\psi_{p_x} - \frac{1}{2}\psi_{p_y} + \frac{1}{2}\psi_{p_z} \\
\phi_4^{sp^3} &= \frac{1}{2}\psi_s - \frac{1}{2}\psi_{p_x} + \frac{1}{2}\psi_{p_y} - \frac{1}{2}\psi_{p_z}
\end{aligned}
\tag{3.52}
$$

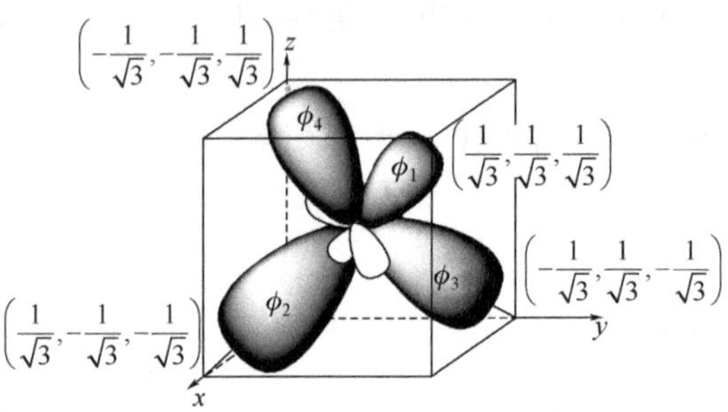

图 3.21　sp^3 杂化轨道的坐标和图像示意图(置于立方体中的四面体)

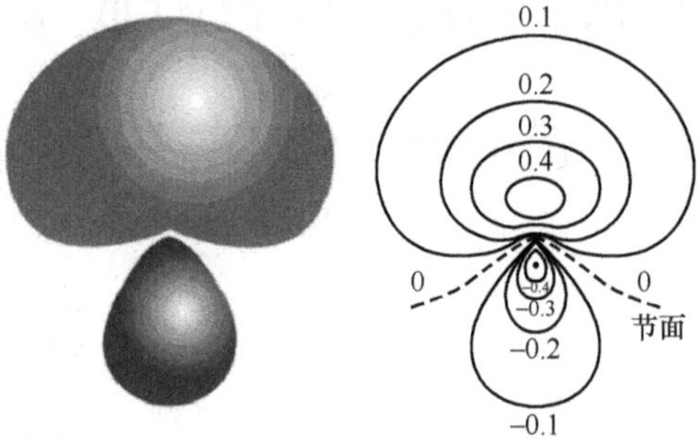

图 3.22　一个 sp^3 杂化轨道的轮廓图和等值线图

对于不等性 sp^3 杂化轨道：氨气中氮原子的电子组态为 N $1s^22s^22p^3$，如果按照价键理论，三个未成对电子与氢原子的三个电子配对成键，只能得到三角形的键角为 60°的氨气分子。而实际上，N—H 键的键角均为 107.3°，远大于 60°，仅比甲烷分子中的等性 sp^3 杂化轨道夹角 109°28′小 2.5°。说明 N 原子在氨气中，为了达到最稳定、分子能量最低的目的，采取了杂化轨道与氢原子轨道成键。将夹角 107.3°代入公式(3.50)中得到$\alpha=0.23$。显然，2s 轨道在杂化轨道中的占比小于等性 sp^3 杂化轨道中的值(1/4)。那么，孤对电子(lone pair electrons)中 2s 轨道的占比是 $1-3\times0.23=0.31$。这也是两个原子间形成化学键时具有收缩效应的体现。所以，孤对电子要“胖”一些，而成键分子轨道要“瘦”一些(图 3.23)。四个杂化轨道分别描述为

$$
\begin{aligned}
\phi_1^{lp} &= 0.56\psi_s + 0.48\psi_{p_x} + 0.48\psi_{p_y} + 0.48\psi_{p_z} \\
\phi_2^{bo} &= 0.48\psi_s + 0.51\psi_{p_x} - 0.51\psi_{p_y} - 0.51\psi_{p_z} \\
\phi_3^{bo} &= 0.48\psi_s - 0.51\psi_{p_x} + 0.51\psi_{p_y} - 0.51\psi_{p_z} \\
\phi_4^{bo} &= 0.48\psi_s - 0.51\psi_{p_x} - 0.51\psi_{p_y} + 0.51\psi_{p_z}
\end{aligned}
\tag{3.53}
$$

如果将成键分子轨道的 2s 轨道成分$\alpha=0.23$ 仍然定为 1，那么可以算出 2p 轨道成分$\beta=0.77$，成键中的不等性杂化约为 $sp^{3.35}$；对应孤对电子的 2s 轨道成分$\alpha=0.31$，2p 轨道成分$\beta=0.69$，不等性杂化约为 $sp^{2.23}$。

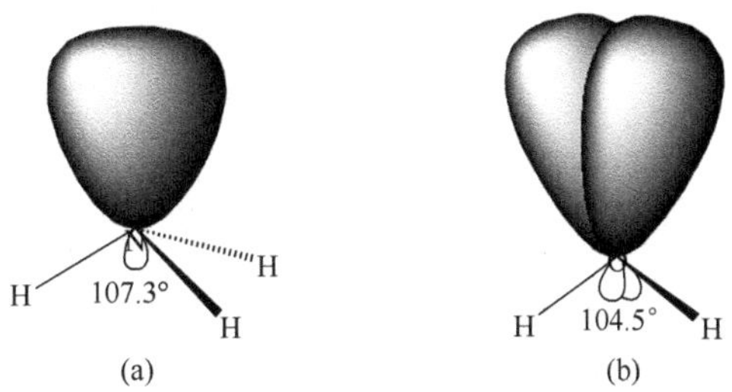

图 3.23 氨(a)与水(b)分子孤对电子的成键示意图

水分子中氧原子的电子组态为 O $1s^22s^22p^4$，如果按照价键理论的电子配对方法，两个未成对电子与氢原子的两个电子配对成键，只能得到直线形的键角为180°的水分子。而实际上，O—H 键的键角均为 104.5°，比甲烷分子中的等性 sp^3 杂化轨道夹角 109°28′ 小 5°。说明 O 原子在水分子中，为了分子能量最低，采取了杂化轨道与氢原子轨道成键。将夹角 104.5°代入公式(3.50)中得到 2s 轨道成分$\alpha = 0.2$，2p 轨道成分$\beta = 0.8$。显然，2s 轨道在杂化轨道中的占比小于等性 sp^3 杂化轨道中的值(1/4)而接近 1/5。那么，孤对电子中 2s 轨道的占比是$\alpha =(1-2\times0.2)/2 = 0.3$，2p 轨道成分$\beta = 0.7$。这同样是两个原子间形成化学键时具有收缩效应的体现。所以，孤对电子要"胖"一些，而成键分子轨道要更"瘦"一些(图 3.23)，由于孤对电子对成键电子的挤压使得化学键键角减小。四个杂化轨道分别描述为

$$
\begin{aligned}
\phi_1^{\text{lp}} &= 0.55\psi_{\text{s}} + 0.48\psi_{\text{p}_x} + 0.48\psi_{\text{p}_y} + 0.48\psi_{\text{p}_z} \\
\phi_2^{\text{lp}} &= 0.55\psi_{\text{s}} - 0.48\psi_{\text{p}_x} - 0.48\psi_{\text{p}_y} + 0.48\psi_{\text{p}_z} \\
\phi_3^{\text{bo}} &= 0.45\psi_{\text{s}} - 0.52\psi_{\text{p}_x} - 0.52\psi_{\text{p}_y} + 0.52\psi_{\text{p}_z} \\
\phi_4^{\text{bo}} &= 0.45\psi_{\text{s}} - 0.52\psi_{\text{p}_x} + 0.52\psi_{\text{p}_y} - 0.52\psi_{\text{p}_z}
\end{aligned}
\tag{3.54}
$$

更多采取不等性 sp^3 杂化轨道分子的键角列于表 3.4 中。

表 3.4 不等性 sp^3 杂化轨道分子的键角

分子	键角/(°)	分子	键角/(°)	分子	键角/(°)
PH_3	93.5	NF_3	102.5	OF_2	103.1
PF_3	96.5	AsH_3	91.8	OCl_2	110.9
PCl_3	100.0	SbH_3	91.5	H_2S	92.1
PBr_3	101.0	PI_3	102.0	H_2Se	91.0

下面简要讨论 s-p-d 杂化轨道的情况。

能量相近的 s-p-d 轨道分为两种情况，一种是内 d 杂化，一种是外 d 杂化。由于讨论杂化轨道时，仅用到角度函数 $Y_{l,m}$，因此将这两种情况一并讨论。

用于讨论 s-p 杂化相同的方法，从式(3.33) $\phi_k = \sum\limits_i c_{ki}\psi_i$ 出发，令 s 轨道的成键能力仍为 1，p 轨道的成键能力为 $\sqrt{3}$，d 轨道的成键能力为 $\sqrt{5}$；各类原子轨道系数的平方和

分别为 α、β和 γ ，即

$$c_{k1}^2 = \alpha$$
$$c_{k2}^2 + c_{k3}^2 + c_{k4}^2 = \beta$$
$$c_{k5}^2 + c_{k6}^2 + c_{k7}^2 + c_{k8}^2 + c_{k9}^2 = \gamma \tag{3.55}$$

则杂化轨道的最大成键能力为

$$F = \sqrt{\alpha} + \sqrt{3\beta} + \sqrt{5\gamma} \tag{3.56}$$

各个杂化轨道键的夹角公式为

$$\alpha + \beta\cos\theta + \gamma\frac{3\cos^2\theta - 1}{2} = 0 \tag{3.57}$$

$$\alpha + \beta + \gamma = 1 \tag{3.58}$$

系数公式为

$$c_{k1} = \sqrt{\alpha},\ c_{k2} = \sqrt{\beta}x_k,\ c_{k3} = \sqrt{\beta}y_k,\ c_{k4} = \sqrt{\beta}z_k$$
$$c_{k5} = \frac{\sqrt{\gamma}}{2}(3z_k^2 - 1),\ c_{k6} = \frac{\sqrt{3\gamma}}{2}(x_k^2 - y_k^2) \tag{3.59}$$
$$c_{k7} = \sqrt{3\gamma}x_k y_k,\ c_{k8} = \sqrt{3\gamma}y_k z_k,\ c_{k9} = \sqrt{3\gamma}z_k x_k$$

得到 s-p-d 杂化轨道的通式为

$$\begin{aligned}\phi_k^{\text{s-p-d}} &= \sqrt{\alpha}\psi_{\text{s}} + \sqrt{\beta}x_k\psi_{\text{p}_x} + \sqrt{\beta}y_k\psi_{\text{p}_y} + \sqrt{\beta}z_k\psi_{\text{p}_z} + \frac{\sqrt{\gamma}}{2}(3z_k^2 - 1)\psi_{\text{d}_{z^2}} \\ &+ \frac{\sqrt{3\gamma}}{2}(x_k^2 - y_k^2)\psi_{\text{d}_{x^2-y^2}} + \sqrt{3\gamma}x_k y_k\psi_{\text{d}_{xy}} + \sqrt{3\gamma}y_k z_k\psi_{\text{d}_{yz}} + \sqrt{3\gamma}z_k x_k\psi_{\text{d}_{zx}}\end{aligned} \tag{3.60}$$

例如，对于常见的 d^2sp^3 杂化，$\alpha = \frac{1}{6},\ \beta = \frac{1}{2},\ \gamma = \frac{1}{3}$，代入式(3.56)得到杂化轨道的最大成键能力为

$$F = \sqrt{\alpha} + \sqrt{3\beta} + \sqrt{5\gamma} = \sqrt{\frac{1}{6}} + \sqrt{\frac{3}{2}} + \sqrt{\frac{5}{3}} = 2.924$$

可见，杂化的轨道越多，成键能力越强。

将 $\alpha = \frac{1}{6}$、$\beta = \frac{1}{2}$、$\gamma = \frac{1}{3}$ 代入式(3.57)得

$$\cos^2\theta + \cos\theta = 0 \tag{3.61}$$

各个杂化轨道的夹角只能为 $\theta = \frac{\pi}{2}, \pi$ 。这样，d^2sp^3 杂化轨道只能是正八面体。对应的六个 d^2sp^3 杂化轨道为

$$\phi_1^{d^2sp^3} = \frac{1}{\sqrt{6}}\left(\psi_{\text{s}} + \sqrt{3}\psi_{\text{p}_z} + \sqrt{2}\psi_{\text{d}_{z^2}}\right),\ \phi_2^{d^2sp^3} = \frac{1}{\sqrt{6}}\left(\psi_{\text{s}} + \sqrt{3}\psi_{\text{p}_x} - \frac{1}{\sqrt{2}}\psi_{\text{d}_{z^2}} + \sqrt{\frac{3}{2}}\psi_{\text{d}_{x^2-y^2}}\right)$$

$$\phi_3^{d^2sp^3} = \frac{1}{\sqrt{6}}\left(\psi_s + \sqrt{3}\psi_{p_y} - \frac{1}{\sqrt{2}}\psi_{d_{z^2}} - \sqrt{\frac{3}{2}}\psi_{d_{x^2-y^2}}\right), \quad \phi_4^{d^2sp^3} = \frac{1}{\sqrt{6}}\left(\psi_s - \sqrt{3}\psi_{p_x} - \frac{1}{\sqrt{2}}\psi_{d_{z^2}} + \sqrt{\frac{3}{2}}\psi_{d_{x^2-y^2}}\right)$$

$$\phi_5^{d^2sp^3} = \frac{1}{\sqrt{6}}\left(\psi_s - \sqrt{3}\psi_{p_y} - \frac{1}{\sqrt{2}}\psi_{d_{z^2}} - \sqrt{\frac{3}{2}}\psi_{d_{x^2-y^2}}\right), \quad \phi_6^{d^2sp^3} = \frac{1}{\sqrt{6}}\left(\psi_s - \sqrt{2}\psi_{p_z} + \sqrt{3}\psi_{d_{z^2}}\right) \quad (3.62)$$

可见，八面体场中，t_{2g}的三个轨道d_{xy}、d_{yz}和d_{zx}没有参与成键，而只有能量较高的e_g的两个轨道d_{z^2}和$d_{x^2-y^2}$参与了杂化轨道的形成(图 3.24)。一条d^2sp^3轨道的形成可以看作分步杂化的结果(图 3.25)。

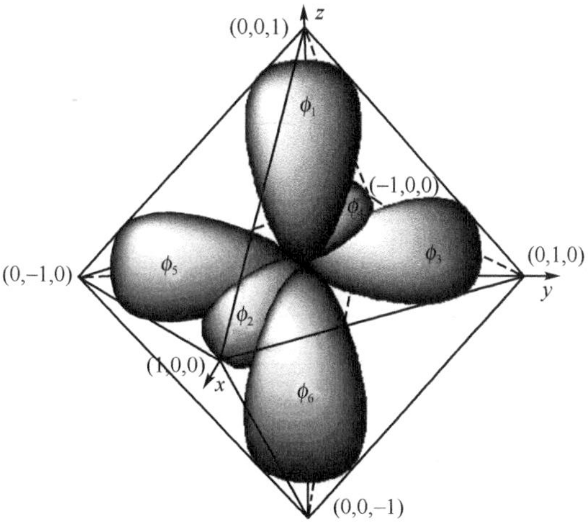

图 3.24 d^2sp^3杂化轨道的坐标和图像示意图(置于立方体中的八面体)

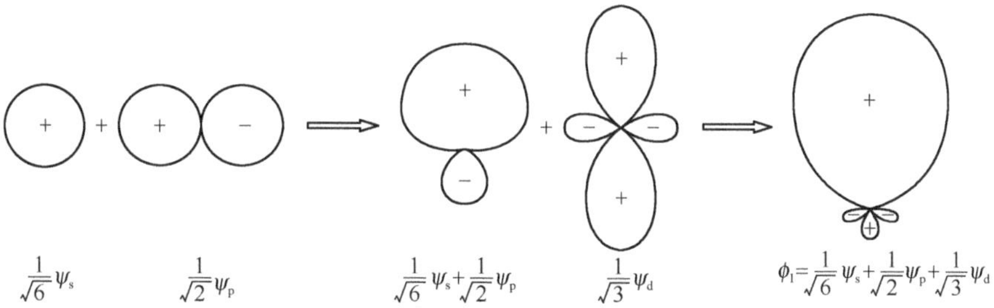

图 3.25 d^2sp^3杂化轨道图像示意图

对于 dsp^2 杂化轨道，$\alpha=\frac{1}{4}$，$\beta=\frac{1}{2}$，$\gamma=\frac{1}{4}$，式(3.57)不适用。唐敖庆、卢嘉锡计算出 $F=2.694$，式(3.61)适用，即 $\cos^2\theta+\cos\theta=0$。各个杂化轨道的夹角只能为 $\theta=\frac{\pi}{2},\pi$，为平面正方形。对应的四个 dsp^2 杂化轨道为(图 3.26)

$$\begin{aligned}\phi_1^{dsp^2} &= \frac{1}{2}\left(\psi_s + \sqrt{2}\psi_{p_x} + \psi_{d_{x^2-y^2}}\right), \quad \phi_2^{dsp^2} = \frac{1}{2}\left(\psi_s + \sqrt{2}\psi_{p_y} - \psi_{d_{x^2-y^2}}\right) \\ \phi_3^{dsp^2} &= \frac{1}{2}\left(\psi_s - \sqrt{2}\psi_{p_x} - \psi_{d_{x^2-y^2}}\right), \quad \phi_4^{dsp^2} = \frac{1}{2}\left(\psi_s - \sqrt{2}\psi_{p_y} - \psi_{d_{x^2-y^2}}\right)\end{aligned} \quad (3.63)$$

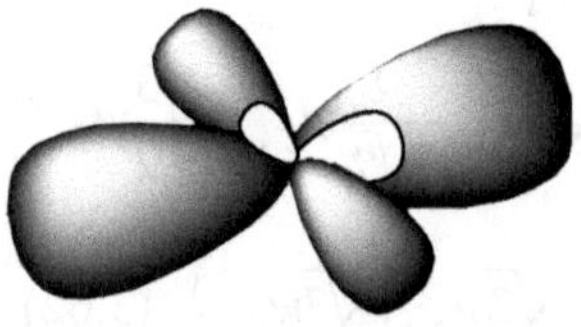

图 3.26　dsp^2 杂化轨道示意图

更多的杂化方式如 dsp^3 轨道有三角双锥(d_{z^2})和四方锥($d_{x^2-y^2}$)等。一般地，配体的大小、多少和配位数直接影响中心原子/离子的杂化形式。过渡金属的电子组态、杂化方式和立体结构见表 3.5。

表 3.5　过渡金属的电子组态、杂化方式和立体结构

电子组态及氧化态	配位数	杂化方式及立体结构	实例
Ti^0, d^4	5	dsp^3 四方锥	$CpTi(CO)_4^-$
Ti^{2+}, d^2	6	d^2sp^3 八面体	*trans*-$TiCl_2(Py)_4$
Ti^{3+}, d^1	6	d^2sp^3 正八面体	TiF_6^{3-}, $Ti(H_2O)_6^{3-}$
	5	dsp^3 三角双锥	$TiBr_3(NMe_3)_2$
	3	sp^2 平面三角形	$Ti[N(SiMe_3)_2]_3$
Ti^{4+}, d^0	8	d^4sp^3 正十二面体	$Ti(ClO_4)_4$
	7	d^3sp^3 五角双锥	$Ti[(O_2)F_5]^{3-}$
	6	d^2sp^3 八面体	TiF_6^{3-}, TiO_2, $Ti(acac)Cl_2$
	5	dsp^3 三角双锥	$TiCl_5^-$
	4	sp^3 四面体	$TiCl_4$
V^-, d^6	6	d^2sp^3 正八面体	$V(CO)_6^-$
V^0, d^5	6	d^2sp^3 正八面体	$V(CO)_6$, $V(bipy)_3$
V^+, d^4	7	d^3sp^3 五角双锥	$[V(CO)_3(PMe_3)_4]^+$
V^+, d^4	6	d^2sp^3 正八面体	$[V(bipy)_3]^+$
	5	dsp^3 四方锥	$CpV(CO)_4$
V^{2+}, d^3	6	d^2sp^3 正八面体	$[V(H_2O)_6]^{2+}$, $[V(CN)_6]^{4-}$
V^{3+}, d^2	3	sp^2 平面三角形	$V[N(SiMe_3)_2]_3$, $V[CH(SiMe_3)_2]_3$
	6	d^2sp^3 正八面体	$[V(NH_3)_6]^{3+}$, $[V(C_2O_4)_3]^{3+}$
	7	d^3sp^3 正五角双锥	$K_4[V(CN)_7]\cdot 2H_2O$
V^{4+}, d^1	4	sp^3 正四面体	VCl_4, $V(NEt_2)_4$, $V(CHSiMe_3)_4$
	6	d^2sp^3 八面体	VO_2(金红石相), K_2VCl_6, $V(acac)_2Cl_2$
V^{5+}, d^0	4	sp^3 四面体	$VOCl_3$
	5	dsp^3/d^4s+d 四方锥	$CsVOF_4$
	5	dsp^3 三角双锥	$VF_5(g)$
	6	d^2sp^3 八面体	$VF_5(s)$
	7	d^3sp^3 五角双锥	$VO(NO_3)_3$, $VO(S_2CNEt_2)_3$
Cr^0, d^6	6	d^2sp^3 八面体	$Cr(CO)_6$, $[Cr(CO)_5I]^-$, $Cr(bipy)_3$
Cr^+, d^5	6	d^2sp^3 八面体	$[Cr(bipy)_3]^{3+}$

续表

电子组态及氧化态	配位数	杂化方式及立体结构	实例
Cr^{2+}, d^4	3	sp^2 平面三角形	$[Cr(N^iPr)_3]^{2+}$
	4	dsp^2 平面四方形	$Cr(acac)_2$, $CrCl_2(Me_3py)_2$
	4	sp^3 变形四面体	$CrCl_2(MeCN)_2$, $CrI_2(OPMe_3)_2$
Cr^{3+}, d^3	3	sp^2 平面三角形	$Cr[N(SiMe_3)_2]_3$
	5	dsp^3 三角双锥	$CrCl_3(NMe_3)_2$
	6	d^2sp^3 正八面体	$[Cr(NH_3)_6]^{3+}$, $K_3[Cr(CN)_6]$, $Cr(acac)_3$
Cr^{4+}, d^2	4	sp^3 正四面体	$Cr(OC_4H_9)_4$, $Cr(CH_2SiMe_3)_4$
	6	d^2sp^3 八面体	K_2CrF_6, $[Cr(O_2)_2(en)_2]\cdot H_2O$
Cr^{5+}, d^1	4	sp^3 正四面体	CrO_4^{3-}
	5	dsp^3 变形三角双锥	$CrF_5(g)$
	5	dsp^3 四方锥	$CrOCl_4^-$
	6	d^2sp^3 八面体	$K_2[CrOCl_5]$
Cr^{6+}, d^0	4	sp^3+d 正四面体	CrO_4^{2-}, CrO_3
Mn^-, d^8	5	dsp^3 三角双锥	$Mn(CO)_5^-$
Mn^0, d^7	6	d^2sp^3 八面体	$Mn_2(CO)_{10}$
Mn^+, d^6	6	d^2sp^3 八面体	$Mn(CO)_5Cl$
Mn^{2+}, d^5	2	sp 直线形	$Mn[C(SiMe_3)_3]_2$
	4	sp^3 正四面体	$[MnCl_4]^{2-}$, $[Mn(CH_2SiMe_3)_2]_n$
	4	dsp^2 平面四方形	$[Mn(H_2O)_4]SO_4\cdot H_2O$, $Mn(S_2CNEt_2)_2$
	6	d^2sp^3 正八面体	$[Mn(H_2O)_6]^{2+}$, $[Mn(NCS)_6]^{4-}$
	8	$d^2sp^3d^2$ 正十二面体	$[Ph_4As]$ $[Mn(NO_3)_4]$
Mn^{3+}, d^4	3	sp^2 平面三角形	$Mn[N(SiMe_3)_2]_3$
	4	dsp^2 平面四方形	$[Mn(S_2C_6H_3Me)_2]^-$
	5	dsp^3 三角双锥	$MnI_3(PMe_3)_2$
	5	dsp^3 四方锥	$[bipyH_2]MnCl_5$
	6	d^2sp^3 正八面体	$Mn(acac)_3$, $[Mn(C_2O_4)_3]^{3-}$, $Mn(S_2CNEt_2)_3$
	7	d^3sp^3 五角双锥	$[Mn(EDTA)H_2O]^-$
Mn^{4+}, d^3	6	d^2sp^3 八面体	MnO_2, $MnCl_6^{2-}$, $Mn(S_2CNEt_2)_3^+$
Mn^{5+}, d^2	4	sp^3+d 正四面体	MnO_4^{3-}
Mn^{6+}, d^1	4	sp^3+d 正四面体	MnO_4^{2-}
Mn^{7+}, d^0	3	sp^2+d 平面三角形	MnO_3^+
	4	sp^3+d 正四面体	MnO_4^-
Fe^0, d^8	5	dsp^3 三角双锥	$Fe(CO)_5$
	6	d^2sp^3 八面体	$[Fe(CO)_5H]^+$, $[Fe(CO)_4PPh_3H]^+$

续表

电子组态及氧化态	配位数	杂化方式及立体结构	实例
Fe^{+}, d^7	6	d^2sp^3 八面体	$[Fe(H_2O)_5NO]^{2+}$
Fe^{2+}, d^6	2	sp 弯曲型	Fe (2,4,6-^{t}$Bu_3C_6H_2)_2$
	3	sp^2+d 平面三角形	FeO_3^{4-}
	4	sp^3 四面体	$FeCl_4^{2-}$, $Fe(PPh_3)Cl_2$
	4	dsp^2 平面四方形	Fe(TPP)
	5	dsp^3 四方锥	$[Fe(ClO_4)(OAsMe_3)_4]ClO_4$
	6	d^2sp^3 正八面体	$[Fe(H_2O)_6]^{2+}$, $[Fe(CN)_6]^{4-}$
	8	$d^2sp^3d^2$ 十二面体(D_{2h})	[Fe(1,8-二萘啶)$_4$]$(ClO_4)_2$
Fe^{3+}, d^5	3	sp^2 平面三角形	$Fe[N(SiMe_3)_2]_3$
	4	sp^3 四面体	$FeCl_4^-$, Fe_3O_4
	5	dsp^3 四方锥	$Fe(acac)_2Cl$,
	5	dsp^3 三角双锥	$FeCl_5^{2-}$, $Fe(N_3)_5^{2-}$
	6	d^2sp^3 正八面体	$FeCl_3$, $Fe(acac)_3$, $Fe(C_2O_4)_3^{3-}$
	7	d^2sp^3d 五角双锥	$[Fe(EDTA)H_2O]^-$
	8	$d^2sp^3d^2$ 正十二面体	$[Fe(NO_3)_4]^-$
Fe^{4+}, d^4	4	sp^3+d 四面体	Fe(1-norboenyl)$_4$
	6	d^2sp^3 八面体	$[Fe(diars)_2Cl_2]^{2+}$
Fe^{6+}, d^2	4	sp^3+d 四面体	FeO_4^{2-}
Co^-, d^{10}	4	sp^3 正四面体	$[Co(CO)_4]^-$
Co^0, d^9	4	sp^3 正四面体	$K_4[Co(CN)_4]$, $Co(PMe_3)_4$
Co^+, d^8	3	sp^2 平面三角形	Co(tempo)$(CO)_2$
	4	sp^3 四面体	$CoBr(PR_3)_3$
	5	dsp^3 三角双锥	$[Co(CO)_3(PR_3)_2]^+$, $HCo(PR_3)_4$, $[Co(CH_3CN)_5]^+$
	5	dsp^3 四方锥	$[Co(PhCN)_5]ClO_4$
	6	dsp^3d 八面体	$[Co(bipy)_3]^+$
Co^{2+}, d^7	3	sp^2 平面三角形	$Co_2(NPh_2)_4$
	4	sp^3 正四面体	$[CoCl_4]^{2-}$
	4	dsp^2 平面四方形	$[(Ph_2P)_4N]_2[Co(CN)_4]$
	5	dsp^3 四方锥	$[Co(CN)_5]^{3-}$, $[Co(PhCN)_5]^{2+}$
	6	d^2sp^3 八面体	$[Co(NH_3)_6]^{2+}$, $[Co(H_2O)_6]^{2+}$
	8	dsp^3d^3 正十二面体	$[Ph_4As]_2[Co(NO_3)_4]$

续表

电子组态及氧化态	配位数	杂化方式及立体结构	实例
Co^{3+}, d^6	4	dsp^2 平面四方形	$[Co(SR_4)]^-$
	5	dsp^3 四方锥	[Co(Salen)X]
	6	d^2sp^3 正八面体	$[Co(NH_3)_6]^{3+}$,$[CoF_6]^{3-}$,$[Co(CN)_6]^{3-}$,$[Co(en)_3]^+$
Co^{4+}, d^5	4	sp^3 四面体	$Co(1\text{-norbornyl})_4$
	6	d^2sp^3 正八面体	$[CoF_6]^{2-}$, $[Co(dtc)_3]^+$
Co^{5+}, d^4	4	sp^3 四面体	$[Co(1\text{-norbornyl})_4]^+$
Ni^0, d^{10}	4	sp^3 正四面体	$Ni(CO)_4$, $Ni(PF_3)_4$, $[Ni(CN)_4]^{4-}$
Ni^+, d^9	4	sp^3 四面体	$Ni(PPh_3)_3Br$
Ni^{2+}, d^8	3	sp^2 平面三角形	$[Ni(NPh_2)_3]^-$, $Ni_2(NR_2)_4$
	4	sp^3 四面体	$[NiCl_4]^{2-}$, $NiCl_2(PPh_3)_2$
	4	dsp^2 平面四方形	$[Ni(CN)_4]^{2-}$, $NiBr_2(PEt_3)_2$,
	5	dsp^3 四方锥	$[Ni(CN)_5]^{3-}$, $[Ni_2Cl_8]^{4-}$
	5	dsp^3 三角双锥	$[Ni(CN)_5]^{3-}$
	6	dsp^3d 正八面体	$[Ni(NH_3)_6]^{2+}$, $KNiF_3$, $[Ni(NCS)_6]^{4-}$
Ni^{3+}, d^7	5	dsp^3 三角双锥	$NiBr_3(PR_3)_2$
	6	dsp^3d 八面体	$[NiF_6]^{3-}$, $[NiCl_6]^{3-}$
Ni^{4+}, d^6	6	d^2sp^3 八面体	K_2NiF_6
Cu^+, d^{10}	2	sp 直线形	Cu_2O, KCuO, $CuCl_2^-$
	3	sp^2 平面三角形	$K[Cu(CN)_2]$
Cu^+, d^{10}	4	sp^3 四面体	CuI, $[Cu(CN)_4]^{3-}$, $[Cu(MeCN)_4]^+$
Cu^{2+}, d^9	3	sp^2 平面三角形	$Cu_2(\mu\text{-Br})_2Br_2$
	4	sp^3 四面体	$Cs[CuCl_4]$
	4	sp^2d 平面四方形	$[NH_4]_2[CuCl_4]$, CuO, $[Cu(py)_4]^{2+}$
	5	dsp^3 三角双锥	$[CuCl_5]^{2-}$, $[Cu_2Cl_8]^{4-}$, $[Cu(bipy)_2I]^+$
	5	dsp^3 四方锥	$[Cu(NH_3)_5]^{2+}$
	6	sp^3d^2 拉长八面体	$K_2Pb[Cu(NO_2)_6]$
	6	sp^3d^2 压扁八面体	K_2CuF_4, $K_2[Cu(EDTA)]$, $CuCl_2$, $Cu(ClO_4)_2$
	7	sp^3d^3 五角双锥	$[Cu(H_2O)(dps)]^{2+}$
	8	sp^3d^4 十二面体	$Ca[Cu(OAc)_4]\cdot H_2O$
Cu^{3+}, d^8	4	dsp^2 平面四方形	$KCuO_2$, $CuBr_2(S_2CNBu_2)$
	6	dsp^3d 八面体	K_3CuF_6

对于常见的酸 $HClO_4$、H_2SO_4 和 H_3PO_4，其阴离子 PO_4^{3-}、SO_4^{2-}、ClO_4^-，在酸中，由于氢与氧的紧密结合，阴离子显示变形四面体。而当它们作为阴离子存在于盐或配合物中时，PO_4^{3-}、SO_4^{2-}、ClO_4^-显示为正四面体。中心原子均采取 sp^3 杂化轨道的形式与氧原子 sp^3 杂化轨道成键，同时，氧原子中的孤对 p 电子与中心原子的 3d 空轨道形成 p→d π键，将其记为 sp^3+d(图 3.27)。其他有 p→d π键形成的情况均如此表示。

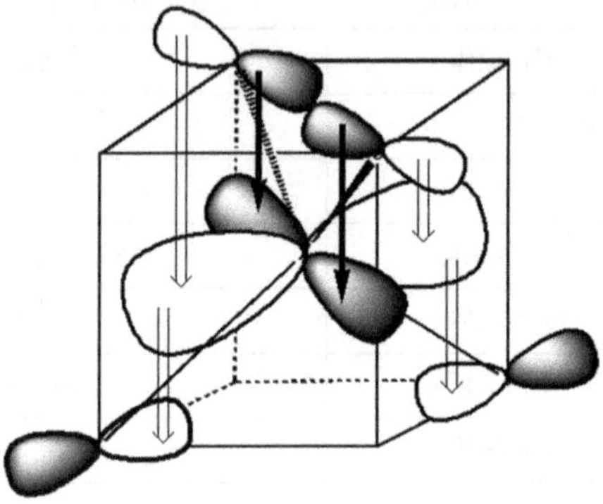

图 3.27　PO_4^{3-}、SO_4^{2-}、ClO_4^-中多个 p→d π 键形成示意图

3.4.2　离域分子轨道与离域键(Delocalized molecular orbital and bonding)

按照杂化轨道理论可以解释众多的分子结构问题，而对于分子能量、能级结构问题如光电子能谱，却不能用杂化轨道理论解释。例如，对于甲烷分子，按照杂化轨道构建的分子，有四个能量简并的化学键。而实际情况由甲烷的紫外光电子能谱(UPS)得到的是多个谱带。

我们用分子轨道理论来处理典型的 sp^3 杂化的甲烷分子看看结果如何。

原子中电子的能量在中心力场模型下，n 相同、能量相同；在相对论效应下，l 相同、能量相同；当 ***L*-*S*** 耦合时，能量更细分为谱项。所以，在定核近似、单电子近似、无自旋-轨道角动量耦合和非相对论效应下，甲烷分子中的碳原子的电子组态为 C $1s^22s^22p^2$，其中 2s 轨道能量小于 2p 轨道能量；当考虑自旋-轨道角动量耦合时，根据光谱项，此时碳原子 p^2 电子组态对应的能级为三个，即 ^1S、^1D、^3P；而考虑到磁相互作用即总量子数 J 时，其精细能级排布为 5 个，即 $^1S_0$、$^1D_2$、$^3P_2$、$^3P_1$、$^3P_0$。

在相对论效应下，2s 轨道能量小于 2p 轨道能量($2p_x$、$2p_y$、$2p_z$ 能级简并)模型处理如下：根据分子轨道理论，分子中每一个轨道中的电子都在分子中运动，而不局限于两个原子之间，即增大电子的活动范围，可产生离域效应使得体系的能量降低。遵循能量相近原则，分子轨道由碳原子的 2s 轨道和四个氢原子的 1s 轨道线性组合而成新的分子轨道；而碳原子的 2p 轨道和四个氢原子的 1s 轨道组成另外三个简并的分子轨道：

$$\psi_{a_1} = c_1\psi_{2s}^{C} + c_2(\psi_{1sa}^{H} + \psi_{1sb}^{H} + \psi_{1sc}^{H} + \psi_{1sd}^{H}) \xlongequal{\text{简记为}} c_1 2s + c_2(1s_a + 1s_b + 1s_c + 1s_d)$$

$$\psi_{t_{2x}} = c_3\psi_{2p_x}^{C} + c_4(\psi_{1sa}^{H} + \psi_{1sb}^{H} - \psi_{1sc}^{H} - \psi_{1sd}^{H}) \xlongequal{\text{简记为}} c_3 2p_x + c_4(1s_a + 1s_b - 1s_c - 1s_d)$$

$$
\begin{aligned}
\psi_{t_{2y}} &= c_3\psi_{2p_y}^{C} + c_4(\psi_{1sa}^{H} - \psi_{1sb}^{H} - \psi_{1sc}^{H} + \psi_{1sd}^{H}) \xlongequal{\text{简记为}} c_3 2p_y + c_4(1s_a - 1s_b - 1s_c + 1s_d) \\
\psi_{t_{2z}} &= c_3\psi_{2p_z}^{C} + c_4(\psi_{1sa}^{H} - \psi_{1sb}^{H} + \psi_{1sc}^{H} - \psi_{1sd}^{H}) \xlongequal{\text{简记为}} c_3 2p_z + c_4(1s_a - 1s_b + 1s_c - 1s_d)
\end{aligned}
\tag{3.64}
$$

由图 3.28 可以知道各个成键分子轨道中原子轨道前系数的由来。而对应的四个反键轨道为

$$
\begin{aligned}
\psi_{a_1^*} &= c_1 2s - c_2(1s_a + 1s_b + 1s_c + 1s_d) \\
\psi_{t_{2x}^*} &= c_3 2p_x - c_4(1s_a + 1s_b - 1s_c - 1s_d) \\
\psi_{t_{2y}^*} &= c_3 2p_y - c_4(1s_a - 1s_b - 1s_c + 1s_d) \\
\psi_{t_{2z}^*} &= c_3 2p_z - c_4(1s_a - 1s_b + 1s_c - 1s_d)
\end{aligned}
\tag{3.65}
$$

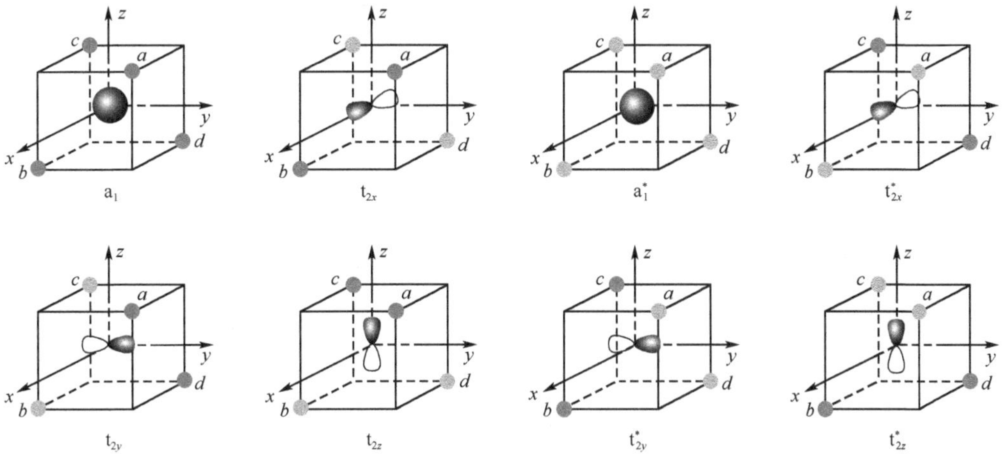

图 3.28　甲烷分子的离域分子轨道成键图

用变分法将式(3.64)的分子轨道代入求解，可得 $E_{a1} = -24.5$ eV，$E_{t2} = -14.6$ eV。与 UPS 实验值−23 eV 和−13.5～−15.1 eV 符合得较好。

这种由多个原子的原子轨道形成分子中的单电子波函数称为离域分子轨道(delocalized molecular orbital，DMO)。电子填入成键的离域分子轨道中引起能量降低使得分子稳定，这个能量降低就是离域键引起的。那么离域键的键级就是离域分子轨道中成键电子数减去反键电子数再除以 2。与传统的价键相比，价键是定域到两个原子中间的，而离域键则是分散到分子的各个原子上的，价键是有方向的。离域键是没有方向的、遍及分子的所有成键分子轨道之和。甲烷分子的电子组态可以写作

$$CH_4 \quad K\,(a_1)^2(t_2)^6(t_2^*)^0(a_1^*)^0$$

或

$$CH_4 \quad K\,(a_1)^2(t_{2p_x})^2(t_{2p_y})^2(t_{2p_z}^*)^2(t_{2p_x}^*)^0(t_{2p_y}^*)^0(t_{2p_z}^*)^0(a_1^*)^0$$

将它们用简洁的能级表示为图 3.29，甲烷分子的离域分子轨道成键能级图。

而如果用 p^2 电子组态对应的能级光谱项 ^1S、^1D、^3P 代替 2p 的三个简并能级显然可以得到与 UPS 实验值吻合更好的结果，考虑谱项，甲烷分子的电子组态/分子轨道排布记作(图 3.30)：

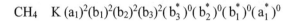

$$CH_4 \quad K\,(a_1)^2(b_1)^2(b_2)^2(b_3)^2(b_3^*)^0(b_2^*)^0(b_1^*)^0(a_1^*)^0$$

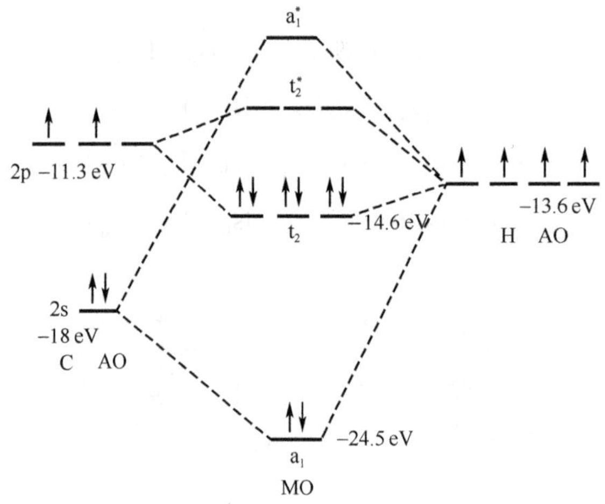

图 3.29　甲烷分子的离域分子轨道成键能级图

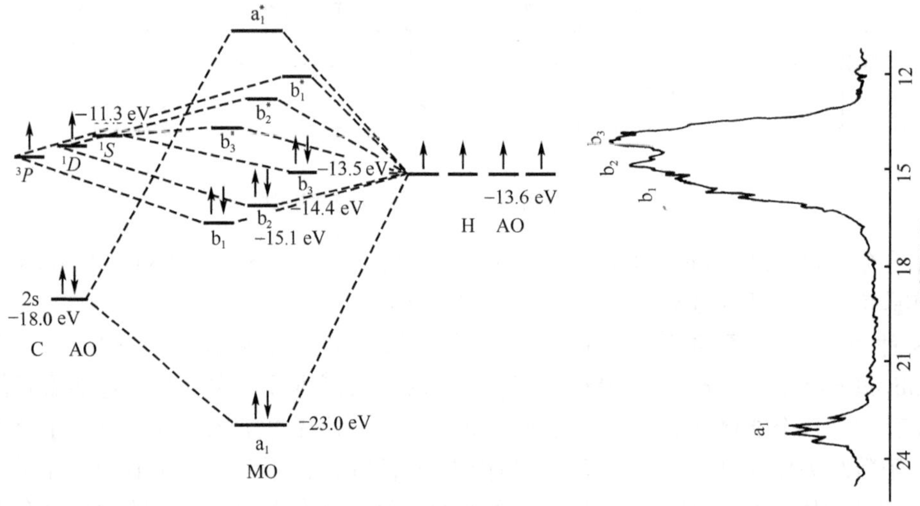

图 3.30　甲烷分子的离域分子轨道成键能级图(谱项作用)

离域分子轨道又称为正则分子轨道(canonical molecular orbital)，是希望简单变分得到的是分子中电子真实的、规范的、正确的波函数，但事实并非如此。实际的量子化学计算是用体系的式(3.24)福克算符、式(3.26)变分函数经过式(3.25)自洽场方法多次求解得到较为精确的近似解。

水分子的离域分子轨道排布/分子电子组态见图 3.31。

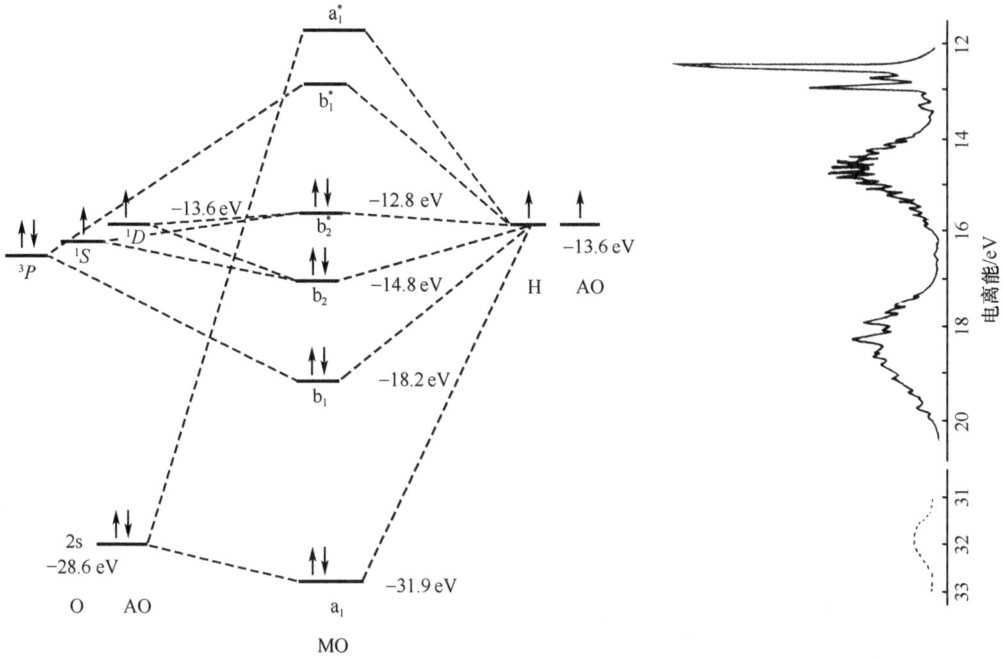

图 3.31 水分子的离域分子轨道成键能级图(谱项作用)

3.4.3 定域分子轨道与定域键(Localized molecular orbital and bonding)

用分子轨道理论仅处理两个原子间的两个电子，得到一个成键分子轨道，一个反键分子轨道，成键能量降低，反键能量升高。这种将两个电子限域到两个原子中运动的分子轨道称为定域分子轨道(localized molecular orbital，LMO)。对于所有的饱和分子，考虑到分子的构型，可以先将中心原子的原子轨道用杂化轨道的方法进行处理，然后将每一个原子轨道再与另一个原子的原子轨道进行加和，变分得到分子的定域分子轨道。定域键就是分子的定域成键分子轨道。

仍以甲烷分子为例：用式(3.52)的四个 sp^3 杂化轨道

$$
\begin{aligned}
\phi_1 &= \frac{1}{2}(\psi_{2s} + \psi_{2p_x} + \psi_{2p_y} + \psi_{2p_z}) \\
\phi_2 &= \frac{1}{2}(\psi_{2s} + \psi_{2p_x} - \psi_{2p_y} - \psi_{2p_z}) \\
\phi_3 &= \frac{1}{2}(\psi_{2s} - \psi_{2p_x} - \psi_{2p_y} + \psi_{2p_z}) \\
\phi_4 &= \frac{1}{2}(\psi_{2s} - \psi_{2p_x} + \psi_{2p_y} - \psi_{2p_z})
\end{aligned}
\tag{3.66}
$$

分别与四个氢原子轨道线性组合得到甲烷分子的四个简并成键分子轨道(图 3.32)：

$$
\begin{aligned}
\psi_a &= c_1\phi_1 + c_2 1s_a \\
\psi_b &= c_1\phi_2 + c_2 1s_b \\
\psi_c &= c_1\phi_3 + c_2 1s_c \\
\psi_d &= c_1\phi_4 + c_2 1s_d
\end{aligned}
\tag{3.67}
$$

四个简并反键分子轨道为

$$\begin{aligned}\psi_a^* &= c_1\phi_1 - c_2 1s_a \\ \psi_b^* &= c_1\phi_2 - c_2 1s_b \\ \psi_c^* &= c_1\phi_3 - c_2 1s_c \\ \psi_d^* &= c_1\phi_4 - c_2 1s_d\end{aligned} \tag{3.68}$$

可以看出，定域分子轨道借用了杂化轨道的概念，解决了分子的空间结构——构型问题。但给出的能级结构是错误的(图 3.33)。

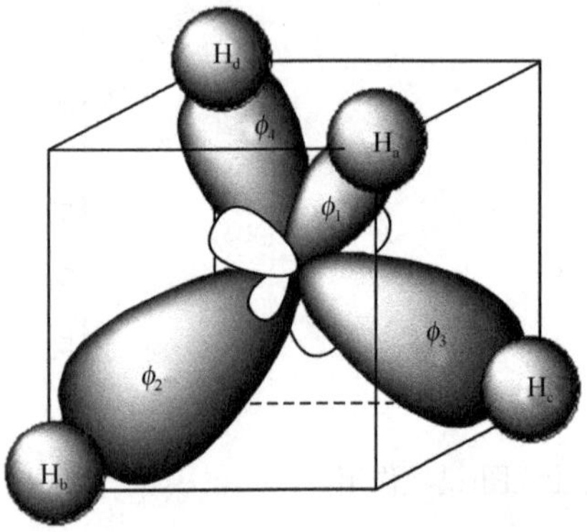

图 3.32　甲烷分子的四个定域成键分子轨道示意图

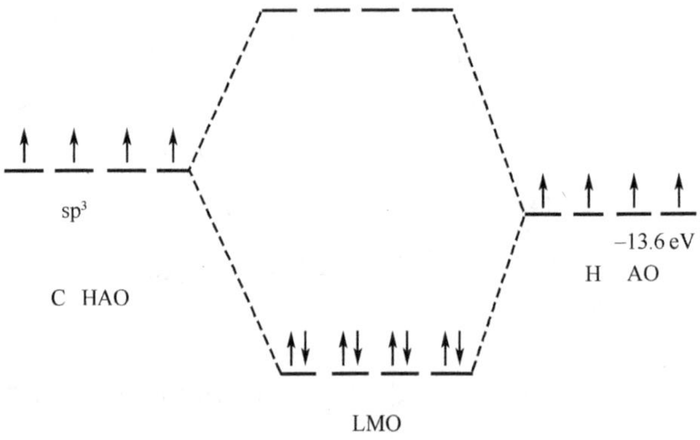

图 3.33　甲烷分子的定域成键能级示意图

3.4.4　定域和离域分子轨道的关系(Relationship between LMO and DMO)

能不能用离域分子轨道构建定域分子轨道呢？尝试用构建杂化轨道的方法，将甲烷分子的四个成键分子轨道重新用杂化轨道的形式写出：

$$\begin{aligned}\psi_a' &= \frac{1}{2}(a_1 + t_{2x} + t_{2y} + t_{2z}),\quad \psi_b' = \frac{1}{2}(a_1 + t_{2x} - t_{2y} - t_{2z}) \\ \psi_c' &= \frac{1}{2}(a_1 - t_{2x} - t_{2y} + t_{2z}),\quad \psi_d' = \frac{1}{2}(a_1 - t_{2x} + t_{2y} - t_{2z})\end{aligned} \tag{3.69}$$

将式(3.64)代入式(3.69)得

$$\begin{aligned}\psi_a' &= \frac{1}{2}[c_1 2s + c_2(1s_a + 1s_b + 1s_c + 1s_d)] + \frac{1}{2}[c_3 2p_x + c_4(1s_a + 1s_b - 1s_c - 1s_d)] \\ &\quad + \frac{1}{2}[c_3 2p_y + c_4(1s_a - 1s_b - 1s_c + 1s_d)] + \frac{1}{2}[c_3 2p_z + c_4(1s_a - 1s_b + 1s_c - 1s_d)] \\ &= \frac{1}{2}[c_1 2s + c_3(2p_x + 2p_y + 2p_z) + (c_2 + 3c_4)1s_a + (c_2 - c_4)(1s_b + 1s_c + 1s_d)]\end{aligned}$$

当 $c_1 = c_3$、$c_2 = c_4$ 时，有

$$\psi_a' = c_1\left[\frac{1}{2}(2s + 2p_x + 2p_y + 2p_z)\right] + 2c_2 1s_a = c_1\phi_1 + c_2' 1s_a$$

可见，当 c_2' 与式(3.67)中的 c_2 相同时，$\psi_a' = \psi_a$。

同理，可得

$$\psi_b' = c_1\phi_2 + c_2' 1s_b = \psi_b, \quad \psi_c' = c_1\phi_3 + c_2' 1s_c = \psi_c, \quad \psi_d' = c_1\phi_4 + c_2' 1s_d = \psi_d$$

我们成功地用离域分子轨道构建出定域分子轨道。这说明，分子轨道理论可以处理分子的空间结构问题。我们的构建过程就是将游离于整个分子中的电子重新定域到价键(杂化轨道和氢原子轨道形成)的过程。只是过程太复杂，人们仍然用杂化轨道构建定域分子轨道处理分子的空间构型问题。由于电子在分子中的离域效应可以降低分子的能量，分子轨道本身就是分子中的单电子波函数，因此当处理与单个电子运动相关性质如光谱、电离能等性质时离域分子轨道更好。由于定域分子轨道将电子限制在价键周围，对于处理分子空间结构如键长、键角、偶极矩等性质时，定域分子轨道更方便。离域分子轨道可以代替定域分子轨道。这也是我们将杂化轨道理论看作分子轨道理论的原因。

3.5　共轭分子结构
(Structure of conjugated molecules)

不饱和分子如醛、酮、烯烃、炔烃、芳香烃等在有机化学中具有特殊重要性。因为含有不饱和键，使得分子比饱和分子更活泼，容易发生各种取代、加成、氧化、还原等化学反应而进行分子的转化(transformation)。对于共轭分子，其电子有更多的离域效应。我们的策略是将共轭链中的每一个原子都采取 sp^2 杂化，互相用杂化轨道形成的 σ 键骨架作为原子实，剩余的 p 电子形成遍布分子整体的大 π 键，称为离域 π 键。

3.5.1　丁二烯的 π 电子薛定谔方程(Schrödinger equation of π electrons of butadiene)

丁二烯四个 π 电子的哈密顿算符为

$$\hat{H} = -\sum_{i=1}^{4}\frac{\hbar^2}{2m_e}\nabla_i^2 - \sum_{i=1}^{4}\sum_{a=1}^{4}\frac{Ze^2}{4\pi\varepsilon_0 r_{ai}} + \sum_{i<j}\frac{e^2}{4\pi\varepsilon_0 r_{ij}} \overset{\text{a.u.}}{=\!=} -\sum_{i=1}^{4}\frac{1}{2}\nabla_i^2 + \sum_{i=1}^{4}U_i \tag{3.70}$$

用变分法，我们不关心哈密顿算符的具体形式，计算交给计算机程序，只看原理。分子 π 电子的单电子变分函数 ψ_k 为四个碳原子的 $2p_x$ 或 $2p_y$ 轨道的线性叠加：

$$\phi_1 = \phi_2 = \phi_3 = \phi_4 = \psi_{2p_x}(\psi_{2p_y})$$

$$\psi_k = c_1\phi_1 + c_2\phi_2 + c_3\phi_3 + c_4\phi_4 \tag{3.71}$$

那么电子在 ψ_k 中的平均能量为

$$\bar{E} = \frac{\int \psi_k^* \hat{H} \psi_k \mathrm{d}\tau}{\int \psi_k^* \psi_k \mathrm{d}\tau} = \frac{\sum_i \sum_j c_i c_j \int \psi_i \hat{H} \psi_j \mathrm{d}\tau}{\sum_i \sum_j c_i c_j \int \psi_i \psi_j \mathrm{d}\tau} \tag{3.72}$$

令

$$H_{ij}=\int\psi_i^*\hat{H}\psi_j\mathrm{d}\tau\text{，}\quad S_{ij}=\int\psi_i^*\psi_j\mathrm{d}\tau$$

将能量的平均值对变分参量 c_1、c_2、c_3、c_4 求偏导，即

$$\partial\overline{E}/\partial c_1=0,\quad \partial\overline{E}/\partial c_2=0,\quad \partial\overline{E}/\partial c_3=0,\quad \partial\overline{E}/\partial c_4=0$$

得到久期方程为

$$\begin{cases}(H_{11}-ES_{11})c_1+(H_{12}-ES_{12})c_2+(H_{13}-ES_{13})c_3+(H_{14}-ES_{14})c_4=0\\(H_{21}-ES_{21})c_1+(H_{22}-ES_{22})c_2+(H_{23}-ES_{23})c_3+(H_{24}-ES_{24})c_4=0\\(H_{31}-ES_{31})c_1+(H_{32}-ES_{32})c_2+(H_{33}-ES_{33})c_3+(H_{34}-ES_{34})c_4=0\\(H_{41}-ES_{41})c_1+(H_{42}-ES_{42})c_2+(H_{43}-ES_{43})c_3+(H_{44}-ES_{44})c_4=0\end{cases}\tag{3.73}$$

3.5.2 休克尔分子轨道法求解(Hückel approximation of MO)

休克尔提出：

$$H_{ij}=\int\psi_i^*\hat{H}\psi_j\mathrm{d}\tau=\begin{cases}\alpha, & i=j\\ \beta, & i、j\text{相邻}\\ 0, & i、j\text{不相邻}\end{cases};\quad S_{ij}=\int\psi_i^*\psi_j\mathrm{d}\tau=\begin{cases}1, & i=j\\ 0, & i\neq j\end{cases}\tag{3.74}$$

库仑积分 H_{ii} 是体系能量的主要贡献者，它的大小与电子处在原子轨道上的能量差不多[见 H_2^+ 关于能量的讨论和式(3.13)]，每一个碳原子都相同，2p 轨道也相同，所以积分相等。交换积分 H_{ij} 是主要由于电子交换位置引起的能量降低，不相邻的电子互换位置的概率很小，可忽略不计。$\alpha<0$，$\beta<0$，且β的绝对值小于α的绝对值。重叠积分 S_{ij} 是由于两个原子轨道的重叠而引起的，是一个量纲为一的数值，大于 0，小于 1。相邻两个轨道的 S_{ij} 本不为零，考虑到 p 电子肩并肩重叠积分较小，主要是为了简化计算，仅保留 $S_{ii}=1$，则丁二烯的久期方程式(3.73)简化为

$$\begin{cases}(\alpha-E)c_1+\beta c_2=0\\ \beta c_1+(\alpha-E)c_2+\beta c_3=0\\ \beta c_2+(\alpha-E)c_3+\beta c_4=0\\ \beta c_3+(\alpha-E)c_4=0\end{cases}$$

这个久期方程的非零解条件是其久期行列式的值为零：

$$\begin{vmatrix}\alpha-E & \beta & 0 & 0\\ \beta & \alpha-E & \beta & 0\\ 0 & \beta & \alpha-E & \beta\\ 0 & 0 & \beta & \alpha-E\end{vmatrix}=0$$

为了简便计算，令 $\dfrac{\alpha-E}{\beta}=x$，

$$E_k=\alpha-x_k\beta\tag{3.75}$$

那么关于变分系数的久期方程为

$$\begin{pmatrix} x & 1 & 0 & 0 \\ 1 & x & 1 & 0 \\ 0 & 1 & x & 1 \\ 0 & 0 & 1 & x \end{pmatrix}\begin{pmatrix} c_1 \\ c_2 \\ c_3 \\ c_4 \end{pmatrix}=0 \tag{3.76}$$

其久期行列式变为

$$f(x)=\begin{vmatrix} x & 1 & 0 & 0 \\ 1 & x & 1 & 0 \\ 0 & 1 & x & 1 \\ 0 & 0 & 1 & x \end{vmatrix}=0 \tag{3.77}$$

$$f(x)=x^4-3x^2+1=(x^2+x-1)(x^2-x-1)=0$$

得到 x 的四个解分别为：1.618，0.618，−0.618，−1.618。对应的能量为

$$\begin{aligned} E_4 &= \alpha-1.618\beta \\ E_3 &= \alpha-0.618\beta \\ E_2 &= \alpha+0.618\beta \\ E_1 &= \alpha+1.618\beta \end{aligned} \tag{3.78}$$

将能量表达式分别代入式(3.76)中，并用归一化公式 $\sum c_i^2=1$，可以求得各原子轨道在分子轨道中的系数，从而得到对应的四个分子轨道的波函数为

$$\begin{aligned} \psi_4 &= 0.3717\phi_1-0.6015\phi_2+0.6015\phi_3-0.3717\phi_4 \\ \psi_3 &= 0.6015\phi_1-0.3717\phi_2-0.3717\phi_3+0.6015\phi_4 \\ \psi_2 &= 0.6015\phi_1+0.3717\phi_2-0.3717\phi_3-0.6015\phi_4 \\ \psi_1 &= 0.3717\phi_1+0.6015\phi_2+0.6015\phi_3+0.3717\phi_4 \\ \psi_k &= c_{k1}\phi_1+c_{k2}\phi_2+c_{k3}\phi_3+c_{k4}\phi_4 \end{aligned} \tag{3.79}$$

以α为原子轨道能级(对于碳原子，取 2s、2p 轨道平均值约−15 eV)，将式(3.78)中的能量和式(3.79)中的休克尔分子轨道置于同一个图中(图 3.34)。可以看出，由四个碳原子简并的 2p 轨道的四个电子在形成共轭π键后，能量不再简并；由于电子离域的效果，生成了四个新的分子轨道，两个成键，两个反键。其中 ψ_1 没有节面，由对称性完全相同的四个原子轨道加和组成，能量最低是强成键，与原子轨道(近似为α)相比，每个电子引起的能量降低值为 1.618β；ψ_2 有一个节面，能量较低是弱成键，与原子轨道(近似为α)相比，每个电子引起的能量降低值为 0.618β；而 ψ_3 和 ψ_4 为反键，能量与原子轨道相比分别高出了 0.618β和 1.618β。所以，四个电子按照能量最低原理，填入 ψ_1 和 ψ_2。

对于乙烯分子，用 HMO 处理可得久期行列式为$\begin{vmatrix} x & 1 \\ 1 & x \end{vmatrix}=0$，得到 $x_1=1$，$x_2=-1$，对应 $E_1=\alpha+\beta$；$E_2=\alpha-\beta$。乙烯分子的π键是定域键。

丁二烯分子的π键是离域键。如果丁二烯分子中没有大π键即离域键的生成，只能形成两个定域的小π键。所以，丁二烯中由于生成了离域π键而比形成定域键更稳定。同时又由于丁二烯的最高占据分子轨道(HOMO)为 $E_2=\alpha+0.618\beta$高于乙烯中的 HOMO

β，因此丁二烯比乙烯分子活泼，更容易发生化学反应。

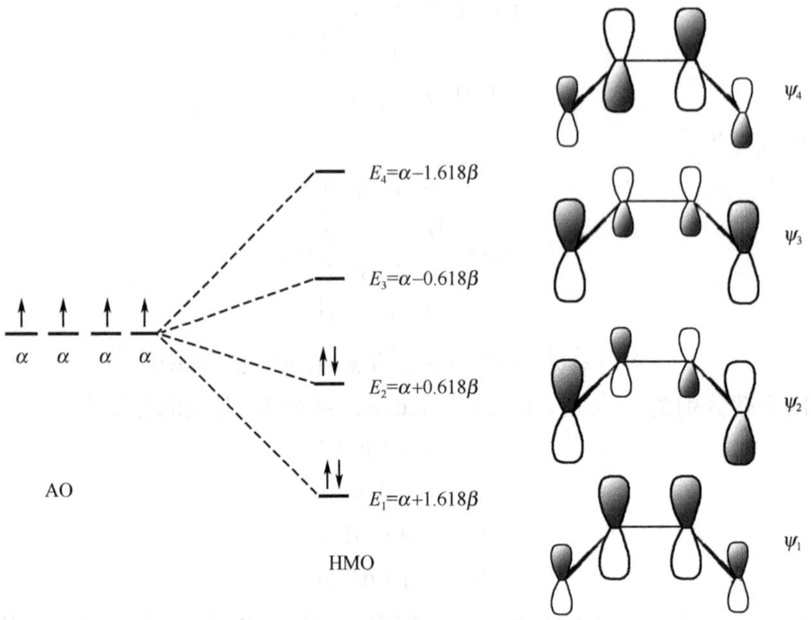

图 3.34　丁二烯分子的离域π键轨道及能级示意图

丁二烯离域 π 键的总键能为

$$E_{大\pi} = 2(\alpha + 1.618\beta) + 2(\alpha + 0.618\beta) = 4\alpha + 4.472\beta$$

两个定域 π 键的总键能为

$$E_{小\pi} = 2 \times 2(\alpha + \beta) = 4\alpha + 4\beta$$

那么，丁二烯的离域能为

$$E_{离域} = E_{大\pi} - E_{小\pi} = 0.472\beta$$

可见，离域能就是电子增大活动范围而引起体系能量的降低值。

对于有机分子苯，它的久期行列式为

$$f(x) = \begin{vmatrix} x & 1 & 0 & 0 & 0 & 1 \\ 1 & x & 1 & 0 & 0 & 0 \\ 0 & 1 & x & 1 & 0 & 0 \\ 0 & 0 & 1 & x & 1 & 0 \\ 0 & 0 & 0 & 1 & x & 1 \\ 1 & 0 & 0 & 0 & 1 & x \end{vmatrix} = 0$$

$$f(x) = x^6 - 6x^4 + 9x^2 - 4 = (x-2)(x+2)(x-1)^2(x+1)^2 = 0$$

$$x = 2,1,1,-1,-1,-2$$

对应休克尔分子轨道为

$$\psi_6 = 1/\sqrt{6}(\phi_1 - \phi_2 + \phi_3 - \phi_4 + \phi_5 - \phi_6)$$
$$\psi_5 = 1/\sqrt{12}(2\phi_1 - \phi_2 - \phi_3 + 2\phi_4 - \phi_5 - \phi_6)$$
$$\psi_4 = 1/\sqrt{4}(\phi_2 - \phi_3 + \phi_5 - \phi_6)$$
$$\psi_3 = 1/\sqrt{4}(\phi_2 + \phi_3 - \phi_5 - \phi_6)$$
$$\psi_2 = 1/\sqrt{12}(2\phi_1 + \phi_2 - \phi_3 - 2\phi_4 - \phi_5 + \phi_6)$$
$$\psi_1 = 1/\sqrt{6}(\phi_1 + \phi_2 + \phi_3 + \phi_4 + \phi_5 + \phi_6)$$

苯的离域 π 键成键示意图见图 3.35。可见苯环的离域能为 2β，所以苯分子很稳定。当其发生化学反应时，则 HOMO 轨道 E_2、E_3 起作用，E_4、E_5 简并分子轨道与 HOMO 轨道能级差决定分子的电子吸收光谱最大波长，称为 LUMO 轨道。

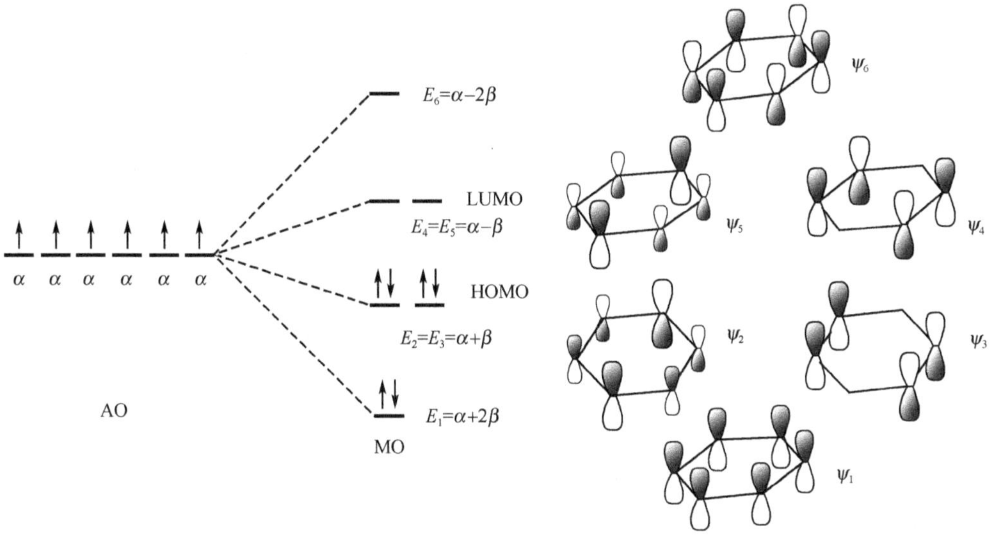

图 3.35 苯的离域π键成键示意图

对于任意的共轭体系，原则上均可以使用这种简单的休克尔分子轨道理论进行初步的能量和对称性判断。

对于包含 n 个碳原子的链状多烯烃，令 $x = -2\cos\theta$，可以将久期行列式通过数学变换转化为

$$f_n(x) = \frac{\sin(n+1)\theta}{\sin\theta} \tag{3.80}$$

显然，$f_n(x) = 0$，要求 $\sin(n+1)\theta = 0$，而 $\sin\theta \neq 0$；故 $(n+1)\theta = k\pi$，$k = 1,2,3,\cdots,n$，即 $\theta = \dfrac{k\pi}{n+1}$，$k = 1,2,3,\cdots,n$，代入定义式得

$$x_k = -2\cos\theta = -2\cos\frac{k\pi}{n+1}, \quad k = 1,2,3,\cdots,n \tag{3.81}$$

对应的能量表达式为

$$E_k = \alpha + x_k\beta = \alpha + 2\beta\cos\frac{k\pi}{n+1} \tag{3.82}$$

对于 n 个碳原子的环状多烯烃，

$$x_k = -2\cos\theta = -2\cos\frac{2k\pi}{n}, \quad k = 0,1,2,3,\cdots,n-1 \tag{3.83}$$

对应的能量表达式为

$$E_k = \alpha + x_k\beta = \alpha + 2\beta\cos\frac{2k\pi}{n} \tag{3.84}$$

也可以通过图 3.36 由平面几何关系求得单环共轭体系的轨道能级，已知 $E_1 = 2\beta$。

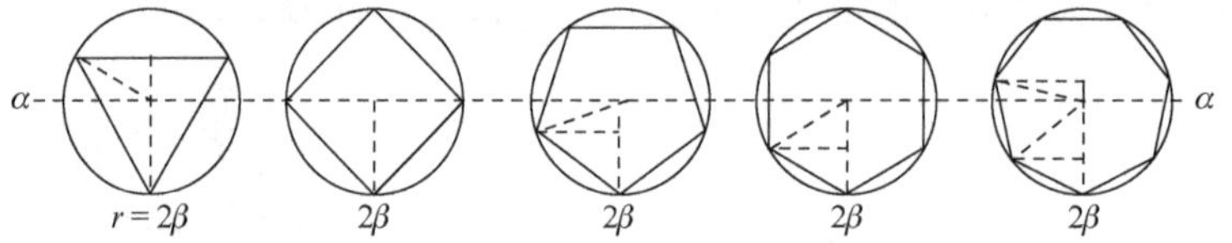

图 3.36　单环共轭烯烃的图解法

由图 3.37 很清楚地看出 $4n+2$ 芳香体系稳定的原因以及薁分子是偶极结构的原因。

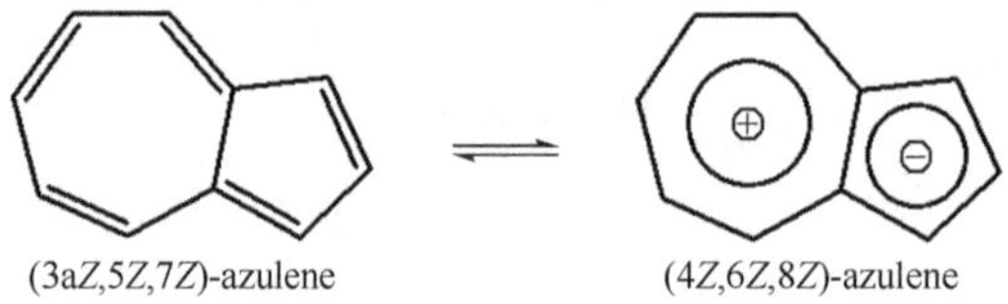

图 3.37　薁分子的偶极结构

3.5.3　电荷密度、键级、自由价和分子图(Electron density, bond order, free valence and molecular scheme)

对用休克尔分子轨道法得到的结果式(3.79)进行讨论，又称为马利肯布居数分析(population analysis)。

因为对于共轭分子只处理了 π 电子，所以定义 π 电子的电荷密度为

$$\rho_i = \sum_k n_k c_{ki}^2 \tag{3.85}$$

式中，c_{ki} 为第 k 条分子轨道中第 i 个原子轨道的系数，根据所学知识，c_{ki}^2 代表原子轨道 i 在分子轨道 k 中所占的概率，所以这样的定义是合理的。但是它并不是原子 i 本身的电荷密度。

定义两个原子间π电子的键级为

$$p_{ij} = \sum_k n_k c_{ki} c_{kj} \tag{3.86}$$

在前面讨论杂化轨道时，曾经规定 s 轨道的成键能力为 $f_s = 1$，p 轨道的成键能力为 $f_p = \sqrt{3} = 1.732$。这个值就是每个原子的最高π自由价 $F_{max} = f_p = \sqrt{3}$。

定义每个原子的自由价为

$$F_i = F_{\max} - \sum_k p_{ij} \tag{3.87}$$

用上面的三个定义式对丁二烯分子进行计算得

$$\rho_1 = \rho_2 = \rho_3 = \rho_4 = 2c_{14}^2 + 2c_{24}^2 = 2(0.3717)^2 + 2(-0.6015)^2 = 1.00$$

$$p_{12} = p_{34} = 2c_{13}c_{14} + 2c_{23}c_{24} = 2(0.6015 \times 0.3717) + 2(-0.3717 \times -0.6015) = 0.894$$

$$p_{23} = 2c_{12}c_{13} + 2c_{22}c_{23} = 2(0.6015 \times 0.6015) + 2(0.3717 \times -0.3717) = 0.447$$

$$F_1 = F_4 = \sqrt{3} - p_{34} = 1.732 - 0.894 = 0.838$$

$$F_2 = F_3 = \sqrt{3} - p_{23} - p_{34} = 1.732 - 0.447 - 0.894 = 0.391$$

将这些计算得到的数据置于分子的σ骨架中，称为分子图，丁二烯的分子图见图 3.38；其他几种常见的有机共轭分子的分子图见图 3.39。

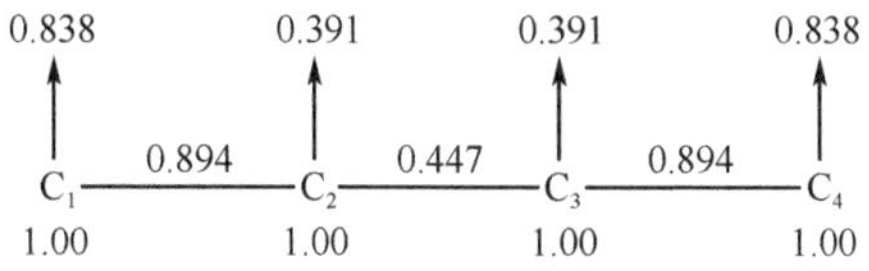

图 3.38 丁二烯的分子图

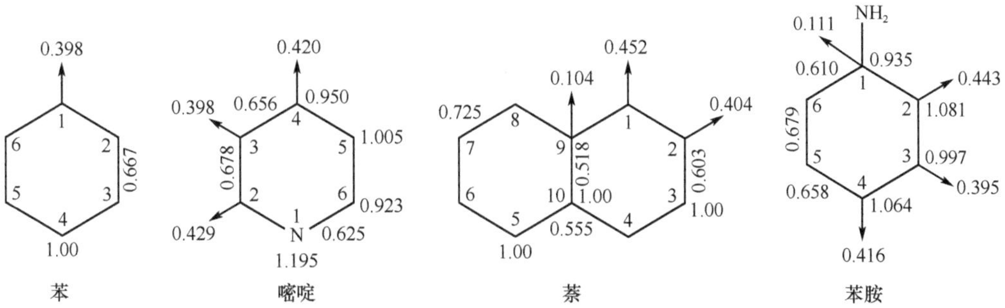

图 3.39 几种常见的有机共轭分子的分子图

对于共轭烯烃，不同原子的反应活性可以用分子图做出准确的预测：

(1) 电荷密度大的碳原子，受亲电试剂的进攻，易发生亲电取代反应。

(2) 电荷密度小的碳原子，受亲核试剂的进攻，易发生亲核取代反应。

(3) 自由价大的碳原子，受自由基的进攻，易发生自由基反应。

(4) 电荷密度相同时，自由价大的碳原子易发生化学反应。

3.5.4 其他离域 π 键(Other delocalization π bonds)

常见的无机阴离子如 CO_3^{2-}、NO_3^-，中性分子如 SO_3、BF_3、BCl_3 等都具有平面三角形结构，都具有 π_4^6 的离域 π 键，用经典的价键结构式画出其共振式如图 3.40 所示。

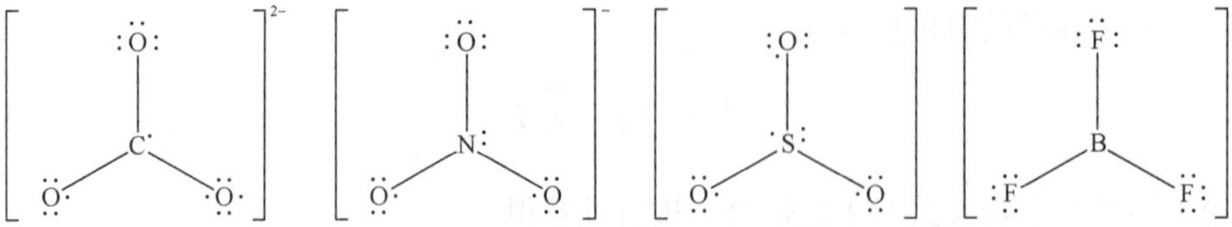

图 3.40　平面三角形 AB_3 型分子或离子的价键结构示意图

可以看出，当用简单的 π_4^6 描述时，不知道其成键轨道的能量高低和稳定性。

显然它们均可以用 HMO 法进行处理。从表 3.1 可以算出碳原子的价层电子平均能量约为−15 eV、氮原子的约为−18 eV、氧原子的约为−21 eV。若以碳原子的库仑积分 H_{aa} 约为 α，那么氮原子的约为 1.2α，氧原子的约为 1.4α。下面用简单休克尔分子轨道理论按照式(3.73)～式(3.75)处理。

设 π 分子轨道为 $\psi_k = c_1\phi_1 + c_2\phi_2 + c_3\phi_3 + c_4\phi_4$，将中心 A 原子标记为 1 号原子，其库仑积分 H_{aa} 约为 α，周围的 B 原子分别标记为 2、3、4，其库仑积分 H_{aa} 约为 α'，H_{ab} 均一致为 β，写出分子在 ψ_k 中的平均能量表达式，进行变分得

$$\begin{vmatrix} \alpha-E & \beta & \beta & \beta \\ \beta & \alpha'-E & 0 & 0 \\ \beta & 0 & \alpha'-E & 0 \\ \beta & 0 & 0 & \alpha'-E \end{vmatrix} = 0$$

令 $x = \dfrac{\alpha - E}{\beta}$，$x' = \dfrac{\alpha' - E}{\beta}$，得

$$\begin{vmatrix} x & 1 & 1 & 1 \\ 1 & x' & 0 & 0 \\ 1 & 0 & x' & 0 \\ 1 & 0 & 0 & x' \end{vmatrix} = 0$$

$$f(x,x') = (-1)^{1+1}x\begin{vmatrix} x' & 0 & 0 \\ 0 & x' & 0 \\ 0 & 0 & x' \end{vmatrix} + (-1)^{2+1}(1)\begin{vmatrix} 1 & 0 & 0 \\ 1 & x' & 0 \\ 1 & 0 & x' \end{vmatrix} + (-1)^{3+1}(1)\begin{vmatrix} 1 & x' & 0 \\ 1 & 0 & 0 \\ 1 & 0 & x' \end{vmatrix} + (-1)^{4+1}(1)\begin{vmatrix} 1 & x' & 0 \\ 1 & 0 & x' \\ 1 & 0 & 0 \end{vmatrix}$$

$$= xx'^3 - x'^2 - x'^2 - x'^2 = xx'^3 - 3x'^2 = (xx'-3)x'^2 = 0$$

若 $x = x'$，则方程解得 x 值为 $\sqrt{3}$，0，0，$-\sqrt{3}$。这其实就是三亚甲基甲基自由基的解。

对于上述 AB_3 型分子，可以认为分子的 $E_1 = \alpha' + \sqrt{3}\beta$ 为成键分子轨道，$E_2 = E_3 = \alpha'$ 为非键分子轨道，$E_4 = \alpha - \sqrt{3}\beta$ 为反键分子轨道，见图 3.41。

$$\psi_4 = 1/\sqrt{2}\,\phi_1 - 1/\sqrt{6}\,(\phi_2 + \phi_3 + \phi_4)$$
$$\psi_3 = 1/\sqrt{2}\,\phi_2 - 1/\sqrt{4}\,(\phi_3 + \phi_4)$$
$$\psi_2 = 1/\sqrt{2}\,(\phi_2 - \phi_3)$$
$$\psi_1 = 1/\sqrt{2}\,\phi_1 + 1/\sqrt{6}\,(\phi_2 + \phi_3 + \phi_4)$$

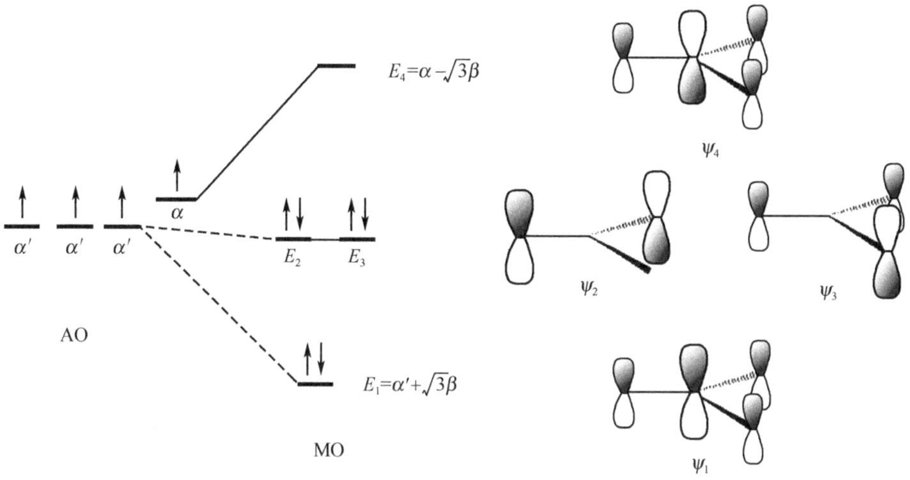

图 3.41　平面三角形 AB_3 型分子或离子的离域π键示意图

3.5.5　共轭分子与光催化(Conjugated molecules and photocatalysis)

对于共轭分子，双键的数量 n 越大，成键的能级数也越多，HOMO 与最低未占分子轨道(LUMO)的能级差越小，吸收的波长越长。石墨烯和石墨显黑色，原因是它们的 HOMO 与 LUMO 已经重叠，能够吸收所有波长的光子。当共轭链长到约 22 个碳链左右(n = 11 个共轭双键)时，其吸收光会进入可见光区，如番茄红素、β-胡萝卜素、菌红素、虾青素等(图 3.42)。

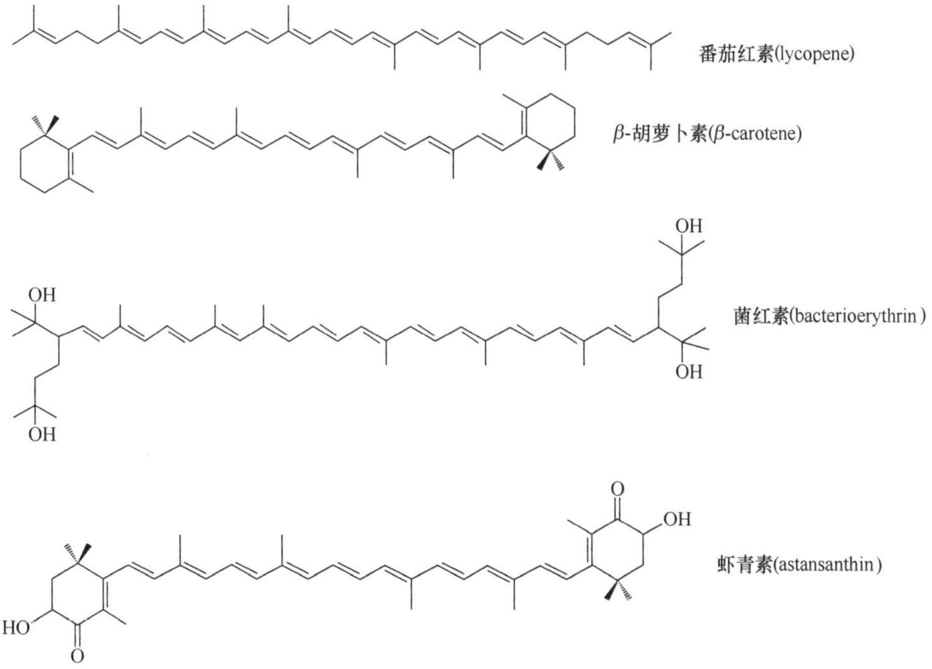

图 3.42　类胡萝卜素结构

根据对丁二烯处理的结果，可以用 π 键的键级作调节系数，用一维势箱模型估算共轭分子的吸收光谱：

势箱长度 $a = n$(单键长度 154 pm $\times p_{23}\cos30°$ + 双键长度 134 pm $\times p_{12}\cos30°$) $= 154\ \text{pm} \times 0.447 \times 0.866 + 134\ \text{pm} \times 0.894 \times 0.866 = 163.4\ \text{pm} \times n = nd$

由一维势箱中粒子的能量量子化公式(1.35) $E_n = \dfrac{n^2h^2}{8ma^2}$，$n = 1,2,3,\cdots$，可知HOMO与LUMO的能级差为

$$\Delta E = E_{n+1} - E_n = \frac{[(n+1)^2 - n^2]h^2}{8m_e a^2} = \frac{(2n+1)h^2}{8m_e n^2 d^2} = h\nu = \frac{hc}{\lambda}$$

$$\lambda_{\max} = \frac{8m_e cn^2 d^2}{(2n+1)h} = \frac{88n^2}{2n+1}(\text{nm}) \tag{3.88}$$

显然，共轭链越长，n越大，λ 越大，能级差ΔE越小。这就是$\pi \to \pi^*$跃迁的能级差。

对番茄红素和β-胡萝卜素，$n=11$，$\lambda = 463\ \text{nm}$，吸收蓝光，显黄色；对菌红素，$n=12$，$\lambda = 507\ \text{nm}$，吸收蓝绿色光，显红色；对虾青素，$n=13$，$\lambda = 551\ \text{nm}$；又由于有两个杂原子，n 加 2，则有 $n=15$，$\lambda = 639\ \text{nm}$，吸收橙色光，显绿蓝(青)色。

叶绿素环内也有 10 个双键(图 3.43)，环外的一个没有完全在一个平面上，求得 $n=10$，$\lambda = 419\ \text{nm}$，吸收紫色光，显示黄绿色。可见，估算结果与实际相符。

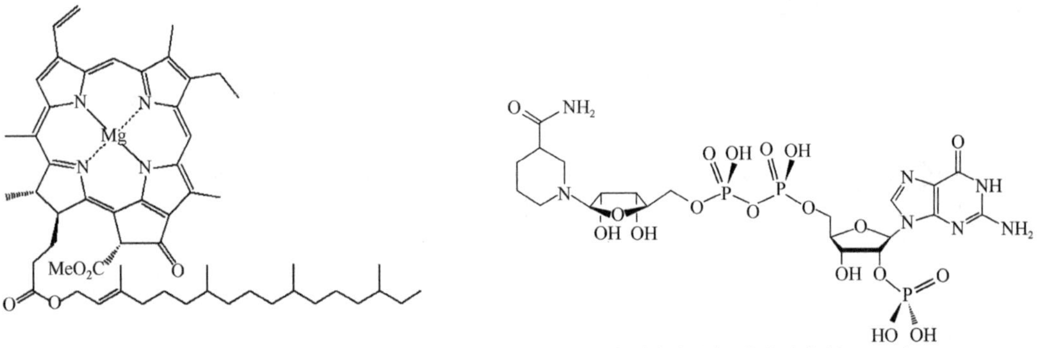

叶绿素(chlorophyll)　　　　烟酰胺腺嘌呤二核苷酸磷酸(NADPH)

图 3.43　叶绿素和还原辅酶Ⅱ NADPH 的结构

其他共轭体系的预测结果见表 3.6 和表 3.7。

表 3.6　链烯烃系列化合物的处理结果

化合物	1	2	3	4	5	6	7
$n = n + 3$	4	5	6	7	8	9	10
计算值λ/nm	156	200	243	287	331	375	419
实验值	165	217	256	290	334	364	407

表 3.7　芳香环系列化合物的处理结果

化合物	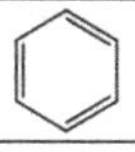	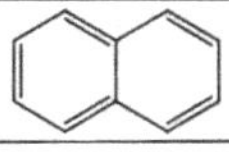	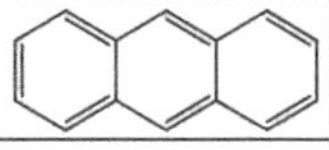	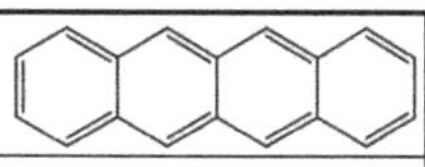	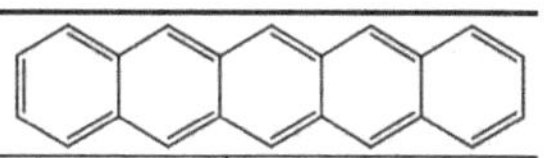	
$n = n + 2$	5	7	9	11	13	14(n+3)
计算值 λ/nm	200	287	375	463	551	595
实验值	200	286	372	474	582	592

对于石墨烯(graphene)或石墨中的每一层，当将它们看作苯环时，有三个成键分子轨道填入 6 个电子，即有稳定的结构；当将其看作四亚甲基甲基自由基时，它们拥有丰富的非键或弱键轨道电子。当有外加电压时，非键或弱键轨道电子就会在离域大π键中迅速移动，传输电子而导电。所以，石墨中存在三种化学键：①共价键——sp^2-sp^2 σ键骨架(framework)；②范德华力(van der Waals force) ——层与层之间π-π堆积(π-π stacking)；③金属键——π_∞^∞(图 3.44)。

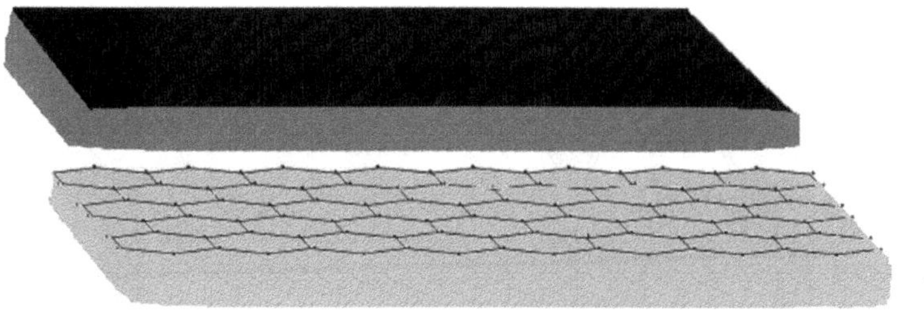

图 3.44　石墨烯中的π_∞^∞金属键

用式(3.88)处理石墨烯，每一个环就约等于一个 d。对于一个 2.2 mm^2 的石墨烯，按照长度计约有 1×10^7 个环并置在一起，即 $n = 1\times10^7$，代入得到：$\lambda = 0.44$ m，$\Delta E = 4.52\times10^{-25}$ J；而已知一个单原子分子在一个自由度方向的平均平动动能为 $1/2kT$，室温下约为 2×10^{-21} J。可见，电子由于热运动所具有的能量远超过能隙。这就是将石墨中的π_∞^∞离域 π 键称为金属键的原因。

由于共轭分子不仅具有丰富的 π 成键分子轨道，根据分子轨道理论，它也具有相同数量的π^*反键轨道。当光照射到共轭分子上时，将基态的一些电子激发到激发态使得分子被活化。分子的基态记作 S，激发态记作 S^*。这一激发过程写作 $S\rightarrow S^*$。

利用处于激发态的共轭分子将电子传递给别的分子进行化学反应，称为光催化反应。依据此原理，利用半导体作为催化剂时，半导体价带(valence band，VB)中的电子吸收光子跃迁到导带(conduction band，CB)后被底物捕获，从而引发光化学反应。

叶绿素就是自然界最好的光催化反应催化剂，它与(还原型)烟酰胺腺嘌呤二核苷酸磷酸[(reduced) nicotinamide adenine dinucleotide phosphate，还原辅酶Ⅱ NADPH]一起在光的作用下，催化 CO_2 与 H_2O 合成出葡萄糖(glucose)、纤维素(cellulose)等。

植物光合作用原理是植物细胞中的类囊体和卡尔文循环共同作用的结果。其类囊体细胞壁中镶嵌有许多叶绿体、氧化酶、氢化酶，囊泡中有 $KHCO_3$ 水溶液。当叶绿体吸收光子后，类囊体形成膜电压，促进体液中质子与氢氧根的分离，反应同时启动，氧化酶放出氧气，氢化酶把氢原子转送到卡尔文循环中与 CO_2 分子发生还原反应生成糖、纤维素和蛋白质等。人工光合成就是利用半导体材料模拟植物光合作用的过程，也是光电联合催化的过程(iScience, 2020, 23：100768)。

许多光化学合成是光子参与的反应，没有催化剂，不是光催化反应。光子将分子中的电子从基态激发到激发态后迅速与另一分子发生反应。例如，N_2 与 O_2 在闪电时生成 NO_x，溶解到雨水中从而实现了对大地的施肥过程。光催化和光电催化反应的催化剂主要是半导体材料，如有机半导体材料石墨烯型碳氮材料 g-C_3N_4、无机半导体硅、锐钛矿型二氧化钛、氧化铜、钒酸铋等。

近年来，将有机共轭分子用作敏化剂(sensitizer)，将纳米二氧化钛半导体的吸收谱带从紫外光(380 nm)扩展到可见光区，从而实现了高效的光电转化效率。此项技术称为染料敏化太阳能电池(dye sensitized solar cell，DSSC)。常用的染料如图 3.45 所示。

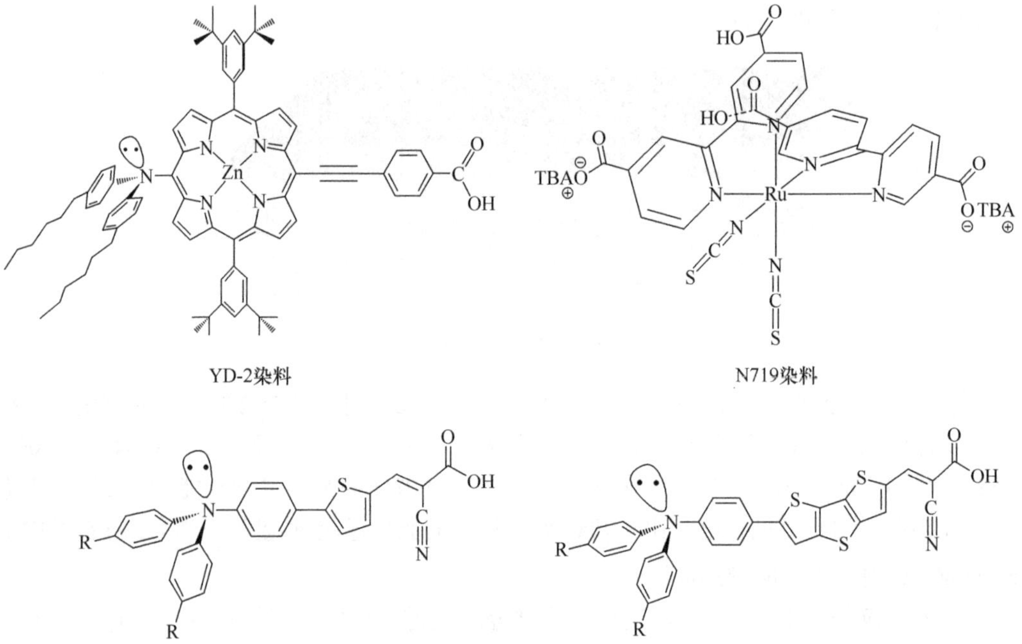

图 3.45　常见染料敏化太阳能电池用染料结构

3.6　缺电子分子的结构

(Structure of electron deficient molecules)

与碳的化合物相比缺少电子的分子，统一称为缺电子分子，主要是硼的化合物、簇合物等。它们的原子比碳原子的电子少，导致结构和化学键的多样性。

3.6.1　三中心两电子键与硼烷分子结构(Bond with 3 centers/2 electrons and structure of borane)

最具代表性的是乙硼烷分子，它与乙烷比较，少了 2 个电子，无法像乙烷一样用 sp^3 杂化轨道形成 6 个 B—H 键和 1 个 B—B 键。我们用定域分子轨道理论处理其结构问题：两个 B 原子采取不等性的 sp^3 杂化，分子两端分别与 4 个 H 原子定域形成 4 个 B—H 键；分子中间每个 B 原子用 1 个杂化轨道和 1 个氢原子轨道，共 3 个轨道形成三中心两电子的化学键(图 3.46)。从实验数据可知，两端的 H—B—H 夹角为 121.5°，可见三中心两电子键的电荷密度小，使得 B—H 键的夹角增大，即分子两端的 B—H 键可以描述为 B 原子的一个 sp^2 杂化轨道与氢原子的 1s 轨道定域形成成键和反键分子轨道(键轴为 x 方向，桥键为 z 方向)：

$$\begin{aligned}\psi_1=\psi_4=\sigma_1=\sigma_4=c_1\left(\frac{1}{\sqrt{3}}\psi_{\rm s}-\frac{1}{\sqrt{6}}\psi_{{\rm p}_x}+\frac{1}{\sqrt{2}}\psi_{{\rm p}_y}\right)+c_2\psi_{1{\rm s}}\\ \psi_2=\psi_3=\sigma_2=\sigma_3=c_1\left(\frac{1}{\sqrt{3}}\psi_{\rm s}-\frac{1}{\sqrt{6}}\psi_{{\rm p}_x}-\frac{1}{\sqrt{2}}\psi_{{\rm p}_y}\right)+c_2\psi_{1{\rm s}}\end{aligned} \tag{3.89}$$

而桥键具有大部分的 p 轨道特性，是一个弯键，而不能直接用 H—B—H 夹角 96.5°来确定其 s 和 p 轨道的成分。从 ψ_1、ψ_2 可以看出，硼原子的 $2p_y$ 轨道已经用完，2s 轨道还剩余 1/3，$2p_x$ 还有 2/3，$2p_z$ 轨道还没有用，所以 B—H—B 三电子键的轨道将剩余的轨道成分平均分配，即可得

$$\begin{aligned}\psi_5=\sigma_5=c_4\left(\frac{1}{\sqrt{6}}\psi_{\rm s}^{\rm a}-\frac{1}{\sqrt{3}}\psi_{{\rm p}_x}^{\rm a}+\frac{1}{\sqrt{2}}\psi_{{\rm p}_z}^{\rm a}\right)+c_3\psi_{1{\rm s}}+c_5\left(\frac{1}{\sqrt{6}}\psi_{\rm s}^{\rm b}-\frac{1}{\sqrt{3}}\psi_{{\rm p}_x}^{\rm b}+\frac{1}{\sqrt{2}}\psi_{{\rm p}_z}^{\rm b}\right)\\ \psi_6=\sigma_6=c_4\left(\frac{1}{\sqrt{6}}\psi_{\rm s}^{\rm a}-\frac{1}{\sqrt{3}}\psi_{{\rm p}_x}^{\rm a}-\frac{1}{\sqrt{2}}\psi_{{\rm p}_z}^{\rm a}\right)+c_3\psi_{1{\rm s}}+c_5\left(\frac{1}{\sqrt{6}}\psi_{\rm s}^{\rm b}-\frac{1}{\sqrt{3}}\psi_{{\rm p}_x}^{\rm b}-\frac{1}{\sqrt{2}}\psi_{{\rm p}_z}^{\rm b}\right)\end{aligned} \tag{3.90}$$

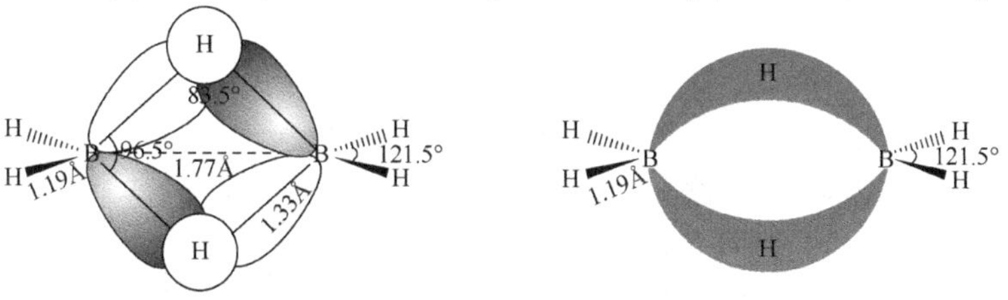

图 3.46　乙硼烷分子的结构

反键分子轨道相应地为

$$\begin{aligned}&\sigma_1^*=c_1\left(\frac{1}{\sqrt{3}}\psi_{\rm s}-\frac{1}{\sqrt{6}}\psi_{{\rm p}_x}+\frac{1}{\sqrt{2}}\psi_{{\rm p}_y}\right)-c_2\psi_{1{\rm s}}\\ &\sigma_2^*=c_1\left(\frac{1}{\sqrt{3}}\psi_{\rm s}-\frac{1}{\sqrt{6}}\psi_{{\rm p}_x}-\frac{1}{\sqrt{2}}\psi_{{\rm p}_y}\right)-c_2\psi_{1{\rm s}}\\ &\sigma_5^*=c_4\left(\frac{1}{\sqrt{6}}\psi_{\rm s}^{\rm a}-\frac{1}{\sqrt{3}}\psi_{{\rm p}_x}^{\rm a}+\frac{1}{\sqrt{2}}\psi_{{\rm p}_z}^{\rm a}\right)-c_3\psi_{1{\rm s}}+c_5\left(\frac{1}{\sqrt{6}}\psi_{\rm s}^{\rm b}-\frac{1}{\sqrt{3}}\psi_{{\rm p}_x}^{\rm b}+\frac{1}{\sqrt{2}}\psi_{{\rm p}_z}^{\rm b}\right)\\ &\sigma_6^*=c_4\left(\frac{1}{\sqrt{6}}\psi_{\rm s}^{\rm a}-\frac{1}{\sqrt{3}}\psi_{{\rm p}_x}^{\rm a}-\frac{1}{\sqrt{2}}\psi_{{\rm p}_z}^{\rm a}\right)-c_3\psi_{1{\rm s}}+c_5\left(\frac{1}{\sqrt{6}}\psi_{\rm s}^{\rm b}-\frac{1}{\sqrt{3}}\psi_{{\rm p}_x}^{\rm b}-\frac{1}{\sqrt{2}}\psi_{{\rm p}_z}^{\rm b}\right)\end{aligned} \tag{3.91}$$

乙硼烷分子的能级结构问题可以用离域分子轨道理论解释，其中成键分子轨道为

$$\begin{aligned}
\psi_1 &= a_{1g} = c_1(2s^a + 2s^b) + c_2(1s^1 + 1s^2 + 1s^3 + 1s^4) + c_3(1s^5 + 1s^6) \\
\psi_2 &= b_{1u} = c_4(2p_x^a + 2p_x^b) - c_5(1s^1 + 1s^2 + 1s^3 + 1s^4) + c_6(1s^5 + 1s^6) \\
\psi_3 &= e_1 = c_4(2p_y^a + 2p_y^b) + c_5(1s^1 - 1s^2 + 1s^3 - 1s^4) \\
\psi_4 &= e_2 = c_7(2p_z^a + 2p_z^b) + c_8(1s^5 - 1s^6) \\
\psi_5 &= b_{2g} = c_9(2p_z^a + 2p_x^a + 2p_z^b + 2p_x^b) + c_8(1s^5 + 1s^6) \\
\psi_6 &= b_{3u} = c_9(2p_y^a + 2p_x^a + 2p_y^b + 2p_x^b) - c_{10}(1s^1 + 1s^2 + 1s^3 + 1s^4)
\end{aligned} \tag{3.92}$$

反键分子轨道为

$$\begin{aligned}
\psi_1^* &= a_{1u}^* = c_1(2s^a + 2s^b) - c_2(1s^1 + 1s^2 + 1s^3 + 1s^4) - c_3(1s^5 + 1s^6) \\
\psi_2^* &= b_{1g}^* = c_4(2p_x^a + 2p_x^b) + c_5(1s^1 + 1s^2 + 1s^3 + 1s^4) - c_6(1s^5 + 1s^6) \\
\psi_3^* &= e_1^* = c_4(2p_y^a + 2p_y^b) - c_5(1s^1 - 1s^2 + 1s^3 - 1s^4) \\
\psi_4^* &= e_2^* = c_7(2p_z^a + 2p_z^b) - c_8(1s^5 - 1s^6) \\
\psi_5^* &= b_{2u}^* = c_9(2p_z^a + 2p_x^a + 2p_z^b + 2p_x^b) - c_8(1s^5 + 1s^6) \\
\psi_6^* &= b_{3g}^* = c_9(2p_y^a + 2p_x^a + 2p_y^b + 2p_x^b) + c_{10}(1s^1 + 1s^2 + 1s^3 + 1s^4)
\end{aligned} \tag{3.93}$$

乙硼烷分子的离域分子轨道能级结构示意图见图 3.47。

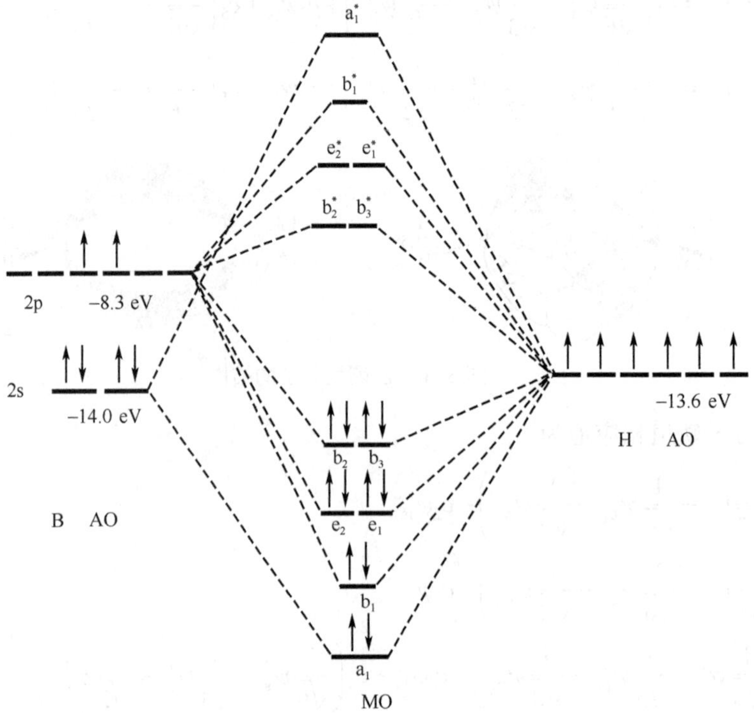

图 3.47　乙硼烷分子的离域分子轨道能级结构示意图

3.6.2　其他缺电子分子(Other molecules with electron deficiency)

对于其他丰富的缺电子分子，不是都可以用杂化轨道组成定域分子轨道来了解其空间结构。例如，在 B_6H_{10} 分子中有 BHB 和 BBB 三中心两电子键，在 B_5H_9 分子中有五中心六电子键。但是，在 B_6H_{10} 分子中的顶端 B 的成键方式则无法解释。更典型的是在很稳定的、具有完美对称性的正三角二十面体阴离子 $B_{12}H_{12}^{2-}$ 中，共有价层电子 50 个，每三个 B 都形成正三角形，每一个 B 都有一个 B—H 键，若每个 B—H 键占两个电子，共 24 个电子，还有 26 个电子被所有 20 个 BBB 三中心均摊，为 1.3 个电子。显然，与三中心两电子键不符。如果两个电子在传统的 B—B 键/棱上，则需要 $30 \times 2=60$ 个电子，再加上 B—H 键的 24 个电子，总共需要 84 个电子，显然是不可能的。这个硼氢簇合阴离子的稳定性是由于 50 个电子形成完美的球对称场，而电子全部填入成键分子轨道所致。类似的等电子体化合物有 $C_2B_{10}H_{12}$ 和 $NB_{11}H_{12}$(图 3.48)。将 26 个电子称为硼簇合物阴离子骨架电子(skeletal electron，SE)。这也是由于硼的缺电子特性，当它们形成簇合物时，可以形成新的遍布分子的离域轨道，从而共享电子，并可以接受外来电子使体系更稳定。常见的簇合阴离子组成为 $B_nH_n^{2-}$，$n=6\sim12$。其结构为对应的多个 BBB 正三角面组成的多面体。例如，最小的簇合阴离子 $B_6H_6^{2-}$、$B_5H_5^{4-}$和 $B_4H_4^{6-}$等均具有 14 个骨架电子(图 3.48)。

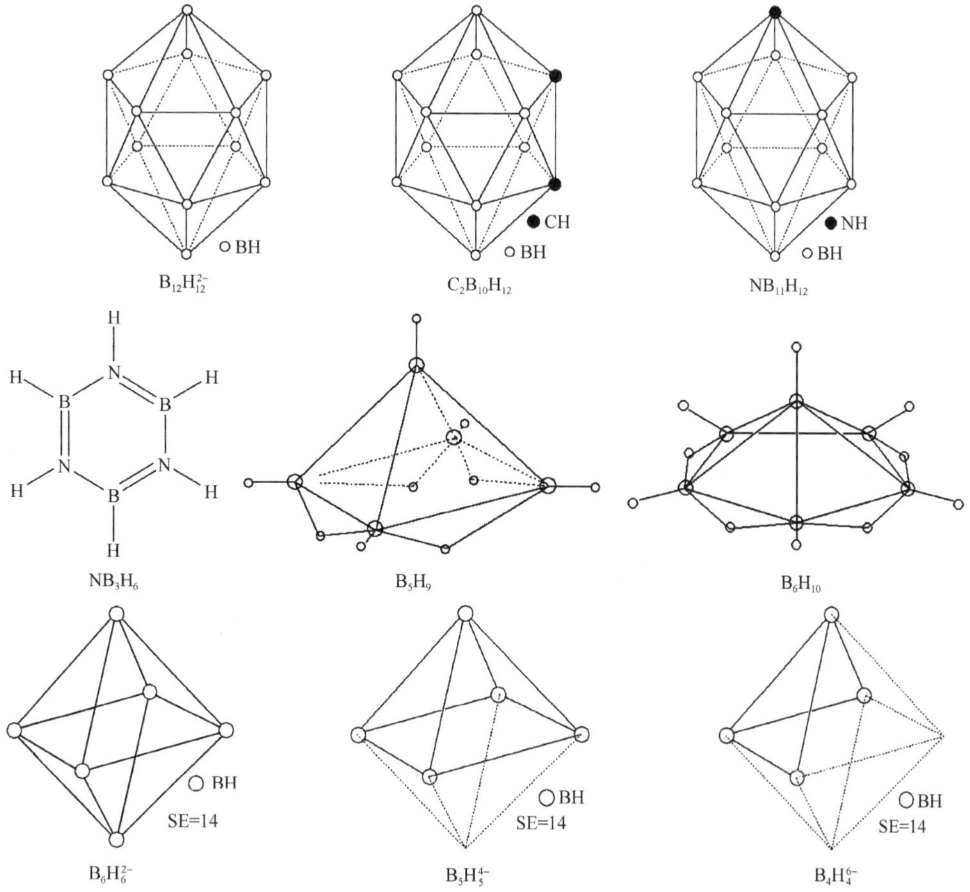

图 3.48　典型硼化合物的结构

由于硼的缺电子特性，B_2H_6 分子的三中心两电子键的键能显然小于乙烷中的 C—C 和 C—H 键能。因此硼烷(borane)的稳定性一般小于烷烃(alkane)。

考虑到等电子体具有相似的结构，我们知道 B 与 N 能够形成与 C 相似的化合物，典型的氮硼烷(azaborane)有硼氮苯(borazine)(图 3.48)，它的 B 和 N 原子轨道的能级差较大，成键能量的降低不大，稳定性低，室温下会缓慢分解，遇热水会分解为氨气和硼酸 $[B(OH)_3]$。但由于芳香性，它具有与苯的类似性质和反应性能，可以形成茂金属化合物(metallocene)，如$(\eta^6\text{-}B_3N_3R_3)Cr(CO)_3$。

六方氮化硼(hexagonal boron nitride，*h*-BN)是石墨的等电子体，是一种具有六方结构的白色化合物。它与石墨一样是层状结构，具有良好的热稳定性(熔点 2700℃，石墨熔点 3652℃)，可以作固体润滑剂。由于硼的缺电子性及其原子轨道与氮原子的原子轨道能级差的存在，*h*-BN 不具有石墨中的 π_∞^∞ 金属键，它形成的化学键是定域在 B—N 之间的，而且层与层之间氮与硼原子互相对应可以形成部分配位(图 3.49)。按照分子轨道理论计算，它的价带(HOMO)与导带(LUMO)之间的能级差为 440 kJ/mol。在高温、高压下，六方氮化硼可以像石墨转化为金刚石一样转化为金刚石结构的立方氮化硼(cubic boron nitride，*c*-BN)，它的粉末可以作为高温磨料，它的晶体可以作切削工具，比金刚石更能耐高速高温条件，最新研究成果显示，纳米结构的 *c*-BN 的维氏硬度为 108 GPa，大于金刚石的 100 GPa。

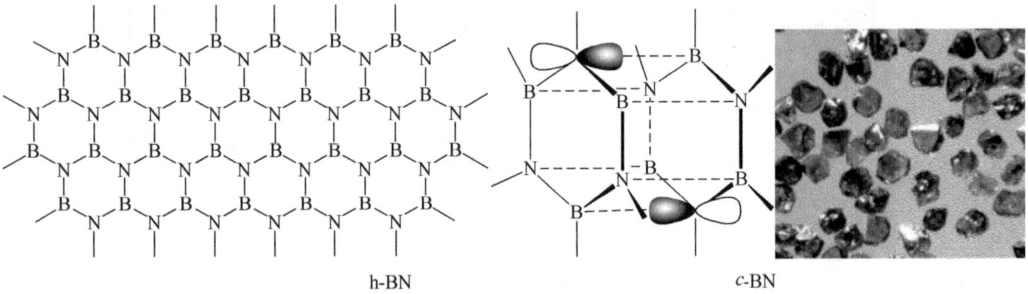

图 3.49　六方氮化硼的结构、成键和立方氮化硼晶体

3.6.3　缺电子化合物与路易斯酸(Electron-deficient compounds and Lewis acids)

所有缺电子分子都有很强的路易斯酸性，可以催化许多反应，如傅-克酰基化反应、醛的偶联反应等。酸性次序为 $BF_3>BCl_3>BBr_3$；BF_3 常温下是气态，BCl_3 和 BBr_3 是挥发性很强的液体。它们都可以与常见的含有孤对电子的路易斯碱形成稳定的加合物(adduct)，如白色固体 $F_3B\cdot NHEt_2$，无色液体 $F_3B\cdot OEt_2$。在这些配位加合物中，B 原子的杂化轨道已经由 sp^2 变为 sp^3，从而使得 B 原子的成键能力得到加强，加合物分子更稳定。硼的卤化物常见的形态还有 B_2X_4(图 3.50)，在这种形态中，B 原子仍采取 sp^2 杂化，卤素提供电子，形成大π键 π_6^8 而使得分子稳定。从杂化轨道理论知道 sp^3 轨道的成键能力比 sp^2 轨道的成键能力大，所以硼与卤素形成稳定的正四面体结构 BX_4^-，最常见的是 $NaBF_4$；而对应的 $NaBH_4$ 则是很强的还原剂。硼可以与卤素形成非常稳定的簇合物 B_nX_n，$n=7\sim12$(表 3.8)，其结构类似于 $B_nH_n^{2-}$。非常特殊的是 B_4X_4，X = Cl, Br；它们由

于卤素原子大小合适，与中心 B 原子的轨道形成了 p→dπ键而得以稳定(图 3.50)，对应却没有 B_4H_4 化合物生成。

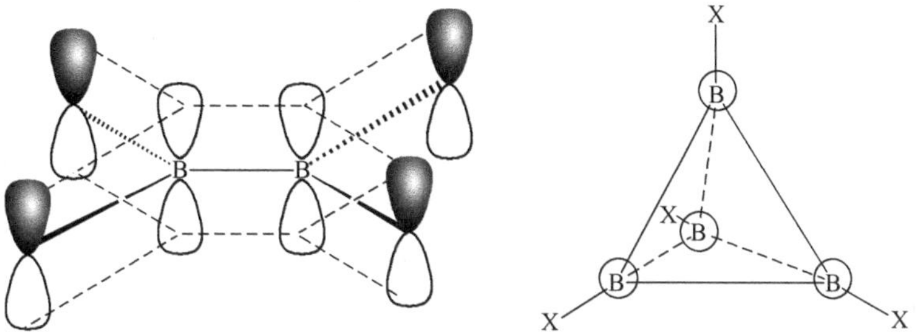

图 3.50 典型缺电子化合物的结构

表 3.8 B_nX_m 化合物的性质

化合物	熔点/℃	沸点/℃	化合物	分解点/℃
BF_3	−127.1	−99.9	B_8Cl_8	200
BCl_3	−107	12.5	B_9Cl_9	400
BBr_3	−46	91.3	$B_{10}Cl_{10}$	300
BI_3	49.9	210	$B_{11}Cl_{11}$	300
B_2F_4	−56.0	−34	$B_{12}Cl_{12}$	200
B_2Cl_4	−92.6	65.5	B_7Br_7	200
B_2Br_4	—	22.5(5.5 mmHg)	B_8Br_8	200
B_2I_4	125	60(10^{-4} mmHg)	B_9Br_9	200
B_4Cl_4	95	—	$B_{10}Br_{10}$	200
B_4Br_4	108	—	B_8I_8	—

注：1 mmHg=1.33322 × 10^2 Pa。

同主族的金属 Al、Ga、In 和 Tl 也可像硼一样与氢形成阴离子(如 $LiAlH_4$)、与卤素形成许多缺电子卤化物(如 MX_3)，它们在固体状态多是六配位的八面体结构；而在液态和气态中则采取 sp^3 杂化的类似乙硼烷二聚体形式 M_2X_6(图 3.46)和簇合阴离子如 $AlCl_4^-$(四面体)、AlF_6^{3-}(八面体)等。Tl 也可以像 B 一样形成簇合物，如 K_8Tl_{11}。

3.7 配位化合物结构
(Structure of coordination compounds)

由具有空轨道的中心原子或阳离子(metal，electron acceptor) M 与具有给电子能力的配体[ligand，分子或阴离子(electron donor)] L 组成的具有特定结构的化合物称为配位化合物。配位化合物的结构多样性吸引了众多的研究者。对于它们的结构、光谱、磁性等性质的研究，量子化学结合群论的方法给出了一定的解释，但还远远不够。许多结构和性质的问题需要深入研究。这些已经是中级无机或研究生的课程。在此，仅对配位化合物做一简单描述。

3.7.1 定域分子轨道方法(LMO method)

对于配位化合物的空间结构，仍采取杂化轨道理论来构建其定域分子轨道以确定分子的构型。例如，对于 $Ni(CO)_4$，从表 3.5 中可知，中心 Ni 电子组态为 d^{10}，价态为 0 价，采取 sp^3 杂化方式，那么 sp^3 杂化轨道可以应用：

$$\phi_1^{sp^3}=\frac{1}{2}(\psi_{4s}+\psi_{4p_x}+\psi_{4p_y}+\psi_{4p_z}),\quad \phi_2^{sp^3}=\frac{1}{2}(\psi_{4s}+\psi_{4p_x}-\psi_{4p_y}-\psi_{4p_z})$$

$$\phi_3^{sp^3}=\frac{1}{2}(\psi_{4s}-\psi_{4p_x}+\psi_{4p_y}-\psi_{4p_z}),\quad \phi_4^{sp^3}=\frac{1}{2}(\psi_{4s}-\psi_{4p_x}-\psi_{4p_y}+\psi_{4p_z})$$

由于是四个 CO 与中心原子 Ni 形成定域分子轨道，从图 3.16 可知，CO 用它的 σ_{2p_z} 分子轨道与中心原子的杂化轨道成键。因此，将式(3.67)的氢原子轨道 1s 改为 σ_{2p_z} 即可构成 $Ni(CO)_4$ 中的成键和反键分子轨道：

$$\begin{aligned}&\psi_a=c_1\phi_1+c_2\sigma_{2p_z}^a,\quad \psi_c=c_1\phi_3+c_2\sigma_{2p_z}^c\\&\psi_b=c_1\phi_2+c_2\sigma_{2p_z}^b,\quad \psi_d=c_1\phi_4+c_2\sigma_{2p_z}^d\end{aligned}\tag{3.94}$$

$$\begin{aligned}&\psi_a^*=c_1\phi_1-c_2\sigma_{2p_z}^a,\quad \psi_c^*=c_1\phi_3-c_2\sigma_{2p_z}^c\\&\psi_b^*=c_1\phi_2-c_2\sigma_{2p_z}^b,\quad \psi_d^*=c_1\phi_4-c_2\sigma_{2p_z}^d\end{aligned}\tag{3.95}$$

考虑到 Ni 的 3d 轨道已经填满电子和金属电负性小，配位键的电子全部由 CO 配体提供使得金属本身的电子积累太多而使体系能量升高，同时 CO 的 $1\pi_g$ 反键分子轨道没有电子，而其对称性与 d 轨道的对称性完全匹配，所以中心原子 Ni 的 d 电子反馈给 CO 的 $1\pi_g$ 反键分子轨道形成 d→π反馈键(图 3.17)。将上述两个公式改写为

$$\begin{aligned}&\psi_a=c_1\phi_1+c_2\sigma_{2p_z}^a+c_3\psi_{d_{xz}}+c_4 1\pi_{gx}\\&\psi_b=c_1\phi_2+c_2\sigma_{2p_z}^b+c_3\psi_{d_{xz}}+c_4 1\pi_{gx}\\&\psi_c=c_1\phi_3+c_2\sigma_{2p_z}^c+c_3\psi_{d_{yz}}+c_4 1\pi_{gy}\\&\psi_d=c_1\phi_4+c_2\sigma_{2p_z}^d+c_3\psi_{d_{yz}}+c_4 1\pi_{gy}\end{aligned}\tag{3.96}$$

$$\begin{aligned}&\psi_a^*=c_1\phi_1-c_2\sigma_{2p_z}^a+c_3\psi_{d_{xz}}-c_4 1\pi_{gx}\\&\psi_b^*=c_1\phi_2-c_2\sigma_{2p_z}^b+c_3\psi_{d_{xz}}-c_4 1\pi_{gx}\\&\psi_c^*=c_1\phi_3-c_2\sigma_{2p_z}^c+c_3\psi_{d_{yz}}-c_4 1\pi_{gy}\\&\psi_d^*=c_1\phi_4-c_2\sigma_{2p_z}^d+c_3\psi_{d_{yz}}-c_4 1\pi_{gy}\end{aligned}\tag{3.97}$$

由于磷原子有空的 3d 轨道，它可以像 CO 一样与中心原子配位，用式(3.96)和式(3.97)表达其配位键，只是将CO的1π分子轨道改为P原子的d轨道即可，如配合物 $Ni(PF_3)_4$。

对于 $[Co(NH_3)_6]^{3+}$ 和 $[Co(en)_3]^{3+}$，它们是正常的中心带正电荷的阳离子，配体提供孤

对电子与中心原子的 d^2sp^3 杂化轨道形成配位键即可。用 d^2sp^3 杂化轨道与 N 原子的孤对电子轨道

$$\phi_1^{\text{lp}} = 0.566847\psi_{4\text{s}} + 0.475634\psi_{4\text{p}_x} + 0.475634\psi_{4\text{p}_y} + 0.475634\psi_{4\text{p}_z}$$

组成配合物的经典定域分子轨道：

$$\phi_1^{\text{d}^2\text{sp}^3} = \frac{1}{\sqrt{6}}\left(\psi_{4\text{s}} + \sqrt{3}\psi_{4\text{p}_z} + \sqrt{2}\psi_{3\text{d}_{z^2}}\right)$$

$$\phi_2^{\text{d}^2\text{sp}^3} = \frac{1}{\sqrt{6}}\left(\psi_{4\text{s}} + \sqrt{3}\psi_{4\text{p}_x} - \frac{1}{\sqrt{2}}\psi_{3\text{d}_{z^2}} + \sqrt{\frac{3}{2}}\psi_{3\text{d}_{x^2-y^2}}\right)$$

$$\phi_3^{\text{d}^2\text{sp}^3} = \frac{1}{\sqrt{6}}\left(\psi_{4\text{s}} + \sqrt{3}\psi_{4\text{p}_y} - \frac{1}{\sqrt{2}}\psi_{3\text{d}_{z^2}} - \sqrt{\frac{3}{2}}\psi_{3\text{d}_{x^2-y^2}}\right)$$

$$\phi_4^{\text{d}^2\text{sp}^3} = \frac{1}{\sqrt{6}}\left(\psi_{4\text{s}} - \sqrt{3}\psi_{4\text{p}_x} - \frac{1}{\sqrt{2}}\psi_{3\text{d}_{z^2}} + \sqrt{\frac{3}{2}}\psi_{3\text{d}_{x^2-y^2}}\right)$$

$$\phi_5^{\text{d}^2\text{sp}^3} = \frac{1}{\sqrt{6}}\left(\psi_{4\text{s}} - \sqrt{3}\psi_{4\text{p}_y} - \frac{1}{\sqrt{2}}\psi_{3\text{d}_{z^2}} - \sqrt{\frac{3}{2}}\psi_{3\text{d}_{x^2-y^2}}\right)$$

$$\phi_6^{\text{d}^2\text{sp}^3} = \frac{1}{\sqrt{6}}\left(\psi_{4\text{s}} - \sqrt{2}\psi_{4\text{p}_z} + \sqrt{3}\psi_{3\text{d}_{z^2}}\right)$$

$$\begin{aligned} &\psi_1 = c_1\phi_1 + c_2\phi_1^{\text{lp}} \quad && \psi_4 = c_1\phi_4 + c_2\phi_4^{\text{lp}} \\ &\psi_2 = c_1\phi_2 + c_2\phi_2^{\text{lp}} \quad && \psi_5 = c_1\phi_3 + c_2\phi_5^{\text{lp}} \\ &\psi_3 = c_1\phi_3 + c_2\phi_3^{\text{lp}} \quad && \psi_6 = c_1\phi_4 + c_2\phi_6^{\text{lp}} \end{aligned} \tag{3.98}$$

$$\begin{aligned} &\psi_1^* = c_1\phi_1 - c_2\phi_1^{\text{lp}} \quad && \psi_4^* = c_1\phi_4 - c_2\phi_4^{\text{lp}} \\ &\psi_2^* = c_1\phi_2 - c_2\phi_2^{\text{lp}} \quad && \psi_5^* = c_1\phi_3 - c_2\phi_5^{\text{lp}} \\ &\psi_3^* = c_1\phi_3 - c_2\phi_3^{\text{lp}} \quad && \psi_6^* = c_1\phi_4 - c_2\phi_6^{\text{lp}} \end{aligned} \tag{3.99}$$

对于 $Cr(CO)_6$，从表 3.5 中可知，中心 Cr 电子组态为 $3d^6$，价态为 0 价，采取 d^2sp^3 杂化方式，考虑 σ-π 配键，配位分子轨道可以写为

$$\begin{aligned} \psi_1 &= c_1\phi_1 + c_2\sigma_{2\text{p}_z}^1 + c_3\psi_{\text{d}_{xz}} + c_4 1\pi_{gx} \\ \psi_2 &= c_1\phi_2 + c_2\sigma_{2\text{p}_z}^2 + c_3\psi_{\text{d}_{xz}} + c_4 1\pi_{gx} \\ \psi_3 &= c_1\phi_3 + c_2\sigma_{2\text{p}_z}^3 + c_3\psi_{\text{d}_{xz}} + c_4 1\pi_{gy} \\ \psi_4 &= c_1\phi_4 + c_2\sigma_{2\text{p}_z}^4 + c_3\psi_{\text{d}_{xz}} + c_4 1\pi_{gy} \\ \psi_5 &= c_1\phi_3 + c_2\sigma_{2\text{p}_z}^5 + c_3\psi_{\text{d}_{xz}} + c_4 1\pi_{gy} \\ \psi_6 &= c_1\phi_4 + c_2\sigma_{2\text{p}_z}^6 + c_3\psi_{\text{d}_{xz}} + c_4 1\pi_{gx} \end{aligned} \tag{3.100}$$

$$
\begin{aligned}
\psi_1^* &= c_1\phi_1 - c_2\sigma_{2p_z}^1 + c_3\psi_{d_{xz}} - c_4 1\pi_{gx} \\
\psi_2^* &= c_1\phi_2 - c_2\sigma_{2p_z}^2 + c_3\psi_{d_{xy}} - c_4 1\pi_{gx} \\
\psi_3^* &= c_1\phi_3 - c_2\sigma_{2p_z}^3 + c_3\psi_{d_{yz}} - c_4 1\pi_{gy} \\
\psi_4^* &= c_1\phi_4 - c_2\sigma_{2p_z}^4 + c_3\psi_{d_{xy}} - c_4 1\pi_{gy} \\
\psi_5^* &= c_1\phi_3 - c_2\sigma_{2p_z}^5 + c_3\psi_{d_{yz}} - c_4 1\pi_{gy} \\
\psi_6^* &= c_1\phi_4 - c_2\sigma_{2p_z}^6 + c_3\psi_{d_{xz}} - c_4 1\pi_{gx}
\end{aligned} \tag{3.101}
$$

对于$[Ni(CN)_4]^{2-}$配位阴离子，从表 3.5 中可知，中心 Ni 电子组态为 $3d^8$，价态为+2 价，采取 dsp^2 杂化方式，考虑 σ-π 配键，用杂化轨道

$$
\phi_1^{dsp^2} = \frac{1}{2}\left(\psi_{4s} + \sqrt{2}\psi_{4p_x} + \psi_{3d_{x^2-y^2}}\right), \quad \phi_2^{dsp^2} = \frac{1}{2}\left(\psi_{4s} + \sqrt{2}\psi_{4p_y} - \psi_{3d_{x^2-y^2}}\right)
$$

$$
\phi_3^{dsp^2} = \frac{1}{2}\left(\psi_{4s} - \sqrt{2}\psi_{4p_x} - \psi_{3d_{x^2-y^2}}\right), \quad \phi_4^{dsp^2} = \frac{1}{2}\left(\psi_{4s} - \sqrt{2}\psi_{4p_y} - \psi_{3d_{x^2-y^2}}\right)
$$

将配位分子轨道写为

$$
\begin{aligned}
\psi_1 &= c_1\phi_1 + c_2\sigma_{2p_z}^1 + c_3\psi_{d_{xz}} + c_4 1\pi_{gx} \\
\psi_2 &= c_1\phi_2 + c_2\sigma_{2p_z}^2 + c_3\psi_{d_{yz}} + c_4 1\pi_{gy} \\
\psi_3 &= c_1\phi_3 + c_2\sigma_{2p_z}^3 + c_3\psi_{d_{yz}} + c_4 1\pi_{gy} \\
\psi_4 &= c_1\phi_4 + c_2\sigma_{2p_z}^4 + c_3\psi_{d_{xz}} + c_4 1\pi_{gx}
\end{aligned} \tag{3.102}
$$

$$
\begin{aligned}
\psi_1^* &= c_1\phi_1 - c_2\sigma_{2p_z}^1 + c_3\psi_{d_{xz}} - c_4 1\pi_{gx} \\
\psi_2^* &= c_1\phi_2 - c_2\sigma_{2p_z}^2 + c_3\psi_{d_{yz}} - c_4 1\pi_{gy} \\
\psi_3^* &= c_1\phi_3 - c_2\sigma_{2p_z}^3 + c_3\psi_{d_{yz}} - c_4 1\pi_{gy} \\
\psi_4^* &= c_1\phi_4 - c_2\sigma_{2p_z}^4 + c_3\psi_{d_{xz}} - c_4 1\pi_{gx}
\end{aligned} \tag{3.103}
$$

3.7.2 分子轨道方法(MO method)

用分子轨道处理配合物的能级结构问题，以六配位的ML_6配合物为代表，用中心原子的 d、s 和 p 轨道与配体的给电子轨道(用σ表示)和接受电子的轨道(用π^*表示)，根据轨道的对称性线性组合出所需要的遍布分子的离域分子轨道(只写出成键 MO，a、t、e 等为光谱记号，g 为中心对称，u 为中心反对称)。

$$
\begin{aligned}
\psi_1 &= a_{1g} = c_1\psi_{4s} + c_2(\sigma^1 + \sigma^2 + \sigma^3 + \sigma^4 + \sigma^5 + \sigma^6) \\
\psi_2 &= t_{1u}^x = c_3\psi_{4p_x} + c_4(\sigma^2 - \sigma^4) \\
\psi_3 &= t_{1u}^y = c_3\psi_{4p_y} + c_4(\sigma^5 - \sigma^3)
\end{aligned}
$$

$$\psi_4 = t_{1u}^z = c_3\psi_{4p_z} + c_4(\sigma^1 - \sigma^6)$$
$$\psi_5 = e_g = c_5\psi_{3d_{x^2-y^2}} + c_6(\sigma^2 - \sigma^3 + \sigma^4 - \sigma^5) \quad (3.104)$$
$$\psi_6 = e_g^z = c_5\psi_{3d_{z^2}} + c_6(2\sigma^1 - \sigma^2 - \sigma^4 - \sigma^3 - \sigma^5 + 2\sigma^6)$$

图 3.51 给出了 ML_6 的离域分子轨道σ→M 的 ψ_1～ψ_6 配位键成键示意图。

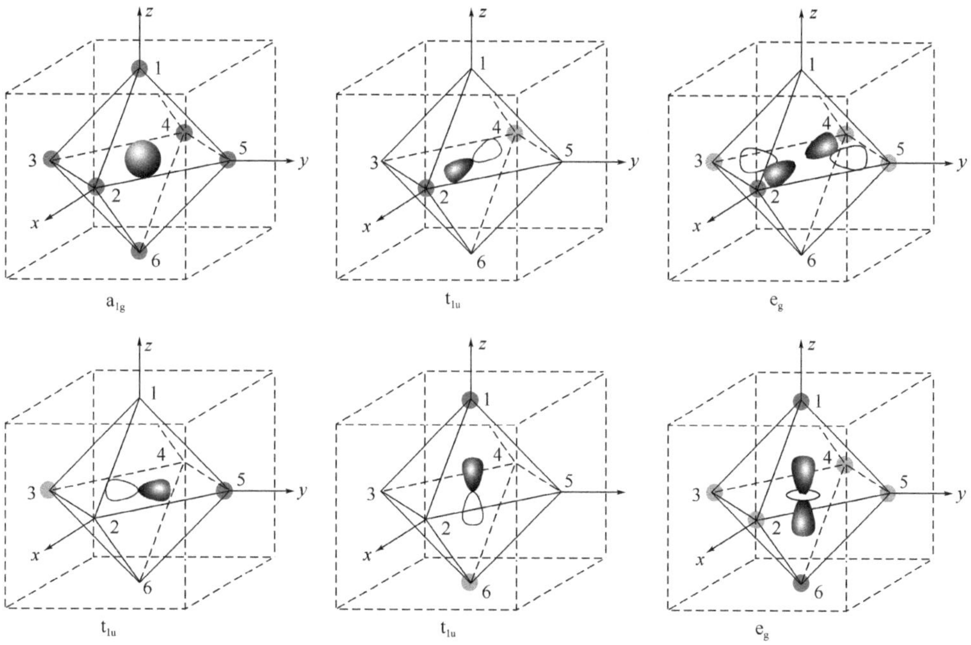

图 3.51　八面体配合物 ML_6 的离域分子轨道成键图(一)：σ→M 配位键

将构建的配位分子轨道式(3.104)，用变分法求解可以得到如图 3.52 所示的能级图。

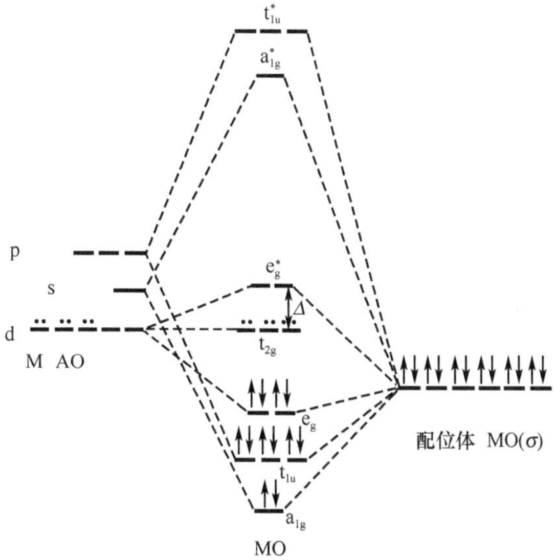

图 3.52　ML_6 配位化合物的离域分子轨道σ→M 配位键成键能级示意图

由图 3.51 和图 3.52 可以看出，当配体与金属相互作用时，配体中的 σ 成键分子轨道与中心原子的空轨道根据其对称性，可以形成遍布于分子整体的离域分子轨道，配体中的电子填入成键配位分子轨道中，使得分子的能量降低。这就是配位键的本质。我们也看到，在配体与中心原子相互作用形成配合物时，有 t_{2g} 和 e_g^* 的能级差Δ 的形成。可见，分子轨道理论很好地解释了配位键形成的原因。而价键理论不能解释能量问题；晶体场理论只能解决中心原子是阳离子时的配位化合物的成键，认为只有在配体和中心离子的电场相互作用下才造成了原来简并的 d 轨道的能级发生了分裂。

对于其他配位化合物如 ML_4 等，可以用类似的方法构建离域分子轨道，再经过简单的变分法得到配位分子轨道的能级图。

当配体有π键时，它们的π^*反键与中心原子可以形成反馈π键，从而使得配合物更稳定，有三个 d→π^*反馈键(图 3.53)。

$$
\begin{aligned}
\psi_7 &= t_{2g}^x = c_7\psi_{3d_{xy}} + c_8(\pi_2^* + \pi_3^* + \pi_4^* + \pi_5^*) \\
\psi_8 &= t_{2g}^y = c_7\psi_{3d_{yz}} + c_8(\pi_1^* + \pi_3^* + \pi_5^* + \pi_6^*) \\
\psi_9 &= t_{2g}^z = c_7\psi_{3d_{zx}} + c_8(\pi_1^* + \pi_2^* + \pi_4^* + \pi_6^*)
\end{aligned}
\tag{3.105}
$$

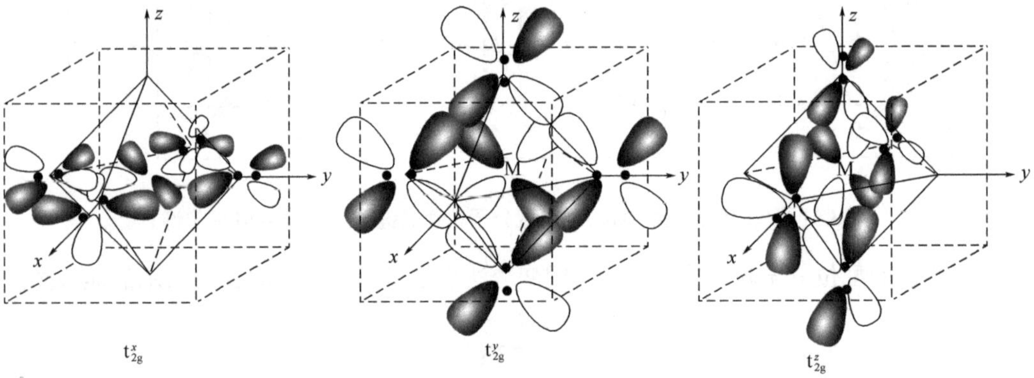

图 3.53 八面体配合物 ML_6 的离域分子轨道成键图(二)：d→π^*反馈键

同时，必然有π→p 的具有中心反对称的配位键，记作 t_{1u}^{π} (图 3.54)。

$$
\begin{aligned}
\psi_{10} &= t_{1u}^{\pi x} = c_9\psi_{4p_x} + c_{10}(\pi_1 + \pi_3 + \pi_5 + \pi_6) \\
\psi_{11} &= t_{1u}^{\pi y} = c_9\psi_{4p_y} + c_{10}(\pi_1 + \pi_2 + \pi_4 + \pi_6) \\
\psi_{12} &= t_{1u}^{\pi z} = c_9\psi_{4p_z} + c_{10}(\pi_2 + \pi_3 + \pi_4 + \pi_5)
\end{aligned}
\tag{3.106}
$$

由于 d→π^*反馈键的形成，可以将配体过多给予中心原子的电子再通过其反键回馈给配体，从而很好地解释了零价甚至是负价金属羰基配合物和簇合物的稳定性问题(表 3.5)。这也是价键理论无法解释的实验现象。

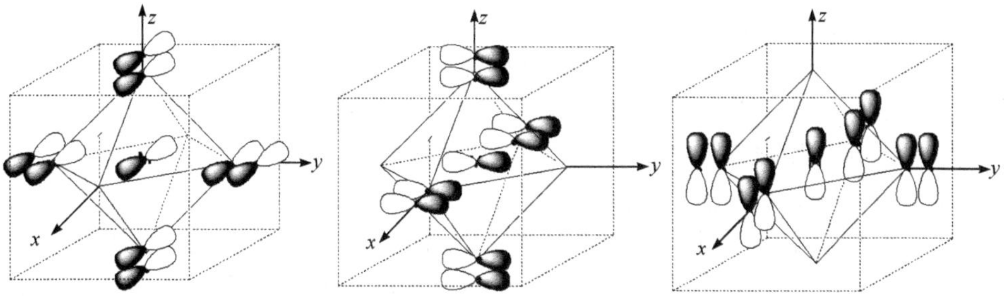

图 3.54　八面体配合物 ML_6 的离域分子轨道成键图(三)：π→p 配位键形成图

从图 3.55 可以看出，配合物由于 d→π*反馈键的形成而使得 d 轨道的分裂能Δ增大，体系更稳定。对于中心原子 p 轨道与配体π成键的相互作用，也同时增加了配位键的强度。但由于 p 轨道已经与配体的σ成键相互作用形成 t_{1u} 键，因此这种作用是有限的，但确实增加了电子的离域范围，因此引起体系能量的降低。式(3.104)～式(3.106)中的配体轨道的线性组合，由于它们可以用群论严格表述，又被称为配体的群轨道。

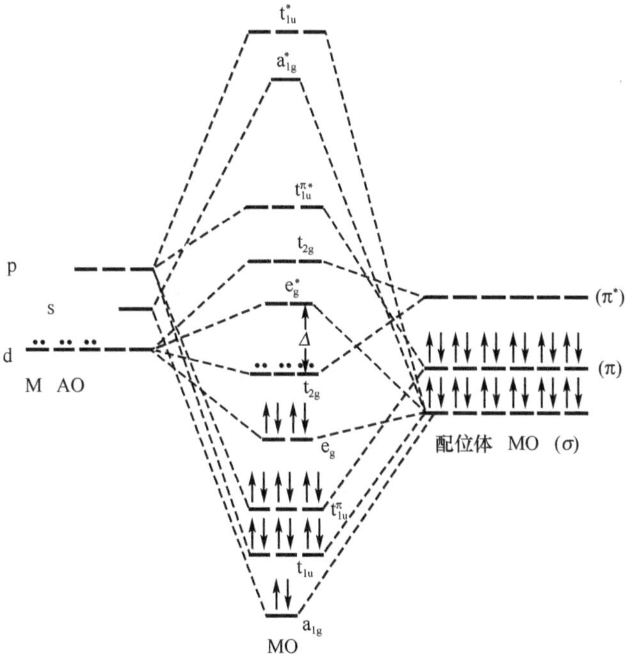

图 3.55　ML_6 配位化合物的离域分子轨道 σ-π 配位键的成键能级示意图

3.7.3　配位场方法(Ligand field method)

配位场方法认为，当中心原子周围有配体存在时，它原来简并的五个 d 轨道将受到配体电场(配位场)的作用而产生能级的分裂。然后，将分裂后的中心原子的原子轨道与配体的分子轨道进行线性加和构造出新的配位分子轨道，然后用变分法进行处理得到配合物的能级结构。

d 轨道的能级是如何分裂的呢？当中心原子是自由原子时，它的 5 个 d 轨道中无论有几个电子，由于洪德规则，每个 d 轨道中电子出现的概率密度即电子的电荷密度都是等同的，均带有负电电场，而配体也带有负电荷形成负电电场。那么，当配体靠近中心原子时，必然会与同样带有负电场的 d 轨道产生排斥作用力，由于每个 d 轨道的形状不同、配体个数(配位场)不同，d 轨道在不同配位场的能级分裂情况也不同。

图 3.56 分别给出了中心原子 d 轨道在与配体形成八面体、四面体和平面正方形配合物时受到排斥力的情况。可以看出，当中心原子 d 轨道受到八面体场的作用时，有六个配体从八面体的六个顶点(立方体的六个面心)接近中心原子，这时，d_{z^2} 和 $d_{x^2-y^2}$ 轨道的电子密度最大的伸展方向与配体电场间的排斥作用力最大[图 3.56(a)]，而 d_{xy}、d_{yz}、d_{zx} 轨道由于它们的电子密度最大的伸展方向在坐标轴的 45°角，因此与配体电场间的排斥作用力较小[图 3.56(b)]。排斥作用就是配体场对中心原子的微扰作用，它使得 d 轨道能级升高，t_{2g} 升高得多，e_g 升高得少，这就是造成中心原子 d 轨道能级分裂为 t_{2g}(d_{xy}、d_{yz}、d_{zx})和 e_g(d_{z^2} 和 $d_{x^2-y^2}$)的原因。电子在简并轨道中的不对称占据会导致分子的几何构型发生畸变，从而降低分子的对称性和轨道的简并度，使体系的能量进一步下降，这种效应称为姜-泰勒效应(Jahn-Teller effect)，有时也被称为姜-泰勒变形。例如，[$Cu^{2+}L_6$]配合物，当中心金属电子排布为 $d_{z^2}^2 d_{x^2-y^2}^1$ 时，由于在 z 轴方向电子密度大，在 xy 平面，电子密度小，因此得到的配合物为拉长的八面体，对称性由 O_h 群降低为 D_{4h} 或 C_{4v} 群。例如，$K_2Pb[Cu(NO_2)_6]$，当中心金属电子排布为 $d_{z^2}^1 d_{x^2-y^2}^2$ 时，由于在 z 轴方向电子密度小，在 xy 平面电子密度大，因此得到的配合物为压扁的八面体，对称性由 O_h 群降低为 D_{4h} 或 C_{4v} 群，如 K_2[Cu(EDTA)][图 3.56(b′)]。姜-泰勒效应造成的结果是简并态消失和体系总能量的降低。姜-泰勒效应也可以出现在 d^1 和 d^4 组态的六配位化合物中。

在四面体场中，情况与八面体场中的情况正好相反，e_g 轨道与配体场的排斥作用大[图 3.56(c)和(d)]，而 t_{2g} 轨道与配体场的排斥作用小。平面正方形场的情况更复杂[图 3.56(e)和(f)]。中心原子 d 轨道的能级分裂情况见图 3.57。其中球形场(L = 20，I_d 场)作用下 d 轨道的能级升高是一种假想的情况，这可以在量子化学计算中得到。在此情况下，由于 t_{2g} 和 e_g 轨道对于中心原子的微扰大小不同，得到的能量校正也不同。将 e_g 和 t_{2g} 的能级差值称为 d 轨道的分裂能，记作Δ 或 10 Dq。如果填满电子，所有 10 个 d 电子的总能量保持不变的结果：

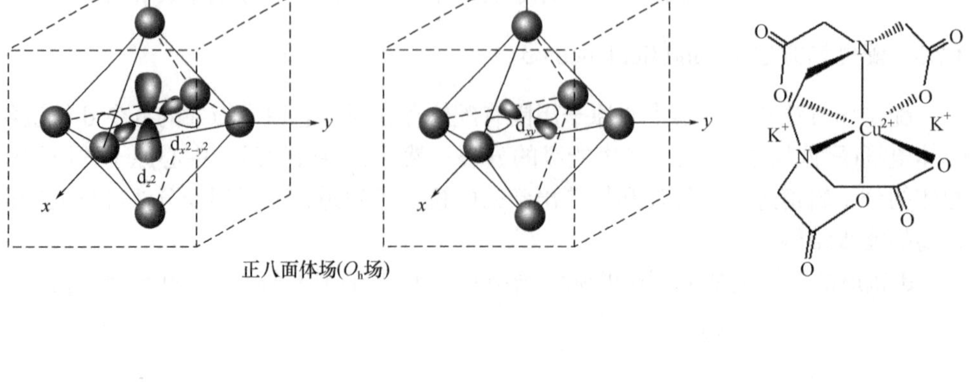

正八面体场(O_h场)

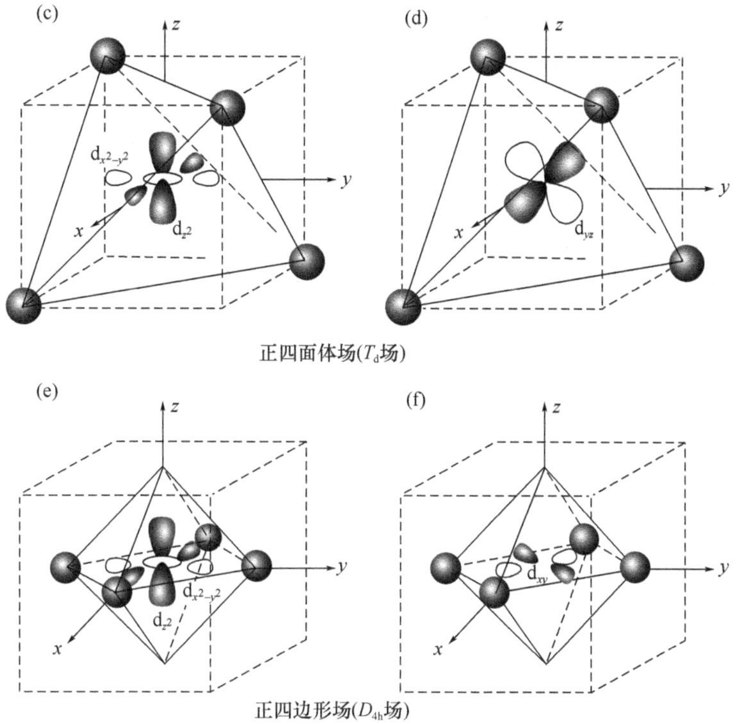

图 3.56　中心原子 d 轨道与配体轨道的排斥作用(电场作用)

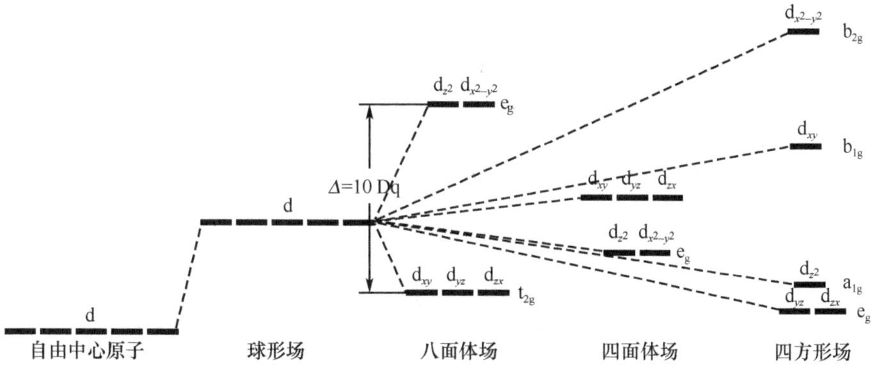

图 3.57　中心原子 d 轨道在不同配位场作用下的轨道分裂情况

在八面体场中有

$$E(e_g) - E(t_{2g}) = \Delta = 10\ \text{Dq} \tag{3.107}$$

$$E(e_g) = \frac{3}{5}\Delta = 6\text{Dq}\ ,\ \ E(t_{2g}) = \frac{2}{5}\Delta = 4\ \text{Dq} \tag{3.108}$$

在四面体场中有

$$E(e_g) = \frac{3}{5}\Delta = 6\text{Dq}\ ,\ \ E(t_{2g}) = \frac{2}{5}\Delta = 4\ \text{Dq} \tag{3.109}$$

影响分裂能的大小有两个因素：一个是中心原子及其 d 电子的排布，另一个是配体电场的大小。中心原子自身的属性和 d 电子排布影响它的电场；而配体的多少以及配体自身的属性也直接影响它的电场分布。强配体造成的分裂能大，弱配体造成的分裂能小。配体的强弱次序为：CO > CN^- > PPh_3 > NO_2^- > 1,10-邻二氮杂菲> 2,2′-二嘧啶>乙二胺> NH_3 >嘧啶> CH_3CN > NCS^- > H_2O > $C_2O_4^{2-}$ > OH^- > F^- > N_3^- > NO_3^- > Cl^- > SCN^- > S^{2-} > Br^- > I^-。

配位场的结果与实验光谱数据很好地吻合。如果将中心原子的轨道进行配位场微扰处理(修正的晶体场理论)后再与配体轨道进行组合得到比分子轨道更准确的配位场分子轨道理论结果(图 3.58，将中心原子的轨道和配体原子的群轨道按照群的类进行标记后，相同的轨道类型互相组成成键分子轨道和反键分子轨道)。配合物分子轨道的表达式和式(3.104)～式(3.106)的形式相同。

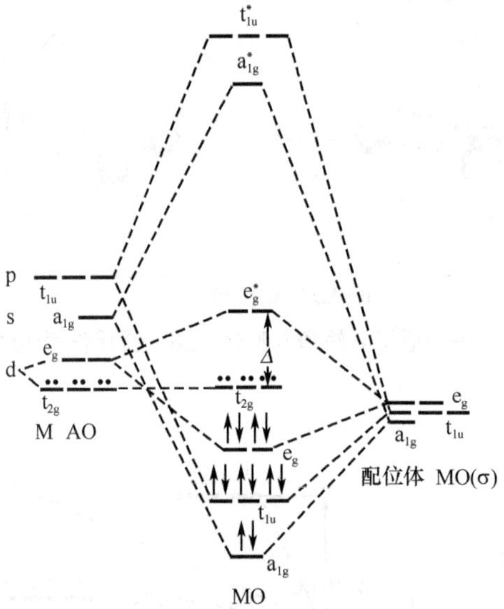

图 3.58　配合物 ML_6 的配位场分子轨道方法σ→M 配位键成键能级示意图

图 3.59 描述了一个 SalenSn(Ⅱ)配合物在有机溶剂二氯甲烷中与液溴反应生成 SalenSn(Ⅳ)配合物时，其中心金属 Sn 由二价(半径大)被氧化为 Sn^{4+}(半径小)，其配位场由四方形场变为八面体场，配位数由 4 增加为 6。随着 Sn 离子半径的减小，其原子核与 Salen 平面的 N_2O_2 四方形处完全在一个平面中。

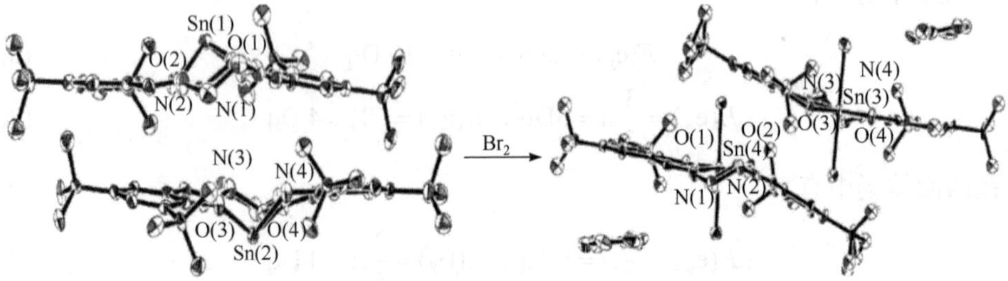

图 3.59　SalenSn(Ⅱ)向 SalenSn(Ⅳ)配合物配位场和结构的转变

3.8　超分子结构
(Structure of supramolecules)

超分子是包含多种化学键如配位键、氢键、π-π相互作用和范德华作用等的超越普通分子概念的体系和系统。超分子化学(supramolecular chemistry)是化学与生物学、物理学、材料科学、信息科学和环境科学等多门学科交叉构成的边缘科学。其研究分为两个方向，超分子化学[主客体化学(host-gest chemistry)]、超分子有序组装体化学和分子机器等都是研究热点。概念最先由法国科学家 John-Marie Lehn 提出。1967 年 Charles J. Pedersen 等发现了冠醚(crown ether)，首次发现了在人工合成中的自组装作用。Lehn 在 Pedersen 工作的启发下，独立设计并研发了穴醚(cryptand)化学和主客体化学。Donald J. Cram 等于 1974 年开始，设计合成了具有光活性的冠醚化合物，试图模拟自然界的酶与底物相互作用，奠定了主客体化学。他们三人共同获得 1987 年诺贝尔化学奖。2016 年，Jean-Pierre Sauvage、Sir J. Fraser Stoddart 和 Bernard L. Feringa 三位化学家由于对分子机器的设计与合成[索烃(catenane)、轮烷(rotaxane)和分子马达(molecular motor)]的贡献而获得诺贝尔化学奖。

3.8.1　超分子的识别作用(Recognition of supramolecules)

1. 金属阳离子穴状配合物

缬氨霉素、冠醚和穴醚对金属阳离子的识别主要是静电作用力和空间限域作用。当冠醚对金属离子进行选择性识别时，形成稳定的冠醚配位阳离子(图 3.60)，如$[12\text{-C-}4Li]^+$、$[15\text{-C-}5Na]^+$、$[18\text{-C-}6K]^+$和$[12\text{-C-}4Li]^+Cl^-$、$[15\text{-C-}5Na]^+Br^-$、$[18\text{-C-}6K]^+I^-$，又被称为金属冠醚离子液体(crown ether complex cation ionic liquid)，具有良好的催化性能。

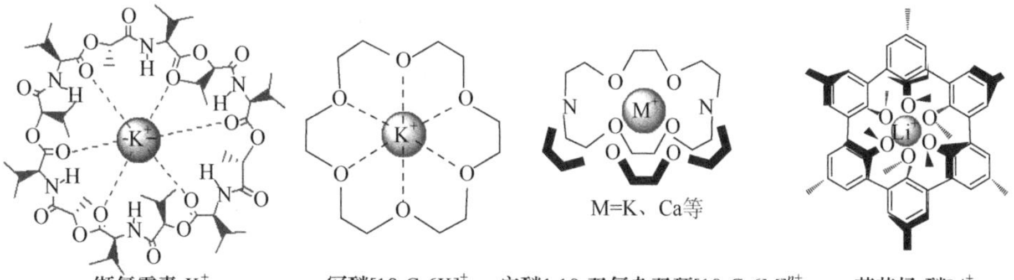

缬氨霉素-K^+　　冠醚$[18\text{-C-}6K]^+$　　穴醚1,18-双氮杂双环$[18\text{-C-}6M]^{n+}$　　苯芳烃-醚Li^+

图 3.60　超分子的阳离子识别

2. 阴离子识别和主客体识别

阴离子半径一般比阳离子大，所以需要更大的空间，穴醚就可以识别更大的阴离子[图 3.61(a)]。天然产物α, β, γ-环糊精(cyclodextrin)，尤其是β-CD，可以对有机溶剂等进行主客体识别[图 3.61(b)]。卟啉-冠醚主体分子对单链核苷分子[图 3.61(c)简化模型替代单链核苷分子]识别比双链核苷分子的识别更好。

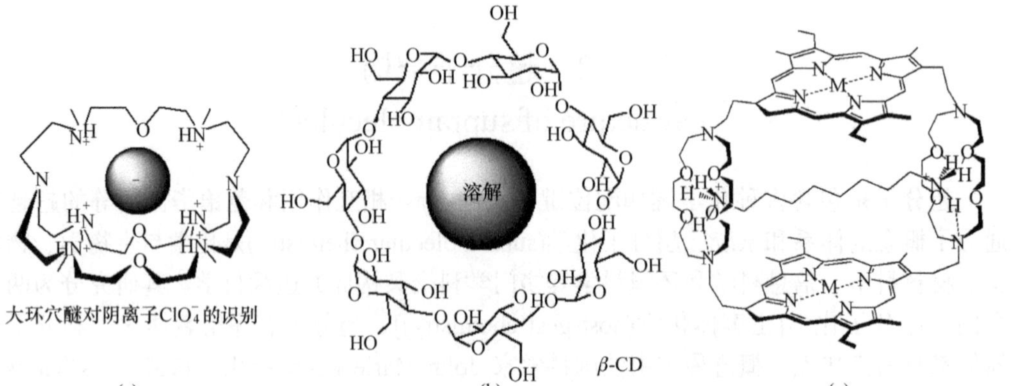

(a)　　(b)　　(c)

图 3.61　超分子的阴离子识别和主客体识别

3. 超分子高分子的自我识别

DNA 属于天然超分子(图 3.62)，由于它们分子间氢键、范德华力等的作用，构成一级、二级和三级结构等，属于自我识别作用。正是由于这种超分子间的作用力，才造就了生命的奇迹。

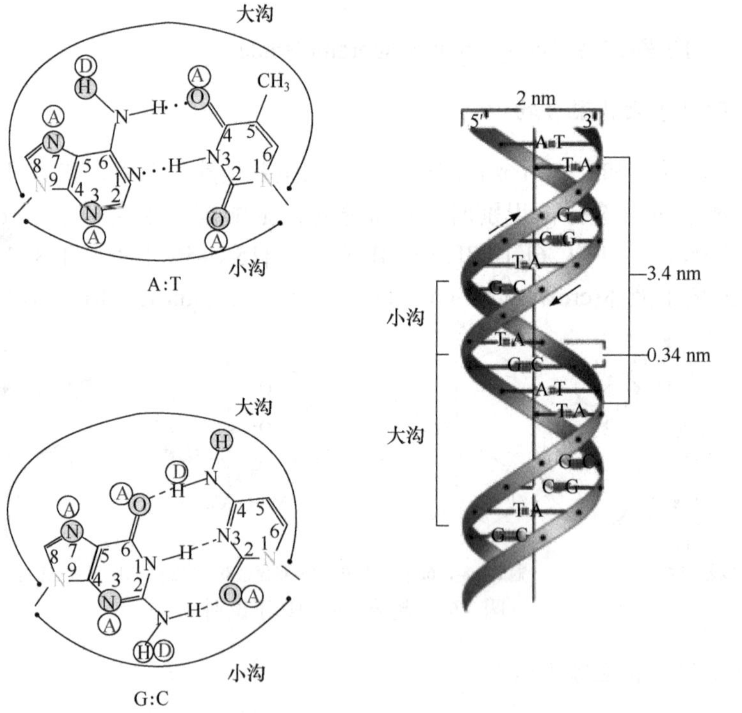

图 3.62　超分子的自我识别

3.8.2　超分子的自组装(Self-assembly of supramolecules)

超分子自组装是指构成体系的组分在不受人为外力作用下，依靠分子间非共价作用如氢键、π-π堆积、范德华力和疏水作用力等自发聚集而形成一种特定有序结构的过程。

1. 细胞膜主要由磷脂双分子层自组装构成

图 3.63 为动力学模拟的磷脂双分子层，由此可以看出，由于端基磷酸根的体积庞大，造成内部结构松散，正好可以填充功能分子和蛋白，起到对小分子、离子的输运和转录等功能。

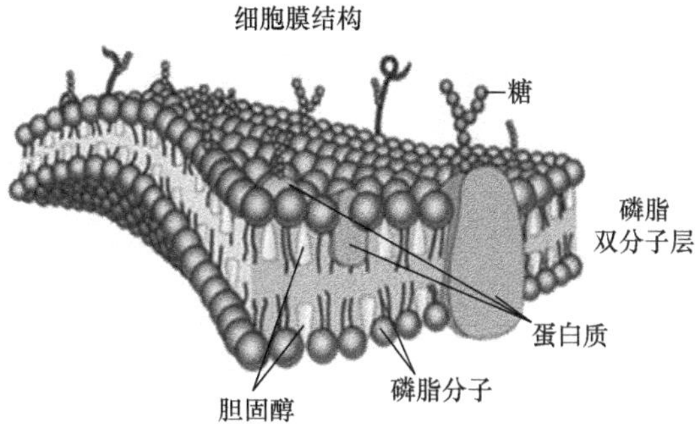

(a)

(b)

图 3.63 超分子的自组装

2. MOF 的自组装

金属离子与配体配位形成三维多孔配合物通常称为金属有机框架(metal-organic framework，MOF)材料。例如，对苯二甲酸与金属 Fe 盐形成的自组装体称为 MIL-53。最近，研究者报道了用金属 Sc^{3+}与 4,4′-苯炔联二苯甲酸自组装得到了层与层之间互相贯穿的网状结构，不同的有机溶剂占据 1/2 的堆积孔，交叉点上为金属离子 Sc^{3+}，可见其六配位和氢键情况，晶体为正交晶系。这种材料具有良好的储氢性能。不同溶剂得到的 MOF 材料的晶体数据列于图 3.64 中。

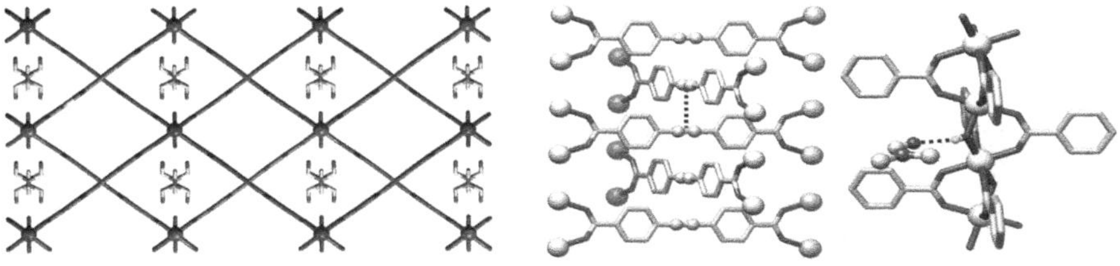

(a) (b) (c)

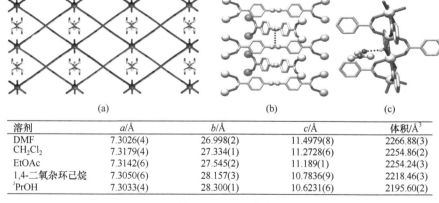

溶剂	a/Å	b/Å	c/Å	体积/Å^3
DMF	7.3026(4)	26.998(2)	11.4979(8)	2266.88(3)
CH_2Cl_2	7.3179(4)	27.334(1)	11.2728(6)	2254.86(2)
EtOAc	7.3142(6)	27.545(2)	11.189(1)	2254.24(3)
1,4-二氧杂环己烷	7.3050(6)	28.157(3)	10.7836(9)	2218.46(3)
^{i}PrOH	7.3033(4)	28.300(1)	10.6231(6)	2195.60(2)

图 3.64 MOF 的自组装

3. COF 的π-π相互作用自组装

共价有机框架(covalent organic framework，COF)材料是一种新型的全有机多孔材料，与无机多孔材料分子筛相比，有着良好的气体吸附和催化性能。

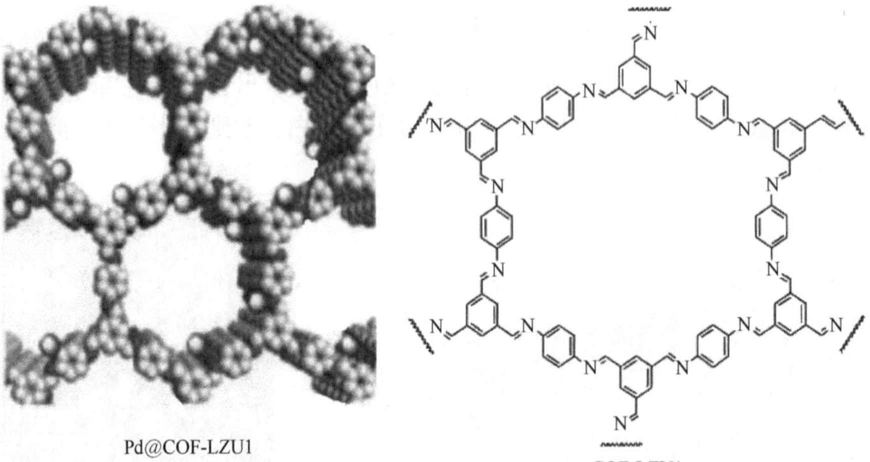

Pd@COF-LZU1　　COF-LZU1

(a)

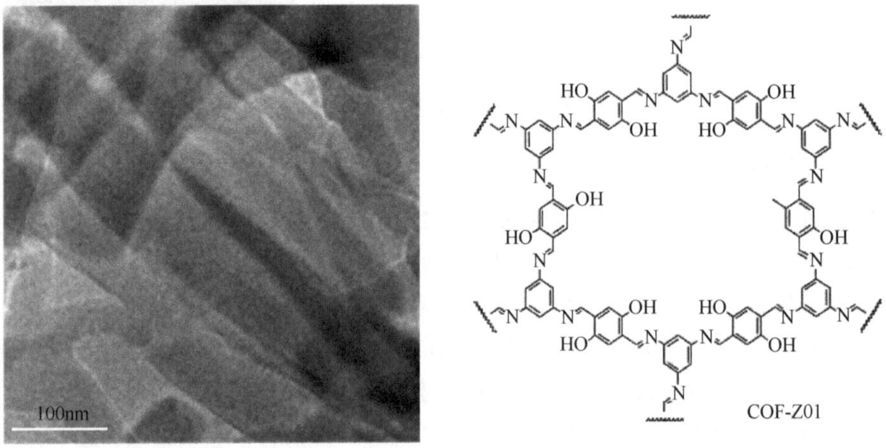

COF-Z01　　COF-Z01

(b)

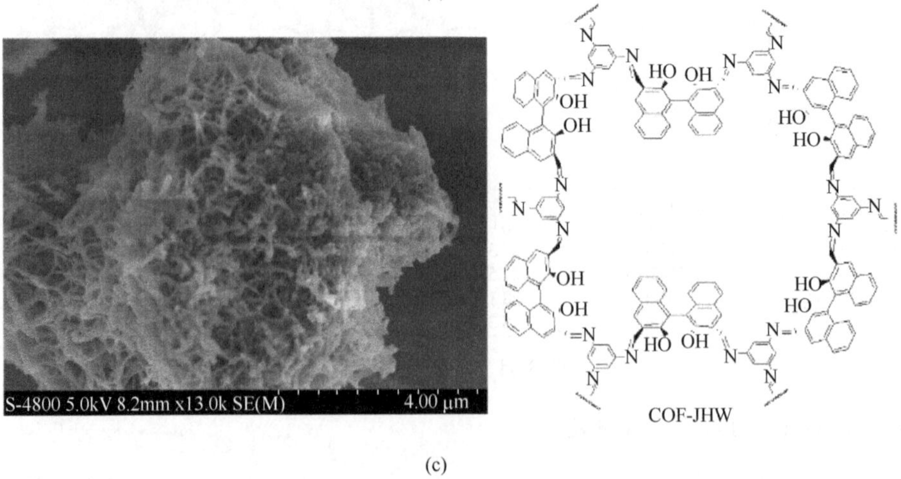

COF-JHW

(c)

图 3.65　COF 的自组装

一般地，COF 材料为二维层状结构，有 AA 堆积[图 3.65(a)]和 AB 堆积(类似石墨中的堆积)，层与层之间有π-π相互作用和范德华力等。对于席夫碱类 COF 材料，当连接砌块的 C 和 N 原子移位[(b)、(c)与(a)比较，(c)有手性]，产生了多级孔 COF 材料，其结构同时具有微孔(micropore，孔径 < 2 nm)、介孔(中孔，mesopore，孔径为 2～50 nm)和大孔(macropore，孔径 > 50 nm)。这些 COF 材料与金属结合，具有良好的催化性能。可以看出，微观结构的微小差异造成了宏观结构的巨大改变。

4. 超分子聚合物化学

小分子之间通过定向氢键可以形成超分子。图 3.66 表明，三聚氰胺与三聚氰酸可以通过氢键定向生成网状巨型聚合物，得到的聚合物分子量巨大，不溶于水；巴比妥与 2,4,6-三氨基嘧啶可以组成带状超分子聚合物。

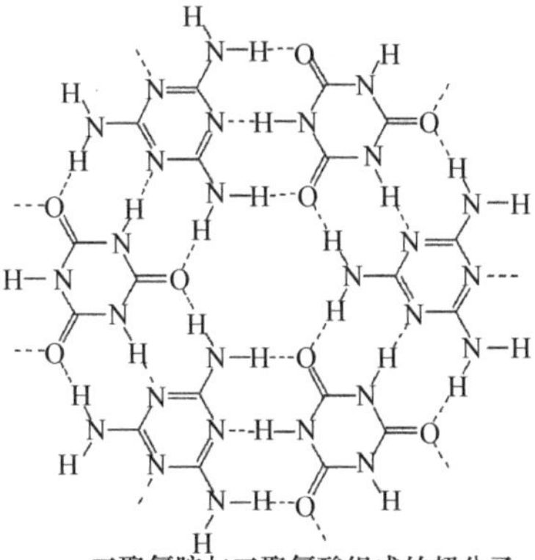
三聚氰胺与三聚氰酸组成的超分子

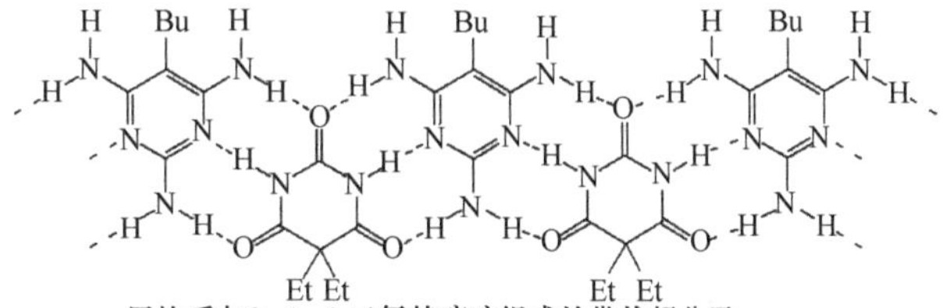
巴比妥与2，4，6-三氨基嘧啶组成的带状超分子

图 3.66　小分子之间自组装为超分子聚合物

5. 索烃

由两个 4,4′-联溴苄与两个 4,4′-联吡啶关环得到的四价阳离子主体化合物[**1**]，在高压关环过程中，加入 1,13,28-三苯代 45-C-15 冠醚[**2**]可以制备出[**5**]索烃分子，它由 5 个[**1**]和两个[**2**]嵌套而成，由于其报道形状似奥林匹克五环而被授予“奥林匹克烷”(olympiadane)之称(图 3.67)。

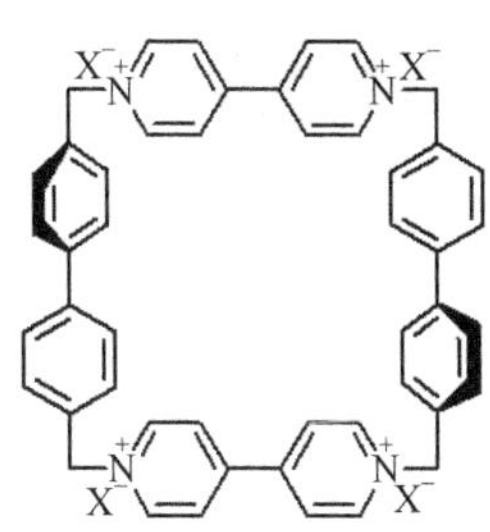
[**1**]

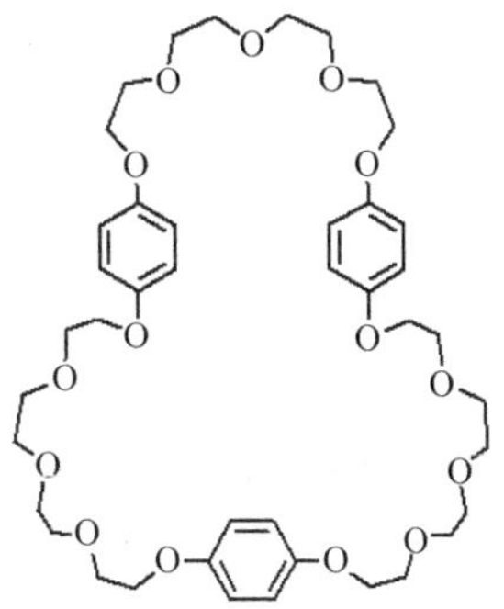
[**2**]

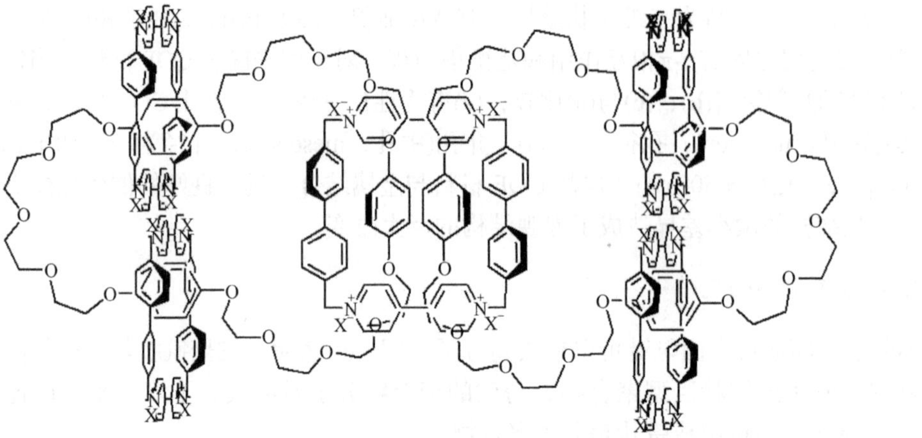

图 3.67　[**5**]索烃——奥林匹克烷及其构筑单元[1]和[2]

3.8.3　分子机器的构建(Building molecular machine)

分子机器的构建：基于分子间作用力和形貌控制，将索烃和轮烷作为电子的输运体系，后来又发展为在化学刺激下的分子往复运动的分子马达(图 3.68)和分子电梯等(图 3.69)。

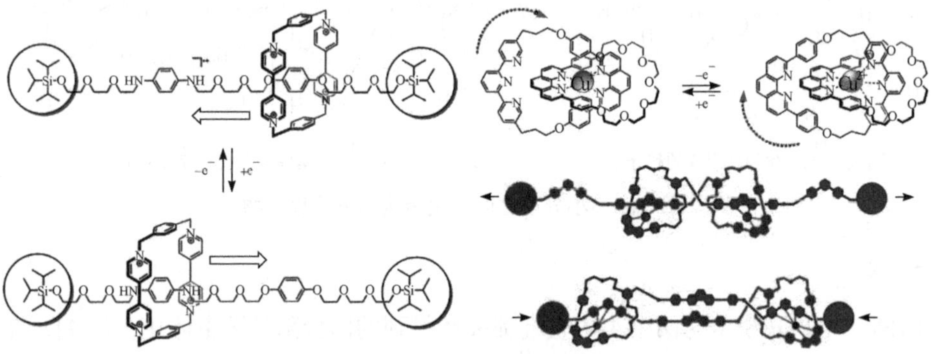

图 3.68　典型的基于索烃和轮烷的分子机器用于电子输运和分子马达

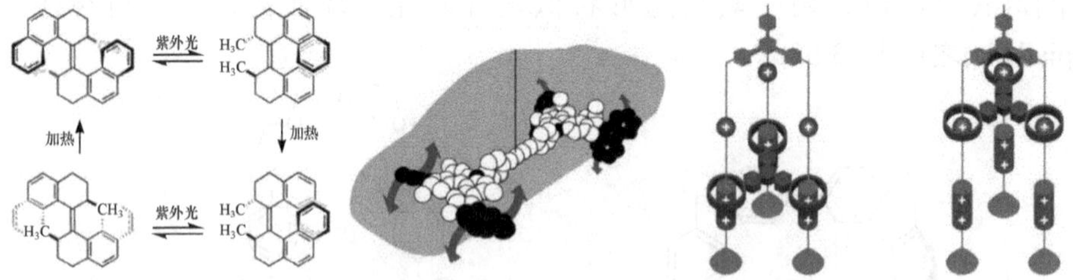

图 3.69　基于轮烷的光驱动马达、分子汽车和分子电梯

3.8.4　聚集诱导发光(Aggregation-induced emission，AIE)

传统的荧光生色团在高浓度下荧光会减弱甚至不发光，这种现象被称为“浓度猝灭”效应。浓度猝灭的主要原因与聚集体的形成有关，故浓度猝灭效应通常也被称为“聚集导致荧光猝灭”(aggregation-caused quenching，ACQ)。2001 年，在实验中发现六

苯基噻咯[六苯基环戊二烯硅烷(HPS)]具有相反的浓度猝灭现象，即浓度越大，发光越强，被唐本忠命名为聚集诱导发光(图 3.70)。由此，开创了光化学、超分子化学和材料科学的一个新领域。现在将单个共轭分子没有荧光发光现象，其分子的聚集体发光现象统称为聚集诱导发光。这一领域近年来取得了巨大进步，并逐步延伸到对生物体系的光动力学和光热治疗肿瘤方面等，都取得了长足的进步。

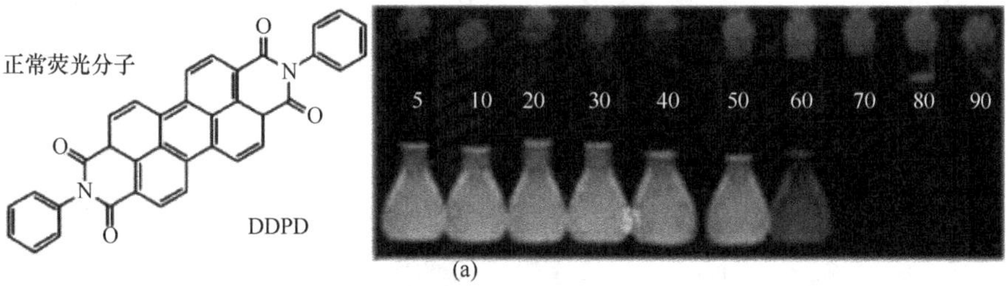

(a)

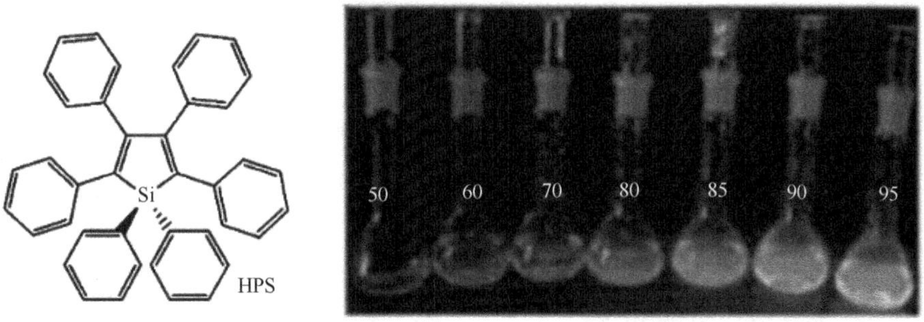

(b)

图 3.70 正常荧光分子与聚集诱导发光分子溶液浓度变大的荧光

聚集诱导发光的原理是自由态分子中，分子自由旋转造成共轭体系的破坏，多个分子聚集在一起时，分子内化学键的自由旋转受到限制，从而造成共轭效应加强，导致荧光发射光谱增强。

聚集诱导发光类材料具有典型的越聚集发光越强的特性，这就解决了目前有机发光体在 OLED 和水系以及生物荧光探针系统中应用的效率降低难题。传统的 ACQ 分子集合在一起无法实现“1 + 1 = 2”的力量累加，而 AIE 材料则能实现“1 + 1>2”的超额累加。

从分子材料设计的角度出发，AIE 分子从单分子态弱荧光到聚集态强荧光转换的机理是什么？经过大量实验验证和理论模拟，提出了分子内运动受限(restriction of intramolecular motion，RIM)机理模型，并已得到广泛认可。在稀溶液中，AIE 分子内部的一些基团有着活跃的相对运动(如振动和转动)，处于激发态的分子通过振转弛豫形式将光能以热能形式消耗，以光形式输出能量的比例变小，荧光效率降低；而当这些分子聚集在一起时，彼此的牵制作用限制了分子内部官能团的振动和转动运动，因而经由热弛豫运动形式耗散的能量比例降低，光输出形式的能量比例增加，从而表现出荧光增强的现象(图 3.71)。

最新的研究进展，已经将这种聚集诱导荧光现象扩展到肿瘤的光动力学治疗领域(图 3.72)。

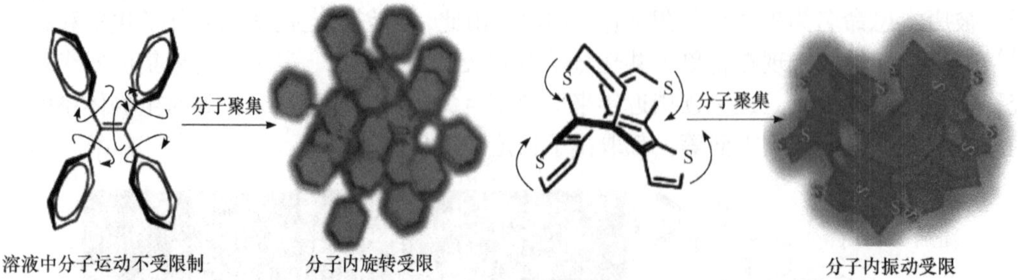

图 3.71　正常荧光分子与聚集诱导发光分子溶液浓度变大的荧光情况

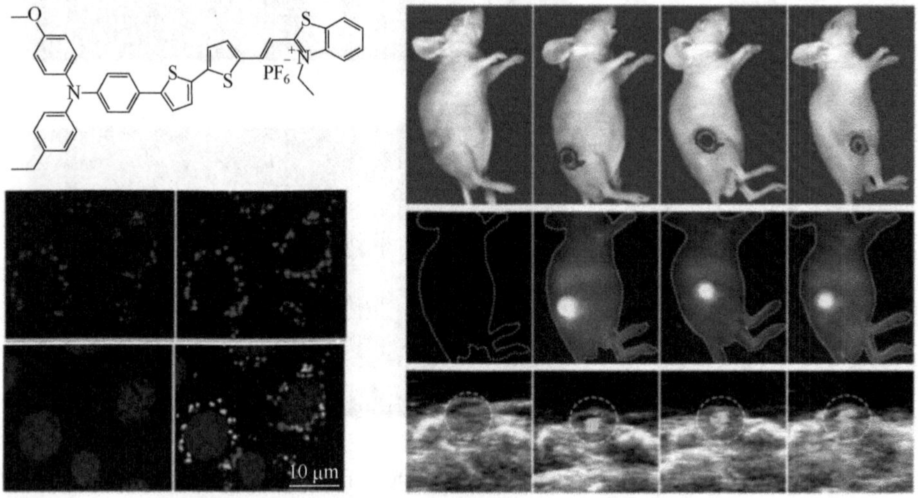

图 3.72　聚集诱导荧光分子用于肿瘤的光动力学治疗情况

3.9　电 子 结 构

(Electronic structure)

自 1913 年物理学家玻尔提出原子结构模型、赋予里德伯常量意义、解释了氢原子光谱的不连续性，原子结构由体积很小的原子核和围绕核运动的多个轨道上的电子构成已经深入人心。1916 年，路易斯提出了两个原子中电子对的价键理论和八隅体解释分子结构。1921 年，哈金斯(Huggins)首次使用电子结构描述原子中电子的排布和晶体中化学键。彼时，量子力学还没有诞生，德布罗意的电子波概念未提出。这个电子结构就是现在原子中电子组态/电子构型/电子排布和价键理论的雏形。

1926 年，量子力学诞生前后，马利肯用电子结构和电子态(electronic state)描述双原子分子。1930 年马利肯创立分子轨道理论。20 世纪 50 年代，格哈德 · 赫茨伯格(Gerhard Herzberg)，在研究分子光谱、自由基光谱时使用分子的电子态和电子结构描述多原子分子中电子所处的能级和化学键；赫茨伯格获得 1971 年诺贝尔化学奖。

近年来，电子结构甚至被作为量子化学计算的代名词使用，起源于美国大学的量子化学计算教材使用了 *Electronic Structure* 作书名。这种大量使用和泛化的概念与科学研究要求概念的准确是互相矛盾的。

电子结构概念从诞生到发展都是一个非常泛化的概念，也从来没有人能够给出完整的定义。网上维基百科用波函数加空间结构定义，也有用波函数加能级定义。实际情况是，读者总是根据自己的认知水平去理解，经常与作者希望表述的不一致。我的建议是尽量使用电子态概念代替电子结构概念，把电子结构概念留给未来的科学家来描述真正的电子组成(目前电子属于基本粒子，不可再分)。电子态符合电子波的概念，当把不同的电子态进行线性组合(态叠加)时即可得到轨道(化学键)的立体构型，所以描述电子运动的空间波函数就是正确描述电子运动形态的有效工具。

习　题

1. 写出定核近似下氧气分子的哈密顿算符(a.u.)及其薛定谔方程。

2. 写出 X_2、X_2^+、X_2^- (X = B、C、N、O)的键级和磁性，并比较键长。

3. 分别画出 O_2、NO 和 CO 的分子轨道能级示意图；讨论为什么 CO 能使人中毒，NO 是神经信号传导物质，而 O_2 则是生命循环的基础物质。

4. 已知 PBr_3 的成键分子轨道夹角为 100°，若仍将杂化轨道写作 sp^n，则 n =?

5. H_2X (X = O、S、Se)分子中的 X 为什么不采取 sp^2 杂化?

6. 气态的 BF_3 与 NH_3 结合生成白色固体，请描述原因和化学键变化。

7. 分别写出 $Fe_2(CO)_9$、$FeCl_4^{2-}$、Fe(TPP)、$Fe(acac)_2Cl$、$Fe(acac)_3$、$[Fe(EDTA)H_2O]^-$、$[Fe(NO_3)_4]^-$ 中 Fe 原子的价态、杂化轨道型式，并画出结构示意图。

8. 试用 HMO 方法处理 I_3^-，解释 I_3^- 中键长(292 pm)大于 I_2 分子键长(267 pm)的原因。

9. 试用 HMO 方法处理环丙烯自由基，并画出分子图。

10. 对图 3.45 中所列染料分子，试用式(3.73)、式(3.74)与式(3.88)，近似求出 β 值。

11. 试根据化学键的差异比较金刚石与立方氮化硼、石墨与六方氮化硼的性质差异。

12. 试分析 $Cs_2B_{12}H_{12}$ 簇合物的化学键成键特点。

13. 用图示法说明平面正方形配位场中中心原子的 d 轨道能级分裂情况。

14. 试查文献描述超分子化学的研究进展。

15. 试查文献描述绿色化学的 12 条原则。

16. 聚集诱导发光的原理是什么?

17. 概念简答：

(1) 分子轨道；(2) 宇称；(3) 定域分子轨道；(4) 离域分子轨道；(5) HMO；(6) 杂化轨道；(7) 成键能力；(8) 久期方程；(9) 久期行列式；(10) 离域能；(11) 晶体场；(12) 配位场；(13) 超分子；(14) 离子液体；(15) 金属冠醚离子液体；(16) 超分子高分子；(17) 聚集诱导发光。

对称是一个广阔的主题，在艺术和自然两方面都意义重大。

——韦尔(C. H. H. Weyl)

第4章　分子的对称性 (Symmetry of Molecules)

对称是自然的选择。对称性广泛存在于动物、昆虫、植物中。人们也将对称的概念广泛应用到建筑、文学、艺术、服装、饮食等领域。对称性也同样广泛存在于数学、物理学、化学和生物学当中。人类、动物和植物所表现出的形貌对称的根源是由其所具有的分子对称性所决定的。

4.1　对称图形、对称操作与对称元素 (Symmetry objects, operations and elements)

对称操作：不改变图形中任意两点间距离而使图形复原的操作(动作)，又称为对称动作。

对称操作分为两大类：实操作和虚操作。实操作是能够用手或借助工具对图形(或分子或模型)进行的操作，如旋转。虚操作是不能用手或借助工具对图形进行操作，只能想象或用数学描述进行的操作，如照镜子。

对称元素：对称操作所借以进行的点、线、面等几何要素(geometry element)。

对称图形：能被一种以上对称操作复原的图形。只有一种操作——旋转 360°复原的图形，是不对称图形。

4.1.1　**旋转与旋转轴**(Rotation and axis)

将图形绕着一条线进行旋转而使得图形复原的操作称为旋转操作(rotation operation)，这条线称为旋转轴，记作 n，$n = 0,1,2,3,\cdots,\infty$。

基转角：能使图形复原的最小旋转角称为基转角，记为α_0。图形旋转一周所能重复的次数即为旋转轴的轴次，称为 n 次旋转轴。显然，

$$n = \frac{360°}{\alpha_0}$$

旋转轴记作 $\underline{n}$ 或 C_n，旋转操作记作 $L_n^1, L_n^2, \cdots, L_n^n$ 或 $\hat{C}_n^1, \hat{C}_n^2, \cdots, \hat{C}_n^n$。

例如，对于水分子，它有一个 $\underline{2}$ 次旋转轴(图 4.1)，旋转操作记作：L_2^1, L_2^2。

对于氨分子，它有一个 $\underline{3}$ 次旋转轴(图 4.1)，旋转操作记作：L_3^1, L_3^2, L_3^3。

我们看到，旋转操作 L_2^2 和 L_3^3 其实是旋转了 360°，也就相当于不动。在对称操作上将这种不动操作称为恒等操作，记作 E。

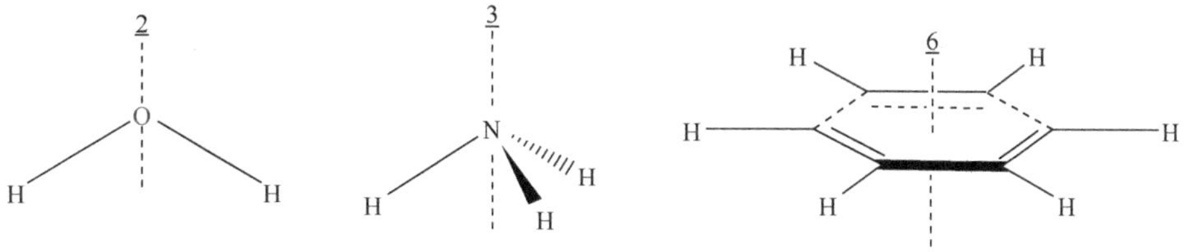

图 4.1　水分子、氨分子与苯分子中的主旋转轴

旋转轴又称为真轴(proper axis)，因为它所对应的旋转操作是真实可进行的。对于有限图形，它们可能存在的对称轴有：$\underline{1}, \underline{2}, \underline{3}, \underline{4}, \underline{5}, \underline{6}, \underline{7}, \underline{8}, \cdots, \underline{\infty}$。

显然，正多边形都对应有一个 $\underline{n}$ 次旋转轴，称为主对称轴；同时，垂直于主对称轴有 n 个 $\underline{2}$ 次对称轴，称为副对称轴(见图 4.2 中，苯分子有 1 个 $\underline{6}$ 次轴，6 个 $\underline{2}$ 次轴)。线性分子如 H_2、N_2、O_2、CO、CO_2、HCl 等分子均有一个 $\underline{\infty}$ 次旋转轴。

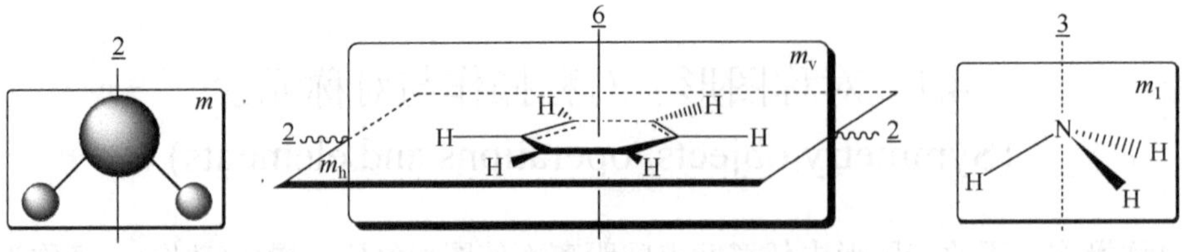

图 4.2　水分子、苯分子与氨分子中的旋转轴与对称面

n 次旋转轴对应的对称操作有 n 个，其中第 n 个操作为恒等操作：$L_n^n = E$ 。

旋转操作属于第一类对称操作(动作)，即真操作(proper operation)。

4.1.2　反映与对称面(Reflection and symmetry plane)

将一个虚构、想象的平面置于图形中，图形被分为两个部分，然后将两部分互相反映(照镜子)而使图形复原的操作即为反映操作，记作 M 或 $\hat{\sigma}$ 。这个平面即为对称面(symmetry plane)，记作 m 或 σ。显然。两次反映就等于恒等操作：$M \times M = M^2 = E$。反映操作是常见的对称动作，就像人们照镜子的动作一样，因为看到的是虚像，不像旋转那样是真实操作，属于第二类对称操作(动作)，是虚操作(imaginary operation)。

例如，水分子、苯分子和氨分子中的对称面(图 4.2)。

对称面又称为镜面(mirror plane)。对称面分为三种：通过主对称轴的晶面，记作 $m_v(\sigma_v$，via)，如水分子和氨分子中的对称面；垂直于主对称轴的晶面，记作 $m_h(\sigma_h$，holing)，如反式二氯乙烯分子中的对称面；通过主对称轴并与垂直于主对称轴的 2 次轴平分的晶面，记作 $m_d(\sigma_d$，dividing equally)，如反式二茂铁和甲烷分子中的对称面。

4.1.3　反演与对称中心(Inversion and symmetry centre)

图形中有一个点，可以允许我们将图形中每一个点都通过它延伸到图形的另一个与之相对的位置从而使图形复原的操作称为反演操作，记作 I。这个点即为对称中心(symmetry centre)，也称反演中心(inversion center)，记作 i。显然，两次反演操作就等于不动：$I \times I = I^2 = E$。反演操作属于第二类对称操作(动作)，是虚操作，如全交叉式乙烷和反式二氯乙烯(图 4.3)。

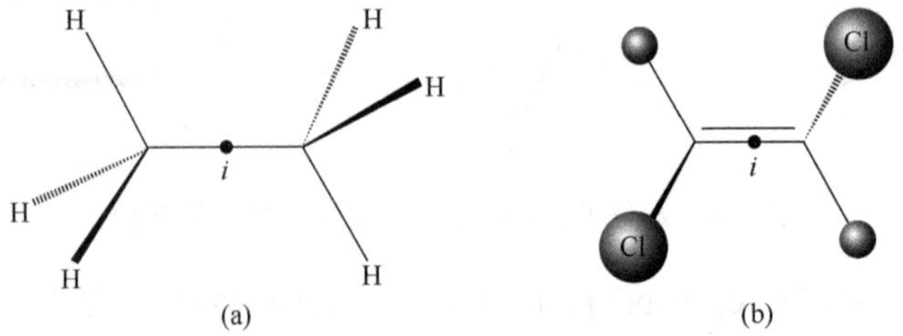

图 4.3　全交叉乙烷分子(a)与反式二氯乙烯分子(b)中的对称中心

4.1.4　旋转反演与反轴(Rotation-inversion and inversion axis)

将图形绕着一条轴线进行旋转，然后再进行反演操作(倒反)而使图形复原的操作即

为旋转反演操作，记作 LI；相应的对称元素称为 $\bar{n}$ 次反轴(inversion axis)。一般认为只有 4 次反轴独立存在，记作 $\bar{4}$ 。4 次反轴的对称操作有 L_4^1I、$L_4^2I^2=L_2^1$、$L_4^3I^3=L_4^3I$、$L_4^4I^4=E$ 。可见，独立的对称操作只有两个：L_4^1I和L_4^3I ，它们是不可替代的，由于 $L_4^2I^2=L_2^1$、$L_4^4I^4=E$ ，因此 $\bar{4}$ 的方向必然是 $\underline{2}$ 次轴的方向，或者说 $\bar{4}$ 必然包含 $\underline{2}$ 轴。

旋转反演操作属于第二类对称操作(动作)，是虚操作。

甲烷分子中存在 $\bar{4}$ ，见图 4.4。

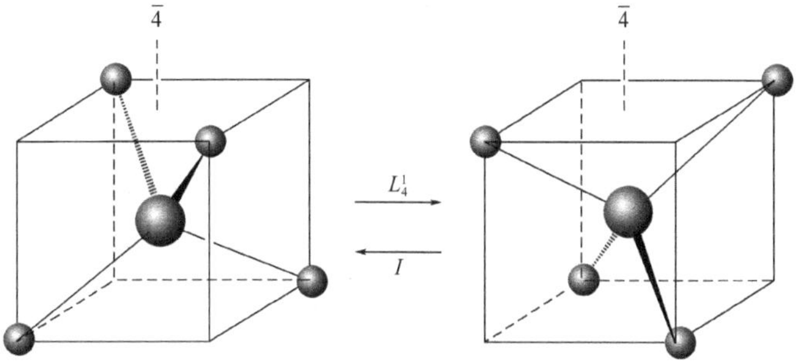

图 4.4　甲烷分子中的 4 次反轴

4.1.5　旋转反映与映轴(Rotation-reflection and reflection axis)

将图形绕着一条轴线进行旋转，然后再进行反映操作而使得图形复原的操作即为旋转反映操作，记作 LM。相应的对称元素称为 S_n次映轴。只有 4 次映轴独立存在，记作 S_4。

旋转反映操作属于第二类对称操作(动作)，是虚操作。

4 次映轴的对称操作有 L_4^1M、$L_4^2M^2=L_2^1$、$L_4^3M^3=L_4^3M$、$L_4^4M^4=E$ 。可见，独立的对称操作只有两个：L_4^1M和L_4^3M ，它们是不可替代的。由于 $L_4^2M^2=L_2^1$、$L_4^4M^4=E$ ，因此 S_4 的方向必然是 $\underline{2}$ 次轴的方向，或者说 S_4 必然包含 $\underline{2}$ 轴。甲烷分子中存在 S_4，见图 4.5。

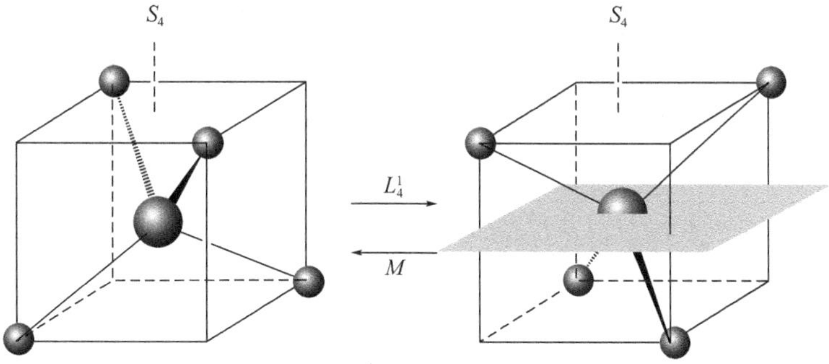

图 4.5　甲烷分子中的 4 次映轴

由图 4.4 和图 4.5 可以看出 S_4 与 $\bar{4}$ 是等价的。它们又同称为非真旋转轴(improper axis)。

下面证明 $\bar{1}$、$\bar{2}$、$\bar{3}$、$\bar{5}$、$\bar{6}$ 的非独立性：

$\bar{1}=i$，因为 $L_1^1=E$、$L_1^1I=I$ ，得证。

$\bar{2}=m_h$； $\bar{3}=\underline{3}+i$； $\bar{5}=\underline{5}+i$； $\bar{6}=\underline{3}+m_h$(图 4.6)。

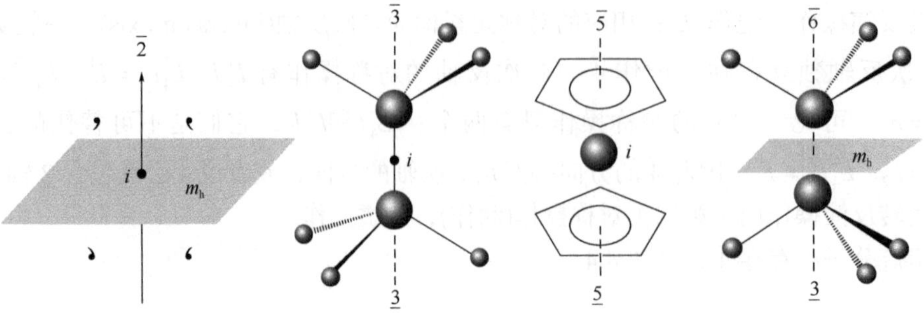

图 4.6　$\bar{2}$、$\bar{3}$、$\bar{5}$、$\bar{6}$ 反轴的非独立性证明

证明二次反轴 $\bar{2}$ 的非独立性：

二次反轴对应的对称操作为 L_2^1I、$L_2^2I^2$；因为 $L_2^2I^2 = EE = E$，即二次轴和反演操作应是分别独立的操作。由图 4.6 可见，$L_2^1I = M_{\mathrm{h}}$，即旋转操作使得图形已经复原，倒反操作使图形二次复原，两个操作等于图形沿 m_{h} 平面的一次反映操作。所以对称元素 $\underline{2}$、m_{h} 和 i 是相伴相生的，即它们一定是同时存在于图形中的。

证明三次反轴 $\bar{3}$ 的非独立性：

三次反轴的对称操作有 L_3^1I、$L_3^2I^2 = L_3^2$、$L_3^3I^3 = I$、$L_3^4I^4 = L_3^1$、$L_3^5I^5 = L_3^2I$、$L_3^6I^6 = E$，由于 $L_3^2I^2 = L_3^2$、$L_3^4I^4 = L_3^1$、$L_3^6I^6 = E$，因此三次对称轴 $\underline{3}$ 是独立存在的。又由于 $L_3^3I^3 = EI = I$，因此对称中心 i 是独立存在的。故 3 次反轴 $\bar{3}$ 是不独立的，L_3^1I 和 $L_3^5I^5 = L_3^2I$ 是将图形进行了两次对称操作。即 $\bar{3} = \underline{3} + i$ 得证。

同样的方法可以证明五次反轴 $\bar{5}$ 的非独立性。

证明六次反轴 $\bar{6}$ 的非独立性：

六次反轴的对称操作有 L_6^1I、$L_6^2I^2 = L_3^1$、$L_6^3I^3 = L_2^1I = M_{\mathrm{h}}$、$L_6^4I^4 = L_3^2$、$L_6^5I^5 = L_6^5I$、$L_6^6I^6 = E$，因为 $L_6^2I^2 = L_3^1$、$L_6^4I^4 = L_3^2$、$L_6^6I^6 = E$，所以三次对称轴 $\underline{3}$ 是独立存在的。又因为 $L_6^3I^3 = L_2^1I = M_{\mathrm{h}}$，所以晶面 m_{h} 是独立存在的。那么，有

$$L_6^1I = L_6^1EI = L_6^7I = L_6^4L_6^3I = L_3^2(L_2^1I) = L_3^2M_{\mathrm{h}}$$

和

$$L_6^5I = L_6^4L_6^1I = L_6^4L_6^7I = L_6^4L_6^4L_6^3I = L_3^2L_3^2(L_2^1I) = L_3^1M_{\mathrm{h}}$$

所以 $\bar{6} = \underline{3} + m_{\mathrm{h}}$ 得证。

4.1.6　对称元素组合规则(Combination rules of symmetry elements)

综上所述，分子中的对称元素共有四类：对称轴($\underline{n}$)、对称面(m)、对称心(i)和反轴($\bar{n}$，映轴 S_n 与反轴等价，习惯上，在分子中用映轴，在晶体中用反轴)。分子中的多个对称元素之间的互存关系称为对称元素组合规则：

(1) 所有对称元素必然通过分子的质量中心。

(2) 两个对称面的交线必然是一条对称轴。

(3) 偶次对称轴加垂直镜面 m_{h} 必然产生对称中心 i。

(4) 有一个 m_v 镜面与 $\underline{n}$ 次轴重合，必有 n 个 m_v 镜面相交于 $\underline{n}$ 次轴。
(5) 有一个 $\underline{2}$ 轴与 $\underline{n}$ 次轴垂直相交，必有 n 个 $\underline{2}$ 轴与 $\underline{n}$ 次轴垂直相交。

4.2　分子点群 (Point group of molecules)

分子的对称性可以用分子的对称群(symmetry groups of molecules)来描述。分子的对称群又称为分子的点群，它是分子中所有对称操作的集合(set)。

4.2.1　群论的概念(Group theory)

群论与线性代数是代数的两个分支，它有自己独立的运算规则，在物理和化学中有一定应用。而化学中关于分子的对称性以及光谱记号、红外光谱等均有应用，在量子化学计算中也有应用。

1. 群的数学定义

满足下列条件的集合 $G=\{A,B,C,\cdots,E\}$ 称为群。

(1) 封闭性(multiplication)。$A\times B=C$；群中任意两个元素的乘积仍然是群中的一个元素。

(2) 单位元素(identity element)。$A\times E=A$；群中有一个单位元素 E，群中各个元素与它的乘积不变。

(3) 逆元素(inverse element)。$A\times A^{-1}=E$；群中的每一个元素都有一个逆元素，它们的乘积为单位元素。

(4) 结合律(associative law)。$A(BC)=(AB)C$；群中多个元素相乘时，只要次序不变，乘积相同。

群中元素的个数称为群的阶数。

2. 同构群

若有群 $A=\{E,a_1,a_2,a_3,\cdots,a_n\}$ 和群 $B=\{E,b_1,b_2,b_3,\cdots,b_m\}$，当 $m=n$，并且群 A 与 B 拥有相同的乘法表，则称群 A 为群 B 的同构群(isomorphic group)，反之亦然。

3. 子群

若群 $A'=\{E,a_1,a_2,a_3\}$，满足 $A'\in A$，则称群 A' 为群 A 的子群(subgroup)。

4.2.2　对称操作的矩阵表示(Matrix notation of symmetry operations)

1. 旋转操作的矩阵表示

将坐标为 (x,y,z) 的一点 P 绕 z 轴进行逆时针旋转，旋转角为 α，那么，根据坐标变换的关系可以将这一旋转操作用矩阵表示为

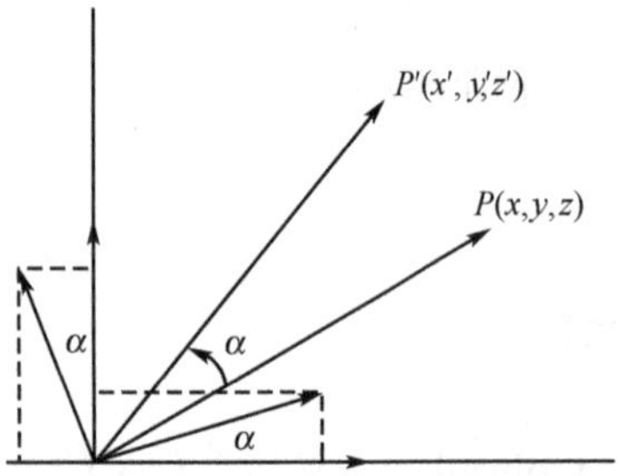

$$L_{nz}P(x,y,z)=\begin{bmatrix}\cos\alpha & -\sin\alpha & 0\\ \sin\alpha & \cos\alpha & 0\\ 0 & 0 & 1\end{bmatrix}\begin{bmatrix}x\\ y\\ z\end{bmatrix}=\begin{bmatrix}x'\\ y'\\ z''\end{bmatrix}$$

根据球坐标与直角坐标关系公式(2.3)、式(2.4)证明如下：

绕着z轴的旋转不改变r，不改变z，也不改变θ角，ϕ角的变化为$\phi'=\phi+\alpha$。因此，有如下关系：

$$x'=r'\sin\theta'\cos\phi'=r\sin\theta\cos(\phi+\alpha)=r\sin\theta\cos\phi\cos\alpha-r\sin\theta\sin\phi\sin\alpha=x\cos\alpha-y\sin\alpha$$

$$y'=r'\sin\theta'\sin\phi'=r\sin\theta\sin(\phi+\alpha)=r\sin\theta\sin\phi\cos\alpha+r\sin\theta\cos\phi\sin\alpha=y\cos\alpha+x\sin\alpha$$

故可以将此动作记作：

$$L_{nz}(\alpha)=\begin{bmatrix}\cos\alpha & -\sin\alpha & 0\\ \sin\alpha & \cos\alpha & 0\\ 0 & 0 & 1\end{bmatrix}$$

显然，

$$L_{2z}^{1}(\pi)=\begin{bmatrix}-1 & 0 & 0\\ 0 & -1 & 0\\ 0 & 0 & 1\end{bmatrix},\quad L_{2z}^{2}(2\pi)=E=\begin{bmatrix}1 & 0 & 0\\ 0 & 1 & 0\\ 0 & 0 & 1\end{bmatrix}$$

$$L_{3z}^{1}\left(\frac{2\pi}{3}\right)=\begin{pmatrix}\cos120^\circ & -\sin120^\circ & 0\\ \sin120^\circ & \cos120^\circ & 0\\ 0 & 0 & 1\end{pmatrix}=\begin{bmatrix}-1/2 & -\sqrt{3}/2 & 0\\ \sqrt{3}/2 & -1/2 & 0\\ 0 & 0 & 1\end{bmatrix}$$

$$L_{3z}^{2}\left(\frac{4\pi}{3}\right)=\begin{pmatrix}\cos240^\circ & -\sin240^\circ & 0\\ \sin240^\circ & \cos240^\circ & 0\\ 0 & 0 & 1\end{pmatrix}=\begin{bmatrix}-1/2 & \sqrt{3}/2 & 0\\ -\sqrt{3}/2 & -1/2 & 0\\ 0 & 0 & 1\end{bmatrix}$$

2. 反映操作的矩阵表示

将坐标为$P(x,y,z)$的点通过m_{xy}进行反映操作，

$$M_{xy}P(x,y,z)=\begin{bmatrix}1 & 0 & 0\\ 0 & 1 & 0\\ 0 & 0 & -1\end{bmatrix}\begin{bmatrix}x\\ y\\ z\end{bmatrix}=\begin{bmatrix}x'\\ y'\\ z'\end{bmatrix}=\begin{bmatrix}x\\ y\\ -z\end{bmatrix}$$

操作矩阵为

$$M_{xy}=\begin{bmatrix}1 & 0 & 0\\ 0 & 1 & 0\\ 0 & 0 & -1\end{bmatrix}$$

那么，

$$M_{xz}=\begin{bmatrix}1&0&0\\0&-1&0\\0&0&1\end{bmatrix},\quad M_{yz}=\begin{bmatrix}-1&0&0\\0&1&0\\0&0&1\end{bmatrix}$$

3. 反演操作的矩阵表示

将坐标为(x,y,z)的一点 P 进行反演操作，

$$IP(x,y,z)=\begin{bmatrix}-1&0&0\\0&-1&0\\0&0&-1\end{bmatrix}\begin{bmatrix}x\\y\\z\end{bmatrix}=\begin{bmatrix}x'\\y'\\z'\end{bmatrix}=\begin{bmatrix}-x\\-y\\-z\end{bmatrix}$$

操作矩阵为

$$I=\begin{bmatrix}-1&0&0\\0&-1&0\\0&0&-1\end{bmatrix}$$

4. 旋转反演的矩阵表示

将坐标为(x, y, z)的一点 P 进行旋转反演操作，

$$L_{nz}IP(x,y,z)=\begin{bmatrix}-1&0&0\\0&-1&0\\0&0&-1\end{bmatrix}\begin{bmatrix}\cos\alpha&-\sin\alpha&0\\\sin\alpha&\cos\alpha&0\\0&0&1\end{bmatrix}\begin{bmatrix}x\\y\\z\end{bmatrix}=\begin{bmatrix}-\cos\alpha&\sin\alpha&0\\-\sin\alpha&-\cos\alpha&0\\0&0&-1\end{bmatrix}\begin{bmatrix}x\\y\\z\end{bmatrix}=\begin{bmatrix}x'\\y'\\z'\end{bmatrix}$$

$$L_{4z}^{1}\left(\frac{\pi}{2}\right)IP(x,y,z)=\begin{bmatrix}0&1&0\\-1&0&0\\0&0&-1\end{bmatrix}\begin{bmatrix}x\\y\\z\end{bmatrix}=\begin{bmatrix}y\\-x\\-z\end{bmatrix},\quad L_{4z}^{3}\left(\frac{3\pi}{4}\right)IP(x,y,z)=\begin{bmatrix}0&-1&0\\1&0&0\\0&0&-1\end{bmatrix}\begin{bmatrix}x\\y\\z\end{bmatrix}=\begin{bmatrix}-y\\x\\-z\end{bmatrix}$$

4.2.3　分子点群的分类(Systematic classification of point groups)

按照申夫利斯记号(Schönflies notation)可以将分子点群分为四大类：C 群、D 群、特殊群和多面体群。下面用申夫利斯记号按照四个类别将常见的分子点群分述如下。

1. C 群

C_n 群，只有一个 n 次旋转轴 $\underline{n}$ 的分子，属于 C_n 群。它的对称操作共有 n 个，所以是 n 阶群。例如，过氧化氢的对称操作属于 C_2 群，三叶风扇 C_3 群，图 4.7 是 C_1、C_2 和 C_3 群分子示例，$C_1=\left\{L_1^1=E\right\}$，$C_2=\left\{L_2^1,E\right\}$，$C_3=\left\{L_3^1,L_3^2,E\right\}$。

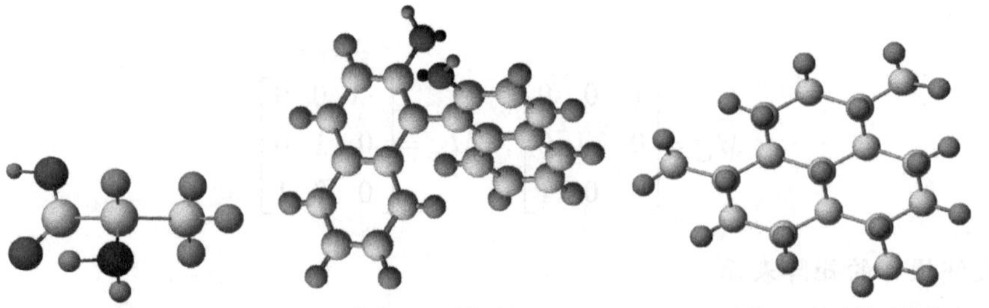

(R)-丙氨酸　　2,2′-二羟基-1,1′-联萘酚(BINOL)　　1,4,7-三甲基-1H-非那烯(迫苯并萘)

图 4.7　C_n 群分子示例模型图

C_{nv} 群，有一个 n 次旋转轴 $\underline{n}$ 和 n 个相交于轴的镜面的分子。它的对称操作共有 $2n$ 个，所以是 $2n$ 阶群。例如，水分子的对称操作集合是 C_{2v} 群。氨分子的对称操作属于 C_{3v} 群。CO、HF、HCl 等分子属于 $C_{\infty v}$ 群。图 4.8 是 C_{2v}、C_{3v}、C_{4v} 和 C_{5v} 群分子示例。

$C_{2v}=\left\{L_2^1,M_1,M_2,E\right\}$，4 阶群(验证群的封闭性的乘法表见表 4.1)。

$C_{3v}=\{L_3^1,L_3^2,M_1,M_2,M_3,E\}$，6 阶群。

$C_{4v}=\left\{L_4^1,L_4^2,L_4^3,M_1,M_2,M_3,M_4,E\right\}$，8 阶群。

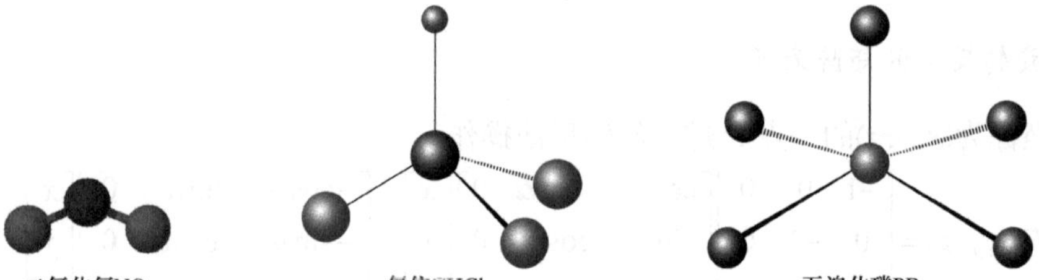

二氧化氮NO_2　　氯仿$CHCl_3$　　五溴化磷PBr_5

图 4.8　C_{nv} 群分子示例模型图

表 4.1　C_{2v} 群的乘法表

C_{2v}	E	L_2^1	M_{xz}	M_{yz}
E	E	L_2^1	M_{xz}	M_{yz}
L_2^1	L_2^1	E	M_{yz}	M_{xz}
M_{xz}	M_{xz}	M_{yz}	E	L_2^1
M_{yz}	M_{yz}	M_{xz}	L_2^1	E

由矩阵验证乘法表，

$$L_{2z}^1L_{2z}^1=\begin{bmatrix}-1&0&0\\0&-1&0\\0&0&1\end{bmatrix}\begin{bmatrix}-1&0&0\\0&-1&0\\0&0&1\end{bmatrix}=\begin{bmatrix}1&0&0\\0&1&0\\0&0&1\end{bmatrix}=E$$

$$L_{2z}^1M_{xz}=\begin{bmatrix}-1&0&0\\0&-1&0\\0&0&1\end{bmatrix}\begin{bmatrix}1&0&0\\0&-1&0\\0&0&1\end{bmatrix}=\begin{bmatrix}-1&0&0\\0&1&0\\0&0&1\end{bmatrix}=M_{yz}$$

$$L_{2z}^{1}M_{yz}=\begin{bmatrix}-1&0&0\\0&-1&0\\0&0&1\end{bmatrix}\begin{bmatrix}-1&0&0\\0&1&0\\0&0&1\end{bmatrix}=\begin{bmatrix}1&0&0\\0&-1&0\\0&0&1\end{bmatrix}=M_{xz}$$

$$M_{yz}M_{xz}=\begin{bmatrix}-1&0&0\\0&1&0\\0&0&1\end{bmatrix}\begin{bmatrix}1&0&0\\0&-1&0\\0&0&1\end{bmatrix}=\begin{bmatrix}-1&0&0\\0&-1&0\\0&0&1\end{bmatrix}=L_{2z}^{1}$$

C_{nh}群，有一个 n 次旋转轴 $\underline{n}$ 和与之垂直的镜面 M_h。它的对称操作共有 $2n$ 个，所以是 $2n$ 阶群。例如，$C_{2h}=\left\{L_2^1,M_h,I,E\right\}$，4 阶群；$C_{3h}=\left\{L_3^1,L_3^2,M_h,L_6^1I,L_6^5I,E\right\}$，6 阶群。反式二氯乙烯为 C_{2h}群。图 4.9 是 C_{2h}和 C_{3h}群分子示例。

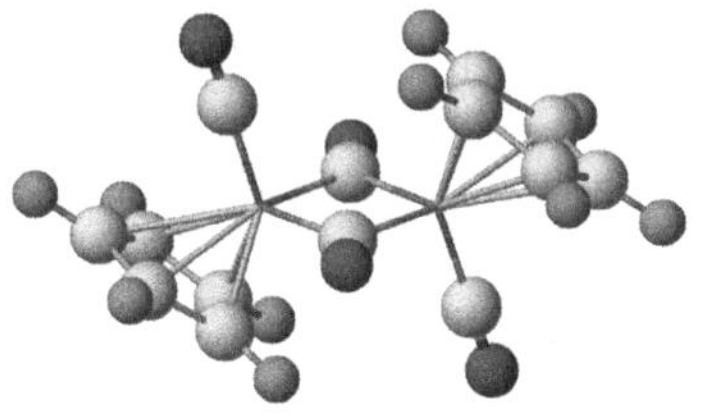

反式二茂二铁羰基化合物$[CpFe(CO)_2]_2$

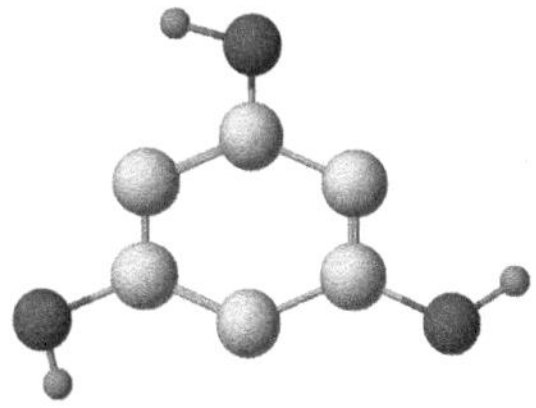

1,3,5-间苯三酚

图 4.9　C_{nh}群分子示例模型图

2. *D* 群

D_n群，有一个沿 z 方向的主旋转轴 $\underline{n}$ 和 n 个垂直于 $\underline{n}$ 次轴的 $\underline{2}$ 次轴。它的对称操作共有 $2n$ 个，所以是 $2n$ 阶群。例如，非全重叠非全交叉的乙烷分子属于 D_3群等(图 4.10)。$D_2=\left\{L_{2z}^1,L_2^1,L_2^{1'},E\right\}$，4 阶群。$D_3=\left\{L_{3z}^1,L_{3z}^2,L_2^1,L_2^{1'},L_2^{1''},E\right\}$，6 阶群。

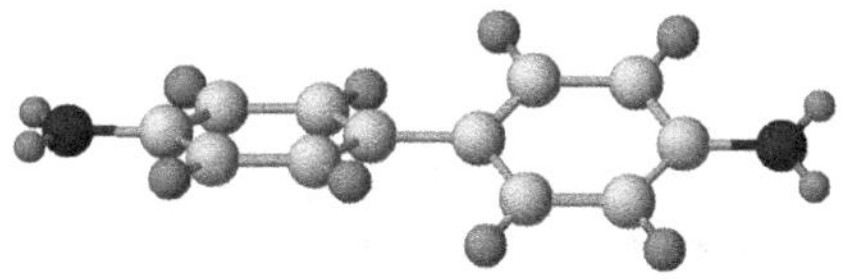

4,4′-二氨基联苯胺

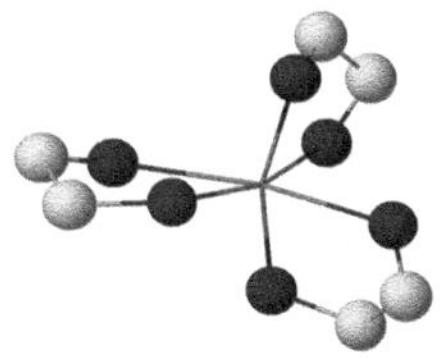

三乙二胺合钴阳离子

图 4.10　D_n群分子示例模型图

D_{nh}群，有一个 $\underline{n}$ 次主旋转轴、n 个垂直于 $\underline{n}$ 次轴的 $\underline{2}$ 次轴和一个垂直于主轴的晶面 m_h，则必有 n 个通过 $\underline{n}$ 次轴和 $\underline{2}$ 次轴的 m_v 晶面。它的对称操作共有 $4n$ 个，所以是 $4n$ 阶群。例如，乙烯是 D_{2h} 群；环丙烷和环丙烯自由基、碳酸根、硝酸根、硼酸根和 $Fe(CO)_5$ 等属于 D_{3h} 群；$[Ni(CN)_4]^{2-}$属于 D_{4h} 群；苯分子是 D_{6h} 群等(图 4.11)；H_2、O_2、N_2、CO_2 等线性分子是 $D_{\infty h}$ 群。

$D_{2h}=\left\{L_{2z}^1,L_2^1,L_2^{1'},M_1,M_2,M_h,I,E\right\}$，8 阶群。

$D_{3h}=\left\{L_{3z}^1,L_{3z}^2,L_2^1,L_2^{1'},L_2^{1''},L_6^1I,L_6^5I,M_1,M_2,M_3,M_h,E\right\}$，12 阶群。

$D_{6h}=\left\{L_{6z}^1,L_{6z}^2,L_{6z}^3,L_{6z}^4,L_{6z}^5,L_2^1,L_2^{1'},L_2^{1''},L_2^{1'''},L_2^{1''''},L_2^{1'''''},L_3^1I,L_3^5I,L_6^1I',L_6^5I',M_1,M_2,M_3,M_4,M_5,M_6,\right.$

$\left.M_h,I,E\right\}$，24 阶群。简记为 $D_{6h}=\left\{5L_6,6L_2,2L_3I,2L_6I,6M,M_h,I,E\right\}$。

图 4.11　D_{nh} 群分子示例模型图

D_{nd} 群，有一个 $\underline{n}$ 次主旋转轴、n 个垂直于 $\underline{n}$ 次轴的 $\underline{2}$ 次轴和 n 个通过 $\underline{n}$ 次轴并平分 $\underline{2}$ 次轴夹角的 m_d 晶面。它的对称操作共有 $4n$ 个，所以是 $4n$ 阶群。例如，丙二烯分子是 D_{2d} 群；全交叉式乙烷分子、椅式环己烷是 D_{3d} 群；S_8 分子是 D_{4d} 群；反式二茂铁是 D_{5d} 群等(图 4.12)。

$D_{2d}=\left\{L_{2z}^1,L_{2x}^1,L_{2y}^1,M_d,M_d',L_{4z}^1I,L_{4z}^3I,E\right\}$，8 阶群。

$D_{3d}=\left\{L_{3z}^1,L_{3z}^2,L_2^1,L_2^{1'},L_2^{1''},L_6^1I,L_6^5I,M_d,M_d',M_d'',I,E\right\}$，12 阶群。

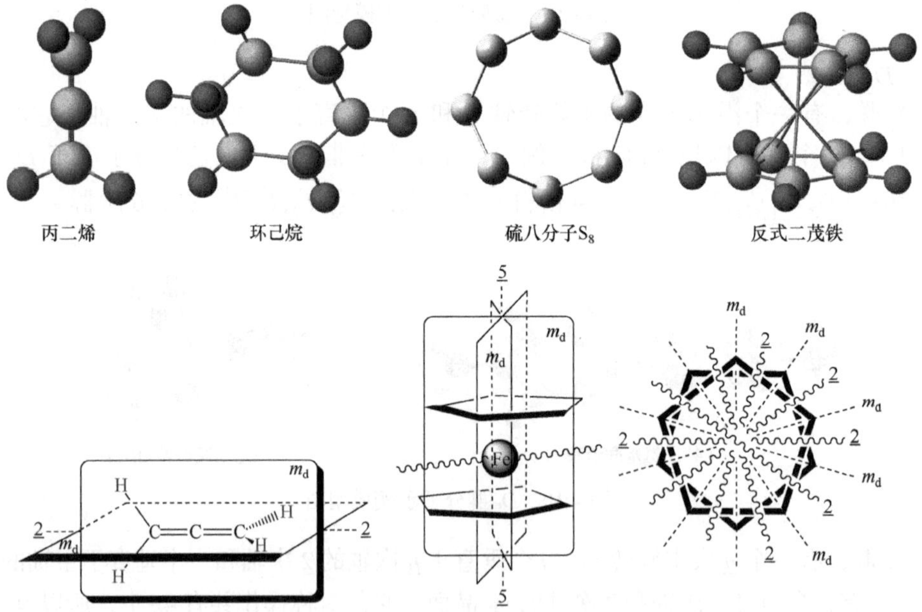

图 4.12　D_{nd} 群分子示例模型图及其对称轴、对称面

3. 特殊群

只有一个对称面的分子记作 C_s 群，$C_s=\{M,E\}$，为 2 阶群。只有一个对称心的分子记作 C_i 群，$C_i=\{I,E\}$，为 2 阶群。只有一个 4 次反轴的分子记作 S_4 群，$S_4=\left\{L_4^1I,L_2^1,L_4^3I,E\right\}$，为 4 阶群。图 4.13 是 C_s、C_i 和 S_4 群分子示例。

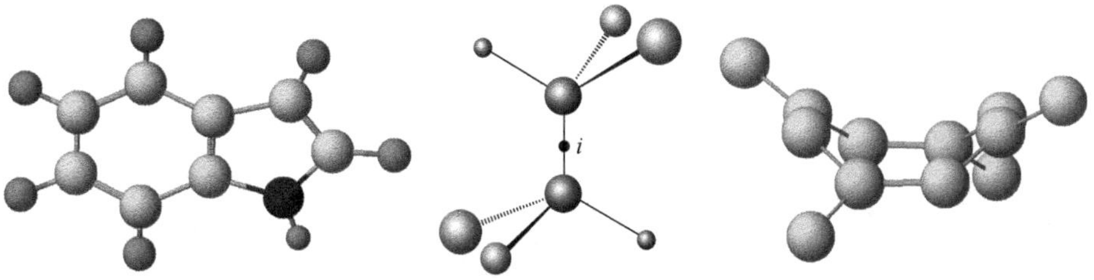

吲哚　(1*R*,2*S*)-1,2-二溴-1,2-二氯乙烷　1,3,5,7-四甲基环辛四烯

图 4.13　C_s、C_i 和 S_4 群分子示例模型图

4. 多面体群

正四面体(tetrahedron)分子属于 T_d 群，有 4 个 $\underline{3}$ 次轴，3 个 $\underline{2}$ 次轴(主轴)，3 个 $\overline{4}$ 次反轴(与 $\underline{2}$ 重叠)，6 个通过 $\underline{2}$ 次轴平分 $\underline{3}$ 次轴的 m_d 镜面(图 4.14)，共有对称操作 24 个，为 24 阶群。例如，甲烷分子、磷酸根、硫酸根、高氯酸根、P_4、$Ni(CO)_4$ 等属于 T_d 群。只有对称轴的四面体分子属于 T 群。若分子没有 6 个 m_d 镜面，却有 3 个垂直于 $\underline{2}$ 次轴的晶面，属于 T_h 群。

$$T_d = \{L_3^1, L_3^2, L_3^{1'}, L_3^{2'}, L_3^{1''}, L_3^{2''}, L_3^{1'''}, L_3^{2'''}, L_2^1, L_2^{1'}, L_2^{1''}, L_4^1 I, L_4^{1'} I, L_4^{1''} I, L_4^3 I, L_4^{3'} I, L_4^{3''} I, M_d, M_d', M_d'', M_d''', M_d'''' M_d''''' E\}$$

简记为：$T_d = \{8L_3, 3L_2, 6L_4 I, 6M_d, E\}$，24 阶群。

$T = \{8L_3, 3L_2, E\}$，12 阶群。

$T_h = \{4L_3^1, 4L_3^2, 3L_2^1, 4L_6^1 I, 4L_6^5 I, 3M_h, I, E\} = \{8L_3, 3L_2, 8L_6 I, 3M_h, I, E\}$，24 阶群。

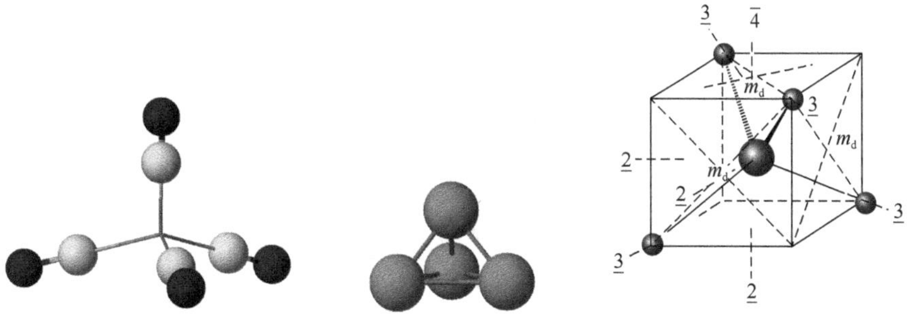

四羰基合镍　单质磷(红磷)　甲烷分子

图 4.14　T_d 群分子示例模型图及其对称元素示意图

正八面体(octahedron)分子属于 O_h 群，有 3 个 $\underline{4}$ 次轴，4 个 $\underline{3}$ 次轴，6 个 $\underline{2}$ 次轴，3 个垂直于 $\underline{4}$ 次轴的 m_h 镜面，6 个通过 $\underline{4}$ 次轴平分 $\underline{3}$ 次轴的 m_d 镜面，一个对称心 i(图 4.15)，共有对称操作 48 个，为 48 阶群，如$[NiF_6]^{3-}$、$[NiCl_6]^{3-}$、$[CoF_6]^{3-}$、$[Co(CN)_6]^{3-}$、SF_6 等。将 O_h 群中的第二类对称操作去除，即只有对称轴的八面体分子属于 O 群。立方体与八面体有完全相同的对称性，也是 O_h 群。

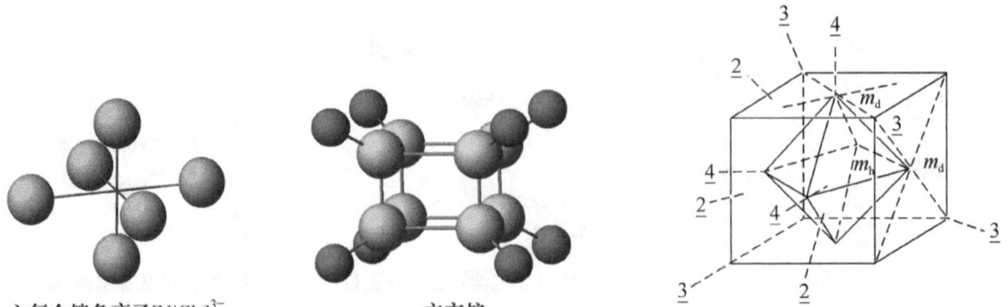

六氯合镍负离子$[NiCl_6]^{3-}$　　立方烷　　对称元素在立方体/八面体的分布

图 4.15　O_h群分子示例模型图及其对称元素示意图

$$O_h=\left\{3L_4^1,3L_4^2,3L_4^3,4L_3^1,4L_3^2,6L_2^1,3L_4^1I,3L_4^3I,4L_6^1I,4L_6^5I,3M_h,6M_d,I,E\right\}$$
$$=\left\{9L_4,8L_3,6L_2,6L_4I,8L_6I,3M_h,6M_d,I,E\right\}，48 阶群。$$

$$O=\left\{3L_4^1,3L_4^2,3L_4^3,4L_3^1,4L_3^2,6L_2^1,E\right\}，24 阶群。$$

八硝基立方烷(octanitrocubane)，由于其八个硝基的随机旋转和转动角度分布不同，所有虚对称操作消失，属于O群。八硝基立方烷首先由芝加哥大学菲利普·伊顿课题组的博士后张茂熹在 1999 年合成，结构由美国海军研究实验室的理查德·希拉尔迪用 X 射线晶体学分析获得。其合成方法非常烦琐，条件苛刻(无水、无氧、−78℃)，产率不高。由于其高对称性，对震动敏感度低，是一种高能炸药，它能微溶于己烷中，易溶于极性有机溶剂中。

分子中的最高对称性有正三角二十面体(icosahedron)、正五角十二面体和 C_{60}，均属于I_d群，有 6 个$\underline{5}$次轴，10 个$\underline{3}$次轴，15 个$\underline{2}$次轴，15 个平分$\underline{2}$次轴的m_d镜面，一个对称心i(图 4.16)，共有对称操作 120 个，为 120 阶群(文献上多记为I_h群，但事实上，它没有垂直于主轴$\underline{5}$的镜面m_h，而是有上述的m_d镜面，所以I_h群记号不符合 h(holing)的含义。同样地，文献中将对称操作与对称元素及对称群的符号混用，如旋转轴用 C_n 表示，旋转操作用C_n^1等表示；晶面和反映操作均用 σ 表示；旋转反映与映轴均用S_n表示等。建议初学者还是将对称元素、对称动作和点群符号加以区分为好)。

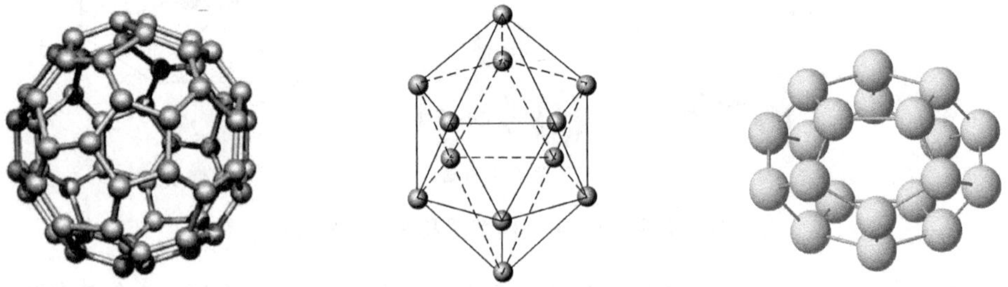

富勒烯/足球烯/C_{60}　　簇合物$[B_{12}H_{12}]^{2-}$(隐氢图)正三角二十面体　　十二面体烷(隐氢图)

图 4.16　I_d群分子示例模型图

$$I_d=\left\{6L_5^1,6L_5^2,6L_5^3,6L_5^4,10L_3^1,10L_3^2,15L_2^1,12L_{10}^1I,12L_{10}^3I,10L_6^1I,10L_6^5I,15M_d,I,E\right\}$$
$$=\left\{24L_5,20L_3,15L_2,24S_{10},20S_6,15M_d,I,E\right\}，120 阶群。$$

将I_d群中的第二类对称操作去除，即只有对称轴的正三角二十面体分子属于I群。

$$I=\{6L_5^1,6L_5^2,6L_5^3,6L_5^4,10L_3^1,10L_3^2,15L_2^1,E\}$$，60 阶群。

作为多面体群中的极限情况，有限图形的最高对称性是一个真正的圆球，如轴承中的钢珠，图 4.17 是 1998 年科学家用 99.994%的高纯单晶硅，花费千万美元打造的世界上最圆的球，希望代替 1889 年国际计量大会上批准的铂铱合金圆柱形砝码 1 kg 的标准，因为其质量发生了改变，轻了 50 μg。新制备的硅圆球体是目前世界上最圆的球体，其对称性可以用 B_h 群来描述，对称动作有无穷多，为无穷阶群。

$$B_h=\{E,\infty\times L_\infty,\infty\times L_2,\infty\times M_v,M_h,I\}$$

图 4.17　B_h 群高纯单晶硅圆球体

4.2.4　分子所属点群的判断(Judgment of point groups)

分子所属点群的判断方法有很多，个人可以根据自己的经验进行总结。常见分子点群的判断方法如图 4.18 所示。

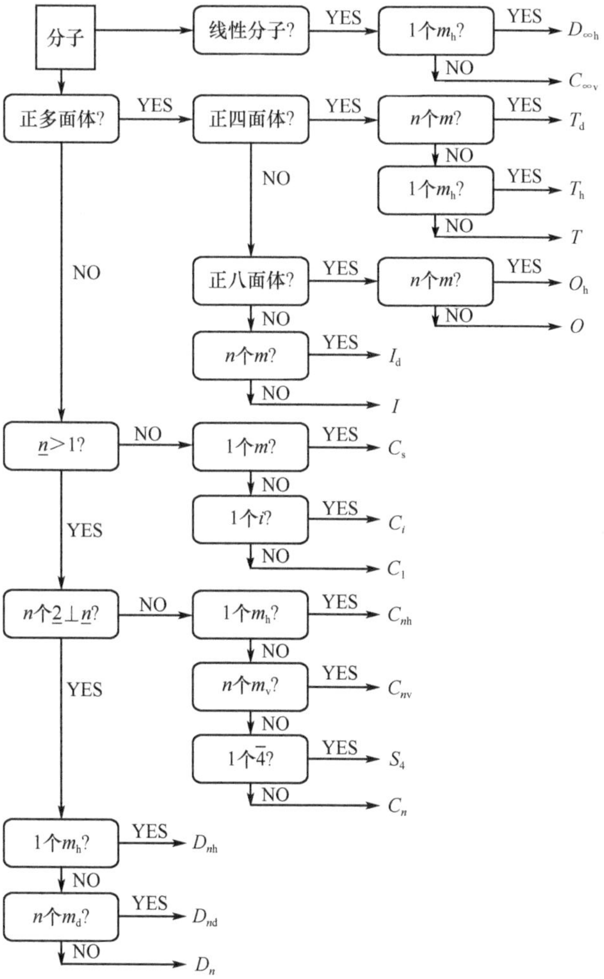

图 4.18　常见分子点群判断流程

4.3 群 的 表 示
(Representation of groups)

4.3.1 对称操作的矩阵表示(Matrix representation of symmetry operators)

以分子的对称操作群为例简要介绍群的表示。已知水分子的点群为 C_{2v} 群：$C_{2v}=\left\{E,L_2^1,M_1,M_2\right\}=\left\{E,C_2,\sigma_{xz},\sigma_{yz}\right\}$，群中每一个元素就是一个对称操作，而其操作的对象是分子。将 4.2.2 小节中对称操作的矩阵表示集合如下：

$$\Gamma_1=\left\{\begin{bmatrix}1&0&0\\0&1&0\\0&0&1\end{bmatrix},\begin{bmatrix}-1&0&0\\0&-1&0\\0&0&1\end{bmatrix},\begin{bmatrix}1&0&0\\0&-1&0\\0&0&1\end{bmatrix},\begin{bmatrix}-1&0&0\\0&1&0\\0&0&1\end{bmatrix}\right\}$$

Γ_1 本身就构成点群 C_{2v} 的一个表示，这个表示本身也是一个群，是 C_{2v} 群的一个同构群，与 C_{2v} 群具有相同的性质，即同阶和相同的乘法表；群中元素的作用对象是分子中的任意一个点的三维坐标(x,y,z)，这个三维坐标(x,y,z)称为 C_{2v} 群的一个基。当选择(x,y)为基，操作矩阵为

$$\Gamma_2=\left\{\begin{bmatrix}1&0\\0&1\end{bmatrix},\begin{bmatrix}-1&0\\0&-1\end{bmatrix},\begin{bmatrix}1&0\\0&-1\end{bmatrix},\begin{bmatrix}-1&0\\0&1\end{bmatrix}\right\}$$

类似地，当将 C_{2v} 群作用于一维坐标 x 时，得到另一个表示 $\Gamma_3=\{[1],[-1],[1],[-1]\}$，它的物理意义是，用不动操作作用到函数 x 上时，其值不变，所以操作矩阵用一维矩阵表示为[1]，用旋转操作 $L_2(C_{2z})$作用到函数 x 上时，其值变号，所以操作矩阵用一维矩阵表示为[−1]，用反映操作 $M_{xz}(\sigma_{xz})$作用到函数 x 上时，其值不变，所以操作矩阵用一维矩阵表示为[1]，用反映操作 $M_{yz}(\sigma_{yz})$作用到函数 x 上时，其值变号，所以操作矩阵用一维矩阵表示为[−1]。显然，当不是 x 而是氧原子的原子轨道波函数 p_x 时，得到的表示矩阵仍为Γ_3。

当选择沿 z 轴旋转操作 R_z 为基，得到的表示为 $\Gamma_4=\{[1],[1],[-1],[-1]\}$。

再看 C_{3v} 群的表示，

$$C_{3v}=\left\{E,L_3^1,L_3^2,M_1,M_2,M_3\right\}=\left\{\hat{E},\hat{C}_3^1,\hat{C}_3^2,\hat{\sigma}_1,\hat{\sigma}_2,\hat{\sigma}_3\right\}$$

当以(x,y,z)为基时，表示为

$$\Gamma_1=\left\{\begin{bmatrix}1&0&0\\0&1&0\\0&0&1\end{bmatrix},\begin{bmatrix}-\frac{1}{2}&-\frac{\sqrt{3}}{2}&0\\\frac{\sqrt{3}}{2}&-\frac{1}{2}&0\\0&0&1\end{bmatrix},\begin{bmatrix}-\frac{1}{2}&\frac{\sqrt{3}}{2}&0\\-\frac{\sqrt{3}}{2}&-\frac{1}{2}&0\\0&0&1\end{bmatrix},\begin{bmatrix}1&0&0\\0&-1&0\\0&0&1\end{bmatrix},\begin{bmatrix}-\frac{1}{2}&\frac{\sqrt{3}}{2}&0\\\frac{\sqrt{3}}{2}&\frac{1}{2}&0\\0&0&1\end{bmatrix},\begin{bmatrix}-\frac{1}{2}&-\frac{\sqrt{3}}{2}&0\\-\frac{\sqrt{3}}{2}&\frac{1}{2}&0\\0&0&1\end{bmatrix}\right\}$$

当以(x,y)为基时，表示为

$$\Gamma_2=\left\{\begin{bmatrix}1&0\\0&1\end{bmatrix},\begin{bmatrix}-\frac{1}{2}&\frac{\sqrt{3}}{2}\\\frac{\sqrt{3}}{2}&-\frac{1}{2}\end{bmatrix},\begin{bmatrix}-\frac{1}{2}&\frac{\sqrt{3}}{2}\\-\frac{\sqrt{3}}{2}&-\frac{1}{2}\end{bmatrix},\begin{bmatrix}1&0\\0&-1\end{bmatrix},\begin{bmatrix}-\frac{1}{2}&\frac{\sqrt{3}}{2}\\\frac{\sqrt{3}}{2}&\frac{1}{2}\end{bmatrix},\begin{bmatrix}-\frac{1}{2}&-\frac{\sqrt{3}}{2}\\-\frac{\sqrt{3}}{2}&\frac{1}{2}\end{bmatrix}\right\}$$

当以 z 或 P_z 为基时，表示为 $\Gamma_3=\{[1],[1],[1],[1],[1],[1]\}$。

可见，对于群(群中元素)来说，选取不同的基(操作对象)，就可以得到群的不同表示。原则上，根据同构群的定义，任何一个群都会有无穷多个表示。对于 C_{2v} 群和 C_{3v} 群的几种表示分别列于表 4.2 和表 4.3 中。

表 4.2　C_{2v} 群的几种表示

C_{2v}	E	C_2^1	σ_{xz}	σ_{yz}	基
Γ_1	$\begin{bmatrix}1&0&0\\0&1&0\\0&0&1\end{bmatrix}$	$\begin{bmatrix}-1&0&0\\0&-1&0\\0&0&1\end{bmatrix}$	$\begin{bmatrix}1&0&0\\0&-1&0\\0&0&1\end{bmatrix}$	$\begin{bmatrix}-1&0&0\\0&1&0\\0&0&1\end{bmatrix}$	(x,y,z)
Γ_2	$\begin{bmatrix}1&0\\0&1\end{bmatrix}$	$\begin{bmatrix}-1&0\\0&-1\end{bmatrix}$	$\begin{bmatrix}1&0\\0&-1\end{bmatrix}$	$\begin{bmatrix}-1&0\\0&1\end{bmatrix}$	(x,y)
Γ_3	[1]	[1]	[−1]	[−1]	x
Γ_4	[1]	[1]	[1]	[1]	R_z
Γ_5	[1]	[1]	[1]	[1]	z

表 4.3　C_{3v} 群的几种表示

C_{3v}	E	C_3^1	C_3^2	σ_1	σ_2	σ_3	基
Γ_1	$\begin{bmatrix}1&0&0\\0&1&0\\0&0&1\end{bmatrix}$	$\begin{bmatrix}-1/2&-\sqrt{3}/2&0\\\sqrt{3}/2&-1/2&0\\0&0&1\end{bmatrix}$	$\begin{bmatrix}-1/2&\sqrt{3}/2&0\\-\sqrt{3}/2&-1/2&0\\0&0&1\end{bmatrix}$	$\begin{bmatrix}1&0&0\\0&-1&0\\0&0&1\end{bmatrix}$	$\begin{bmatrix}-1/2&\sqrt{3}/2&0\\\sqrt{3}/2&1/2&0\\0&0&1\end{bmatrix}$	$\begin{bmatrix}-1/2&-\sqrt{3}/2&0\\-\sqrt{3}/2&1/2&0\\0&0&1\end{bmatrix}$	(x,y,z)
Γ_2	$\begin{bmatrix}1&0\\0&1\end{bmatrix}$	$\begin{bmatrix}-1/2&-\sqrt{3}/2\\\sqrt{3}/2&-1/2\end{bmatrix}$	$\begin{bmatrix}-1/2&\sqrt{3}/2\\-\sqrt{3}/2&-1/2\end{bmatrix}$	$\begin{bmatrix}1&0\\0&-1\end{bmatrix}$	$\begin{bmatrix}-1/2&\sqrt{3}/2\\\sqrt{3}/2&1/2\end{bmatrix}$	$\begin{bmatrix}-1/2&-\sqrt{3}/2\\-\sqrt{3}/2&1/2\end{bmatrix}$	(x,y)
Γ_3	[1]	[1]	[1]	[1]	[1]	[1]	z
Γ_4	[1]	[1]	[−1]	[−1]	[−1]	[−1]	R_z

4.3.2　可约表示与不可约表示(Reducible and irreducible representation)

对于任意一个方阵 A，可以找到一个变换矩阵 S，S^{-1}为 S 的逆矩阵(定义 $SS^{-1}=S^{-1}S=E$)，则可以将矩阵 A 进行一个相似变换：$S^{-1}AS$ 变为对角方块矩阵：

$$S^{-1}AS=S^{-1}\begin{bmatrix}a_{11}&a_{12}&\cdots&a_{1n}\\a_{21}&a_{22}&\cdots&a_{2n}\\\vdots&\vdots&&\vdots\\a_{n1}&a_{n2}&\cdots&a_{nn}\end{bmatrix}S=\begin{bmatrix}(A_1)&0&0\\0&(A_2)&0\\0&0&(A_3)\end{bmatrix}$$

这种变换称为矩阵的约化，变化矩阵 S 称为幺正矩阵[酉矩阵(unitary matrix)]。当矩阵不能再进行约化时称为不可约化矩阵，显然对角矩阵就是不可约化矩阵。

如任意一个绕 z 轴旋转的操作矩阵，

$$R_z(\theta)=\begin{bmatrix}\cos\theta & -\sin\theta & 0\\ \sin\theta & \cos\theta & 0\\ 0 & 0 & 1\end{bmatrix}$$

其幺正矩阵为 $S=\frac{1}{\sqrt{2}}\begin{bmatrix}i & 1 & 0\\ 1 & i & 0\\ 0 & 0 & 1\end{bmatrix}$，逆矩阵为 $S^{-1}=\frac{1}{\sqrt{2}}\begin{bmatrix}-i & 1 & 0\\ 1 & -i & 0\\ 0 & 0 & 1\end{bmatrix}$，则

$$S^{-1}R_zS=\frac{1}{\sqrt{2}}\begin{bmatrix}-i & 1 & 0\\ 1 & -i & 0\\ 0 & 0 & 1\end{bmatrix}\begin{bmatrix}\cos\theta & -\sin\theta & 0\\ \sin\theta & \cos\theta & 0\\ 0 & 0 & 1\end{bmatrix}\frac{1}{\sqrt{2}}\begin{bmatrix}i & 1 & 0\\ 1 & i & 0\\ 0 & 0 & 1\end{bmatrix}=\begin{bmatrix}\mathrm{e}^{\mathrm{i}\theta} & 0 & 0\\ 0 & \mathrm{e}^{-\mathrm{i}\theta} & 0\\ 0 & 0 & 1\end{bmatrix}=R_z'$$

由此可知，群的矩阵表示可以分为可约表示和不可约表示。而对于表 4.2 中 C_{2v} 群 Γ_1、Γ_2 为可约表示，Γ_3、Γ_4 和 Γ_5 为不可约表示；对于表 4.3 中 C_{3v} 群的 Γ_1 为可约表示，Γ_2、Γ_3 和 Γ_4 为不可约表示。

群中元素的分类：按照线性代数中矩阵的运算法则，若群中元素 A 和 B 满足下列关系，

$$A=x^{-1}Bx\,,\quad B=xAx^{-1}$$

则称 A 和 B 为一类(共轭类)，这里 x 为群中的每一个元素，包括单位元素。

4.3.3 群表示的定理(Theorems of group representation)

注意到，经过相似变换(约化)后的 $R_z(\theta)$ 矩阵，其对角元素的和/阵迹(trace)没有变化，即

$$\mathrm{e}^{\mathrm{i}\theta}+\mathrm{e}^{-\mathrm{i}\theta}+1=2\cos\theta+1$$

这就是矩阵的基本性质之一：经相似变换后矩阵的阵迹不变，记作：

$$TrR_z=TrS^{-1}R_zS=TrR_z'$$

对称操作方阵的迹称为特征标(character)，记作 χ。

上式改写为

$$\chi_A=\chi_{S^{-1}AS} \tag{4.1}$$

方阵的特征标还有性质：

$$\chi_{AB}=\chi_{BA} \tag{4.2}$$

定理 1　群的不可约表示的数目等于群中元素的分类数。

例：C_{3v} 群中元素的分类。

先写出 C_{3v} 群的乘法表，然后根据群元素分类的定义，经过运算可以对其分类进行如下。

C_{3v}	E	L_3^1	L_3^2	M_1	M_2	M_3
E	E	L_3^1	L_3^2	M_1	M_2	M_3
L_3^1	L_3^1	L_3^2	E	M_2	M_3	M_1
L_3^2	L_3^2	E	L_3^1	M_3	M_1	M_2
M_1	M_1	M_3	M_2	E	L_3^2	L_3^1
M_2	M_2	M_1	M_3	L_3^1	E	L_3^2
M_3	M_3	M_2	M_1	L_3^2	L_3^1	E

因为

$$EEE=E,\quad L_3^1EL_3^2=E,\quad L_3^2EL_3^1=E,\quad M_1EM_1=E,\quad M_2EM_2=E,\quad M_3EM_3=E$$

所以 E 为独立的一类。

又因为

$$EL_3^1E=L_3^1,\quad L_3^2L_3^1L_3^1=L_3^1,\quad L_3^1L_3^1L_3^2=L_3^1,\quad M_1L_3^1M_1=L_3^2,\quad M_2L_3^1M_2=L_3^2,\quad M_3L_3^1M_3=L_3^2$$
$$EL_3^2E=L_3^2,\quad L_3^2L_3^2L_3^1=L_3^2,\quad L_3^1L_3^2L_3^2=L_3^2,\quad M_1L_3^2M_1=L_3^1,\quad M_2L_3^2M_2=L_3^1,\quad M_3L_3^2M_3=L_3^1$$

所以 L_3^1 和 L_3^2 为一类。

又因为

$$EM_1E=M_1,\ L_3^2M_1L_3^1=M_2,\ L_3^1M_1L_3^2=M_3,\ M_1M_1M_1=M_1,\ M_2M_1M_2=M_3,\ M_3M_1M_3=M_2$$
$$EM_2E=M_2,\ L_3^2M_2L_3^1=M_3,\ L_3^1M_2L_3^2=M_1,\ M_1M_2M_1=M_3,\ M_2M_2M_2=M_2,\ M_3M_2M_3=M_1$$
$$EM_3E=M_3,\ L_3^2M_3L_3^1=M_1,\ L_3^1M_3L_3^2=M_3,\ M_1M_3M_1=M_2,\ M_2M_3M_2=M_1,\ M_3M_3M_3=M_3$$

所以 M_1、M_2 和 M_3 为一类。

定理 2　群的所有不可约表示的维数 l 的平方和等于群的阶数 h：

$$\sum_i l_i^2=h \tag{4.3}$$

群的不可约表示的不动动作对应的特征标等于 0、1、2、3、4 对应的就是维数 l=0、1、2、3、4。此公式中 i 是指群的不可约表示 Γ_i。

例：C_{3v} 群的不可约表示(表 4.5)为 A_1、A_2 和 E，则有 $\sum_i l_i^2=1^2+1^2+2^2=6$ 。

定理 3　群的同一个不可约表示的特征标的平方和等于群的阶数 h：

$$\sum_R \chi_i^2=h \tag{4.4}$$

式中，R 表示群中每一个操作。

例：C_{3v} 群的不可约表示 Γ_2，

$$\sum_R \chi_i^2=2^2+(-1)^2+(-1)^2+0^2+0^2+0^2=6$$

和 Γ_4，

$$\sum_R \chi_i^2 = 1^2 + 1^2 + (-1)^2 + (-1)^2 + (-1)^2 + (-1)^2 = 6$$

定理 4　群的不同不可约表示的特征标互相正交：

$$\sum_R n_k \chi_i(R)\chi_j(R) = 0 \tag{4.5}$$

式中，n_k 为同类元素的个数。

例：C_{3v} 群的不可约表示 A_1 与 A_2：

$$\sum_R n_k \chi_i(R)\chi_j(R) = 1\times1(E)\times1(E) + 2\times1(C_3)\times1(C_3) + 3\times1(\sigma)\times(-1)(\sigma) = 0$$

A_1 与 E：

$$\sum_R n_k \chi_i(R)\chi_j(R) = 1\times1(E)\times2(E) + 2\times1(C_3)\times(-1)(C_3) + 3\times1(\sigma)\times0(\sigma) = 0$$

A_2 与 E：

$$\sum_R n_k \chi_i(R)\chi_j(R) = 1\times1(E)\times2(E) + 2\times1(C_3)\times(-1)(C_3) + 3\times(-1)(\sigma)\times0(\sigma) = 0$$

一般地，可以将定理 3 和定理 4 合并为一个定理，称为正交归一化条件

$$\frac{1}{h}\sum_R n_k \chi_i(R)\chi_j(R) = \delta_{ij}$$

以上所有定理可以归纳为广义正交定理(generalized orthogonality theorem)：

若 Γ_i、Γ_j 为酉矩阵(有限群 G 中的每一个表示，至少有一个等价表示是酉表示)，则

$$\sum_R [\Gamma_i(R)_{mn}][\Gamma_j(R)_{m'n'}]^* = \frac{h}{\sqrt{l_i l_j}}\delta_{ij}\delta_{mm'}\delta_{nn'}$$

式中，Γ_i 为第 i 个不可约表示，是酉矩阵；$(R)_{mn}$ 为第 m 行 n 列的矩阵元；$[\Gamma_i(R)_{mn}]$ 为元素 R 第 i 个不可约表示第 m 行 n 列的矩阵元；$[\Gamma_j(R)_{m'n'}]$ 为元素 R 第 j 个不可约表示第 m' 行 n' 列的矩阵元；l_i 为第 i 个不可约表示的维数；h 为群的阶数(群中元素数目)。

4.3.4　群的特征标表(Character table of groups)

将群的符号、元素、不可约表示及其特征标和不可约表示的基列于同一表格中称为群的特征标表，表 4.4 和表 4.5 分别列出 C_{2v} 群和 C_{3v} 群的特征标表。

表 4.4　C_{2v} 群的特征标表

C_{2v}	E	C_2^1	σ_{xz}	σ_{yz}	基		
A_1	1	1	1	1	z	x^2, y^2, z^2	s
A_2	1	1	−1	−1	R_z	xy	d_{xy}
B_1	1	−1	1	−1	R_y, x	yz	d_{xz}
B_2	1	−1	−1	1	R_x, y	xz	d_{yz}

注：所有一维表示记为 A(对主轴对称)或 B(对主轴反对称)；二维表示记为 E；三维表示记为 T。下角标 1、2 表示对副轴 $\underline{2}$ 对称和反对称，无 $\underline{2}$ 时则表示不同的晶面。s、p、d 等表示原子轨道波函数 ψ_s、ψ_p、ψ_d 等。

表 4.5　C_{3v} 群的特征标表

C_{3v}	E	$2C_3$	$3\sigma_v$	基		
A_1	1	1	1	Z	x^2+y^2, z^2	p_z，d_{z^2}
A_2	1	1	−1	R_z		
E	2	−1	0	$(x,y), (R_x, R_y)$	$(x^2-y^2, z^2), (xz, yz)$	$d_{x^2-y^2}$, d_{xz}, d_{yz}

可约表示向不可约表示展开：

任意一个点群的可约表示可以用不可约表示进行表达，其意义是矩阵的直和。每一个不可约表示在可约表示中所占的数目可以用普遍公式计算得到：

$$m_i = \frac{1}{h}\sum_{k=1}^{l} n_k \chi_k^{(\Gamma)} \chi_k^{(i)} = \frac{1}{h}\sum_{R} \chi_\Gamma(R)\chi_i(R)$$

式中，Γ为可约表示；i 为不可约表示；对类求和有 n_k；对每个操作求和则系数都是 1。例：表 4.3 中 C_{3v} 群的可约表示Γ_1其特征标对应表示为

$$\Gamma_1 = \{3 \quad 0 \quad 1\}$$

用公式求其对不可约表示的展开系数如下：

$$m_{A_1} = \frac{1}{h}\sum_{k=1}^{l} n_k \chi_k^{(\Gamma)} \chi_k^{i} = \frac{1}{6}[1\times3\times1 + 2\times0\times1 + 3\times1\times1] = 1$$

$$m_{A_2} = \frac{1}{h}\sum_{k=1}^{l} n_k \chi_k^{(\Gamma)} \chi_k^{i} = \frac{1}{6}[1\times3\times1 + 2\times0\times1 + 3\times1\times(-1)] = 0$$

所以，

$$\Gamma_1 = A_1 + E$$

$$m_E = \frac{1}{h}\sum_{k=1}^{l} n_k \chi_k^{(\Gamma)} \chi_k^{i} = \frac{1}{6}[1\times3\times2 + 2\times0\times(-1) + 3\times1\times0] = 1$$

若有一个可约表示为$\Gamma_5 = \{5 \quad 2 \quad -1\}$，同样可以得到$\Gamma_5 = A_1 + 2A_2 + E$。其意义也可以用矩阵直和表示为：$\Gamma_1 = A_1 \oplus E$；$\Gamma_5 = A_1 \oplus 2A_2 \oplus E$。这也就代表可约表示展开为不可约表示，或者说用不可约表示对可约表示进行表达。

4.3.5　群表示的应用(Application of representation of groups)

(1) 描述分子振动模式即分子的红外或拉曼光谱。

对水分子一种简便的方法是，设 2 个 OH 键的拉伸振动变量为Δr_1和Δr_2，键角相对于 z 轴的变化为$\Delta\varphi_1$和$\Delta\varphi_2$，可以得到四个变量对于 C_{2v} 群的四个操作的作用结果(分子在 m_{xz} 平面内)列于表 4.6，在操作过程中变量变化的特征表为 0，不变的为 1；其可约表示为$\Gamma_4 = \{4 \quad 0 \quad 4 \quad 0\}$。

表 4.6　水分子键长键角变量在对称操作下的结果及其可约表示

C_{2v}	E	C_2	σ_{xz}	σ_{yz}
Δr_1	1	0	1	0
Δr_2	1	0	1	0
$\Delta\varphi_1$	1	0	1	0
$\Delta\varphi_2$	1	0	1	0
Γ_4	4	0	4	0

$$m_{A_1} = \frac{1}{h}\sum_{k=1}^{l} n_k \chi_k^{(\Gamma)} \chi_k^i = \frac{1}{4}[1\times4\times1+1\times0\times1+1\times4\times1+1\times0\times1] = 2$$

$$m_{A_2} = \frac{1}{h}\sum_{k=1}^{l} n_k \chi_k^{(\Gamma)} \chi_k^i = \frac{1}{4}[1\times4\times1+1\times0\times1+1\times4\times(-1)+1\times0\times(-1)] = 0$$

$$m_{B_1} = \frac{1}{h}\sum_{k=1}^{l} n_k \chi_k^{(\Gamma)} \chi_k^i = \frac{1}{4}[1\times4\times1+1\times0\times(-1)+1\times4\times1+1\times0\times(-1)] = 2$$

$$m_{B_2} = \frac{1}{h}\sum_{k=1}^{l} n_k \chi_k^{(\Gamma)} \chi_k^i = \frac{1}{4}[1\times4\times1+1\times0\times1+1\times4\times(-1)+1\times0\times(-1)] = 0$$

所以，$\Gamma_4 = 2A_1 + 2B_1$。因两个键角变化是互相依附的关系，可以合为一个变量，现在的描述相当于增加了一个不对称振动模式对应不可约表示 B_1，需要扣除，所以水分子的真实振动模式应该是 $\Gamma_4' = 2A_1 + B_1$。用不可约表示对应的基可以判断其对应的振动模式是红外活性的则与偶极矩变化联系，即一维或二维坐标有关，如 x、y、z、(x, y)等；是拉曼活性的则与电子云变化联系，即坐标平方有关，如 x^2、y^2、z^2、xy、yz、xz 等。如果将水分子中三个原子都按照三个坐标运动描述，可以得到 9 个坐标变量$\Delta x^{(O)}$、$\Delta y^{(O)}$、$\Delta z^{(O)}$、$\Delta x^{(H1)}$、$\Delta y^{(H1)}$、$\Delta z^{(H1)}$、$\Delta x^{(H2)}$、$\Delta y^{(H2)}$、$\Delta z^{(H2)}$，其运动在对称操作的表现(表 4.7)可以得到一个 9 维的可约表示，$\Gamma_9 = \{9 \quad -1 \quad 3 \quad 1\}$。

表 4.7　水分子 9 个坐标变量在 C_{2v} 群四个对称操作下的结果及其可约表示

C_{2v}	E	C_2	σ_{xz}	σ_{yz}
$\Delta x^{(O)}$	1	−1	1	−1
$\Delta y^{(O)}$	1	−1	−1	1
$\Delta z^{(O)}$	1	1	1	1
$\Delta x^{(H1)}$	1	0	1	0
$\Delta y^{(H1)}$	1	0	−1	0
$\Delta z^{(H1)}$	1	0	1	0
$\Delta x^{(H2)}$	1	0	1	0
$\Delta y^{(H2)}$	1	0	−1	0
$\Delta z^{(H2)}$	1	0	1	0
Γ_9	9	−1	3	1

按照以上方法可以得到其不可约表示为 $\Gamma_9 = 3A_1 \oplus A_2 \oplus 3B_1 \oplus 2B_2$。

由于 9 个坐标的运动包含 3 个平动和 3 个转动自由度，由 C_{2v} 特征标表可以看出，不可约表示的基 x、y、z 与平动相关，转动与 R_x、R_y、R_z 相关，因此与分子振动相关的不可约表示需要从Γ_9中扣除平动与转动相关的不可约表示。

水分子 9 维运动全部对称类型：　$\Gamma_9 = 3A_1 \oplus A_2 \oplus 3B_1 \oplus 2B_2$

水分子平动对称类型：　$\Gamma_m = A_1 \oplus B_1 \oplus B_2$

水分子转动对称类型：　$\Gamma_r = A_2 \oplus B_1 \oplus B_2$

水分子简正振动对称类型：　$\Gamma_4' = 2A_1 \oplus B_1$

(2) 投影算符(projection operator)方法构建对称性匹配的函数——群轨道。

群轨道是不可约表示的基，这种组合常称为对称性匹配的线性组合(symmetry-adapted linear combination，SALC)。此方法发展出根据分子对称性用原子轨道直接构建出分子轨道，而不用求解薛定谔方程。

投影算符定义：

$$\hat{P}_{\lambda\kappa}^{(j)} = \frac{l_j}{h}\sum_R \Gamma^{(j)}(R)_{\lambda\kappa}^* R$$

式中，R 为群元素(对称操作)；$\Gamma^{(j)}(R)_{\lambda\kappa}^*$ 为第 j 个不可约表示操作 R 的第λ行第 κ 列的矩阵元；l_j 为这个第 j 个不可约表示的维数；h 为群的阶。

投影算符可以应用于任意函数 f，只有函数 f 含有 f_κ 时，结果才不为零，可得到第 j 个不可约表示的基 $f\kappa$，即

$$\hat{P}_{\lambda\kappa}^{(j)} f = \frac{l_j}{h}\sum_R \Gamma^{(j)}(R)_{\lambda\kappa}^* Rf = f_\kappa^{(j)}$$

这就是说，通过投影算符的方法把 $f_\kappa^{(j)}$ 从函数 f 中投影出来。

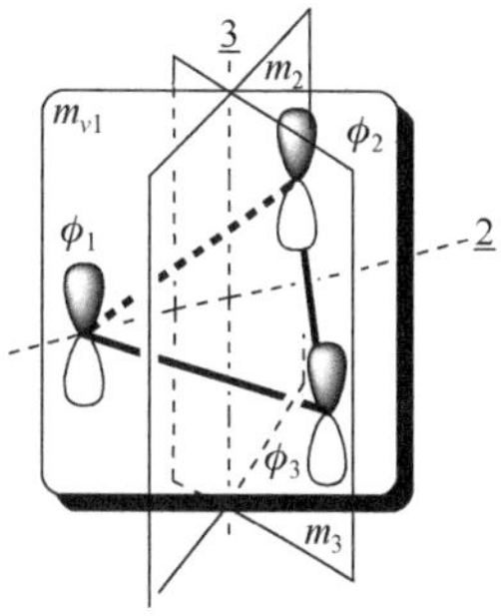

(3) 对于环丙烯基自由基，根据 HMO 法得到轨道能量，在求解其波函数时遇到困难，需要引入对称性才能解决。这里我们按照其点群 D_{3h} 的子群 D_3 群进行处理，求解其由 p 原子轨道组成的 pπ分子轨道。操作对象为 3 个 p 轨道ϕ_1、ϕ_2、ϕ_3，可约表示为 $\Gamma=\{3 \quad 0 \quad -1\}$。因为 E 操作下都不动，特征标为 3，L_3 操作下，都变为另一个，特征标为 0，L_2 操作下，有一个变为反对称，所以特征标为−1。列于 D_3 点群特征标表下一目了然。

D_3	E	$2C_3$	$3C_2$
A_1	1	1	1
A_2	1	1	−1
E	2	−1	0
Γ	3	0	−1

因为

$$m_{A_1} = \frac{1}{h}\sum_{k=1}^{l} n_k \chi_k^{(\Gamma)} \chi_k^i = \frac{1}{6}[1\times3\times1 + 2\times0\times1 + 3\times(-1)\times1] = 0$$

$$m_{A_2}=\frac{1}{h}\sum_{k=1}^{l}n_k\chi_k^{(\Gamma)}\chi_k^{i}=\frac{1}{6}[1\times3\times1+2\times0\times1+3\times(-1)\times(-1)]=1$$

$$m_{E}=\frac{1}{h}\sum_{k=1}^{l}n_k\chi_k^{(\Gamma)}\chi_k^{i}=\frac{1}{6}[1\times3\times2+2\times0\times(-1)+3\times(-1)\times0]=1$$

所以

$$\Gamma=A_2\oplus E$$

实践中不需要这样复杂运算。可以把可约表示像上边那样置于特征标表下边，因为可约表示可以分解为不可约表示的直和，可以按照对称动作考察。对 E 操作(第 1 列)：$\chi(\Gamma)=3=\chi(A_1)+\chi(E)$或$\chi(\Gamma)=3=\chi(A_2)+\chi(E)$；对 L_3 操作(第 2 列)：$\chi(\Gamma)=0=\chi(A_1)+\chi(E)$或$\chi(\Gamma)=0=\chi(A_2)+\chi(E)$；对 L_2 操作(第 3 列)：$\chi(\Gamma)=-1=\chi(A_2)+\chi(E)$。所以$\Gamma=A_2\oplus E$。该法称为视察法。

由 3 个 p 轨道形成的 SALC 轨道通过投影算符方法根据下表得到(令 $f=\phi_1$ 得到 Rf)。

D_3	E	C_3	C_3^2	C_2	C_2'	C_2''
A_1	1	1	1	1	1	1
A_2	1	1	1	-1	-1	-1
E	$\begin{pmatrix}1&0\\0&1\end{pmatrix}$	$\begin{pmatrix}-\frac{1}{2}&-\frac{\sqrt{3}}{2}\\\frac{\sqrt{3}}{2}&-\frac{1}{2}\end{pmatrix}$	$\begin{pmatrix}-\frac{1}{2}&\frac{\sqrt{3}}{2}\\-\frac{\sqrt{3}}{2}&-\frac{1}{2}\end{pmatrix}$	$\begin{pmatrix}-1&0\\0&1\end{pmatrix}$	$\begin{pmatrix}\frac{1}{2}&\frac{\sqrt{3}}{2}\\\frac{\sqrt{3}}{2}&-\frac{1}{2}\end{pmatrix}$	$\begin{pmatrix}\frac{1}{2}&-\frac{\sqrt{3}}{2}\\-\frac{\sqrt{3}}{2}&-\frac{1}{2}\end{pmatrix}$
Rf	ϕ_1	ϕ_2	ϕ_3	$-\phi_1$	$-\phi_3$	$-\phi_2$
$\Gamma^{(E)}(R)_{11}^*$	1	$-1/2$	$-1/2$	-1	$1/2$	$1/2$
$\Gamma^{(E)}(R)_{12}^*$	0	$-\sqrt{3}/2$	$\sqrt{3}/2$	0	$\sqrt{3}/2$	$-\sqrt{3}/2$
$\Gamma^{(E)}(R)_{21}^*$	0	$\sqrt{3}/2$	$-\sqrt{3}/2$	0	$\sqrt{3}/2$	$-\sqrt{3}/2$
$\Gamma^{(E)}(R)_{22}^*$	1	$-1/2$	$-1/2$	1	$-1/2$	$-1/2$

投影到 A_2 不可约表示上，因为只有一个矩阵元，且为实数，得

$$\sum_R\Gamma^{(A_2)}(R)_{\lambda\kappa}Rf=1\times\phi_1+1\times\phi_2+1\times\phi_3+(-1)\times(-\phi_1)+(-1)\times(-\phi_3)+(-1)\times(-\phi_2)=f_\kappa^{(A_2)}$$

$2(\phi_1+\phi_2+\phi_3)=f_\kappa^{(A_2)}$，归一化后得到第一条全对称 SALC 轨道：$\psi^{(A_2)}=1/\sqrt{3}(\phi_1+\phi_2+\phi_3)$；

投影到 E 不可约表示上，分别做 $\hat{P}_{11}^{(E)}$、$\hat{P}_{12}^{(E)}$、$\hat{P}_{21}^{(E)}$、$\hat{P}_{22}^{(E)}$：

$$\sum_R\Gamma^{(E)}(R)_{11}Rf=1\times\phi_1+(-1/2)\times\phi_2+(-1/2)\times\phi_3+(-1)\times(-\phi_1)+1/2\times(-\phi_3)+1/2\times(-\phi_2)=f_1^{(E)}$$

$(2\phi_1-\phi_2-\phi_3)=f^{(E)}$，归一化后得到第二条对称 SALC 轨道：$\psi^{(E)}=1/\sqrt{6}(2\phi_1-\phi_2-\phi_3)$；

$$\sum_R\Gamma^{(E)}(R)_{12}Rf=0\times\phi_1+(-\sqrt{3}/2)\times\phi_2+\sqrt{3}/2\times\phi_3+0\times(-\phi_1)+\sqrt{3}/2\times(-\phi_3)+(-\sqrt{3}/2)\times(-\phi_2)=0$$

$$\sum_R\Gamma^{(E)}(R)_{21}Rf=0\times\phi_1+\sqrt{3}/2\times\phi_2+(-\sqrt{3}/2)\times\phi_3+0\times(-\phi_1)+\sqrt{3}/2\times(-\phi_3)+(-\sqrt{3}/2)\times(-\phi_2)=f_2^{(E)}$$

$\sqrt{3}(\phi_2-\phi_3)=f_2^{(E)}$，归一化后得到第三条对称 SALC 轨道：$\psi^{(E)'}=1/\sqrt{2}(\phi_2-\phi_3)$；

$$\sum_{R}\Gamma^{(E)}(R)_{22}Rf = 1\times\phi_1+(-1/2)\times\phi_2+(-1/2)\times\phi_3+1\times(-\phi_1)+(-1/2)\times(-\phi_3)+(-1/2)\times(-\phi_2)=0$$

所以，环丙烯基自由基的三个归一化的离域π分子轨道为

$$\psi_1 = 1/\sqrt{3}(\phi_1+\phi_2+\phi_3)$$
$$\psi_2 = 1/\sqrt{6}(2\phi_1-\phi_2-\phi_3)$$
$$\psi_3 = 1/\sqrt{2}(\phi_2-\phi_3)$$

4.4　分子对称性和性质的关系
(Relationship between molecular symmetry and properties)

分子的对称性不仅是分子整体的对称性，也包括分子轨道的对称性。每一个分子的对称性决定了物质的形貌对称性。每一条轨道的对称性就决定了分子的化学性质和反应特性。

4.4.1　分子对称性和偶极性(Symmetry and dipole moment of molecules)

分子的偶极矩(dipole moment) $\boldsymbol{\mu}$ 是分子的基本物理特性之一，尤其是对于作为溶剂使用的分子。分子中正负电荷中心重合的分子是非极性分子，不重合的分子是极性分子。中性分子的偶极矩定义是：

$$\boldsymbol{\mu} = q\boldsymbol{r}$$

式中，q 为正负电荷中心所带电荷的电量，C；$\boldsymbol{r}$ 为正负电荷中心的距离(规定方向由正到负)，m；$\boldsymbol{\mu}$ 经常使用的单位是德拜(deb)，1 deb = 3.336×10^{-30} C·m。

分子经过对称操作后就会复原，所以如果一个分子具有永久偶极矩，那么经过对称操作后偶极矩也会复原。由此可以得出：分子的永久偶极矩矢量 $\boldsymbol{\mu}$ 必然与分子的所有对称元素重合。因为，对称元素是对称操作据以进行的点、线或面等，它们在自己衍生的对称操作中自身不会改变。

综上，得出分子具有偶极矩的判据是：没有对称元素相交于一点的分子是极性分子，$\boldsymbol{\mu}\neq 0$。具有 C_n 群、C_{nv} 群和 C_s 群对称性的分子是极性分子。它们的对称元素相交于一条线或只有一个对称面。C_{nh} 群由于 $\underline{n}$ 与 m_h 相交于一点；D 群中，$\underline{n}$ 与 n 个 $\underline{2}$ 相交于一点；C_i 群只有一个点；S_4 群本身也有一个点；多面体群均有主副轴相交于一点，而使得偶极矩为零。常见分子的偶极矩列于表 4.8 中。

表 4.8　常见分子的偶极矩

分子	偶极矩/deb	分子	偶极矩/deb	分子	偶极矩/deb
HF	1.78	H_2O	1.85	NO_2	0.30
HCl	1.07	H_2S	0.95	CO	0.12
HBr	0.79	NH_3	1.47	CH_3Cl	1.92
HI	0.38	NF_3	0.23	CH_2Cl_2	1.60
NO	0.21	NCl_3	0.39	$CHCl_3$	1.04

每个中性分子都是由许多化学键组成的，而每一个化学键都是由一条或多条分子轨道组成的。化学键一般是有极性的，也就是说，正负电荷中心不重合。所以，可以定义一个键矩的概念：化学键所具有的偶极矩称为键矩。

显然，双原子分子的键矩就是它的偶极矩。键矩的数据可以根据分子的偶极矩和分子的空间构型通过矢量加和的方法计算得到。例如，水分子的偶极矩为 1.85 deb，故 $2\mu_{O-H}\times\cos(104.5°/2)=\mu_{H_2O}=1.85\ \text{deb}$，得氢氧键的键矩为 $\mu_{O-H}=1.51\ \text{deb}$。经过对实验数据的整理，人们已经求得常见化学键的键矩(表 4.9)。通过这些数据，可以大致计算一般分子的偶极矩，预测其化学性能，如分子的快原子轰击质谱(FAB)的信号强弱及裂解规律就与分子的偶极矩密切相关。

表 4.9　常见化学键的键矩

化学键	键矩/deb	化学键	键矩/deb	化学键	键矩/deb	化学键	键矩/deb	化学键	键矩/deb
C—H	0.40	C—N	0.22	C—Cl	1.47	C═N	0.90	N═O	2.01
N—H	1.33	C—O	0.75	C—Br	1.42	C═O	2.31	P═O	2.70
O—H	1.51	C—S	0.90	C—I	1.25	C═S	2.01	S═O	3.0
S—H	0.68	C—Se	0.60	N—F	0.17	C≡N	3.54	P═S	3.09
P—H	0.36	C—F	1.39	N—O	0.30	N→O	4.29	N→B	2.55

4.4.2　分子对称性和旋光性(Symmetry and optical rotation of molecules)

手性物质是一对对映异构体(enantiomer)。自伟大的法国化学和微生物学家路易·巴斯德手工拆分(resolution)出酒石酸的铵钠盐(sodium ammonium tartrate，图 4.19)以来，人们从对手性化合物(chiral compound)的研究得到了许多治疗疾病的药物，从而造福了全人类。旋光性是手性分子所特有的物理性质，用比旋光度 $[\alpha]_D^{20}$ (specific optical rotation)来描述物质的旋光性质。例如，(*R*)-柠檬烯 $[\alpha]_D^{20}=+115.5°$，(*S*)-柠檬烯 $[\alpha]_D^{20}=-115.5°$。而构型和人体的味觉直接关联，使得(*R*)-柠檬烯有柠檬味，而(*S*)-柠檬烯却是橙子味(图 4.20)。因为人体组织是左旋的，在识别左旋和右旋时，神经的感知就不一样。

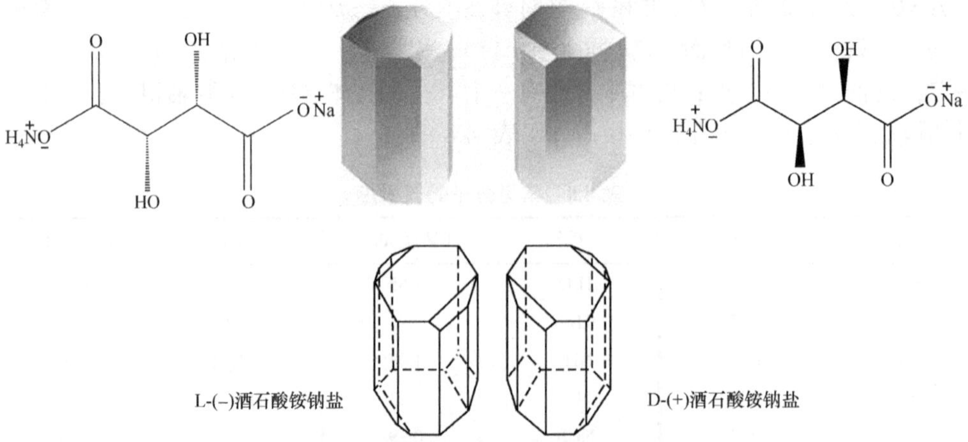

图 4.19　手性酒石酸铵钠盐的晶体与结构式

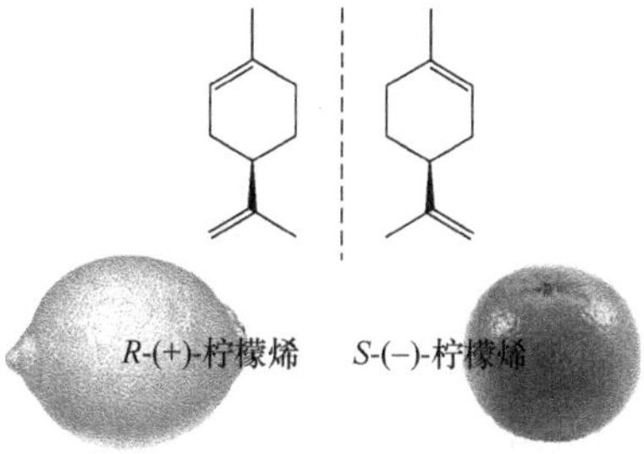

图 4.20 手性柠檬烯(苧烯、苎烯)的结构

从分子的对称性来判断分子的手性。因为手性分子是通过旋转不能使分子与其镜像重合的分子，所以分子内如果有晶面对称元素，分子就能够通过旋转而与其镜像重合。因此，只有具有对称轴的分子才有手性，这是正判据。反判据是，有虚对称元素的分子没有手性。故只有 C_n、D_n、T、O 和 I 群有手性。

分子内没有手性碳原子的分子，只要分子内仅有对称轴，就有旋光性。通常将这些分子统称为轴手性分子，如图 4.7 中的 BINOL 分子、图 4.10 中的三乙二胺合钴阳离子、过氧化氢等。

手性与旋光性以及绝对构型的关系，目前仍是未知的。手性的起源也一直困扰着科学家。为什么生物体内的手性物质都是左旋的呢？为什么右旋蜗牛很多而左旋蜗牛很少？这些都需要不仅是化学家，而且是生物和物理学家继续共同探索的永恒主题之一。

4.5 分子轨道对称性与反应机理
(Symmetry of MO and the reaction mechanism)

回顾量子力学的诞生及其发展历程，它给予化学工作者一个强大的理论工具。使我们不仅通过实验来了解化学物质的性质、性能和变化规律，而且可以通过理论计算，对实验现象进行合理的解释，对物质的性能也可以做出正确的预测等。通过精确求解薛定谔方程得到了关于原子结构和原子轨道的正确概念。原子轨道的对称性和能级高低决定了它们形成分子时分子轨道的对称性和能级高低次序。我们运用定域分子轨道理论解释了分子的空间结构，也同时解释了其空间对称性。运用离域分子轨道(正则轨道)理论解释了分子内电子的能级结构问题。正如原子轨道对称性匹配能够形成分子轨道一样，分子轨道的对称性与分子间的化学反应性能密切相关。最初，关于分子的化学性质均来源于实验。有了量子力学的理论工具，可以应用其原理对化学反应性能进行理论预测。早在 1952 年，日本科学家福井谦一等就发表了关于芳香化合物的反应性能与π电子密度的关系，并首次提出前线轨道的概念，后来被称为前线分子轨道理论。1968 年，美国的霍夫曼和伍德沃德提出了轨道对称守恒的概念解释了共轭分子的环加成反应机理。由于他们的理论对化学的贡献，霍夫曼和福井谦一分享了 1981 年诺贝尔化学奖(伍德沃德由于其对有机化学的贡献已于 1965 年获奖)。

4.5.1 前线分子轨道理论(Frontier molecular orbital theory)

前线分子轨道理论可以简述为：当两个分子互相接近并发生化学反应的条件是一个分子的 HOMO 轨道与另一个分子的 LUMO 轨道的对称性匹配，且电子流向恰当。

例 4.1 氮气和氧气在常规条件下不发生化学反应，因为氮气的 HOMO 的对称性与氧气的 LUMO 的对称性不匹配；而氧气的 HOMO 的对称性与氮气的 LUMO 的对称性匹配，但电子流向被禁止，因为氧原子的电负性大于氮原子的。氧原子的 HOMO 和 LUMO 是同一个轨道，因为它未填满电子(图 4.21)。

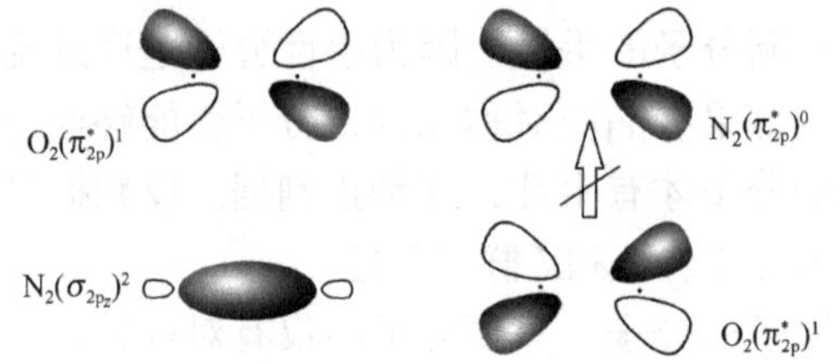

图 4.21 氧气与氮气的前线分子轨道对称性匹配情况

空气中的氮气与氧气在闪电时，氮气 σ_{2p_z} 中的电子被大量激发到 $\pi^*_{2p_x}$ 和 $\pi^*_{2p_y}$ 中，使得 $\pi^*_{2p_x}$ 和 $\pi^*_{2p_y}$ 变为 HOMO 分子轨道，与氧气中的 $\pi^*_{2p_y}$ 和 $\pi^*_{2p_y}$ 对称性匹配，并且电子流向正确，发生化学反应，生成 NO 和 NO_2，并伴随着雨水，变为亚硝酸和硝酸，HNO_2 和 HNO_3 给大地施肥，促进植物蛋白质的生成。因此，当燃煤发电厂的烟气排放中的 NO_x 小于 100 ppm 时，可以不需要脱硝工艺，既可以节省生产成本，又可以减少雾霾天气的产生。

例 4.2 2,4-己二烯的环加成反应。

因为 2,4-己二烯的 π 电子与 1,3-丁二烯的完全相同，由图 4.22 可知，在加热的条件下，它的 HOMO 轨道是 ψ_2。可见，只有 2、5 号原子轨道采取顺旋的方式才能使得原子轨道重叠得到成键的 σ 轨道(图 4.22)。在光照的条件下，它的 HOMO 轨道是 ψ_3，则只有 2、5 号原子轨道采取对旋的方式才能使得原子轨道重叠得到成键的 σ 轨道(图 4.23)。

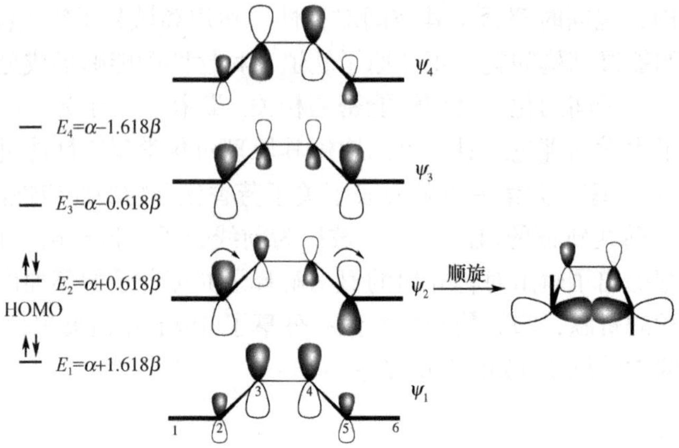

图 4.22 加热条件下 2,4-己二烯的环加成反应分子轨道图

例 4.3 丁二烯与乙烯环加成反应(Diels-Alder reaction，D-A 反应)。它们的环加成反应可以在温和的条件下得到产物。其中丁二烯的 HOMO 与乙烯的 LUMO 对称性匹配，且电子转移方向恰当(图 4.24)。一般地，正常的 D-A 反应，双烯烃连接给电子基(EDG)，单烯烃连接拉电子基(EWG)，反应遵从图 4.24 左侧机理。当双烯烃连接拉电子基(EWG)，单烯烃连接给电子基(EDG)时，反应也可以进行，遵从图 4.24 右侧机理，成为反转电子要求的 D-A 反应。

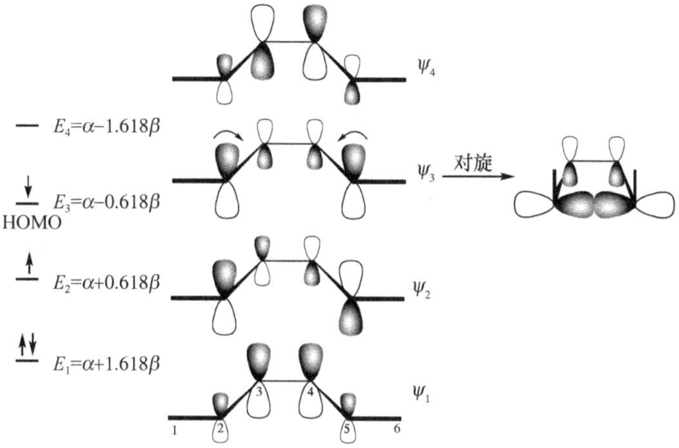

图 4.23 光照条件下 2,4-己二烯的环加成反应分子轨道图

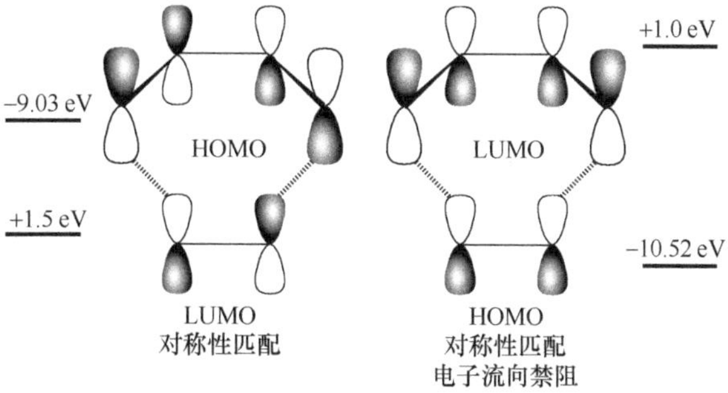

图 4.24 丁二烯与乙烯 D-A 环加成反应的前线分子轨道作用图

例 4.4 乙烯与氢气的加成反应。乙烯的 HOMO 与氢气的 LUMO 对称性不匹配，而氢气的 HOMO 与乙烯的 LUMO 对称性也不匹配，所以乙烯与氢气在没有催化剂的条件下很难发生加成反应。而当加入过渡金属催化剂如雷尼镍后，氢气与乙烯同时吸附到金属上，使得乙烯和氢气的反键上均填充了部分电子，而使其轨道对称性匹配，在室温下，即发生氢气对乙烯的加成反应，是单原子催化机理(图 4.25)。同理，乙烯的聚合反应很难进行，因为一个分子的 HOMO 与另一个分子的 LUMO 的对称性不匹配。只有在催化剂存在下，才能发生自身聚合反应。

可以看到，前线分子轨道理论简化了分子轨道处理化学问题的方式。抓住了问题的实质和主要矛盾，只考虑 HOMO 和 LUMO 的作用使许多化学问题得到简明的解释。

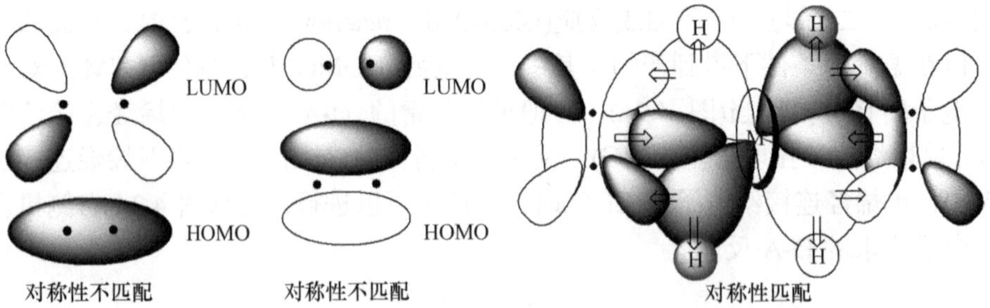

图 4.25　乙烯催化加氢前线分子轨道对称性匹配示意图

4.5.2　分子轨道对称守恒原理(Conservation of orbital symmetry)

分子轨道对称守恒的概念不仅从对称性，而且可以从能量上判断反应的途径和路线。轨道对称守恒可以描述为：反应前、反应过程中和反应后分子轨道的对称性保持不变，那么，只有总体能量降低的途径才是正确的反应路径，能量升高的途径是禁阻的。

仍以 2,4-己二烯的电环化反应为例。当在加热条件下，反应得到顺旋产物。分析以下分子轨道的对称性可知，当顺旋时，分子整体的对称性保持 $\underline{2}$ 次旋转轴不变。所以，将反应物和产物的所有分子轨道对于 $\underline{2}$ 次旋转轴的对称性进行标记，对称(symmetry)记作 S，反对称(asymmetry)记作 A。按照轨道对称守恒原理，将对称性相同、能量相近的反应物和产物的分子轨道连接起来，然后讨论整体能量在反应前后的变化，得出正确的反应途径。

从图 4.26 可见，顺旋过程中，ψ_1 变成了π，ψ_2 变成了σ；ψ_3 变成了σ*，ψ_4 变成了π*。当加热时，电子填入 ψ_1 和 ψ_2 中，反应前后体系的能量相当，反应途径是正确的。当光照时，ψ_2 中的一个电子被激发到 ψ_3 中，反应后，由于轨道对称守恒的限制，ψ_3 转变为σ*，因此体系的能量将升高。这不符合能量最低原理。所以，此路径是禁阻的，即光照不能得到顺旋的产物。

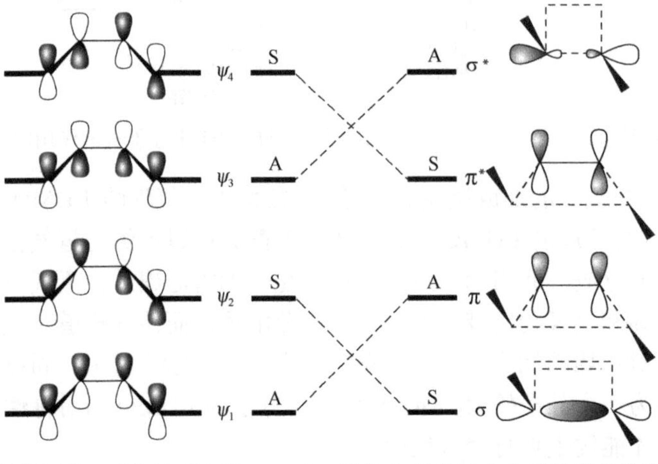

图 4.26　顺旋保持 $\underline{2}$ 对称轴不变的 2,4-己二烯的电环化反应分子轨道对称守恒示意图

从图 4.27 可见，对旋过程中，ψ_1 变成了σ，ψ_2 变成了π*；ψ_3 变成了π，ψ_4 变成了σ*。当加热时，电子填入 ψ_1 和 ψ_2 中，反应后体系的能量升高，反应途径是禁阻的，即

加热得不到对旋的产物。当光照时，ψ_2 中的一个电子被激发到 ψ_3 中，反应后，由于轨道对称守恒的限制，ψ_3 转变为π，因此，体系的能量与反应前相当，此路径是允许的。所以，光照得到对旋产物。

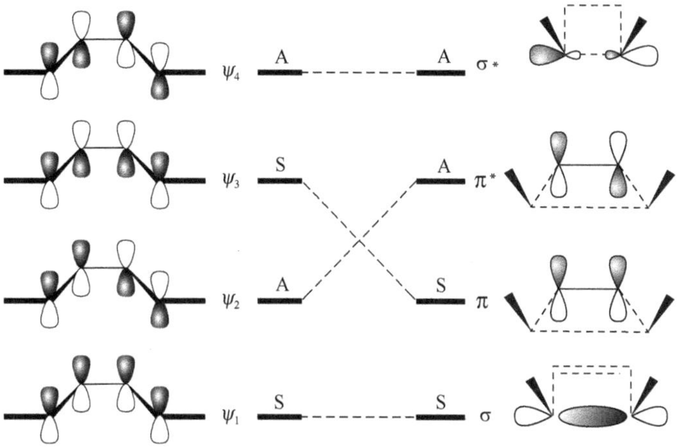

图 4.27　对旋保持镜面 m 对称不变的 2,4-己二烯的电环化反应分子轨道对称守恒示意图

己三烯的电环化反应的分子轨道对称守恒示意图分别示于图 4.28 和图 4.29 中。可见，分子轨道对称守恒可以圆满解释 $4n$ 体系和 $4n+2$ 体系的电合环反应规律，得到了与实验一致的结果。

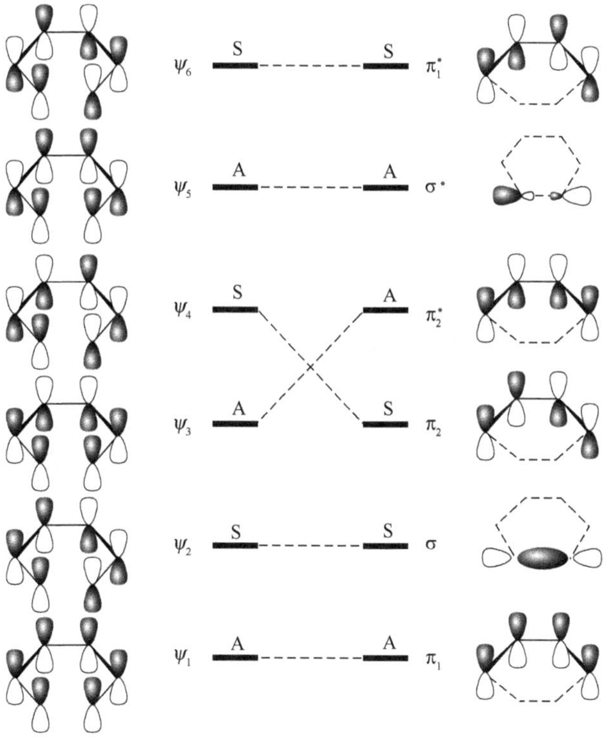

图 4.28　顺旋保持 $\underline{2}$ 对称轴不变的己三烯的电环化反应分子轨道对称守恒示意图

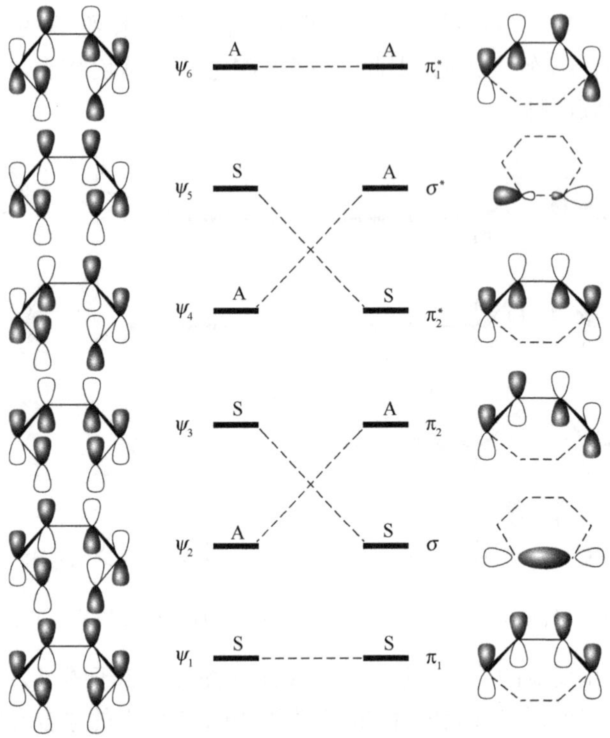

图 4.29　对旋保持镜面 *m* 对称不变的己三烯的电环化反应分子轨道对称守恒示意图

习　　题

1. 判断下列分子的点群并写出全部对称元素和对称操作：

HBr、O_3、PH_3、BH_3、水杨醛、苯、萘、S_8、P_4、丙氨酸、立方烷。

2. 证明五次反轴的非独立性。

3. 举例说明什么点群的分子具有偶极性。

4. 举例说明什么点群的分子具有手性。

5. 用矩阵验证 C_{3v} 群中的元素满足群的乘法。

6. 解释氮气与氧气在常温常压下不能反应的原因。

7. 分别用前线分子轨道理论和分子轨道对称守恒原理图解 Diels-Alder 反应的机理。

8. 七硝基立方烷属于什么点群？推测其氢原子的酸性(pK_a)与乙烯、乙炔和水比较大小。

9. 以氨分子的 NH 键拉伸和弯曲振动为基，写出其点群 C_{3v} 的表示Γ_6。

10. 写出 D_{3h} 群的乘法表，然后将其元素进行分类。

11. 试用氨分子中氢原子的 ψ_{1s} 轨道构建 SALC 群轨道。

12. 概念简答：

(1) 对称图形；(2) 对称动作；(3) 对称元素；(4) 反轴；(5) 群；(6) 群的阶；(7) 手性分子；(8) 键矩；(9) 旋光性；(10) HOMO；(11) LUMO。

君子务本，本立而道生。
——孔子《论语》

第 5 章　分子结构分析原理 (Principles for Analyzing the Molecular Structures)

5.1　分子中的量子化能级 (Quantum energy level of molecules)

分子中的电子在分子轨道中运动，不同的分子轨道对应不同的能级。这里的分子轨道是分子中的单电子空间波函数，在定核近似下由福克算符决定，自洽场方法求出能级高低，而函数表达式为原子轨道的线性组合。

$$\hat{F}=\sum_{j=1}^{n}(\hat{h}_j+J_{ij}+K_{ij})=\sum_{j=1}^{n}\hat{F}_j$$

$$\varepsilon_j=\langle\varepsilon_0\rangle+\langle J_{ij}\rangle+\langle K_{ij}\rangle$$

$$\psi_j=\prod_{i=1}^{k}c_i\psi_i$$

显然，电子所处的能级是量子化的。当分子受到电磁辐射——与光子发生相互作用后，电子吸收光子从基态跃迁到激发态，从而产生电子吸收光谱。而分子作为一个整体，不仅有电子能级，当分子受热运动的影响时，也会有分子的平动能、转动能和化学键的振动能等；当然，分子中各个电子以及原子核都还有转动的能量，这些都是比电子能级更小的能级。将这些影响一律作为微扰项进行处理。那么，分子中每一个电子所具有的能量 E_j 就对应于式(5.1)中的电子能级 E_e 和各种微扰项如振动、转动、平动与核自旋等的加和：

$$E_j=E_e+E_v+E_r+E_T+E_N+\cdots \tag{5.1}$$

式中，E_e 为电子轨道能；E_v 为振动能；E_r 为转动能；E_T 为平动能(设为零)；E_N 为核自旋。

分子不同光谱的能级与电磁波的关系见表 5.1。

表 5.1　分子各种能级跃迁与波谱范围

光谱	核磁共振谱 10^6　10^7　10^8　10^9	电子顺磁共振谱 10^{10}　10^{11}　10^{12}	转动光谱 10^{13}	振动光谱 10^{14}	电子光谱 10^{15}	10^{16}	ν/Hz
射线	射频波	微波	红外		可见	紫外	
跃迁	10^5　10^4　10^3　10^2 核塞曼能级	10　1　10^{-1} 电子塞曼能级	10^{-2} 转动能级	10^{-3}　10^{-4} 振动能级	10^{-5} 电子能级	10^{-6}	λ/cm

5.2 分 子 光 谱
(Molecular spectroscopy)

分子光谱包括分子的转动光谱、振动光谱和电子光谱。振动光谱包括红外和拉曼光谱，电子光谱包括紫外-可见吸收光谱、荧光光谱和磷光光谱等。分子中的电子能级(ψ_n)、振动能级(ψ_v)和转动能级(ψ_J)之间的关系示意图见图 5.1。

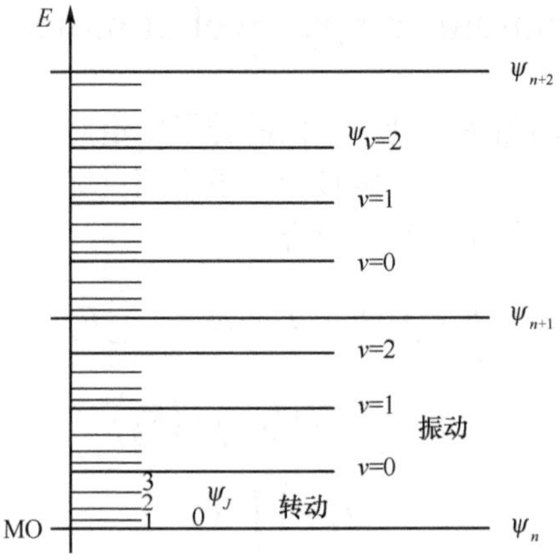

图 5.1　分子中能级示意图

5.2.1 转动光谱(Rotational spectroscopy)

分子整体的转动所引起的能量变化比较小，为 0.01～10^{-4} eV，所以转动光谱的谱峰宽度较窄，是线状谱。像处理所有的量子力学体系一样，首先要对分子的转动写出其薛定谔方程、求解得到能量和波函数。以双原子分子为例写出其薛定谔方程。

1. 刚性转子模型

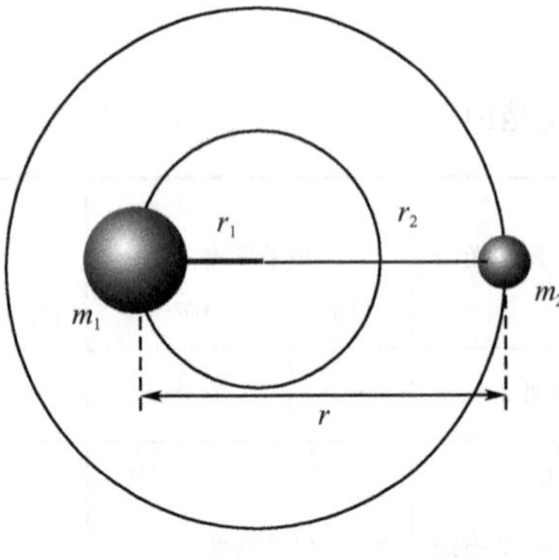

图 5.2　刚性转子模型

两个质量分别为 m_1 和 m_2 的原子，当其间距 r 不变时，如图 5.2 所示，力学模型为刚性不变的小球体绕着其质心转动。显然，此时分子保持质心不动，必须要求力矩相等：$m_1r_1 = m_2r_2$，则 $m_1r_1 + m_2r_1 = m_2r_2 + m_2r_1$，即

$$(m_1 + m_2)r_1 = m_2(r_2+r_1) = m_2r$$

得

$$r_1 = \frac{m_2}{m_1 + m_2}r \tag{5.2}$$

同理得

$$r_2 = \frac{m_1}{m_1 + m_2} r \tag{5.3}$$

分子的转动惯量为

$$\begin{aligned} I &= \sum_i m_i r_i^2 = m_1 r_1^2 + m_2 r_2^2 = m_1 \left(\frac{m_2}{m_1 + m_2} r \right)^2 + m_2 \left(\frac{m_1}{m_1 + m_2} r \right)^2 \\ &= \frac{m_1 m_2^2 + m_2 m_1^2}{(m_1 + m_2)^2} r^2 = \frac{m_1 m_2}{m_1 + m_2} r^2 = \mu r^2 \end{aligned} \tag{5.4}$$

式中，μ 为折合质量(约化质量，reduced mass)。这样，就将两体问题转变为单体问题。同理，对于多原子分子，可以两两分步处理，最终得到分子总的转动惯量 I。

由于 r 保持不变，因此体系的势能 $V = 0$；质心不动，平动能 $T = 0$；这样分子的转动动能为

$$T_{\mathrm{r}} = \frac{1}{2}\mu \upsilon^2 = \frac{p^2}{2\mu} = \frac{(\mu \upsilon r)^2}{2\mu r^2} = \frac{M^2}{2\mu r^2} = \frac{M^2}{2I}$$

故分子的转动哈密顿量为

$$\hat{H} = \hat{T}_{\mathrm{r}} = \frac{\hat{M}^2}{2I} \tag{5.5}$$

对应的薛定谔方程为

$$\hat{H}\psi_{\mathrm{r}} = \frac{\hat{M}^2}{2I}\psi_{\mathrm{r}} = E_{\mathrm{r}}\psi_{\mathrm{r}} \tag{5.6}$$

由 $\hat{M}^2 Y(\theta,\phi) - \hbar^2 l(l+1) Y(\theta,\phi) = 0$ 可知，氢原子的角度函数 $Y(\theta, \phi)$是电子角动量平方算符的本征函数。与式(5.6)比较，显然 Y 函数也是分子转动哈密顿算符的本征函数。将量子数改用 J 来描述分子转动能量的量子化，得到分子转动能级的表达式为

$$E_{\mathrm{r}} = \frac{\hbar^2}{2I} J(J+1), \quad J = 0,1,2,3,\cdots \tag{5.7}$$

谱项记作：

$$T(J) = \frac{E_J}{hc} = BJ(J+1)$$

式中，$B = \dfrac{h}{8\pi^2 Ic} = \dfrac{h}{8\pi^2 \mu r^2 c}$ 称为分子的转动光谱常数，单位为 cm^{-1}。

分子的转动光谱，所用射频为远红外或微波谱(表 5.1)。一般测得分子的转动吸收光谱。量子力学证明，分子的转动吸收光谱选律是：

(1) 整体选律：极性分子才有转动吸收光谱。

(2) 具体选律：$\Delta J = \pm 1$，相邻能级间才能发生跃迁。

能级差公式为

$$\Delta E(J)=E_{J+1}-E_J=\frac{\hbar^2}{2I}[(J+1)(J+2)-J(J+1)]=\frac{h^2}{8\pi^2 I}[2(J+1)] \tag{5.8}$$

用波数表达：

$$\tilde{\nu}(J)=\frac{\Delta E}{hc}=T_{J+1}-T_J=\frac{h}{8\pi^2 Ic}[2(J+1)]=2B(J+1) \tag{5.9}$$

可见，分子的转动光谱波数与转动惯量成反比，分子的质量越大，波数越小。

由式(5.9)可见，第一条谱线为 $2B(J=0\rightarrow1)$，第二条谱线为 $4B(J=1\rightarrow2)$，第三条谱线为 $6B(J=2\rightarrow3)$等。所有转动光谱谱线的间隔均为 $2B$(图 5.3)。

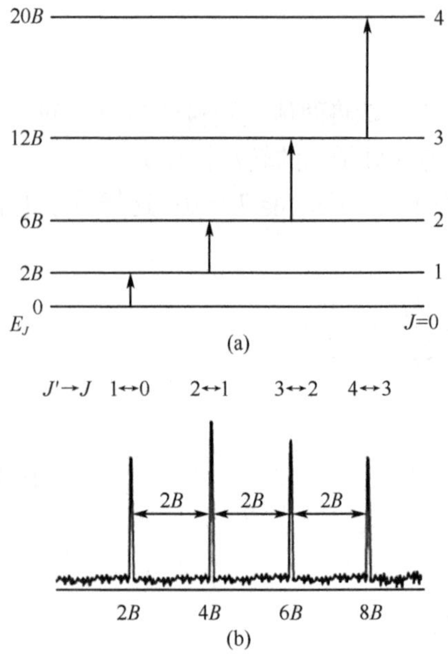

图 5.3　刚性转子能级(a)与纯转动光谱(b)

对于一个双原子分子，已知其转动光谱，可以通过式(5.9)求得其分子的键长 r。

例如，$^{12}C^{16}O$ 的转动光谱的第一条线($J=0\rightarrow1$)为 3.84235 cm^{-1}(图 5.4)，那么

$$\tilde{\nu}(0)=2B=3.84235\ \text{cm}^{-1}$$

$$I=\frac{h}{8\pi^2 Bc}=1.4570\times10^{-46}\text{kg}\cdot\text{m}^2$$

因为
$$\mu=\frac{m_C m_O}{m_C+m_O}=\frac{M_C M_O}{(M_C+M_O)N_A}=\frac{12\times16}{(12+16)\times6.022141\times10^{23}}=1.138655\times10^{-26}(\text{kg})$$

所以
$$r_{CO}=\sqrt{I/\mu}=1.1312\times10^{-10}\text{m}=113.12\text{ pm}$$

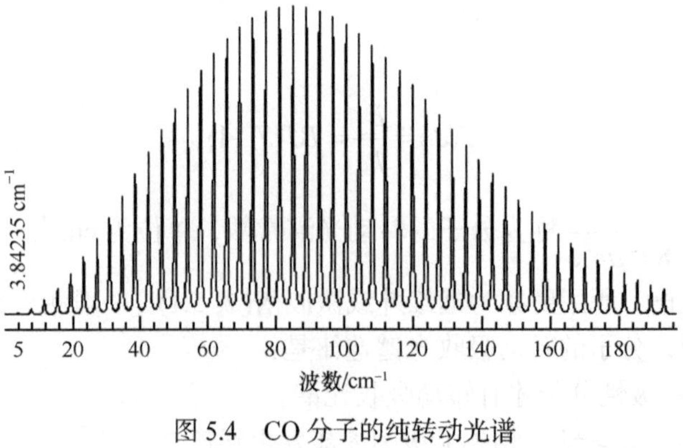

图 5.4　CO 分子的纯转动光谱

吉列姆(Gilliam)发现，当用同位素分子 ^{13}CO 测量时，得到的第一条谱线是在 $\tilde{\nu}(0)=2B=3.67337$ cm^{-1} 处出现的，符合分子质量越大 B 越小的规律。由此可以计算得到碳原

子的同位素质量：

$$\frac{B}{B'}=\frac{\mu}{\mu'}=\frac{3.84235}{3.67337}=1.0460,\ m'=13.0005$$

HCl 分子的纯转动光谱见图 5.5，从中看不出同位素峰，原因是能量较低和分辨率不够。在高分辨的振动-转动谱中可以明显地看到同位素峰(图 5.6)。

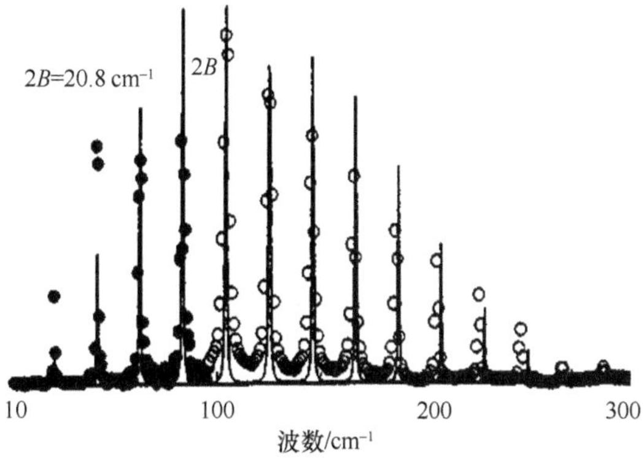

图 5.5　HCl 分子纯转动光谱

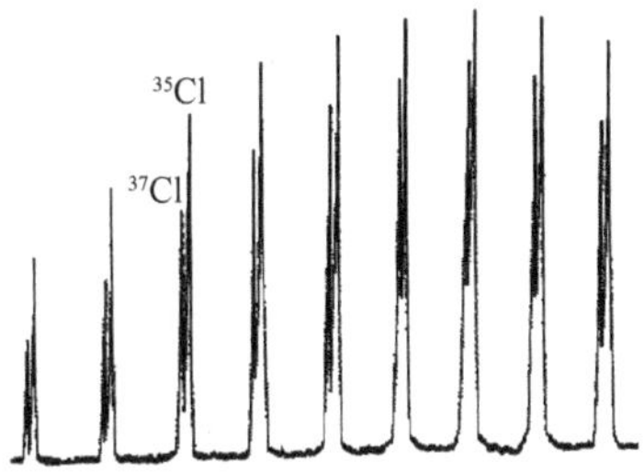

图 5.6　HCl 分子的同位素效应

HF 的转动光谱数据列于表 5.2 中。可以看到，当转动能级增大时，B 值变小，r 值增大。这一现象不能用刚性转子模型解释。为此，引入非刚性转子模型。

表 5.2　HF 的转动光谱和计算键长数据

谱线	跃迁 $J \to J'$	$\tilde{\nu}(J)$ / cm^{-1}	$\Delta\tilde{\nu}=2B$ /cm^{-1}	r/pm
1 $\tilde{\nu}(0)$	0→1	41.08	41.08	92.6
2 $\tilde{\nu}(1)$	1→2	82.19	41.11	92.6
3 $\tilde{\nu}(2)$	2→3	123.15	40.96	92.7
4 $\tilde{\nu}(3)$	3→4	164.00	40.85	92.9
5 $\tilde{\nu}(4)$	4→5	204.62	40.62	93.1
6 $\tilde{\nu}(5)$	5→6	244.93	40.31	93.5
7 $\tilde{\nu}(6)$	6→7	285.01	40.08	93.8
8 $\tilde{\nu}(7)$	7→8	324.65	39.64	94.3
9 $\tilde{\nu}(8)$	8→9	363.93	39.28	94.7
10 $\tilde{\nu}(9)$	9→10	402.82	38.89	95.2

2. 非刚性转子模型

刚性转子模型中原子间距离 r 不变。实际上，当分子高速旋转时，r 会被拉长，也就是说，此时分子的转动有了势能项(胡克定律)：

$$V=\frac{1}{2}kx^2=\frac{1}{2}k(r-r_{\rm e})^2$$

这就是对式(5.5)和式(5.6)的微扰项。可以得到能级的修正表达式为

$$E_J = \frac{\hbar^2}{2I}J(J+1) - \frac{\hbar^4}{2I^2 r_e^2 k}J^2(J+1)^2，\ J = 0,1,2,3,\cdots \tag{5.10}$$

谱项为

$$T(J) = \frac{E_J}{hc} = BJ(J+1) - DJ^2(J+1)^2$$

式中，$D = \dfrac{h^3}{32\pi^4 r^2 I^2 ck} = \dfrac{h^3}{32\pi^4 \mu^2 r^6 ck}$，称为非刚性系数。选律仍为 $\Delta J = \pm 1$。

光谱波数(wave number)为

$$\tilde{\nu}(J) = T_{J+1} - T_J = 2B(J+1) - 4D(J+1)^2，\ J = 0,1,2,3,\cdots \tag{5.11}$$

由式(5.11)可知，随着 J 值增大，即分子转动速率越大，光谱线之间的差值越小。当已知化学键力常数 k 时，即可准确预测 $2B$ 的变化。

5.2.2 振动光谱(Vibration spectroscopy)

分子的振动吸收光谱是由分子的热运动引起的定域化学键(价键)振动，造成原子在平衡核间距附近的移位——化学键的伸缩或弯曲造成对分子中电子的附加能量。

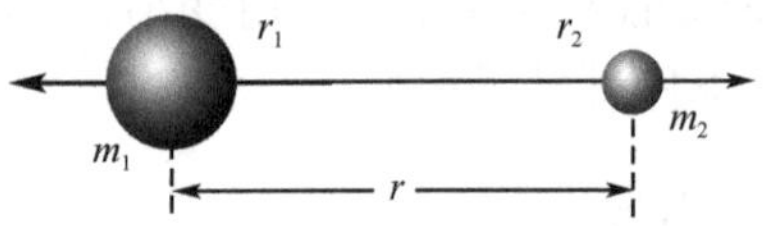

图 5.7　双原子分子的振动模型

1. 谐振子模型

对于双原子分子的振动模型见图 5.7。当将其看作谐振子时，分子动能的两体问题转化为单体问题：

$$\begin{aligned} T &= T_1 + T_2 = \frac{1}{2}m_1\upsilon_1^2 + \frac{1}{2}m_2\upsilon_2^2 = \frac{1}{2}m_1\left(\frac{\mathrm{d}r_1}{\mathrm{d}t}\right)^2 + \frac{1}{2}m_2\left(\frac{\mathrm{d}r_2}{\mathrm{d}t}\right)^2 \\ &\xlongequal{\text{将式(5.2)、式(5.3)代入}} \frac{1}{2}\left\{m_1\left(\frac{m_2}{m_1+m_2}\right)^2 + m_2\left(\frac{m_1}{m_1+m_2}\right)^2\right\}\left(\frac{\mathrm{d}r}{\mathrm{d}t}\right)^2 = \frac{1}{2}\mu\upsilon^2 = \frac{p^2}{2\mu} \end{aligned} \tag{5.12}$$

势能为

$$V = \frac{1}{2}kx^2 = \frac{1}{2}k(r - r_e)^2 \tag{5.13}$$

体系哈密顿算符为

$$\hat{H} = \frac{\hat{p}^2}{2\mu} + V = -\frac{\hbar^2}{2\mu}\frac{\mathrm{d}^2}{\mathrm{d}x^2} + \frac{1}{2}kx^2 \tag{5.14}$$

薛定谔方程为

$$\left(-\frac{\hbar^2}{2\mu}\frac{\mathrm{d}^2}{\mathrm{d}x^2} + \frac{1}{2}kx^2\right)\psi(x) = E_v\psi(x) \tag{5.15}$$

整理为

$$\frac{d^2\psi}{dx^2}+\left(\frac{2\mu E}{\hbar^2}-\frac{\mu}{\hbar^2}kx^2\right)\psi=0 \tag{5.16}$$

令

$$\alpha=\frac{2\mu E}{\hbar^2},\quad \beta=\frac{\sqrt{\mu k}}{\hbar} \tag{5.17}$$

得

$$\frac{d^2\psi}{dx^2}+(\alpha-\beta^2x^2)\psi=0 \tag{5.18}$$

再令 $y=\sqrt{\beta}x$，得

$$\frac{d^2\psi(y)}{dy^2}+\left(\frac{\alpha}{\beta}-y^2\right)\psi(y)=0 \tag{5.19}$$

当 $y\to\pm\infty$时，有 $\psi''\approx y^2\psi$ ，它的解为 $\psi(y)=Ae^{\pm y^2/2}$ ，故设 $\psi(y)=u(y)e^{-y^2/2}$ ，$\frac{\alpha}{\beta}=\lambda$，得

$$u''-2yu'+(\lambda-1)u=0 \tag{5.20}$$

用级数解法求解方程：

令

$$u=a_0+a_1y+a_2y^2+\cdots=\sum_{\upsilon=0}^{\infty}a_\upsilon y^\upsilon \tag{5.21}$$

则

$$u'=a_1+2a_2y+3a_3y^2+\cdots=\sum_{\upsilon=0}^{\infty}\upsilon a_\upsilon y^{\upsilon-1}$$

$$u''=2a_2+3\cdot 2a_3y+\cdots=\sum_{\upsilon=0}^{\infty}\upsilon(\upsilon-1)a_\upsilon y^{\upsilon-2}$$

将上面三式代入式(5.20)得

$$\sum_{\upsilon=0}^{\infty}\upsilon(\upsilon-1)a_\upsilon y^{\upsilon-2}-2y\sum_{\upsilon=0}^{\infty}\upsilon a_\upsilon y^{\upsilon-1}+(\lambda-1)\sum_{\upsilon=0}^{\infty}a_\upsilon y^\upsilon=0$$

改写为

$$\sum_{\upsilon=0}^{\infty}(\upsilon+2)(\upsilon+1)a_{\upsilon+2}y^\upsilon-\sum_{\upsilon=0}^{\infty}2\upsilon a_\upsilon y^\upsilon+(\lambda-1)\sum_{\upsilon=0}^{\infty}a_\upsilon y^\upsilon=0$$

得

$$(\upsilon+2)(\upsilon+1)a_{\upsilon+2}-2\upsilon a_\upsilon+(\lambda-1)a_\upsilon=0$$

所以，系数间递推公式为

$$a_{\upsilon+2} = \frac{2\upsilon-(\lambda-1)}{(\upsilon+2)(\upsilon+1)}a_\upsilon \tag{5.22}$$

当 $\lambda-1=2\upsilon$，$\upsilon=0,1,2,\cdots$ 时，级数收敛，满足品优函数的有限性条件。

将式(5.17)和 $\frac{\alpha}{\beta}=\lambda$ 代入得

$$E_\upsilon = \hbar\sqrt{\frac{k}{\mu}}\left(\upsilon+\frac{1}{2}\right) = \left(\upsilon+\frac{1}{2}\right)h\nu，\ \upsilon=0,1,2,\cdots \tag{5.23}$$

式中，$\nu=\frac{1}{2\pi}\sqrt{\frac{k}{\mu}}$ 为谐振子的经典振动频率。

谱项为

$$T(\upsilon)=\frac{E_v}{hc}=\left(\upsilon+\frac{1}{2}\right)\tilde{\nu}$$

可见谐振子的能量是量子化的，当 $\upsilon=0$ 时，具有零点能

$$E_0=\frac{1}{2}h\nu_0$$

式中，ν_0 为基本振动频率。

量子力学证明，谐振子的跃迁选律是：极性双原子分子 $\Delta\upsilon=\pm1$。我们将谐振子的能量 E_v 置于其势能曲线中(图 5.8)，可以看出，它们是等间隔的，由光谱选律可知其振动光谱只有一条。

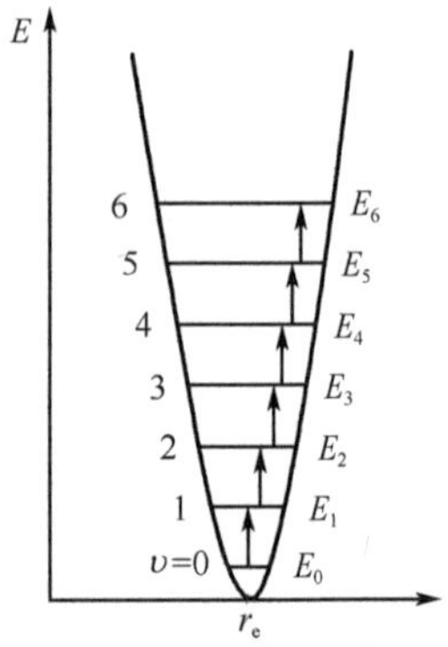

图 5.8　谐振子能量与势能

$$\tilde{\nu}=T_{\upsilon+1}-T_\upsilon=\tilde{\nu}_0$$

谐振子的振动光谱与量子数无关，$\tilde{\nu}_0$ 为基波数。

但是，在实际分子中，情况并非如此。所以，要对模型进行修正。

2. 非谐振子模型

势能修正为

$$V=\frac{1}{2}kx^2+\beta x^3=\frac{1}{2}k(r-r_e)^2+\beta(r-r_e)^3 \tag{5.24}$$

可以求得能量表达式为

$$E_v=\left(\upsilon+\frac{1}{2}\right)h\nu-\eta\left(\upsilon+\frac{1}{2}\right)^2h\nu，\quad \upsilon=0,1,2,\cdots \tag{5.25}$$

式中，η 为非谐性系数。

谱项为

$$T_\upsilon = \left(\upsilon + \frac{1}{2}\right)\tilde{\nu} - \eta\left(\upsilon + \frac{1}{2}\right)^2 \tilde{\nu}$$

此时的光谱跃迁选律变为 $\Delta\upsilon = \pm 1, \pm 2, \pm 3, \cdots$。

我们将非谐振子的能量 E_v 置于其势能曲线中(图 5.9)，可以看出，它们是不等间隔的。

由此得到双原子分子的振动吸收光谱为

吸收峰基谱带：　$\tilde{\nu}_{0\to1} = \tilde{\nu}_0(1-2\eta)$

倍频峰：　$\tilde{\nu}_{0\to2} = 2\tilde{\nu}_0(1-3\eta)$

三倍频峰：　$\tilde{\nu}_{0\to3} = 3\tilde{\nu}_0(1-4\eta)$

四倍频峰：　$\tilde{\nu}_{0\to4} = 4\tilde{\nu}_0(1-5\eta)$

吸收峰基谱带比倍频峰强很多，例如，HCl 各振动吸收峰的分布见示意图 5.10。各吸收峰的强度是由跃迁概率决定的。

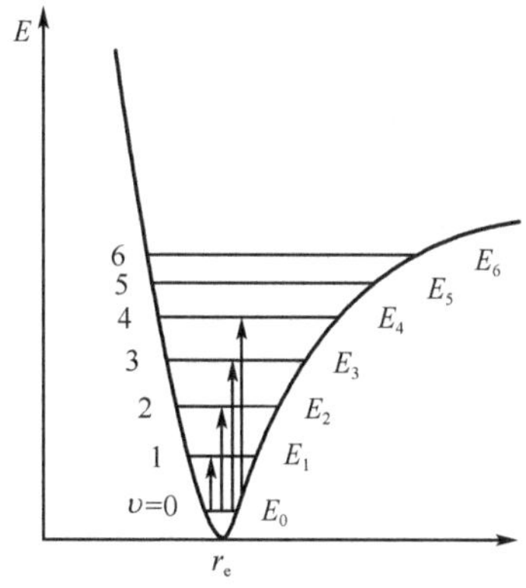

图 5.9　非谐振子能量与势能

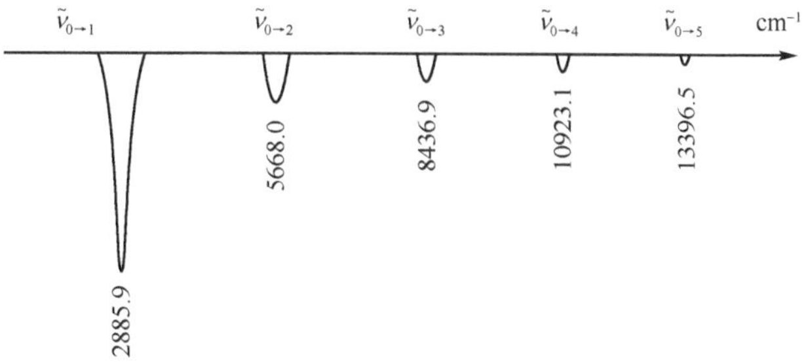

图 5.10　非谐振子振动光谱(HCl)

可见，基波数 $\tilde{\nu}_0$(文献中有用 ω_e 表示)不能从谱图中直接读出，而是将数据代入上面的公式后联立方程求解得到，同时求得非谐性系数 η。

对于 HCl，$\tilde{\nu}_{0\to1} = \tilde{\nu}_0(1-2\eta) = 2885.9\ \text{cm}^{-1}$，$\tilde{\nu}_{0\to2} = \tilde{\nu}_0(1-3\eta) = 5668.0\ \text{cm}^{-1}$。求得基本振动波数 $\tilde{\nu}_0 = 2990.6\ \text{cm}^{-1}$，$\eta = 0.0174$。

再由 $\dfrac{1}{2\pi c}\sqrt{\dfrac{k}{\mu}} = \tilde{\nu}_0$ 求得 HCl 的键强参数 k，即振子的弹力常数 $k = 516\ \text{N/m}$。常见双原子分子的振动光谱基波数 $\tilde{\nu}_0$ 及其键强参数见表 5.3。

表 5.3　极性双原子分子的振动光谱

分子	$\tilde{\nu}_{0\to1}$ /cm^{-1}	$\tilde{\nu}_0$ /cm^{-1}	H	k /(N/cm)	r_e/pm
HF	3962	4138.5	0.0218	9.66	92.7
HCl	2886	2990.6	0.0174	5.16	127.4
HBr	2558	2649.7	0.0171	4.12	141.4
HI	2233	2309.5	0.0172	3.14	160.9
CO	2145	2169.7	0.0061	19.02	113.1
NO	1877	1904.0	0.0073	15.69	151.1

实际上，我们得到分子的振动光谱一定是其振动-转动的联合光谱，因为振动能级差较大，跃迁需要更大的能量，而能引起分子振动能级改变，必然会伴随其转动能级的改变。所以，分子的振动光谱是振动-转动的带状光谱。因此，分子没有纯振动光谱。

5.2.3 振动-转动光谱(Vibration-rotational spectroscopy)

将式(5.10)和式(5.25)相加得到分子的振动-转动能级表达式为

$$E_{\mathrm{v},J}=\left(\upsilon+\frac{1}{2}\right)h\nu-\eta\left(\upsilon+\frac{1}{2}\right)^2h\nu+\frac{\hbar^2}{2I}J(J+1)-\frac{\hbar^4}{2I^2r_{\mathrm{e}}^2k}J^2(J+1)^2 \tag{5.26}$$

光谱选律为

$$\Delta\upsilon=\pm1,\pm2,\cdots;\qquad \Delta J=\pm1$$

谱项记作

$$T_{\mathrm{v},J}=\frac{E_{\mathrm{v},J}}{hc}=\left(\upsilon+\frac{1}{2}\right)\tilde{\nu}-\eta\left(\upsilon+\frac{1}{2}\right)^2\tilde{\nu}+BJ(J+1)-DJ^2(J+1)^2 \tag{5.27}$$

讨论υ由 0→1 的谱线：当$\Delta J=1$时，$J_2=J_1+1$，则

$$\tilde{\nu}_{R,0\to1}=T_{1,J_2}-T_{0,J_1}=\tilde{\nu}_0(1-2\eta)+2B(J_1+1)-4D(J_1+1)^3,\quad J_1=0,1,2,\cdots \tag{5.28}$$

因为$B\gg D$，波数较基波数$\tilde{\nu}_0$大，所以谱线在右侧，称为R支谱线。

当$\Delta J=-1$时，$J_2=J_1-1$，则

$$\tilde{\nu}_{P,0\to1}=T_{1,J_2}-T_{0,J_1}=\tilde{\nu}_0(1-2\eta)-2B(J_2+1)+4D(J_2+1)^3,\quad J_2=0,1,2,\cdots \tag{5.29}$$

因为$B\gg D$，波数较基波数$\tilde{\nu}_0$小，所以谱线在左侧，称为P支谱线。

由于$\Delta J\neq0$，因此基谱带$\tilde{\nu}_{0\to1}=T_{1,0}-T_{0,0}=\tilde{\nu}_0(1-2\eta)$的吸收峰不出现(图 5.11)。

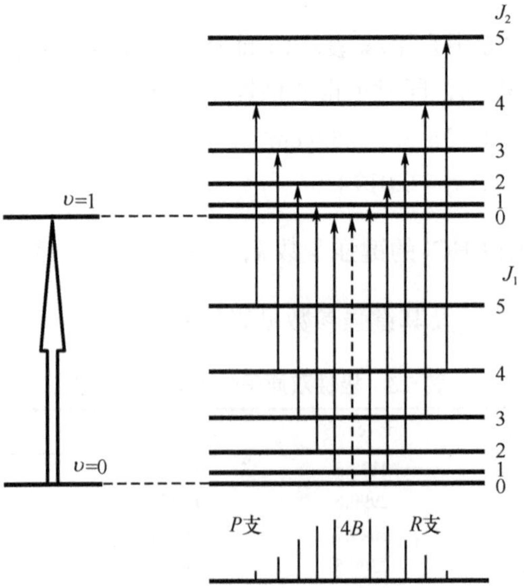

图 5.11　分子的振动-转动光谱产生原理示意图

图 5.12 是高分辨的 HCl 振动-转动联合光谱基谱带。从图中可以看出，*P* 支谱线的 $\Delta\tilde{\nu}$ 随着 *J* 的增大而增大，*R* 支谱线的 $\Delta\tilde{\nu}$ 随着 *J* 的增大而减小。这是由于激发态和基态中的 *B* 值本身有差别，而在推导式(5.28)和式(5.29)时，没有考虑所致。

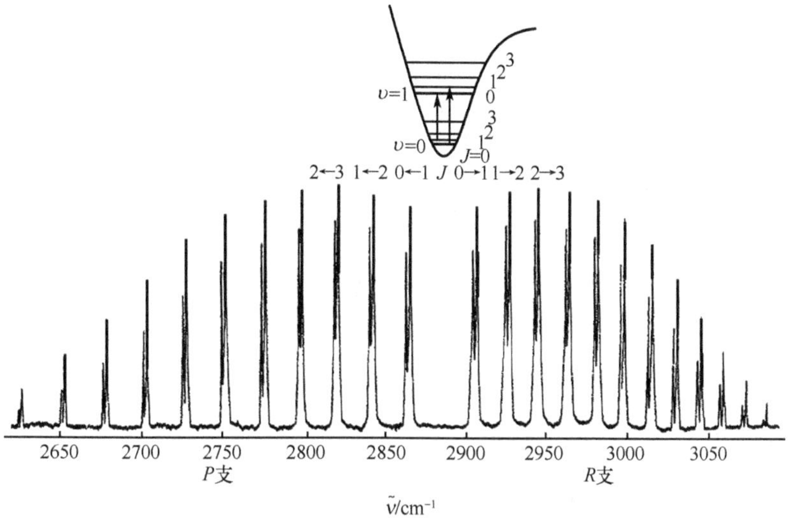

图 5.12　高分辨的 HCl 振动-转动联合光谱基谱带

CO 的振动-转动光谱与 HCl 类似，见图 5.13。

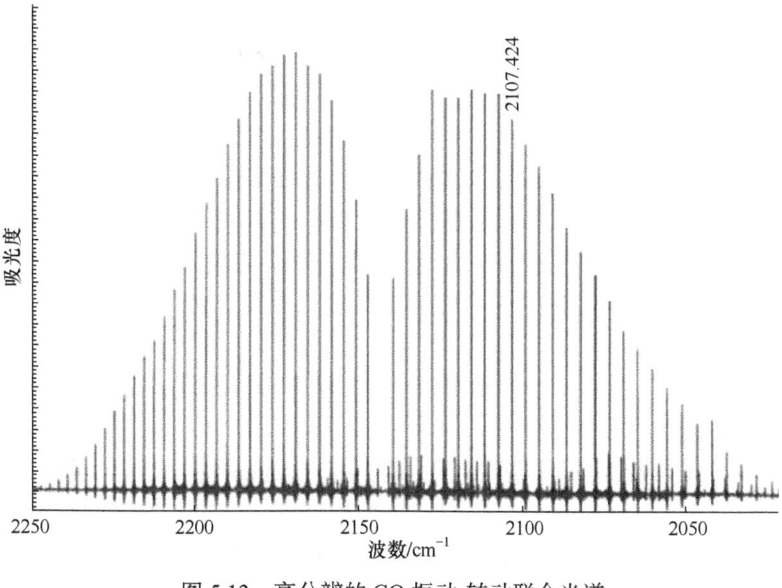

图 5.13　高分辨的 CO 振动-转动联合光谱

J 0→0 的跃迁称为 *Q* 支谱带，只有双原子分子为自由基，跃迁选律允许 *Q* 支谱带出现。如 NO 分子的振动-转动光谱(图 5.14)。

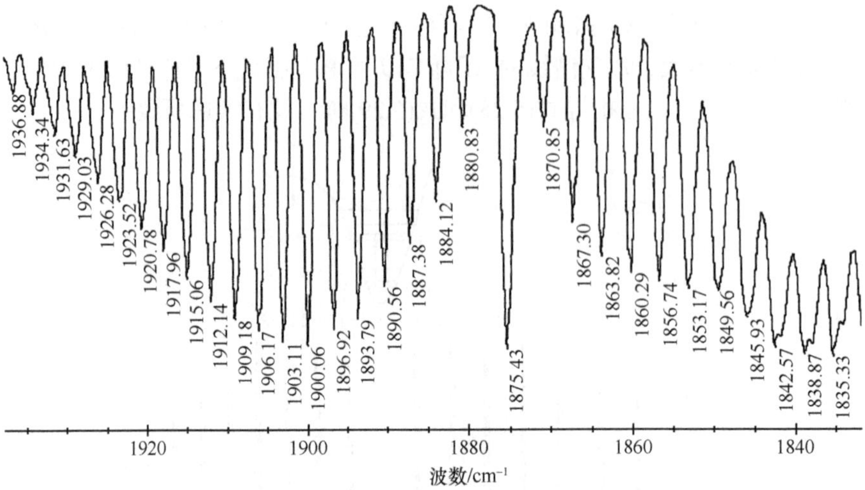

图 5.14　高分辨的 NO 振动-转动联合光谱基谱带

5.2.4　红外光谱(Infrared spectroscopy)

分子的红外光谱就是分子的振动-转动吸收光谱。

对于含有 n 个原子的分子，有多少条振动-转动吸收光谱带呢?

已知在经典力学中，每一个质点的位置都可以用 3 个坐标来描述，称为三个自由度。那么要描述 n 个原子的分子就需要 $3n$ 个自由度。可以将分子中的平动、转动和振动方式作为自由度来描述分子，它也应有 $3n$ 个。

分子的简正振动方式(normal mode of vibration)：分子由于热运动引起的原子振动和化学键的拉伸和弯曲等都是振动的表现形式，尽管原则上振动是杂乱无章的，但就像原子中角动量的耦合一样，原子振动方式的每一个规范的简单表现形式称为分子的简正振动方式，又称为正则振动方式(canonical mode of vibration)。用简正振动方式表示分子的振动时符合简单的规律，这个规律就是分子的平动、转动和振动方式的和为 $3n$ 个。

对于线性分子，它有 3 个平动自由度，2 个转动自由度，因为沿着线性分子轴线的转动不能产生能级差，所以它少一个转动自由度。因此，线性分子的简正振动方式为 $3n-5$ 个。

对于非线性分子，它有 3 个平动自由度，3 个转动自由度，所以非线性分子的简正振动方式为 $3n-6$ 个。

例 5.1　水分子是极性的非线性分子，C_{2v} 群，它有 3 个振动自由度，即有三个简正振动方式，不可约表示为 $2A_1+B_1$，B_1 对应不对称伸缩 $\tilde{\nu}_1$，$2A_1$ 对应对称伸缩和键角弯曲(图 5.15)。气态水分子的振动-转动光谱是振动转动联合光谱，表现为三个峰；实践中，液态水分子的红外光谱常表现为 3200～3800 cm^{-1} 的一个大包峰包含对称伸缩振动 $\tilde{\nu}_s$ 和不对称伸缩振动 $\tilde{\nu}_{as}$ 两种简正振动模式，以及 1590～1610 cm^{-1} 的键角弯曲振动模式 δ_{OH}[图 5.16(a)]；另外，对于分子 D_2O，由于其约化质量大，其化学键 D—O 的弯曲振动峰移动到了 1200 cm^{-1}[图 5.16(b)]。

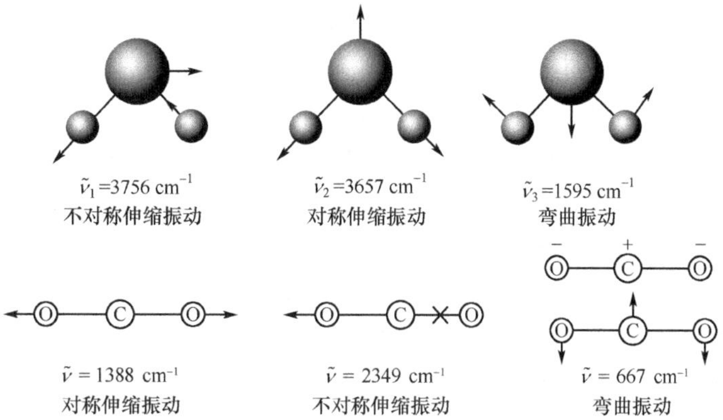

图 5.15　H_2O 分子和 CO_2 分子的简正振动方式及振动光谱数据 $\tilde{\nu}_1$

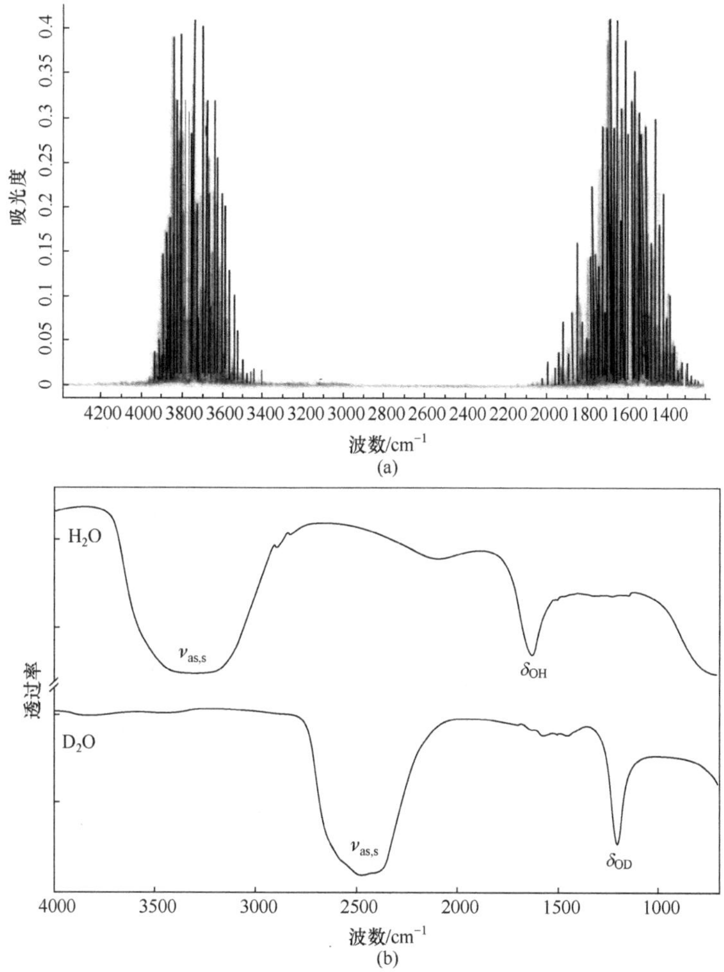

图 5.16　气态水分子振动-转动 IR 光谱图(a)和液态 H_2O、D_2O 的 IR 光谱图(b)

例 5.2　二氧化碳分子是非极性的线性分子，$D_{\infty h}$ 群，它有 4 个振动自由度，即有四个简正振动方式，但是在 IR 只有两个吸收频率：不对称伸缩振动 2349 cm^{-1} 和弯曲振动

667 cm^{-1}(图 5.15)，其中，对称伸缩振动频率 1388 cm^{-1} 是拉曼光谱数据。分子的 IR 光谱和拉曼光谱是互补光谱，不引起分子偶极矩变化的对称伸缩振动是拉曼活性的，引起对称伸缩振动是红外活性的，它们共同组成了分子的振动光谱。

例 5.3　甲烷分子是非极性分子，它有 10 个振动自由度，即有 10 个简正振动方式，其中红外振动光谱有 3 个吸收峰：$\tilde{\nu}_1 = 3080.0$，$\tilde{\nu}_2 = 2933.3$，$\tilde{\nu}_3 = 1306.7$(图 5.17)，还可以观察到弱的倍频 $2\tilde{\nu}_1 = 6000\ cm^{-1}$，三倍频 $3\tilde{\nu}_1 = 8700\ cm^{-1}$，和频 $2\nu_1 + \nu_3 = 7250\ cm^{-1}$ 等。其中，ν_1 和 ν_2 为 C—H 拉伸振动，常用 ν_{C-H} 表示；ν_3 为 C—H 弯曲振动，常用 δ_{C-H} 表示。理论化学计算表明(Gaussian 09，基组 B3LYP)，有 3 个 IR 振动光谱波数，1373.4 cm^{-1}、3052.4 cm^{-1}、3162.0 cm^{-1}。可见，理论模型还需要进一步完善。

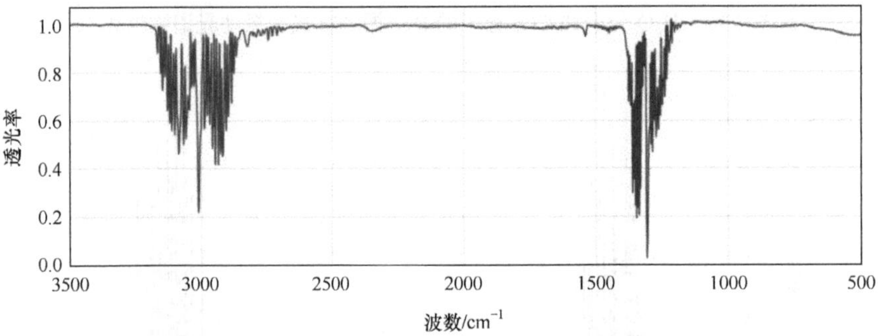

图 5.17　高分辨的甲烷气体的红外光谱图

振动光谱是由电偶极子振动产生的，所以分子的红外光谱选律为：只有能引起分子偶极矩变化的简正振动方式才能产生红外吸收光谱。

显然，极性分子的每一种振动方式均能引起分子的偶极矩发生变化。所以，极性分子的所有简正振动方式均是红外活性的。而非极性分子的对称伸缩振动方式由于不能引起分子的偶极矩发生变化，所以是红外非活性的。实际分子的红外光谱将简正振动方式简单归结为某些特定官能团的振动吸收峰，如羟基约 3600 cm^{-1}、羰基约 1700 cm^{-1}、C—O 约 1010 cm^{-1}、C—C 约 1000 cm^{-1} 等。这在有机化学和仪器分析课程中有详细解析，故本课程不再赘述。

例 5.4　振动光谱结合群表示理论推测分子立体结构。

$Fe(CO)_5$ 的分子结构：零价 Fe 电子组态 $3d^64s^2$，金属有机配合物中 Fe 采取 dsp^3 杂化轨道与 5 个配体 CO 分子结合，其立体结构可以是三角双锥(D_{3h})或四方锥(C_{4v})。

以 5 个 CO 键的拉伸振动为操作对象，可以得到 D_{3h} 群中的可约表示为 $\Gamma_{5CO} = \{5\quad 2\quad 1\quad 3\quad 0\quad 3\}$，向不可约表示展开为 $\Gamma_{5CO} = 2A_1' + E' + A_2''$；可见其全部

D_{3h}	E	$2C_3$	$3C_2$	σ_h	$2S_3$	$3\sigma_v$	基	
A_1'	1	1	1	1	1	1		x^2+y^2, z^2
A_2'	1	1	−1	1	1	−1	R_z	
E'	2	−1	0	2	−1	0	(x, y)	$(x^2-y^2), (xy)$
A_1''	1	1	1	−1	−1	−1		
A_2''	1	1	−1	−1	−1	1	z	
E''	2	−1	0	−2	1	0	(R_x, R_y)	(xz, yz)
Γ_{5CO}	5	2	1	3	+0	3		

振动光谱数量为 5 个，$2A'$是拉曼活性的，E'和 A'_2 是红外活性的。同样可得 C_{4v} 群可约表示为 $\Gamma_{5CO}=\{5\quad 1\quad 1\quad 3\quad 1\}$，向不可约表示展开为 $\Gamma_{5CO}=2A_1+B_1+E$；全部振动光谱数量为 4 个，B_1 是红外活性的，$2A_1$ 和 E 是拉曼活性的。红外光谱实验在羰基吸收区得到的是两个吸收峰 2023.9 cm^{-1} 和 1999.6 cm^{-1}，所以，三角双锥(D_{3h})是正确的分子结构。

C_{4v}	E	$2C_4$	C_2	$2\sigma_v$	$2\sigma_d$	基		
A_1	1	1	1	1	1	z	x^2+y^2, z^2	
A_2	1	1	1	−1	−1	R_z		
B_1	1	−1	1	1	−1		x^2-y^2	
B_2	1	−1	1	−1	1			
E	2	0	−2	0	0	$(x, y), (R_x, R_y)$	(xz, yz)	
Γ_{5CO}	5	1	1	3	1			

5.2.5 拉曼光谱(Raman spectroscopy)

拉曼光谱是一种散射光谱，入射频率一般为可见光，它也是分子的振动-转动光谱。接收器与入射光呈直角，强度很小，所以使用激光光源。当电磁波照射到一个粒子上时，粒子中的电子发生受迫振动，从而发生吸收、弹性散射和非弹性散射。弹性散射又称瑞利散射(Rayleigh scattering，强度为入射激光强度的 10^{-5})，其入射和散射光频率相同。非弹性散射的散射光频率小于或大于入射光的频率，这一现象称为拉曼散射，其光谱为拉曼光谱。引起拉曼散射的原因是当入射光与分子发生相互作用时，引起分子的振动能级发生变化，从而引起光子的能量发生变化。如果分子处于振动基态(概率大)，吸收部分光子的能量而跃迁到第一振动激发态$\Delta\upsilon=1$，散射光子的能量将减少，得到频率小于瑞利散射线频率的谱线称为斯托克斯线(Stokes line，为瑞利散射线强度的 1%)；如果分子处于振动激发态(概率小)，将振动能传给光子而跃迁回到基态$\Delta\upsilon=-1$，使得光子的能量增加，得到频率大于瑞利散射线频率的谱线称为反斯托克斯线(anti-Stokes line)，如图 5.18(a)所示。

例 5.5　水分子的拉曼光谱表现为 3416 cm^{-1}、3250 cm^{-1} 和 1640 cm^{-1}[图 5.18(b)]。

拉曼光谱的选律是：引起分子电子云分布改变较大的振动方式是拉曼活性的。

红外光谱与拉曼光谱通常表现为互补光谱(complementary spectra)，即简正振动方式引起偶极矩改变的可以在红外光谱观察到吸收谱带，称为红外活性的；简正振动方式不引起偶极矩改变，而引起电子云(极化率α)改变较大的可以在拉曼光谱观察到，称为拉曼活性的。

例 5.6　甲烷分子有 7 个拉曼光谱的散射谱线 [Stokes lines，现文献常用拉曼位移(Raman shift)表示]，3025 cm^{-1}(s)，3011 cm^{-1}(s)，2094 cm^{-1}(vs)，2570 cm^{-1}(w)，1547 cm^{-1}(vw)，1529 cm^{-1}(vw)，1513 cm^{-1}。

例 5.7　二氧化碳的四种简正振动方式，其对称伸缩振动为拉曼活性的，而其不对称伸缩振动方式和弯曲振动方式为红外活性的，又由于费米共振(Fermi resonance)，其弯曲振动与对称伸缩振动(1388.15 cm^{-1})组合出新峰(1285.40 cm^{-1})(图 5.19)。值得注意的是，当 CO_2 饱和溶解在水溶液中时，可以与水形成加合物($CO_2\cdot H_2O$ adduct)，此时，水的氧原子与 CO_2 的碳原子间形成弱的配位键，使得 CO_2 分子骨架发生变形，点群由 $D_{\infty h}$ 变为 C_{2v}，其对称伸缩振动的谱峰在红外谱图中表现为 1400 cm^{-1}。

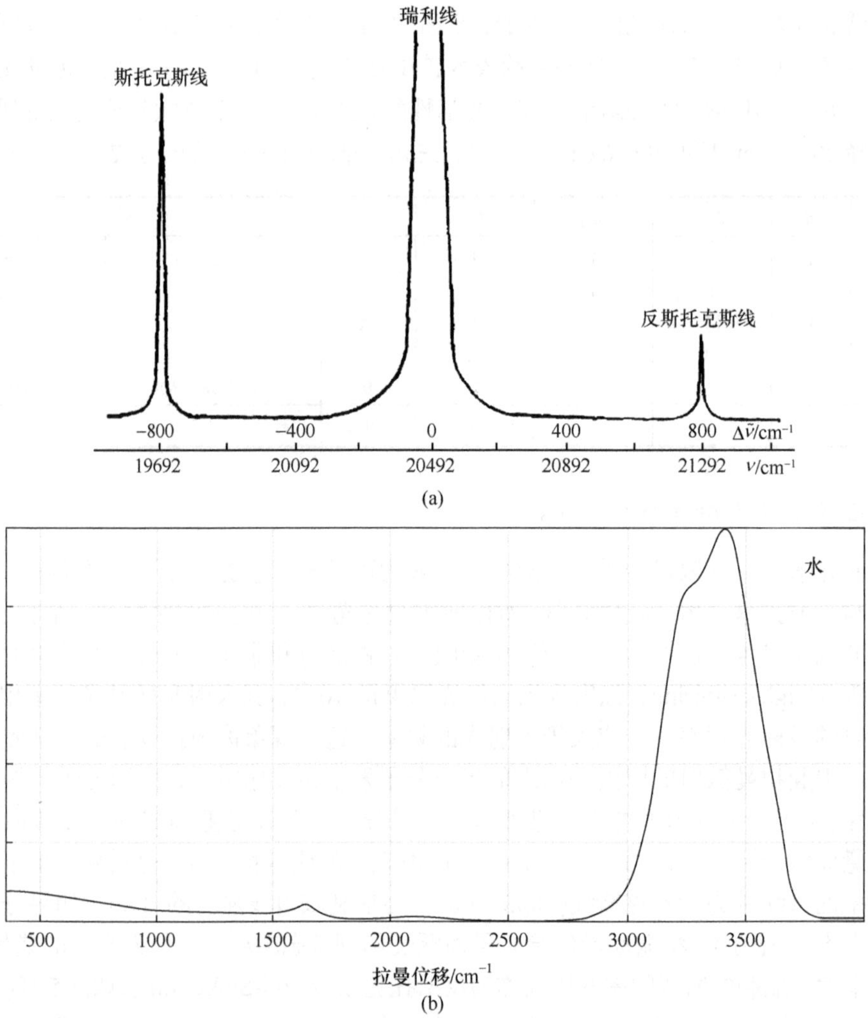

图 5.18　入射光为 488 nm 的散射谱线频率的关系(a)和水分子的拉曼光谱(b)

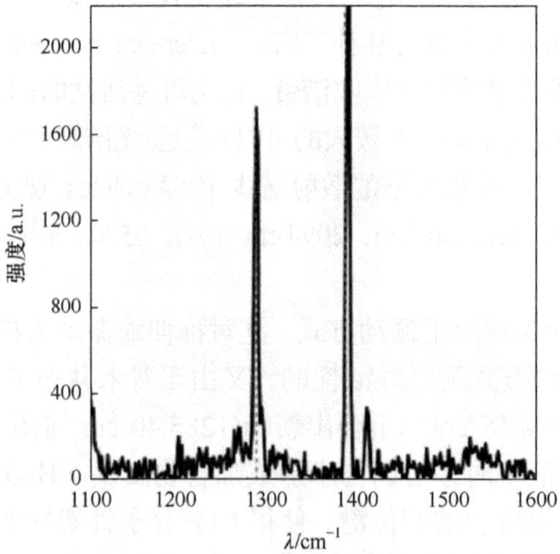

图 5.19　CO_2 的拉曼光谱

二氧化碳的振动-转动联合光谱可以用公式表达为

$$\nu = \nu_0 - 2B'' + m(B' + 3B'') + m^2(B' - B'') \tag{5.30}$$

$m = J + 2$，称为 S 支，转动光谱跃迁$\Delta J = 2$ 等，与红外光谱中的 R 支相当；$m = -J+1$，称为 O 支转动光谱跃迁$\Delta J = -2$ 等，与红外光谱中的 P 支相当。数据见表 5.4。

表 5.4　二氧化碳振动-转动的拉曼光谱数据

J	ν_1 谱带/cm^{-1}		$2\nu_2$ 谱带/cm^{-1}	
	$S(J)$	$O(J)$	$S(J)$	$O(J)$
0				
2	1393.58			
4	1396.56		1294.02	
6	1399.85	1379.28	1297.16	
8	1403.00	1376.42	1300.25	1276.65
10	1406.10	1373.30	1303.42	1272.94
12	1409.42	1369.88	1306.50	1270.55
14	1412.32	1366.24	1309.63	1267.46
16	1415.46	1363.96	1312.84	1264.43
18	1418.55	1360.77	1315.83	1261.27
20	1421.69	1357.72	1319.04	1258.16
22	1424.78	1354.60	1322.20	1254.99
24	1427.91	1351.71	1325.30	1251.72
26	1431.10	1348.26	1328.48	1248.83
28	1434.19	1345.28	1331.16	1245.72
30	1437.16	1342.14	1334.91	1242.67
32	1440.31	1339.04	1337.93	1239.57
34	1443.33	1335.92	1341.10	1236.45
36	1446.60	1332.83	1344.23	1233.14
38	1449.71	1329.78	1348.26	1230.12
40		1326.49	1350.82	1227.01

例 5.8　乙炔分子为线性分子，有 3×4−5=7 种简正振动方式。其中，四种对称振动方式不引起偶极矩变化，为拉曼活性的；三种不对称振动方式引起偶极矩变化，为红外活性的(图 5.20)。

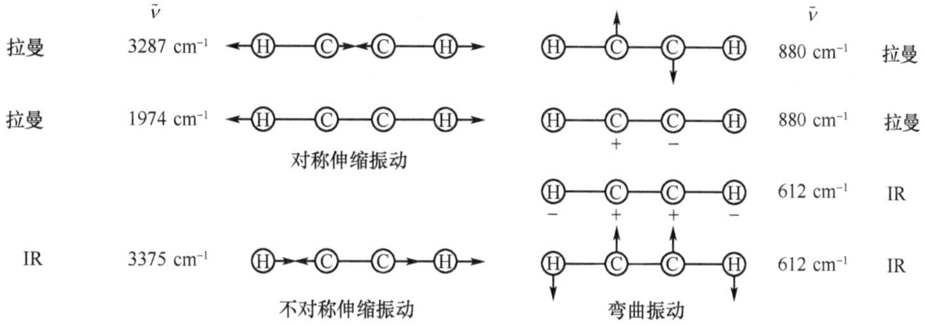

图 5.20　乙炔分子的简正振动方式及其红外和拉曼光谱频率

例 5.9　对于从植物中提取出来的复杂混合物同样存在红外光谱和拉曼光谱的互补特性，最近有人报道了从高粱不同部位提取了其小分子化合物的混合物，其拉曼和红外光谱图的比较在图 5.21 中。可以清晰地看到，红外与拉曼的振动频率不同，这也是互补。

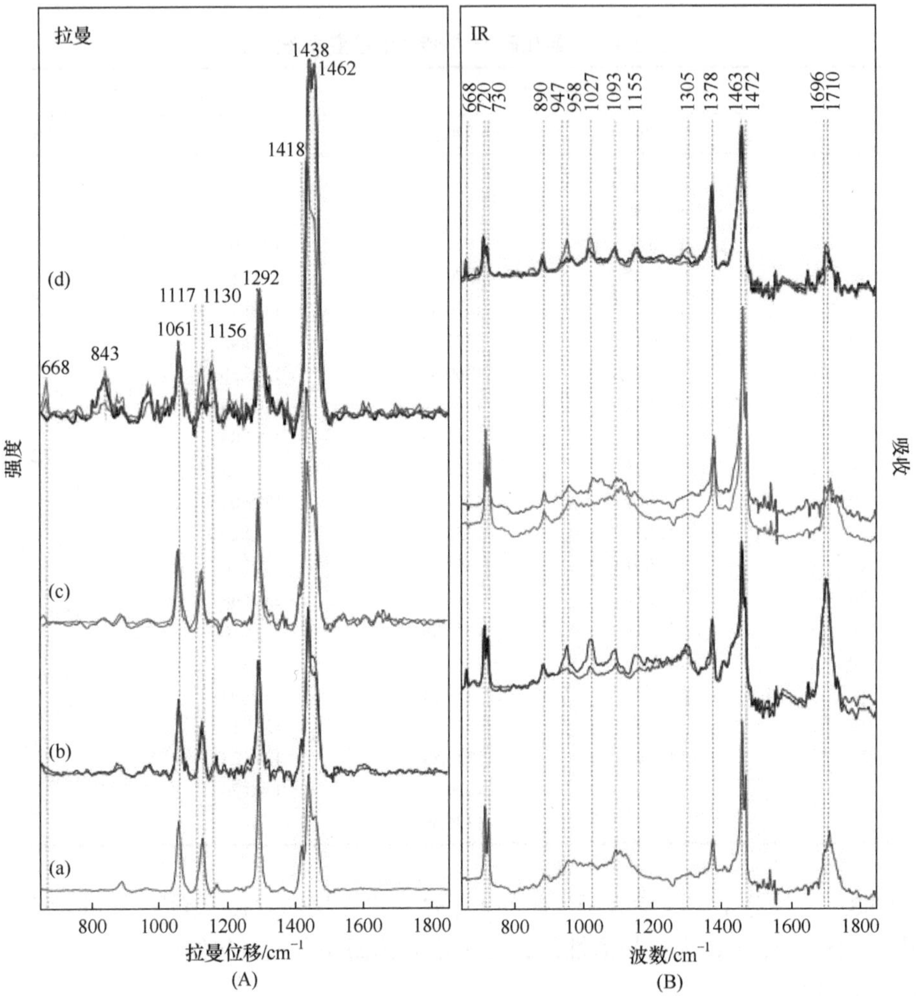

图 5.21　高粱提取物[(a)干、(b)鞘、(c)节、(d)叶]的拉曼(A)和红外(B)光谱对照图
(ACS Omega,2019,4：3700)

常见的非极性双原子分子的振动光谱-拉曼光谱及其键参数列于表 5.5 中。

表 5.5　非极性双原子分子的振动光谱-拉曼光谱数据及其键参数

分子	$\tilde{\nu}_{0\to1}$ /cm^{-1}	$\tilde{\nu}_0$ /cm^{-1}	η	k /(N/cm)	r_e /pm
H_2	4160	4395	0.0267	5.73	74.12
HD	3632	3817	0.0242	5.77	74.12

续表

分子	$\tilde{\nu}_{0\to1}$ /cm^{-1}	$\tilde{\nu}_0$ /cm^{-1}	η	k /(N/cm)	r_e /pm
D_2	2994	3118	0.0199	5.77	74.12
F_2	892	—	—	4.45	141
Cl_2	546	565	0.0168	3.19	198
Br_2	319	323	0.0062	2.46	228
I_2	213	215	0.0047	1.76	266
N_2	2331	2360	0.0061	22.9	109.8
O_2	1555	1580	0.0079	11.8	123

当分辨率高时可以得到分子的振动-转动拉曼光谱：在振动拉曼谱线两边可以清晰地观察到其转动能级峰，转动量子数的选律为$\Delta J = \pm 2$(图 5.22 为 CO 的拉曼振动-转动散射光谱)。

例 5.10　石墨和类石墨的 g-C_3N_4 有机半导体的拉曼光谱图(图 5.23)，其中 G 带(graphite，1580 cm^{-1})表示石墨相，D 带(disorder，1360 cm^{-1})表示晶体的缺陷、位错等造成新的振动吸收峰，非晶石墨也有这个吸收峰；在碳材料催化领域，此表征很重要。

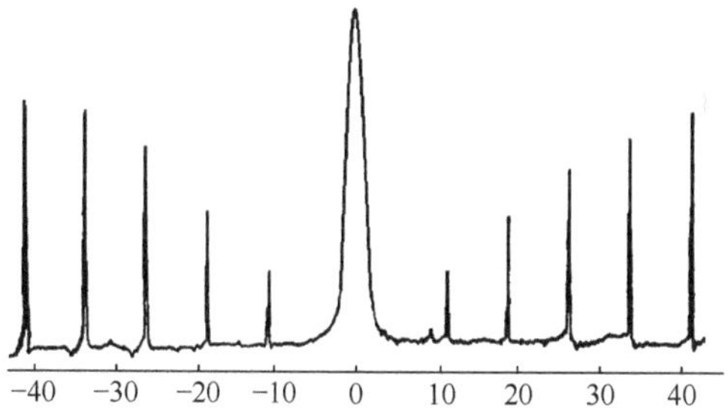

图 5.22　CO 分子的高分辨拉曼光谱

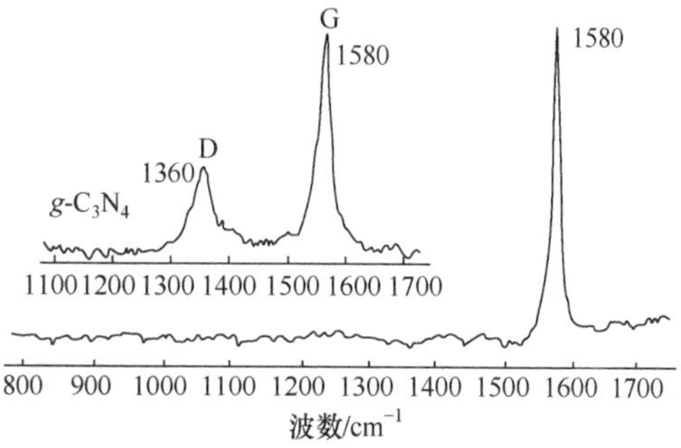

图 5.23　单晶石墨(下图)和类石墨相(小图，g-C_3N_4)的有机半导体 g-C_3N_4 的拉曼光谱

5.2.6　紫外-可见吸收光谱(UV-vis spectroscopy)

由表 5.1 可知，当用紫外-可见光照射分子时，将引起分子内的电子在轨道(ψ)之间发生跃迁。根据照射光的波长范围，可能引起的跃迁有 HOMO→LUMO、HOMO−1→LUMO 和 HOMO→LUMO+1 等电子吸收光谱带。

例 5.11　卟啉类分子的吸收就有强吸收 B 带(200～300 nm)、Soret 带(400～450 nm)和系列弱吸收 Q 带(500～700 nm)等[图 5.24(b)]；当其与金属配位形成卟啉配合物时，Q 带出现一个 550 nm 左右的吸收峰，这是由于新形成的 M→N_4 配位键增强了分子的对称性。苯分子也有三个吸收带。分子中的电子处于基态(S)吸收光子跃迁到分子的激发态(S^*)

也遵循$\Delta S = 0$的量子力学选律，即分子体系中的所有电子的总自旋量子数不变和轨道对称性改变(Laporte 选律)，若 HOMO 轨道是中心对称的，那么 LUMO 轨道就一定是中心反对称的，反之亦然，记为 g↔u。

分子在基态和激发态均有振动能级，电子能级的跃迁必然引起振动能级的改变。所以，分子的电子光谱必然是分子的电子-振动-转动联合光谱带。一般的有机分子均为电子全部配对的分子，即分子的总自旋量子数 S 为 0，按照光谱项的方法，其自旋多重度为 $2S + 1 = 1$，为单线态也可记为 S_0。激发态即为 S^*或 S_1、S_2等，当电子被激发到激发态时，从激发态的高振动能级经过多次跳跃回到振动基态，能量以热能放出，这种以非辐射放出部分能量的过程称为弛豫。如果电子继续从激发态的基态弛豫到分子基态的振动基态，那么电子的跃迁就完成了一次循环[图 5.24(a)]。电子吸收光子发生跃迁的时间是 10^{-18} s，而电子弛豫的时间为 10^{-10}～10^{-12} s。分子的电子吸收光谱此时表现为电子-振动-转动联合吸收光谱。

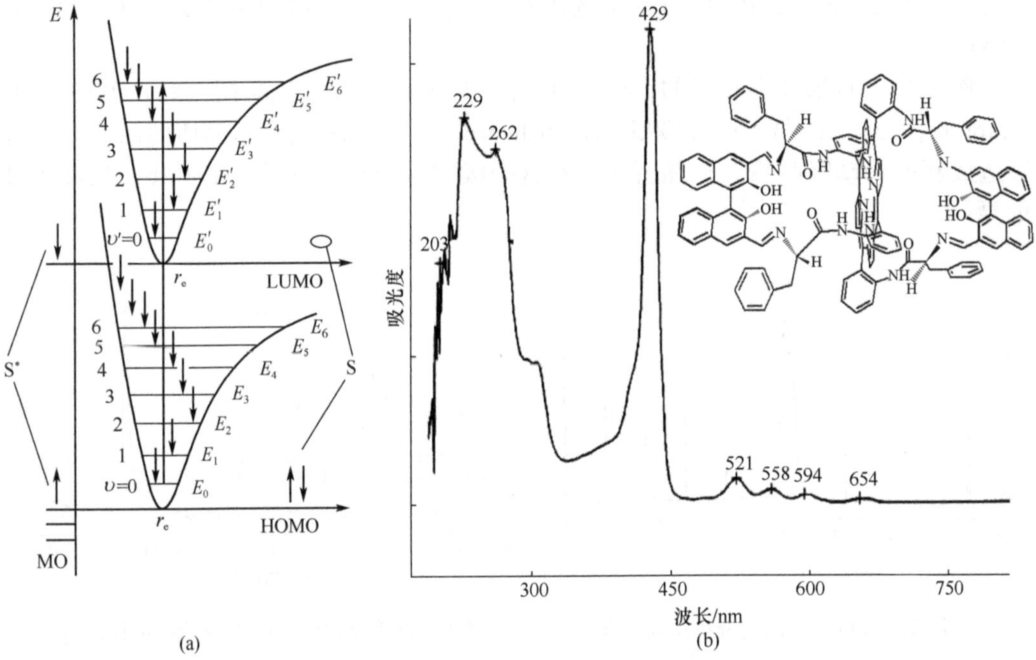

图 5.24　分子的电子-振动吸收光谱产生原理和手性卟啉电子吸收光谱图

5.2.7　配位化合物的电子光谱(Electronic spectra of coordination compounds)

过渡金属离子的 d 轨道电子在配体场中分裂为不同的能级，可以借用群论的表示方法进行处理得到 d 轨道分裂后的对称性群轨道表达，然后与配体场群轨道组成稳定的配位键。

以常见的六配位的八面体场为例描述 d 轨道的分裂情况。八面体场具有 O_h 对称性，需要求出 5 条 d 轨道在 O_h 点群的对称操作下变换矩阵的特征标。因为 O_h 点群可以由其子群 O 群加上反演操作得到，所以只需要用 O 群的特征标表进行处理。

O	E	$6C_4$	$3C_2$	$8C_3$	$6C_2$	基	
A_1	1	1	1	1	1		$x^2+y^2+z^2$
A_2	1	−1	1	1	−1		
E	2	0	2	−1	0		$(2z^2-x^2-y^2, x^2-y^2)$
T_1	3	1	−1	0	−1	$(R_x, R_y, R_z), (x, y, z)$	
T_2	3	−1	−1	0	1		(xy, xz, yz)

对于任意一条多电子原子的原子轨道$\psi_i(r_i,\theta_i,\phi_i)$，当分离变量后为

$$\psi_i(r_i,\theta_i,\phi_i)=R_{n,l}(r)Y_{l,m}(\theta,\phi)=R_{n,l}(r)\Theta_{l,m}(\theta)\Phi_m(\phi)$$

因为$R_{n,l}(r)$只与能量有关，球谐函数$Y_{l,m}(\theta,\phi)$决定了轨道的对称性，对称操作的作用对象就可以只考虑$Y_{l,m}(\theta,\phi)$函数。又因为对于主旋转操作(z 轴)不改变 θ 角，只改变 ϕ 角，即$\Phi_m(\phi)$函数在对称操作下改变。所以，在 O 群的任意一个旋转操作下有

$$\hat{L}(\alpha)\Phi_m(\phi)=\hat{L}(\alpha)\sqrt{\frac{1}{2\pi}}\mathrm{e}^{\mathrm{i}m\phi}=\sqrt{\frac{1}{2\pi}}\mathrm{e}^{\mathrm{i}m(\phi+\alpha)}$$

对于 d 轨道，角量子数 $l=2$，磁量子数 m 的取值为 2,1,0,−1,−2。用矩阵表示对 5 个函数的操作(不考虑归一化系数)如下：

$$\hat{L}(\alpha)\begin{pmatrix}\mathrm{e}^{\mathrm{i}2\phi}\\ \mathrm{e}^{\mathrm{i}\phi}\\ \mathrm{e}^{0}\\ \mathrm{e}^{-\mathrm{i}\phi}\\ \mathrm{e}^{-\mathrm{i}2\phi}\end{pmatrix}=\begin{pmatrix}\mathrm{e}^{\mathrm{i}2\alpha} & 0 & 0 & 0 & 0\\ 0 & \mathrm{e}^{\mathrm{i}\alpha} & 0 & 0 & 0\\ 0 & 0 & \mathrm{e}^{0} & 0 & 0\\ 0 & 0 & 0 & \mathrm{e}^{-\mathrm{i}\alpha} & 0\\ 0 & 0 & 0 & 0 & \mathrm{e}^{-\mathrm{i}2\alpha}\end{pmatrix}\begin{pmatrix}\mathrm{e}^{\mathrm{i}2\phi}\\ \mathrm{e}^{\mathrm{i}\phi}\\ \mathrm{e}^{0}\\ \mathrm{e}^{-\mathrm{i}\phi}\\ \mathrm{e}^{-\mathrm{i}2\phi}\end{pmatrix}=\begin{pmatrix}\mathrm{e}^{\mathrm{i}2(\phi+\alpha)}\\ \mathrm{e}^{\mathrm{i}(\phi+\alpha)}\\ \mathrm{e}^{0}\\ \mathrm{e}^{-\mathrm{i}(\phi+\alpha)}\\ \mathrm{e}^{-\mathrm{i}2(\phi+\alpha)}\end{pmatrix}$$

因此，旋转操作矩阵对应的特征标为

$$\chi_{L(\alpha)}=\sum_m \mathrm{e}^{\mathrm{i}m\phi}=\frac{\sin[(l+1/2)\alpha]}{\sin(\alpha/2)}\cdots \tag{5.31}$$

这个公式不仅对 d 轨道适用，对 s、p、d、f 等轨道也均适用。

对于 d 轨道，当$\alpha=0, \pi/2, 2\pi/3, \pi$时，得到 O 群的一个可约表示Γ:

O	E	$6C_4$	$3C_2$	$8C_3$	$6C'_2$
Γ	5	1	−1	1	−1

根据 O 群的特征标表进行约化，得到$\Gamma=E+T_2$；在对比 O_h 群得到八面体场中 5 个 d 轨道的分裂表示为

$$\Gamma=E_g+T_{2g}=e_g+t_{2g}$$

同样，可以将其他轨道在八面体场中的分裂用不可约表示进行表达，归结于表 5.6 中。

表 5.6 八面体场中轨道的分裂

轨道类型	l	$\chi(E)$	$\chi(C_2)$	$\chi(C_3)$	$\chi(C'_2)$	$\chi(C_4)$	包含的不可约表示
s	0	1	1	1	1	1	a_{1g}
p	1	3	−1	0	−1	1	t_{1u}
d	2	5	1	−1	1	−1	$e_g + t_{2g}$
f	3	7	−1	1	−1	−1	$a_{2u} + t_{1u} + t_{2u}$
g	4	9	1	0	1	1	$a_{1g} + e_g + t_{1g} + t_{2g}$
h	5	11	−1	−1	1	1	$e_{1u} + 2t_{1u} + t_{2u}$
i	6	13	1	1	−1	−1	$a_{1g} + a_{2g} + e_g + t_{1g} + 2t_{2g}$

各个轨道在不同配体场中能级的分裂列于表 5.7 中。

表 5.7 轨道电子在不同配体场中的分裂

轨道类型	T_d	D_{4h}	D_3
s	a_1	a_{1g}	a_1
p	t_2	$a_{2u} + e_u$	$a_1 + e$
d	$e + t_2$	$a_{1g} + b_{1g} + b_{2g} + e_g$	$a_1 + 2e$
f	$a_2 + t_1 + t_2$	$a_{2u} + b_{1u} + b_{2u} + 2e_u$	$a_1 + 2a_2 + 2e$
g	$a_1 + e + t_1 + t_2$	$2a_{1g} + a_{2g} + b_{1g} + b_{2g} + 2e_g$	$2a_1 + a_2 + 3e$
h	$e_g + t_1 + 2t_2$	$a_{1u} + 2a_{2u} + b_{1u} + b_{2u} + 3e_u$	$a_1 + 2a_2 + 4e$
i	$a_1 + a_2 + e + t_1 + 2t_2$	$2a_{1g} + a_{2g} + 2b_{1g} + 2b_{2g} + 3e_g$	$3a_1 + 2a_2 + 4e$

过渡金属离子的 d 轨道电子不仅是在配位场中发生分裂，在没有配位场时，其自身的 L-S 耦合也造成能级分裂，即原子光谱项表达的能级，这通常被称为电子作用，可以看到，d 轨道中电子的实际能级分裂是电子作用和配位场共同作用的结果。同时处理两种作用的方法分为弱场和强场两种方案。

弱场方案：当中心金属离子的电子间相互作用大于配体对中心离子的作用时，配合物的分子轨道分裂先进行中心粒子电子组态的能级分裂，然后再进行在不同对称性配位场作用下的能级分裂，这种处理方法称为弱场方案。

以 d^2 组态在八面体场中的能级分裂为例说明。d^2 组态在 L-S 耦合作用(电子作用)下首先分裂为 5 个光谱项(不考虑光谱支项)^3F、^1D、^3P、^1G、^1S，其中每一个光谱项对应的可约表示同样用公式(5.49)时求得，然后约化为不可约表示与表 5.6 中相同(光谱项的总角动量量子数 L 代替 l 即可)，得到金属离子在配位场中产生的能级用谱项符号 $^{2S+1}\Gamma$ 表示，$2S+1$ 代表来自原子光谱项的自旋多重度，Γ 是不可约表示 A、E、T 等(轨道的维数，现在代表轨道的简并度)，代表对称性的下标由组态中的对称性决定，由于 d 轨道全部是中心对称的，因此其宇称为 g，故将得到的不可约表示的对称性全部改为 g，结果示于图 5.25。

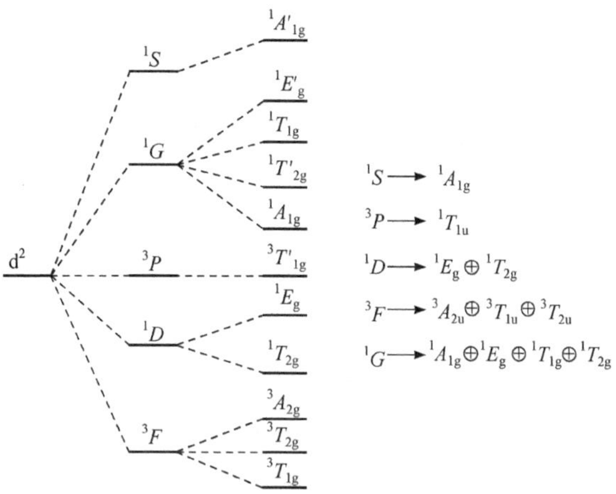

图 5.25　d^2 组态在八面体中的弱场能级分裂和谱项

强场方案：当配体与中心金属离子的作用很强，大于其电子间的作用时，在处理配合物的分子过道能级时，先考虑配位场对中心离子 d 轨道的分裂，再考虑中心离子电子组态的能级分裂，这种处理方法称为强场方案(图 5.26 右侧)。

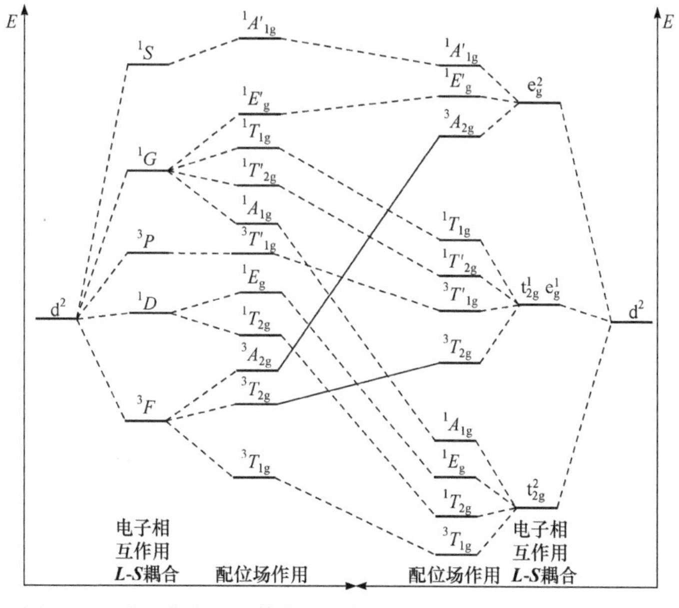

图 5.26　d^2 组态在八面体中的弱场-强场能级分裂及谱项相关图

第一步，首先八面体 O_h 配体场作用下，中心金属离子 d 轨道被分裂为两组 t_{2g} 和 e_g，两个电子的排布方式为 t_{2g}^2、$t_{2g}^1\ e_g^1$ 和 e_g^2，我们把这个排布作为新的电子组态。这里有一个简单的方法就是，两个不可约表示的直积求出新组态的可约表示，然后再展开为不可约表示：

$$T_{2g} \otimes T_{2g} = \Gamma = A_{1g} + E_g + T_{1g} + T_{2g}$$

$$T_{2g} \otimes E_g = \Gamma = T_{1g} + T_{2g}$$

$$E_g \otimes E_g = \Gamma = A_{1g} + A_{2g} + E_g$$

考虑到无论强场还是弱场作用，其分裂出的状态数应该一致，而得到的不可约表示没有自旋多重度，所以完全可以按照弱场的自旋多重度赋予强场，即可得到强场作用下的谱项，其结果与弱场的一致，这符合物理原理(当然，也可以通过轨道对称性的群论方法求出自旋多重度，这里不做介绍)。量子力学计算结果表明，强场和弱场给出的谱项能级有差异，其与弱场结果的相关图呈现在图 5.26 中。

由以上分析可以看到，配位化合物中金属离子具有丰富的能级结构。对 d^2 组态，其中光谱项 ${}^3T_{1g}$ 为基谱项，其他谱项均为激发态。基谱项中的电子接收光子后被激发到更高能级谱项产生光谱吸收，其量子力学选律与原子光谱一致，即$\Delta S=0$。所产生的电子光谱常被称为 d-d* 光谱。

由于光谱项的互补原理在这里也适用，因此，过渡金属离子产生的光谱可以成对讨论。d^1 和 d^9 组态，一个电子光谱项 ${}^2D$ 谱项在八面体场中产生两个谱项 ${}^2T_{2g}$ 和 ${}^2E_g$，所以，只有一条吸收光谱，即 ${}^2T_{2g}\rightarrow{}^2E_g$ 的跃迁(图 5.27)。

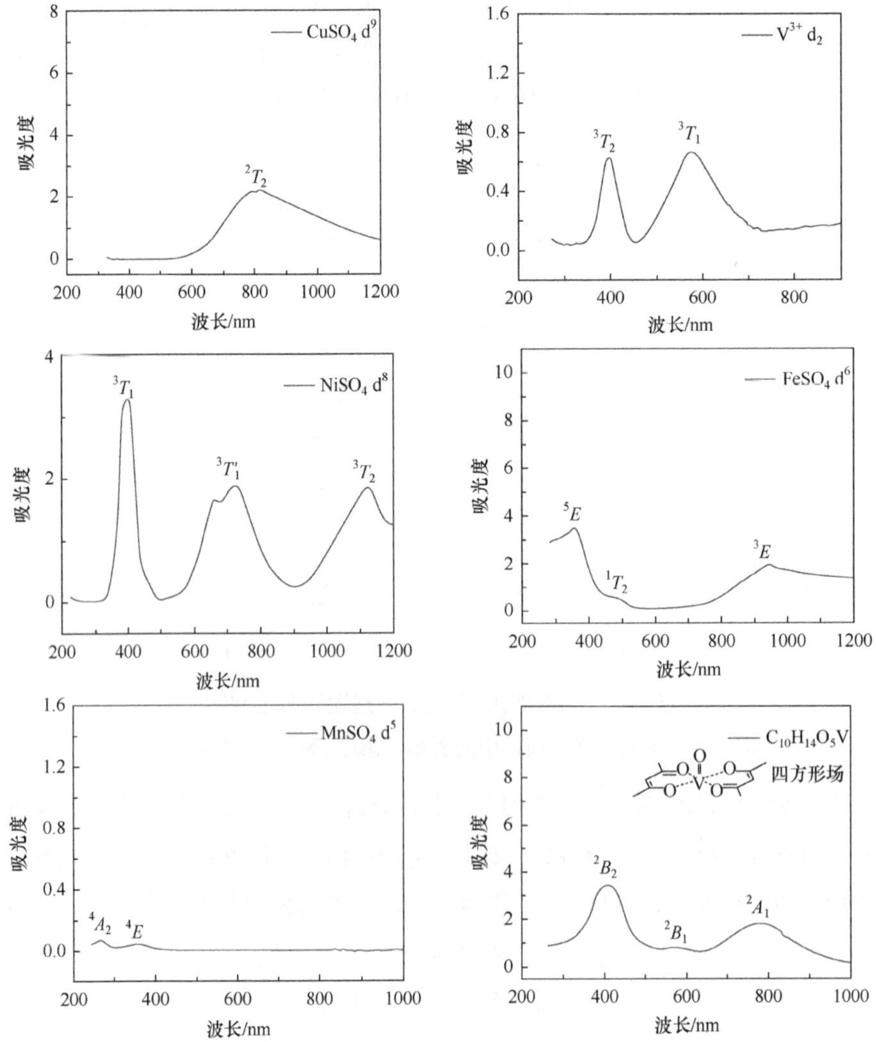

图 5.27　过渡金属离子电子光谱

d^2组态在八面体场中有三个允许的跃迁：$^3T_{1g} \rightarrow {}^3T_{2g}$、$^3T_{1g} \rightarrow {}^3T'_{1g}$、$^3T_{1g} \rightarrow {}^3A_{2g}$。具有 d^2 组态的$[V(H_2O)_6]^{3+}$的电子光谱(UV-vis)只有两条谱带(图 5.27)，分别归属于$^3T_{1g} \rightarrow {}^3T_{2g}$和$^3T_{1g} \rightarrow {}^3T'_{1g}$，缺失的$^3T_{1g} \rightarrow {}^3A_{2g}$在深紫外区(图 5.27)。

d^8组态基谱项是$^3A_{2g}$,三个允许的跃迁分别是：$^3A_{1g} \rightarrow {}^3T_{2g}$、$^3A_{1g} \rightarrow {}^3T_{1g}$、$^3A_{1g} \rightarrow {}^3T'_{1g}$。具有 d^8 组态的$[Ni(H_2O)_6]^{2+}$的电子光谱(UV-vis)有三条谱带(图 5.27)。

d^6组态基谱项是$^5T_{2g}$,三个允许的跃迁分别是：$^5T_{2g} \rightarrow {}^5E_g$、$^5T_{2g} \rightarrow {}^3A_{2g}$、$^5T_{2g} \rightarrow {}^3E_g$。

d^5 组态基谱项是 $^6A_{1g}$，允许的跃迁没有，但是有两个不允许的弱跃迁，分别是：$^6A_{1g} \rightarrow {}^4E_g$、$^6A_{1g} \rightarrow {}^4A_{2g}$。

d^1 组态在平面四方形场中的基谱项是 ^2E_g，三个允许的跃迁分别是：$^2E_g \rightarrow {}^2A_{1g}$、$^2E_g \rightarrow {}^2B_{1g}$、$^2E_g \rightarrow {}^2B_{2g}$。

5.2.8 荧光和磷光发射光谱(Fluorescence and phosphorescence emission spectroscopy)

中国古代关于荧光现象的记录最早是西汉的《淮南子 · 俶真训》记载了这件事，所谓“夫梣木色青翳……”就是指的荧光现象。青木的皮就是中药秦皮，含有秦皮甲素、秦皮乙素、秦皮苷及秦皮素等化学物质，能发荧光。其水浸液在薄层层板上确实可以见到紫色、浅黄色等荧光。磷光的记录出自晋王嘉的《拾遗记 · 夏禹》，书中有“禹凿龙关之山，亦谓之龙门。至一空岩，深数十里，幽暗不可复行，禹乃负火而进。有兽状如豕，衔夜明之珠，其光如烛。”明代陆容(1436—1494)著《菽园杂记》卷十五也记载了荧光与几种磷光的现象：“古战场有磷火，鱼鳞积地及积盐，夜有火光，但不发焰。此盖腐草生荧光之类也。”

1845 年，Fredrick W. Herschel 发现用紫外光照射奎宁溶液后发射出蓝光。1852 年，George Stokes 首次使用荧光(fluorescence)的概念描述荧光发射波长总比激发波长要长的事实($\lambda_{em}>\lambda_{ex}$)，这就是荧光现象中斯托克斯位移的由来。

当分子中的电子被激发到激发态时，从激发态的高振动能级经过弛豫过程回到分子的基态振动能级，能量以热的形式放出，没有光谱现象。当从激发态的高振动能级经过弛豫过程回到激发态的振动基态，然后电子直接从分子激发态振动基态跃迁回到分子基态的振动基态而将能量以光的形式释放，这就是分子的荧光现象[图 5.28(a)]。显然，分子的荧光与入射光(激发光)的波长无关，但是，当用分子的最大吸收光谱的光波对分子进行激发时，得到的荧光强度也增大。一般分子的荧光现象是即时的，当停止激发光照射，荧光便会消失。但有的分子，尤其是稀土配位化合物，停止照射后很久仍然能观察到荧光发射光谱。这种材料称为长寿命荧光材料，广泛用于应急通道的标识等。

当电子被激发到激发态时，从激发态的高振动能级经过弛豫过程回到激发态的振动基态，此时如果电子的轨道-自旋相互作用，会使电子的自旋角动量发生改变，会使电子进入三重态能级，三重态能级较低，电子继续弛豫到三重态的振动基态，然后从三重态(T)直接跃迁回到分子的基态，而将能量以光的形式释放，这就是分子的磷光现象[图 5.28(b)]。从单重

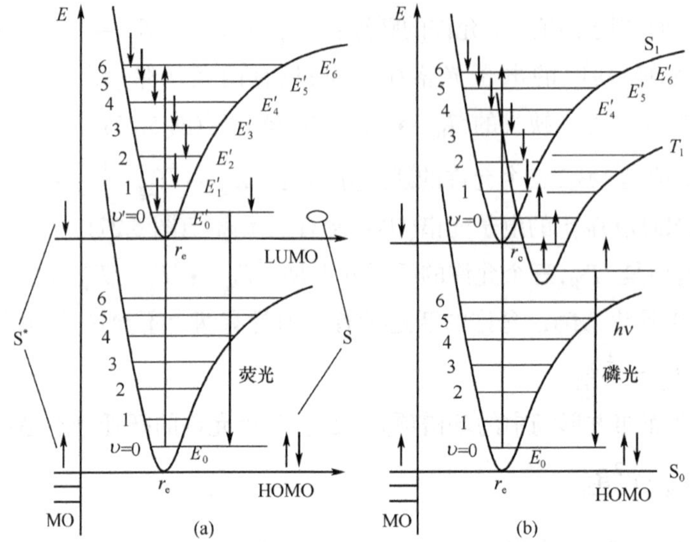

图 5.28　分子的荧光(a)和磷光(b)光谱产生原理示意图

态到三重态的跨越称为系间穿越。由三重态跃迁回到单重基态，按照量子力学电子的跃迁选律是禁阻的，所以磷光光谱的强度很弱，而寿命则大于荧光光谱的寿命(τ)。

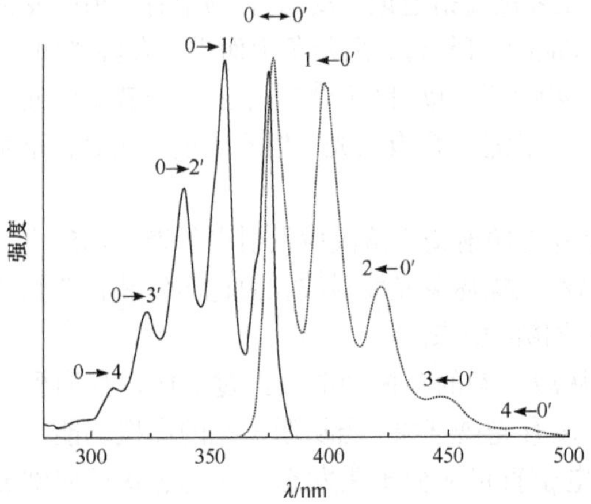

图 5.29　蒽的紫外-可见吸收谱(实线)和荧光发射谱(虚线)

蒽分子荧光光谱如图 5.29 所示，是在甲醇溶液中的紫外-可见吸收谱和荧光发射谱。可以看出，它们基本上是左右镜像对称的谱图。吸收峰最大波长为 372 nm，发射谱最小波长为 375 nm，它们的差值是分子的 HOMO 与 LUMO 转动量子数差ΔJ造成的，谱图重叠也是转动能级造成的。左侧吸收峰代表电子从 HOMO 的振动基态($\upsilon=0$)发射光子后跃迁到 LUMO 的不同振动状态(υ' = 0′,1′,2′,3′,4′)；右侧荧光发射峰代表电子从 LUMO 的振动基态($\upsilon'=0$)发射光子后回迁到 HOMO 的不同振动状态(υ = 0,1,2,3,4)。这是一个特殊荧光光谱的例子，当用 375 nm 波长作激发光，也会得到 375 nm 的发射波长；当然，用 354 nm、340 nm、320 nm、308 nm 波长作激发光也可以得到同样的荧光发射谱图。

稀土化合物由于 4f 和 5d 电子没有填满，吸光时可以发生 d-d*和 f-f*吸收，也会发生 d*-d 和 f*-f 的荧光发射谱，但是其吸光和发射系数都很小。当其与荧光配体结合时，配位场对中心离子的能级的对称性发生微扰，使得其吸收和发射光谱大大增强(图 5.30)，且选律不遵守量子力学一般规定。

荧光技术被广泛应用在生物技术和疾病监测中。2008 年，华裔科学家钱永健与下村修和马丁·查非(Martin Chalfie)因为对荧光蛋白的发现和开发利用而获得诺贝尔化学奖。生物学家目前进行科学研究使用的荧光标记蛋白多半出自钱永健的发明。

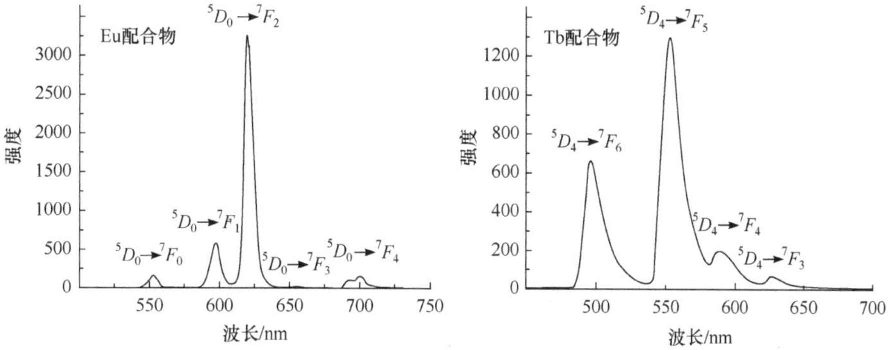

图 5.30　稀土配合物的荧光发射谱

5.3　紫外光电子能谱 (Ultraviolet photoelectron spectroscopy)

5.3.1　电子能谱原理(Principle of electronic spectroscopy)

$$M + h\nu \longrightarrow M^+ + e^-$$

当用紫外光照射分子 M 时(通常用 He Ⅰ 射线 21.2 eV 或 He Ⅱ 射线 40.08 eV)，分子内的电子吸收一个光子后获得的能量已经可以使分子内的电子直接电离而离开分子，根据光电效应可以记录电子的初动能 E_k，并进而算出电子的轨道能量(参见 2.5 节)，在 XPS 中标记为电子结合能 E_B，而在此标记为电离能 I (ionization energy)。

UPS 与 XPS 相比有显著的特点：能量低，只解离价电子；分辨率高，可以观察到分子离子的振动能级，可以测量半导体的价带能级位置。

若入射光子的能量为 $h\nu$，样品分子的第 n 个分子轨道的电离能为 I_n，则电子的初动能为

$$E_k^n = h\nu - I_n \tag{5.32}$$

当 UPS 测量的样品为气态分子时，没有逸出功，即 $\phi = 0$。

一般分子的转动能级间隔为 $\Delta E_r = 0.001$ eV，振动能级差约为 $\Delta E_v = 0.1$ eV；而 He Ⅰ 射线的线宽为 0.003 eV，He Ⅱ 射线的线宽为 0.017 eV，Mg K_α 射线线宽为 0.5 eV；所以，UPS 不能分辨转动能级，XPS 不能分辨振动能级，而 UPS 可以分辨分子的振动能级，XPS 用来分析原子内层电子的能级和价态。

考虑到分子振动能级的贡献，分子 M 中第 n 个分子轨道的电子电离生成分子离子 M^+，电子的电离能 I_n 即为分子离子的能量与分子能量之差，则

$$I_n = E(M^+) - E(M) = (E'_e + E'_v + E'_r) - (E_e + E_v + E_r) \tag{5.33}$$

忽略转动能级的贡献，将式(5.33)代入式(5.32)可得

$$E_k^n = h\nu - I_n = h\nu - (E'_e - E_e) - (E'_v - E_v) \tag{5.34}$$

常温下，分子中的电子总处在其振动基态，即$\upsilon=0$；而分子离子中的电子则可能在其振动基态$\upsilon'=0$，也可能在其振动激发态$\upsilon'\neq 0$，那么式(5.33)可以写为

$$E_k^n = h\nu - I_n = h\nu - [(E'_e - E_e) - (E'_0 - E_0)] - (E'_{v'} - E_0) = h\nu - I_a - (E'_{v'} - E_0) \quad (5.35)$$

则可以通过上式得到电子动能 E_k^n，从而间接观察分子内部电子的能级结构，包括振动能级结构的详细信息，并可验证前面所学习的关于分子轨道理论的正确性。

5.3.2　富兰克-康顿原理(Franck-Condon principle)

富兰克-康顿原理指出，电子从分子基态的振动基态$\upsilon=0$跃迁到分子离子激发态的$\upsilon=n$振动态的概率最大，此时两个振动能级的波函数有效重叠(交换积分)最大时，跃迁发生的概率最大。对应的核间距保持不变。对应的能量为垂直电离能(I_v, vertical excitation energy)。这是由于电子吸收光子发生跃迁的过程很快约 10^{-18} s，而分子的振动较慢，核间距来不及改变到其激发态的平衡核间距 r'_e。而电子从分子基态 M 的振动基态($\upsilon=0$)跃迁到分子离子 M^+的振动基态($\upsilon'=0$)所需的能量称为绝热电离能(I_a，adiabatic excitation energy)(图 5.31)。

H_2 的电子组态为σ_{1s}^2。当电子被紫外光激发电离为氢分子离子 $H_2^+\sigma_{1s}$，表示为

$$H_2 + h\nu \longrightarrow H_2^+ + e^-$$

其 UPS 谱图展示在图 5.32 中。可以用图 5.31 对其进行解释：σ_{1s}轨道是分子的成键轨道，当电子被电离后，其原子核间距 r 将由 74 pm 增大到 106 pm，其绝热电离能 I_a 为 15.43 eV，而垂直电离能 I_v 是分子离子的振动能级为$\upsilon'=2$。两个峰之间的间隔即为氢分子离子的振动频率，经过计算得到氢分子离子基波数为$\tilde{\nu}_0=2334\ \mathrm{cm}^{-1}$。而氢分子本身的振动基波数可以由拉曼光谱得到为$\tilde{\nu}_0=4395\ \mathrm{cm}^{-1}$。可见，氢分子电离一个电子后，其化学键的强度降低很大，数据列于表 5.8。

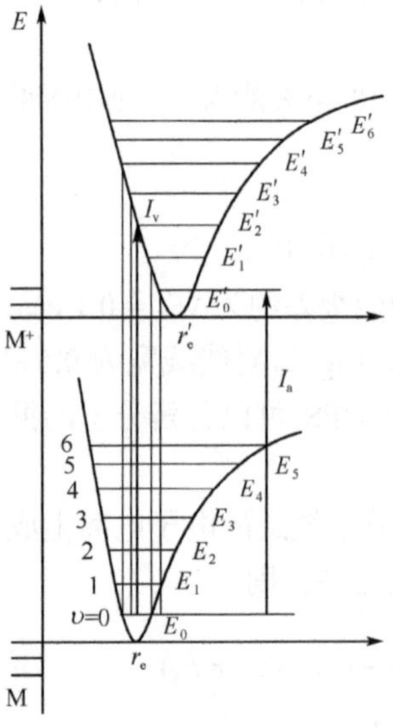

图 5.31　富兰克-康顿原理示意图

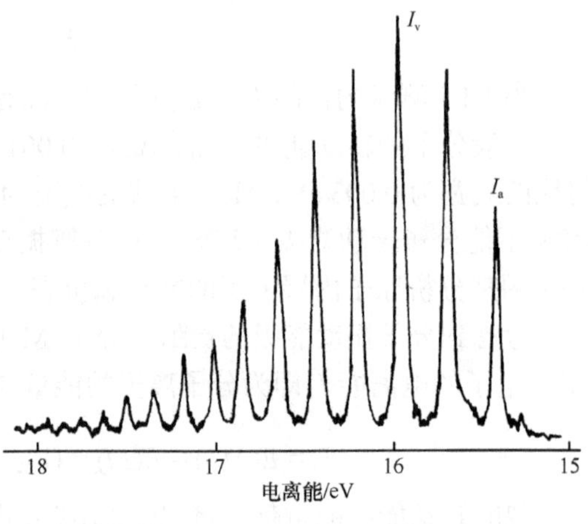

图 5.32　H_2 的 UPS 谱图

表 5.8 H_2 的 UPS 数据

跃迁	0→0	0→1	0→2	0→3	0→4	0→5	0→6	0→7	0→8	0→9	0→10	0→11	0→12
谱线/eV	15.43	15.70	15.96	16.20	16.43	16.64	16.83	17.02	17.18	17.34	17.45	17.61	17.73
间隔/eV	—	0.273	0.257	0.244	0.226	0.210	0.194	0.183	0.166	0.157	0.147	0.127	0.114
间隔/cm^{-1}	—	2202	2073	1968	1823	1694	1565	1476	1339	1266	1186	1024	919

5.3.3 成键与反键的区别(Difference between bonding and antibonding)

对于氮气分子的 UPS(图 5.33)，当紫外光照射时，有

$$N_2 + h\nu \longrightarrow N_2^+ + e^-$$

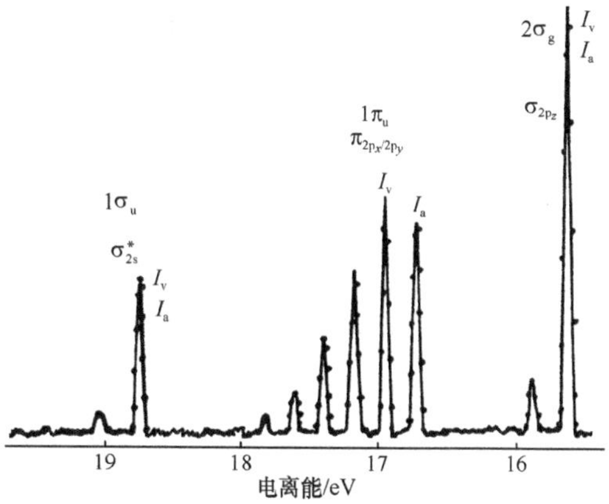

图 5.33 N_2 的 UPS 谱图

由于其电子组态为 N_2 KK$1\sigma_g^2\,1\sigma_u^2\,1\pi_u^4\,2\sigma_g^2$。当电子被紫外光激发电离为氮气分子离子 N_2^+ 时有三种情况：电离 $2\sigma_g$ 分子轨道中的电子需要最少的能量得到组态为 N_2^+ KK $1\sigma_g^2\,1\sigma_u^2\,1\pi_u^4\,2\sigma_g^1$ 的分子离子；电离 $1\pi_u$ 分子轨道中的电子得到组态为 N_2^+ KK $1\sigma_g^2\,1\sigma_u^2\,1\pi_u^3\,2\sigma_g^2$ 的分子离子；电离 $1\sigma_u$ 分子轨道中的电子得到组态为 N_2^+ KK $1\sigma_g^2\,1\sigma_u^1\,1\pi_u^4\,2\sigma_g^2$ 的分子离子。由于 $2\sigma_g$ 是弱成键轨道，当电子电离后原子核间距变化不大，因此跃迁概率最大的是分子的振动基态到分子离子的振动基态，即 $I_v = I_a$；$1\sigma_u$ 是弱反键轨道，与弱成键相似，它们只观察到振动态双峰，即 0→0 和 0→1 的振动结构；而当电离对成键贡献最大的 $1\pi_u$ 电子时，其电子电离后原子核间距变化较大，所以，由富兰克-康顿原理决定了 $I_v \neq I_a$，此时υ=1。分析实验数据得到氮气分子离子 N_2^+ KK $1\sigma_g^2\,1\sigma_u^2\,1\pi_u^4\,2\sigma_g^1$ 的振动频率 $\tilde{\nu}_{0\to1} = 2174\ cm^{-1}$；氮气分子离子 N_2^+ KK $1\sigma_g^2\,1\sigma_u^1\,1\pi_u^4\,2\sigma_g^2$ 的振动频率 $\tilde{\nu}_{0\to1} = 2384\ cm^{-1}$；氮气分子离子 N_2^+ KK $1\sigma_g^2\,1\sigma_u^2\,1\pi_u^3\,2\sigma_g^2$ 的振动频率 $\tilde{\nu}_{0\to1} = 1894\ cm^{-1}$。与氮气分子的拉曼振动光谱数据 $\tilde{\nu}_{0\to1} = 2331\ cm^{-1}$ 比较可以发现，当电离弱成键 $2\sigma_g$ 电子时，化学键减弱较少，键长稍长，振动光谱波数小于氮气分子的 2331 cm^{-1}；当电离成键 $1\pi_u$ 电子时，化学键减弱较大，键长变长，振动光谱波数大大低于氮气分子的 2331 cm^{-1}；当电离弱反键 $1\sigma_u$ 电子时，化学键增强，键长变短，振动光谱波数增加，大于氮气分子的 2331 cm^{-1}。氮气分子及其不同分子离子的相关数据列于表 5.9 中。

表 5.9 N_2 及 N_2^+ 三种状态的化学键及其振动频率

分子/离子	$\tilde{\nu}_{0\to1}$ /cm^{-1}	基波数 $\tilde{\nu}_0$ /cm^{-1}	键长/pm	键能/(kJ/mol)	键级
N_2	2331	2360	109.8	941.7	3
$N_2^+(2\sigma_g^1)$	2175	2217	111.6	842.2	2.5

续表

分子/离子	$\tilde{\nu}_{0\to1}$/cm^{-1}	基波数 $\tilde{\nu}_0$/cm^{-1}	键长/pm	键能/(kJ/mol)	键级
$N_2^+(1\pi_u^3)$	1895	1932	117.6	—	2.5
$N_2^+(1\sigma_u^1)$	2385	2432	107.5	—	2.5

CO 的 UPS 谱图(图 5.34)与 N_2 的类似，这也证明了等电子分子具有相似的电子能级结构的判断。

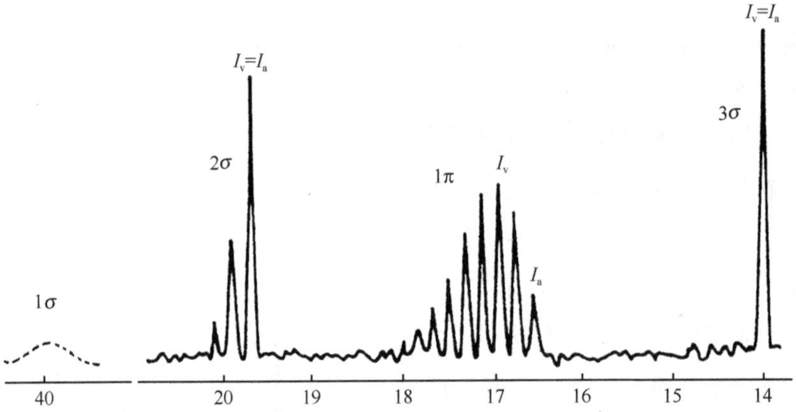

图 5.34　CO 的 UPS 谱图

对于氧气分子 O_2 的 UPS(图 5.35)，当紫外光照射时，有

$$O_2 + h\nu \longrightarrow O_2^+ + e^-$$

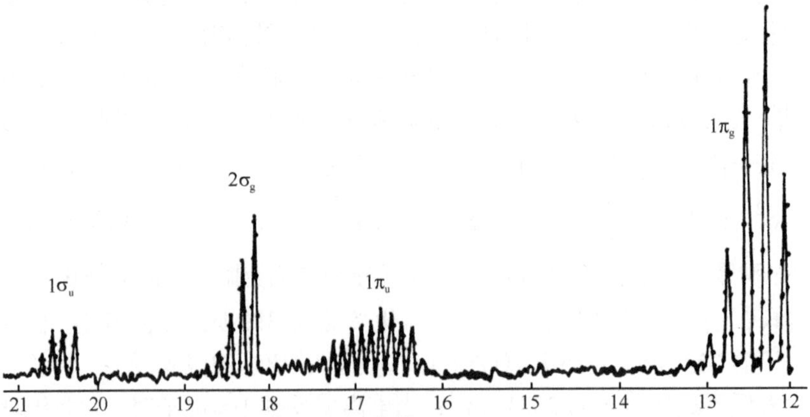

图 5.35　O_2 的 UPS 谱图

由于其电子组态为 O_2KK$1\sigma_g^2 1\sigma_u^2 2\sigma_g^2 1\pi_u^4 1\pi_g^2$。当电子被紫外光激发电离为氧气分子离子 O_2^+时有多种可能：电离 $1\pi_g$ 分子轨道中的电子需要最少的能量得到组态为 O_2^+KK $1\sigma_g^2 1\sigma_u^2 2\sigma_g^2 1\pi_u^4 1\pi_g^1$ 的离子，其振动能级间隔为 1846 cm^{-1}，大于氧气的拉曼振动频率 1555 cm^{-1}，说明 $1\pi_g$ 为反键分子轨道；电离 $1\pi_u$ 分子轨道中的电子得到组态为 O_2^+KK 1

$\sigma_g^2 1\sigma_u^2 2\sigma_g^2 1\pi_u^3 1\pi_g^2$ 的离子，其振动能级间隔为 972 cm^{-1}，远小于氧气的拉曼振动频率 1555 cm^{-1}，说明 $1\pi_u$ 为成键分子轨道；电离 $2\sigma_g$ 和 $1\sigma_u$ 分子轨道中的电子需要更高的能量。这些都与用分子轨道理论处理的结果一致。

将 AB 双原子分子的 UPS 谱图规律总结在图 5.36 中。

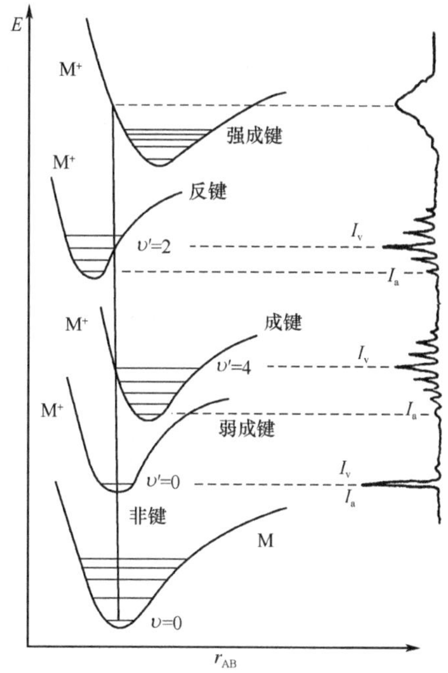

图 5.36　双原子分子的常见跃迁类型及其谱图特征

对于多原子分子，由于简正振动方式很多，即振动频率多而复杂，因此不易观察振动的精细结构能级，但大的电子能级还是很清楚的，如甲烷和水蒸气的 UPS(图 5.37)。二氧化碳分子的电子组态/分子轨道的情况相对简单，图 5.38 为 N_2 和 CO_2 的比例为 1∶1 的混合气体的 UPS 谱图。

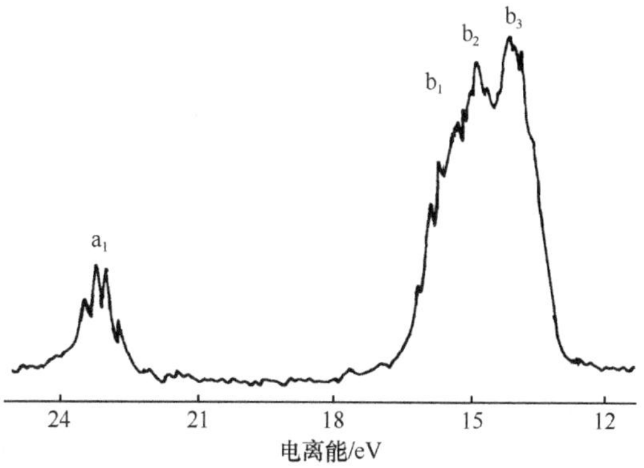

(a)

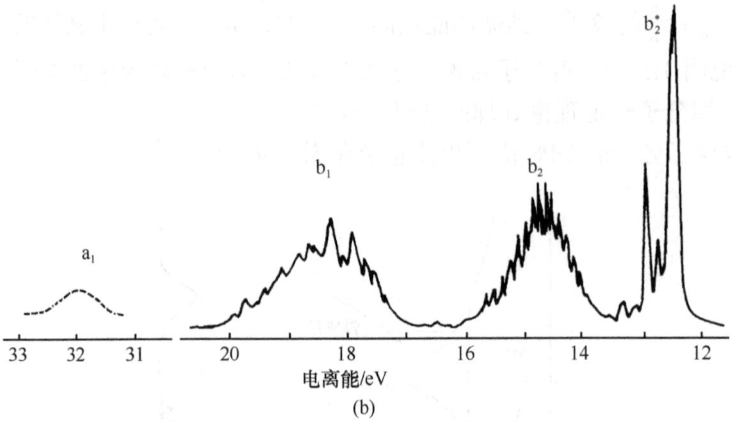

图 5.37　CH_4(a)和 H_2O(b)的 UPS 谱图

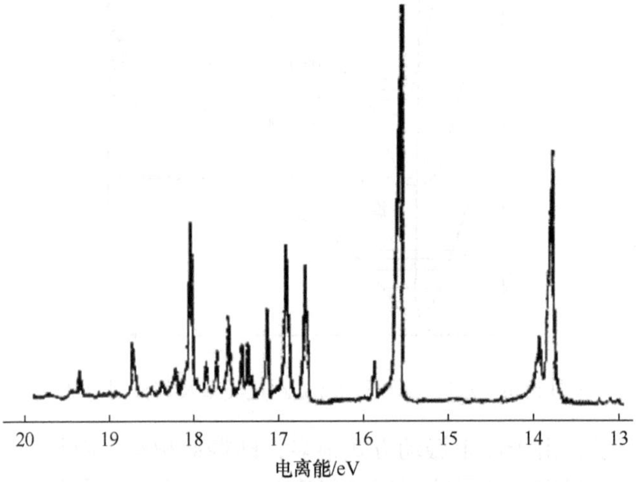

图 5.38　二氧化碳与氮气 1：1 混合气体的 UPS 谱图

5.4　磁共振谱
(Magnetic resonance spectroscopy)

1933 年，斯特恩测量了质子的磁矩并发展了核物理研究中的分子束方法，获得 1943 年诺贝尔物理学奖。20 世纪 30 年代，伊西多·艾萨克·拉比(Isidor Isaac Rabi)提出测量气态原子核磁矩的方法，获得 1944 年诺贝尔物理学奖。1946 年，费利克斯·布洛赫和爱德华·米尔斯·珀塞尔(Edward Mills Purcell)发现，将具有奇数个核子(包括质子和中子)的原子核置于磁场中，再施加以特定频率的射频场，就会发生原子核吸收射频场能量的现象，他们获得了 1952 年诺贝尔物理学奖。理查德·恩斯特(Richard R. Ernst)由于对核磁共振方法和二维核磁技术的发现获得 1991 年诺贝尔化学奖。库尔特·维特里希(Kurt Wüthrich)发展了多维核磁技术测定溶液中蛋白质结构，获得 2002 年诺贝尔化学奖。保罗·劳特布尔(Paul C. Lauterbur)和彼得·曼斯菲尔德(Peter Mansfield)因使用梯度场方法发展了核磁共振成像技术，获得 2003 年诺贝尔生理学或医学奖。

(1) 基本粒子简介。

1928 年，英国物理学家狄拉克提出了一个电子运动的相对论性量子力学(矩阵力学)，即狄拉克方程。在研究氢原子能级分布时，考虑具有自旋角动量的电子做高速运动时的相对论性效应，给出了氢原子能级的精细结构，与实验符合得很好。不仅可以导出电子的自旋量子数应为 1/2，同时预言了正电子 e^+(positron)的存在。

1932 年，美国物理学家安德森(Carl David Anderson)在云雾线实验中观察到宇宙高能射线穿过重原子核附近时，可以转化为一个电子和一个质量与电子相同但带有单位正电荷的粒子，从而发现了正电子，证实了狄拉克的预言。后来，狄拉克又提出了空穴理论，给出了反粒子的概念。粒子物理进入快速发展阶段。

历史上，正电子发现第一人应该是赵忠尧。1929 年，赵忠尧在美国芝加哥大学诺贝尔物理学奖得主罗伯特・安德鲁・密立根(Robert Andrews Millikan)教授门下攻读博士学位，发现硬 γ 射线的高能量光子束，在通过重金属铅时出现"反常吸收"现象。但是，他发现了正负电子湮灭现象，发表了科学论文，没有明确提到正电子。而他的同学安德森则发展了他的方法，明确提出正电子。1930 年，赵忠尧获得博士学位后，前往德国哈罗大学物理研究所工作。9 月，赵忠尧发现与"异常吸收"同时存在的还有"额外散辐射"，又写出题为《硬 γ 射线的散射》的论文，发表在美国《物理评论》杂志上。1931 年秋，赵忠尧到英国剑桥大学卡文迪许实验室，与原子核大师卢瑟福(E. Rutherford)一起工作。同年底，赵忠尧回国后任清华大学物理系教授，他边教书、边用盖革计数器进行 γ 射线、人工放射性和中子物理的研究工作，论文发表在中国的《物理导报》和英国的《自然》杂志上。卢瑟福在赵忠尧先生写的《硬 γ 射线与原子核的相互作用》论文前加了按语："这一结果提供了'正-负'电子对产生的又一证据。"同年在中国首次开设核物理课程。1945 年，赵忠尧前往加州理工学院和麻省理工学院进行核物理和宇宙线等方面的研究，1951 年回国后主持建立中国第一个核物理实验室；创建中国科学技术大学近代物理系；创建中国科学院高能物理研究所。赵忠尧的老师是叶企孙，学生有邓稼先、钱三强、杨振宁、李政道、周光召、王淦昌、彭桓武等。

由以上量子力学的发展和正电子的预测和发现历史故事可以看出电子波粒二象性的重要性。利用电子波动性升级改造的电子显微镜技术也取得了长足的进步，反过来证明了电子波的存在(图 5.39)。

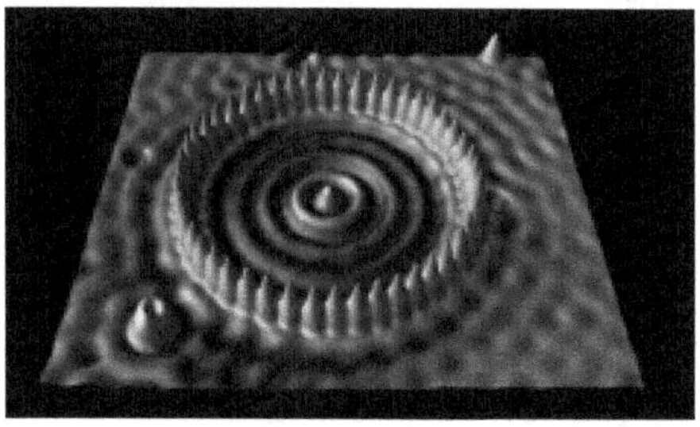

图 5.39　铜表面铁原子及其周围电子波的电镜图片

(2) 基本粒子的标准模型(图 5.40)。量子力学诞生后，随着粒子物理的发展，物理学家基于杨振宁-米尔斯规范场理论研究和发展出标准模型下基本粒子(elementary particle)有 17 种。按照自旋属性分为两类，自旋量子数为 1/2 的为费米子；自旋量子数为 1 或 0 的为玻色子。按照作用力大小，将费米子又分为 6 个夸克(quark)代表强相互作用，6 个轻子(lepton)代表弱相互作用；光子传递电磁力，胶子传递强相互作用力，Z/W 玻色子传递弱相互作用力，希格斯玻色子(Higgs boson)是自旋为零的玻色子。杨振宁-米尔斯方程是在研究自然界四种相互作用(电磁、弱、强、引力)时提出的基本数学方程，引导了粒子物理的正确研究方向，对物理学的发展起到了巨大的促进作用，贡献比其获得诺贝尔物理学奖的弱相互作用宇称不守恒大许多，在世界物理学界得到了极高的评价。

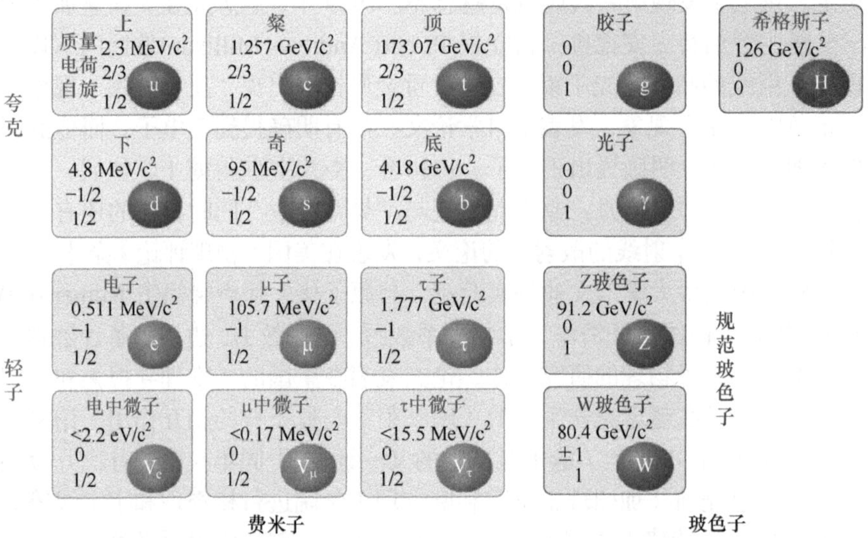

图 5.40　标准模型基本粒子及其属性

粒子的寿命是粒子的主要特征量之一。电子、质子、中微子是稳定的，称为“长寿命”粒子；而其他绝大多数的粒子是不稳定的。质子(u-u-d)、中子(d-d-u)在原子中是稳定的。而自由中子不稳定，半衰期为 887.5～878.5 s；中子衰变时释放一个电子和一个反中微子而成为质子，也就是β衰变。β衰变的实质就是下夸克(d)吸收能量转化为电子、上夸克(u)及反中微子，在此过程中，W 玻色子起了传播作用，实际上是下夸克通过释放一个 W 玻色子转化为上夸克，而 W 玻色子衰变为电子和反中微子，而所谓的夸克不可再分，可以看作是上夸克不可再分，夸克分为上、下、奇、粲、顶、底，其中奇、粲、顶、底夸克因为质量过大，会很快衰变为上、下夸克，而下夸克又会转化为上夸克。一个π介子衰变成一个μ子和一个中微子。粒子的寿命以半衰期定义。自由质子是最稳定的粒子，实验已测得质子寿命大于 1×10^{33} 年。中微子的自旋方向与运动方向相反，反中微子的自旋方向与运动方向相同，它们与物质相互作用的性质不同，中微子只有左旋，反中微子只有右旋。

5.4.1　原子核自旋(Nuclear spin)

原子核由质子和中子组成，中子和质子都是费米子，与电子一样具有自旋量子数 I 为 1/2 的特性。它们也都具有自旋角动量

$$M_{\mathrm{NS}}=\sqrt{i(i+1)}\hbar,\quad i\equiv\frac{1}{2} \tag{5.36}$$

对于氢原子核，只有一个质子，核自旋角动量为 $M_{\mathrm{N}}=\sqrt{I(I+1)}\hbar=\frac{\sqrt{3}}{2}\hbar$，在磁场方向的分量为 $M_{\mathrm{N}_z}=m_I\hbar$，$m_I=\pm\frac{1}{2}$。

对于氘原子核，有一个质子和一个中子，实验发现，质子和中子的自旋平行能量低，氘核的自旋量子数 $I=1$，$m_I=1,0,-1$。

对于有多个质子和中子的原子核总的核自旋角动量，其自旋量子数也像电子的自旋一样适用矢量加法规则 $I=\sum\limits_n i$。

实验表明：

(1) 对于偶偶核(质子与中子均为偶数)，$I=0$，即原子核的总自旋角动量封闭为零，核对外表现为不旋转；${}^{12}_{6}\mathrm{C}$、${}^{16}_{8}\mathrm{O}$、${}^{18}_{8}\mathrm{O}$、${}^{32}_{16}\mathrm{S}$、${}^{120}_{50}\mathrm{Sn}$ 等。

(2) 对于奇偶核(质子和中子其中一个为奇数)，$I=1/2,3/2,5/2,\cdots$；${}^{11}_{5}\mathrm{B}$、${}^{13}_{6}\mathrm{C}$、${}^{17}_{8}\mathrm{O}$、${}^{19}_{9}\mathrm{F}$、${}^{31}_{15}\mathrm{P}$、${}^{33}_{16}\mathrm{S}$、${}^{55}_{25}\mathrm{Mn}$、${}^{119}_{50}\mathrm{Sn}$ 等。

(3) 对于奇奇核(质子和中子都是奇数)，$I=1, 2, 3,\cdots$；${}^{2}_{1}\mathrm{H}$、${}^{6}_{3}\mathrm{Li}$、${}^{10}_{5}\mathrm{B}$、${}^{58}_{27}\mathrm{Co}$、${}^{176}_{71}\mathrm{Lu}$ 等。

质子的自旋角动量必然产生磁矩，且与外磁场方向相同(与电子的磁矩相反)：

$$\mu_{\mathrm{p}}=ISn^0=\frac{+e\upsilon}{2\pi r}(\pi r^2)n^0=\frac{+e}{2m_{\mathrm{p}}}(m_{\mathrm{p}}\upsilon r)n^0=\frac{g_{\mathrm{p}}e}{2m_{\mathrm{p}}}M_{\mathrm{p}}$$

即

$$\mu_{\mathrm{p}}=\gamma_{\mathrm{p}}M_{\mathrm{p_s}}=\frac{e\hbar}{2m_{\mathrm{p}}}g_{\mathrm{p}}\sqrt{i(i+1)}=g_{\mathrm{p}}\sqrt{i(i+1)}\mu_{\mathrm{N}} \tag{5.37}$$

在外磁场方向的分量为

$$\mu_{\mathrm{p}_z}=2.793\mu_{\mathrm{N}} \tag{5.38}$$

式中，$g_{\mathrm{p}}=5.586$，为质子的朗德因子，$\mu_{\mathrm{N}}=\frac{e\hbar}{2m_{\mathrm{p}}}=5.051\times10^{-27}\,\mathrm{J/T(或A\cdot m^2)}$ 核磁子为玻尔磁子 $\mu_{\mathrm{B}}=\frac{e\hbar}{2m_{\mathrm{e}}}=9.274\times10^{-24}\,\mathrm{J/T(或A\cdot m^2)}$ 的 1/1836。

实验还表明，没有带电荷的中子其自旋角动量也产生自旋磁矩，且与外磁场方向相反：

$$\mu_{\mathrm{n}}=\gamma_{\mathrm{n}}M_{\mathrm{n_s}}=\frac{e\hbar}{2m_{\mathrm{n}}}g_{\mathrm{n}}\sqrt{i(i+1)}=g_{\mathrm{n}}\sqrt{i(i+1)}\mu_{\mathrm{N}} \tag{5.39}$$

式中，$g_{\mathrm{n}}=-3.82$，为中子的朗德因子，负号表示与角动量方向相反。

在外磁场方向的分量为

$$\mu_{n_z} = 1.91\mu_N \tag{5.40}$$

对于一个包含多个质子和中子的原子核的磁矩的表达式为

$$\mu_N = \gamma_N M_N = \frac{e\hbar}{2m_p} g_N \sqrt{I(I+1)} = g_N \sqrt{I(I+1)}\mu_N \quad (\gamma_N\text{为核磁旋比}) \tag{5.41}$$

$$\mu_{N_z} = g_N m_I \mu_N, \quad m_I = -I, -(I-1), \cdots, (I-1), I \quad (\text{共 } 2I+1 \text{ 个取向}) \tag{5.42}$$

一些原子核的性质列于表 5.10。

表 5.10 一些原子核的性质

原子核	I	g_N	丰度/%	γ_N/(MHz/T)	$\mu_{Nz}(\mu_N)$
^1H	1/2	5.5857	99.9844	42.577	2.79285
^2H	1	0.85745	0.0156	6.563	0.85745
^{15}N	1/2	−0.567	0.36	10.13	−4.933
^{14}N	1	0.403	99.64	7.23	3.51854
^{23}Na	3/2	1.478	100		2.21752
^{67}Zn	5/2	0.25	4.10		0.875479
^{13}C	1/2	1.4046	1.08	10.705	0.70241
^{17}O	5/2	−0.75748	0.037	−5.774	−1.8937
^{19}F	1/2	5.2567	100	40.054	2.62835
^{31}P	1/2	2.2610	100	17.235	1.1305
^{35}Cl	3/2	0.5479	75.78	4.171	0.82187
^{37}Cl	3/2	0.456	24.22		0.684123
^{63}Cu	3/2	2.18	69.09		2.221
^{10}B	3		19.9		1.80065
^{11}B	3/2	1.7924	80.1	13.6630	2.68864
^{79}Br	3/2		50.57		2.099
^{209}Bi	9/2		100		4.039
^{207}Pb	1/2		21.11		0.584
^7Li	3/2	2.17095	92.41	16.5483	3.25642
^{33}S	3/2	0.429	0.76	3.269	0.64382
^{25}Mg	5/2		10.05		−0.85546
^{27}Al	5/2		100		3.639
^{55}Mn	5/2	2.00	100		3.4532
^{95}Mo	5/2		15.78		0.910
^{127}I	5/2		100		2.794
^{119}Sn	1/2	−2.09458	8.59	15.9656	−1.04729
^{77}Se	1/2	1.071012	7.58		0.535506
^{59}Co	7/2		100		4.638
^{58}Co	2		0/70.88d(τ)*		4.04
^{56}Co	4		0/77.3d(τ)		3.85
^{60}Co	5		0/5.271y(τ)		3.799

* τ 为半衰期，d 表示天，y 表示年。

5.4.2　核磁塞曼效应(Nuclear magnet Zeeman effect)

当自旋核被置于外磁场中，与电子一样会产生附加能量

$$E = -\boldsymbol{\mu} \cdot \boldsymbol{B} = -\mu_{N_z} B$$

将式(5.42)代入得

$$E = -m_I g_N \mu_N B \tag{5.43}$$

可见，外磁场 $\boldsymbol{B}$ 越大，能级差值ΔE 越大。当用频率为ν的射频照射磁场中的原子核时，射频的能量与磁场中的磁能级相同时，发生共振吸收，磁能级发生跳跃，由低能级跃迁到高能级(图 5.41)。

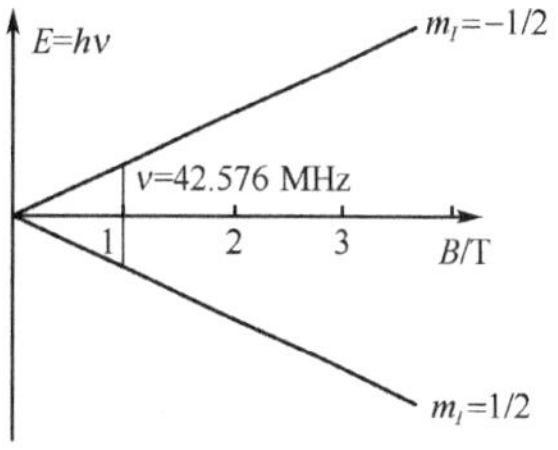

图 5.41　氢原子核 ^{1}H 核自旋磁能级与外磁场 $\boldsymbol{B}$ 的关系

$$\Delta E = h\nu = E_2 - E_1 = (m_{I1} - m_{I2}) g_N \mu_N B = \Delta m_I g_N \mu_N B \tag{5.44}$$

这种自旋核在外磁场中发生能级分裂和光谱吸收的现象称为核磁塞曼效应。

跃迁的量子力学选律为$\Delta m_I = \pm 1$，所以跃迁频率为

$$\nu = \frac{\Delta E}{h} = \frac{g_N \mu_N B}{h} = \frac{\gamma_N}{2\pi} B = \gamma B \tag{5.45}$$

对于每一个不同的自旋核，有一个特征的磁旋比 γ，它表示磁场为 1 T(特斯拉)时核磁能级跃迁的频率条件。

对于常见的 $I = 1/2$ 的原子核，当原子核受到照射时，由 m_I 为 1/2 的能级跃迁到 m_I 为−1/2 的状态，由式(5.45)算得

$$\nu = \frac{\Delta E}{h} = \frac{g_N \mu_N B}{h} = \frac{5.5857 \times 5.0508 \times 10^{-27}\ \text{J/T} \times 1\ \text{T}}{6.6261 \times 10^{-34}\ \text{J} \cdot \text{s}} = 42.577\ \text{MHz}$$

那么，氢原子的磁旋比γ为 42.577 MHz/T。

5.4.3　核磁共振谱(Nuclear magnetic resonance spectra)

一个待测样品中自旋的原子核在磁场中受到一个射频照射，能否达到共振条件，由公式(5.43)可见，可以固定频率ν而改变磁场称为扫场方式；另一种为固定磁场强度 B 而改变射频的频率。实际的核磁共振仪器目前均采取固定频率改变磁场的扫场式，因为无线电技术先进可以达到更精确的固定频率，通过调节电流可以均匀地改变磁场强度。我们经常说的 NMR 仪器是 300 M、400 M、500 M 和 600 M 等均指质子 ^{1}H (proton)的工作频率。实验室常见 400 MHz 仪器。600 MHz 以上主要测定蛋白质等复杂生物样品的结构。仪器的结构和工作原理示意于图 5.42 中。

1. 化学位移

由于核磁能级比电子能级小三个数量级，因此原子核能灵敏地感受到核外电磁场的变化，这也是能够用核磁共振测定化合物结构的基础。若将核外电子对原子核的屏蔽常

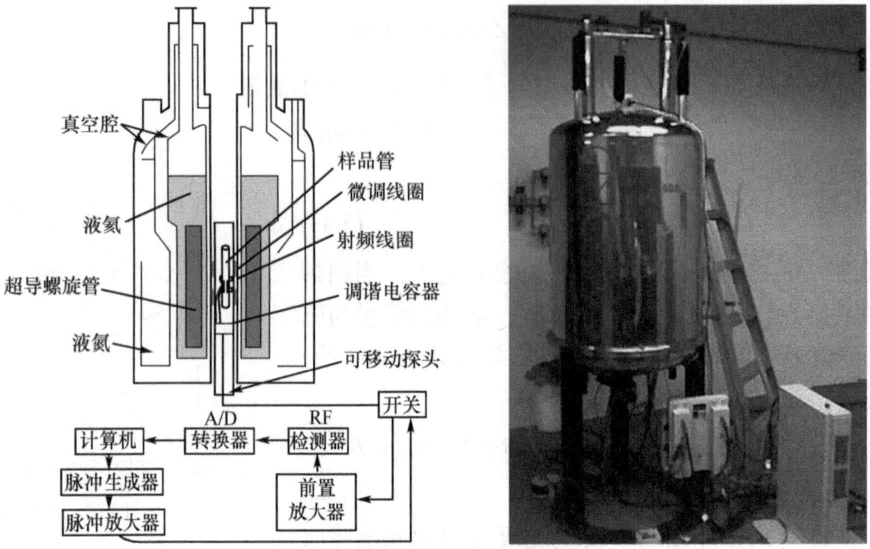

图 5.42　核磁共振仪器结构及工作原理示意图

数记作σ，则原子核感受到的有效磁场表达为

$$\boldsymbol{B}_{\text{eff}} = \boldsymbol{B}(1-\sigma)$$

化学位移的定义：由于化学环境不同而使共振吸收产生的磁场改变的多少，称为核磁共振的化学位移。一般采取无量纲表达式，即待测样品与标准样品产生共振吸收所需要的外磁场强度的差值与标准样品所需磁场强度的比值：

$$\delta = \frac{B_{标} - B_{样}}{B_{标}} \times 10^6 \tag{5.46}$$

由于化学位移很小，为 ppm 级，因此式(5.46)乘以 10^6，它仍然是一个无量纲的数。标准样品，内标：氢谱用四甲基硅烷(TMS)，碳谱用溶剂峰；外标：氟谱用三氟乙酸，磷谱用磷酸，锡谱用四甲基锡等。

2. 自旋耦合与谱峰的分裂

样品中不同原子核的核磁吸收谱峰的位置由其屏蔽常数σ_i决定。在高分辨仪器中，许多谱峰会分裂为多个。谱峰的分裂是由邻近原子核的自旋-自旋耦合造成的，这种作用相当于对原子核 i 的一种微扰作用，微扰算符的大小和强弱与邻近原子核的自旋状态有关。以 ^{1}H NMR 为例说明如下：

如图 5.43 所示，戊二酸二乙酯中甲基为三重峰，它是由于邻近次甲基中两个质子的自旋-自旋耦合有三种状态。次甲基中一个质子的自旋在磁场方向有两种取向±1/2 或α、β，对应磁场 z 方向的磁矩为 $\mu_{\text{p}_z} = \pm 2.793\mu_{\text{N}}$，使得邻近甲基质子的能级出现分裂：

$$E_1 = -m_I g_{\text{N}} \mu_{\text{N}} B - \delta_\alpha B \;,\quad E_2 = -m_I g_{\text{N}} \mu_{\text{N}} B + \delta_\beta B$$

两个质子的自旋耦合产生四种耦合的核磁状态，$\alpha\alpha$ ($m_I = 1$)，$\alpha\beta$、$\beta\alpha$ ($m_I = 0$)，$\beta\beta$ ($m_I = -1$)，其中$\alpha\beta$与$\beta\alpha$为兼并状态。所以，它们对于邻近甲基中质子自旋的影响使得能

级出现分裂：

$$E_1 = -m_I g_N \mu_N B - \delta_{\alpha\alpha} B\ ,\quad E_2 = -m_I g_N \mu_N B + 2\delta_{\alpha\beta} B\ ,\quad E_3 = -m_I g_N \mu_N B + \delta_{\beta\beta} B$$

从而导致谱峰分裂为 1 : 2 : 1 的三重峰。同理，甲基中三个质子的自旋-自旋耦合造成了四种不同的微扰 $\alpha\alpha\alpha(m_I = 3/2)$，$\alpha\alpha\beta$、$\beta\alpha\alpha$、$\alpha\beta\alpha(m_I = 1/2)$ 、$\alpha\beta\beta$、$\beta\beta\alpha$、$\beta\alpha\beta(m_I = -1/2)$，$\beta\beta\beta\ (m_I = -3/2)$，使得次甲基峰分裂为 1 : 3 : 3 : 1 的四重峰。显然耦合常数 $J = 2\delta_\alpha B/h(\text{Hz})(\delta_\alpha = \delta_\beta)$。一般地，两个相邻核互相影响，耦合常数也相同；如果一个核 b 受到两个不同化学环境核 a 和 c 的影响，即 $J_{ab} \neq J_{bc}$，不会得到 1 : 2 : 1 的三重峰，而得到 1 : 1 : 1 : 1 的四重峰(图 5.44)。

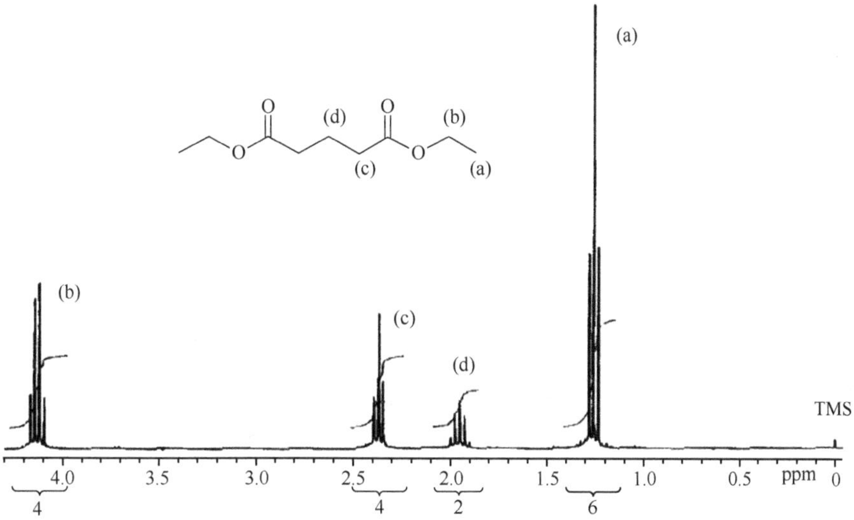

图 5.43　戊二酸二乙酯的 ^{1}H NMR 谱图

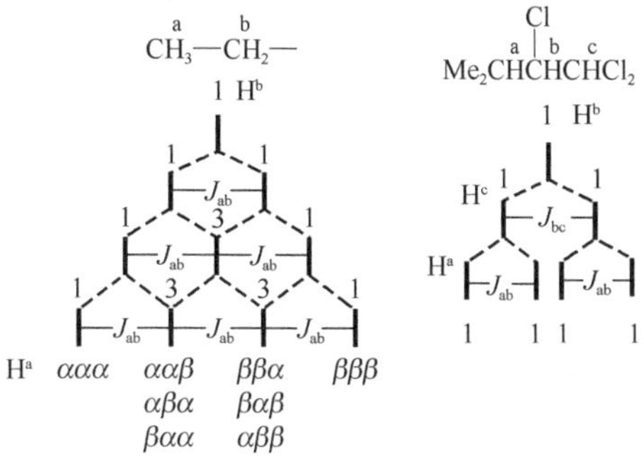

图 5.44　核自旋耦合常数与谱峰分裂

3. 抗磁各向异性效应

由于共轭分子在受到外磁场 $\boldsymbol{B}$ 的作用时，其电子云的电子环流产生一个附加的与外场方向相反的反抗磁场，当原子核处于不同的区域就会有不同的化学位移。这称为抗磁各向异性效应(图 5.45)。

对于共轭分子及芳香性分子，抗磁各向异性效应使得化学位移有很大的区别。例如，乙烯分子中，质子的化学位移为 4.7 ppm；乙基苯苯环中质子处于其环流产生的附加磁场的加强区，化学位移出现在低场为 7.3 ppm(图 5.46)；而对于乙炔分子，其质子的化学位移由于处在附加磁场的反抗区，共振条件需要更大的能量而出现在高场 2.7 ppm 左右。

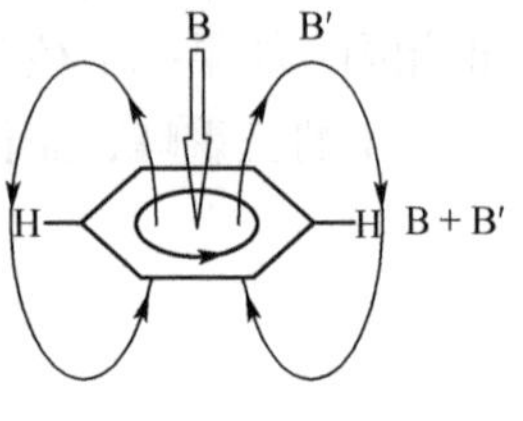

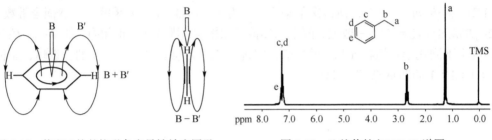

图 5.45 苯和乙炔的抗磁各向异性效应图示

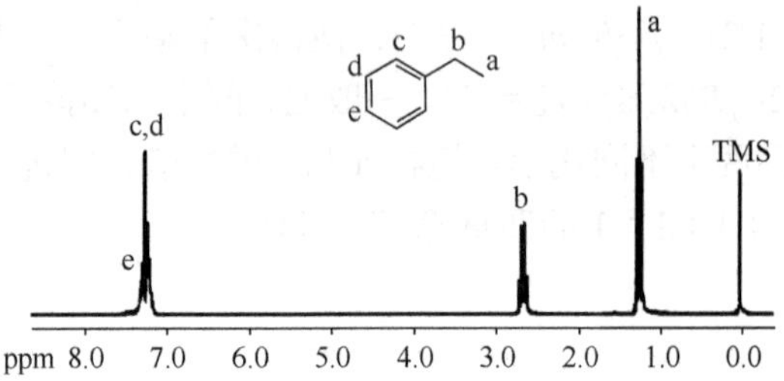

图 5.46 乙基苯的 ^{1}H NMR 谱图

5.4.4 核磁共振去耦合技术(Decoupling technique in NMR)

1. 同核双共振去耦

为了简化化合物中基团之间的耦合情况，选择特定基团化学位移对应的射频 ν_1，扫场实验时，对样品同时施加两个射频 ν_0 和 ν_1 进行实验。这样，特定基团化学位移将消失，与相邻基团的耦合也同时消失，简化了谱图。图 5.47 为反式巴豆醛(*trans*-crotonaldehyde)在照射醛氢以及同时照射醛氢和甲基氢时的谱图变化情况(化学位移 ppm，H_a：9.42，H_b：6.02，H_c：6.91，H_d：1.93；J_{ab}：7.8 Hz，J_{bc}：15.55 Hz，J_{cd}：6.8 Hz)。水溶液做 ^{1}H NMR

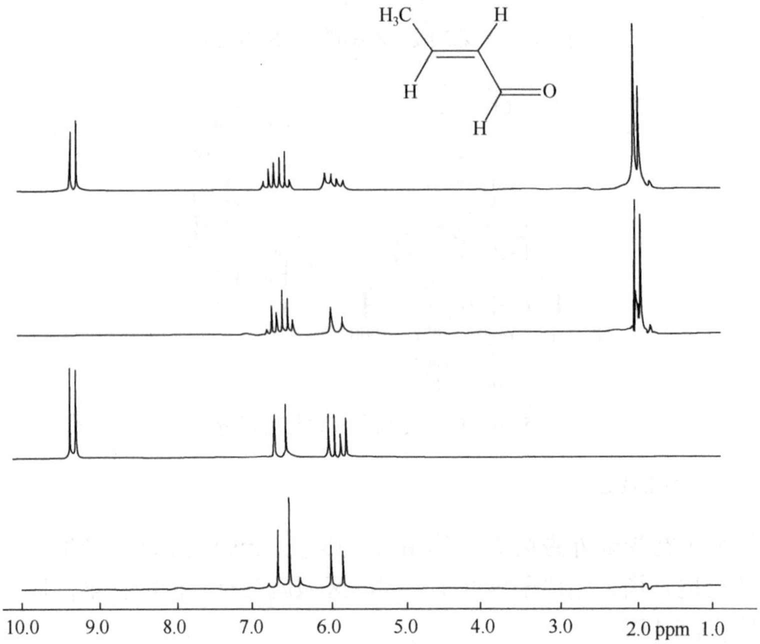

图 5.47 巴豆醛双共振去耦

时的水峰压制技术也是双共振去耦，使得低浓度产物的核磁信号能够定量积分，图 5.48 为水溶液中乙醇(1.05，3.53 ppm)。

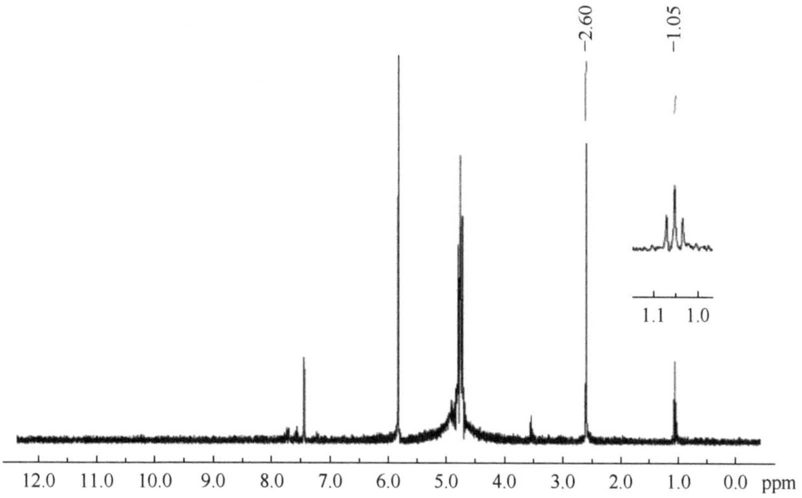

图 5.48 人工光合成产物乙醇水溶液的双共振去耦谱图

2. 异核双共振去耦

^{13}C 谱中的质子去耦技术：^{13}C 同位素自然丰度低，一般地，在做谱图累加时都应用质子噪声去耦法(proton noise decoupling，PND)，即采用宽射频对氢谱进行全覆盖照射，消除质子与 ^{13}C 核的耦合效应，可以提升一个数量级的谱线强度，采用此技术的 ^{13}C 图记作 $^{13}C\{^1H\}$NMR，这种技术属于异核双共振去耦(heteronuclear double resonance decoupling)。

3. 核欧沃豪斯效应

核欧沃豪斯效应(nuclear Overhauser effect，NOE)是指利用 PND 方法得到谱峰的强度比未去耦合前峰面积多出几倍的现象。例如，$CHCl_3$ 的 ^{13}C NMR 谱在去耦合前，由于质子与 ^{13}C 的耦合表现为双峰，应用 PND 技术得到的 ^{13}C NMR 谱峰面积是去耦合前两个峰面积之和的 5～6 倍，这是由两个核的自旋热弛豫导致的。

5.4.5 分子的结构重排(Structural rearrangement of molecules)

固体中微粒在平衡位置附近振动，但结构不变，近似是刚性的。在溶液当中，存在多重激发态，在溶剂分子的助力下，经常会使核的位置发生交换，导致分子构型的改变，称为分子的结构重排(structural rearrangement)或异构化(isomerization)。这种在溶液中的动力学异构化反应最常用的表征方法就是原位-变温核磁共振测试技术。

例如，$(\eta^5\text{-}C_5H_5)_2Fe_2(CO)_4$ 体系在溶液中存在顺反异构化反应，在低温下，两种异构体有独立的信号，在室温下由于快速交换(速率为 $4\times10^3\ s^{-1}$)，在平均位置出现了单一的信号峰(图 5.49)。烯丙基金属配合物在低温表现 H_s 和 H_a 的分裂和不同的化学位移，类似反式烯烃的表现，高温则表现为平均位置的双峰(图 5.50)。

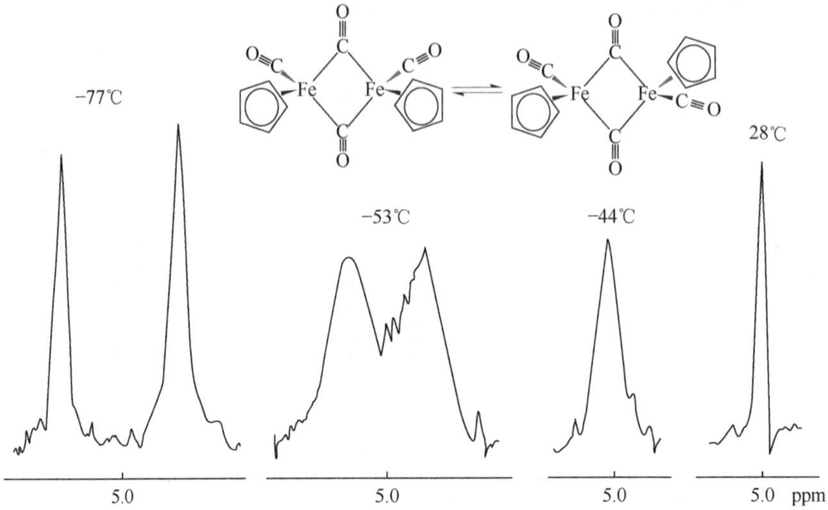

图 5.49　(η^5-C_5H_5)$_2Fe_2(CO)_4$ 在不同温度下的 ^{1}H NMR 谱

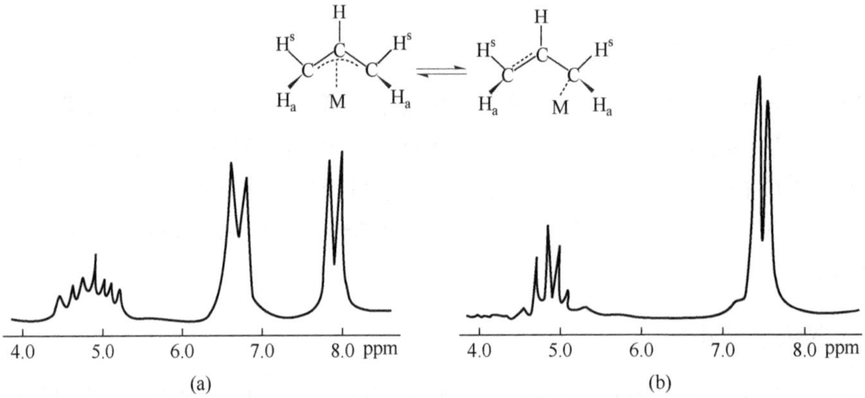

图 5.50　烯丙基金属配合物在低温(a)和高温(b)时的 ^{1}H NMR 谱

5.4.6　^{14}N 和 ^{15}N 核磁共振谱(Spectra of ^{14}N and ^{15}N NMR)

^{14}N 核磁共振由于核四极矩的影响，谱线宽度大，核的弛豫时间短(分钟)，自然丰度高(99.64%)，$I=1$，磁旋比(magnetogyric ratio，γ_N)为正，与质子 ^{1}H 和 ^{13}C 核的耦合常数复杂，用硝基甲烷为外标给出化学位移数据。

有机化合物的 ^{14}N 核磁共振谱还与其溶剂关系很大。例如，1,3,5-三氨基苯的盐酸盐在氘代 DMSO 中由于溶解度差，检测不到谱峰，当用 D_2O 为溶剂时，可以观察到一个宽峰位于化学位移−330.50 ppm 处。1,3,5-三乙酰氨基苯在 DMSO-d_6 中不出峰，是由于溶剂黏度大，当使用 DMSO-d_6：acetone-d_6 = 1：3 的混合溶剂时，观察到一个窄峰位于化学位移−330.50 ppm 处。

几个典型含氮化合物的 ^{14}N NMR 谱图见图 5.51。

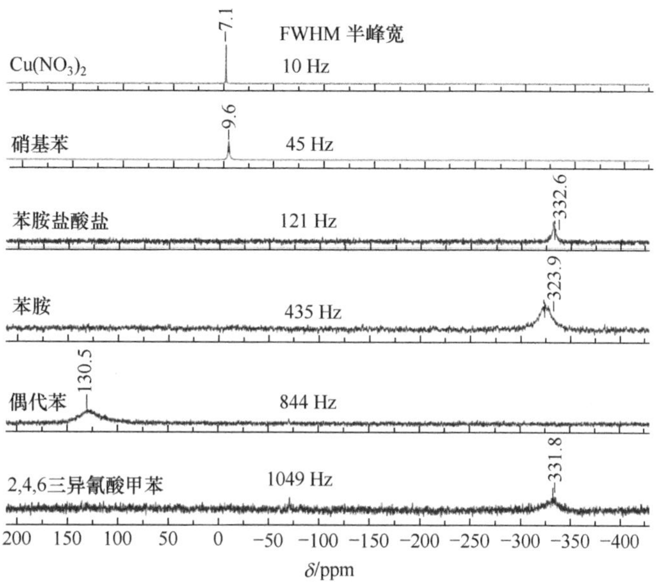

图 5.51　几个典型含氮有机化合物的 ^{14}N NMR 谱

^{15}N 核磁共振没有核四极矩的影响，谱线宽度窄，核的弛豫时间长(小时)，自然丰度低(0.36%)，$I=1/2$，磁旋比γ_N为负，与质子 ^1H 和 ^{13}C 核的耦合常数简单，用液氨为外标给出化学位移数据，如吡咯在氘代氯仿中的化学位移$\delta=147.5$ ppm，在 DMSO-d_6 中$\delta=155.6$ ppm；咪唑氘代氯仿中$\delta=209.5$ppm，在二甲基亚砜(DMSO)中$\delta=212.6$ ppm。

用硝基甲烷作外标时，$\delta_{NH_3}=\delta_{CH_3NO_2}+380.2$ ppm。

液氨作外标时，甲基胺化学位移为 2 ppm，氯化铵 25 ppm，甲基氯化铵 25 ppm，苯胺 52 ppm，苯胺氯化铵 48 ppm，吡啶 317 ppm，吡啶离子 215 ppm，反式偶氮苯 508 ppm。

^{15}N 核有很强的负 NOE 效应，理论得到的 NOE = −4.93；对于三级胺，NOE = −1，得不到信号。另外，由于 ^{15}N 核的弛豫时间长，在进行 ^{15}N 核磁共振实验室通常需要加入 $Cr_2(acac)_3$ 作为弛豫试剂以降低核从激发态回到基态的弛豫时间。

图 5.52 为 2-(4 氨基苯基硫砜)胍[2-(4-aminophenylsulfonyl)guanidine]的自然丰度 ^{15}N NMR 谱图，用液氨为外标参比，二甲基亚砜为溶剂，没有去氢耦合。纠正了以前文献给出的错误结构式[1-(4-aminophenylsulfonyl)guanidine]。

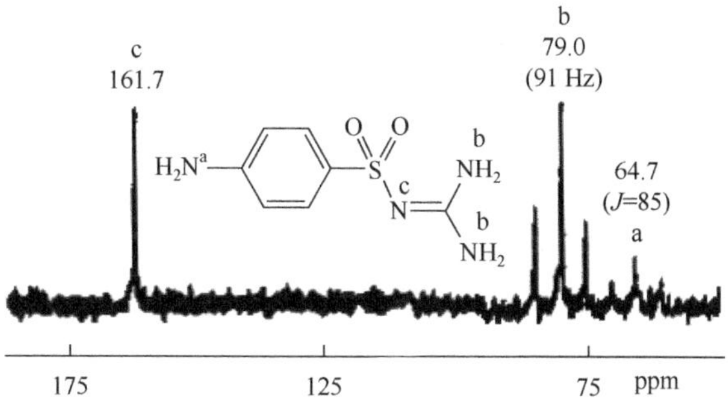

图 5.52　2-(4 氨基苯基硫砜)胍的 ^{15}N NMR 谱

图 5.53 为 2-乙酰氨基-2-去氧-D-甘露糖(2-acetamido-2-deoxy-D-mannose)的自然丰度 ^{15}N NMR 谱图，以 $NH_4{}^{15}NO_3$ 为内标参比，水：二甲基亚砜 = 9：1 为溶剂，在去氢耦合和没有去氢耦合条件下测定的谱图。可以看出，分子有两种端基差向异构体(anomer)，即乙酰氨基处在α和处在β位的化学位移不同，但是其与氨基氢的 ^{15}N-H 耦合常数相同，均为 93 Hz。

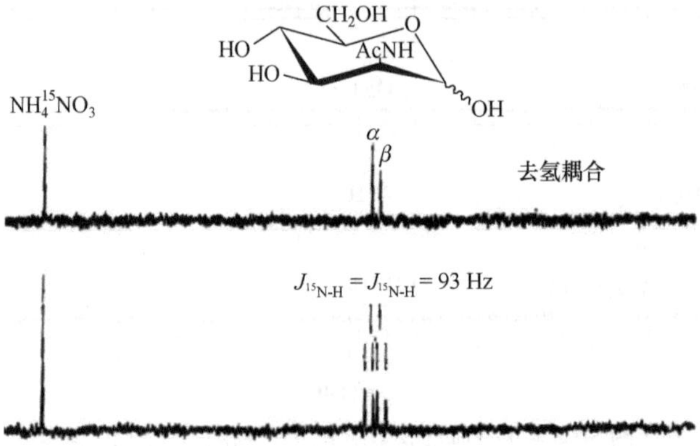

图 5.53　2-乙酰氨基-2-去氧-D-甘露糖的 ^{15}N NMR 谱

5.5　电子顺磁共振谱 (Electron paramagnetic resonance spectroscopy)

具有顺磁性的物质在外磁场中吸收电磁波产生的谱图称为电子顺磁共振谱(electron paramagnetic resonance，EPR)。主要用来测定自由基和顺磁性离子在磁场中的能级分裂及对微波信号的共振吸收谱。当顺磁性仅由电子的自旋产生时又称为电子的自旋共振谱(electron spin resonance spectroscopy，ESR)。

5.5.1　电子顺磁塞曼效应(Zeeman effect of EPR)

磁矩在外磁场中必产生附加能量 $E=-\boldsymbol{\mu}\cdot\boldsymbol{B}=-\mu_z B$。将顺磁性物质的磁矩公式 $\mu_{J,z}=-m_J g\mu_B$ 代入得

$$E=m_J g\mu_B B \tag{5.47}$$

跃迁选律为$\Delta m_J=\pm1$。可见，外磁场 $\boldsymbol{B}$ 越强，附加能量越多，能级差越大(图 5.41)。

如果只有自旋磁矩的贡献，式(5.47)变为

$$E=m_S g\mu_B B \tag{5.48}$$

跃迁选律为$\Delta m_S=\pm1$。

共振吸收跃迁所需频率为

$$\nu=\frac{\Delta E}{h}=\frac{g\mu_B B}{h} \tag{5.49}$$

由于电子的玻尔磁子μ_B比核磁子μ_N大 1836 倍，因此电子自旋共振所需的微波频率也要高，达到 10～100 GHz。

在顺磁共振谱中，由于化学环境不同，造成的化学位移被归结为上式中 g 因子的变化。例如，$NiBr_2$中，Ni^{2+}的 $g=2.27$；$NiSO_4 \cdot 7H_2O$ 中 $g=2.20$；$Ni(NH_3)_6Br_2$中 $g=2.18$。而有机自由基的 $g=2.0022$～2.0010。自由电子的朗德因子 $g=g_s=2.0023$。

电子顺磁共振谱的信号较弱，一般记录的是微分谱而不是积分谱。

5.5.2　电子顺磁共振谱的精细结构(Fine structure of EPR)

对于多于一个单电子的体系，总自旋量子数 $S \geqslant 1$，m_S的取值有 $2S+1$ 个。当多个电子之间的相互作用可以忽略时，在无外磁场时能级是兼并的，在外加磁场下能级分裂后，由于光谱选律为$\Delta m_S=\pm 1$，因此共振吸收谱线也只有一条。有的体系，电子之间的相互作用很强，使得体系在无外磁场时，能级已经分裂(零场分裂)，那么，在外加磁场后，就会出现多个共振吸收谱线。这被称为 EPR 的精细结构(图 5.54)。

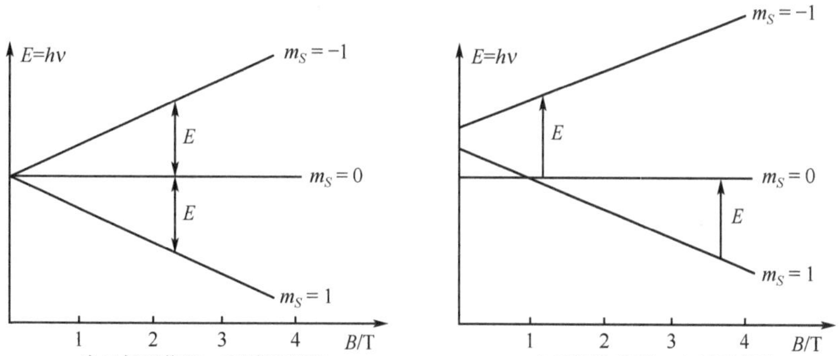

电子间无作用，无零场分裂　　　电子间作用强，有零场分裂

图 5.54　三重态($S=1$)的精细结构能级

5.5.3　电子顺磁共振谱的超精细结构(Hyperfine structure of EPR)

在顺磁性分子中，除了未成对电子外，还有一些磁性核。核的磁性对电子顺磁信号产生的影响使得谱峰产生分裂，而每一个峰又会被分裂为多重峰称为 EPR 的超精细结构。此时，电子在外磁场中的附加能量表达式为

$$E=m_J g\mu_B B+m_I g_N \mu_N B \tag{5.50}$$

由于电子运动的速度比核运动的速度快得多，因此此时的共振吸收跃迁选律为$\Delta m_J=\pm 1$，$\Delta m_I=0$；电子自旋共振谱选律为$\Delta m_S=\pm 1$，$\Delta m_I=0$。

一个电子与一个质子作用在共振条件下能级的分裂和谱图的分裂见图 5.55。

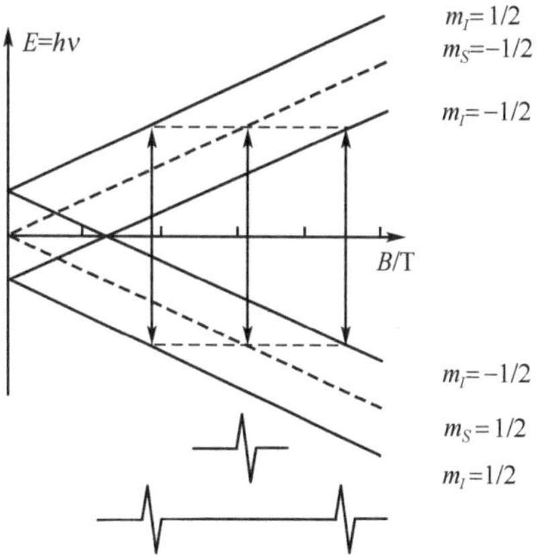

图 5.55　一个电子与一个质子相互作用

后的超精细结构谱图分裂示意图

对于多个电子的体系，如 Mn^{2+} d^5 组态，有 5 个未成对 d 电子，轨道角动量封闭，电子的自旋状态在不加外磁场时就有 $J=\pm5/2, \pm3/2, \pm1/2$ 对应有三个能级，当处于外磁场中时，首先由于电子的塞曼效应分裂为 12 个能级，允许的跃迁产生 6 条谱线($\Delta m_J=\pm1$)；Mn 核的自旋量子数 I 为 5/2，所以将每一条谱线都分裂为 $2I+1=6$ 个(图 5.56)。室温 25℃下，1.75 mmol/L $MnSO_4$ 水溶液中，产生六条谱线；天然大理石中有少量 Mn^{2+}取代 Ca^{2+}，在低温下也产生 ESR 信号(常用 DPPH 作外标 $g=2.0037\pm0.0002$，diphenyl-picrylhydrazide)；在 MgV_2O_6 晶体中，Mn^{2+}取代 Mg^{2+}产生五条吸收带(可能的原因分析：从 Mn^{2+}的 d^2 组态谱项看，其基谱项 ${}^6S_{5/2}$，与其他激发态谱项之间电子跃迁本身是禁阻的，与配位场中 ${}^6A_{1g}$ 对称性匹配，电子塞曼效应能级分裂后打破了这种限制，由于 Mg^{2+}核自旋也是 $I=5/2$，朗德因子为负值，综合起来猝灭了一组峰)，每一个吸收带对应都是由六条精细谱线组成(图 5.57)，谱线间隔为超精细结构常数。实际谱图要对式(5.47)做出修正，修正项即为超精细结构项。常用哈密顿量表达：

$$\hat{H}=g\mu_B B\cdot S+g_N\mu_N B\cdot I+AI\cdot S \tag{5.51}$$

式中，I 为核角动量；S 为自旋角动量；$A(a)$为超精细结构常数。

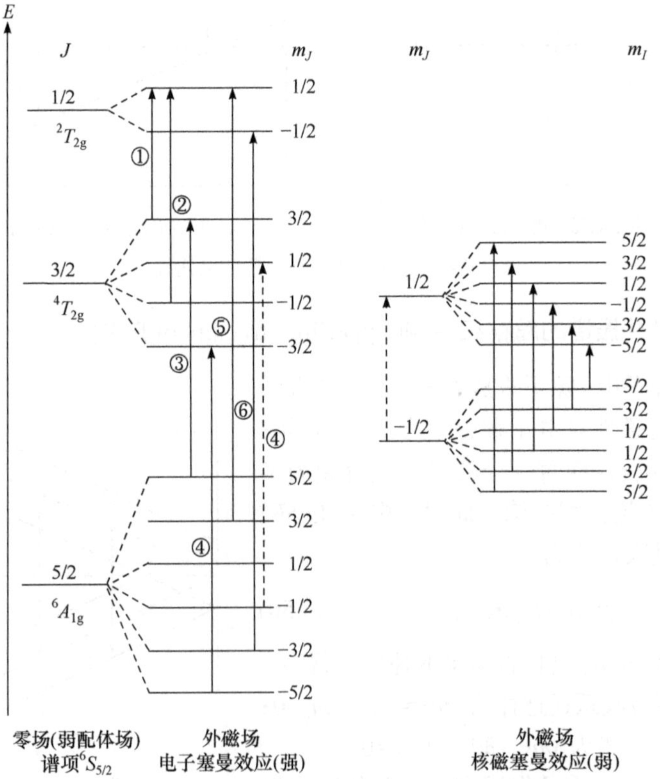

图 5.56　Mn^{2+}中的电子能级在外磁场中的电子塞曼效应和核磁塞曼效应能级分裂

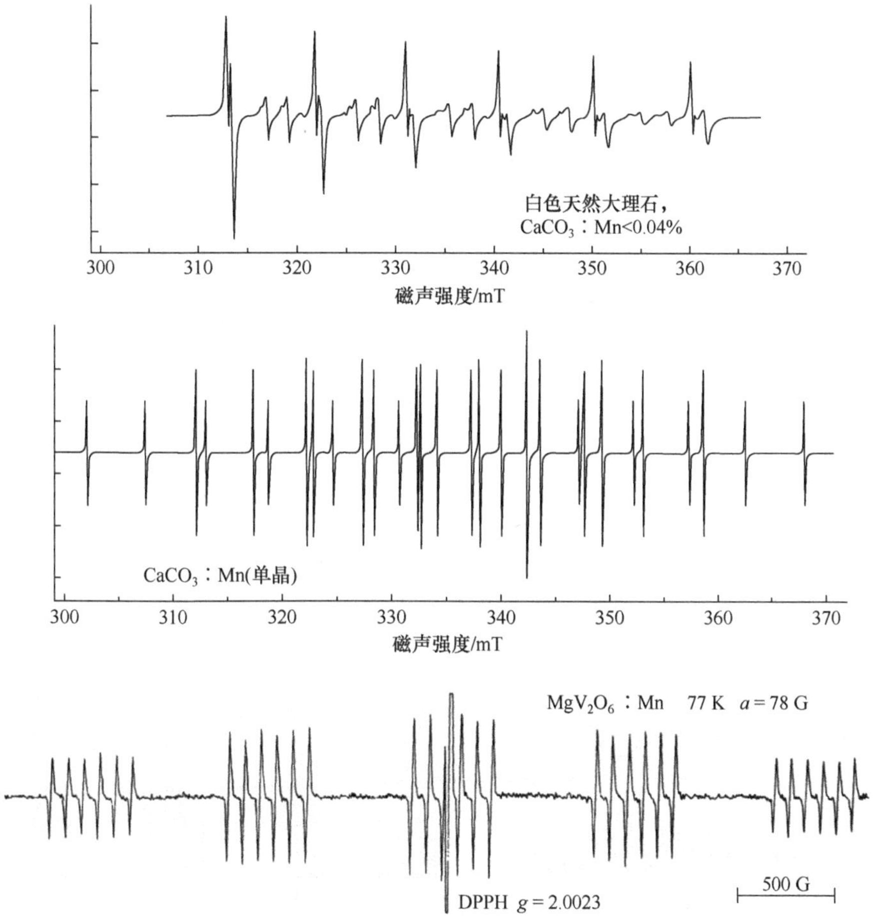

图 5.57　Mn^{2+}在不同样品中 ESR 的超精细结构

几种自由原子基态的超精细常数列于表 5.11。

表 5.11　几种自由原子基态的超精细常数

核	^{1}H	^{7}Li	^{23}Na	^{39}K	^{41}K
I	1/2	3/2	3/2	3/2	3/2
a/G	507	144	310	83	85
a/MHz	1420	402	886	231	127

对于一个电子被多个核分裂的谱线个数为$(2n_1I_1+1)(2n_2I_2+1)\cdots$。例如，萘负离子自由基有 8 个质子自旋 $I = 1/2$(碳原子 $^{12}C_6$，$I = 0$)，分为两组，α位(1)一组，β位(2)一组。所以其超精细结构谱线个数为$(2\times4\times1/2+1)(2\times4\times1/2+1) = 25$ (图 5.58)。金属钴和铜配合物自由基 ESR 谱的超精细结构示意于图 5.59。

物理学家将自由原子置于外磁场中研究得出其在高射频(电子自旋)和低射频(核自旋)时电子自旋和核自旋不同的超精细结构常数(表5.10)，对研究化学分子有参考意义。

在星际空间，氢原子的射频谱线就是1420 MHz。

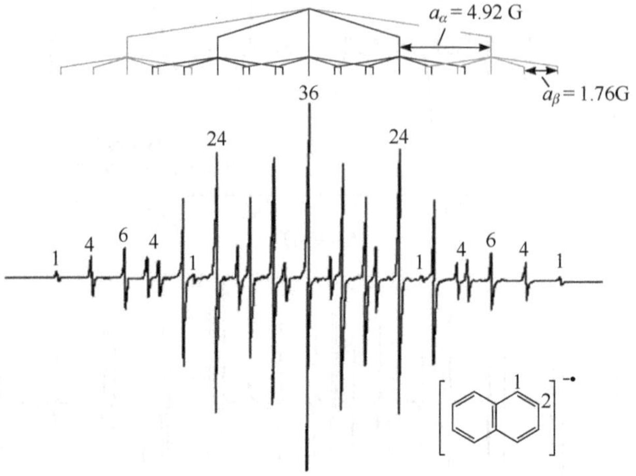

图 5.58　萘负离子自由基 ESR 谱的超精细结构

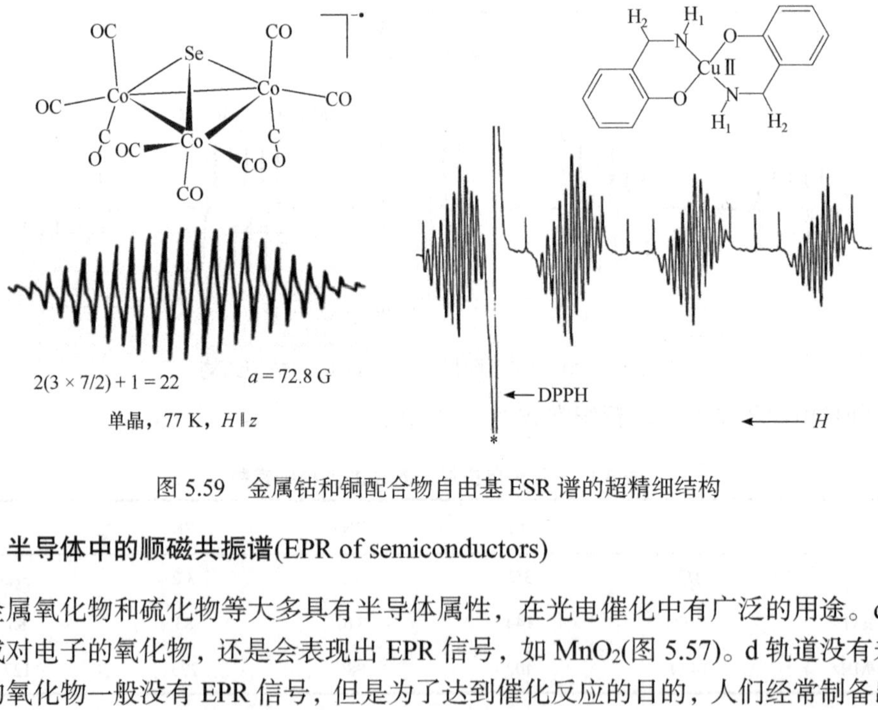

图 5.59　金属钴和铜配合物自由基 ESR 谱的超精细结构

5.5.4　半导体中的顺磁共振谱(EPR of semiconductors)

金属氧化物和硫化物等大多具有半导体属性，在光电催化中有广泛的用途。d 轨道有未成对电子的氧化物，还是会表现出 EPR 信号，如 MnO_2(图 5.57)。d 轨道没有未成对电子的氧化物一般没有 EPR 信号，但是为了达到催化反应的目的，人们经常制备出有晶体缺陷的氧化物，使得晶体中部分过渡金属离子的价态发生改变具有未成对电子，这时不仅过渡金属离子本身有 EPR 信号，缺陷态如氧空位(O_V)、硫空位(S_V)也表现出 EPR 信号，这是因为其本质是晶格中缺少一个氧(O^{2-})或者一个硫负离子(S^{2-})后，中心金属价态下降一个化合价，如 TiO_2 中，出现 Ti^{3+}阳离子，氧空位被一个电子填充，又因为氧空位处的空间大小及其与金属距离的差异，便显出不同的化学位移，表现为信号在不同磁场出现(*g* 因子大小不同，图 5.60)。

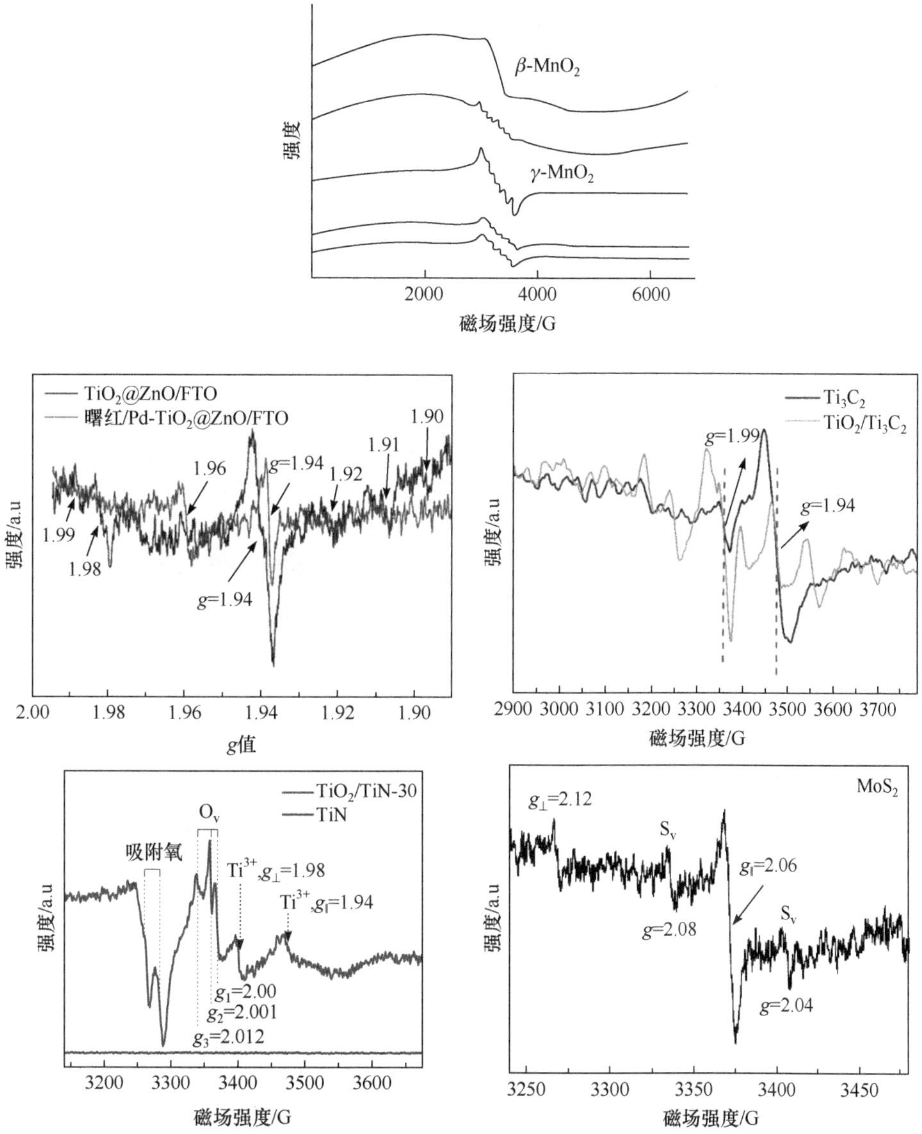

图 5.60　几种金属氧化物和硫化物的 EPR 谱图

习　题

1. HCl 的纯转动光谱的间距为 20.8 cm^{-1}，求其键长。
2. 根据表 5.2 数据计算 HF 分子的非刚性系数 D 和键强参数 k。
3. 根据图 5.14 数据计算 NO 分子的键强参数 k、非谐性系数 η 和平衡键长 r。
4. 计算 CO_2 分子的转动惯量 I。
5. 计算 $H^{79}Br$ 分子的转动光谱常数 $2B$ 和 $H^{81}Br$ 的 $2B'$。
6. 已知 HI $\tilde{\nu}_{0\to1} = 2233\ cm^{-1}$，$\tilde{\nu}_0 = 2309.5\ cm^{-1}$，$\eta = 0.0172$，计算分子的倍频峰 $\tilde{\nu}_{0\to2}$。
7. 如果 F_2 的 $\tilde{\nu}_{0\to1} = 892\ cm^{-1}$，非谐性系数 $\eta = 0.2$，试计算拉曼光谱的基波数 $\tilde{\nu}_0$。

8. 已知 O_2 分子的斯托克斯线为 1550 cm^{-1}，基波数 $\tilde{\nu}_0$=1580 cm^{-1}，试计算其非谐性系数 η 和反斯托克斯线。

9. 试解释图 5.16 中 H_2O 和 D_2O 红外谱图差异的原因，并根据 δ_{H_2O} 计算 δ_{D_2O}。

10. 分子的荧光和磷光光谱的发射波长总比其激发波长长，为什么？

11. 根据表 5.8 数据计算 H_2^+ 振动光谱的非谐性系数 η 和平衡键长 r。

12. 如何由 UPS 谱图判断共价键中分子轨道的属性？

13. 指出图 5.38 中 CO_2 分子的谱峰并尝试构造出其对应的分子轨道表达式。

14. 根据表 5.10 数据分别计算 ^{1}H、^{13}C、^{19}F、^{31}P 和 ^{119}Sn NMR 在 600 MHz 核磁共振仪中所需的射频频率。

15. 为什么乙烯分子的 ^{1}H NMR 化学位移大于乙炔分子的而小于苯分子的？

16. 查找水杨醛的 ^{1}H NMR 谱并归属谱图各峰的位置。

17. 试预测稀土离子 Gd^{3+}的 EPR 谱图特征。

18. 天然存在的锡元素中含有 11 种同位素，主要由 ^{120}Sn(32.5%)、^{118}Sn(24.2%)构成，其余包括 ^{112}Sn(0.97%)、^{114}Sn(0.66%)、^{115}Sn(0.34%)、^{116}Sn(14.5%)、^{117}Sn(7.68%)、^{119}Sn(8.59%)、^{122}Sn(4.63%)、^{124}Sn(5.79%)、^{126}Sn(痕量)。指出哪些同位素具有核自旋。

19. 查资料补充表 5.9 中缺失的数据。

20. 概念简答：

(1) 简正振动；(2) 红外光谱及其选律；(3) 拉曼光谱及其选律；(4) 瑞利散射；(5) 斯托克斯线；(6) 反斯托克斯线；(7) 激发态；(8) 激发态分子；(9) 荧光；(10) 磷光；(11) 核磁塞曼效应；(12) 电子顺磁塞曼效应；(13) 氧空位。

科学家不是依赖于个人的思想，而是综合了几千人的智慧，所有的人想一个问题，并且每人做它的部分工作，添加到正建立起来的伟大知识大厦之中。

——卢瑟福(E. Rutherford)

第6章 晶 体 结 构
(Crystal Structure)

晶体是固体物质的完美表现形式，在自然界中广泛存在。最典型的代表有钻石、水晶、刚玉等。最常见的是冰、食盐、谷氨酸钠、冰糖、水晶和玛瑙等。晶体由于其内在的独特周期性对称结构而具有许多不可替代的特殊性能，如红宝石激光器、精密仪器用光学晶体、激光倍频材料——磷酸钛氧钾($KTiOPO_4$，KTP)晶体等。当代最著名的晶体属于单晶硅，无论是在晶体管、计算机芯片还是太阳能电池中，它都是主角。没有它，我们的生活将失去光泽。正因为科学家开发出了它的潜能，才照亮了我们的世界。

黄铁矿

水晶

食盐

6.1 晶体的结构特征与性质
(Characteristics and properties of crystals)

晶体是由原子、分子或阴阳离子(微粒)在空间按照一定的规律重复排列而组成的固态物质。它具有以下一些结构特征和性质。

(1) 晶体的均匀性(crystal uniformity)。每块晶体可以被分割为多块更小的晶体，它们都具有相同的密度、组成和性质，称为晶体的均匀性。这是其内部微粒排列的周期性重复所导致的必然结果。但均匀性并非晶体所独有，非晶态的玻璃体、所有的液体和气体等也有均匀性(homogeneity)，但它们是杂乱无章排列的统计结果。

(2) 晶体的各向异性(crystal anisotropy)。晶体在不同的方向具有不同性质的物理属性称为晶体的异向性(各向异性)。例如，石墨晶体具有导电异向性，无色透明的 $CaCO_3$ 晶体(冰洲石，无色方解石)具有双折射现象，NaCl 晶体在不同方向上的抗压强度不同，霞石晶体不同面上的热导率不同等。这些性质的不同是由于晶体内部在不同方向上微粒的排列方式和数量不同所致。因此，各向异性是晶体所独有的性质，是其他固态物质、气体和液体都不具备的。这一特点经常被用在宝石的鉴定上。

(3) 晶体的锐熔性(crystal sharp-fusibility)。每一种晶体都有其确定的熔点称为晶体的锐熔性。这是由晶体内部结构的周期性和均匀性所决定的，当晶体受热时，微粒发生振动，只有当振动能量达到和超过晶格能时，晶体才发生相转变而融化为液体。例如，金的熔点为 1064℃，铜的熔点为 1083℃。当金不纯时，熔点将降低；固体有机化合物不纯时，熔点降低，熔程变长，对此物理化学有详细研究，结果收录在 *CRC Handbook* 上。用此特点可以鉴定固体物质的纯度。

(4) 晶体的自范性(plasticity of crystals)。晶体在饱和溶液中有自发形成特定形状和受损后自动修复的性质，称为晶体的自范性。这是由于晶体中微粒之间的周期性排列以及它们之间的相互作用力，导致它们自发地向自由能最低的具有特定形状的方向生长。

多面体欧拉定理：晶体的顶点数(vertex)+面数(facet) = 棱数(edge)+2，即 $V+F=E+2$，属于晶体的自范性。

二面角定理：在一定条件下生成的晶体，其形状可以不同，但其二面角保持不变，也属于晶体的自范性范畴。

(5) 晶体的对称性(symmetry of crystal)。晶体由于其特定的立体形状而具有与分子一样的宏观对称性和由于其内部微粒的特殊周期性排列而具有的有别于分子的微观对称性，如平移、滑移和螺旋对称性等，晶体中的宏观和微观对称性统称为晶体的对称性。

(6) 晶体的 X 射线衍射特性(X-ray diffraction characteristic of crystal)。晶体由于其内部微粒之间的距离与 X 射线的波长相当而使其产生衍射效应。人们正是利用晶体的这一特性对其进行测试和鉴定。

6.2　晶体与点阵
(Crystal and lattice)

为了准确地描述所有晶体，法国物理学家布拉维(A. Bravais)于 1847 年修正了前人关于晶体的描述方法，提出可以将晶体描述为 14 种空间格子/点阵的方法，即现在普遍应用的布拉维格子(Bravais lattice)的概念。

6.2.1　点阵的概念(Lattice)

1. 点阵的定义

点阵是指连接其中任意两点形成的矢量平移后能够复原的一组点。可见，点阵是由点阵点(point)组成。由定义可知，点阵也是无限的，否则不能满足所有的平移动作。点阵点所代表的内容称为结构基元(basis)。

2. 一维点阵

如下所示，等距离一维排列的等径圆球可以抽象为等距离的一维点阵。

如果是下边的排列方式，则只能每两个圆球抽出一个点才能满足点阵的概念：

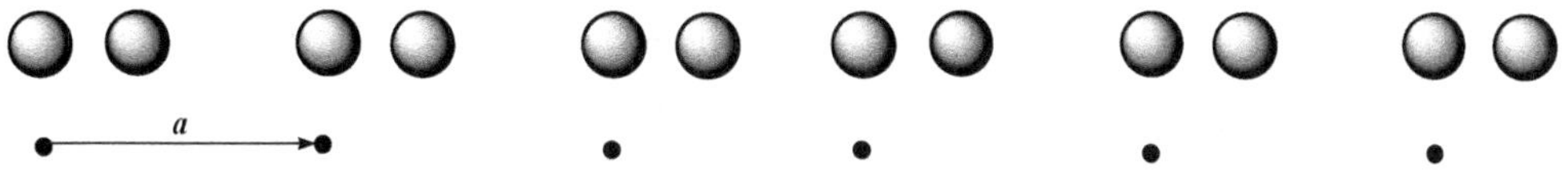

一个聚乙烯的单链也可以抽象为一个一维点阵。

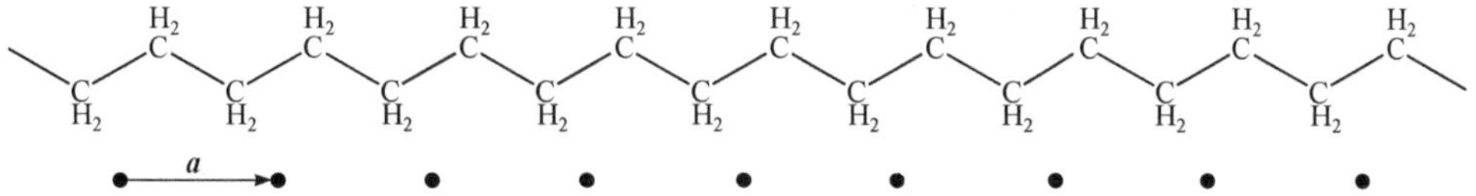

3. 二维点阵

下面是几个二维点阵的例子。二维点阵中，介绍格子(lattice)的概念。格子分为包含一个点阵点的素格子与包含多个点阵点的复格子。抽取平面正当格子的方法是：①平行四边形；②对称性尽可能高；③点阵点尽可能少。

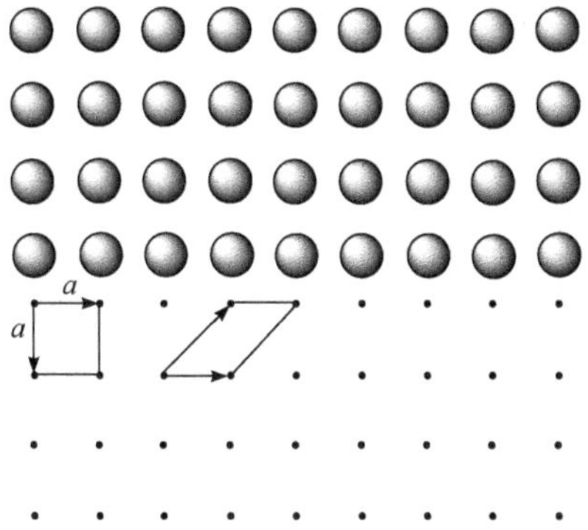

素格子——包含一个点阵点

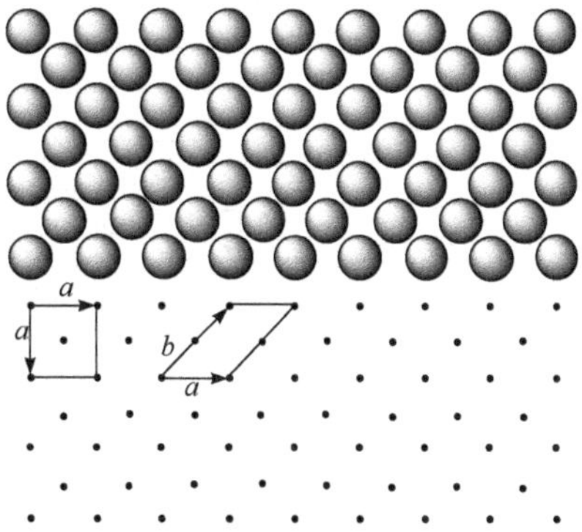

复格子——包含多个点阵点

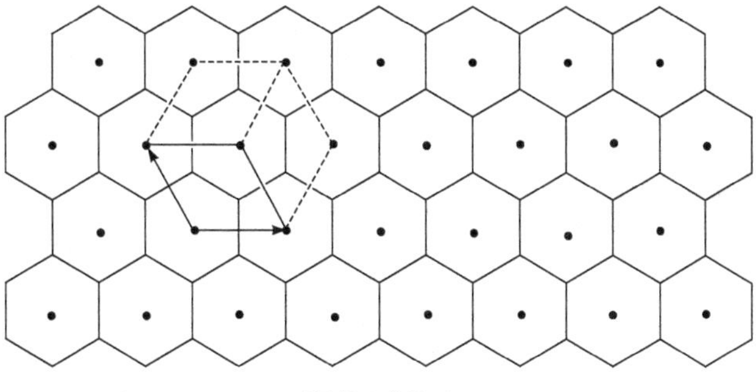

石墨烯及其格子

可以看出石墨烯点阵中的每一个点阵点代表两个碳原子，所以其结构基元就是两个碳原子。

4. 三维点阵

实际晶体可以近似地抽象为三维点阵，它可以用三维格子进行平移操作得到。抽取正当三维格子的方法是：①在实际晶体中选取一个平行六面体，图 6.1 中石墨模型的三层结构中在上下两层分别选取一个菱形，包含 5 个碳原子，把菱形的四个顶点连接起来就形成一个六方晶胞，对应一个六方简单格子；中间的氯化钠(sodium chloride)晶胞本身构成一个立方面心复格子；右侧的金刚石结构不能构成一个完整的晶胞和点阵格子。②对称性尽可能高，氯化钠的复格子和素格子见图 6.2(c)，为保持高对称性而选择复格子。③点阵点尽可能少，如图 6.2 所示，如果把单位平移矢量增加一倍，格子的体积将增加到原来的 8 倍，点阵点也由 4 个增加到 32 个，就不是合规的格子。所以，三维格子是能使三维点阵复原的最基本单位，不一定是最小单位。

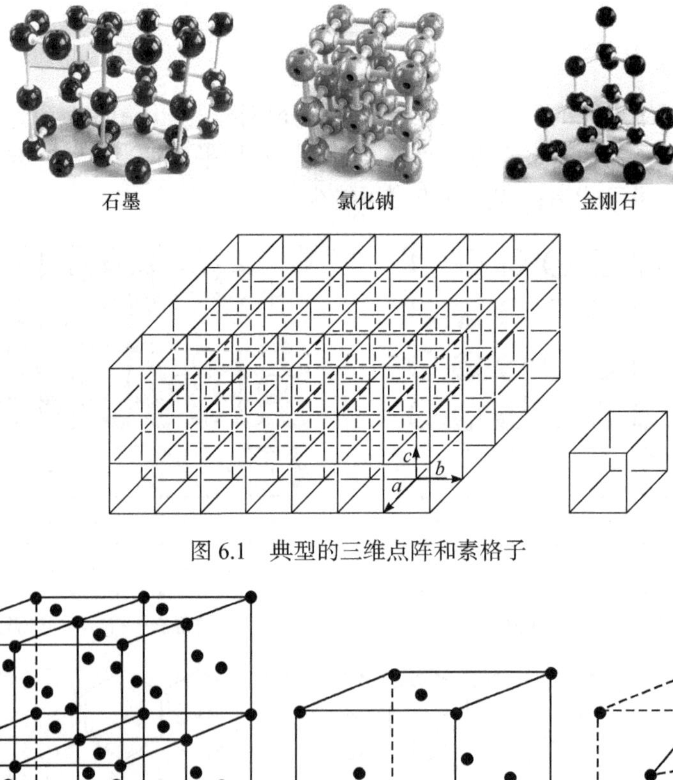

图 6.1　典型的三维点阵和素格子

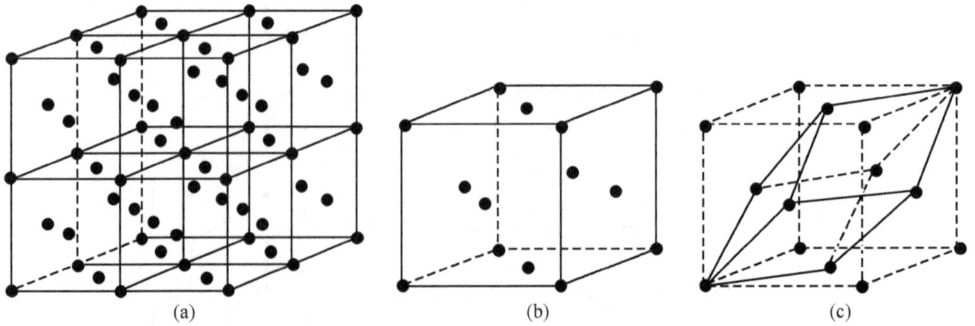

图 6.2　立方面心点阵和立方面心格子及其素格子示意图

尽管 NaCl 和金刚石是完全不同的晶体，但它们却可以用同样的立方面心点阵进行描述(图 6.2)。立方面心点阵是复格子，包含 4 个点阵点，具有 O_h 点群对称性，对称性高，是 48 阶群；而对应的素格子为三方格子，具有 D_{3d} 对称性，对称性低，是 12 阶群。所以，选用复格子，而不用素格子。

6.2.2　平移群(Translation group)

布拉维创造性地将群论的方法引入对晶体的描述中，从而得到布拉维格子的数量。

能使点阵复原的最小平移矢量称为单位平移矢量(translation vector)。一维点阵只有一个平移矢量，记作 $\boldsymbol{a}$，用平移群描述为

$$\boldsymbol{T}_{\mathrm{m}} = m\boldsymbol{a},\quad m = 0, \pm1, \pm2, \pm3,\cdots$$

二维点阵有两个平移矢量，分别记作 $\boldsymbol{a}$ 和 $\boldsymbol{b}$，用平移群描述为

$$\boldsymbol{T}_{\mathrm{m,n}} = m\boldsymbol{a} + n\boldsymbol{b},\quad m, n = 0, \pm1, \pm2, \pm3,\cdots$$

三维点阵有三个平移矢量，分别记作 $\boldsymbol{a}$、$\boldsymbol{b}$ 和 $\boldsymbol{c}$，用平移群描述为

$$\boldsymbol{T}_{\mathrm{m,n,p}} = m\boldsymbol{a} + n\boldsymbol{b} + p\boldsymbol{c},\quad m, n, p = 0, \pm1, \pm2, \pm3,\cdots \tag{6.1}$$

6.2.3　晶胞与分数坐标(Unit cell and fractional coordinates)

晶胞是晶体中的最基本重复单元，前述 NaCl 晶体的图示就是其晶胞示意图，而图 6.2 的立方面心格子就是将其结构基元 NaCl 分子抽象为一个点阵点后的结果。换句话说就是布拉维格子加结构基元等于晶胞。同样地，可以说三维点阵加结构基元代表晶体。

为了描述晶胞的形状和大小，用晶胞参数描述。晶胞参数包含六项内容，即对应格子的三个单位平移矢量 $\boldsymbol{a}$、$\boldsymbol{b}$、$\boldsymbol{c}$ 及它们之间的夹角 $\alpha(\boldsymbol{b}\wedge\boldsymbol{c})$、$\beta(\boldsymbol{a}\wedge\boldsymbol{c})$、$\gamma(\boldsymbol{a}\wedge\boldsymbol{b})$(图 6.3)内具体的原子或粒子的分布情况，用分数坐标(fractional coordinates)来描述。

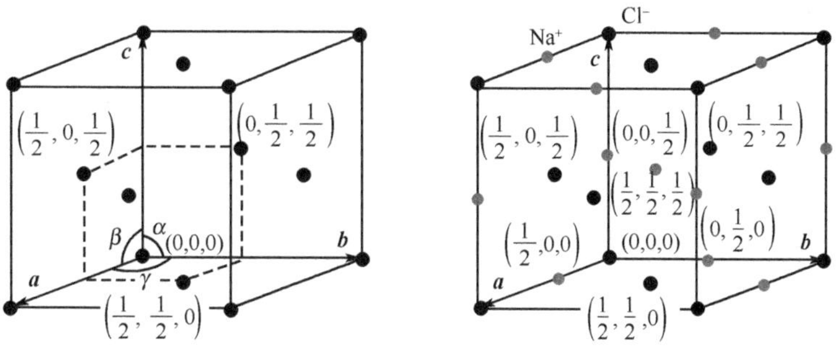

图 6.3　立方面心格子点阵点及 NaCl 晶胞中的分数坐标示意图

当我们将处于原点的点阵点或微粒的坐标记作(0,0,0)时，其余点阵点或微粒的坐标就是其在 $\boldsymbol{a}$、$\boldsymbol{b}$、$\boldsymbol{c}$ 三个方向的分量。对于立方面心晶胞四个点阵点，就对应有四个分数坐标(图 6.3)：$(0,0,0)$，$\left(\frac{1}{2},\frac{1}{2},0\right)$，$\left(0,\frac{1}{2},\frac{1}{2}\right)$，$\left(\frac{1}{2},0,\frac{1}{2}\right)$。

同理，在 NaCl 晶胞中，Na^+的分数坐标为

$$\left(\frac{1}{2},\frac{1}{2},\frac{1}{2}\right),\ \left(\frac{1}{2},0,0\right),\ \left(0,\frac{1}{2},0\right),\ \left(0,0,\frac{1}{2}\right)$$

Cl^-的分数坐标为

$$(0,0,0)，\left(\frac{1}{2},\frac{1}{2},0\right)，\left(0,\frac{1}{2},\frac{1}{2}\right)，\left(\frac{1}{2},0,\frac{1}{2}\right)$$

Cl^-占据点阵点的位置(顶点和面心)，Na^+占据体心和棱心的位置。

可见，分数坐标是晶胞中所有微粒在三个晶体学坐标轴(单位平移矢量 ***a***、***b***、***c***)上的投影，其值由零和分数构成。

6.2.4　晶面与晶面指标(Lattice plane and Miller indices)

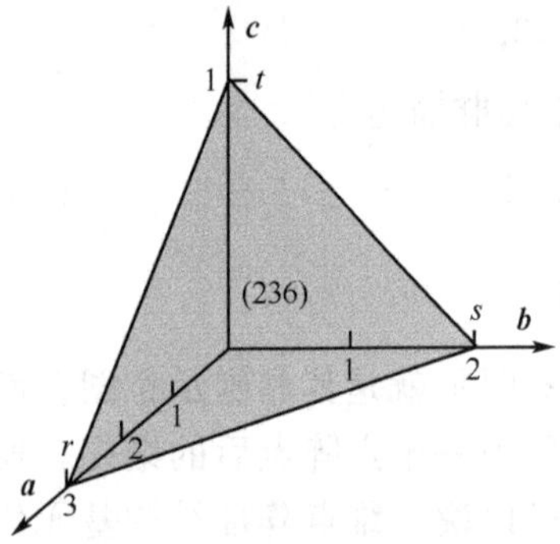

图 6.4　晶面指标示意图

实际晶体具有丰富的表面，可以称为晶面(crystal face)。它可以被抽象为二维点阵。为了更好地描述晶体的晶面特征，我们为点阵中的晶面(lattice plane)定义一个晶面指标(indices of plane in crystal)：一个晶面在晶体坐标轴 ***a***、***b***、***c*** 上的截距 r、s、t 倒数的互质比：$\frac{1}{r}:\frac{1}{s}:\frac{1}{t}=h^*:k^*:l^*$，并写在括号里，即$(h^*k^*l^*)$。

图 6.4 表示的是晶面在坐标轴 ***a***、***b***、***c*** 上的截距分别为 $r=3$、$s=2$、$t=1$ 时，晶面指标为(236)的情况。由晶面指标的定义式可以看出，如果所选平面平行于坐标轴，它在坐标轴上的截距为∞，对应的晶面指标为 0。

由晶面指标$(h^*k^*l^*)$容易得出晶面间距离 $d_{h^*k^*l^*}$ 的公式。由图 6.5 可见，对于立方晶系 $d_{100}=d_{010}=d_{001}=a$；$d_{110}=d_{101}=d_{011}=\frac{\sqrt{2}}{2}a$；$d_{111}=\frac{\sqrt{3}}{3}a$。

立方晶系晶面间距离公式为

$$d_{h^*k^*l^*}=\frac{a}{\sqrt{h^{*2}+k^{*2}+l^{*2}}} \tag{6.2}$$

四方晶系晶面间距离公式为

$$d_{h^*k^*l^*}=\frac{1}{\sqrt{\frac{h^{*2}}{a^2}+\frac{k^{*2}}{a^2}+\frac{l^{*2}}{c^2}}} \tag{6.3}$$

正交晶系晶面间距离公式为

$$d_{h^*k^*l^*}=\frac{1}{\sqrt{\frac{h^{*2}}{a^2}+\frac{k^{*2}}{b^2}+\frac{l^{*2}}{c^2}}} \tag{6.4}$$

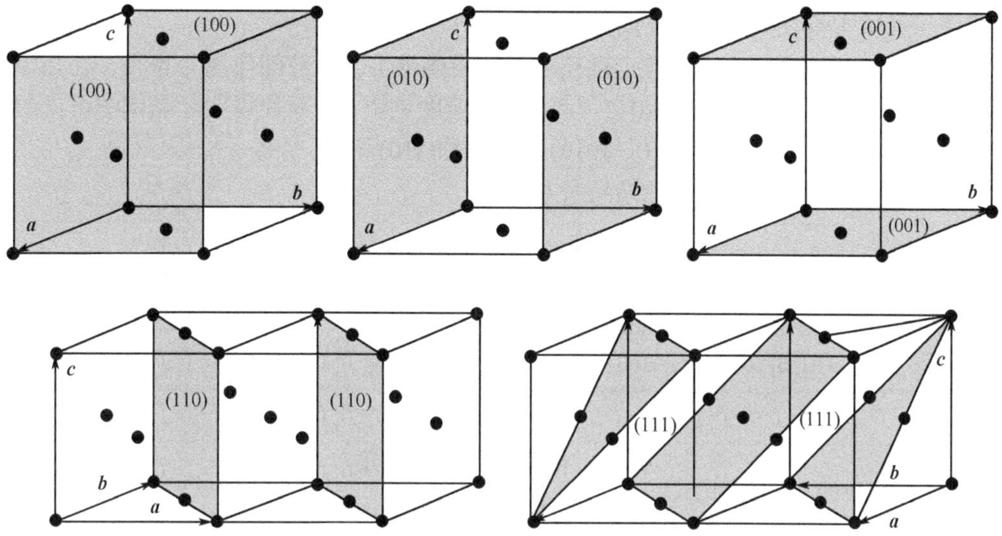

图 6.5　立方面心格子和晶面示意图

六方晶系晶面间距离公式为

$$d_{h^*k^*l^*}=\frac{1}{\sqrt{\frac{4}{3}(h^{*2}+h^*k^*+k^{*2})+\frac{l^{*2}}{(c/a)^2}}} \tag{6.5}$$

由以上公式和图 6.6 可知，晶面指标越大的晶面，其晶面间距越小，晶面指标越小的晶面，其晶面间距就越大。

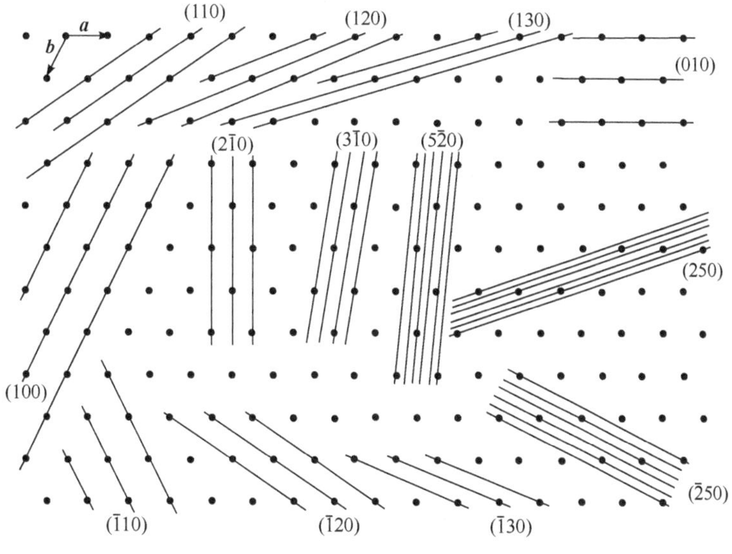

图 6.6　沿 c 轴投影图中画出的一些$(hk0)$晶面

图 6.6 是在一个沿 c 轴投影图的二维点阵中画出了垂直于 c 轴平行于纸面的(h^*k^*0)晶面，可以看出，晶体中晶面指标代表相互平行的无穷多个镜面，所以每一个晶面指标

都代表了晶体本身在某个特定方向的属性。

由于晶面间距离越小导致各个微粒之间的距离越小，微粒间作用力越大，在晶体生长过程中更容易聚集(aggregation)在一起，生长速度更快，从而使得实际晶体中可见的晶面其晶面指标都比较小，如(100)、(010)、(001)和(110)等。

将晶体与点阵的概念对照总结到表 6.1 中。

表 6.1 晶体与点阵的相关概念对照表

晶体	晶面	晶棱	结构基元	晶胞	⬅	具体的准无限图形
三维点阵	二维点阵	一维点阵	点阵点	格子	⬅	抽象的无限图形
三维平移群	二维平移群	一维平移群	点	晶胞参数	⬅	数学的精确描述

6.3 晶体的对称性
(Symmetry of crystals)

晶体的对称性非常重要，是了解晶体的基础，也是晶体衍射和用来确定晶体晶系、点群和空间群的根据；晶体的对称性主要包含：①宏观对称性，即有限图形的对称性，从单个晶胞可以考察得知；②微观对称性，即宏观对称元素加平移对称得到新的对称性，是由三维点阵给出额外的对称性。

6.3.1 宏观对称性(Macroscopic symmetry)

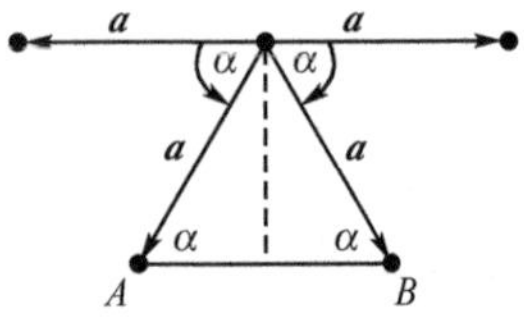

图 6.7 矢量旋转与平移

晶体的宏观对称性可以从晶体的晶胞或晶体的正当三维格子中找到。对称元素包括 1、2、3、4、6 对称轴、对称面 m、对称心 i 和四次反轴 $\bar{4}$ 共八个宏观对称元素。晶体的宏观对称性与分子的对称性类似，它是有限图形的对称性。

为了证明晶体中存在对称轴的种类，作图 6.7。

从图 6.7 中可以看出，在平面点阵中，将单位平移矢量 $\boldsymbol{a}$ 和 $-\boldsymbol{a}$ 同时进行镜像旋转后得到图形。为了满足点阵的要求，AB 间的距离一定是 $\boldsymbol{a}$ 的整数倍。因此，

$$AB = 2\boldsymbol{a}\cos\alpha = n\,\boldsymbol{a}$$

由于 $-1 \leqslant \cos\alpha \leqslant 1$ 故 $n = 0, \pm1, \pm2$，对应地，$\cos\alpha = 0, \pm1/2, \pm1$，得到基转角为 90°、180°、60°、120°、360°。相应的旋转轴为 1、2、3、4、6 对称轴，得证。

晶体中存在和不存在的对称轴示意于图 6.8。

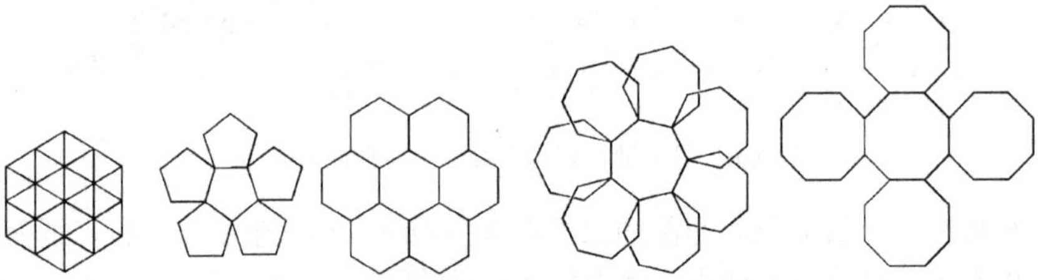

图 6.8 晶体中存在 3、6，不存在 5、7、8 等

6.3.2 微观对称性(Microscopic symmetry)

晶体的微观对称性是由晶体的周期性重复结构所决定的，有无限多个重复晶胞，就会有无限个平移操作。对于一个 1 mm^3 的 NaCl 晶体，因为单位矢量 $\boldsymbol{a}$ 为 564 pm，所以它包含的晶胞数约 55.739 亿个。因此，晶体被近似认为是点阵，可以用三维平移群来描述。

(1) 平移对称性：平移对称性是晶体微观对称性的基础，由点阵的平移群 $\boldsymbol{T}_{m,n,p}=m\boldsymbol{a}+n\boldsymbol{b}+p\boldsymbol{c}$，$m,n,p=0,\pm1,\pm2,\pm3,\cdots$所决定。平移动作记为 T，平移矢量为 $\boldsymbol{a}$、$\boldsymbol{b}$、$\boldsymbol{c}$，统一用 t 表示，平移量用$\boldsymbol{\tau}$表示。

(2) 螺旋旋转对称性：晶体经旋转再平移后能够复原的操作称为螺旋旋转操作，对称元素为螺旋轴。例如，旋转 180°，再沿 c 轴平移$\boldsymbol{\tau}=\boldsymbol{c}/2$ 后，晶体复原，将其对称元素记为 2_1，读作二-一螺旋轴，图 6.9 为示例图。三次螺旋轴有 3_1、3_2；4 次螺旋轴有 4_1、4_2、4_3；6 次螺旋轴有 6_1、6_2、6_3、6_4、6_5。

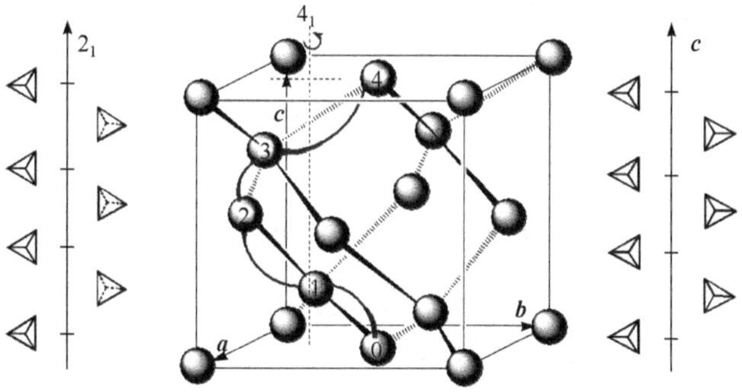

图 6.9 2_1 螺旋轴、4_1 螺旋轴与 c 滑移面

(3) 滑移对称性：晶体经反映再平移后能够复原的操作称为滑移对称操作，对称元素为滑移面。例如，晶体经过 c 轴的 m_v 晶面反映后，再沿 c 轴平移$\boldsymbol{\tau}=\boldsymbol{c}/2$，晶体复原。将其对称元素记为 c，称 c 滑移面，图 6.9 为示例图。滑移面有 5 种：沿 $\boldsymbol{a}$、$\boldsymbol{b}$、$\boldsymbol{c}$ 方向的滑移$\boldsymbol{\tau}=\boldsymbol{t}/2$ 分别为 a、b、c 滑移面；沿 $\boldsymbol{a}+\boldsymbol{b}$ 方向的滑移$\boldsymbol{\tau}=(\boldsymbol{a}+\boldsymbol{b})/2$ 为 n 滑移面；沿 $\boldsymbol{a}+\boldsymbol{b}+\boldsymbol{c}$ 方向的滑移$\boldsymbol{\tau}=(\boldsymbol{a}+\boldsymbol{b}+\boldsymbol{c})/2$ 也为 n 滑移面；沿 $\boldsymbol{a}+\boldsymbol{b}$ 方向的滑移$\boldsymbol{\tau}=(\boldsymbol{a}+\boldsymbol{b})/4$ 为 d 滑移面，沿 $\boldsymbol{a}+\boldsymbol{b}+\boldsymbol{c}$ 方向的滑移$\boldsymbol{\tau}=(\boldsymbol{a}+\boldsymbol{b}+\boldsymbol{c})/4$ 也为 d 滑移面。

晶体中的对称元素及其符号列于表 6.2 中。

表 6.2 晶体中的对称元素符号

名称	符号		名称	符号		名称	符号		平移量τ
	垂直	平行		垂直	平行		垂直	平行	
2	⬮	←→	$\bar{4}$	◈	⌸	m	——	⌐	0
2_1	⬮	⇀⇀	6	⬢		a	– – –	⌐↓	$\boldsymbol{a}/2$
3	▲		6_1	⬢		b	– – –	←⌐	$\boldsymbol{b}/2$
3_1	▲		6_2	⬢		c	------		$\boldsymbol{c}/2$
3_2	▲		6_3	⬢		n	–·–·–	↗	$(\boldsymbol{a}+\boldsymbol{b})/2$, $(\boldsymbol{b}+\boldsymbol{c})/2$, $(\boldsymbol{a}+\boldsymbol{c})/2$, $(\boldsymbol{a}+\boldsymbol{b}+\boldsymbol{c})/2$
4	◆	▰ ▰	6_4	⬢		d	–·➝·–	↘	$(\boldsymbol{a}+\boldsymbol{b})/4$, $(\boldsymbol{b}+\boldsymbol{c})/4$, $(\boldsymbol{a}+\boldsymbol{c})/4$, $(\boldsymbol{a}+\boldsymbol{b}+\boldsymbol{c})/4$

续表

名称	符号		名称	符号		名称	符号		平移量τ
	垂直	平行		垂直	平行		垂直	平行	
4_1			6_5						
4_2			$\overline{3}$						
4_3			$\overline{6}$						

6.4　晶体的分类 (Classification of crystals)

自然界的晶体多种多样，化学家们每天都在制造数以千计的新物质，新的有机化合物也会培养出单晶进行结构鉴定，新的配位化合物培养出的晶体更多，新的金属有机骨架(MOF)化合物基本靠其晶体结构进行鉴别。对已有的和没有发现的晶体进行系统分类是十分必要的。

6.4.1　晶体的化学键分类(Classification of crystal on chemical bond)

根据晶体中存在的化学键类型可以将晶体分为五种。

金属晶体：由金属键组成的晶体，如金、银、铜、铁、铅、钠、镁、铝、锌、锡、青铜、金铜合金等。

离子晶体：由离子键为主组成的晶体，如氯化铯、卤化钠、卤化银、溴化钾、高氯酸银、氧化钙、氧化镁、黄铁矿(FeS_2)等。

共价晶体：由共价键为主组成的晶体，如金刚石、单晶硅、水晶(SiO_2)、刚玉(Al_2O_3)、红宝石、蓝宝石、白硅石(SiO_2)、沸石、*c*-BN 等。

分子晶体：由氢键、范德华力等分子间作用力组成的晶体，如冰、干冰、C_{60}、硫磺、红磷、黄磷、硒、碘、多原子分子晶体、单原子分子晶体(−273 K 的 He、Ne、Ar、Kr、Xe、Rn)、中性有机分子晶体、DNA 和 RNA 晶体等。

混合键型晶体：由多种化学键组成的晶体，如石墨、$PdCl_2$、CdI_2 等 。

这种按照化学键划分晶体的方法主要是根据晶体的晶格能的构成主体来确定，并非绝对严格的概念。例如，锗被描述为灰白色的脆性金属，而高纯度的锗是半导体；又因为它还具有金刚石结构，也可以将其归入共价晶体。对于金属镓由于晶体内部既有金属键，能导电，又有 M—M 共价键，熔点很低(303 K)，可以划入混合键型晶体。再如，ZnS 与 CdS 晶体中既有离子键，又有共价键，由于其共价成分较多，难溶于水，具有半导体特性，可以归入共价晶体。而 AgCl 难溶于水，晶体中既有离子键，又有共价键，具有 NaCl 晶体的结构，常被归入离子晶体。石墨晶体中有遍布晶体的共价键、金属键(π_{∞}^{∞})和范德华力，属于典型的混合键型晶体。而分子晶体中，除了单原子分子晶体中只有范德华力，其余分子内部都有共价键，但是其对晶格能都没有贡献，只有范德华力构成晶格能，如 C_{60}、干冰、冰等，所以归入分子晶体。

6.4.2　晶体的晶胞参数分类(Classification of crystal on cell parameters)

最初人们对晶体的感知就是晶体的外形，尽管晶体的外形是多种多样的，常见型式见图 6.10。将晶体按照其晶胞参数分类，可分为 7 个晶系，列于表 6.3 中。初学者可以按照晶胞参数对晶体的晶系进行大概分类和判断。而实际上，晶体的晶系是按照表 6.3 中的特征对称元素进行准确地判断和分类，这需要借助晶体衍射实验才能判断。

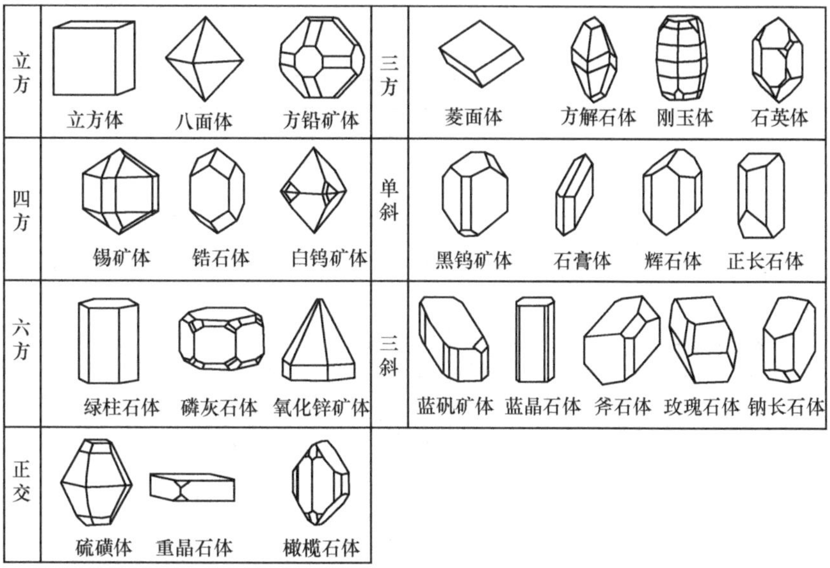

图 6.10　七个晶系的典型结晶型式

表 6.3　晶系及其特征对称性

晶系	立方	四方	六方	正交	三方	单斜	三斜
平行六面体形状	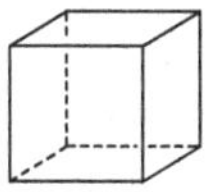	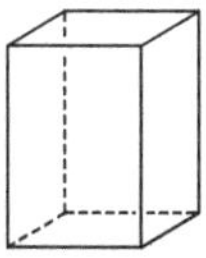	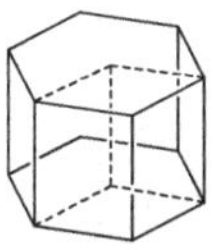	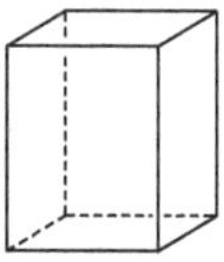		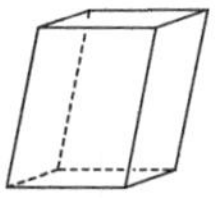	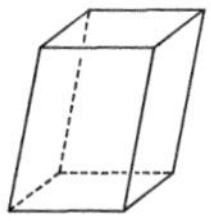
实例	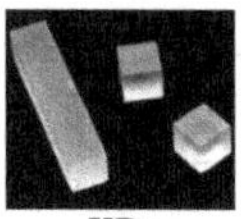 KBr	 金红石 TiO_2	 海蓝宝石	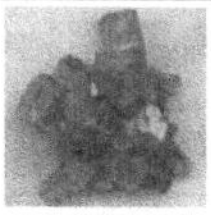 文石 $CaCO_3$	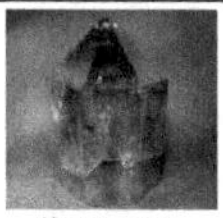 紫晶 SiO_2	 辉石	 蓝晶石
晶胞参数	$a=b=c$ $\alpha=\beta=\gamma=90°$	$a=b\neq c$ $\alpha=\beta=\gamma=90°$	$a=b\neq c$ $\alpha=\beta=90°$, $\gamma=120°$	$a\neq b\neq c$ $\alpha=\beta=\gamma=90°$	$a=b=c$ $\alpha=\beta=\gamma\neq 90°$	$a\neq b\neq c$ $\alpha=\gamma=90°$, $\beta\neq 90°$	$a\neq b\neq c$ $\alpha\neq\beta\neq\gamma\neq 90°$
点群	O_h	D_{4h}	D_{6h}	D_{2h}	D_{3d}	C_{2h}	C_i
特征对称元素	四个三次轴 $4\times\underline{3}$	一个四次轴 $\underline{4}$	一个六次轴 $\underline{6}$	三个二次轴 $3\times\underline{2}$	一个三次轴 $\underline{3}$	一个二次轴 $\underline{2}$	一个一次轴 $\underline{1}$

6.4.3　晶体的点阵格子分类(Classification of crystal on lattice)

晶体按照三维空间格子进行分类，共有 14 个格子，它们都满足点阵的概念。分属于不同的晶系。素格子包含一个点阵点，用 *P*(primitive)表示(表 6.3 中的平行六面体均可以视为素格子)。体心格子包含两个点阵点，用 *I* (body centered，取自对称心的反演操作 inversion)表示。面心格子包含四个点阵点，用 *F* (face centered)表示。底心格子包含两个点阵点，用 *C*(base centered)表示。

所有 14 种三维点阵格子[布拉维格子，1850 年，法国晶体学家奥古斯特 · 布拉维(Auguste Bravais)提出并证明]列于表 6.4 中。

表 6.4　14 种布拉维格子

格子	晶系						
	立方	四方	六方	正交	三方	单斜	三斜
P	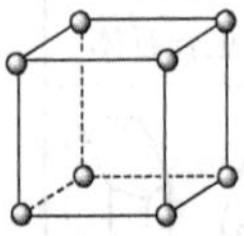 立方简单 *cP*	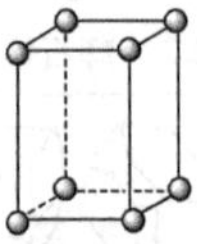 四方简单 *tP*	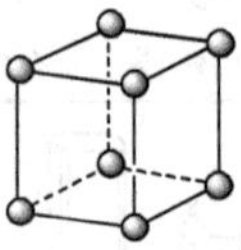 六方简单 *hP*	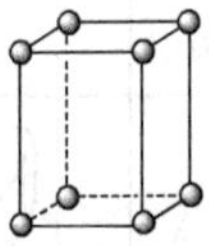 正交简单 *oP*	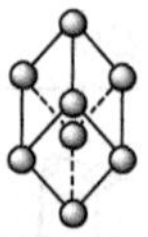 三方简单 *tR*	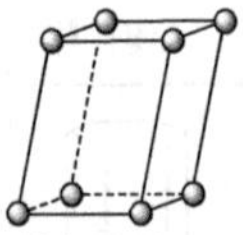 单斜简单 *mP*	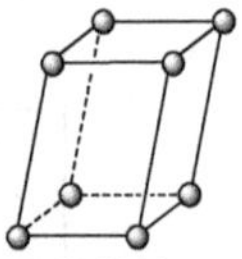 三斜简单 *aP*
I	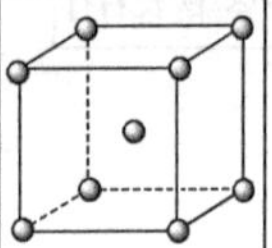 立方体心 *cI*	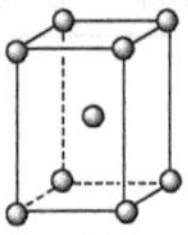 四方体心 *tI*		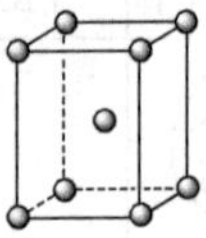 正交体心 *oI*	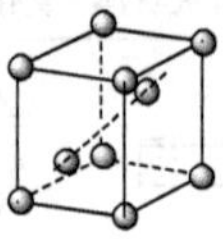 六方 *R* 心 *hR*		
F	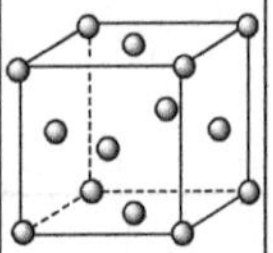 立方面心 *cF*			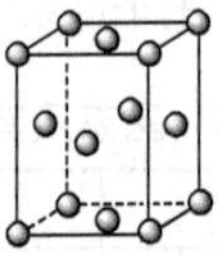 正交面心 *oF*			
C				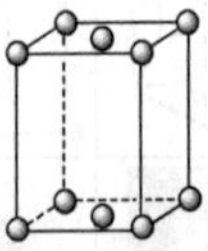 正交底心 *oC*		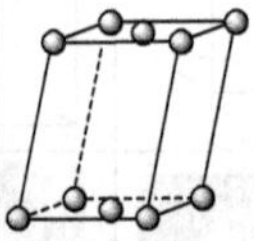 单斜底心 *mC*	

*《国际晶体学表》(*International Table for Crystalography*)规定的 14 种点阵格子与布拉维格子一致，用三方简单格子描述三方晶系，目前的晶体学家习惯用六方 *R* 心复格子描述三方晶系。

立方晶系中为什么没有立方底心格子呢？因为它可以在所谓立方底心中抽象出四方简单点阵格子(图 6.11)。四方底心与此情况类似。

四方晶系中为什么没有四方面心呢？因为它可以在所谓四方面心中抽象出四方体心点阵格子(图 6.12)。

三方点阵具有 $\underline{3}$ 对称轴，晶体用三方 *R*(rhombohedral)表示，常用其复晶胞六方 *R* 心表示，两者是等价的，其立体结构关系见图 6.13。

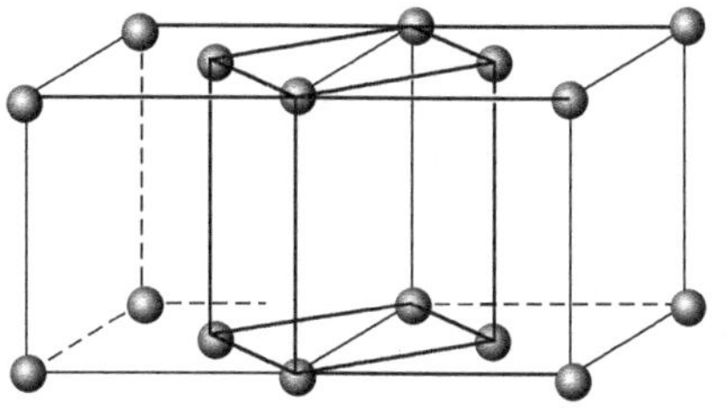

图 6.11　“立方底心”和“四方底心”实际是四方简单

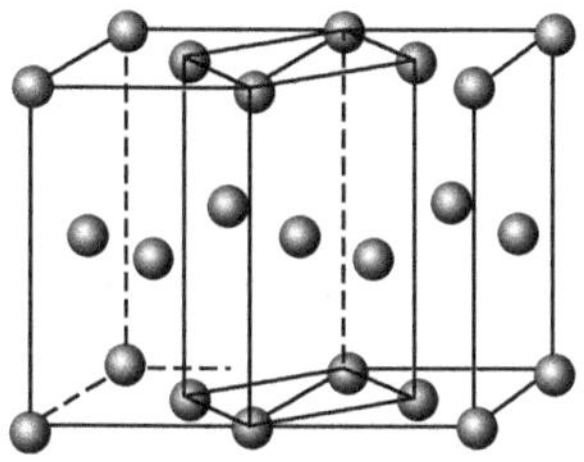

图 6.12　“四方面心”实际是四方体心

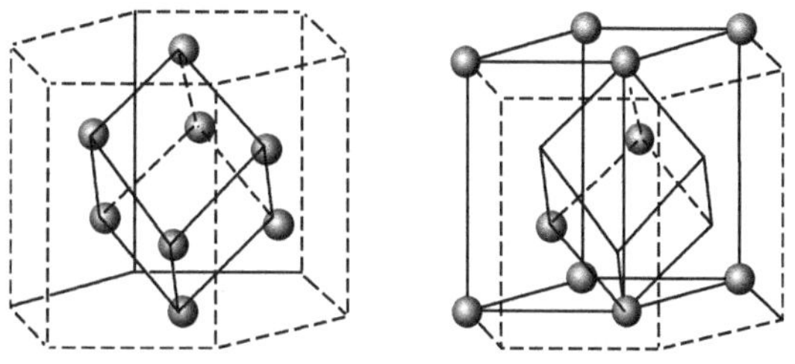

图 6.13　三方 R 复晶胞与六方 R 心复晶胞的关系

6.4.4　晶体的点群分类(Classification of crystal on point group)

晶体可以根据其八种宏观对称元素 $\underline{1}$、$\underline{2}$、$\underline{3}$、$\underline{4}$、$\underline{6}$ 对称轴、对称面 m、对称心 i 和 $\overline{4}$ 排列组合为 32 个点群。简单的推求方法是：先按照非多面体用旋转操作组群，只有一个旋转轴的 C_n 群点群有 5 个 C_1、C_2、C_3、C_4、C_6；C_n 群加一个垂直的 $\underline{2}$ 次轴有 4 个 D_n 点群 D_2、D_3、D_4、D_6；C_n 群加一个 m_v 晶面有 5 个点群 C_s、C_{2v}、C_{3v}、C_{4v}、C_{6v}；C_n 群加一个 m_h 晶面有 4 个点群 C_{2h}、C_{3h}、C_{4h}、C_{6h}；C_n 群加一个对称心 i 有 2 个点群 C_i、C_{3i}；D_n 点群加 m_h 晶面有 4 个点群 D_{2h}、D_{3h}、D_{4h}、D_{6h}；D_n 点群加 m_d 晶面有 2 个点群 D_{2d}、D_{3d}(D_{4d}、D_{6d} 意味着要出现 $\overline{8}$ 以上反轴，与原理相悖，不存在)；$\overline{4}$ 独立构成一个 S_4 群；多面体用旋转操作组群有 T 和 O 群(I 群对称性太高，只存在于单个分子的有限图形中)，加 m_h 对称面得到 T_h 和 O_h，T 群加 m_d 对称面得到 T_d 点群。

点群一般按照申夫利斯符号标记，而现行的标记都采用国际符号，国际符号代表对称元素在晶体的方向，一般由 1～3 个组成。例如，C_{2v} 群用国际符号表示为 $mm2$，它代表在 a、b 方向有晶面，c 方向有 $\underline{2}$ 轴。又如，D_{2h} 群用国际符号表示为 $\frac{2}{m}\frac{2}{m}\frac{2}{m}$，它代表在 a、b、c 方向有 $\underline{2}$ 轴，垂直于 a、b、c 方向分别有 m_h 镜面。晶体的 32 个点群按照对称性由低到高依次进行标记(表 6.4)。32 个点群可以理解为宏观对称元素的组合，每一个晶体点群就代表了晶体中宏观对称操作的集合。每个晶系的简单格子对应的晶胞具有晶系中的最高对称性，其点群列于表 6.5 中。

表 6.5　晶体的 32 个点群及其对称元素

晶系	点群				对称元素
	序号	申夫利斯符号	国际符号	国际符号方向	
三斜	1	C_1	1	***a***	$\underline{1}$
	2	C_i	$\bar{1}$		i
单斜	3	C_2	2	***b***	$\underline{2}$
	4	C_s	m		m
	5	C_{2h}	$\frac{2}{m}$		$\underline{2}, m, i$
正交	6	D_2	222	***a***、***b***、***c***	$3\times\underline{2}$
	7	C_{2v}	$mm2$		$\underline{2}, 2\times m$
	8	D_{2h}	$\frac{2}{m}\frac{2}{m}\frac{2}{m}$		$3\times\underline{2}, 3\times m, i$
四方	9	C_4	4	***c***、***a***、***a***+***b***	$\underline{4}$
	10	S_4	$\bar{4}$		$\bar{4}$
	11	C_{4h}	$\frac{4}{m}$		$\underline{4}, m, i$
	12	D_4	422		$\underline{4}, 4\times\underline{2}$
	13	C_{4v}	$4mm$		$\underline{4}, 4\times m$
	14	D_{2d}	$\bar{4}2m$		$\bar{4}, 2\times\underline{2}, 2\times m$
	15	D_{4h}	$\frac{4}{m}\frac{2}{m}\frac{2}{m}$		$\underline{4}, 4\times\underline{2}, 5\times m, i$
三方	16	C_3	3	***c***、***a***	$\underline{3}$
	17	C_{3i}	$\bar{3}$		$\underline{3}, i$
	18	D_3	32		$\underline{3}, 3\times\underline{2}$
	19	C_{3v}	$3m$		$\underline{3}, 3\times m$
	20	D_{3d}	$\bar{3}\frac{2}{m}$		$\underline{3}, 3\times\underline{2}, 3\times m, i$
六方	21	C_6	6	***c***、***a***、2***a***+***b***	$\underline{6}$
	22	C_{3h}	$\bar{6}$		$\bar{6}\ (\underline{3}, m)$
	23	C_{6h}	$\frac{6}{m}$		$\underline{6}, m, i$
	24	D_6	622		$\underline{6}, 6\times\underline{2}$
	25	C_{6v}	$6mm$		$\underline{6}, 6\times m$

续表

晶系	点群				对称元素
	序号	申夫利斯符号	国际符号	国际符号方向	
六方	26	D_{3h}	$\bar{6}m2$	**c**、**a**、2**a**+**b**	$\bar{6}(\underline{3}, m), 3\times\underline{2}, 3\times m$
	27	D_{6h}	$\frac{6}{m}\frac{2}{m}\frac{2}{m}$		$\underline{6}, 6\times\underline{2}, 7\times m, i$
立方	28	T	23	**c**、**a**+**b**+**c**、**a**+**b**	$4\times\underline{3}, 3\times\underline{2}$
	29	T_h	$\frac{2}{m}\bar{3}$		$4\times\underline{3}, 3\times\underline{2}, 3\times m, i$
	30	O	432		$4\times\underline{3}, 3\times\underline{4}, 6\times\underline{2}$
	31	T_d	$\bar{4}3m$		$4\times\underline{3}, 3\times\bar{4}, 6\times m$
	32	O_h	$\frac{4}{m}\bar{3}\frac{2}{m}$		$4\times\underline{3}, 3\times\underline{4}, 9\times m, i$

6.4.5　晶体的空间群分类(Classification of crystal on space group)

晶体由于具有类似点阵的无限周期特性，故有平移特性。将晶体的 32 个点群与晶体的微观对称元素进行组合，理论上可以得到 230 种空间群。这是由于在晶胞中的宏观对称元素在晶体中可以衍生出更多的微观对称元素，对应更多的对称动作。例如，$\underline{4}$ 对称轴可衍生出 4_1、4_2、4_3 等螺旋轴；镜面 m 可以衍生出 a、b、c、d、n 滑移面等。空间群的标记用国际符号。国际符号是格子类型加三个晶系规定方向的对称元素。如空间群 $P2_12_12_1$，表示四方晶系的简单格子，在 **c**、**a** 和 **a**+**b** 方向都有 2_1 螺旋轴，其完整记号为 $P\frac{2_1}{m}\frac{2_1}{m}\frac{2_1}{m}$；$Pnma$ 则代表在 **c**、**a** 和 **a**+**b** 方向分别有 n 滑移面、m_h 镜面和 a 滑移面。再如，空间群 $F432$，表示立方晶系的面心格子，在 **c**、**a**+**b**+**c** 和 **a**+**b** 方向分别有 $\underline{4}$、$\underline{3}$、$\underline{2}$ 对称轴。而 $P\bar{1}$ 表示三斜晶系的简单格子有一个对称心 i。

以单斜晶系中 $2/m(C_{2h})$点群为例，简单说明空间群是如何由对称操作组合得到的。首先考虑到单斜晶系有简单和底心两种格子，得到两个空间群 $P2/m$ 和 $C2/m$；无限周期重复晶体附加的对称元素有 2_1 螺旋轴和 c 滑移面，得到空间群 $P2_1/m$、$C2_1/m$、$P2/c$、$C2/c$、$P2_1/c$ 和 $C2_1/c$，这其中 $C2_1/m$ 不存在，因为 2_1 螺旋轴与 m_h 晶面冲突，也有人说 $C2_1/m$ 与 $C2/m$ 等价，$C2_1/c$ 等价于 $C2/c$，故 $2/m$ 点群能得到 6 个空间群 $P2/m$、$C2/m$、$P2_1/m$、$P2/c$、$C2/c$ 和 $P2_1/c$。

空间群在单晶结构解析中具有重要意义。现有的程序已经将所有的空间群及其点阵的衍射特性进行了表达。解析时用直接解法与实际的衍射数据进行比对，当误差小于一定数值时，即可认为晶体的结构已经精确求解。实际晶体中经常出现的空间群约 100 多种。230 种空间群所属晶系及其序号列于表 6.6 中。

表 6.6 晶体的 230 个空间群

晶系	序号	国际符号	晶系	序号	国际符号	序号	国际符号	序号	国际符号	序号	国际符号	晶系	序号	国际符号	序号	国际符号	序号	国际符号	序号	国际符号	序号	国际符号
三斜	1	$P1$	正交	16	$P222$	31	$Pmn2_1$	46	$Ima2$	61	$Pbca$	四方	75	$P4$	90	$P42_12$	105	$P4_2mc$	120	$I\bar{4}c2$	135	$P4_2/mbc$
	2	$P\bar{1}$		17	$P222_1$	32	$Pba2$	47	$Pmmm$	62	$Pnma$		76	$P4_1$	91	$P4_122$	106	$P4_2bc$	121	$I\bar{4}2m$	136	$P4_2/mnm$
单斜	3	$P2$		18	$P2_12_12$	33	$Pna2_1$	48	$Pnnn$	63	$Cmcm$		77	$P4_2$	92	$P4_12_12$	107	$I4mm$	122	$I\bar{4}2d$	137	$P4_2/nmc$
	4	$P2_1$		19	$P2_12_12_1$	34	$Pnn2$	49	$Pccm$	64	$Cmca$		78	$P4_3$	93	$P4_222$	108	$I4cm$	123	$P4/mmm$	138	$P4_2/ncm$
	5	$C2$		20	$C222_1$	35	$Cmm2$	50	$Pban$	65	$Cmmm$		79	$I4$	94	$P4_22_12$	109	$I4_1md$	124	$P4/mcc$	139	$I4/mmm$
	6	Pm		21	$C222$	36	$Cmc2_1$	51	$Pmma$	66	$Cccm$		80	$I4_1$	95	$P4_322$	110	$I4_1cd$	125	$P4/nbm$	140	$I4/mcm$
	7	Pc		22	$F222$	37	$Ccc2$	52	$Pnna$	67	$Cmma$		81	$P\bar{4}$	96	$P4_32_12$	111	$P\bar{4}2m$	126	$P4/nnc$	141	$I4_1/amd$
	8	Cm		23	$I222$	38	$Amm2$	53	$Pmna$	68	$Ccca$		82	$I\bar{4}$	97	$I422$	112	$P\bar{4}2c$	127	$P4/mbm$	142	$I4_1/acd$
	9	Cc		24	$I2_12_12_1$	39	$Abm2$	54	$Pcca$	69	$Fmmm$		83	$P4/m$	98	$I4_122$	113	$P\bar{4}2_1m$	128	$P4/mnc$		
	10	$P2/m$		25	$Pmm2$	40	$Ama2$	55	$Pbam$	70	$Fddd$		84	$P4_2/m$	99	$P4mm$	114	$P\bar{4}2_1c$	129	$P4/nmm$		
	11	$P2_1/m$		26	$Pmc2_1$	41	$Aba2$	56	$Pccn$	71	$Immm$		85	$P4/n$	100	$P4bm$	115	$P\bar{4}m2$	130	$P4/ncc$		
	12	$C2/m$		27	$Pcc2$	42	$Fmm2$	57	$Pbcm$	72	$Ibam$		86	$P4_2/n$	101	$P4_2cm$	116	$P\bar{4}c2$	131	$P4_2/mmc$		
	13	$P2/c$		28	$Pma2$	43	$Fdd2$	58	$Pnnm$	73	$Ibca$		87	$I4/m$	102	$P4_2am$	117	$P\bar{4}b2$	132	$P4_2/mcm$		
	14	$P2_1/c$		29	$Pca2_1$	44	$Imm2$	59	$Pmmn$	74	$Imma$		88	$I4_1/a$	103	$P4cc$	118	$P\bar{4}n2$	133	$P4_2/nbc$		
	15	$C2/c$		30	$Pnc2$	45	$Iba2$	60	$Pbcn$				89	$P422$	104	$P4nc$	119	$I\bar{4}m2$	134	$P4_2/nnm$		

晶系	序号	国际符号	序号	国际符号	序号	国际符号	晶系	序号	国际符号	序号	国际符号	序号	国际符号	晶系	序号	国际符号	序号	国际符号	序号	国际符号	序号	国际符号
三方	143	$P3$	152	$P3_121$	161	$R3c$	六方	168	$P6$	177	$P622$	186	$P6_3mc$	立方	195	$P23$	204	$Im\bar{3}$	213	$P4_132$	222	$Pn\bar{3}n$
	144	$P3_1$	153	$P3_212$	162	$P\bar{3}1m$		169	$P6_1$	178	$P6_122$	187	$P\bar{6}m2$		196	$F23$	205	$Pa\bar{3}$	214	$I4_132$	223	$Pm\bar{3}n$
	145	$P3_2$	154	$P3_221$	163	$P\bar{3}1c$		170	$P6_5$	179	$P6_522$	188	$P\bar{6}c2$		197	$I23$	206	$Ia\bar{3}$	215	$P\bar{4}3m$	224	$Pn\bar{3}m$
	146	$R3$	155	$R32$	164	$P\bar{3}m1$		171	$P6_2$	180	$P6_222$	189	$P\bar{6}2m$		198	$P2_13$	207	$P432$	216	$F\bar{4}3m$	225	$Fm\bar{3}m$
	147	$P\bar{3}$	156	$P3m1$	165	$P\bar{3}c1$		172	$P6_4$	181	$P6_422$	190	$P\bar{6}2c$		199	$I2_13$	208	$P4_232$	217	$I\bar{4}3m$	226	$Fm\bar{3}c$
	148	$R\bar{3}$	157	$P31m$	166	$R\bar{3}m1$		173	$P6_3$	182	$P6_322$	191	$P6/mmm$		200	$Pm\bar{3}$	209	$F432$	218	$P\bar{4}3n$	227	$Fd\bar{3}m$
	149	$P312$	158	$P3c1$	167	$R\bar{3}c1$		174	$P\bar{6}$	183	$P6mm$	192	$P6/mcc$		201	$Pn\bar{3}$	210	$F4_132$	219	$P\bar{4}3c$	228	$Fd\bar{3}c$
	150	$P321$	159	$P31c$				175	$P6/m$	184	$P6cc$	193	$P6_3/mcm$		202	$Fm\bar{3}$	211	$I432$	220	$I\bar{4}3d$	229	$Im\bar{3}m$
	151	$P3_112$	160	$R3m$				176	$P6_3/m$	185	$P6_3cm$	194	$P6_3/mmc$		203	$Fd\bar{3}$	212	$P4_332$	221	$Pm\bar{3}m$	230	$Ia\bar{3}d$

注：详细信息参阅 http://img.chem.ucl.ac.uk/sgp/large/sgp.htm。

等效点系(symmetry-equivalent reflections)：是指由空间群对称操作联系起来的一系列坐标，它们之间完全等效。将点群的对称操作应用于一个特定反射，可以得到对称等效反射；若晶胞对应格子中的一个反射点(x,y,z)，通过点群的操作得到与点群阶数相同数量的等效点。将这些等效点投影到二维平面，得到等效点系图，也可以把对称元素标注其上。一般地，对晶系特征和重要的对称元素所对应的等效点系用衍射指标(hkl)描述，列于表 6.7。

表 6.7　晶系中主要对称元素对应的等效点系

晶系	点群	等效点系	等效点数
三斜	−1	*hkl, −h−k−l*	2
单斜	2/*m*	*hkl,−hk−l,−h−k−l, h−kl*	4
正交晶系	*mmm*	*hkl, h−k−l, −hk−l, −h−kl, −h−k−l,−hkl, h−kl, hk−l*	8
四方晶系	4/*m*	*hkl, −khl, −h-kl, k−hl, −h−k−l, k−h−l, hk−l, −kh−l*	8
	4/*mmm*	*hkl, −khl, −h−kl, k−hl, −h−k−l ,k−h−l, hk−l, −kh−l* *khl, −hkl, −k−hl, h−kl, −k−h−l, h−k−l, kh−, −hk−l*	16
立方晶系	$m\bar{3}$	*hkl, −hkl, h−kl, hk−l, −h−k−l, h−k−l, −hk−l, −h−kl* *klh, −klh, k−lh, kl−h, −k−l−h, k−l−h, −kl−h, −k−lh* *lhk, −lhk, l−hk, lh−k, −l−h−k, l−h−k, −lh−k, −l−hk*	24
	$m\bar{3}m$	*hkl, −hkl,h−kl, hk−l, −h−k-l, h−k−l, −hk−l, −h−kl* *klh, −klh, k−lh, kl−h, −k−l−h, k−l−h,−kl−h, −k−lh* *lhk, −lhk, l−hk, lh−k, −l−h−, l−h−k, −lh−k, −l−hk* *khl, −khl, k−hl, kh−l, −k−h−l, k-h−l, −kh−l, −k−hl* *lkh, −lkh, l−kh, lk−h, −l−k−h, l−k−h,−lk−h, −l−kh* *hlk, −hlk, h−lk, hl−k, −h−l−k, h−l−k, −hl−k, −h−lk*	48

等效点系图中，若以记号○表示右手形状的分子，⊙表示其镜像，旁边的符号和数字表示该点在垂直于纸面方向的晶轴的位置。例如，图 6.14 中记号“$○^{\frac{1}{2}+}$”和“$⊙^{\frac{1}{2}-}$”分别表示该点的 z 坐标分别为$\frac{1}{2}+z$ 和$\frac{1}{2}-z$，而$○^{+}$表示该点坐标为$+z$，$⊙^{-}$表示该点坐标为$-z$。$P2_1/c$ 空间群中全部的等效点坐标共 4 个：$(x, y, z), (-x, \frac{1}{2}+y, -z+\frac{1}{2}), (-x, -y, -z), (x, -y+\frac{1}{2}, z+\frac{1}{2})$。

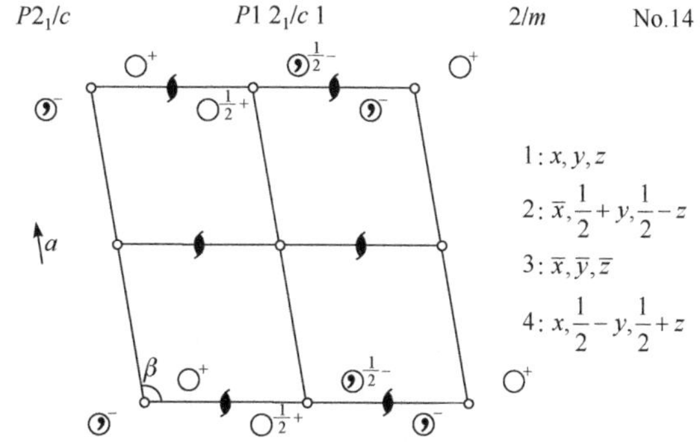

图 6.14　$P2_1/c$ 空间群的对称元素、等效点系沿 b 轴投影图及其坐标

这些可以参阅英国伦敦大学学院(University College London)的免费网站：http://img.chem.ucl.ac.uk/sgp/large/sgp.htm。

6.4.6　准晶体(Quasicrystal)

2011 年诺贝尔化学奖单独授予以色列化学家达尼埃尔·谢赫特曼(Dianiel Shechtman)，奖励他 1982 年 4 月 8 日在美国国家标准与技术研究院(NIST)首次发现准晶体。

当谢赫特曼把急速冷却的铝锰合金样品置于电子显微镜下时，观察到非常漂亮的分布均匀对称的十个亮点(图 6.15)，他知道，这与传统的具有平移对称的晶体不能出现 5 次和 10 次轴相悖。当他与同事分享发现时，受到嘲讽并被组长解聘。受恩师资助，他回到以色列继续从事研究，并于 1984 年在《物理评论快报》(*Physical Review Letters*)发表了题为《一种长程有序但无平移对称性的金属相》的文章。他把这种二十面体对称性定义为 $m\bar{3}\,\bar{5}$，后来，人们联系数学家的早期论证和中世纪宗教建筑装饰图案命名这种无平移对称但长程有序结构的固体为准晶体。2009 年夏，科学家在俄罗斯东部河床上发现由铝、铜和铁组成的矿样具有 10 次对称性衍射图案。

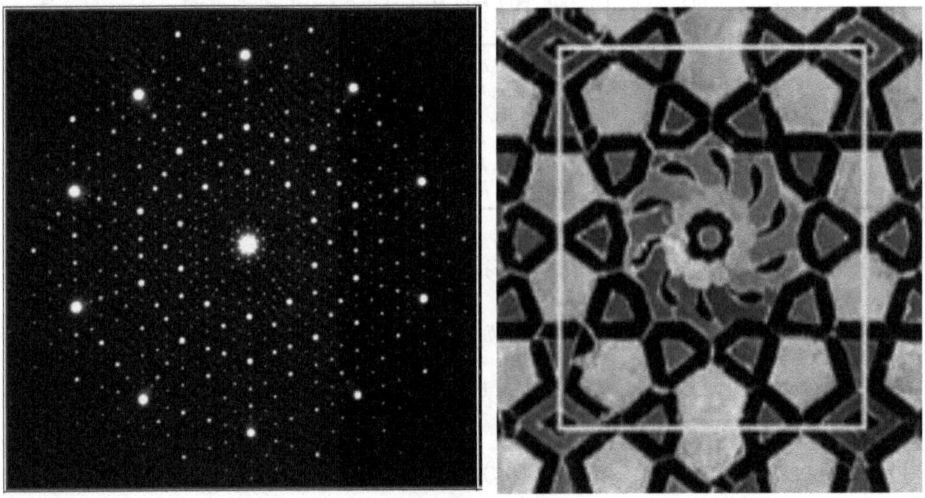

图 6.15　准晶体的衍射图样和建筑物墙面上的图案

准晶体的发现使得国际晶体学会把晶体的定义由原来的“一种其组成由原子、分子或离子规则有序和重复的三维图案所堆砌的物质”修改为“任何具有基本上分立的衍射图样的固体”，这样就能包容准晶体。晶体衍射需要 3 个波矢描述，而准晶体则需要更多个波矢来描述其衍射规律。周期性的晶体具有 2、3、4、6 旋转轴，而准晶体则具有 5、8、10、12 旋转轴。

我国科学家张泽 1983 年也独立发现五重对称，并发表了题为《实空间与倒易空间中的五重对称》的会议论文。1985 年，郭可信等发现 Ti-Ni-V 二十面体准晶体，1988 年又相继发现 8 次(Cr-Ni-Si、V-Ni-Si、Al-Mn-Si、Cr-Mo-Ni)对称、12 次对称(Cr-Ni、V_3Ni_2、$V_{15}Ni_{20}Si$)准晶体和稳定的 $Al_{65}Cu_{20}Co_{15}$ 具有 10 次对称的准晶体等。

准晶体由于特殊的结构使得其具有特殊性能，在材料领域开创了新方向，目前各种新材料的探索和创新都与其有着密不可分的联系。

6.5　金属晶体和能带理论 (Metal crystal and energy band theory)

为了解释金属的结构问题，人们提出了将金属原子看作等径圆球，将金属晶体看作这些圆球的三维堆积，这个模型不仅可以解释金属具有延展特性，也可以解释离子晶体的结构。而基于量子力学求解氢原子的结果以及量子力学的状态叠加原理提出的自由电子模型和能带理论可以解释金属具有导电的特性。

6.5.1　等径圆球密堆积模型(Close-packing of equal sphere)

1. 密置层

等径圆球在一个平面内互相紧靠在一起组成密置层(图 6.16)。密置层内的每一个圆球都与 6 个圆球紧密接触，其配位数(coordination number，CN)为 6。圆球之间尽管紧密接触，仍留有一定的空隙。显然，密置层可以抽象为二维点阵，其素格子为 $a=b$，夹角为 120°。

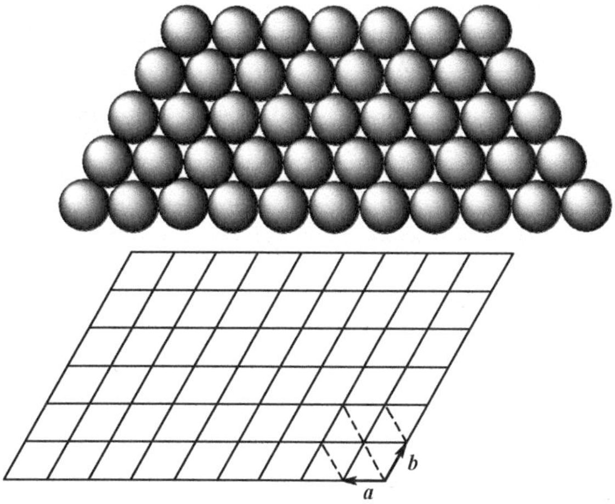

图 6.16　密置层与二维点阵

2. 密置双层

当第二层等径圆球置于第一层上面时，圆球之间会形成不同的立体空隙，一种是上下层之间四个圆球组成的四面体空隙，一种是上层和下层各三个圆球形成的八面体空隙。显然，八面体空隙要大于四面体空隙(图 6.17)。

3. 三维密堆积

当第三层等径圆球置于第二层上面时，有两种情况，一种是在原来形成八面体空隙

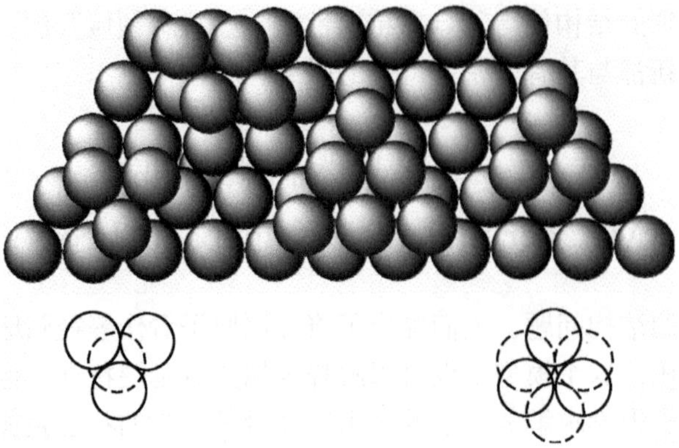

图 6.17　密置双层和四面体、八面体空隙

的上方放置圆球，在第二层和第三层之间形成四面体空隙，这样第三层堆积方式与第一层和第二层均不同，形成 ABCABC 堆积方式(图 6.18)，称为 A_1 密堆积。对应的三维点阵格子为立方面心格子，晶胞体对角线 $\boldsymbol{a}+\boldsymbol{b}+\boldsymbol{c}$ 的方向为堆积方向，所以又称为立方密堆积(cubic close packing，ccp)。另一种是在原来四面体空隙上方放置圆球，使得在第二层和第三层之间与第一层和第二层形成的空隙位置完全相同，这样得到的密堆积为 ABABAB 堆积方式(图 6.19)，称为 A_3 密堆积。对应的三维点阵格子为六方简单格子，晶胞 $\boldsymbol{c}$ 方向为堆积方向，所以又称为六方密堆积(hexagonal close packing，hcp)。

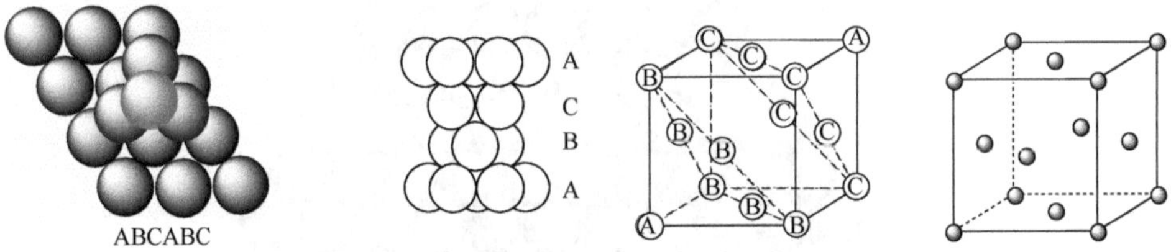

图 6.18　A_1 密堆积、晶胞及其立方面心格子

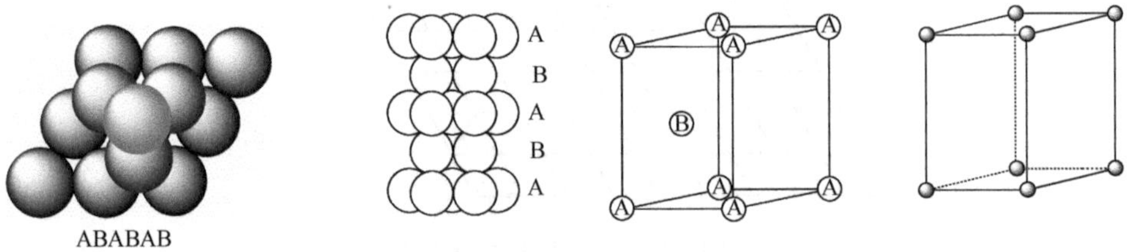

图 6.19　A_3 密堆积、晶胞及其六方简单格子

6.5.2　堆积型式与原子半径(Packing modes and atomic radius)

在金属的 A_1 密堆积中，从图 6.18 可以看出，在(110)晶面上，所有六个球紧密接触(B 层和 C 层)，顶点 A 球与面心的三个 B 球形成正四面体，所以晶胞中的八个顶点都分别与相应的面心构成了八个正四面体；六个面心的 B 层球和 C 层球共同构成了一个完整的八面体，中心就是立方体的体心；而每一条棱都是八面体中心的位置，每条棱被四个

晶胞所共有，所以棱心对八面体的贡献为 $12\times\frac{1}{4}=3$，所以，共有 4 个八面体。由此，得到密堆积中：

$$球数：八面体数：四面体数 =1:1:2$$

这一关系可以方便地从 ABAB 堆积中一个球的配位关系中看出(图 6.20)：中间的球在同层被六个球包围，它和下层的三个球(被完全遮盖)以及上层的三个球构成了完整的两个四面体；而中间的球同时分别与上层和下层的三个共计六个八面体接触，即中心红球同时对六个八面体各贡献 1/6，所以，每个球在密堆积中对八面体的贡献为 1。

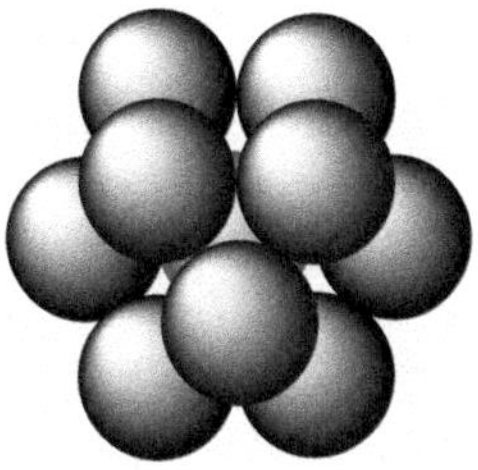

图 6.20　一个球的配位关系及其球数与多面体数的关系

设金属的半径为 r，在 A_1 密堆积中有关系(图 6.21)：

$\sqrt{2}a=4r$ 每一个球的体积 $V_o=\frac{4}{3}\pi r^3$，晶胞中分子的个数一般用 Z 表示，$Z=4$；晶胞的体积 $V=a^3$，金属按照等径圆球密堆积时的空间占有率为

$$\eta=\frac{ZV_o}{V}=\frac{4\times\frac{4}{3}\pi r^3}{a^3}=\frac{16\pi r^3}{3(2\sqrt{2}r)^3}=\frac{\pi}{3\sqrt{2}}=74.05\%$$

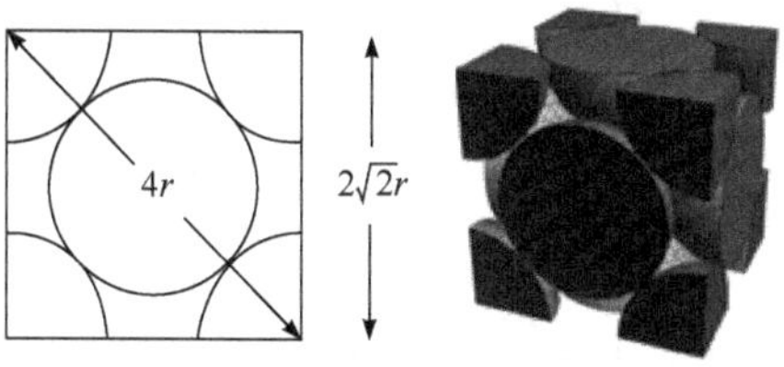

图 6.21　A_1 密堆积中球半径与晶胞参数关系及晶胞堆积截面图

在 A_3 密堆积中有关系(图 6.22)：

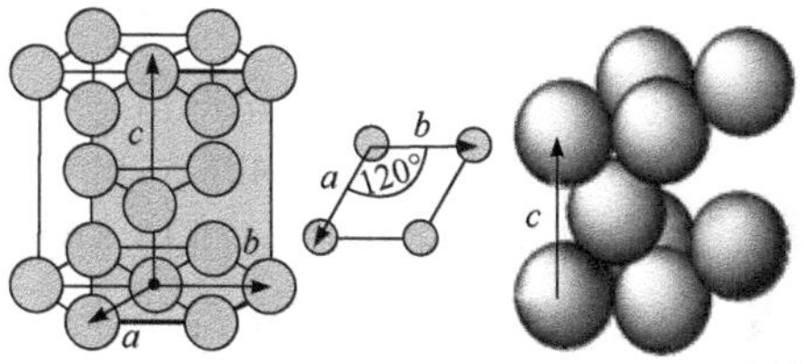

图 6.22　A_3 密堆积中球半径与晶胞参数关系及晶胞堆积图

$$a=2r，\ c=2h=2\sqrt{(2r)^2-\left[\frac{2}{3}(h')\right]^2}=2\sqrt{(2r)^2-\left[\frac{2}{3}\left(\frac{\sqrt{3}}{2}2r\right)\right]^2}=4r\sqrt{1-\frac{1}{3}}=\frac{4}{3}\sqrt{6}r$$

$$\eta=\frac{ZV_{\mathrm{o}}}{V}=\frac{2\times\frac{4}{3}\pi r^3}{a^3}=\frac{8\pi r^3}{3ab\sin 60°c}=\frac{8\pi r^3}{16r^3\frac{\sqrt{3}}{2}\sqrt{6}}=\frac{\pi}{3\sqrt{2}}=74.05\%$$

除了密堆积外，金属中还有体心堆积(body-centered cubic，bcc)——A_2堆积，以及金刚石型——A_4堆积方式(图 6.23 和图 6.24)：

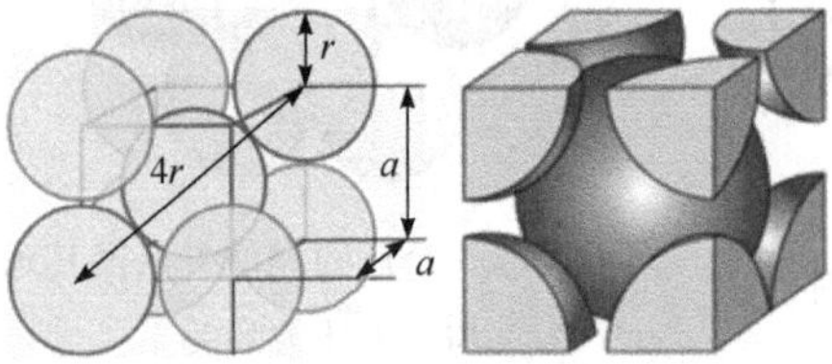

图 6.23　A_2堆积中球半径与晶胞参数关系及晶胞堆积截面图

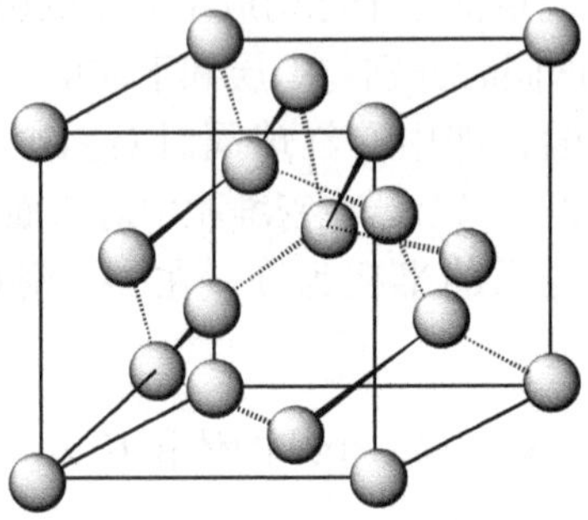

图 6.24　A_4堆积的晶胞

在 A_2 堆积中有关系：

$$\sqrt{3}a=4r\ ,\quad \eta=\frac{ZV_{\mathrm{o}}}{V}=\frac{2\times\frac{4}{3}\pi r^3}{a^3}=\frac{8\pi\sqrt{3}r^3}{64r^3}=\frac{\sqrt{3}\pi}{8}=68.02\%$$

在 A_4 堆积中有关系：

$$\frac{\sqrt{3}}{4}a=2r\ ,\quad \eta=\frac{ZV_{\mathrm{o}}}{V}=\frac{8\times\frac{4}{3}\pi r^3}{a^3}=\frac{\sqrt{3}\pi}{16}=34.01\%$$

6.5.3　金属晶体实例(Examples of metal crystal)

(1) A_1型金属(图 6.25)：铜、银、金、镍、钯、铂、铑、铱、钙、锶、镱、锗、γ-Mn 等金属为 *ccp*-A_1 密堆积方式，格子 *cF*，点群 O_h，空间群 $Fm\overline{3}m$(No. 225)，晶胞参数 a = 361.49 pm (Cu)；408.53 pm(Ag)；407.82 pm(Au)；352.4 pm (Ni)；389.07 pm(Pd)；392.42 pm (Pt)；380.34 pm(Rh)；383.9 pm(Ir)；558.84 pm(Ca)；608.49 pm(Sr)；548.47 pm(Yb)；565.75 pm(Ge)。点阵点 4 个，结构基元为一个金属原子。显然金属原子在晶胞中的分数坐标与立方面心空间点阵型式 *cF* 的点阵点相同：

$(0,0,0)$，$\left(\frac{1}{2},\frac{1}{2},0\right)$，$\left(0,\frac{1}{2},\frac{1}{2}\right)$，$\left(\frac{1}{2},0,\frac{1}{2}\right)$。密度$\rho$(g/cm^3)：8.92(Cu)，10.49(Ag)，19.3(Au)，1.55(Ca)，2.63(Sr)，

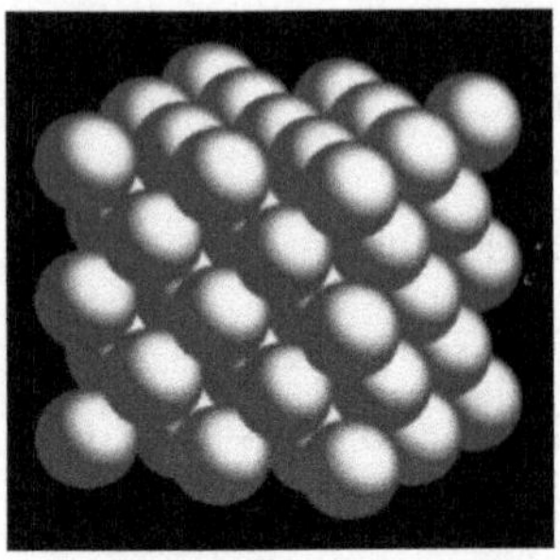

图 6.25　A_1型金属 8 晶胞堆积图

6.57(Yb)，5.32(Ge)。

(2) A_3型金属(图 6.26)：铍、镁、镉、锌、钴、钪、钇、镧、钛、锆、铪、铊等金属为 *hcp*-A_3密堆积方式，格子 *hP*，点群 D_{6h}，空间群 $P6_3/mmc$(No. 194)，晶胞参数 a = 228.58 pm，c = 358.43 pm，γ=120° (Be)；a = 320.94 pm；c = 521.08 pm (Mg)；a = 297.94 pm；c = 561.86 pm(Cd)；a = 266.49 pm；c = 494.68 pm(Zn)；a = 250.71 pm，c = 406.95 pm (Co)，a = 330.9 pm，c = 527.33 pm (Sc)；a = 364.74 pm，c = 573.06 pm (Y)；a = 377.2 pm，c = 1214.4 pm (La)；a = 295.08 pm，c = 468.55 pm (Ti)；　a = 323.2 pm，c = 514.7 pm (Zr)；a = 319.64 pm，c = 505.11 pm (Hf)；a = 345.66 pm，c = 552.48 pm (Tl)；点阵点 1 个，结构基元为两个金属原子。金属原子在晶胞中的分数坐标为：(0,0,0)，$\left(\frac{2}{3},\frac{1}{3},\frac{1}{2}\right)$。理想的晶轴比 c/a 为 1.63。

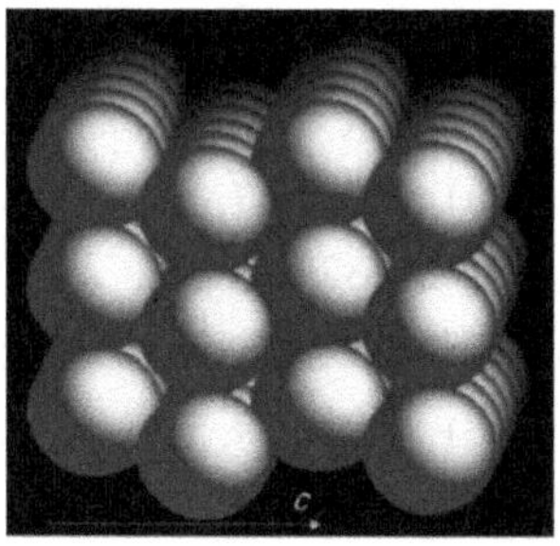

图 6.26　A_3型金属多晶胞堆积 c 方向俯视图

(3) A_2型金属(图 6.27)：锂、钠、钾、铷、铯、钡、钒、铌、钽、铬、钼、钨、铕、δ-锰和纯铁(α-Fe)具有 *bcc*-A_2堆积方式，格子 *cI*，点群 O_h，空间群 $Im\bar{3}m$(No. 229)，晶胞参数 a = 351 pm (Li)；429.06 pm(Na)；532.8 pm(K)；558.5 pm(Rb)；614.1 pm(Cs)；502.8 pm(Ba)；303.0 pm (V)；303.04 pm (Nb)；330.13 pm (Ta)；291.0 pm (Cr)；314.7 pm (Mo)；316.52 pm (W)；458.1 pm (Eu)；286.65pm(Fe)；锰具有 *bcc*-A_2堆积方式，格子 *cI*，点群 O_h，空间群 $I\bar{4}3m$(No. 217)，晶胞参数 a = 819.25pm (Mn)；点阵点 2 个，结构基元为一个金属原子。显然金属原子的分数坐标与立方体心空间点阵型式 *cI* 的点阵点相同为：(0,0,0)，$\left(\frac{1}{2},\frac{1}{2},\frac{1}{2}\right)$。

(4) A_4型金属(图 6.28)：灰锡为金刚石型 A_4堆积方式，格子 *cF*，点群 O_h，空间群 $Fd\bar{3}m$(No. 227)，晶胞参数 a = 648.9 pm (Sn)；点阵点 4 个，结构基元为 2 个锡原子。显然原子在晶胞中的分数坐标与立方面心空间点阵型式 *cF* 的点阵点相同为：(0,0,0)，$\left(\frac{1}{2},\frac{1}{2},0\right)$，

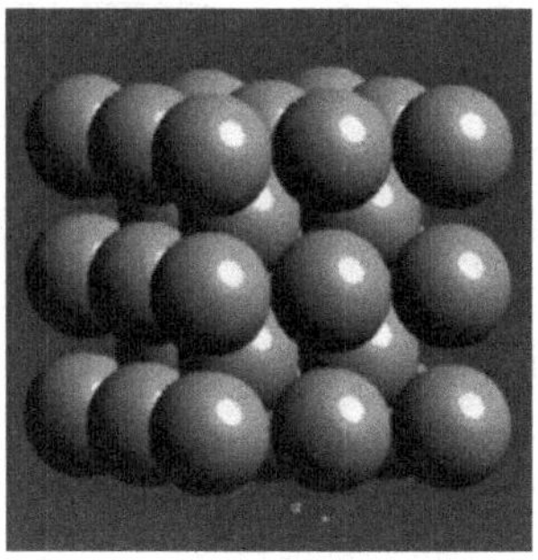

图 6.27　A_2型金属 8 晶胞堆积图

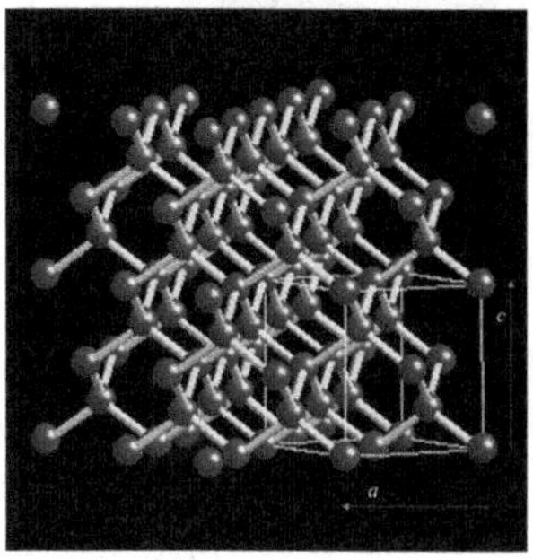

图 6.28　A_4型金属多晶胞堆积 a+b 方向侧视图

$\left(0,\frac{1}{2},\frac{1}{2}\right)$，$\left(\frac{1}{2},0,\frac{1}{2}\right)$，$\left(\frac{3}{4},\frac{1}{4},\frac{1}{4}\right)$，$\left(\frac{1}{4},\frac{3}{4},\frac{1}{4}\right)$，$\left(\frac{1}{4},\frac{1}{4},\frac{3}{4}\right)$，$\left(\frac{3}{4},\frac{3}{4},\frac{3}{4}\right)$。

(5) 四方晶系金属(图 6.29)：铟(In)，格子 tI，点群 D_{4h}，空间群 $I4/mmm$(No. 139)，晶胞参数 $a = 325.23$ pm，$c = 494.61$ pm。白锡(Sn)，格子 tI，点群 D_{4h}，空间群 $I4_1/amd$(No. 141)，晶胞参数 $a = 583.18$ pm，$c = 318.19$ pm。

(6) 单斜晶系金属(图 6.30)：铋(Bi)，格子 $mC(Z=4)$，点群 C_{2h}，空间群 $C2/m$(No. 12)，晶胞参数 $a = 667.4$ pm，$b = 611.7$ pm，$c = 330.4$ pm，$\beta = 110.330°$。

图 6.29　四方晶系金属多晶胞堆积 b 方向俯视图

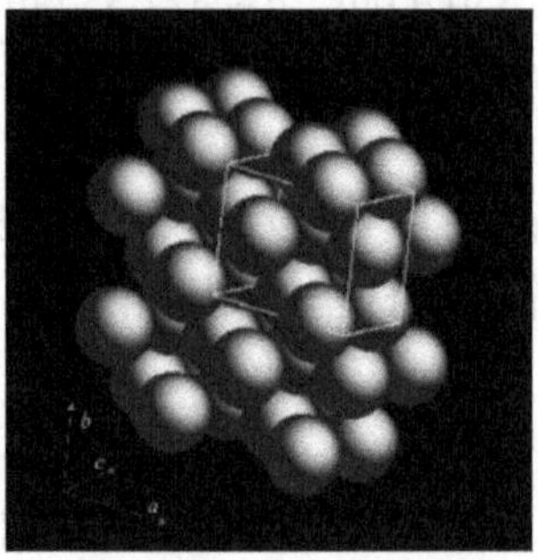

图 6.30　单斜晶系金属多晶胞堆积图

(7) 立方简单金属(图 6.31)：钋[Po，图 6.31(a)]、格子 cP，点群 O_h，空间群 $Pm\overline{3}m$ (No. 221)，晶胞参数 $a = 335.9$ pm；α-Mn[A_{12}，$Z = 58$，图 6.31(b)、(c)]；β-Mn [A_{13}，$Z = 20$，图 6.31(d)]，空间群 $P4_132$(No. 213，手性群)，晶胞参数 $a = 629.0$ pm；分数坐标：(x_1, x_1, x_1)(8c)，$(3/4 - x_1, 3/4 - x_1, 3/4 - x_1)$(8c)，$(1/2 + x_1, 1/2 + x_1, 1/2 + x_1)$ (8c)，$(1/4 - x_1, 3/4 + x_1, 1/4 + x_1)$ (8c)，$(-x_1, 1/2 + x_1, 1/2 - x_1)$ (8c)，$(1/4 + x_1, 1/4 - x_1, 3/4 + x_1)$ (8c)，$(1/2 - x_1, -x_1, 1/2 + x_1)$ (8c)，$(3/4 + x_1, 1/4 + x_1, 1/4 - x_1)$(8c)，$(1/8, x_2, 1/4 + x_2)$(12d)，$(3/8, -x_2, 3/4 + x_2)$ (12d)，$(7/8, 1/2 + x_2, 1/4 - x_2)$ (12d)，$(5/8, 1/2 - x_2, 3/4 - x_2)$ (12d)，$(1/4 + x_2, 1/8, x_2)$ (12d)，$(3/4 + x_2, 3/8, -x_2)$ (12d)，$(1/4 - x_2, 7/8, 1/2 + x_2)$ (12d)，$(3/4 - x_2, 5/8, 1/2 - x_2)$ (12d)，$(x_2, 1/4 + x_2, 1/8)$ (12d)，$(-x_2, 3/4 + x_2, 3/8)$ (12d)，$(1/2 + x_2, 1/4 - x_2, 7/8)$ (12d)，$(1/2 - x_2, 3/4 - x_2, 5/8)$ (12d)。

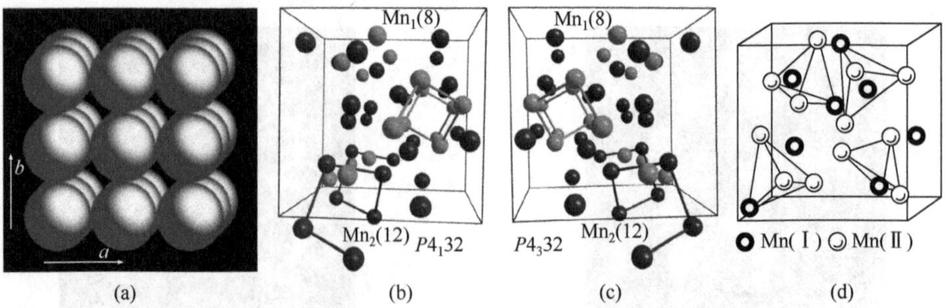

图 6.31　(a)立方简单金属 8 晶胞堆积图；(b)α-Mn 左旋堆积图；(c)α-Mn 右旋堆积图；(d)β-Mn 晶胞堆积图

(8) 三方简单金属(图 6.32)：汞(Hg)，格子 tR，点群 D_{3d}，空间群 $R\overline{3}m$ (No. 166)，晶

胞参数 $a = 300.5$ pm，$\alpha = 70.520°$。

(9) 正交晶系金属(图 6.33)：铀(U)，格子 *oC*，点群 C_{2v}，空间群 *Cmcm*(No. 63)，晶胞参数 $a = 285.37$ pm，$b = 586.95$ pm，$c = 495.48$ pm。

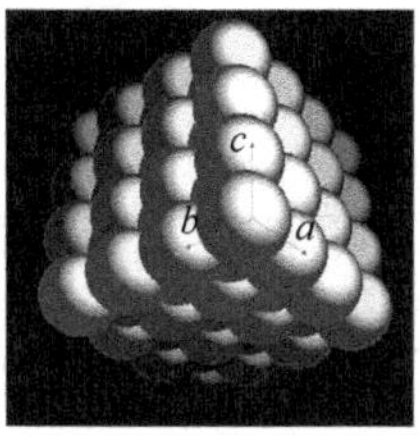

图 6.32　三方简单金属 8 晶胞 *a*+*b*+*c* 方向俯视图

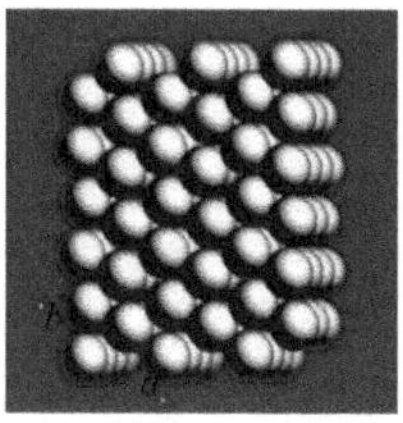

图 6.33　正交晶系金属多晶胞堆积 *c* 方向俯视图

6.5.4　合金结构(Structure of alloy)

合金中不同的金属采取某一种金属的堆积方式，分为固溶体(无序固溶体)和化合物(有序固溶体)，固溶体又分为置换固溶体和间隙固溶体。无序固溶体是由于不同金属间无限互溶的结果，又称为连续固溶体；有序固溶体是由于不同金属间有限互溶情况下的特殊晶格排列，又称为超格子相。例如，CuPt[图 6.34(c)]沿(111)面各层一次排列，当变为无序结构式，晶格由立方简单退化为三方晶系。

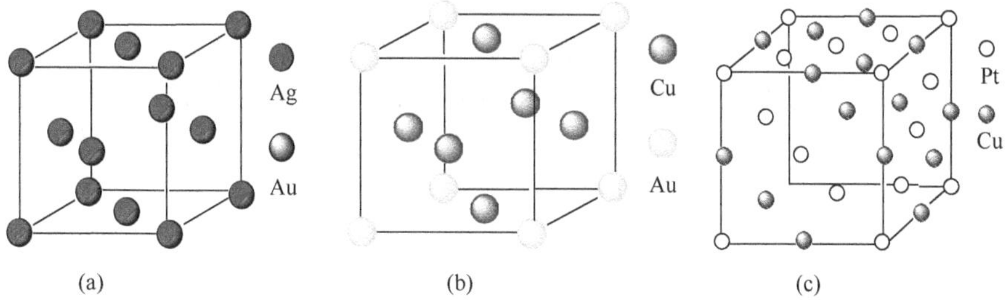

图 6.34　Ag-Au 固溶体、Cu_3Au 化合物和 CuPt 层状有序固溶体

置换固溶体中由于金属原子半径差别不大，不同金属间互溶性较好，在晶体中随机分布，互相置换而不能分辨出具体哪个原子在晶胞的哪个位置上，如 Ag-Au、Cu-Au、Pt-Au、Pd-Au、Co-Ni、Cu-Ni、Cu-Zn、Mn-Ni、Fe-Ti、Fe-Zr、Fe-V、Fe-Cr 等均能形成连续固溶体，即两种金属的比例可以任意变化。如图 6.34(a)中，1∶1 的 Ag-Au 固溶体中，原子半径几乎无差别，Ag 和 Au 原子随机分布于晶胞中，晶体仍然属于立方面心点阵。

在化合物中，不同金属原子的位置是固定的。例如，在 Cu_3Au 合金的晶胞中，Cu 原子占据立方格子的三个面心，而 Au 原子占据八个顶点，晶胞对应的点阵只能是立方简单，结构基元是 Cu_3Au[图 6.34(b)]。又如，1∶1 的 Cu-Zn 合金无序时为立方体心点阵型式，而当其有序化成为化合物(又称为有序固溶体)时，一个占体心，一个占顶点，属于立方简单点阵型式。而 1∶1 的 Cu-Pt 合金无序时属于 *ccp* 堆积，*cF* 点阵，有序化为化合物时，Cu-Pt 联合组成 *hcp* 堆积，但是，一层为 Cu、一层为 Pt，结构变为三方晶系。

间隙固溶体，顾名思义，是由小的非金属原子如 B、C、N、H 等原子填入大的金属原子的空隙中形成的，此时的非金属原子为原子状态，不是负离子，所以其半径较小。

而这种填充不是简单的占据空隙，一般都会使空隙变大，结构与母体金属不同。当非金属含量较小时，占据金属的空位是任意的、随机的，形成间隙固溶体。当非金属含量与金属含量固定化学比时，称为间隙金属化合物。它比母体金属的硬度大，且大部分熔点高(表 6.8)。

表 6.8　间隙金属化合物的结构和性质

间隙金属化合物	结构	熔点/℃	硬度	母金属	结构	熔点/℃
Fe_3C	*ortho*	1837	8	Fe	*bcc*	1537
TiB_2	*hcp*	2980	8			
TiC	*ccp*	3160	9	Ti	*bcc*	1668
TiN	*ccp*	2950	9			
ZrB_2	*hcp*	3040	8	Zr	*bcc*	1855
ZrN	*ccp*	3035	8			
TaN	*hcp*	3095	9	Ta	*bcc*	3017
TaC	*ccp*	3877	8			
Mo_2C	*hcp*	2425	8	Mo	*bcc*	2623
WC	*hexa*	2870	9	W	*bcc*	3422

人们最早认识的间隙金属化合物是钢铁，纯铁(α-Fe)碳含量小于 0.05%，有机化学中用作还原剂的还原铁粉即为α-Fe。碳含量为 4.3%的是粗铁即铸铁。当铁匠将粗铁进行煅烧、捶打、淬火等工艺进行加工后成为熟铁，其碳含量小于 0.5%。钢的碳含量一般为 1.5%。可见，非金属元素碳的加入会极大地改变金属的性能。钢在 906℃以上为奥氏体(Fe 原子 *ccp* 堆积，C 原子填入八面体空隙，不是全部占据)，不锈钢中加入 Mn、Ni 或 Cr 使得这种结构可以保持在室温下，稳定存在；而不加入其他金属的钢只有在从 906℃迅速淬火到 150℃，然后冷却到室温，得到的是马氏体，晶体结构为四方晶系，是 Fe 以变形 *bcc* 方式堆积(图 6.35)。

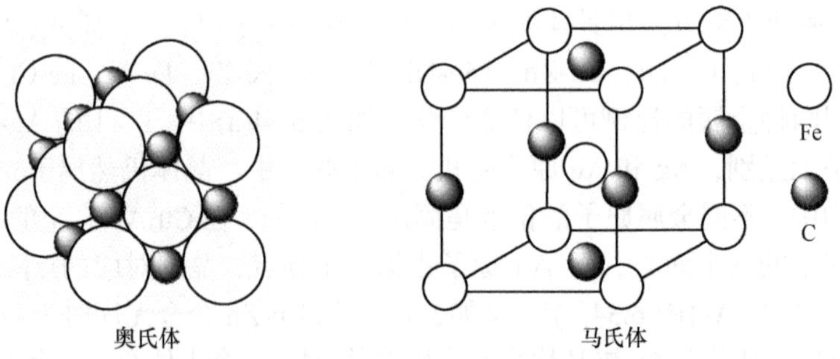

图 6.35　钢的奥氏体和马氏体结构示意图

钕铁硼永磁材料磁性强，性能稳定。它的化学式为 $Nd_2Fe_{14}B$，晶体为四方晶系，四方简单格子，空间群为 $P4_2/mnm$ (No. 136)，晶胞参数为 $a = 880$ pm，$c = 1220$ pm，$Z = 4$。

合金的储氢性能：认识到了金属中有空隙的存在和间隙金属化合物的结构，科学家研发了一系列的合金储氢材料，在这些材料中，氢气进入合金中，基本以原子状态分布在金属的空隙中，并使得金属膨胀。最好的储氢合金为 $LaNi_5$(图 6.36)，它具有 $CaCu_5$ 的结构，属于六方晶系，空间群 $P6/mmm$ (No. 191)，$a = 511$ pm，$c = 397$ pm。它在常温 5 atm(1 atm=1.01325×10^5 Pa)可以存储 6 个氢得到 $LaNi_5H_6$，储氢性能证明了等径圆球模型的正确性。中子衍射证明氢原子占据 Ni 的三角双锥空隙以及 La-Ni 的八面体空隙(实际情况是氢原子不一定都在多面体的正中心，H 原子的位移使得 $\underline{6}$ 消失)。属于三方晶系，空间群 $P31m$(No. 157)，$a = 533.6$ pm，$c = 425.9$ pm。主要与 Ni 的 d 轨道有强的轨道相互作用，d 轨道电子进入氢气的反键。晶胞参数比合金膨胀了约 17%，氢在合金中的密度为 0.095 g/cm^3，而在气态密度为 8.9×10^{-5} g/cm^3，10 MPa 下气态(钢瓶中)为 8.9×10^{-3} g/cm^3，在液态为 0.07 g/cm^3。可见，合金中，氢与合金形成了间隙固溶体，氢的密度是钢瓶中氢气密度的 10 倍，比液态氢(−242℃，1 MPa)的密度还要大。当降低压力时，氢又以氢气的方式缓慢放出，从而起到了储氢的作用。

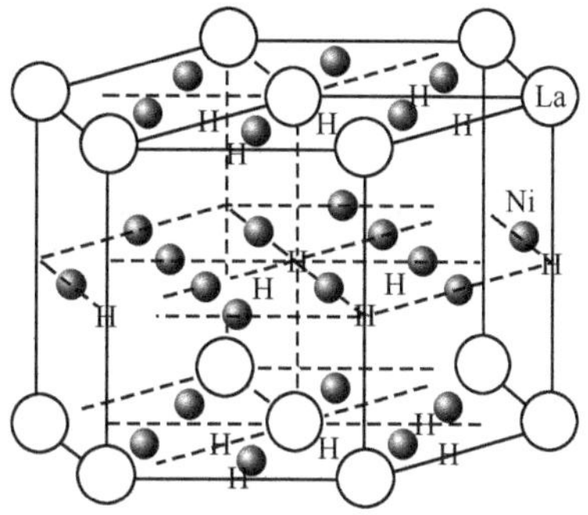

图 6.36　$LaNi_5$ 合金和 $LaNi_5H_6$ 的结构

6.5.5　自由电子模型(Free electron model)

将金属中的价电子认为是没有相互作用的自由电子在由原子实构成的平均势场中自由运动，且规定势能为 0。那么，此时金属中的电子就可以看作在三维无限深势阱中运动。其电子的波函数可以描述为

$$\psi_{n_x n_y n_z}(x,y,z)=\sqrt{\frac{8}{abc}}\sin\frac{n_x\pi x}{a}\sin\frac{n_y\pi y}{b}\sin\frac{n_z\pi z}{c}$$

能量则描述为

$$E_{n_x,n_y,n_z}=\frac{{n_x}^2h^2}{8m_ea^2}+\frac{{n_y}^2h^2}{8m_eb^2}+\frac{{n_z}^2h^2}{8m_ec^2},\quad n_x=1,2,3,\cdots,\quad n_y=1,2,3,\cdots,\quad n_z=1,2,3,\cdots$$

可以看出，三维势箱中的电子与一维势箱中电子的运动形态一致，只是多了能级简并的概念。对于 $n\to\infty$的情况，认为电子在方势箱中运动，此时，用一维势箱和三维势箱对模型中自由电子波函数和能级的表达是一致的：

$$\Psi(1,2,\cdots,i,\cdots,n)=\prod_1^n\psi_i=\left(\sqrt{\frac{2}{a}}\sin\frac{n\pi x}{a}\right)^n,\quad E_{\text{total}}=\sum_1^n\frac{3n^2h^2}{8m_ea^2}$$

可以计算出电子处在不同的能级。设一块正方体金属的长度为 l，由于在一块金属中电子数为无穷多，电子刚好填满的能级称为费米能级 E_F，考虑能级简并的状态，费米能级修正表达式改写为

$$E_F=\frac{n_F^2h^2}{2m_el^2}\tag{6.6}$$

现在的问题是：金属中电子的能级 n_F 是多少？

设单位体积中的电子数为 N。

三维势箱中电子的状态是简并的，一个轨道(波函数)中填两个电子，能级为 n_F 时，能级的总数可以近似为 n_F^3，总电子数为 $2n_F^3$。将 N 个电子看作半径为 a_0 的等径圆球密堆积，一个电子的单位体积为

$$V_0 = \frac{4}{3}\pi r^3 = \frac{4}{3}\pi a_0{}^3 = \frac{4}{3}\pi$$

那么体积为 $V = l^3$ 的金属中共有电子数为 Nl^3/V_0，得到关系式：$\dfrac{Nl^3}{\frac{4}{3}\pi} = 2n_F^3$，即

$$\left(\frac{n_F}{l}\right)^3 = \frac{3N}{8\pi}$$

所以

$$\left(\frac{n_F}{l}\right)^2 = \left(\frac{3N}{8\pi}\right)^{\frac{2}{3}} \tag{6.7}$$

代入式(6.6)，费米能级为

$$E_F = \frac{n_F^2 h^2}{2m_e l^2} = \frac{h^2}{2m_e}\left(\frac{3N}{8\pi}\right)^{\frac{2}{3}} = \frac{\hbar^2}{8m_e}(3\pi^2 N)^{\frac{2}{3}} \tag{6.8}$$

例如，对于金属钠，密度为 0.968 g/cm³，其电子密度 N 为

$$N = \frac{\rho}{M}N_A = \frac{0.968}{22.99}\times 6.022\times 10^{23} = 2.53558\times 10^{28}(\text{m}^{-3})$$

代入式(6.8)，得到 $E_F = 5.046\times 10^{-19}$ J。这是一个电子的费米能级能量。1 mol 电子的能量为 303.8578 kJ/mol。所以，电子的费米能级为 $E_F = 3.149$ eV。而实验值为 3.2 eV，两者吻合得很好。

6.5.6 能带理论(Energy band theory)

1. 物理模型

1928 年，费利克斯·布洛赫针对金属晶体，提出了具有周期性结构的金属中单个电子的波函数可以表示为

$$\psi_k(\boldsymbol{r}) = u_k(\boldsymbol{r})\exp(\mathrm{i}\boldsymbol{k}\cdot\boldsymbol{r}) \tag{6.9}$$

代表在周期性离子势场 $u_k(r) = u_k(r+T)$(T 为晶格平移矢量)中，“自由电子运动的波”，多个这种波可以叠加形成波包，代表了电子传播的振幅等。

当电子处在半导体中，形式类似于自由电子(宽度 a)需要对一个个周期性的有限势垒 U_0(宽度 b)进行量子隧穿，当 U_0 很大，b 很小时，电子波传播的简化形式近似表达为

$$(P/Ka)\sin Ka + \cos Ka = \cos k(a+b) \tag{6.10}$$

公式中能量允许的取值由 $Ka=(2mE/\hbar)^{1/2}a$ 给出；公式在 $P=3/2\pi$时的示意图为图 6.37，可以帮助理解能隙和禁带等概念。

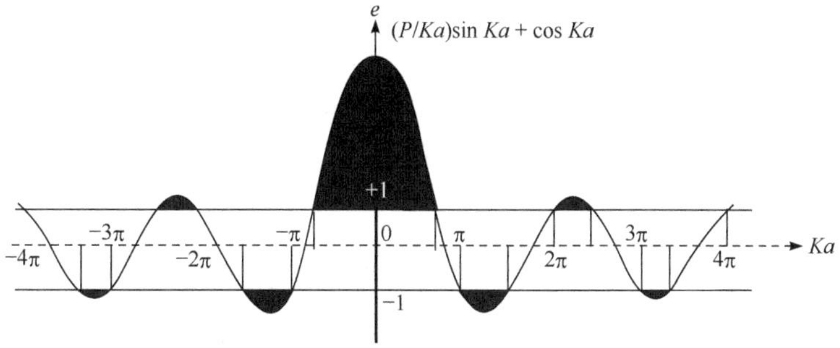

图 6.37　公式(6.10)在 $P=3/2\pi$时电子波传播的示意图

2. 分子轨道理论处理

金属的能带理论也可以简单地用分子轨道理论进行处理。简单描述如下：一般金属的价层 s 轨道 ψ_{ns} 是填充电子的轨道，p 轨道 ψ_{np} 为空轨道。一块金属中有多达约 10^{23} 个 s 电子，按照原子轨道线性组合出分子轨道的方法，两个金属原子结合就如同两个氢原子结合一样，按照能量相近原则，两个 s 轨道组成一个成键分子轨道 ψ_{ns} 和一个反键分子轨道 ψ_{ns^*}；对应地，两个空的 p 轨道也组成一个成键分子轨道 ψ_{np} 和一个反键分子轨道 ψ_{np^*}；依次类推，当 n 个金属原子结合为金属时，电子能级便会由众多的 s 轨道(ψ_{ns})与 s*(ψ_{ns^*})轨道组成一个填充电子的 S 能带(满带/价带 VB)以及相应的一个由众多 p 轨道(ψ_{nP})和 p*(ψ_{np^*})轨道组成的不填电子的 P 能带(空带/导带 CB)(图 6.38)。

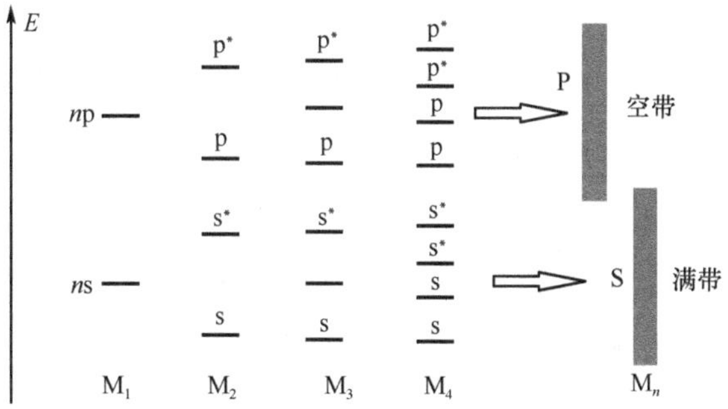

图 6.38　金属能带理论示意图

$$\psi_{ns}=\sum_{i=1}^{\infty}c_i\psi_{si},\quad \psi_{np}=\sum_{i=1}^{\infty}c_i\psi_{pi},\quad E_{ns}=c_i^2E_{ns},\quad E_{np}=c_i^2E_{np} \tag{6.11}$$

由图可见，对于金属，满带与空带重叠，所以电子在金属中自由流动。同样地，可以用能带理论处理半导体，得到的满带(价带)与空带(导带)的能级差称为禁带宽度(band gap，E_g)，禁带宽度决定半导体的性能，一般地，$E_g=0.1\sim5$ eV。禁带宽度大于 5 eV 后，半导体变为绝缘体。

6.6 离 子 晶 体
(Ionic crystal)

离子晶体是日常生活中常见的晶体，其晶格能的主要构成是离子键。NaCl、KCl、Na_2CO_3、NH_4NO_3、$CaCO_3$、$BaSO_4$、KH_2PO_4、CaO、MgO、TiO_2等都是十分重要的离子晶体。

6.6.1 不等径圆球堆积与离子半径(Packing of unequal spheres and ionic radius)

可以借鉴等径圆球处理金属晶体的方法，将离子晶体看作不等径圆球的堆积。首先将阴离子看作大的等径圆球，它们按一定的规律堆积，然后阳离子作为小球填入大球的空隙中，根据小球与大球的比例不同而占据不同的空隙。

设阴离子半径为r_-，阳离子半径为r_+，由图 6.39 可知，阳离子的配位数CN_+为 3、4、6 和 8 时对应为正三角形、正四面体、正八面体和立方体，假设阴阳离子互相接触，由几何关系可知：

$$CN_+ = 3，\ r_+ + r_- = \frac{2}{3}h = \frac{2}{3}\times 2r_-\sin 60° = \frac{2\sqrt{3}}{3}r_-，\ r_+/r_- = 0.155$$

$$CN_+ = 4，\ r_+ + r_- = \frac{\sqrt{3}}{2}a = \frac{\sqrt{3}}{2}\times\frac{2r_-}{\sqrt{2}} = \sqrt{\frac{3}{2}}r_-，\ r_+/r_- = 0.225$$

$$CN_+ = 6，\ r_+ + r_- = \frac{\sqrt{2}}{2}a = \frac{\sqrt{2}}{2}\times 2r_- = \sqrt{2}r，\ r_+/r_- = 0.414$$

$$CN^+ = 8，\ r_+ + r_- = \frac{\sqrt{3}}{2}a = \frac{\sqrt{3}}{2}\times 2r_- = \sqrt{3}r_-，\ r_+/r_- = 0.732$$

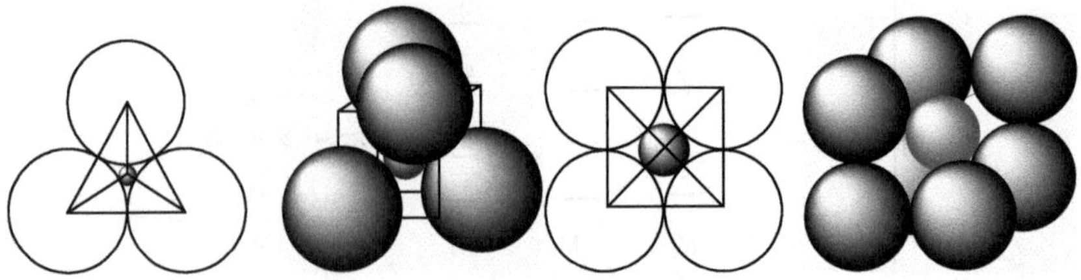

图 6.39　大小球正好接触示意图

实际上，阴离子间互相排斥，阴离子与阳离子间互相吸引，所以在离子晶体中，一定是阳离子的半径要大于它们间互相接触的半径。所以有

当$0 < r_+/r_- < 0.155$时，$CN_+ = 2$；当$0.155 < r_+/r_- < 0.225$时，$CN_+ = 3$；

当$0.225 < r_+/r_- < 0.414$时，$CN_+ = 4$；当$0.414 < r_+/r_- < 0.732$时，$CN_+ = 6$；

当$0.732 < r_+/r_- < 1$时，$CN_+ = 8$；当$r_+/r_- = 1$时，$CN_+ = 12$。

离子半径是离子在晶体中正负离子接触的最短距离之和。在不同晶体中，离子的配位数不同导致离子半径的大小有所不同。

常用离子半径数据有鲍林离子半径(表 6.9)和香农(Shannon)有效离子半径。

鲍林离子半径的计算是根据实验数据和半经验公式推导得到：NaF 的实验键长数据为 231 pm。鲍林认为离子半径与外层电子的电荷密度成正比，与有效核电荷成反比：

$$r = \frac{c_n}{Z-\sigma}$$

式中，c_n 为主量子数是 n 的具有相同外层电子的离子或原子的电子密度参数；Z 为核电荷数；σ为斯莱特屏蔽常数。鲍林给出 Ne 型离子的$\sigma = 4.52$，得

$$r_{Na^+} = \frac{c_n}{11-4.52}\ ,\quad r_{F^-} = \frac{c_n}{9-4.52}$$

所以

$$r_{Na^+} + r_{F^-} = \frac{c_n}{11-4.52} + \frac{c_n}{9-4.52} = 231\ \text{pm}$$

得到 $c_n = 615$，$r_{Na^+} = 95\ \text{pm}$，$r_{F^-} = 136\ \text{pm}$。

有效离子半径考虑到配位数对离子半径的影响，规定六配位的氧 O^{2-}半径为 140 pm，F^-半径为 133 pm，总结晶体实验数据得出，列于表 6.10 中。

6.6.2 典型离子晶体的结构(Structures of typical ionic crystals)

1. CsCl(cesium chloride)晶体

CsCl 晶体属于立方晶系，负离子堆积方式为立方堆积，阳离子占据负离子的立方体空隙(图 6.40)。点阵型式为立方简单格子(cP)。离子在晶胞中的分数坐标为：Cl^- (0,0,0)，Cs^+ (1/2,1/2, 1/2)。空间群 $Pm\bar{3}m$ (No. 221)，晶胞参数，$a = 412.3$ pm，$Z = 1$。密度 3.99 g/cm^3，熔点 646℃。具有 CsCl 型晶体的还有 CsBr 等。

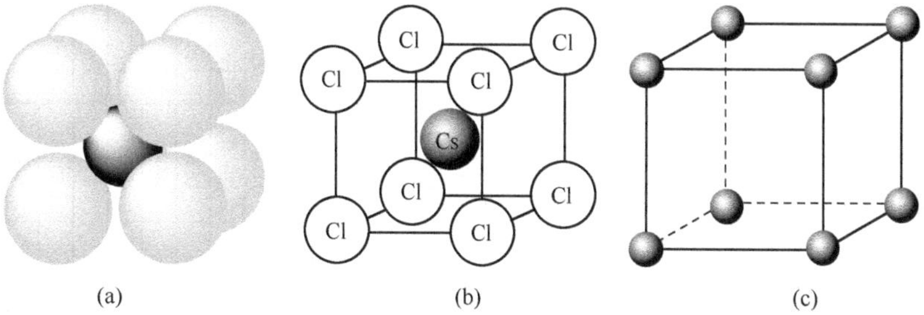

图 6.40 CsCl 晶体的堆积、晶胞和点阵格子示意图

2. NaCl(sodium chloride)晶体

NaCl 晶体属于立方晶系，负离子堆积方式为立方密堆积(A_1)，阳离子占据负离子的八面体空隙(图 6.41)。点阵型式为立方面心格子(cF)。离子在晶胞中的分数坐标为：Cl^- (0,0,0), (1/2,1/2,0), (1/2,0,1/2), (0,1/2,1/2)，Na^+ (1/2,1/2,1/2), (1/2,0,0), (0,1/2,0),(0,0,1/2)。空间群 $Fm\bar{3}m$ (No. 225)，晶胞参数，a = 564.02 pm，Z = 4。密度 2.17 g/cm^3，熔点 804℃。具有 NaCl 型晶体的还有 AgF、AgCl、AgBr、KCl、KBr、CaS、CaO、MgO 等。

表 6.9 鲍林离子半径(pm)

离子	离子半径	离子	离子半径	离子	离子半径	离子	离子半径	离子	离子半径	离子	离子半径	离子	离子半径	离子	离子半径	离子	离子半径	离子	离子半径
Ag^{+}	126	Ca^{2+}	99	Cu^{+}	96	Ge^{4+}	53	Mg^{2+}	65	Nb^{5+}	70	S^{4+}	29	Ti^{3+}	78	Y^{3+}	93	Cl^{-}	181
Au^{+}	137	Cd^{2+}	97	Cu^{2+}	70	Hf^{4+}	81	Mn^{2+}	80	Ni^{2+}	72	Sb^{5+}	62	Ti^{4+}	68	Zn^{2+}	74	Br^{-}	195
Al^{3+}	50	Ce^{3+}	111	Eu^{2+}	112	Hg^{2+}	110	Mn^{3+}	66	Ni^{3+}	62	Sc^{3+}	81	Tl^{+}	140	Zr^{4+}	80	I^{-}	216
As^{5+}	47	Ce^{4+}	101	Eu^{3+}	103	In^{+}	216	Mn^{4+}	54	P^{5+}	34	Se^{4+}	42	Tl^{3+}	95	As^{3-}	222	O^{2-}	140
B^{3+}	20	Co^{2+}	74	Fe^{2+}	76	In^{3+}	81	Mn^{7+}	46	Pb^{2+}	120	Si^{4+}	41	U^{4+}	97	C^{4-}	260	S^{2-}	184
Ba^{2+}	135	Co^{3+}	63	Fe^{3+}	64	K^{+}	133	Mo^{6+}	62	Pb^{4+}	84	Sr^{2+}	113	V^{2+}	88	H^{-}	140	P^{3-}	212
Be^{2+}	31	Cr^{2+}	84	Ga^{+}	113	La^{3+}	115	N^{5+}	11	Pd^{2+}	86	Sn^{2+}	112	V^{3+}	74	N^{3-}	171	Sb^{2-}	245
Bi^{5+}	74	Cr^{6+}	52	Ga^{3+}	62	Li^{+}	60	Na^{+}	95	Ra^{2+}	140	Sn^{4+}	71	V^{4+}	60	Te^{2-}	221	Se^{2-}	198
C^{4+}	15	Cs^{+}	169	Ge^{2+}	93	Lu^{3+}	93	NH_4^{+}	148	Rb^{+}	148	Ti^{2+}	90	V^{5+}	59	F^{-}	136		

表 6.10 有效离子半径(pm)

离子	有效离子半径	离子	有效离子半径	离子	有效离子半径	离子	有效离子半径	离子	有效离子半径	离子	有效离子半径	离子	有效离子半径	离子	有效离子半径	离子	有效离子半径
Ag^{+}	67(2)	Ba^{2+}	135(6)	Co^{2+}	74.5(4H)	Dy^{2+}	114(7)	Eu^{3+}	94.7(6)	Hg^{+}	97(3)	K^{+}	138(4)	La^{3+}	103.2(6)	F^{-}	128.5(2)
Ag^{+}	100(4)	Ba^{2+}	142(8)	Co^{3+}	54.5(6L)	Dy^{2+}	119(8)	Eu^{3+}	101(7)	Hg^{+}	119(6)	K^{+}	138(6)	La^{3+}	136(12)	F^{-}	130(3)
Ag^{+}	102(s)	Ba^{2+}	147(6)	Co^{3+}	61(6H)	Dy^{3+}	91.26)	Eu^{3+}	106.6(8)	Hg^{2+}	69(2)	K^{+}	151(8)	Li^{+}	59(4)	F^{-}	131(4)
Ag^{+}	115(6)	Be^{2+}	27(4)	Cr^{2+}	61.5(6L)	Dy^{3+}	97(7)	Eu^{3+}	112(9)	Hg^{2+}	96(4)	K^{+}	164(12)	Li^{+}	76(6)	F^{-}	133(6)
Al^{3+}	39(4)	Be^{2+}	45(6)	Cr^{2+}	80(6H)	Dy^{3+}	102.7(8)	Fe^{2+}	63(4H)	Hg^{2+}	102(6)	Mg^{2+}	57(4)	Lu^{3+}	86.1(6)	Cl^{-}	181(6)
Al^{3+}	53.5(6)	C^{4+}	15(4)	Cr^{3+}	61.5(6)	Dy^{3+}	108.3(9)	Fe^{2+}	64(s)	Hg^{2+}	114(8)	Mg^{2+}	72(6)	P^{3+}	44(6)	Br^{-}	196(6)
As^{3+}	58(6)	C^{4+}	16(6)	Cr^{6+}	26(4)	Er^{3+}	99(6)	Fe^{2+}	61(6L)	Ho^{3+}	90.1(6)	Mn^{2+}	67(6L)	P^{5+}	17(4)	I^{-}	220(6)
As^{5+}	33.5(4)	Ca^{2+}	100(6)	Cs^{+}	167(6)	Er^{3+}	94.5(7)	Fe^{2+}	78(6H)	Ho^{3+}	101.5(8)	Mn^{2+}	83(6H)	Rb^{+}	152(6)	O^{2-}	136(3)
As^{5+}	46(6)	Ca^{2+}	118(9)	Cu^{+}	46(2)	Er^{3+}	100.4(8)	Fe^{3+}	49(4H)	Ho^{3+}	112(10)	Mn^{7+}	25(4)	S^{6+}	12(4)	O^{2-}	138(4)
Au^{3+}	68(s)	Cd^{2+}	78(4)	Cu^{+}	60(4)	Er^{3+}	106.2(9)	Fe^{3+}	55(6L)	In^{3+}	62(4)	Na^{+}	102(6)	Si^{4+}	26(4)	O^{2-}	140(6)
Au^{3+}	85(6)	Cd^{2+}	95(6)	Cu^{+}	77(6)	Eu^{2+}	117(6)	Fe^{3+}	64.5(6H)	In^{3+}	80(6)	Ni^{2+}	69(6)	Si^{4+}	40(6)	O^{2-}	142(8)
B^{3+}	1(3)	Ce^{3+}	101(6)	Cu^{2+}	57(4)	Eu^{2+}	120(7)	Gd^{3+}	93.8(6)	In^{3+}	92(8)	Ni^{3+}	69(6)	Ti^{4+}	42(4)	S^{2-}	184(6)
B^{3+}	11(4)	Ce^{4+}	87(6)	Cu^{2+}	65(5)	Eu^{2+}	125(8)	Gd^{3+}	100(7)	Ir^{3+}	68(6)	Ni^{3+}	56(6L)	V^{5+}	54(6)		
B^{3+}	27(6)	Co^{2+}	58(4H)	Cu^{2+}	73(6)	Eu^{2+}	130(9)	Gd^{3+}	105.3(8)	Ir^{4+}	62.5(6)	Ni^{3+}	60(6H)	Zn^{2+}	60(4)		
		Co^{2+}	65(6L)	Dy^{2+}	107(6)	Eu^{2+}	135(10)	Gd^{3+}	110.7(9)	Ir^{5+}	57(6)						

注：括号内为配位数；(s)表示四配位平面正方形；H 表示高自旋，L 表示低自旋。

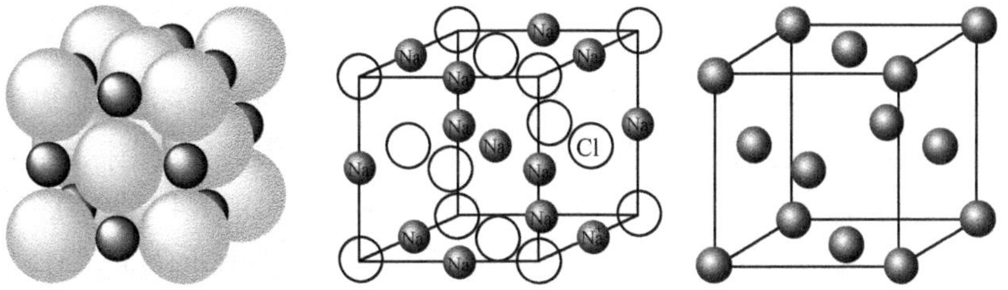

(a)　(b)　(c)

图 6.41　NaCl 晶体的堆积、晶胞和点阵格子示意图

3. 立方 ZnS 晶体(闪锌矿，zinc blende)

立方 ZnS 晶体中，负离子堆积方式为立方密堆积(A_1)，阳离子占据负离子的四面体空隙(图 6.42)。点阵型式为立方面心格子(cF)。离子在晶胞中的分数坐标为：S^{2-} (0,0,0), (1/2,1/2,0), (1/2,0,1/2), (0,1/2,1/2)，Zn^{2+} (3/4,1/4,1/4), (1/4,3/4,1/4), (1/4,1/4,3/4), (3/4,3/4,3/4)。空间群 $F\bar{4}3m$ (No. 216)，晶胞参数，$a = 541$ pm，$Z = 4$。密度 4.102 g/cm^3。具有立方 ZnS 型的晶体还有 AgI、CdS 等。

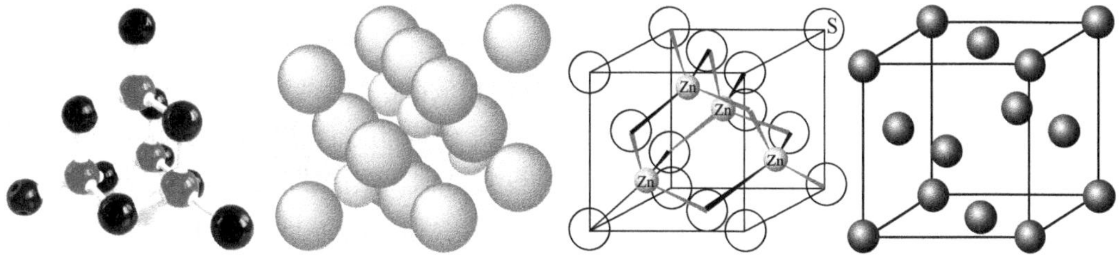

(a)　(b)　(c)

图 6.42　立方 ZnS 晶体的堆积、晶胞和点阵格子示意图

4. 六方 ZnS 晶体(纤锌矿，wurtzite)

六方 ZnS 晶体中，负离子堆积方式为六方密堆积(A_3)，阳离子占据负离子的四面体空隙(图 6.43)。点阵型式为六方格子(hP)。离子在晶胞中的分数坐标为：S^{2-} (0,0,0), (2/3,1/3,1/2)，Zn^{2+} (0,0,5/8), (2/3,1/3,1/8)。空间群 $P6_3mc$ (No. 186)，晶胞参数，$a = b = 382$ pm，$c = 626$ pm，$\gamma = 120°$，$Z = 2$。密度 4.102 g/cm^3，1020℃时发生相变。具有六方 ZnS 型的晶体还有 CdS、CdSe 等。

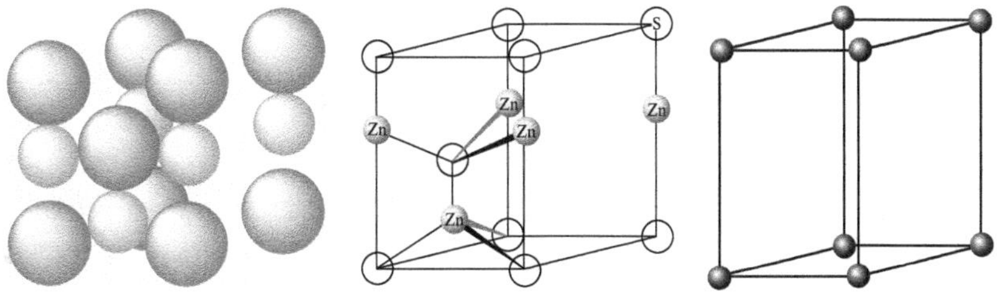

(a)　(b)　(c)

图 6.43　六方 ZnS 晶体的堆积、晶胞和点阵格子示意图

5. CaF_2 晶体(萤石，fluorite)

CaF_2 晶体属于立方晶系，负离子堆积方式为立方堆积，阳离子占据负离子的立方体空隙(图 6.44)。点阵型式为立方面心格子(cF)。离子在晶胞中的分数坐标为：Ca^+ (0,0,0), (1/2,1/2,0), (1/2,0,1/2), (0,1/2,1/2)；F^- (3/4,1/4,1/4), (1/4,3/4,1/4), (1/4,1/4,3/4), (3/4,3/4,3/4), (1/4,1/4,1/4), (1/4,3/4,3/4), (3/4,1/4,3/4), (3/4,3/4,1/4)。空间群 $Fm\bar{3}m$ (No. 225)，晶胞参数，$a = 546.26$ pm，$Z = 4$。密度 3.18 g/cm^3。具有 CaF_2 型晶体的还有 K_2O、$SrCl_2$ 等。

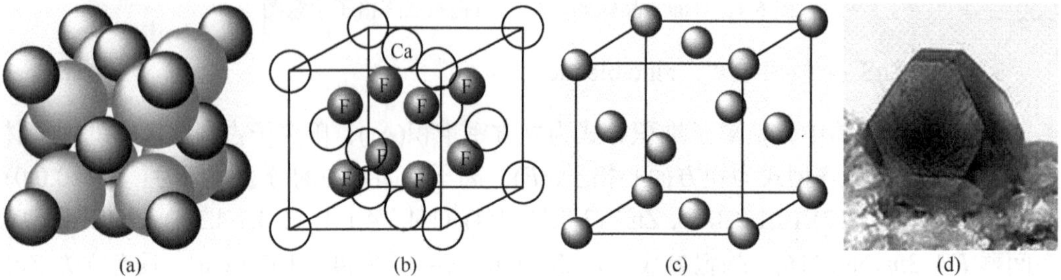

图 6.44　CaF_2 晶体的堆积、晶胞、点阵格子和天然晶体

6. TiO_2 晶体(金红石，rutile)

二氧化钛有金红石结构、锐钛矿(anatase)结构和板钛矿(brookite)结构(尽管将 TiO_2 归入了离子晶体，但 Ti—O 间的共价成分为主)。金红石晶体属于四方晶系，负离子采取变形的假六方密堆积方式，阳离子占据阴离子的变形八面体空隙(图 6.45)。离子在晶胞中的分数坐标为：Ti^{4+} (0,0,0), (1/2±δ,1/2±δ,1/2±δ)，O^{2-} (u,u,0), (1−u,1−u,0), (1/2+u,1/2−u,1/2), (1/2−u,1/2+u,1/2)，u 约为 0.31。点阵型式为四方简单格子。空间群 $P4_2/mnm$ (No. 136)；晶胞参数 $a = 459.3\ 6$ pm，$c = 295.87$ pm；$Z = 2$。硬度 6，密度 4.13 g/cm^3。锐钛矿四方晶系 $a = 378.4$ pm，$c = 951.5$ pm，$Z = 4$，密度 3.79 g/cm^3，915℃转化为金红石。板钛矿单斜晶系 $a = 918.4$ pm，$b = 544.7$ pm，$c = 514.5$ nm，$Z = 8$，密度 3.99 g/cm^3。

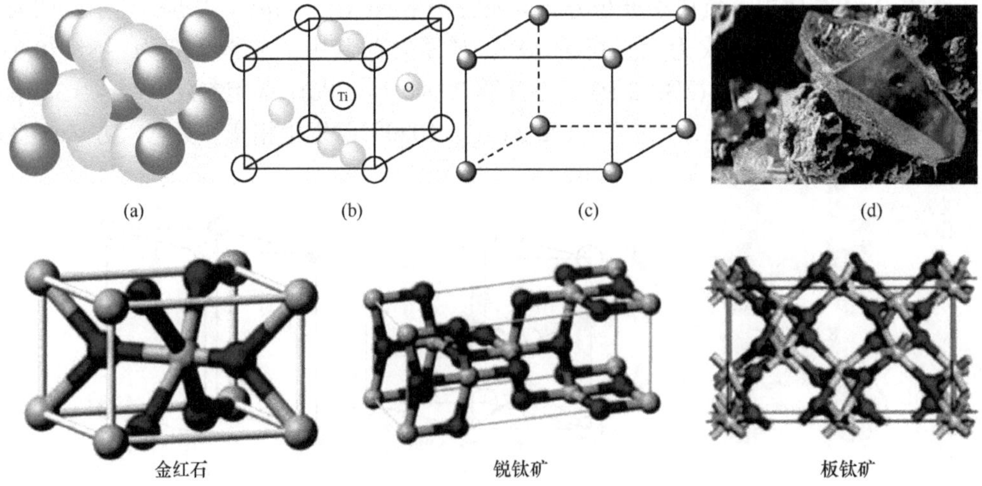

图 6.45　TiO_2 晶体的堆积、晶胞、点阵格子和天然晶体

7. 钙钛矿(perovskite)晶体

钙钛矿是一系列 ABO_3 复合氧化物的总称，是典型的离子晶体，由于首先发现有 $CaTiO_3$ 结构而得名，立方晶系，简单格子(cP)，Ti 处于氧的八面体空隙中，钙与氧联合组成 ccp 堆积(图 6.46)，因此钙的配位数为 12(钙与氧之间为离子键，Ti 与氧之间共价键为主)。空间群 $Pm\bar{3}m$ (No. 221)，晶胞参数，$a=385$ pm，$Z=1$，典型的赝立方(pseudocubic)，真四方晶体。离子在晶胞中的分数坐标为：Ca^{2+}(0,0,0)，Ti^{4+} (1/2,1/2,1/2)，O^{2-} (1/2,1/2,0),(1/2, 0,1/2),(0, 1/2, 1/2)。

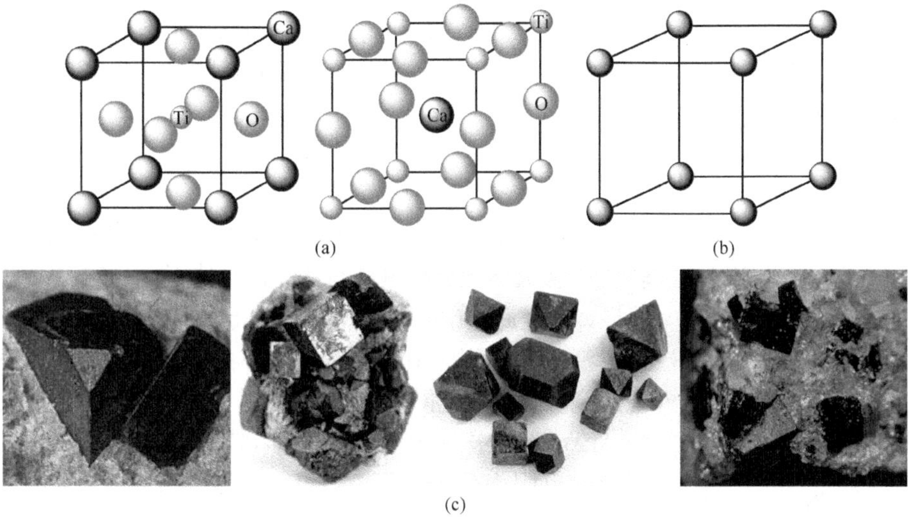

图 6.46 钙钛矿晶体的晶胞、点阵格子和天然晶体

在 600℃以下，变为正交晶系。空间群 $Pcmm$，$a=537$ pm，$b=764$ pm，$c=544$ pm，$Z=4$。离子在晶胞中的分数坐标为：Ca^{2+}(0,0,0)，Ti^{4+} (1/2,1/2, 1/2−δ)，O^{2-}(1/2, 1/2, δ), (1/2, 0,1/2+δ), (0, 1/2,1/2+δ)。

钙钛矿型复合氧化物 ABO_3，A 可以是稀土或碱土金属离子(Mg、Ca、Ba、Sr、Pb、Ln)，B 为过渡金属离子(Ti、Sn、Zr、Th、Mo、Fe、U)，A 位和 B 位皆可被半径相近的其他金属离子部分取代而保持其晶体结构基本不变，硬度 5.5～6，密度 3.97～4.04 g/cm^3，折射率 $N=2.34$～2.38。由于这类化合物具有稳定的晶体结构、独特的电磁性能以及很高的氧化还原、氢解、异构化、电催化等活性，作为一种新型功能材料，尤其经掺杂后形成的晶体缺陷结构和性能，被应用在固体燃料电池、固体电解质、传感器、高温加热材料、固体电阻器及替代贵金属的氧化还原催化剂等诸多领域，是化学、物理和材料等领域的研究热点之一。主要 ABX_3 型钙钛矿性化合物有：ABX_3(A＝Na、K、Rb；B＝Mg、Zn、Ca、Cd、Co、Ni、Mn；X＝F、Cl、Br、I)。

没有对称心的类钙钛矿材料，在受到外加压力时，产生偶极矩，表现出电性，此为材料的压电属性。在没有外加压力下，随着温度的改变，产生偶极矩，表现出电性的材料称为热电材料。电气石(tourmaline)是电气石族矿物的总称，是以含硼为特征的铝、钠、铁、镁、锂的环状结构硅酸盐矿物；其具有非常优异的热电和压电性能并被用于红外光谱探测和热像等仪器。化学成分较复杂，$XY_3Z_6Si_6O_{18}(BO_3)_3W_4$，式中 X = Na、Ca、K，Y = Mg、Fe、Mn、Al、Fe、Mn、Li，Z = Al、Fe、Cr、Mg，W = OH^-、F^-、O_2^-，其中 X、Y、Z 三位置的原子或离子种类不同会影响电气石的物理性质。晶体的空间群为 *R*3*m*。电气石的主要矿种有铁电气石[schorl，$NaFe_3Al_6(BO_3)_3(Si_6O_{18})(OH)_4$]、镁电气石[dravite，$NaMg_3Al_6(BO_3)_3(Si_6O_{18})(OH)_4$]和锂电气石[elbaite，$Na(Li_{1.5}Al_{1.5})Al_6(BO_3)_3(Si_6O_{18})(OH)_3OH$]等。1500 年，在巴西首次记载绿色电气石，1704 年荷兰矿物学家首次命名为 tourmaline，1880 年首次发现了电气石的压电性效应。1989 年，首次发现了电气石存在自发电极、电气石微粒周围存在静电场现象，就此对电气石微粉的电场效应展开了一系列应用研究，由此兴起了电气石在环境、人体保健领域的研究新热潮。另外，$BaTiO_3$ 是典型的铁电体，居里温度 T_C = 393 K，在低于这个温度下，加电场后产生电滞回线的铁电属性。

8. 高温超导体 $YBa_2Cu_3O_{7-x}$

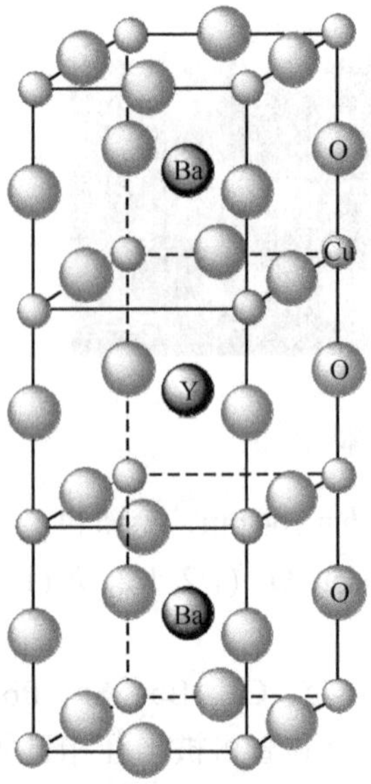

图 6.47　$YBa_2Cu_3O_{7-x}$ 结构

1986 年，柏诺兹(G. Bednorz)和米勒(K. Müller)发现了相转变温度 T_C = 35 K 超导的镧钡铜氧体系。1987 年初美国吴茂昆、朱经武等(Physical Review Letters, 1987, 58：908-910)报道了 93 K 钇钡铜氧(YBCO)超导体的发现；而中国科学院物理研究所赵忠贤也在同期独立报道了此现象(科学通报,1987, 6：412)，第一次实现了液氮温度(77 K)壁垒的突破。柏诺兹和米勒也因为他们的开创性工作而荣获 1987 年诺贝尔物理学奖。

后期又有 $Bi_2Sr_2Ca_2Cu_3O_{10-x}$(BSCCO)，T_C = 110 K；以及 $Hg_{12}Tl_3Ba_{30}Ca_{30}Cu_{45}O_{127}$，$T_C$ = 138 K。其结构都是钙钛矿型结构，Cu-O 层的结构至关重要，而且 Cu-O 层中必须有氧的缺位(图 6.47)。对于 $YBa_2Cu_3O_{7-x}$ 晶体，超导的最优条件是 x = 0.07，否则没有超导性。$YBa_2Cu_3O_{7-x}$ 晶体，空间群 *Pm*2*m* (No. 25)，晶胞参数：a = 382.7 pm，b = 389.1 pm，c = 1169.9 pm。目前关于超导的理论研究严重滞后，不能解释实验现象，更不能指导实验，导致目前的高温超导的实验进程缓慢。近十年铁基超导材料研究火热。

6.7　共 价 晶 体
(Covalent crystal)

6.7.1　金刚石晶体结构(Crystal structure of diamond)

金刚石晶体属于立方晶系(矿物学中称为等轴晶系，图 6.48)，碳原子全部以共价键型式结合，其结构型式与立方 ZnS 相同。点阵型式为立方面心格子(*cF*)。原子在晶胞中的分数坐标为：C (0,0,0), (1/2,1/2,0), (1/2,0,1/2), (0,1/2,1/2)；C (3/4,1/4,1/4), (1/4,3/4,1/4), (1/4,1/4,3/4), (3/4,3/4,3/4)。空间群 $Fd\bar{3}m$(No. 227)，晶胞参数，$a = 356.68$ pm，$Z = 8$。密度 3.52 g/cm^3，色散指数 0.044，硬度 10。传热性能良好，超过铜的传热，热导率一般为 136.16 W/(m・K)，绝缘体不导电，p 型，禁带 5.5 eV。2000℃以上转化为石墨。具有金刚石结构的有 Si、α-Sn(灰锡)、c-BN 等晶体。天然的立方 BN 于 2009 年由中国、美国和德国的科学家在青藏高原南部山区地下 306 km 处被发现。2013 年 8 月被国际矿物学协会命名为 Qingsongite 以纪念中国科学家方青松。空间群 $F\bar{4}3m$(No. 216)，晶胞参数，$a = 361$ pm，$Z = 4$。

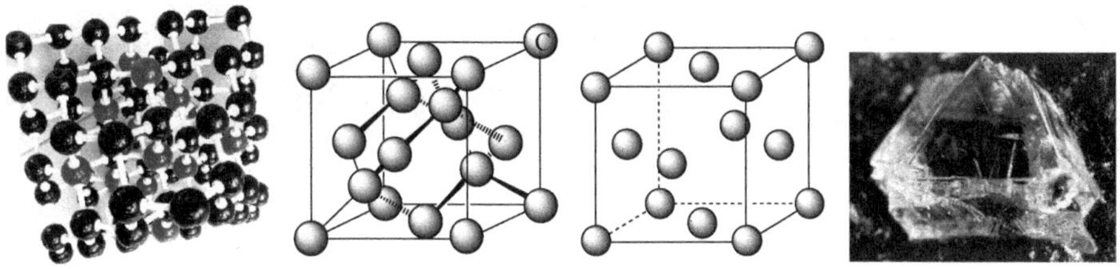

(a)　(b)　(c)　(d)

图 6.48　钻石晶体的堆积(a)、晶胞(b)、点阵格子(c)和天然晶体(d)

1971 年，内蒙古发现一颗传世夜明珠，经鉴定为陨石六方金刚石(lonsdaleite, hexagonal diamond)，属于六方晶系，空间群 $P6_3/mc$ (No. 194)，晶胞参数 $a = 2.52$ pm，$c = 412$ pm，$Z = 4$，分数坐标：(0,0,0)，(0,0,3/8)，(2/3,1/3,1/2)，(1/3,2/3,7/8)。晶体的 X 射线粉末衍射数据 d(Å)(hkl,%)：2.19 (100,32), 2.06 (002,16)*, 1.92 (101,16), 1.50 (102,7), 1.26 (110,13), 1.17 (103,13), 1.075 (112,8)*, 1.055 (201,2), 0.855 (203,12), 0.826 (210,6)*(*表示与金刚石的衍射峰重合)。

6.7.2　立方氮化硼(Crystal structure of cubic boron nitride)

立方氮化硼(cubic boron nitride，c-BN)一般是由六方氮化硼和触媒在高温高压下合成，具有很高的硬度、良好的热稳定性和化学惰性，以及良好的透红外性和较宽的禁带宽度(6.4 eV)等优异性能，它的硬度仅次于金刚石，但热稳定性远高于金刚石，对铁系金属元素有较大的化学稳定性，其磨具的磨削性能十分优异。立方硫化锌型，空间群为 $F\bar{4}3m$，晶胞参数 $a = 361.60$ pm，密度 3.48 g/cm^3，熔点 3500℃(10.5 MPa)。

6.7.3　氧化锆晶体结构(Crystal structure of zirconium oxide)

立方氧化锆 ZrO_2(cubic ziconia，CZ 钻，含 10%氧化钇或氧化钙)是最重要的人造宝石之一(图 6.49)，由苏联科学家发明，1973 年技术披露。它的密度为 5.6～6.0 g/cm^3，熔点 2750℃。硬度 8.5，折射指数为 2.15～2.18，表面有金刚石光泽。色散指数达 0.058～0.066，超过钻石。立方氧化锆具有萤石结构，立方晶系，简单格子(cP)，空间群 $P\bar{4}3m$ (No. 215)，晶胞参数，$a = 517$ pm，$Z = 4$。

而天然的锆石为硅酸锆($ZrSiO_4$)，天然的氧化锆大部分为单斜晶系，主要以矿物斜锆石(baddeleyite)存在。

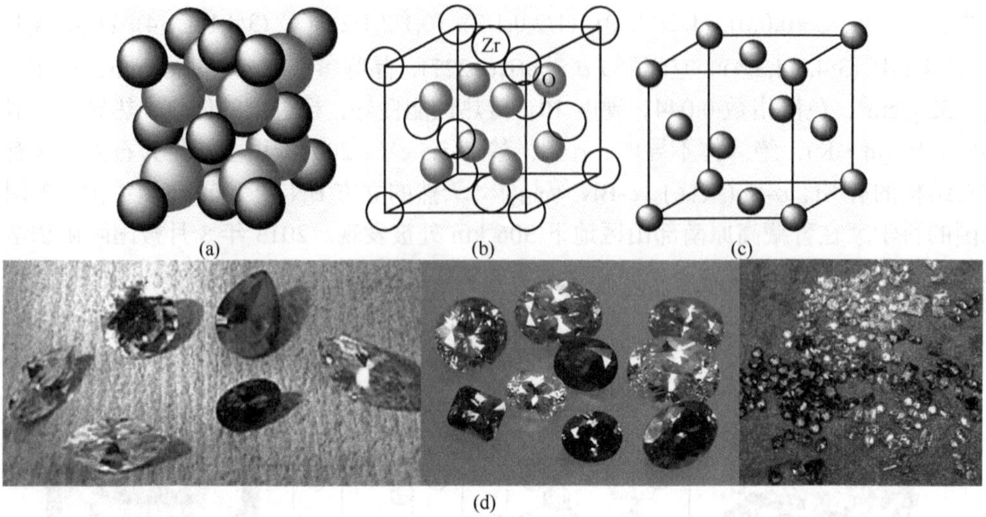

图 6.49　人造立方 ZrO_2 晶体的堆积(a)、晶胞(b)、点阵格子(c)和晶体(d)

6.7.4　硫化锌晶体结构(Crystal structure of zinc sulfide)

ZnS 晶体结构已经在离子晶体中描述，从堆积图可以看出，立方 ZnS 与金刚石结构类似，经过计算，实际上 ZnS 晶体中离子键的成分约 45%，而共价成分占 55%。所以，可以将 ZnS 看作共价晶体。ZnS 难溶于水，与 CdS、CdSe 等类似，是半导体。

6.7.5　石英晶体结构(Crystal structure of quartz)

自然界常见的石英(水晶，quartz)晶体称为α-石英，是三方晶系，D_3 群，典型的共价晶体。它没有对称心和对称面，是手性晶体，有左旋和右旋两种，右旋石英的比旋光度数据见表 6.11。空间群 $P3_121$(No. 152)，晶胞参数 $a = 491.33$ pm，$c = 540.53$ pm，$Z = 3$。或 $P3_221$(No.154)，Si—O 键长 162 pm，O—Si—O 键角 109.5°，晶胞参数 $a = 491.35$ pm，$c = 540.50$ pm，$Z = 3$。硬度 7，密度 2.59～2.63 g/cm^3，人工晶体硬度 7.5，密度 2.65 g/cm^3(计算值 2.66 g/cm^3)。水晶具有优良的压电性能，是优良的电子材料，现在已经大规模人工制造。晶体的 X 射线粉末衍射数据 d：3.342 (100), 4.257 (22), 1.8179 (14), 1.5418 (9), 2.457 (8), 2.282 (8), 1.3718 (8)。石英晶体在受热时发生相变，870℃时变为鳞石英，是六方晶系，晶胞结构与六方 ZnS 类似，只是硅占据所有 Zn 和 S 的位置，氧处于 Zn 和 S 的中心。空间群 $P6_222$(No. 180)，晶胞参数 $a = 499.6\ 5$ pm，$c = 545.46$ pm，$Z = 3$。或者空间群 $P6_422$(No.181)，密度 2.30 g/cm^3。1470℃时变为高温方石英(β-cristobalite)，是立方晶系，空间群 $Fd\bar{3}m$(No. 227)，面心格子(cF)，　$a = 709.0$ pm，$Z = 8$。还有一种低温方石英(α-cristobalite, 2690℃转变为β相)，是四方晶系，空间群 $P4_12_12$ (No. 92)，有左旋和右旋两种晶体(图 6.50)，是简单格子，$a = 497.09$ pm，$b = 497.09$ pm，$c = 692.78$ pm，$Z = 4$。晶胞结构与立方 ZnS 类似，只是硅占据所有 Zn 和 S 的位置，氧处于 Zn 和 S 的中心。原子在晶胞中的分数坐标为：Si (0,0,0), (1/2,1/2,0), (1/2,0,1/2), (0,1/2,1/2), (3/4,1/4,1/4), (1/4,3/4,1/4), (1/4,1/4,3/4), (3/4,3/4,3/4)；O(7/8,1/8,1/8), (5/8,3/8,1/8), (3/8,5/8,1/8),

(1/8,7/8,1/8), (5/8,1/8,3/8), (7/8,3/8,3/8), (1/8,5/8,3/8), (3/8,7/8,3/8), (3/8,1/8,5/8), (1/8,3/8,5/8), (3/8,7/8,5/8), (7/8,5/8,5/8), (1/8,1/8,7/8), (3/8,3/8,7/8), (5/8,5/8,7/8), (7/8,7/8,7/8)。

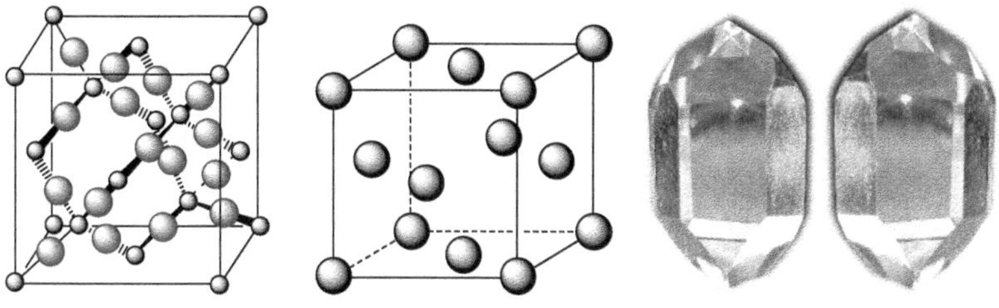

(a)　(b)　(c)

图 6.50　β-方石英晶体的堆积晶胞、点阵格子和人造三方α-石英左旋和右旋晶体

表 6.11　α-石英的比旋光度(specific rotation)

波长/nm	SR/(°)	波长/nm	SR/(°)	波长/nm	SR/(°)
407.9	48.112	589.3	21.726	1084.8	6.063
435.8	41.546	633.0	18.690	1141.2	5.450
480.0	33.674	730.7	13.830	1152.6	5.338
546.1	25.535			1177.0	5.108

6.7.6　白硅石(Crystal structure of α-cristobalite)

一般地，白硅石不具有完整的晶体，就像大理石不具有冰洲石结构一样。可以近似将其看作β-方石英(含 SiO_2 99.13%、TiO_2 0.38%、Al_2O_3 0.18%、FeO 0.09%等)是四方晶系，空间群 $P4_12_12$，a = 497.09 pm，c = 692.78 pm，Z = 4，密度 2.33 g/cm^3。晶体的 X 射线粉末衍射数据 d：4.05 (100), 2.485 (20), 2.841 (13), 3.135 (11), 1.870 (7), 2.465 (5), 2.118 (5)。

地壳中的主要元素为硅(21%)、氧(65%)和铝(6.5%)，它们主要以硅酸盐晶体或玻璃体的型式存在。硅酸盐晶体的结构特征是以硅氧四面体$[SiO_4]^{4-}$为基本结构单元。四个氧负离子 O^{2-}以正四面体的方式配位在中心硅正离子 Si^{4+}周围形成硅氧四面体结构单元。鲍林研究硅酸盐晶体的结构提出了一系列规则，其中第三规则最重要：所有硅氧四面体只共用顶点链接。可以形成分立型、链型、层型和立体网状结构(表 6.12)。

表 6.12　硅酸盐的结构类型

骨干结构型式		组成单元	实例
分立型	 孤立四面体	$[SiO_4]^{4-}$	镁绿橄榄石 $Mg_2[SiO_4]$ 石榴石 $Ca_3Al_4[SiO_4]_3$
	 双四面体	$[Si_2O_7]^{6-}$	异极矿 $Zn_4[Si_2O_7](OH)_2 \cdot H_2O$

续表

骨干结构型式		组成单元	实例
分立型	 六环	$[Si_6O_{18}]^{12-}$	绿柱石 $Be_2Al_3[Si_6O_{18}]$
链型	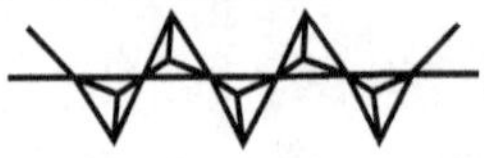 单链	$[SiO_3]_n^{2-}$	透辉石 $CaMg[SiO_3]_2$
	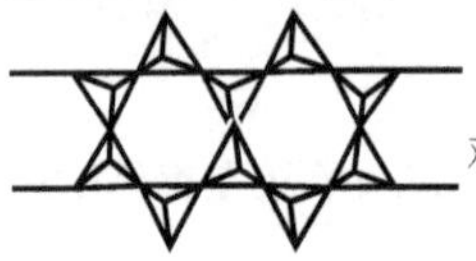 双链	$[Si_4O_{11}]_n^{12-}$	透闪石 $Ca_2Mg_5[Si_4O_{11}](OH)_2$
层型	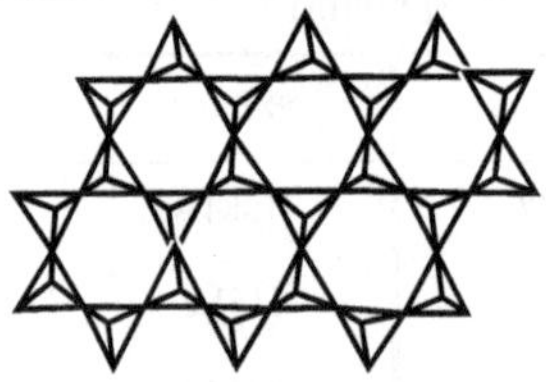	$[AlSi_3O_{10}]_n^{12-}$	白云母 $KAl_2[AlSi_3O_{10}]\ (OH)_2$
		$[Si_4O_{10}]_n^{4-}$	滑石 $Mg_3[Si_4O_{10}]\ (OH)_2$
骨架型	硅石	$[SiO_2]_n$	石英 SiO_2
	长石	$[AlSi_3O_8]_n^{-}$	正长石 $K[AlSi_3O_8]$
	沸石	$[AlSi_2O_6]_n^{-}$	白榴石 $K[AlSi_2O_6]$ 八面沸石 $Na[AlSi_2O_6] \cdot 4H_2O$
	分子筛	$[Al_6Si_6O_{24}]_n^{6-}$	方钠石沸石 $Na_8[Al_6Si_6O_{24}]\ Cl_2$

6.7.7 分子筛结构(Crystal structure of molecular sieves)

铝可以代替硅形成四面体，人工合成的方钠石沸石($Na_8[Al_6Si_6O_{24}]\ Cl_2$，sodalite)具有完美的立方晶系，空间群 $P\overline{4}3n$，$Z=1$，晶胞参数 $a=885.0$ pm，密度 2.32 g/cm^3，由八个八面体笼(β-笼)共用正方形得到。工业上大量应用的各类铝硅分子筛就是很好的实例，其中，A 型分子筛($Na_{12}[Al_{12}Si_{12}O_{48}] \cdot 29H_2O$)具有立方简单格子(图 6.51)，是由八面体笼和四面体笼组成，立方体晶胞中心空穴的直径是 400 pm(4 Å)，称为 4A 分子筛。当 K^+代替 Na^+，孔径变小为 3 Å，称为 3A 分子筛；当 Ca^{2+}代替 Na^+，孔径变大为 5 Å，称为 5A 分子筛。

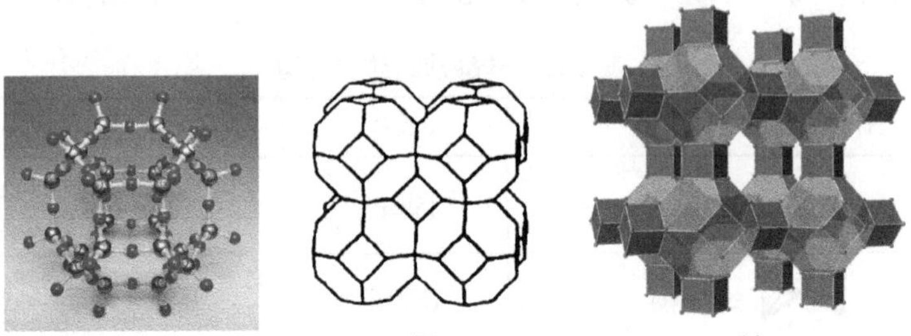

(a)　　(b)　　(c)

图 6.51　β-笼(a)、方钠石(b)和 A 型分子筛(c)结构示意图

6.8 分 子 晶 体
(Molecular crystal)

6.8.1 单原子分子晶体结构(Crystal structures of mono-atomic molecules)

在极低的温度下，单原子分子都可以以 A_1 或 A_3 的密堆积型式成为晶体。日本东京理工学院的物理科学家野村隆治(R. Nomura)于 2012 年报道了他们在喷气式飞机上做的一个实验，在 0.6 K、无重力下，得到了 He 的晶体图像(图 6.52)。

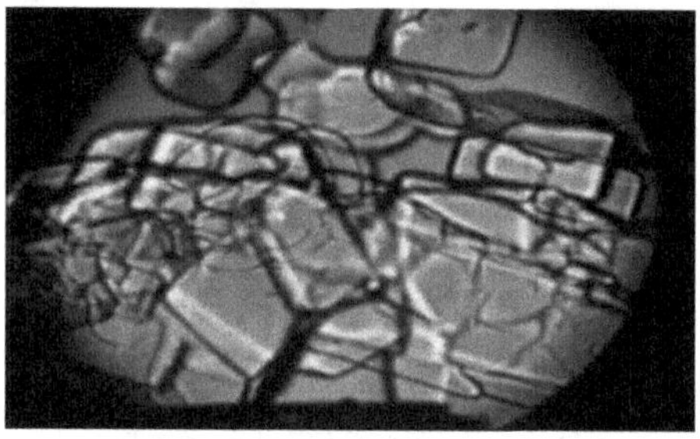

图 6.52 0.6 K、无重力下的 He 晶体图像

6.8.2 干冰的晶体结构(Crystal structure of dry ice)

150 K 温度下的干冰晶体属于立方晶系，其分子作为整体，堆积方式如同 A_1 密堆积，C—O 键长为 115.5 pm，晶胞参数 a = 562.4 pm，Z = 4。属于立方简单格子，空间群 $Pa\overline{3}$ (No. 205)。原子在晶胞中的分数坐标为：C (0,0,0), (1/2,1/2,0), (1/2,0,1/2), (0,1/2,1/2)，氧原子在晶胞中与平面的平均距离为 11.85 pm(图 6.53)。

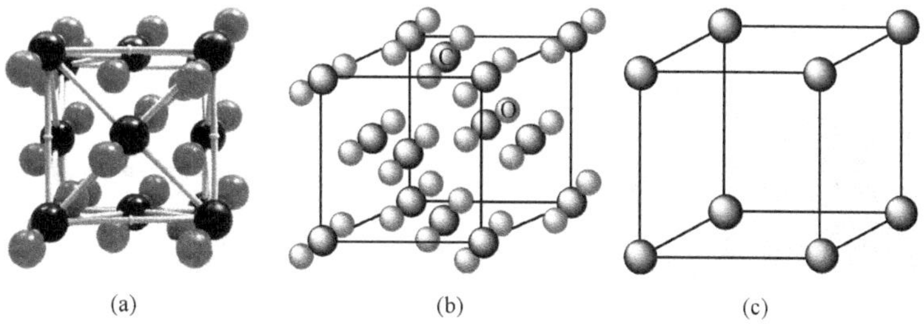

图 6.53 二氧化碳晶体的堆积、晶胞和点阵格子

6.8.3 C_{60} 的结构(Crystal structure of fullerene)

300 K 温度下的 C_{60} 晶体结构，其分子作为整体，堆积方式为 A_1 密堆积，属于立方晶系，晶胞参数 a = 1415.2 pm，Z = 4。点阵型式为立方面心，空间群 $Fm\overline{3}$ (No. 202)。分子在晶胞中的分数坐标为：C_{60} (0,0,0), (1/2,1/2,0), (1/2,0,1/2), (0,1/2,1/2)。C_{60} 也可以得到 A_3 密堆积的晶体，点阵型式为六方简单(hP)，晶胞参数 a = 1003 pm，c = 2456 pm，Z = 2。分子在晶胞中的分数坐标为：(0,0,0)，(2/3,1/3,1/2)。

6.8.4　冰的结构(Crystal structure of ice)

冰的晶体结构可以是六方和立方晶胞(图 6.54)，晶体中充满了氢键。在六方晶胞中，空间群为 $P6_3mc$ (No. 194)，$a = 450.6$ pm，$c = 734.6$ pm，$V = 129.17$ Å^3，$Z = 4$；晶胞参数随着温度的不同会有所变化。在立方晶胞中，空间群为 $Fd\bar{3}m$(No. 227)，$a = 636.0$ pm，$V = 257.26$ Å^3，$Z = 8$；晶胞参数随着温度的不同会有所变化。

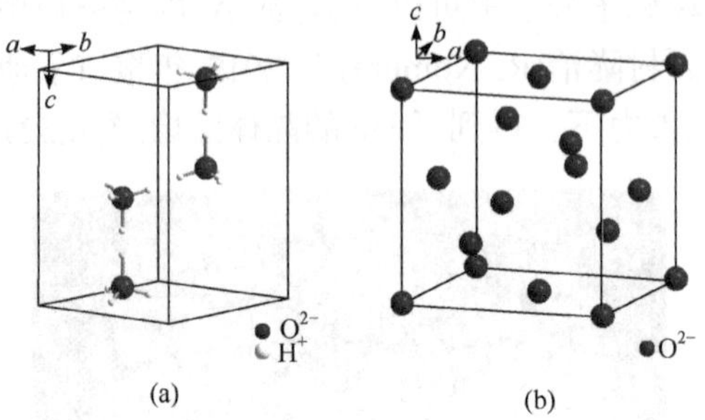

图 6.54　冰的六方简单晶胞(a)和立方面心晶胞(b)图[(b)为隐氢图]

6.9　混合键型晶体
(Crystal with multi-type chemical bonds)

6.9.1　石墨晶体结构(Crystal structure of graphite)

石墨每一层中的碳原子采取 sp^2 杂化，C—C 键长为 142.1 pm，层与层之间距离 335 pm。六方晶系(图 6.55)，点阵型式为六方简单(*hP*)，空间群 $P6_3/mmc$(No.186)，晶胞参数 $a = 246.4$ pm，$c = 671.1$ pm($a = 247.0$ pm，$c = 679.0$ pm)，$Z = 4$。密度 2.09～2.23 g/cm^3，计算密度 2.26 g/cm^3。原子在晶胞中的分数坐标为：C (0,0,0)，(0,0,1/2)，(2/3,1/3,1/2)，(1/3,2/3,0)。

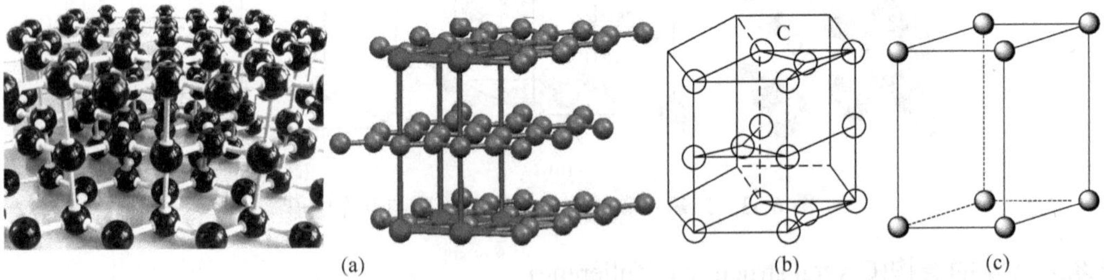

图 6.55　石墨晶体的堆积(a)、晶胞(b)和点阵格子(c)

石墨由于层与层之间的范德华力较弱而容易滑动，会有三方石墨形成，三方石墨(图 6.56)取六方 *R* 心格子(*hR*)，贯穿四层，包含六个碳原子，空间群 $R\bar{3}m$ (No.166)，晶胞参数 $a = 245.6$ pm，$c = 1004.4$ pm，$Z = 6$。计算密度 2.28 g/cm^3，原子在晶胞中的分数坐标为：C (0,0,0), (1/3,2/3,0)，(2/3,1/3,1/3)，(1/3,2/3,1/3)，(0,0,2/3)，(2/3,1/3,2/3)。

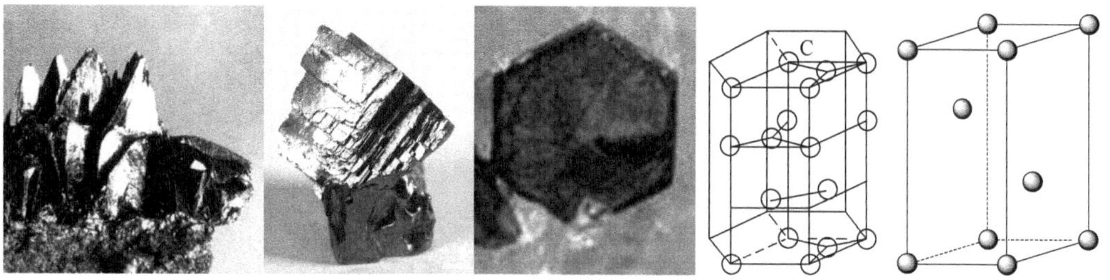

(a)　(b)　(c)

图 6.56　石墨天然晶体、培养单晶和三方石墨晶胞及其点阵格子

6.9.2　CdI_2 晶体结构(Crystal structure of cadmium iodide)

CdI_2 晶体属于三方晶系，Cd^{2+}处于 I^-的八面体配位中，形成平面网状的 CdI_2 聚合层，层内 Cd 与 I 之间为共价键和配位键，层与层之间是范德华力。也可以认为 I^-采取 *hcp* 堆积，Cd^{2+}占据全部八面体空隙(图 6.57)。点阵型式为六方简单(*hP*)，空间群 $P\bar{3}m1$ (No.164)，晶胞参数 $a = 424$ pm，$c = 684$ pm，$Z = 1$。原子在晶胞中的分数坐标为：Cd^{2+} (0,0,0)；I^-(2/3,1/3,3/4)，(1/3,2/3,1/4)。由于层与层之间的范德华力较弱，层与层之间容易滑动而使晶体丢失了 6 次对称轴 $\underline{6}$，晶体的对称性因此降低，空间群进入三方晶系。但是，仍可以采取六方简单格子描述晶体。此时，点阵的对称性高于晶体的对称性。这种情况在其他晶系中也经常存在，如赝立方晶体 $CsIO_3$，粉末衍射得到立方简单晶体，格子 *cP*，$a = 467.6$ pm，$Z = 1$，晶体的物理性质显示其具有双光轴，没有对称心。仔细对单晶衍射数据进行分析，得到它属于 *Pm* 空间群，单斜晶系，$a = b = 661.3$ pm，$c = 467.6$ pm，$\beta = 90°8'±8'$，$Z = 2$。所以，空间群是对晶体唯一正确的描述。

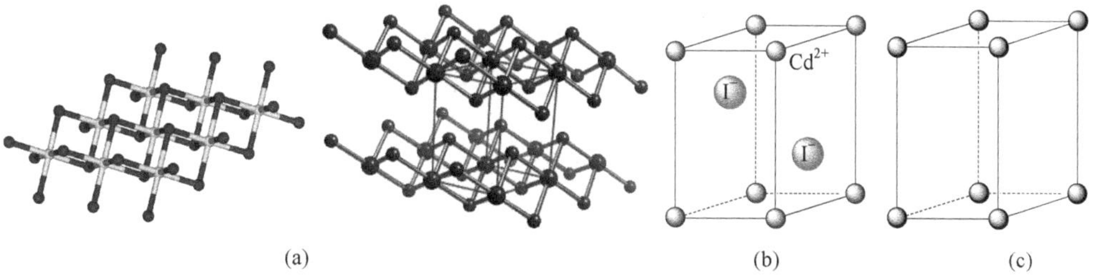

(a)　(b)　(c)

图 6.57　CdI_2 晶体的堆积(a)、晶胞(b)和点阵格子(c)

6.9.3　六方氮化硼(Crystal structure of hexagonal boron nitride)

六方氮化硼(hexagonal boron nitride，*h*-BN)属于六方晶系，纤锌矿型，具有与石墨烯相同的六方晶体结构，是由多层类石墨烯的二维结构交错堆叠起来的，不同层之间 B—N—B 通过范德华作用力连接。空间群为 $P6_3/mc$ (No.194)，晶胞参数 $a = 250.6$ pm，$c = 667.0$ pm，密度 2.25 g/cm^3 (图 6.58)。

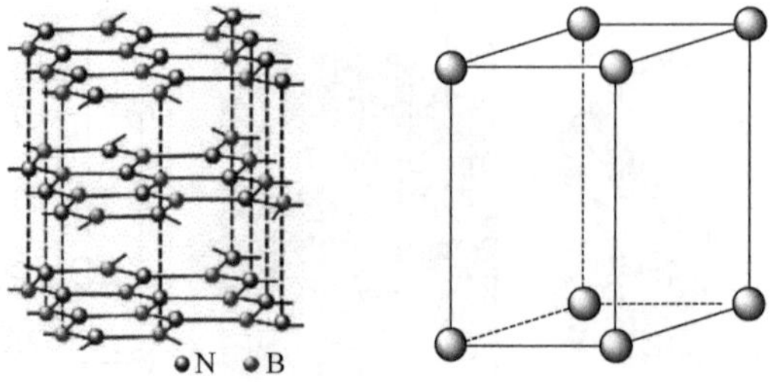

图 6.58　六方氮化硼晶体的堆积(a)和点阵格子(b)

6.10　半导体晶体 (Semiconductor crystal)

半导体晶体不是按照晶格能来源分类的晶体，因为半导体的重要性而有必要单独讲解。用能带理论处理半导体时，得到的满价带与空导带的能级差称为带隙(禁带宽度，能隙，E_g)，与金属中不同的是，导带和价带都用抛物线形状描述，这是考虑到晶格振动的原因，此时可以从图 6.59 看出，带隙是指价带顶和导带底的差值，它决定了半导体的大部分性能，一般地，$E_g = 0.1 \sim 5$ eV，$E_g > 3$ eV，为宽带隙半导体，也有人称绝缘体(insulator)。当价带顶中的电子吸收光子跃迁时，采取直接跃迁的方式称为直接带隙半导体：$\hbar\omega = E_g$；采取间接跃迁的方式称为直接带隙半导体：$\hbar\omega = E_g + \hbar\Omega$，$\hbar\Omega$ 为声子(phonon)。表 6.13 列出了常见半导体的带隙值。在绝对零度时，半导体的导带是空的，随着温度的升高，电子由于热运动将进入禁带，一般地，在室温下，可以爬升至费米能级(Fermi energy)的位置。当电子热激发进入导带时，价带会留下空穴，导带中电子的浓度和价带中空穴浓度相等，此时的浓度称为本征电子(空穴)浓度，它们对电导率有相同的贡献率。可以理解为能隙越小，本征电子浓度越大。Ge 在 200 K 时，本征电子浓度为 $c_e = 8 \times 10^9$ 个/cm^3；305 K 时，$c_e = 4.5 \times 10^{13}$ 个/cm^3；Si 在 200 K 时，本征电子浓度为 $c_e = 2.3 \times 10^9$ 个/cm^3；305 K 时，$c_e = 7.8 \times 10^{13}$ 个/cm^3。

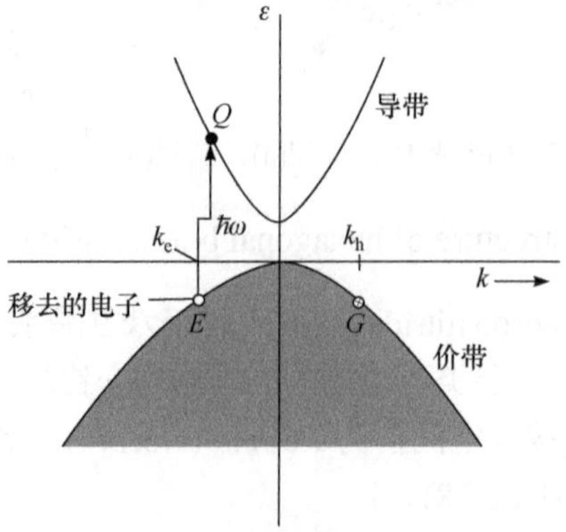

图 6.59　半导体能带结构示意图

表 6.13 常见半导体的性质

晶体	能隙	E_g/eV		E_{CB}/eV (*vs.* NHE)	晶体	能隙	E_g/eV		E_{CB}/eV (*vs.* NHE)
		0 K	300 K				0 K	300 K	
金刚石	*i*	5.4			SiC(hex)	*i*	3.0		
Si	*i*	1.17	1.11	−0.6	Te	*d*	0.33		
Ge	*i*	0.744	0.66		PbS	*d*	0.286	0.36	
InSb	*d*	0.23	0.17		PbSe	*i*	0.165	0.27	
InAs	*d*	0.43	0.36		PbTe	*i*	0.190	0.29	
InP	*d*	1.42	1.27		CdS	*d*	2.582	2.42	−0.5
GaP	*i*	2.32	2.25		CdSe	*d*	1.84	1.74	0.18
GaAs	*d*	1.52	1.43		CdTe	*d*	1.607	1.44	0.16
GaSb	*d*	0.81	0.68		CdO			2.2	0.11
AlSb	*i*	1.65	1.60		SnTe	*d*	0.3	0.18	
TiO_2			3.2	−0.3	SnO_2	—		0	3.5
MoS_2			1.25	−0.1	Cu_2O	*d*	2.172	2.0	−1.28
$BiVO_4$			2.4	−0.26	CuO		1.8	1.7	0.46
Bi_2WO_6			2.8	−0.15	Cu_2S		1.2	1.1	−0.06
FeO			2.4	−0.17	CuS		0	0	0.77
Fe_3O_4			0.1	1.23	WO_3			2.7	0.1
Fe_2O_3			2.1	0.48	ZnO			3.2	−0.3
Ag_2O			1.2	0.19	*g*-C_3N_4			2.78	−1.2

本征电导率和本征载流子(受到热激发的电子和生成的空穴的统称，intrinsic/eigen carriers)浓度。当半导体受到光子照射时，电子吸收光子发生跃迁产生的导带中的电子和价带中的空穴一般称为激子(exciton)。

6.10.1 电子在半导体中的运动方程(Equation of motion for electrons in a semiconductor)

根据牛顿第二定律，力可以描述为动量对时间的一阶导数：

$$\boldsymbol{F} = \mathrm{d}(mv)\mathrm{d}t$$

半导体中，电子同样具有波粒二象性，按照波矢的描述，电子在半导体中受到的合力可以描述为

$$\boldsymbol{F} = \hbar\frac{\mathrm{d}\boldsymbol{k}}{\mathrm{d}t}，即\ \boldsymbol{F} = \hbar\dot{\boldsymbol{k}} \tag{6.12}$$

属于能量本征值ε^k的波矢 $\boldsymbol{k}$ 对应的布洛赫本征函数ψ_k

$$\psi_k = \sum_G C(\boldsymbol{k}+\boldsymbol{G})\exp[\mathrm{i}(\boldsymbol{k}+\boldsymbol{G})\boldsymbol{r}] \tag{6.13}$$

假定在一个时间间隔内，外力(可以是光，也可以是电场)对于整个晶体造成的冲量 $\boldsymbol{J}$

可以表达为 $\boldsymbol{J}=\int F\mathrm{d}t$。

当外力施加时，使得电子的状态由 $\boldsymbol{k}$ 变为 $\boldsymbol{k}+\Delta\boldsymbol{k}$，电子和晶格的动量变化的总和就是冲量 $\boldsymbol{J}$：

$$\boldsymbol{J}=\Delta\boldsymbol{p}_{\mathrm{tot}}=\Delta\boldsymbol{p}_{\mathrm{lat}}+\Delta\boldsymbol{p}_{\mathrm{el}}=\hbar\Delta\boldsymbol{k} \tag{6.14}$$

空穴(hole)：半导体满价带中的空轨道称为空穴，其行为就如带有一个正电荷 e^+。没有空穴就不存在晶体管。空穴与电子总是成对出现的，因为在价带中电子的总波矢为零，所以空穴的波矢与其相应的电子波矢相反，即 $\boldsymbol{k}_{\mathrm{h}}=-\boldsymbol{k}_{\mathrm{e}}$。

同样地，空穴的能量是电子能量的负值，$\varepsilon_{\mathrm{h}}(k_{\mathrm{h}})=-\varepsilon_{\mathrm{e}}(k_{\mathrm{e}})$。

遗失电子在带内的位置越低，系统能量越高，因为从低轨道溢出一个电子需要做更多的功。

半导体导电有两种机制，当以电子导电时，标记为 n 型半导体，如氮/磷掺杂的单晶/多晶硅、TiO_2、ZnO、WO_3、Fe_2O_3 等；当以空穴导电时，标记为 p 型半导体，如硼掺杂的单晶/多晶硅、Co_3O_4、NiO、CuO、Cu_2O、p-GaP 等；p 型与 n 型半导体组成 p-n 异质结，n 型与 n 型半导体组成 n-n 同型异质结；完美的 p-n 异质结制作二极管。

本征载流子浓度(intrinsic carrier concentration)：本征载流子浓度是温度的函数，半导体在正常工作温度区间，导带中的电子满足 $\varepsilon-\varepsilon_{\mathrm{F}}\gg k_{\mathrm{B}}T$，故费米-狄拉克分布函数简化为

$$f_{\mathrm{e}}\simeq\exp[(E_{\mathrm{F}}-\varepsilon)/k_{\mathrm{B}}T] \tag{6.15}$$

导带中电子的能量为：$\varepsilon_k=E_{\mathrm{c}}+\hbar^2k^2/2m_{\mathrm{e}}$，可以得到电子在$\varepsilon$处的态密度

$$D_{\mathrm{e}}(\varepsilon)=\frac{1}{2\pi^2}\left(\frac{2m_{\mathrm{e}}}{\hbar^2}\right)^{3/2}(\varepsilon-E_{\mathrm{c}})^{1/2} \tag{6.16}$$

此时，导带中的电子浓度为

$$n=\int_{E_{\mathrm{c}}}^{\infty}D_{\mathrm{e}}(\varepsilon)f_{\mathrm{e}}(\varepsilon)\mathrm{d}\varepsilon=2\left(\frac{m_{\mathrm{e}}k_{\mathrm{B}}T}{2\pi\hbar^2}\right)^{3/2}\exp[(E_{\mathrm{F}}-E_{\mathrm{c}})/k_{\mathrm{B}}T] \tag{6.17}$$

相应地，价带中的空穴浓度为

$$p=\int_{-\infty}^{E_{\mathrm{V}}}D_{\mathrm{h}}(\varepsilon)f_{\mathrm{h}}(\varepsilon)\mathrm{d}\varepsilon=2\left(\frac{m_{\mathrm{h}}k_{\mathrm{B}}T}{2\pi\hbar^2}\right)^{3/2}\exp[(E_{\mathrm{V}}-E_{\mathrm{F}})/k_{\mathrm{B}}T] \tag{6.18}$$

将式(6.15)与式(6.16)相乘得到所谓平衡关系式

$$np=4\left(\frac{m_{\mathrm{h}}k_{\mathrm{B}}T}{2\pi\hbar^2}\right)^{3}(m_{\mathrm{e}}m_{\mathrm{h}})^{3/2}\exp(-E_{\mathrm{g}}/k_{\mathrm{B}}T) \tag{6.19}$$

这个公式很重要，它与费米能级无关，也可用于掺杂半导体材料中。例如，在 300 K 温度条件下，对应 Si、Ge 和 GaAs，计算得到的 np 值分别为 $2.10\times10^{19}\ \mathrm{cm^{-6}}$、$2.89\times10^{26}\ \mathrm{cm^{-6}}$、$6.55\times10^{12}\ \mathrm{cm^{-6}}$，因此，可以估算出此时半导体中的平均载流子浓度，它等于电子和空穴浓度之和：

$$C_c = 2\sqrt{np} = 4\left(\frac{m_h k_B T}{2\pi\hbar^2}\right)^{3/2} (m_e m_h)^{3/4} \exp(-E_g / 2k_B T) \tag{6.20}$$

300 K 温度条件下，对应 Si、Ge 和 GaAs，计算得到的平均载流子浓度分别为 1.45×10^{10} cm^{-3}、1.70×10^{13} cm^{-3} 和 2.56×10^6 cm^{-3}。

对于本征半导体，以下标 i 表示，有

$$n_i = p_i = \sqrt{np} = 2\left(\frac{m_h k_B T}{2\pi\hbar^2}\right)^{3/2} (m_e m_h)^{3/4} \exp(-E_g / 2k_B T) \tag{6.21}$$

令式(6.15)等于式(6.16)，得

$$E_F = \frac{1}{2}E_g + \frac{3}{4}k_B T \ln(m_h / m_e) \tag{6.22}$$

可见，对于本征半导体(intrinsic/proper semiconductor)，一般地，其有效的空穴和电子质量 $m_h = m_e$，$E_F = 1/2E_g$。

对于 n 型半导体，$m_h > m_e$，$\ln(m_h/m_e) > 0$，费米能级向更正的绝对能量位移，按照化学势或电势讲，就是向更负的方向移动，即向 CB 带靠近，如 InP 半导体的空穴质量 $m_h = 0.073$，$m_e = 0.4$ 单位电子质量；相反，对于 p 型半导体，$m_h < m_e$，$\ln(m_h/m_e) < 0$，费米能级向更负的绝对能量位移，就是向电势更正的方向移动，即向 VB 带靠近，如 Cu_2O，$m_h = 0.99$，$m_e = 0.58$ 单位电子质量。

本征迁移率(intrinsic mobility)：迁移率是单位强度电场引起的带电载流子漂移速度的大小：

$$\mu = |\upsilon| / E \tag{6.23}$$

虽然电子和空穴的漂移速度方向相反，但是它们的迁移率都定义为正。

电导率(conductivity)是电子和空穴的贡献之和：

$$\sigma = n_e\mu_e + p_e\mu_h \tag{6.24}$$

因为电荷 q 的漂移速度为 $\upsilon = q\tau E/m$，得

$$\mu_e = e\tau_e / m_e\text{，}\quad \mu_h = e\tau_h / m_h \ (\tau\text{为碰撞时间}) \tag{6.25}$$

表 6.14 中给出了一些半导体在室温下载流子迁移率的实验值。

表 6.14 室温下半导体载流子迁移率[cm^2/(V·s)]

晶体	电子迁移率	空穴迁移率	晶体	电子迁移率	空穴迁移率	晶体	电子迁移率	空穴迁移率
金刚石	1800	1200	InSb	800	450	PbTe	2500	1000
Si	1350	480	InAs	30000	450	PbS	550	600
Ge	3600	1800	InP	4500	100	PbSe	1020	930
GaAs	8000	300	AlSb	900	400	SiC	100	20
GaSb	5000	1000	AlAs	280	—	AgCl	50	—

6.10.2　杂质半导体(Impurity semiconductor)

由于杂质的存在，在禁带出现新的能级，这样的半导体是最常见的，也是研究最多的。半导体随着掺入的杂质不同，性质改变也不同。

当掺入的杂质为电子给体(electron donor)，半导体禁带中出现施主能级(donor level)，它靠近导带[实验中测量的平带电位(flat band potential)近似看作 CB 位置]，此时费米能级的位置就是施主能级的位置，因为它是充满电子的，为 n 型半导体，如纯 Si 半导体掺入 P 或 N 元素；当掺入的杂质为电子受体(electron)，半导体禁带中出现受主能级(acceptor level)，它靠近价带(实验中用 UPS 测量吸收带并外推得到 VB 位置)，此时费米能级的位置就是受主能级的位置，因为它能迅速接受来自满价带中的电子，从而在价带中产生空穴，为 p 型半导体，如纯 Si 半导体掺入 B 元素。这种情况可以从图 6.60 中看出，其中 Φ为逸出功表示费米能级中的电子被激发电离到达导带顶真空能级处需要耗费的能量。

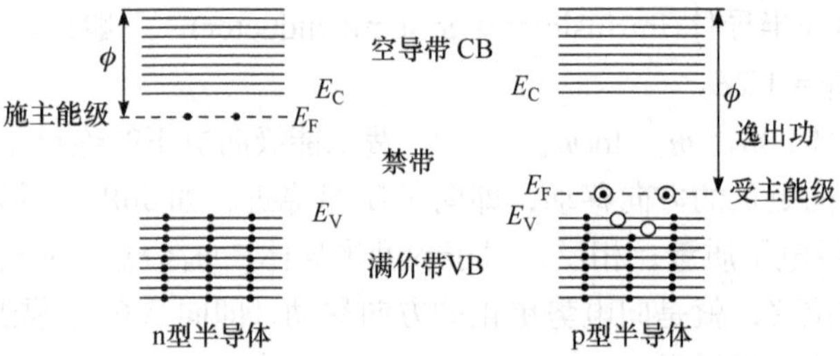

图 6.60　杂质半导体形成情况示意图

6.11　戈尔德施米特结晶化学定律 (Goldschmidt rule for crystal chemistry)

6.11.1　范德华力与原子的范德华半径(van der Waals force and atomic radius)

范德华力是丹麦科学家范德华为解释实际气体的性质而提出的，实际气体分子不同于理想气体，它们有大小且存在相互间作用力的概念，从而提出了实际气体运动的状态方程。目前的化学概念中将这一概念推广，泛指任意两个分子之间都普遍存在的非键弱相互作用力，作用距离为 0.3～0.5 nm。键能一般小于 10 kJ/mol。

分子间作用力是分子间非键相互作用的总称。它有别于金属键、离子键、共价键等传统化学键。分子间作用力包括氢键、静电作用、诱导偶极相互作用、疏水基团相互作用、π…π堆积作用等。

分子间的氢键一般属于分子间的强相互作用，键能在 15～50 kJ/mol，常见的 O—H…O 键的键能为 25 kJ/mol，而最强的氢键[F—H…F]已经达到共价键的强度，结构为 $[\mathrm{F} \overset{113\,\mathrm{pm}}{—} \mathrm{H} \overset{113\,\mathrm{pm}}{—} \mathrm{F}]$，键能达到 212 kJ/mol。而弱氢键的键能也可以小于 15 kJ/mol 而与分子间范德华力相当。

分子间的范德华力主要包含三部分，其物理模型表现形式为分子间相互作用势能。

(1) 静电作用能：静电作用能是两个极性分子间由于有永久偶极矩(dipole moment)μ_1和μ_2，它们偶极子的正电和负电端必然产生吸引势能为

$$E_{el} = -\frac{2\mu_1^2\mu_2^2}{3(4\pi\varepsilon_0)^2 kT}\frac{1}{r^6} \tag{6.26}$$

(2) 诱导作用能：当一个极性分子与一个非极性分子相互靠近时，极性分子的偶极矩会诱导非极性分子的电荷分布(电子云)发生形变(极化)而产生诱导偶极矩。这种作用能由德拜提出，称为德拜能。若非极性分子的极化率为α_2，那么极性分子与非极性分子间的诱导能表示为

$$E_{ind} = -\frac{\mu_1^2\alpha_2}{(4\pi\varepsilon_0)^2}\frac{1}{r^6} \tag{6.27}$$

(3) 色散作用能：当两个非极性分子相互靠近时，它们的电子云由于热运动会产生瞬间偶极矩，一旦一个分子产生了瞬间偶极矩，必然会诱导另一个分子也产生诱导偶极矩。两个同步产生的瞬间偶极矩之间产生的吸引势能是由伦敦提出，称为伦敦能。

$$E_{disp} = -\frac{3\alpha_1\alpha_2 h\nu_0}{4(4\pi\varepsilon_0)^2}\frac{1}{r^6} \tag{6.28}$$

式中，频率ν_0为瞬间偶极矩的振荡频率。

由以上讨论可知，范德华力本质上是分子间的偶极相互作用力，是静电电荷作用力的表现形式。常温下，常见分子的分子间作用能列于表 6.15 中。

表 6.15　常见分子的分子间作用力类型

分子	偶极矩μ/(×10^{30} deb)	极化率α/(×10^{40} deb^2/J)	E_{el}/(kJ/mol)	E_{ind}/(kJ/mol)	E_{disp}/(kJ/mol)	键能/(kJ/mol)
Ar	0	1.85	0	0	−8.5	—
Xe	0	4.6	0	0	−13.5	—
CO	0.39	2.2	-3×10^{-3}	-8×10^{-3}	−8.8	343
HCl	3.4	2.93	−3.3	−1.0	−16.8	431
NH_3	4.7	2.47	−13.3	−1.6	−15.0	389
H_2O	6.13	1.65	−36	−1.9	−9.0	464

由表 6.15 可知，非极性分子之间只有色散力(Ar、Xe)；极性分子之间静电力和诱导力可以忽略(CO)；分子间有氢键的分子静电力随着氢键的加强而增大(HCl、NH_3、H_2O)。可见，色散力在范德华力中占据主导地位。色散力按照伦敦的处理方法也属于静电作用力。而且，由于分子的极化率α随着分子的质量增大，电荷增多而增大。

对于范德华力 F_v 本质的理解：根据库仑定律，点电荷 q^+与点电荷 q^-之间的距离为 r，其静电作用力为 $f=\frac{q^+q^-}{r^2}$；而两个质量为 M_1 和 M_2 的分子的牛顿万有引力为 $f_N = G\frac{M_1M_2}{r^2}$。

由于分子的极化率正比于分子的质量：$\alpha \propto M$，所以可以将分子间的范德华力理解为

$$f_{\mathrm{v}} = K' \frac{\alpha_1 \alpha_2}{r^2}$$

可引入新的参数将范德华力写作

$$F_{\mathrm{v}} = K \frac{M_1 M_2}{r^6} \tag{6.29}$$

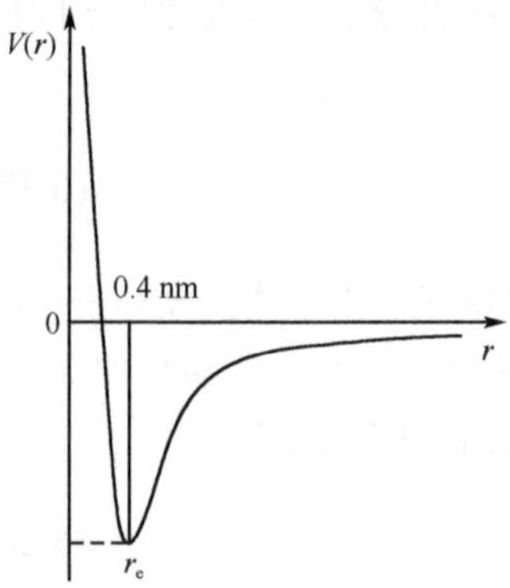

图 6.61　Lennard-Jones 势能

范德华力与万有引力的区别是：万有引力一直为正值，且随两物体的距离减小而增大；而范德华力的作用距离仅存在于当分子间距离在 0.3～0.5 nm，即小于一定距离时，作用力为负，大于一定距离时几乎消失，最大值对应一个分子间的平衡核间距离 r_e。它基本符合 Lennard-Jones 势能(图 6.61)公式：

$$V(r) = \frac{A}{r^{12}} - \frac{B}{r^6} \tag{6.30}$$

晶体结构数据表明，在分子之间的两个非键合原子，它们的接触距离变化不大，表明原子之间的非键接触距离不能小于一定距离，也不会大于一定距离；这一现象就是分子间作用即范德华力作用的结果，所以将分子间的原子非键合距离定义为原子的范德华半径。显然，原子的范德华半径远大于其共价半径，常见原子的范德华半径列于表 6.16 中。

表 6.16　原子的范德华半径(pm)

H 120										He 140
Li 182	Be				B	C 170	N 155	O 152	F 147	Ne 154
Na 227	Mg 173				Al	Si 210	P 180	S 180	Cl 175	Ar 188
K 275	Ca	Ni 163	Cu 143	Zn 139	Ga 187	Ge 215	As 185	Se 190	Br 185	Kr 202
Rb	Sr	Pd 163	Ag 172	Cd 162	In 193	Sn 217	Sb	Te 206	I 198	Xe 216
Cs	Ba	Pt 175	Au 166	Hg 170	Tl 196	Pb 202	Bi	Po	Ir	Rn

6.11.2　离子键与晶格能(Ionic bond and lattice energy)

离子晶体中离子键的强度与晶格能的大小相关，晶格能越大，离子键越强。晶格能指的是 0 K 时，1 mol 气态自由阳离子与 1 mol 气态自由阴离子由无穷远处接近并形成离子晶体所释放出的能量 U。

$$m\mathrm{M}^{Z+}(\mathrm{g}) + x\mathrm{X}^{Z-}(\mathrm{g}) = \mathrm{M}_m\mathrm{X}_x(\mathrm{s}) \tag{6.31}$$

离子晶体正负离子之间在平衡距离有静电吸引力，负离子与负离子之间以及正离子与正离子之间有排斥作用力。根据库仑引力 $f=\dfrac{q^+q^-}{r^2}$ 可以写出晶体中任意两个正负离子间的库仑作用能量为

$$\varepsilon=\frac{Z^+Z^-e^2}{4\pi\varepsilon_0 r} \tag{6.32}$$

以 NaCl 晶体为例，根据晶胞及晶体中离子周围的几何关系，可以确定晶体中所有离子与晶胞中心离子的距离 d 与 NaCl 键长 r 的比例关系，从而写出每一个离子的静电作用能为

$$\varepsilon=\frac{Z^+Z^-e^2}{4\pi\varepsilon_0 r}\left(6-\frac{12}{\sqrt{2}}+\frac{8}{\sqrt{3}}-\frac{6}{\sqrt{4}}+\cdots\right)=\frac{Z^+Z^-e^2}{4\pi\varepsilon_0 r}A \tag{6.33}$$

A 称为马德隆(Madelung)常量，对不同的晶体其数值不同(表 6.17)。

表 6.17　不同晶体的马德隆常量

晶体型式	CsCl	NaCl	*c*-ZnS	*h*-ZnS	CaF_2	TiO_2金红石	α-Al_2O_3
A	1.763	1.748	1.638	1.641	2.519	2.407	4.172

显然，1 mol 晶体的静电作用势能 E_c 为

$$E_c=\frac{Z^+Z^-e^2N_A}{4\pi\varepsilon_0 r}\left(6-\frac{12}{\sqrt{2}}+\frac{8}{\sqrt{3}}-\frac{6}{\sqrt{4}}+\cdots\right)=\frac{Z^+Z^-e^2}{4\pi\varepsilon_0 r}AN_A \tag{6.34}$$

考虑到晶体被压缩至离子间的排斥作用能像式(6.30)一样会迅速增大，所以鲍林给出晶体中不同周期离子的 m 值对式(6.34)进行校正得到晶体中的晶格能 U：

$$U=\frac{Z^+Z^-e^2}{4\pi\varepsilon_0 r}AN_A\left(1-\frac{1}{m}\right) \tag{6.35}$$

式中，$m=5$(He), 7(Ne), 9(Ar, Cu^+), 10(Ke, Ag^+), 12(Xe, Au^+)。

由式(6.34)，$m=8$，计算得到 NaCl 的晶格能 $U=-753$ kJ/mol，与实验值-786 kJ/mol 非常接近。

6.11.3　玻恩-哈伯循环(Born-Haber cycle)

根据宏观热力学的知识，玻恩和哈伯设计了由实验数据计算晶体晶格能的方法，称为玻恩-哈伯循环(图 6.62)：晶体的晶格能 U 等于晶体的生成焓ΔH_f与金属钠的升华热 S、电离能 I 及 Cl_2 的解离能 D、电子亲和能 Y 的差值：

$$U=\Delta H_f-S-I-D-Y \tag{6.36}$$

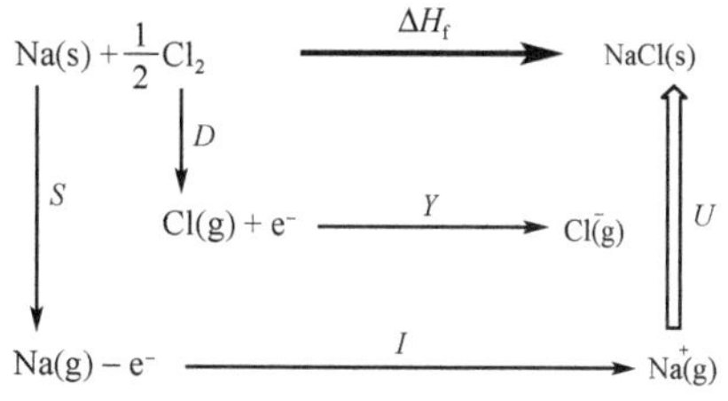

图 6.62　玻恩-哈伯循环

对于 NaCl 分子，实验得到生成焓$\Delta H_f=-410.9$

kJ/mol，Na 升华热 $S = 108.4$ kJ/mol、电离能 $I = 495.0$ kJ/mol，Cl_2 的解离能 $D = 119.6$ kJ/mol，电子亲和能 $Y = -348.3$ kJ/mol，代入式(6.35)得到 NaCl 晶体的晶格能为

$$U = \Delta H_f - S - I - D - Y = -410.9 - 108.4 - 495.0 - 119.6 + 348.3 = -785.6(\text{kJ/mol})$$

6.11.4　离子的极化性能与键型变异规律(Polarization properties of ions and the rule of bond-type variation)

任何一个分子在外电场 F 的作用下，其外层电子的分布(电子云)都会发生变化而产生诱导偶极矩 $\mu_{in} = \alpha F$，α为分子的极化率。同样地，任何一个离子在外电场的作用下也会被极化而产生诱导偶极矩。表 6.18 列出了常见离子的极化率。

表 6.18　常见离子的极化率

离子	r/pm	极化率/($\times10^{40}$ C · m²/V)	离子	r/pm	极化率/($\times10^{40}$ C · m²/V)	离子	r/pm	极化率/($\times10^{40}$ C · m²/V)	离子	r/pm	极化率/($\times10^{40}$ C · m²/V)
Li^+	60	0.034	Be^{2+}	31	0.009	B^{3+}	20	0.0033	C^{4+}	15	0.0014
Na^+	95	0.199	Mg^{2+}	65	0.105	Al^{3+}	50	0.058	Si^{4+}	41	0.0184
K^+	133	0.923	Ca^{2+}	99	0.52	Sc^{3+}	81	0.318	Ti^{4+}	68	0.206
Rb^+	149	1.56	Sr^{2+}	113	0.96	Y^{3+}	93	0.61	Ce^{4+}	101	0.81
Cs^+	169	2.69	Ba^{2+}	135	1.72	La^{3+}	104	1.16	Se^{2-}	198	11.7
F^-	136	1.16	Br^-	195	5.31	O^{2-}	140	4.32	Te^{2-}	221	15.6
Cl^-	181	4.07	I^-	216	7.90	S^{2-}	184	11.3			

由表 6.18 中离子的极化率数据可见：离子半径越大，极化率越大。负离子的极化率一般大于正离子。正离子价态越高，核外电子越少，极化率越小。负离子价态越高，核外电子数越多，极化率越大。离子的极化与软硬酸碱理论一致：硬酸和硬碱极化率小，软酸和软碱极化率大。离子的极化直接导致了化合物中化学键键型的改变，其晶体的晶型也显著改变。由图 6.63 可见，当极化性能增大时，化合物的键型将由离子型变为共价型。键型变化的例子见表 6.19，实测键长与离子半径和偏差大的为共价型晶体；变化小的为离子型晶体。如果阴阳离子间的作用力进一步加强，如 CdI_2 形成混合键型晶体，再加强，如 CO_2 则成为分子晶体。分子内引力的加强也必然导致分子间力的减弱。随着阴阳离子间的极化性能加强，不仅共价键成分增大，键长变短，而且阳离子的配位数也将减少，这是由于共价键有方向性。例如，AgBr 中 Ag 是六配位的 NaCl 型晶体，而 AgI 中 Ag 是四配位的立方 ZnS 型晶体，这就是键型变异原理的根源。

图 6.63　离子的极化与键型变化

表 6.19　离子型晶体与共价型晶体的变异

晶体	键长	r_++r_-/pm	键型	晶形	晶体	键长	r_++r_-/pm	键型	晶形
NaF	231	231	离子型	NaCl	AgF	246	246	离子型	NaCl
MgO	210	205	离子型	NaCl	AgCl	277	294	离子型	NaCl
AlN	187	221	共价型	金刚石	AgBr	288	309	共价型	NaCl
SiC	189	301	共价型	金刚石	AgI	299	333	共价型	*c*-ZnS

6.11.5　戈尔德施米特结晶化学规律(Goldschmidt rule)

戈尔德施米特总结了大量的晶体结构后指出：晶体结构取决于晶体中微粒的数量关系、大小关系及其极化性能。这就是戈尔德施米特结晶化学规律。

晶体结构首先取决于组成者的数量关系，如 AB 型晶体 NaCl、CsCl、ZnS 等，AB_2 型晶体 CaF_2、K_2O、TiO_2 等，ABO_3 型晶体 $CaTiO_3$、$YBa_2Cu_3O_7$ 等。

大小关系如正负离子半径比 r_+/r_-与晶体中离子配位数的关系。对于离子型晶体，半径比与配位数是符合的。当晶体中离子键成分减少而共价键成分增强时，这一比例关系被破坏。

随着晶体中离子的极化性能增强，共价键显著增大，键长减小，键能增大，阳离子的配位数减少，化学键定域化明显体现出共价键的方向性，导致晶体的晶形发生显著改变。

习　　题

1. 简述周期性结构与点阵的关系。
2. 简述晶胞与格子的关系。
3. 证明没有立方底心布拉维格子。
4. 为什么晶体学点群有 C_{3i} 而分子点群没有?
5. 画出全部 14 种布拉维格子示意图。
6. 证明等径圆球密堆积中，球数：八面体空隙数：四面体空隙数=1：1：2。
7. 证明正负离子全接触时，$r_+/r_- = 0.225$。
8. 分别画出 CsCl、NaCl、CaF_2、金红石的晶胞示意图，写出分数坐标，指明格子型式。
9. 画出金属镁的晶胞示意图，写出分数坐标，指明格子型式和结构基元。
10. 分别画出间隙金属化合物 Fe_3C、TiC、TaN 和 WC 的晶胞示意图，写出分数坐标，指明格子型式和结构基元。
11. 分别画出 CuZn 合金(黄铜)的固溶体和化合物结构示意图并指明格子型式。
12. 金刚石、石墨、三方石墨的结构基元分别是几个碳原子?
13. 分析石墨中的化学键类型并回答为什么可以用胶带从石墨撕出石墨烯?
14. 从原子轨道角度分析合金储氢原理。
15. 从分子轨道角度解释金属导电的机理。

16. 为什么 AgCl 是 NaCl 型晶体而 AgI 是 *c*-ZnS 型晶体?

17. 用公式(6.34)分别计算 *h*-ZnS、CaF_2、金红石、α-Al_2O_3 的晶格能。

18. 金属锡有两种结构：金刚石型和四方晶系(Z = 4)，晶胞参数分别为 a = 648.9 pm 和 a = 583.2 pm，c = 318.1。分别计算其共价半径、密度，指出哪个为灰锡，哪个为白锡，为什么?

19. 指出 NaCl、CsCl、ZnS 和 CaF_2 晶体中的阴离子堆积方式和阴阳离子配位情况。

20. 简述准晶体与晶体的区别与联系。

21. 概念简答：

(1) 点阵；(2) 晶面；(3) 晶体的宏观对称性；(4) 晶体的微观对称性；(5) 晶体的自范性；(6) 晶体的各向异性；(7) 晶胞参数；(8) 共价晶体；(9) 分子晶体；(10) 无序固溶体；(11) 有序固溶体；(12) 费米能级；(13) 禁带宽度；(14) 超导体；(15) 范德华力；(16) 范德华半径；(17) 玻恩-哈伯循环；(18) 戈尔德施米特结晶化学规律；(19) 准晶体；(20) 半导体晶体。

在观察领域，机遇只偏爱有准备的头脑。

——巴斯德(L. Pasteur)

第 7 章　晶体结构分析原理 (Principles for Analyzing Crystal Structures)

1912 年，德国物理学家劳厄(M. von Laue)发现了晶体对 X 射线的衍射效应，并提出了劳厄方程，为 X 射线晶体学开了先河，荣获 1914 年的诺贝尔物理学奖。仅 4 个月后，年仅 22 岁的劳伦斯·布拉格(Sir William Lawrence Bragg)就发表了布拉格公式，可以解释劳厄方程中某些衍射线不出现的原因。但是，他不能确定完全是 X 射线的作用。随后，他与父亲亨利·布拉格(Sir William Henry Bragg)一起通过大量实验证实了确实是 X 射线对晶体的衍射作用。父子俩一起研究晶体的 X 射线衍射现象，奠定了 X 射线晶体学的基础。因此，布拉格父子荣获 1915 年的诺贝尔物理学奖。

7.1　X 射线在晶体中的衍射 (X-ray diffraction of crystals)

当 X 射线照射到晶体上时，晶体微粒中的电子就会在电磁波的作用下发生受迫振动而发射新的球面电磁波，新电磁波的频率和原频率相同(瑞利散射)，每一个微粒都是一个次生 X 射线波源。那么 X 射线的衍射在什么地方发生呢？劳厄将晶体按照三个一维点阵给出了合理的解释，布拉格将晶体按照二维点阵的堆砌给出了解释，埃瓦尔德(P. P. Ewald)把倒格子画到球面上给出了晶体衍射的圆满解释。

7.1.1　劳厄方程(Laue equation)

将 X 射线照射到最简单的一维点阵上，如图 7.1 所示。光波到达每一个点阵点的时间不同，入射光与衍射光的波长相同，只是传播方向发生了改变，入射光用波矢量 $\boldsymbol{S}_0$ 表示，衍射光用波矢量 $\boldsymbol{S}$ 表示。相邻两个点阵点造成两个波矢量 $\boldsymbol{S}$ 与 $\boldsymbol{S}_0$ 的波程差可以认为是波矢量与点阵矢量 $\boldsymbol{a}$ 相互作用的结果，记作：

$$\varDelta = \boldsymbol{S}\cdot\boldsymbol{a} - \boldsymbol{S}_0\cdot\boldsymbol{a} = \boldsymbol{a}\cdot(\boldsymbol{S}-\boldsymbol{S}_0)$$

由图中的几何关系可知两个点阵点之间的波程差为

$$\varDelta = AN - BM = a(\cos\alpha - \cos\alpha_0)$$

设入射 X 射线的波长为λ，则只有波程差是整数的条件下，才能发生衍射：

$$a(\cos\alpha - \cos\alpha_0) = h\lambda,\quad h = 0, \pm1, \pm2, \pm3, \cdots \tag{7.1}$$

晶体可以近似看作三维点阵，所以当 X 射线照射到晶体上时，规定衍射方向的劳厄方程为

$$\begin{cases} a(\cos\alpha - \cos\alpha_0) = h\lambda, & h = 0, \pm1, \pm2, \cdots \\ b(\cos\beta - \cos\beta_0) = k\lambda, & k = 0, \pm1, \pm2, \cdots \\ c(\cos\gamma - \cos\gamma_0) = l\lambda, & l = 0, \pm1, \pm2, \cdots \end{cases} \tag{7.2}$$

可见，只有当入射光与三个一维点阵全都满足衍射条件时，晶体对 X 射线的衍射才能发生(图 7.2)。衍射 X 射线与三维点阵矢量之间的夹角还应满足数学关系式：

$$\cos^2\alpha + \cos^2\beta + \cos^2\gamma = 1 \tag{7.3}$$

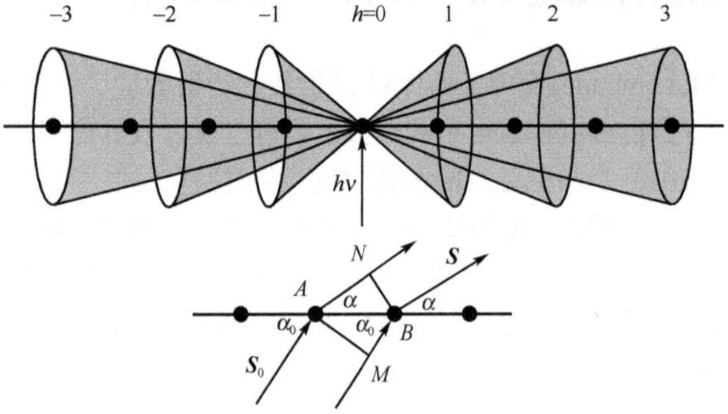

图 7.1　X 射线在一维点阵上的衍射

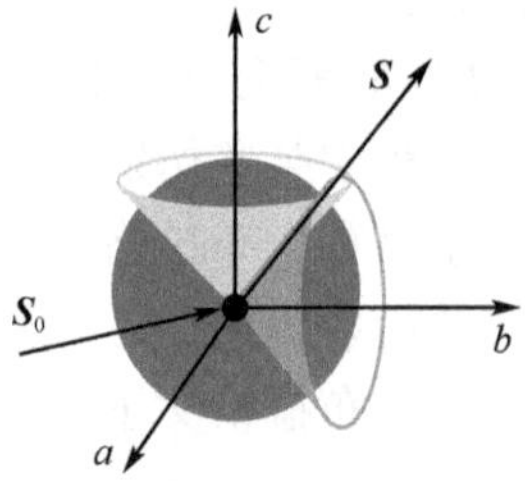

图 7.2　晶体和三维空间点阵衍射线形成示意图

7.1.2　布拉格方程(Bragg equation)

按照劳厄方程规定的衍射方向，许多晶体没有相应的衍射线产生。这个困扰劳厄的问题很快就被年轻的布拉格解决。他的解决办法是假设 X 射线在由点阵点形成的无穷多晶面上的衍射就相当于在平行的多个镜子的反射一样。晶面是客观存在的，而 X 射线相对于晶面的入射角度的改变可以产生相应的衍射线(图 7.3)。只有当相邻两个晶面对 X 射线的反射波程差Δ为整数 $n\lambda$ 时，才能发生衍射现象。此时的晶面又在许多著作中被称为等程面。

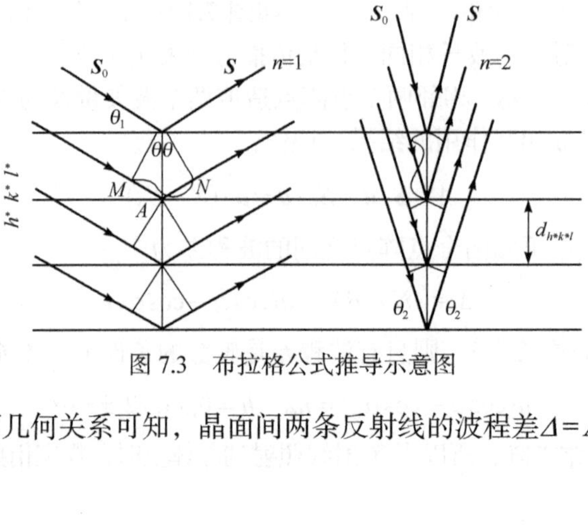

图 7.3　布拉格公式推导示意图

由图 7.3 的平面几何关系可知，晶面间两条反射线的波程差$\Delta = AM + AN$，即得出 X

射线衍射的布拉格公式：

$$2d_{h*k*l*}\sin\theta_{hkl}=n\lambda \tag{7.4}$$

式中，d_{h*k*l*} 为晶面间距离；hkl 为衍射指标；θ_{hkl} 为衍射指标相应的入射角；n 为衍射级数。如图所示，衍射指标(hkl)与晶面指标$(h^*k^*l^*)$间的关系为：$h=nh^*$，$k=nk^*$，$l=nl^*$。

7.2　倒易点阵与反射球 (Reciprocal lattice and reflection ball)

7.2.1　倒易点阵(Reciprocal lattice)

为了更详细地阐明晶体衍射的方向问题，引入倒易点阵(倒格子)的概念。晶体由于其周期性结构被描述为三维点阵，即正点阵(正格子，lattice)的基矢量分别为 $\boldsymbol{a}$、$\boldsymbol{b}$、$\boldsymbol{c}$ (单位为 Å)，现在定义下述矢量为倒格子的基矢量(单位为 Å^{-1})：

$$\boldsymbol{a}^*=2\pi\frac{\boldsymbol{b}\times\boldsymbol{c}}{\boldsymbol{a}\cdot\boldsymbol{b}\times\boldsymbol{c}}\quad \boldsymbol{b}^*=2\pi\frac{\boldsymbol{c}\times\boldsymbol{a}}{\boldsymbol{b}\cdot\boldsymbol{c}\times\boldsymbol{a}}\quad \boldsymbol{c}^*=2\pi\frac{\boldsymbol{a}\times\boldsymbol{b}}{\boldsymbol{a}\times\boldsymbol{b}\cdot\boldsymbol{c}} \tag{7.5}$$

实际上，晶体学家处理问题，不用 2π，而是直接定义：

$$\boldsymbol{a}^*=\frac{\boldsymbol{b}\times\boldsymbol{c}}{V},\quad \boldsymbol{b}^*=\frac{\boldsymbol{c}\times\boldsymbol{a}}{V},\quad \boldsymbol{c}^*=\frac{\boldsymbol{a}\times\boldsymbol{b}}{V},\quad V=\boldsymbol{a}\cdot\boldsymbol{b}\times\boldsymbol{c}=\boldsymbol{b}\cdot\boldsymbol{c}\times\boldsymbol{a}=\boldsymbol{a}\times\boldsymbol{b}\cdot\boldsymbol{c} \tag{7.5'}$$

倒格子基矢量与正格子基矢量有正交归一关系：

$$\boldsymbol{a}^*\cdot\boldsymbol{a}/2\pi=\boldsymbol{b}^*\cdot\boldsymbol{b}/2\pi=\boldsymbol{c}^*\cdot\boldsymbol{c}/2\pi=1$$

$$\boldsymbol{a}^*\cdot\boldsymbol{b}=\boldsymbol{a}^*\cdot\boldsymbol{c}=\boldsymbol{b}^*\cdot\boldsymbol{a}=\boldsymbol{b}^*\cdot\boldsymbol{c}=\boldsymbol{c}^*\cdot\boldsymbol{a}=\boldsymbol{c}^*\cdot\boldsymbol{b}=0$$

倒格子中两个格点距离的矢量(倒格矢，reciprocal lattice vector)可以用矢量 $\boldsymbol{G}$ 表达为

$$\boldsymbol{G}=h\,\boldsymbol{a}^*+k\,\boldsymbol{b}^*+l\,\boldsymbol{c}^* \tag{7.6}$$

倒格矢 $\boldsymbol{G}$ 所代表的方向与正晶格中的(hkl)晶面垂直；正晶格中晶面间距可以表达为

$$d_{(hkl)}=\frac{2\pi}{|\boldsymbol{G}|} \tag{7.7}$$

由此可以得到倒格子基矢量大小 $a^*=|\boldsymbol{a}^*|=2\pi/d_{100}$；$b^*=|\boldsymbol{b}^*|=2\pi/d_{010}$；$c^*=|\boldsymbol{c}^*|=2\pi/d_{001}$；按照晶体学定义，$V^*V=1$。

正格子中任意点处的电子密度的傅里叶函数 $n(\boldsymbol{r})$可以表达为

$$n(\boldsymbol{r})=\sum_G n_G\exp(\mathrm{i}\boldsymbol{G}\cdot\boldsymbol{r}) \tag{7.8}$$

对于晶体中的任意一个平移 $\boldsymbol{T}=m\,\boldsymbol{a}+n\,\boldsymbol{b}+p\,\boldsymbol{c}$，电子密度不变，即

$$n(\boldsymbol{r}+\boldsymbol{T})=\sum_G n_G\exp(\mathrm{i}\boldsymbol{G}\cdot\boldsymbol{r})\exp(\mathrm{i}\boldsymbol{G}\cdot\boldsymbol{T})=n(\boldsymbol{r})=\sum_G n_G\exp(\mathrm{i}\boldsymbol{G}\cdot\boldsymbol{r})$$

所以

$$\exp(\mathrm{i}\boldsymbol{G}\cdot\boldsymbol{T})=\exp[\mathrm{i}(h\boldsymbol{a}^*+k\boldsymbol{b}^*+l\boldsymbol{c}^*)\cdot(m\boldsymbol{a}+n\boldsymbol{b}+p\boldsymbol{c})]=\exp[\mathrm{i}2\pi(hm+kn+lp)]=1$$

这是因为 hkl 和 mnp 都是整数。

定义倒格子的好处是，晶体衍射图像是倒格子的映像。相反，从 SEM 和 HRTEM 得到的图像是晶体结构在真实空间的映像。这样，对于每一个晶体，都有两个点阵与其关联，一个正格子，一个倒格子，当晶体样品在样品台上被旋转时，正格子与倒格子同步旋转。

晶体中原子(离子)散射电磁波的电磁矢量的能力称为散射因子 f_i，正比于其电子密度函数 $n(\boldsymbol{r})$。如图 7.4 所示，当入射波束(波矢量 $\boldsymbol{k}=2\pi/\lambda$)在 O 点和 P 点的波程差是 $\boldsymbol{r}\sin\varphi$，位相角(相角差)$\boldsymbol{k}\cdot\boldsymbol{r}=2\pi r\sin\varphi/\lambda$；衍射波束(波矢量 $\boldsymbol{k}'$)在 O 点和 P 点的波程差是 $\boldsymbol{r}\sin\varphi'$，相角差$-\boldsymbol{k}'\cdot\boldsymbol{r}=-2\pi r\sin\varphi'/\lambda$；从 P 点处体积元 $\mathrm{d}V$ 散射的波相对于从原点 O 处体积元散射的波，其相位差因子为 $\exp[-\mathrm{i}(\boldsymbol{k}'-\boldsymbol{k})\cdot\boldsymbol{r}]$。所以晶体散射电磁波的振幅称为散射因子 f_i，由式(7.9)给出：

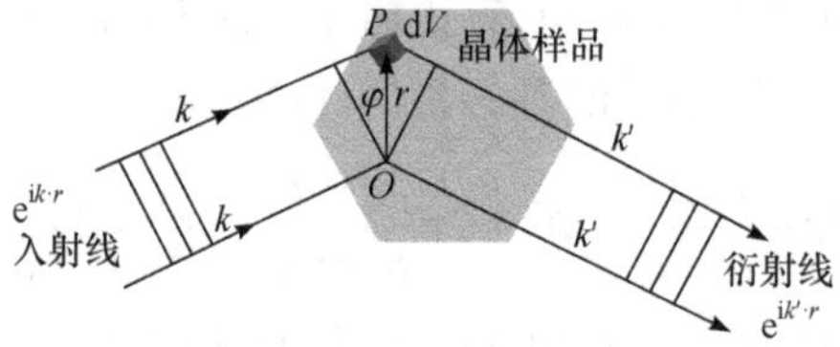

图 7.4 晶体对波矢量的衍射

$$f_i=\int n(\boldsymbol{r})\exp[-\mathrm{i}(\boldsymbol{k}'-\boldsymbol{k})\cdot\boldsymbol{r}]\mathrm{d}V=\int n(\boldsymbol{r})\exp(-\mathrm{i}\Delta\boldsymbol{k}\cdot\boldsymbol{r})\mathrm{d}V \tag{7.9}$$

电子密度的傅里叶函数 $n(\boldsymbol{r})$[式(7.8)]代入式(7.9)得

$$f_i=\sum_G n_G\exp[\mathrm{i}(\boldsymbol{G}-\Delta\boldsymbol{k})\cdot\boldsymbol{r}] \tag{7.10}$$

可见，当散射矢量$\Delta\boldsymbol{k}$ 等于一个倒格矢 $\boldsymbol{G}$ 时，即

$$\Delta\boldsymbol{k}=\boldsymbol{G} \tag{7.11}$$

相位差(幅角)为零，散射因子最大；当$\Delta\boldsymbol{k}-\boldsymbol{G}$ 越大时，相位差越大，散射因子越小，说明与原点的衍射线的波逐渐可以忽略。

在弹性散射中，光子能量守恒，散射前后，波矢量大小相等，仅方向变化，所以 $k=k'$。将式(7.11)平方，把矢量变为标量：

$$\begin{aligned}&\boldsymbol{G}+\boldsymbol{k}=\boldsymbol{k}'\\&(\boldsymbol{G}+\boldsymbol{k})^2=\boldsymbol{k}'^2\\&G^2+k^2+2\boldsymbol{k}\cdot\boldsymbol{G}=k'^2\\&G^2+2\boldsymbol{k}\cdot\boldsymbol{G}=0\\&G^2=2\boldsymbol{k}\cdot(-\boldsymbol{G})\end{aligned}$$

根据晶体中点阵平移群的定义，

$$\boldsymbol{T}=m\,\boldsymbol{a}+n\,\boldsymbol{b}+p\,\boldsymbol{c},\quad m,n,p=0,\pm1,\pm2,\pm3,\cdots$$

倒易点阵也是有一个正向的倒格子，必有一个负向的倒格子，故上式可以写作：

$$2\boldsymbol{k}\cdot\boldsymbol{G}=G^2 \tag{7.12}$$

这个公式是布拉格方程的另一种表达。

因为　$\boldsymbol{k}\cdot\boldsymbol{G}=(2\pi/\lambda)\sin\theta\, G,\quad |\boldsymbol{G}|=G=2\pi/d_{(khl)}$

所以

$$2(2\pi/\lambda)\sin\theta\, G=G^2$$

$$2(2\pi/\lambda)\sin\theta=2\pi/d_{(khl)}$$

$$2d_{(khl)}\sin\theta=\lambda \tag{7.13}$$

7.2.2　埃瓦尔德反射球(Ewald reflection ball)

通过以上分析，我们知道发生衍射的条件是衍射波与入射波的波矢量差值等于一个倒格矢$\Delta\boldsymbol{k}=\boldsymbol{G}$，用正格子的三个矢量点乘倒格矢得到：

$$\boldsymbol{a}\cdot\Delta\boldsymbol{k}=\boldsymbol{a}\cdot\boldsymbol{G}=\boldsymbol{a}\cdot(h\,\boldsymbol{a}^*+k\,\boldsymbol{b}^*+l\,\boldsymbol{c}^*)=h\,\boldsymbol{a}\cdot\boldsymbol{a}^*=h\,\boldsymbol{a}\cdot\,2\pi\frac{\boldsymbol{b}\times\boldsymbol{c}}{\boldsymbol{a}\cdot\boldsymbol{b}\times\boldsymbol{c}}=2\pi h$$

$$\boldsymbol{b}\cdot\Delta\boldsymbol{k}=\boldsymbol{b}\cdot\boldsymbol{G}=\boldsymbol{b}\cdot(h\,\boldsymbol{a}^*+k\,\boldsymbol{b}^*+l\,\boldsymbol{c}^*)=k\,\boldsymbol{b}\cdot\boldsymbol{b}^*=k\,\boldsymbol{b}\cdot\,2\pi\frac{\boldsymbol{c}\times\boldsymbol{a}}{V}=2\pi k$$

$$\boldsymbol{c}\cdot\Delta\boldsymbol{k}=\boldsymbol{c}\cdot\boldsymbol{G}=\boldsymbol{c}\cdot(h\,\boldsymbol{a}^*+k\,\boldsymbol{b}^*+l\,\boldsymbol{c}^*)=l\,\boldsymbol{c}\cdot\boldsymbol{c}^*=l\,\boldsymbol{c}\cdot\,2\pi\frac{\boldsymbol{a}\times\boldsymbol{b}}{V}=2\pi l$$

这就是劳厄方程中三个衍射圆锥的来源，要发生衍射的条件必须同时满足三个衍射圆锥相交才能发生。

埃瓦尔德根据衍射条件$\Delta\boldsymbol{k}=\boldsymbol{G}$，创立了倒易点阵与衍射的关系图(图 7.5)，被称为埃瓦尔德反射球。其核心思想是把样品置于圆心，入射光从左侧 A 点入射，照射到样品(O 点)，透射波矢量 $\boldsymbol{k}$ 到达衍射球面 B 点，衍射波矢量 $\boldsymbol{k}'$到达衍射球面的 P 点，B 点与 P 点之间为一个倒格矢。从图中的直角三角形关系可知 $2k\sin\theta=G$，即 $2(2\pi/\lambda)\sin\theta=2\pi/d_{(khl)}$，同样得到衍射发生的一般布拉格方程：$2d_{(khl)}\sin\theta=\lambda$。

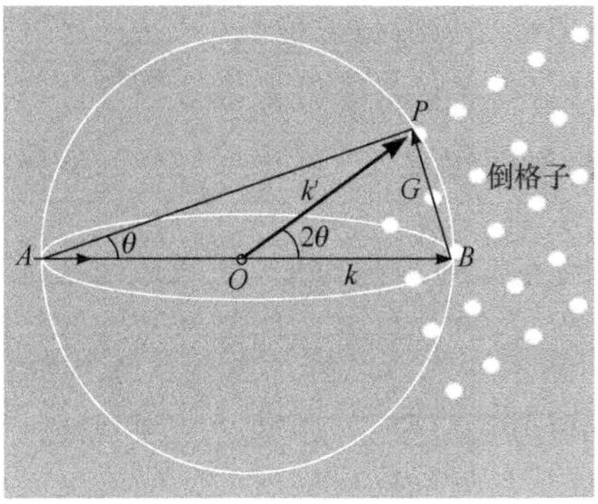

图 7.5　埃瓦尔德反射球

7.3　衍射强度与系统消光
(Diffraction intensity and systematic absences)

7.3.1　晶体的衍射强度(Diffraction intensity of crystal)

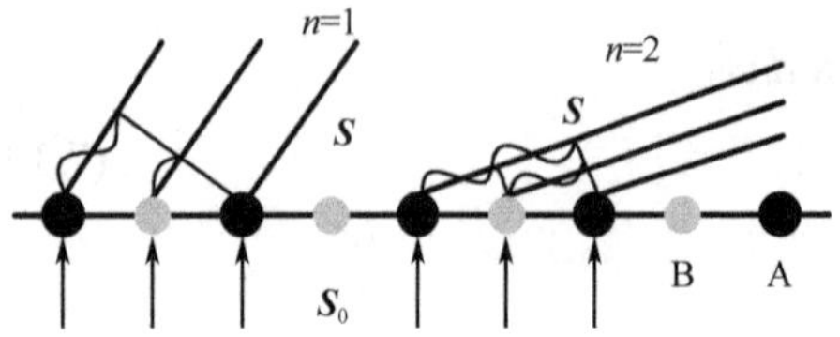

图 7.6　晶体中衍射强度的产生示意图

实际晶体中包含各种离子或原子，每一个原子或离子对 X 射线都会有衍射作用。如图 7.6 所示，当一个点阵点包含一个 A 原子和一个 B 原子时，由 A 原子组成的一维点阵产生一级衍射时，B 原子在 $\boldsymbol{a}/2$ 的位置，它的衍射波的波峰正好对应于 A 原子衍射峰的波谷，互相抵消，实际晶体衍射会得到一条弱的干涉线；而当由 A 原子组成的一维点阵产生二级衍射时，B 原子衍射波的波峰正好对应于 A 原子衍射峰的波峰，互相加强，实际晶体衍射会得到一条强的干涉线(图 7.6)。

为了精确描述晶体中各个原子/离子对衍射的贡献，定义一个结构因子 F_{hkl}。它是晶胞中所有微粒对 X 射线衍射的总效果。

$$F_{hkl}=\sum_{i=1}^{n}f_i\exp[2\pi \mathrm{i}(hx_i+ky_i+lz_i)] \tag{7.14}$$

式中，f_i 为散射因子，正比于微粒中的电子个数；(hkl)为衍射指标；(x_i, y_i, z_i)为晶胞中微粒的分数坐标；n 为晶胞中的微粒数。

将晶胞中 O 点微粒对 X 射线散射后新波的位相规定为零，其坐标为(0,0,0)，其他各微粒的坐标为(x_i,y_i,z_i)，显然，其他微粒接收到 X 射线的时间都比位于原点的微粒更迟，所以，其散射线的位相角与原点的不同。

由图 7.7 可知，晶胞中任意一个微粒占据晶胞的 P 点，坐标(x_i,y_i,z_i)，它与原点的向量为 $\boldsymbol{r}_i$，所产生 X 射线衍射线与 O 点的波程差为

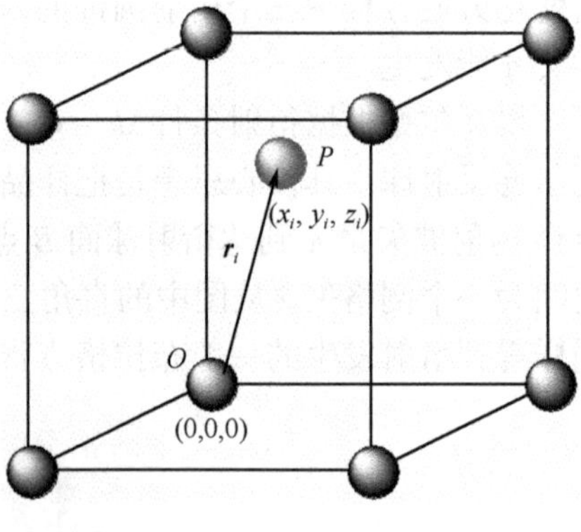

图 7.7　晶胞中微粒分布

$$\varDelta_i=\boldsymbol{r}_i\cdot(\boldsymbol{S}-\boldsymbol{S}_0)=(\boldsymbol{a}x_i+\boldsymbol{b}y_i+\boldsymbol{c}z_i)(\boldsymbol{S}-\boldsymbol{S}_0)\xlongequal{\text{将劳厄方程代入}}(hx_i+ky_i+lz_i)\lambda$$

由光学知识可知，波长相同的系列光波之叠加就是其振幅和位相角的代数和。P 点微粒与原点微粒衍射光的位相角(相角差)为

$$\alpha_i=2\pi\frac{\varDelta_i}{\lambda}=2\pi(hx_i+ky_i+lz_i)$$

P 点微粒对衍射光的贡献为 $f_i\mathrm{e}^{\mathrm{i}\alpha_i}=f_i\exp[2\pi \mathrm{i}(hx_i+ky_i+lz_i)]$，故得式(7.14)。

事实上，晶体的衍射强度 I 与结构因子模的平方成正比：

$$I_{hkl} \propto \left|F_{hkl}\right|^2 \tag{7.15}$$

7.3.2 点阵的系统消光(Systematic absences of lattices)

按照点阵考察晶体的消光规律称为晶体的系统消光。所有晶系的简单格子没有系统消光，因为格子中只有一个点阵点，坐标为(0,0,0)。其余的点阵格子都有不同的消光规律。按照劳厄方程计算出的衍射线，而实际没有出现，称为消光。

1. 体心格子

具有体心格子的晶体有两个点阵点，分数坐标分别为(0,0,0)，(1/2,1/2,1/2)。代入式(7.14)得

$$\begin{aligned}F_{hkl} &= \sum_{i=1}^{n} f_i \exp[2\pi\mathrm{i}(hx_1 + ky_i + lz_i)]\\ &= f + f\exp\left[2\pi\mathrm{i}\left(h\frac{1}{2}+k\frac{1}{2}+l\frac{1}{2}\right)\right]\\ &= f + f\exp\left[\mathrm{i}(h+k+l)\pi\right]\\ &= f[1+\cos(h+k+l)\pi]\end{aligned}$$

可见，当衍射指标 hkl 之和为奇数时，结构因子 F_{hkl} 为零，衍射强度为零，出现系统消光。

例如，纯 Fe 晶体属于立方体心格子，(100)晶面一级衍射的结构因子为零，无衍射：

$$F_{100} = \sum_{i=1}^{2} f_{\mathrm{Fe}} \exp[2\pi\mathrm{i}(hx_i + ky_i + lz_i)] = f_{\mathrm{Fe}} + f_{\mathrm{Fe}}\exp\left[2\pi\mathrm{i}\left(h\frac{1}{2}\right)\right] = f_{\mathrm{Fe}}(1+\cos\pi) = 0$$

(110)晶面一级衍射的结构因子为

$$F_{110} = f_{\mathrm{Fe}} + f_{\mathrm{Fe}}\exp\left[2\pi\mathrm{i}\left(h\frac{1}{2}+k\frac{1}{2}\right)\right] = f_{\mathrm{Fe}}(1+\cos 2\pi) = 2f_{\mathrm{Fe}}$$

有衍射，而对于具有立方简单格子的 CsCl 晶体，没有消光，但是衍射线有强弱之分。

(100)晶面一级衍射的结构因子为弱线：

$$F_{100} = f_{\mathrm{Cs}^+} + f_{\mathrm{Cl}^-}\exp\left[2\pi\mathrm{i}\left(h\frac{1}{2}\right)\right] = f_{\mathrm{Cs}^+} - f_{\mathrm{Cl}^-}$$

(110)晶面一级衍射的结构因子为强线：

$$F_{110} = f_{\mathrm{Cs}^+} + f_{\mathrm{Cl}^-}\exp\left[2\pi\mathrm{i}\left(h\frac{1}{2}+k\frac{1}{2}\right)\right] = f_{\mathrm{Cs}^+} + f_{\mathrm{Cl}^-}$$

2. 面心格子

具有立方面心格子的晶体有四个点阵点，分数坐标分别为(0,0,0)，(1/2,1/2,0)，(1/2,0,1/2)，(0,1/2,1/2)。代入式(7.14)得

$$F_{hkl}=\sum_{i=1}^{n}f_i\exp[2\pi i(hx_i+ky_i+lz_i)]$$
$$=f+f\exp\left[2\pi i\left(h\frac{1}{2}+k\frac{1}{2}\right)\right]+f\exp\left[2\pi i\left(h\frac{1}{2}+l\frac{1}{2}\right)\right]+f\exp\left[2\pi i\left(k\frac{1}{2}+l\frac{1}{2}\right)\right]$$
$$=f[1+\cos(h+k)\pi+\cos(h+l)\pi+\cos(k+l)\pi]$$

可见，当衍射指标 hkl 为奇数和偶数混杂时，结构因子 F_{hkl} 为零，衍射强度为零，出现系统消光。

例如，NaCl 晶体，(100)和(110)衍射的结构因子为零，无衍射(消光)。

(111)和(200)衍射的结构因子不为零，有衍射。

$$F_{100}=\sum_{i=1}^{n}f_i\exp[2\pi i(hx_i+ky_i+lz_i)]$$
$$=f_{Cl^-}+f_{Cl^-}\left\{\exp\left[2\pi i\left(h\frac{1}{2}+k\frac{1}{2}\right)\right]+\exp\left[2\pi i\left(h\frac{1}{2}+l\frac{1}{2}\right)\right]+\exp\left[2\pi i\left(k\frac{1}{2}+l\frac{1}{2}\right)\right]\right\}$$
$$+f_{Na^+}\left\{\exp\left[2\pi i\left(h\frac{1}{2}+k\frac{1}{2}+l\frac{1}{2}\right)\right]+\exp\left[2\pi i\left(h\frac{1}{2}\right)\right]+\exp\left[2\pi i\left(k\frac{1}{2}\right)\right]+\exp\left[2\pi i\left(l\frac{1}{2}\right)\right]\right\}$$
$$=f_{Cl^-}(1+\cos\pi+\cos\pi+\cos 0\pi)+f_{Na^+}(\cos\pi+\cos\pi+\cos 0\pi+\cos 0\pi)=0$$

$$F_{110}=f_{Cl^-}(1+\cos 2\pi+\cos\pi+\cos\pi)+f_{Na^+}(\cos 2\pi+\cos\pi+\cos\pi+\cos 0\pi)=0$$

$$F_{111}=f_{Cl^-}(1+\cos 2\pi+\cos 2\pi+\cos 2\pi)+f_{Na^+}(\cos 3\pi+\cos\pi+\cos\pi+\cos\pi)$$
$$=4f_{Cl^-}-4f_{Na^+}$$
弱线

$$F_{200}=f_{Cl^-}(1+\cos 2\pi+\cos 2\pi+\cos 0\pi)+f_{Na^+}(\cos 2\pi+\cos 2\pi+\cos 0\pi+\cos 0\pi)$$
$$=4f_{Cl^-}+4f_{Na^+}$$
强线

其他格子及微观对称元素造成的消光见表 7.1。实验中正是通过测定晶体的系统消光，为确定晶体的空间群提供支持和验证。

表 7.1　晶体的点阵格子和微观对称元素系统消光

衍射指标	格子/微观对称元素	消光条件	备注
hkl	P	无	简单格子
	I	$H+k+l=$ 奇数	体心格子
	F	h、k、l 奇偶混杂	面心格子
	A	$K+l=$ 奇数	A 面底心格子
hkl	B	$H+l=$ 奇数	B 面底心格子
	C	$H+k=$ 奇数	C 面底心格子
	R	$-h+k+l\neq 3n$	六方 R 心格子
$0kl$	b	$k=$ 奇数	$b/2$

续表

衍射指标	格子/微观对称元素	消光条件	备注
0*kl*	*c*	*l*= 奇数	*c*/2
	n	*K*+*l*= 奇数	(*b*+*c*)/2
	d	*K*+*l*≠4*n*	(*b*+*c*)/4
00*l*	$2_1,4_2,6_3$	*l*= 奇数	*c*/2
	$3_1,3_2,6_2,6_4$	*l*≠3*n*	*c*/3
	$4_1,4_3$	*l*≠4*n*	*c*/4
	$6_1,6_5$	*l*≠6*n*	*c*/6

由以上讨论可以看出，点阵给出最普遍的衍射规律，而结构因子则通过晶胞中每一个微粒对衍射的贡献可以计算出衍射线的消光或强弱之分，是进行晶体结构解析的最重要参数。

7.4 照　相　法
(Photographic method)

7.4.1　劳厄照相法(Laue photography)

劳厄照相法采用白色 X 射线即多波长混合的 X 射线照射固定在支架上的单晶体，背景置一个平面的感光底片，底片前放一个 X 射线吸收胼吸收透射光。实验在暗室中进行。劳厄照相法可以确定晶体的对称性，如图 7.8 所示，晶体若有 4 次对称轴，则在这个方向的衍射会得到四个绕中心 4 次轴分布的亮点。对于人工生长的许多晶体，如人工合成石英晶体等，均需要用劳厄法或依此原理设计的 X 射线定向仪确定晶体的轴向。常见的准晶体有 5 次旋转轴和 10 次反轴(图 7.8)。

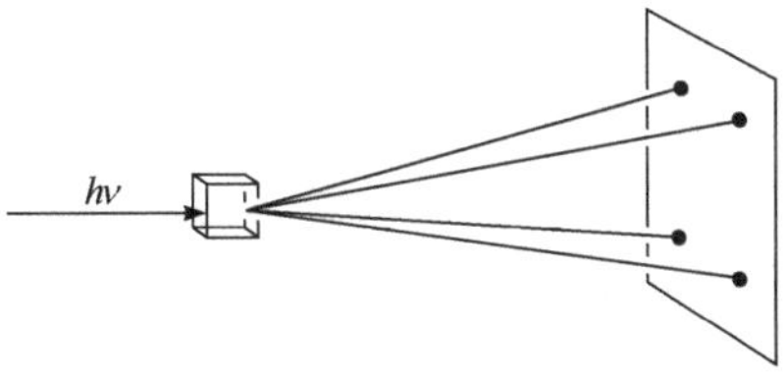

(a)

(b)

图 7.8　劳厄照相法示意图(a)和准晶体的主轴方向衍射图(b)

7.4.2　旋转照相法(Rotational photography)

旋转照相法使用单色 X 射线，转动晶体以增加 X 射线满足衍射的条件。照相底片为圆柱形安置，将晶体包围在圆心点(图 7.9)。

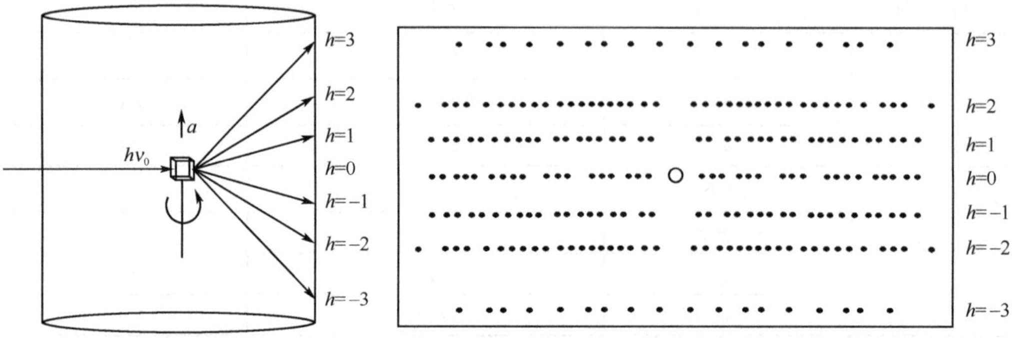

图 7.9　旋转照相法示意图

衍射发生的条件按照劳厄方程(7.2)给出，由于要同时满足三个衍射条件，因此得到的是不连续的衍射点。展开胶片后如图 7.9 所示，有零级衍射层 $h=0$，一级衍射层 $h=\pm1$ 等。

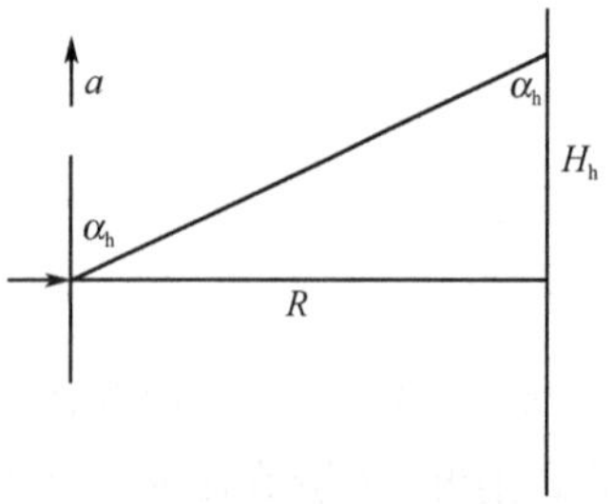

图 7.10　旋转照相法衍射条件

由图 7.10 可知，X 射线与晶轴为直角关系，当晶体绕 a 轴旋转时有入射角 $\alpha_0 = 90°$，已知照相底片的半径 R 和衍射线到中心的距离 H_h，那么，所有衍射应满足

$$a(\cos\alpha - \cos\alpha_0) = h\lambda, \quad h = 0, \pm1, \pm2, \pm3, \cdots$$

可以计算出衍射角 α_h：

$$\cos\alpha_h = \frac{H_h}{\sqrt{R^2 + H_h^2}} \tag{7.16}$$

进而可以求得晶胞参数 a：

$$a = \frac{h\lambda}{\cos\alpha_h} = \frac{h\lambda\sqrt{R^2 + H_h^2}}{H_h} \tag{7.17}$$

变换晶体的方向分别使得 b 或 c 与入射 X 射线垂直，得到衍射照片计算出晶胞参数 b 和 c：

$$b = \frac{k\lambda}{\cos\alpha_k} = \frac{k\lambda\sqrt{R^2 + H_k^2}}{H_k}, \quad c = \frac{l\lambda}{\cos\alpha_l} = \frac{l\lambda\sqrt{R^2 + H_l^2}}{H_l} \tag{7.18}$$

测定晶体的晶胞参数是旋转照相法的主要应用。当测定晶体的密度 ρ 后，可以求得晶胞中分子的个数 Z：

$$Z = \frac{V\rho}{M / N_A} \xlongequal{\text{正交晶系}} \frac{abc\rho}{M / N_A} \tag{7.19}$$

7.4.3　粉末照相法(Powder photography)

晶体在生长过程中，由于杂质、振动等因素使得到的晶体变为孪晶、多晶体等。而许多情况下得到固体粉末，得不到晶体。对于孪晶和多晶，在进行单晶衍射前，一定要用切割刀将它们分解为更小的单晶体然后进行衍射实验。因此，多晶体是不能进行衍射实验的。因为理论体系是将晶体作为点阵描述而得到晶体衍射的劳厄和布拉格方程。晶体是具有周期结构的、透明的、透光的固体。而粉末是颗粒很小的晶体又称为微晶体。就像要将孪晶和多晶体用刀切割一样，进行固体粉末衍射实验前，也要将其进行研磨以破坏微晶体内部的缺陷，使其更接近单晶体(点阵)的条件。

晶体粉末样品的制备一般是用玛瑙研钵研磨至晶粒尺寸约为微米级即可，如果太细会使衍射线变宽，分辨率降低。一个微小的晶粒中包含所有的晶体信息：晶胞参数、晶面、晶胞中微粒的分布等。粉末衍射是按照布拉格方程规定的衍射方向进行。由图 7.11 可知，一粒微晶包含晶面指标为$(h^*k^*l^*)$的晶面在入射角为θ 时发生 hkl 衍射；在大量粉末样品中，必然有与之相对的晶面$(-h^*-k^*-l^*)$或记作$(\overline{h^*}\overline{k^*}\overline{l^*})$的晶面与入射 X 射线的夹角为$\theta$。由此，得到的衍射照片就一定是一个满足衍射条件的对称衍射图(图 7.12，衍射图的一半)。

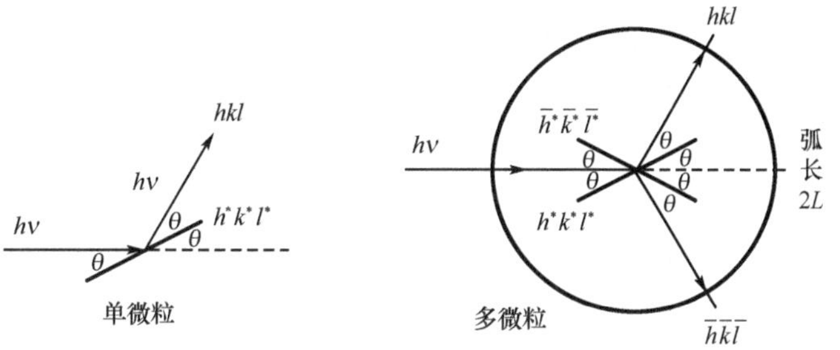

图 7.11　粉末照相法衍射示意图

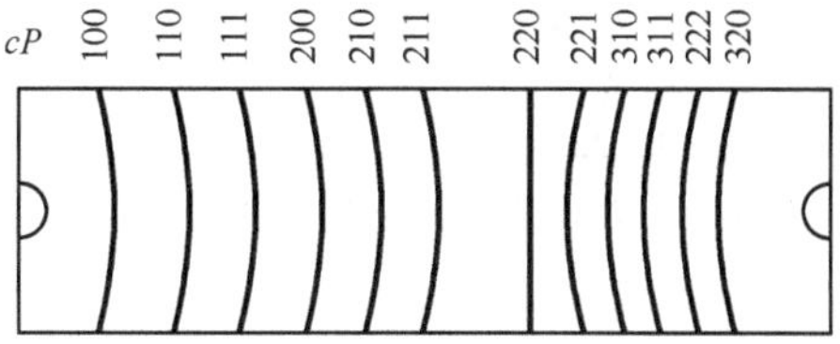

图 7.12　立方简单晶体的粉末照相法谱图示意图及其衍射指标

可以根据衍射图的一半对晶体进行分析。根据布拉格方程$2d_{h^*k^*l^*}\sin\theta_{hkl}=n\lambda$以及不同晶系晶体的消光规律，指定衍射图的每一条谱线对应的衍射指标，这个工作称为晶体粉末衍射的指标化。

由图 7.11 可以得到衍射实验条件为

$$4\theta=\frac{2L}{R} \tag{7.20}$$

$$\theta = \frac{L}{2R} = \frac{180}{\pi}\frac{L}{2R} = \frac{57.3L}{2R} \tag{7.21}$$

实验仪器一般设计的照相机直径 $2R$(相纸的直径)为 57.3 mm，由式(7.21)可知 L 的毫米数即为衍射角θ的度数。

以立方晶系为例进行指标化工作，将立方晶系晶面间距离的公式

$$d_{h^*k^*l^*} = \frac{a}{\sqrt{h^{*2}+k^{*2}+l^{*2}}}$$

代入布拉格方程得到各条衍射线之间的关系为

$$\sin^2\theta_i = \frac{(n\lambda)^2}{4d_{h^*k^*l^*}^2} = \frac{n^2\lambda^2}{4a}(h_i^{*2}+k_i^{*2}+l_i^{*2}) = \frac{\lambda^2}{4a}(h^2+k^2+l^2) \tag{7.22}$$

$$\frac{\sin^2\theta_i}{\sin^2\theta_1} = \frac{h_i^2+k_i^2+l_i^2}{h_1^2+k_1^2+l_1^2} \tag{7.23}$$

由立方晶系的系统消光规律可知衍射指标平方和 $h^2+k^2+l^2$ 具有如下规律：

立方简单(cP)缺 7：1,2,3,4,5,6,8,9,10,11,12,13,14,16,18,19,20…

立方体心(cI)不缺 7：2,4,6,8,10,12,14,16,18,20,22,24,26,30,…

立方面心(cF)双单线交替：3,4,8,11,12,16,19,20,24,27,32,35,36…

将实验得到的立方晶系粉末晶体的上述数据比值进行逆向操作，把衍射峰对应的晶面指标写出来的过程称为立方晶系衍射峰的指标化。如图 7.13 所示，是将旋转照相法得到的胶片展开，直接把衍射指标标记在旁边。对于其他晶系的样品可以用计算程序模拟，也可以对照标准样品进行指标化。

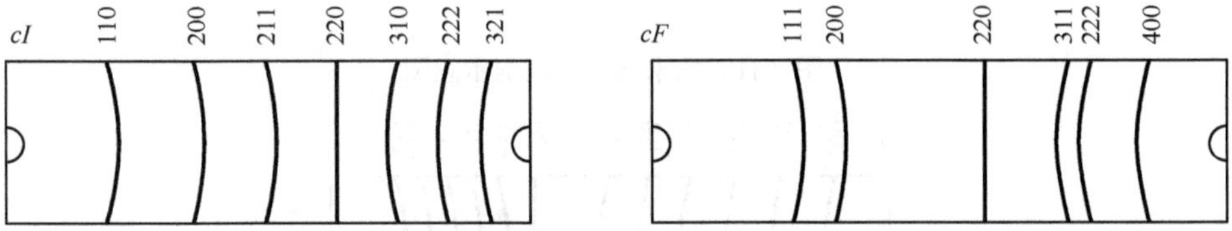

图 7.13　立方体心和立方面心晶体的粉末照相法谱图示意图及其衍射指标

7.5 衍 射 仪 法
(Diffractometer method)

7.5.1 粉末衍射仪法(Powder diffractometer method)

粉末衍射仪的工作原理如图 7.11 和图 7.14 所示，样品架以ω角速度旋转，计数器以 2ω 角速度旋转以得到衍射信号，然后经计算机转换后，输出谱图。例如，图 7.15 为 NaCl 粉末晶体的衍射仪法得到的衍射图(Cu $K_{\alpha 1}$，λ = 154.05 pm，$K_{\alpha 2}$，λ = 154.25 pm)，横坐标为 2θ 角，纵坐标为衍射强度(intensity)。由前面系统消光讨论可知，111 为弱线，200

衍射为强线，实验结果与理论预测完全一致。311、331、333 等 $h+k+l$ 为奇数的衍射均为弱线，也是由结构因子决定的。得到的数据，对于立方晶系也是应用公式(7.23)进行指标化，然后求解晶体的晶胞参数 a。

图 7.14　X 射线粉末衍射仪

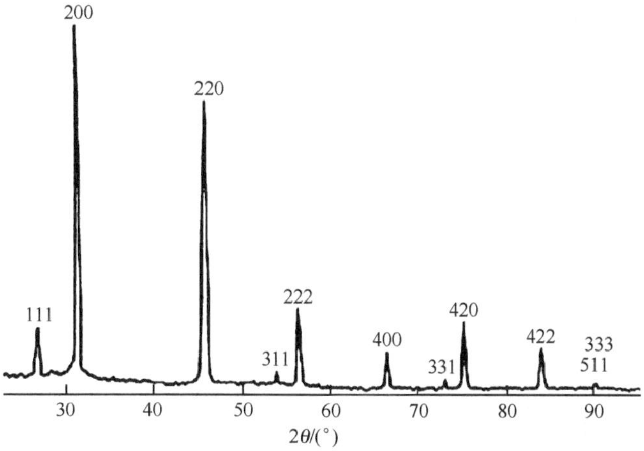

图 7.15　NaCl 晶体的粉末衍射图

例 7.1　微粒平均粒径的计算。当晶体的微晶尺寸小到 10 nm 左右时，衍射峰的宽度会有显著的宽化效应，可以根据谢乐(Sherrer)公式对样品的粒径做大致估算：

$$D=\frac{K\lambda}{\beta\cos\theta}=\frac{0.9\lambda}{\beta\cos\theta} \tag{7.24}$$

式中，D 为平均直径；K 为晶粒的二维形状参数，一般为 0.9；β 为衍射线的半峰宽(弧度)；θ为谱峰对应的布拉格衍射角。

图 7.16 为立方 ZnS 纳米颗粒和六方 CdS 纳米颗粒的 X 射线粉末衍射图，从中可以由谢乐公式计算出纳米颗粒的尺寸分别为 5 nm 和 30 nm。

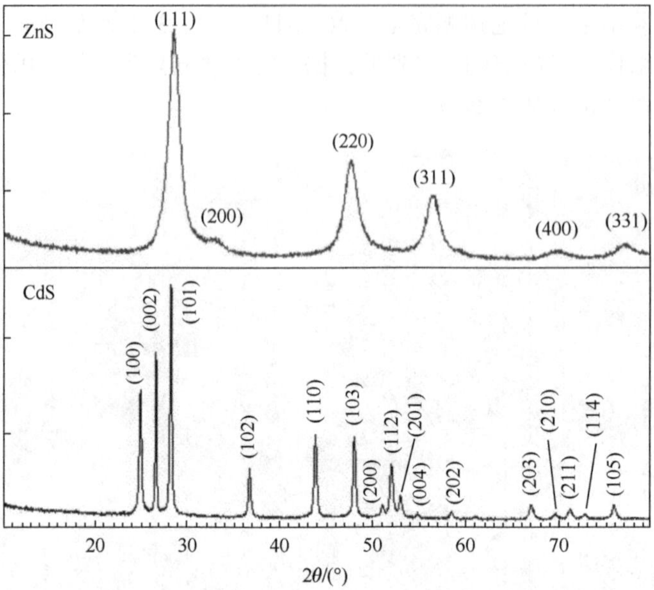

图 7.16　ZnS 和 CdS 纳米晶体的粉末衍射图

7.5.2　单晶衍射仪法(Single crystal diffractometer)

晶体结构的准确测定是通过四圆单晶衍射仪进行的。仪器的工作原理见图 7.17。四个圆的设计是为了更多更好地满足布拉格方程规定的衍射条件。仪器一般使用 Mo 靶 K_α，$\lambda = 71.007$ pm，比铜靶得到更多的衍射线。

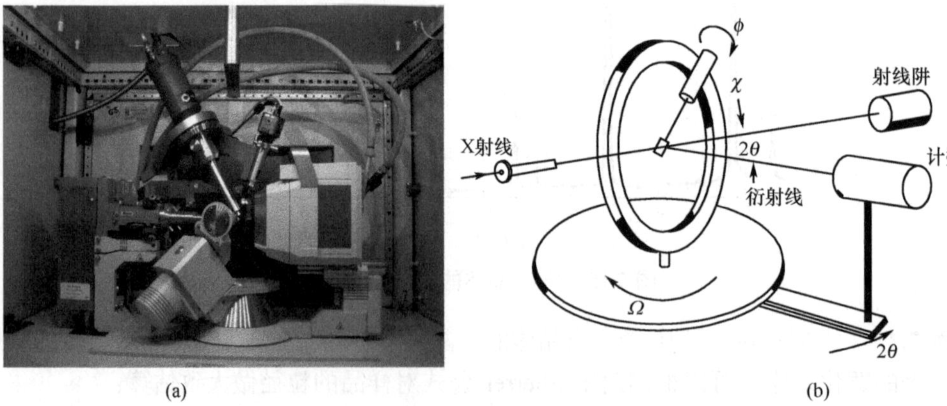

图 7.17　X 射线四圆单晶衍射仪及其工作原理示意图

得到晶体所有的衍射线后，求解晶体中每一个原子的坐标位置是一项细致的工作。定义晶体晶胞中某一点(XYZ)的电子密度函数为$\rho(XYZ)$，这一点上占据什么原子或离子并不知道，但是从理论上讲，它对于晶体的每一条衍射线都是有贡献的，所以有

$$\rho(XYZ)=\frac{1}{V}\sum_h\sum_k\sum_l F_{hkl}\exp[-2\pi i(hX+kY+lZ)] \tag{7.25}$$

式中，V 为晶胞体积；hkl 为衍射指标。

求出晶胞中每一个点的电子密度函数ρ值后，将其在空间某点附近连出等值线图，原子的位置就坐落在 ρ 值相对较大的地方。最初的晶体结构解析技术是重原子法，通过先确定重原子衍射结构因子的位相角α_i，$F_{hkl}=\sum_{i=1}^{n} f_i \exp[2\pi i(hx_i+ky_i+lz_i)] \overset{实验中}{=\!=\!=} \left|F_{hkl}\right| e^{i\alpha}$ [式(7.14)]，再通过电子密度函数求解其他原子的位相角。现在大部分晶体结构的解析方法是直接解法，已经超出本课程的范围，会在研究生课程或专业书籍中讲到。图 7.18 展示了一个钼配合物是活化氮气得到的含有 Mo—N 键的配合物(CCDC 2126073，diamond program)，类似的金属与氮原子或分子直接配位形成金属有机配合物已经报道了很多，也为人工固氮探索可能的路径做出努力。单晶结构数据库有：剑桥晶体数据中心(The Cambridge Crystallographic Data Centre，CCDC，https://www.ccdc.cam.ac.uk/solutions/csd-core/ components/csd/)。另外，还有无机晶体结构数据库(Inorganic Crystal Structure database，ICSD，https://icsd.products.fiz-karlsruhe.de/)；金属结构数据库(Metals and Alloys Crystallographic Database，CRYSTMET，https://en.iric.imet-db.ru/DBinfo.asp?idd=25；http://www.tothcanada.com/)；蛋白质数据库(Protein Data Bank，PDB，http://www.rcsb.org/pdb/)；生物大分子晶体数据库 (Biological Marcomolecule Crystallization Database，BMCD，http://bmcd.ibbr.umd.edu/)；核酸数据库(Nucleic Acid Database，NAD)；晶体学开放数据库(Crystallography Open Database，COD，http://www.nanocrystallography.org/)。COD 储存晶体学数据、原子坐标参数以及详细的化学内容和参考文献，它是以计算机控制管理的数据库。它对所收集的大量分子结构数据进行了全面的、广泛的整理、核对和质量评价，因此它所提供的数据比原始文献更为准确。这些信息由可靠的、恰当的软件管理，可以更方便地检索、筛选和进行系统的分析，还可对数据进行加工并绘成各种规格的图形。

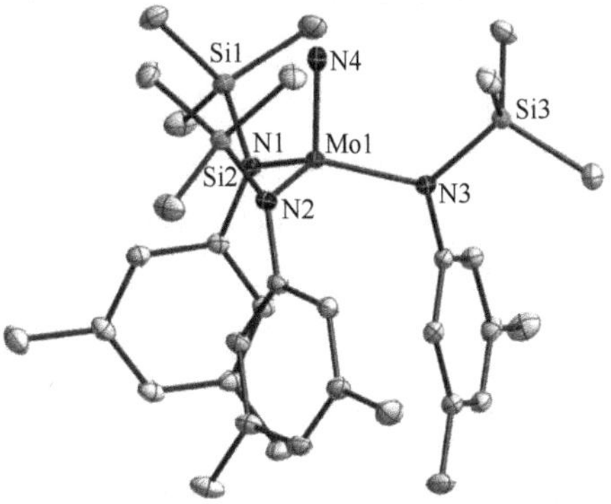

图 7.18　金属有机钼配合物 N≡Mo[N(TMS)Ar]$_3$ 晶体结构(隐氢图)

必须指出的是，X 射线衍射法是 X 射线与晶体中各个微粒中电子相互作用的结果，氢原子由于只含有一个电子，故衍射能力很弱而被背景掩盖。因此，不能直接得到氢原子的坐标，所有晶体结构中的氢原子都是理论加入的。只有通过中子衍射实验才能准确确定氢原子在晶胞中的位置，因为中子衍射是中子与原子核作用的结果，与电子无关。

7.6　物相分析方法
(Phase analysis method)

对未知固体(晶体)物质进行分析的一般方法是首先进行 X 射线光电子能谱(XPS)元素定性分析或进行电感耦合等离子体原子发射光谱(ICP-AES)实验，分析样品的化学组成。对于晶体物质，由于它们生成条件的不同会有不同的结晶型式。

1969 年成立了国际性的粉末衍射标准联合会(Joint Committee on Powder Diffraction Standard，JCPDS)，由它负责编辑出版粉末衍射卡片(JCPDS 卡)，由于计算机的发展，目前的数据多以电子版查询，称 PDF(Powder Diffraction File)卡片，出版了 36 集共 4 万多张 PDF 卡片。目前，联合会的名称已经修改为 The International Centre for Diffraction Data(ICDD)，2023 年发布的 PDF 文件有 1143236 个。网站为 http://www.icdd.com/。

X 射线对固体粉末样品结晶状态的定性分析，一般称为物相分析。物相分析的方法是根据已有的粉末衍射数据对未知样品进行分析的工作。

任何一种结晶物质都具有特定的晶体结构(包括结构类型，晶胞的形状和大小，晶胞中原子、离子或分子的品种、数目和位置)。在一定波长的 X 射线照射下，每种晶体物质都给出自己特有的衍射花样(衍射线的数目、位置和强度，即 d-I 数据组)，这就是物质的特征，因此就可以由衍射花样来定性鉴别物相。

方法：将待分析固体物质研磨到微米级，用 X 射线衍射仪测定样品的衍射花样(d-I 数据组)；计算面间距 d 值和测定相对强度 I/I_1 值(I_1 为最强线的强度)。2θ 角和 d 值的精度分别为 0.01°和 0.001；然后与 JCPDF 卡片或 PDF 文件进行对照，从而确定物质的相。

检索 JCPDS 卡片：用三强线的 d-I/I_1 值在 PDF 卡片索引中查出被测相的条目，核对八强线的 d-I/I_1 值，若基本符合，则由条目中的卡片编号找出 JCPDS 卡片，核对全部 d-I/I_1 值。检索 PDF 卡片既可人工检索，也可计算机自动检索。根据检索结果及经验，判定并给出与被测相一致的 JCPDS 卡片或 PDF 卡片。

对于混合样品，可以根据已有的化学知识和衍射峰的形状和大小进行定性的分析。杂质峰能出现 2～3 条峰即可确定其存在，一般地，当一种组分含量小于 5%时，很难出现衍射峰。应用计算机进行检索，则更为便捷和准确。以 NaCl 为例说明卡片中各个部分的信息。

① 5-628 ② ③

d	2.82	1.99	1.63	3.26	NaCl Sodium Chloride (Halite) ④	★
I/I_1	100	55	15	13		

Rad. Cu Kα_1 λ 1.5405 Filter Ni Dia. Cut off I/I_1 Diffractometer $I/I_{cor.}$ Ref. Swason and Fuyat, NBS Circular 539, Vol. 2, 41 (1953)	⑤
Sys. Cubic S.G. $Fm3m$(225) a_0 5.6402 b_0 c_0 A C α β γ Z 4 D_x 2.164 Ref. Ibid	⑥
eα n$\omega\beta$ 1.542 eγ Sign 2v D mp Color colorless Ref. Ibid	⑦
An ACS reagent grade sample recrystallized twice from hydrochloric acid X-ray pattern at 26℃ Merck index, 8th Ed., p. 956 Halite-galens-periclase group.	⑧

d Å	I/I_1	khl	d Å	I/I_1	khl
3.258	13	111			
2.821	100	200			
1.994	55	220			
1.701	2	311			
1.628	15	222			
1.410	6	400			
1.294	2	331			
1.261	11	420			
1.1515	7	422		⑨	
1.0855	1	511			
0.9969	2	440			
0.9533	1	531			
0.9401	3	600			
0.8917	4	620			
0.8601	1	533			
0.8503	3	622			
0.8141	2	444			

注：①卡号；②三强线；③第一条衍射线；④样品名称；⑤衍射方法；⑥晶体数据；⑦光学和其他数据；⑧特殊说明；⑨衍射数据；★表示数据质量。

最新的 PDF 卡片信息有所变化，增加了分子量、ACS 号、空间格子、衍射峰的线状模拟图等。取消三强线和第一条衍射线的 d 值。直接给出 2θ角度代替 d 值等。图 7.19 为最新的 PDF 卡片实例图片。

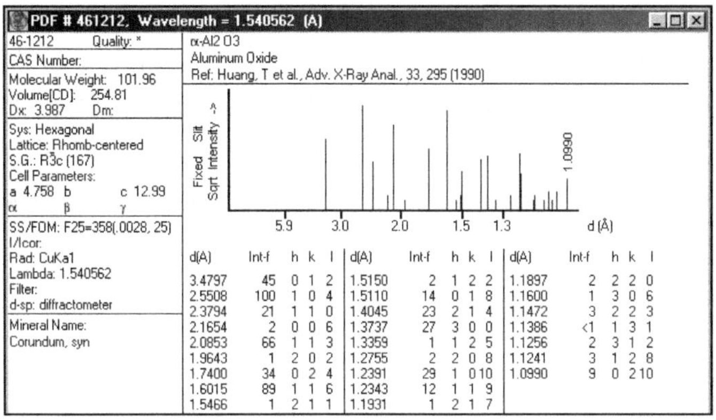

d(A)	Int-f	h	k	l	d(A)	Int-f	h	k	l	d(A)	Int-f	h	k	l
3.4797	45	0	1	2	1.5150	2	1	2	2	1.1897	2	2	2	0
2.5508	100	1	0	4	1.5110	14	0	1	8	1.1600	1	3	0	6
2.3794	21	1	1	0	1.4045	23	2	1	4	1.1472	3	2	2	3
2.1654	2	0	0	6	1.3737	27	3	0	0	1.1386	<1	1	3	1
2.0853	66	1	1	3	1.3359	1	1	2	5	1.1256	2	3	1	2
1.9643	1	2	0	2	1.2755	2	2	0	8	1.1241	3	1	2	8
1.7400	34	0	2	4	1.2391	29	1	0	10	1.0990	9	0	2	10
1.6015	89	1	1	6	1.2343	12	1	1	9					
1.5466	1	2	1	1	1.1931	1	2	1	7					

(a)

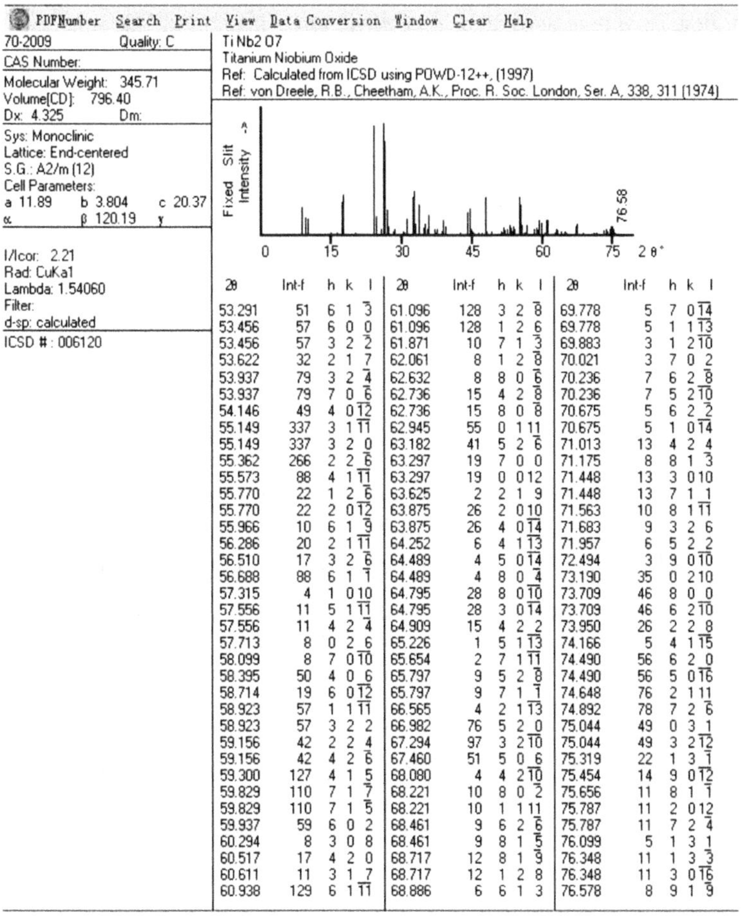

2θ	Int-f	h	k	l	2θ	Int-f	h	k	l	2θ	Int-f	h	k	l
53.291	51	6	1	$\bar{3}$	61.096	128	3	2	$\bar{8}$	69.778	5	7	0	$\overline{14}$
53.456	57	6	0	0	61.096	128	1	2	6	69.778	5	1	1	$\overline{13}$
53.456	57	3	2	$\bar{2}$	61.871	10	7	1	$\bar{3}$	69.883	3	1	2	$\overline{10}$
53.622	32	2	1	7	62.061	8	1	2	$\bar{8}$	70.021	3	7	0	2
53.937	79	3	2	$\bar{4}$	62.632	8	8	0	$\bar{6}$	70.236	7	6	2	$\bar{8}$
53.937	79	7	0	$\bar{6}$	62.736	15	4	2	$\bar{8}$	70.236	7	5	2	$\overline{10}$
54.146	49	4	0	$\overline{12}$	62.736	15	8	0	$\bar{8}$	70.675	5	6	2	$\bar{2}$
55.149	337	3	1	$\overline{11}$	62.945	55	0	1	11	70.675	5	1	0	$\overline{14}$
55.149	337	3	2	0	63.182	41	5	2	$\bar{6}$	71.013	13	4	2	4
55.362	266	2	2	$\bar{6}$	63.297	19	7	0	0	71.175	8	8	1	$\bar{3}$
55.573	88	4	1	$\overline{11}$	63.297	19	0	0	12	71.448	13	3	0	10
55.770	22	1	2	$\bar{6}$	63.625	2	2	1	9	71.448	13	7	1	1
55.770	22	2	0	$\overline{12}$	63.875	26	2	0	10	71.563	10	8	1	$\overline{11}$
55.966	10	6	1	9	63.875	26	4	0	$\overline{14}$	71.683	9	3	2	6
56.286	20	2	1	$\overline{11}$	64.252	6	4	1	$\overline{13}$	71.957	6	5	2	2
56.510	17	3	2	$\bar{6}$	64.489	4	5	0	$\overline{14}$	72.494	3	9	0	$\overline{10}$
56.688	88	6	1	$\bar{1}$	64.489	4	8	0	$\bar{4}$	73.190	35	0	2	10
57.315	4	1	0	10	64.795	28	8	0	$\overline{10}$	73.709	46	8	0	0
57.556	11	5	1	$\overline{11}$	64.795	28	3	0	$\overline{14}$	73.709	46	6	2	$\overline{10}$
57.556	11	4	2	$\bar{4}$	64.909	15	4	2	2	73.950	26	2	2	8
57.713	8	0	2	6	65.226	1	5	1	$\overline{13}$	74.166	5	4	1	$\overline{15}$
58.099	8	7	0	$\overline{10}$	65.654	2	7	1	$\overline{11}$	74.490	56	6	2	0
58.395	50	4	0	6	65.797	9	5	2	$\bar{8}$	74.490	56	5	0	$\overline{16}$
58.714	19	6	0	$\overline{12}$	65.797	9	7	1	$\bar{1}$	74.648	76	2	1	11
58.923	57	1	1	$\overline{11}$	66.565	4	2	1	$\overline{13}$	74.892	78	7	2	$\bar{6}$
58.923	57	3	2	2	66.982	76	5	2	0	75.044	49	0	3	1
59.156	42	2	2	4	67.294	97	3	2	$\overline{10}$	75.044	49	3	2	$\overline{12}$
59.156	42	4	2	$\bar{6}$	67.460	51	5	0	6	75.319	22	1	3	$\bar{1}$
59.300	127	4	1	5	68.080	4	4	2	$\overline{10}$	75.454	14	9	0	$\overline{12}$
59.829	110	7	1	$\bar{7}$	68.221	10	8	0	$\bar{2}$	75.656	11	8	1	$\bar{1}$
59.829	110	7	1	$\bar{5}$	68.221	10	1	1	11	75.787	11	2	0	12
59.937	59	6	0	2	68.461	9	6	2	$\bar{6}$	75.787	11	7	2	$\bar{4}$
60.294	8	3	0	8	68.461	9	8	1	$\bar{5}$	76.099	5	1	3	1
60.517	17	4	2	0	68.717	12	8	1	$\bar{9}$	76.348	11	1	3	$\bar{3}$
60.611	11	3	1	7	68.717	12	1	2	8	76.348	11	3	0	$\overline{16}$
60.938	129	6	1	$\overline{11}$	68.886	6	6	1	3	76.578	8	9	1	$\bar{9}$

(b)

图 7.19　α-Al_2O_3(a)和 $TiNb_2O_7$(b)的 PDF 计算机卡片

7.7　X 射线荧光光谱 (X-ray fluorescence spectroscopy)

X 射线荧光光谱(X-ray fluorescence，XRF)是对样品进行元素分析的技术，样品可以是液体、固体或粉末。XRF 可以将高的准确度和精密度与简单和快速的样品准备结合，对铍到铀的元素进行分析，浓度范围从 100%到 ppm 以下。XRF 具有分析速度快、准确度高、不破坏样品及样品前处理简单等特点。其应用范围广泛，涉及金属、水泥、油品、聚合物、塑料、食品以及矿物、地质和环境等领域及医药研究方面等。

7.7.1　X 射线荧光的产生(Generation of X-ray fluorescence)

当高能 X 射线照射到样品上时，可以激发电离出原子中的 K、L、M 层的电子，此时，L、M、N 层中的电子回迁与空穴复合时可以分别产生特定的 K_α、K_β、L_α、L_β等射线为荧光 X 射线；如果电子回迁时放出的能量激发本层电子的电离，则产生俄歇电子，可见，X 射线荧光现象与俄歇电子产生是竞争过程，见图 7.20。通常原子序数小于 55 号的用 K 线系分析，大于 55 号的元素用 L 线系分析。

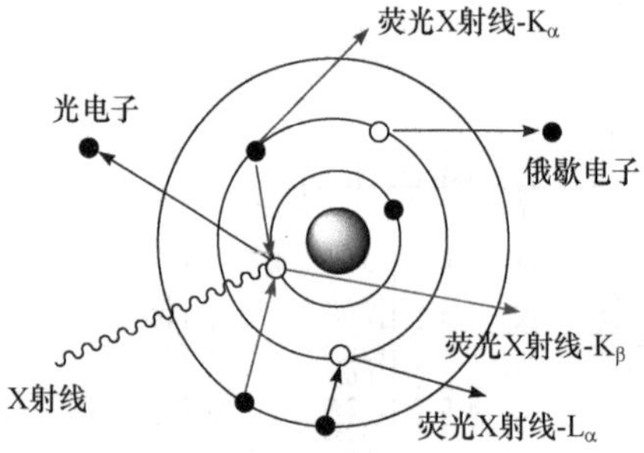

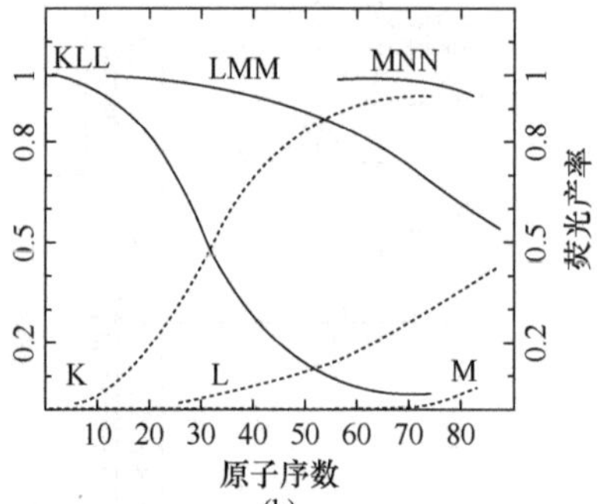

图 7.20　荧光 X 射线产生示意图(a)和俄歇与荧光产率随原子序数变化图(b)

7.7.2　X 射线荧光检测和分析方法(Detection of X-ray fluorescence and analytic methods)

莫塞莱原理：英国物理学家莫塞莱(H. G. Moseley)于 1914 年发现原子发射的 X 射线频率与原子序数近似成正比，即

$$\nu = A(Z-b)^2 \tag{7.26}$$

式中，ν 为观察到荧光 X 射线的频率；Z 为原子序数；A、b 为依赖于 X 射线类型的常数。对于 K_α 线，$A=\left(\frac{1}{1^2}-\frac{1}{2^2}\right)\frac{R_y}{h}$，$b=1$；而对于 L_α 线，$A=\left(\frac{1}{2^2}-\frac{1}{3^2}\right)\frac{R_y}{h}$，$b=7.4$。

现在更多是用波长表达为

$$\lambda^{-1/2} = K(Z-b) \tag{7.27}$$

这个公式比式(2.135)准确，其原理还是量子力学求解原子结构中电子能级量子化分布的结果。

莫塞莱原理看起来十分简单，但却对物理学和化学的发展产生了深远的影响。首先，证实了刚发表不久的玻尔原子模型，从而开启后来波涛汹涌的量子革命。另外，在莫塞莱的研究发表之前，“原子序数”并没有被牵扯到任何可测量的物理量。莫塞莱原理使人类第一次理解到原子核的单位电荷数目即原子序数与原子的化学性质息息相关。

X 荧光光谱仪可分为波长色散(WDXRF)和能量色散(EDXRF)两大类，随后将详细介绍。可分析的元素及检测限主要取决于所用的光谱仪系统。WDXRF 分析的元素从 4 号元素 Be 到 92 号元素 U；EDXRF 分析的元素从 11 号元素 Na 到 U。浓度范围从 ppm 到 100%。通常重元素的检测限优于轻元素的检测限。

波长色散技术应用布拉格方程衍射原理(图 7.21)，仪器选配 LiF、Ge 等 6 种晶体来满足元素特征荧光 X 射线的衍射条件(表 7.2)，并达到棱镜分光和分析的目的。定性分析根据标准样品和光谱数据进行；定量分析根据朗伯-比尔定理进行。检测器是流气正比计数器，其芯线上加有 2000 V 高压，载气(Ar：CH_4 = 9：1)以约 50 mL/min 的流量进行。

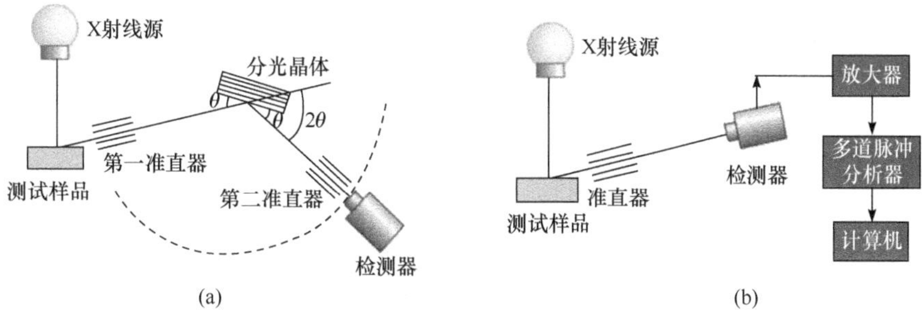

图 7.21　荧光 X 射线光谱仪工作原理示意图：(a)WDXRF；(b)EDXRF

表 7.2　常用的分光晶体及测试元素

分光晶体	分子式	反射晶面	晶面间距 d/Å	测试元素
氟化锂	LiF	(211)	1.652	^{87}Fr～^{29}Cu
氟化锂	LiF	(210)	1.80	^{84}Po～^{28}Ni
氟化锂	LiF	(200)	2.013	K：^{20}Ca～^{37}Rb；L：^{51}Sb～^{92}U
磷酸二氢铵(ADP)	$NH_4H_2PO_4$	(112)	3.07	^{48}Cd～^{16}S
锗	Ge	(100)	5.658	^{46}Pd～^{15}P
异戊四醇(PET)	$C_5H_{12}O_4$	(002)	4.375	K：^{14}Si～^{26}Fe；L：^{37}Rb～^{65}Tb
乙二胺右旋酒石酸盐(EDDT)	$C_6H_{12}N_2O_6$	(020)	4.404	^{41}Nb～^{13}Al
邻苯二甲酸钾(KAP)	$C_8H_5O_4K$	(1010)	13.32	K：^{9}F～^{15}P；L：^{24}Cr～^{40}Zr
硬脂酸铅(STE)	$(C_{18}H_{35}O_2)_2Pb$	—	50	K：^{5}B～^{8}O；L：^{20}Ca～^{23}V
二十四烷酸铅(LIG)	$(C_{24}H_{47}O_2)_2Pb$	—	65	K：^{4}Be～^{7}N；L：^{20}Ca～^{21}Sc

能量色散谱仪是利用荧光 X 射线具有不同能量的特点，将其分开并检测，不必使用

分光晶体，而是依靠半导体探测器来完成。这种半导体探测器有锂漂移硅探测器、锂漂移锗探测器、高能锗探测器等。X 光子射到探测器后形成一定数量的电子-空穴对，电子-空穴对在电场作用下形成电脉冲，脉冲幅度与 X 光子的能量成正比。在一段时间内，来自试样的荧光 X 射线依次被半导体探测器检测，得到一系列幅度与光子能量成正比的脉冲，经放大器放大后送到多道脉冲分析器(通常要 1000 道以上)。按脉冲幅度的大小分别统计脉冲数，脉冲幅度可以用 X 光子的能量标度，从而得到计数率随光子能量变化的分布曲线，即 X 光能谱图。能谱图经过计算机进行校正显示出来，其形状与波谱类似，只是横坐标是光子的能量。能量色散的最大优点是可以同时测定样品中几乎所有的元素，因此分析速度快。另一方面，由于能谱仪对 X 射线的总检测效率比波谱高，因此可以使用小功率 X 射线光管激发荧光 X 射线。另外，能谱仪没有光谱仪那么复杂的机械结构，因而工作稳定，仪器体积也小。缺点是能量分辨率差，探测器必须在低温下保存，对轻元素检测困难，与扫描电镜联用 EDS。

此外，还有全反射荧光 X 射线光谱仪(TR-XRF)、三维荧光 X 射线光谱仪(μ-XRF)和同步辐射荧光 X 射线光谱仪(SR-XRF)等。由于同步辐射光源的准直度高、色散小，因此谱图信号无背景散射干扰(图 7.22)。常见水泥样品的 X 射线荧光谱见图 7.23。

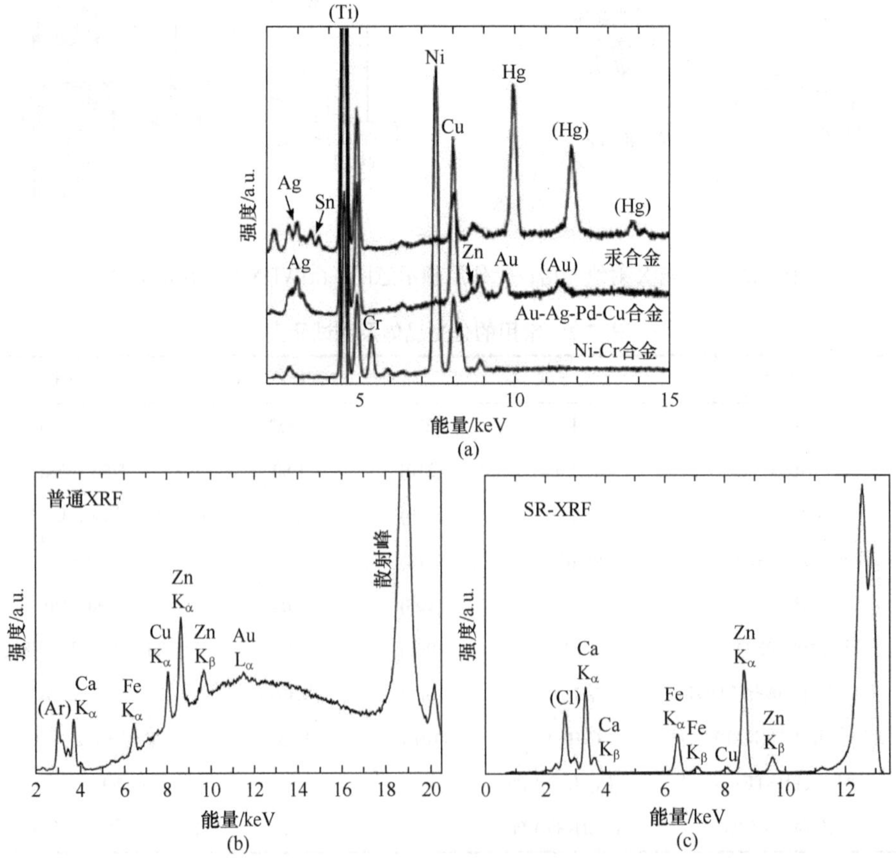

图 7.22 钛合金牙齿分析结果(a)以及普通 XRF(b)和 SR-XRF(c)分析结果比较

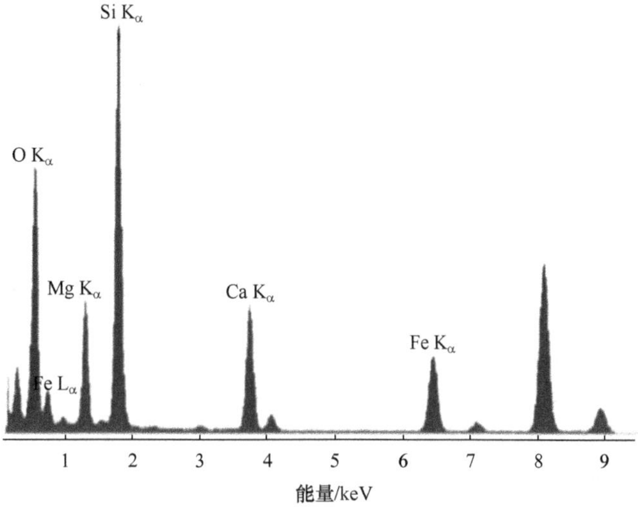

图 7.23　水泥样品的 XRF 分析结果

习　题

1. 晶体为什么会发生 X 射线衍射?

2. 规定 X 射线衍射方向的公式是什么?

3. 电子衍射和中子衍射的区别是什么?

4. 晶面指标与衍射指标的异同是什么?

5. 分别讨论 CsCl、NaCl 和 CaF_2 的衍射规律。

6. KCl 的晶胞参数为 $a = 629$ pm，计算晶胞密度和前三条衍射线的 2θ 值($\lambda = 154.05$ pm)。

7. 纯铁粉(α-Fe)具有 A_2 结构，$a = 286.65$ pm，试分别计算用 Cu 靶(K_α，$\lambda = 154.05$ pm)和 Mo 靶(K_α，$\lambda = 71.007$ pm)作 X 射线源的所有 XRD 的 2θ 值。

8. 已知金属氧化物 MO 为立方晶系，测得其单晶体密度为 3.58 g/cm^3，Cu 靶($K_{\alpha1}$，$\lambda = 154.05$ pm)粉末衍射数据(XRD)2θ 值为：18.5°，21.5°，31.2°，37.4°，39.4°，47.1°，52.9°，54.9°。试确定：(1) 晶体的点阵型式；(2) 晶胞参数；(3) Z 值；(4) M 值。

9. 粉末衍射中的样品越细越好吗？为什么?

10. X 射线粉末衍射与 X 射线荧光光谱的区别和联系是什么?

11. 用 X 射线荧光光谱进行元素定性分析的优点是什么?

12. 概念简答：

(1) 衍射强度；(2) 系统消光；(3) 结构因子；(4) 等程面；(5) 物相分析；(6) 劳厄方程；(7) 布拉格方程；(8) 位相角；(9) PDF 卡片；(10) JCPDS 卡片。

参 考 文 献

陈慧兰，余宝源. 1989. 理论无机化学. 北京：高等教育出版社

封继康. 2017. 量子化学基本原理与应用. 北京：高等教育出版社

郭用猷. 1984. 物质结构基本原理. 北京：高等教育出版社

基泰尔 C. 2005. 固体物理导论. 项金钟，吴兴惠，译. 北京：化学工业出版社

科顿 F A. 1975. 群论在化学中的应用. 刘春万，游效曾，赖伍江，译. 北京：科学出版社

李炳瑞. 2011. 结构化学. 2 版. 北京：高等教育出版社

林梦海. 2005. 量子化学简明教程. 北京：化学工业出版社

厦门大学化学系物构组. 2014. 结构化学. 3 版. 北京：科学出版社

卢希庭. 2000. 原子核物理. 2 版. 北京：原子能出版社

麦松威，周公度，李伟基. 2006. 高等无机结构化学. 2 版. 北京：北京大学出版社

潘道皑，赵成大，郑载兴. 1989. 物质结构. 2 版. 北京：高等教育出版社

钱伯初. 2006. 量子力学. 北京：高等教育出版社

钱逸泰. 2005. 结晶化学导论. 3 版. 合肥：中国科学技术大学出版社

王开发，符集义. 1990. 氢原子能级精细结构公式推导. 华南师范大学学报(自然科学版)，2：18-22

谢有畅，邵美成. 1979. 结构化学. 北京：人民教育出版社

徐光宪，黎乐民，王德民. 2007. 量子化学(上). 2 版. 北京：科学出版社

徐光宪，王祥云. 1987. 物质结构. 2 版. 北京：高等教育出版社

杨福家. 2000. 原子物理学. 3 版. 北京：高等教育出版社

周公度，段连运. 2008. 结构化学基础. 4 版. 北京：北京大学出版社

Cotton F A, Wilkinson G, Murillo C A, et al. 1999. Advanced Inorganic Chemistry. 6th ed. New York: Wiley-Interscience

Lehn J M. 2002. 超分子化学：概念和展望. 沈兴海，等译. 北京：北京大学出版社

Levine I N. 2014. Quantum Chemistry. 7th ed. New York: Pearson Education, Inc.

Levy G C, Lichter R L. 1979. Nitrogen-15 Nuclear Magnetic Resonance Spectroscopy. New York: John Wiley & Sons, Inc.

Sterin K E, Aleksanyan V T, Zhizhin G N. 1980. Raman Spectra of Hydrocarbons. New York: Pergamon Press Ltd.

附　　录

附录一　物理常数表(2018 年 CODATA)

物理常数	英文名称	数值
真空光速 c	speed of light in vacuum	2.99792458×10^{8} m/s
真空介电常数 ε_0	vacuum permittivity, or electric constant	$8.8541878128(13) \times 10^{-12}$ F/m
真空磁导率 μ_0	permeability of vacuum, or magnetic constant	$4\pi \times 10^{-7}$ N/A^2 $1.25663706212(19) \times 10^{-6}$ N/A^2
电子质量 m_e	electron mass	$91093837015(28) \times 10^{-31}$ kg
质子质量 m_p	proton mass	$1.67262192369(51) \times 10^{-27}$ kg
中子质量 m_n	neutron mass	$1.674927494(04) \times 10^{-27}$ kg
μ子质量 m_μ	muon mass	$1.883531627(42) \times 10^{-28}$ kg
τ子质量 m_τ	tau mass	$3.16754(21) \times 10^{-27}$ kg
基本电荷 e	elementary charge	$1.602176634 \times 10^{-19}$ C
电子的朗德因子 g_e	electron g factor	$-2.00231930436256(35)$
μ子的朗德因子 g_μ	muon g factor	$-2.0023318418(13)$
氘核的朗德因子 g_d	deuteron g factor	$0.8574382338(22)$
氚核的朗德因子 g_t	triton g factor	$5.957924931(12)$
质子的朗德因子 g_p	proton g factor	$5.5856946893(16)$
中子的朗德因子 g_n	neutron g factor	$-3.82608545(90)$
普朗克常量 h	Planck constant	$6.62607015 \times 10^{-34}$ J·s
里德伯常量 R_H / R_∞	Rydberg constant	$1.0973731568160(21) \times 10^{7}$ m^{-1}
能量的里德伯单位 R_y / $R_\infty hc$	Rydberg unit of energy	13.605693122994 (26) eV $2.1798723611035(42) \times 10^{-18}$ J
阿伏伽德罗常量 N_A	Avogadro constant	$6.02214076 \times 10^{23}$ mol^{-1}
玻尔磁子 μ_B	Bohr magneton	$9.2740100783(28) \times 10^{-24}$ J/T
核磁子 μ_N	nuclear magneton	$5.0507837461(15) \times 10^{-27}$ J/T
玻尔半径 a_0	Bohr radius	$5.29177210903(80) \times 10^{-11}$ m
玻耳兹曼常量 k	Boltzmann constant	1.380649×10^{-23} J/K
摩尔气体常量 R	molar gas constant	8.314462618 J/(mol·K)
法拉第常量 F	Faraday constant	96485.33212 C/mol
精细结构常量 α	fine-structure constant	$7.2973525693(11) \times 10^{-3}$ 1/137.036
能量的原子单位 E_h 1 Hartree	atomic unit of energy $2R_y$	$4.3597447222071(85) \times 10^{-18}$ J 27.2114 eV
1 eV		$1.602176634 \times 10^{-19}$ J

数据来源：http://physics.nist.gov/cuu/Constants/。

附录二 元素周期表

左侧标注	示例	右侧标注
原子序数	26	$^5D_4$ 基态
元素符号	Fe 立方 I	格子
	Iron	名称
	55.84515	相对原子质量
	$[Ar]3d^64s^2$	组态
共价半径/pm	125 1.83	电负性
原子半径/pm	156 1538	熔点/℃
离子半径/pm	55(+3) 7.9024	电离能/eV

1/ⅠA	2/ⅡA	3/ⅢB	4/ⅣB	5/ⅤB	6/ⅥB	7/ⅦB	8/Ⅷ	9/Ⅷ	10/Ⅷ	11/ⅠB	12/ⅡB	13/ⅢA	14/ⅣA	15/ⅤA	16/ⅥA	17/ⅦA	18/ⅧA
1 $^2S_{1/2}$ **H** 六方 P Hydrogen 1.007941 $1s^1$ 37 2.20 53 -259.14 137(-1) 13.5984																	2 $^1S_0$ **He** 六方 P Helium 4.002602 $1s^2$ 32 - 31 -272.2 - 24.5874
3 $^2S_{1/2}$ **Li** 立方 I Lithium 6.940037 $1s^22s^1$ 134 0.98 167 180.54 76(+1) 5.3917	4 $^1S_0$ **Be** 六方 P Beryllium 9.012182 $1s^22s^2$ 90 1.57 112 1277 45(+2) 9.3227											5 $^2P_{1/2}$ **B** 六方 P Boron 10.811028 $1s^22s^22p^1$ 82 2.04 87 2076 27(+3) 8.2980	6 $^3P_0$ **C** 六方 P Carbon 12.010736 $1s^22s^22p^2$ 77 2.55 67 3727 16(+4) 11.2603	7 $^4S_{3/2}$ **N** 六方 P Nitrogen 14.006743 $1s^22s^22p^3$ 75 3.04 56 -210.1 146(-3) 14.5341	8 $^3P_2$ **O** 立方 P Oxygen 15.999405 $1s^22s^22p^4$ 73 3.44 48 -218.3 140(-2) 13.6181	9 $^2P_{3/2}$ **F** Fluorine 18.998403 $1s^22s^22p^5$ 71 3.98 42 -219.62 133(-1) 17.4228	10 $^1S_0$ **Ne** 立方 F Neon 20.180046 $1s^22s^22p^6$ 69 - 38 -248.59 - 21.5646
11 $^2S_{1/2}$ **Na** 立方 I Sodium 22.989770 $[Ne]3s^1$ 154 0.93 190 97.27 102(+1) 5.1391	12 $^1S_0$ **Mg** 六方 P Magnesium 24.305052 $[Ne]3s^2$ 130 1.31 145 650 72(+2) 7.6462											13 $^2P_{1/2}$ **Al** 立方 F Aluminum 26.981538 $[Ne]3s^23p^1$ 118 1.61 118 660.32 53.5(+3) 5.9858	14 $^3P_0$ **Si** 立方 F Silicon 28.085385 $[Ne]3s^23p^2$ 111 1.90 111 1414 40(+4) 8.1517	15 $^4S_{3/2}$ **P** 立方 P Phosphorus 30.973762 $[Ne]3s^23p^3$ 106 2.19 98 44.2 38(+5) 10.4867	16 $^3P_2$ **S** 正交 P Sulfur 32.066085 $[Ne]3s^23p^4$ 102 2.58 88 115.21 184(-2) 10.3600	17 $^2P_{3/2}$ **Cl** 四方 P Chlorine 35.452538 $[Ne]3s^23p^5$ 99 3.16 79 -101.5 181(-1) 12.9676	18 $^1S_0$ **Ar** 立方 F Argon 39.947667 $[Ne]3s^23p^6$ 97 - 71 -189.35 - 15.7596
19 $^2S_{1/2}$ **K** 立方 I Potassium 39.098301 $[Ar]4s^1$ 196 0.82 243 63.38 138(+1) 4.3407	20 $^1S_0$ **Ca** 立方 F Calcium 40.078023 $[Ar]4s^2$ 174 1.00 194 842 100(+2) 6.1132	21 $^2D_{3/2}$ **Sc** 六方 P Scandium 44.95591 $[Ar]3d^14s^2$ 144 1.36 184 1541 74.5(+3) 6.5615	22 $^3F_2$ **Ti** 六方 P Titanium 47.86675 $[Ar]3d^24s^2$ 136 1.54 176 1668 60.5(+4) 6.8281	23 $^4F_{3/2}$ **V** 立方 I Vanadium 50.941472 $[Ar]3d^34s^2$ 125 1.63 171 1910 54(+5) 6.7462	24 $^7S_3$ **Cr** 立方 I Chromium 51.996138 $[Ar]3d^54s^1$ 127 1.66 166 1907 61.5(+3) 6.7665	25 $^6S_{5/2}$ **Mn** 立方 P Manganese 54.93805 $[Ar]3d^54s^2$ 139 1.55 161 1246 58(+3) 7.4340	26 $^5D_4$ **Fe** 立方 I Iron 55.84515 $[Ar]3d^64s^2$ 125 1.83 156 1538 55(+3) 7.9024	27 $^4F_{9/2}$ **Co** 六方 P Cobalt 58.93320 $[Ar]3d^74s^2$ 126 1.88 152 1495 65(+2) 7.8810	28 $^3F_4$ **Ni** 立方 F Nickel 58.693356 $[Ar]3d^84s^2$ 121 1.91 149 1455 56(+3) 7.6398	29 $^2S_{1/2}$ **Cu** 立方 F Copper 63.545644 $[Ar]3d^{10}4s^1$ 138 1.90 145 1084.62 73(+2) 7.7264	30 $^1S_0$ **Zn** 六方 P Zinc 65.395567 $[Ar]3d^{10}4s^2$ 131 1.65 142 419.53 74(+2) 9.3942	31 $^2P_{1/2}$ **Ga** 正交 P Gallium 69.723072 $[Ar]4s^24p^1$ 126 1.81 136 29.76 62(+3) 5.9993	32 $^3P_0$ **Ge** 立方 F Germanium 72.612759 $[Ar]4s^24p^2$ 122 2.01 125 938.3 53(+4) 7.8994	33 $^4S_{3/2}$ **As** 六方 R Arsenic 74.921596 $[Ar]4s^24p^3$ 119 2.18 114 817 46(+5) 9.7886	34 $^3P_2$ **Se** 六方 P Selenium 78.959389 $[Ar]4s^24p^4$ 116 2.55 103 221 198(-2) 9.7524	35 $^2P_{3/2}$ **Br** 正交 P Bromine 79.903528 $[Ar]4s^24p^5$ 114 2.96 94 -7.3 196(-1) 11.8138	36 $^1S_0$ **Kr** 立方 F Krypton 83.799325 $[Ar]4s^24p^6$ 110 - 88 -157.36 - 13.9996
37 $^2S_{1/2}$ **Rb** 立方 I Rubidium 85.467664 $[Kr]5s^1$ 211 0.82 265 39.31 152(+1) 4.1771	38 $^1S_0$ **Sr** 立方 F Strontium 87.616646 $[Kr]5s^2$ 192 0.95 219 777 113(+2) 5.6949	39 $^2D_{3/2}$ **Y** 六方 P Yttrium 88.905848 $[Kr]4d^15s^2$ 162 1.22 212 1526 90(+3) 6.5615	40 $^3F_2$ **Zr** 六方 P Zirconium 91.223647 $[Kr]4d^25s^2$ 148 1.33 206 1855 72(+4) 6.6339	41 $^6D_{1/2}$ **Nb** 立方 I Niobium 92.906378 $[Kr]4d^35s^2$ 137 1.6 198 2477 64(+5) 6.7589	42 $^7S_3$ **Mo** 立方 I Molybdenum 95.931292 $[Kr]4d^55s^1$ 145 2.16 190 2623 59(+6) 7.0924	43 $^6S_{5/2}$ **Tc** 六方 P Technetium 98.906255 $[Kr]4d^55s^2$ 156 1.9 183 2157 56(+7) 7.28	44 $^5F_5$ **Ru** 六方 P Ruthenium 101.064945 $[Kr]4d^65s^2$ 126 2.2 178 2334 68(+3) 7.3605	45 $^4F_{9/2}$ **Rh** 立方 F Rhodium 102.905504 $[Kr]4d^75s^2$ 135 2.28 173 1964 66.5(+3) 7.4589	46 $^1S_0$ **Pd** 立方 F Palladium 106.415328 $[Kr]4d^85s^2$ 131 2.20 169 1554.9 86(+2) 8.3369	47 $^2S_{1/2}$ **Ag** 立方 F Silver 107.868151 $[Kr]4d^{10}5s^1$ 153 1.93 165 961.78 115(+1) 7.5762	48 $^1S_0$ **Cd** 六方 P Cadmium 112.411553 $[Kr]4d^{10}5s^2$ 148 1.69 161 321.07 95(+2) 8.9938	49 $^2P_{1/2}$ **In** 四方 P Indium 114.818086 $[Kr]5s^25p^1$ 144 2.0 166 156.2 81(+3) 5.7864	50 $^3P_0$ **Sn** 四方 P Tin 118.710110 $[Kr]5s^25p^2$ 141 2.5 162 231.9 71(+4) 7.3439	51 $^4S_{3/2}$ **Sb** 六方 R Antimony 121.759788 $[Kr]5s^25p^3$ 140 3.0 159 630.5 62(+5) 8.6084	52 $^3P_2$ **Te** 六方 P Tellurium 127.603125 $[Kr]5s^25p^4$ 136 3.5 160 449.5 221(-2) 9.0096	53 $^2P_{3/2}$ **I** 正交 P Iodine 126.904468 $[Kr]5s^25p^5$ 133 4.0 - 113.7 216(-1) 10.4513	54 $^1S_0$ **Xe** 立方 F Xenon 131.292481 $[Kr]5s^25p^6$ 131 - - -111.9 - 12.1298
55 $^2S_{1/2}$ **Cs** 立方 I Cesium 132.905447 $[Xe]6s^1$ 225 0.79 298 28.44 167(+1) 3.8939	56 $^1S_0$ **Ba** 立方 I Barium 137.326886 $[Xe]6s^2$ 198 0.89 253 727 135(+2) 5.2117	57 $^2D_{3/2}$ **La** 六方 P Lanthanum 138.905449 $[Xe]5d^16s^2$ 169 1.1 230 920 103(+3) 5.5769	72 $^3F_2$ **Hf** 六方 P Hafnium 178.484971 $[Xe]4f^{14}5d^26s^2$ 150 1.3 208 2233 103(+3) 5.5387	73 $^4F_{3/2}$ **Ta** 立方 I Tantalum 180.947876 $[Xe]4f^{14}5d^36s^2$ 138 1.5 200 3017 69(+5) 7.5496	74 $^5D_0$ **W** 立方 I Tungsten 183.841779 $[Xe]4f^{14}5d^46s^2$ 146 2.36 193 3422 60(+6) 7.8640	75 $^6S_{5/2}$ **Re** 六方 P Rhenium 186.206705 $[Xe]4f^{14}5d^56s^2$ 159 1.9 188 3186 53(+7) 7.8336	76 $^5D_4$ **Os** 六方 P Osmium 190.224861 $[Xe]4f^{14}5d^66s^2$ 128 2.2 185 3033 39(+8) 8.4382	77 $^4F_{9/2}$ **Ir** 立方 F Iridium 192.216054 $[Xe]4f^{14}5d^76s^2$ 137 2.20 180 2466 66(+4) 8.9670	78 $^3D_3$ **Pt** 立方 F Platinum 195.077791 $[Xe]4f^{14}5d^86s^2$ 128 2.28 177 1768.3 80(+2) 8.9588	79 $^2S_{1/2}$ **Au** 立方 F Gold 196.966552 $[Xe]4f^{14}5d^{10}6s^1$ 144 2.54 174 1064.18 137(+1) 9.2255	80 $^1S_0$ **Hg** 六方 R Mercury 200.599149 $[Xe]4f^{14}5d^{10}6s^2$ 149 2.00 171 -38.83 102(+2) 10.4375	81 $^2P_{1/2}$ **Tl** 六方 P Thallium 204.383317 $[Xe]4f^{14}6s^26p^1$ 148 2.0 171 303 95(+3) 6.1082	82 $^3P_0$ **Pb** 立方 F Lead 207.216892 $[Xe]4f^{14}6s^26p^2$ 147 2.5 175 327.4 120(+2) 7.4167	83 $^4S_{3/2}$ **Bi** 六方 R Bismuth 208.980383 $[Xe]4f^{14}6s^26p^3$ 146 3.0 170 271.3 120(+3) 7.2855	84 $^3P_2$ **Po** 单斜 P Polonium 209.982857 $[Xe]4f^{14}6s^26p^4$ 146 3.5 176 254 - 8.417	85 $^2P_{3/2}$ **At** Astatine 210.987481 $[Xe]4f^{14}6s^26p^5$ 72 4.0 - 302 136(-1) -	86 $^1S_0$ **Rn** 立方 F Radon 222.017571 $[Xe]4f^{14}6s^26p^6$ - - - -71 - 10.7485
87 $^2S_{1/2}$ **Fr** 立方 I Francium 223.019731 $[Rn]7s^1$ - 0.7 - 27 180(+1) 4.0727	88 $^1S_0$ **Ra** Radium 226.025403 $[Rn]7s^2$ - 0.9 - 700 148(+2) 5.2784	89 $^2D_{3/2}$ **Ac** Actinium 227.027747 $[Rn]6d^17s^2$ - 1.1 - 1050 112(+3) 5.17	90 $^3F_2$ **Th** 立方 F Thorium 232.038050 $[Rn]6d^27s^2$ - 1.3 - 1842 112(+3) 6.3067	58 $^1G_4$ **Ce** 六方 P Cerium 140.115722 $[Xe]4f^15d^16s^2$ 1.12 795 101(+3) 5.5387	59 $^4I_{9/2}$ **Pr** 六方 P Praseodymium 140.907648 $[Xe]4f^36s^2$ - 1.13 247 935 99(+3) 5.473	60 $^5I_4$ **Nd** 六方 P Neodymium 144.232127 $[Xe]4f^46s^2$ - 1.14 206 1024 98(+3) 5.5250	61 $^6H_{5/2}$ **Pm** 六方 P Promethium 145 $[Xe]4f^56s^2$ - 1.13 205 1100 97(+3) 5.582	62 $^7F_0$ **Sm** 六方 R Samarium 150.366344 $[Xe]4f^66s^2$ - 1.17 238 1072 95.8(+3) 5.6437	63 $^8S_{7/2}$ **Eu** 立方 I Europium 151.964366 $[Xe]4f^76s^2$ 185 1.23 231 826 94.7(+3) 5.6704	64 $^9D_2$ **Gd** 六方 P Gadolinium 157.252119 $[Xe]4f^75d^16s^2$ 196 1.2 233 1312 93.8(+3) 6.1498	65 $^6H_{15/2}$ **Tb** 六方 P Terbium 158.925343 $[Xe]4f^96s^2$ - 1.1 225 1356 92.3(+3) 5.8638	66 $^5I_8$ **Dy** 六方 P Dysprosium 162.297030 $[Xe]4f^{10}6s^2$ - 1.22 228 1407 91.2(+3) 5.9389	67 $^4I_{15/2}$ **Ho** 六方 P Holmium 164.930319 $[Xe]4f^{11}6s^2$ - 1.23 - 1461 90.1(+3) 6.0215	68 $^3H_6$ **Er** 六方 P Erbium 167.256301 $[Xe]4f^{12}6s^2$ - 1.24 226 1497 89(+3) 6.1077	69 $^2F_{7/2}$ **Tm** 六方 P Thulium 168.934211 $[Xe]4f^{13}6s^2$ - 1.25 222 1545 88(+3) 6.1843	70 $^1S_0$ **Yb** 立方 F Ytterbium 173.037692 $[Xe]4f^{14}6s^2$ - 1.1 222 824 86.8(+3) 6.2542	71 $^2D_{3/2}$ **Lu** 六方 P Lutetium 174.966717 $[Xe]4f^{14}5d^16s^2$ 160 1.27 217 1652 86.1(+3) 5.4259

附录三　常见分子点群的特征标表

1. 无轴群

C_s	E	$M_h(\sigma_h)$	基	
A'	1	1	x, y, R_z	x^2, y^2, z^2, xy
A''	1	−1	z, R_x, R_y	yz, xz

C_i	E	I	基	
A_g	1	1	R_x, R_y, R_z	$x^2, y^2, z^2, xy, yz, xz$
A_u	1	−1	x, y, z	

2. C_n 群

C_2	E	$L_2^1(C_2^1)$	基	
A	1	1	z, R_z	x^2, y^2, z^2, xy
B	1	−1	x, y, R_x, R_y	yz, xz

C_3	E	$L_3^1(C_3^1)$	$L_3^2(C_3^2)$	基	
A	1	1	1	z, R_z	x^2+y^2, z^2
E	1	ε	ε^*	$(x, y), (R_x, R_y)$	(x^2-y^2, xy)
	1	ε^*	ε	$\varepsilon = e^{2\pi i/3}$	(yz, xz)

C_4	E	$L_4^1(C_4^1)$	$L_4^2(C_2^1)$	$L_4^3(C_4^3)$	基	
A	1	1	1	1	z, R_z	x^2+y^2, z^2
B	1	−1	1	−1		(x^2-y^2, xy)
E	1	i	−1	−i	$(x, y), (R_x, R_y)$	(yz, xz)
	1	−i	−1	i		

C_5	E	$L_5^1(C_5^1)$	$L_5^2(C_5^2)$	$L_5^3(C_5^3)$	$L_5^4(C_5^4)$	基	
A	1	1	1	1	1	z, R_z	x^2+y^2, z^2
E_1	1	ε	ε^2	ε^{2*}	ε^*	$(x, y), (R_x, R_y)$	(yz, xz)
	1	ε^*	ε^{2*}	ε^2	ε		
E_2	1	ε^2	ε^*	ε	ε^{2*}	$\varepsilon = e^{2\pi i/5}$	(x^2-y^2, xy)
	1	ε^{2*}	ε	ε^*	ε^2		

3. $C_{n\text{v}}$ 群

$C_{2\text{v}}$	E	$L_2^1(C_2^1)$	$M_{xy}(\sigma_{xz})$	$M_{yz}(\sigma_{yz})$	基	
A_1	1	1	1	1	z	x^2, y^2, z^2
A_2	1	1	−1	−1	R_z	xy
B_1	1	−1	1	−1	R_y, x	xz
B_2	1	−1	−1	1	R_x, y	yz

$C_{3\text{v}}$	E	$2C_3$	$3\sigma_\text{v}$	基	
A_1	1	1	1	z	x^2+y^2, z^2
A_2	1	1	−1	R_z	
E	2	−1	0	(x, y) , (R_x, R_y)	$(x^2-y^2, xy),(yz, xz)$

$C_{4\text{v}}$	E	$2C_4$	C_2	$2\sigma_\text{v}$	$2\sigma_\text{d}$	基	
A_1	1	1	1	1	1	z	x^2+y^2, z^2
A_2	1	1	1	−1	−1	R_z	
B_1	1	−1	1	1	−1		x^2-y^2
B_2	1	−1	1	−1	1		
E	2	0	−2	0	0	(x, y) , (R_x, R_y)	(xz, yz)

$C_{5\text{v}}$	E	$2C_5$	$2C_5^2$	$5\sigma_\text{v}$	基	
A_1	1	1	1	1	z	x^2+y^2, z^2
A_2	1	1	1	−1	R_z	
E_1	2	2cos72	2cos144	0	(x, y) , (R_x , R_y)	(xz, yz)
E_2	2	2cos144	2cos72	0		$(x^2-y^2), (xz, yz)$

$C_{6\text{v}}$	E	$2C_6$	$2C_3$	C_2	$3\sigma_\text{v}$	$3\sigma_\text{d}$	基	
A_1	1	1	1	1	1	1	z	x^2+y^2, z^2
A_2	1	1	1	1	−1	−1	R_z	
B_1	1	−1	1	−1	1	−1		
B_2	1	−1	1	−1	−1	1		
E_1	2	1	−1	−2	0	0	$(x, y), (R_x, R_y)$	(xz, yz)
E_2	2	−1	−1	2	0	0		$(x^2-y^2), (xy)$

4. $C_{n\text{h}}$ 群

$C_{2\text{h}}$	E	C_2	I	σ_h	基	
A_g	1	1	1	1	R_z	x^2, y^2, z^2, xy
B_g	1	−1	1	−1	R_x, R_y	xz, yz
A_u	1	1	−1	−1	z	
B_u	1	−1	−1	1	x, y	

C_{3h}	E	C_3	C_3^2	σ_h	S_3	S_3^5	基	
A'	1	1	1	1	1	1	R_z	x^2+y^2, z^2
E'	1 1	ε ε^*	ε^* ε	1 1	ε ε^*	ε^* ε	(x, y)	(x^2-y^2, xy)
A''	1	1	1	−1	−1	−1	z	
E''	1 1	ε ε^*	ε^* ε	-1 -1	$-\varepsilon$ $-\varepsilon^*$	$-\varepsilon^*$ $-\varepsilon$	(R_x, R_y) $\varepsilon = e^{2\pi i/3}$	(xz, yz)

C_{4h}	E	C_4	C_2	C_4^3	I	S_4^3	σ_h	S_4	基	
A_g	1	1	1	1	1	1	1	1	R_z	x^2+y^2, z^2
B_g	1	−1	1	−1	1	−1	1	−1		(x^2-y^2, xy)
E_g	1 1	i $-i$	-1 -1	$-i$ i	1 1	i $-i$	-1 -1	$-i$ i	(R_x, R_y)	(xz, yz)
A_u	1	1	1	1	−1	−1	−1	−1	z	
B_u	1	−1	1	−1	1	−1	1	−1		
E_u	1 1	i $-i$	-1 -1	$-i$ i	-1 -1	$-i$ i	1 1	i $-i$	(x, y)	

C_{5h}	E	C_5	C_5^2	C_5^3	C_5^4	σ_h	S_5	S_5^7	S_5^8	S_5^9	基	
A'	1	1	1	1	1	1	1	1	1	1	R_z	x^2+y^2, z^2
E_1'	1 1	ε ε^*	ε^2 ε^{2*}	ε^{2*} ε^2	ε^* ε	1 1	ε ε^*	ε^2 ε^{2*}	ε^{2*} ε^2	ε^* ε	(x, y)	(x^2-y^2, xy)
E_2'	1 1	ε^2 ε^{2*}	ε ε	ε ε^*	ε^{2*} ε^2	1 1	ε^2 ε^{2*}	ε^* ε	ε ε^*	ε^{2*} ε^2	$\varepsilon = e^{2\pi i/5}$	
A''	1	1	1	1	1	−1	−1	−1	−1	−1	z	
E_1''	1 1	ε ε^*	ε^2 ε^{2*}	ε^{2*} ε^2	ε^* ε	-1 -1	$-\varepsilon$ $-\varepsilon^*$	$-\varepsilon^2$ $-\varepsilon^{2*}$	$-\varepsilon^{2*}$ $-\varepsilon^2$	$-\varepsilon^*$ $-\varepsilon$	(R_x, R_y)	(xz, yz)
E_2''	1 1	ε^2 ε^{2*}	ε^* ε	ε ε^*	ε^{2*} ε^2	-1 -1	$-\varepsilon^2$ $-\varepsilon^{2*}$	$-\varepsilon^*$ $-\varepsilon$	$-\varepsilon$ $-\varepsilon^*$	$-\varepsilon^{2*}$ $-\varepsilon^2$		

5. D_n 群

D_2	E	$C_2(z)$	$C_2(x)$	$C_2(y)$	基	
A	1	1	1	1		x^2, y^2, z^2
B_1	1	1	−1	−1	z, R_z	xy
B_2	1	−1	1	−1	y, R_y	xz
B_3	1	−1	−1	1	x, R_x	yz

D_3	E	$2C_3$	$3C_2$	基	
A_1	1	1	1		x^2+y^2, z^2
A_2	1	1	−1	z, R_z	
E	2	−1	0	$(x, y), (R_x, R_y)$	$(x^2-y^2, xy), (yz, xz)$

D_4	E	$2C_4$	C_2	$2C_2'$	$2C_2$	基	
A_1	1	1	1	1	1		x^2+y^2, z^2
A_2	1	1	1	−1	−1	z, R_z	
B_1	1	−1	1	1	−1		x^2-y^2
B_2	1	−1	1	−1	1		
E	2	0	−2	0	0	$(x, y), (R_x, R_y)$	(xz, yz)

D_5	E	$2C_5$	$2C_5^2$	$5C_2$	基	
A_1	1	1	1	1		x^2, y^2, z^2
A_2	1	1	1	−1	z, R_z	
E_1	2	2cos72	2cos144	0	$(x, y), (R_x, R_y)$	(xz, yz)
E_2	2	2cos144	2cos72	0		(x^2-y^2, xy)

D_6	E	$2C_6$	$2C_3$	C_2	$3C_2'$	$3C_2''$	基	
A_1	1	1	1	1	1	1		x^2+y^2, z^2
A_2	1	1	1	1	−1	−1	z, R_z	
B_1	1	−1	1	−1	1	−1		
B_2	1	−1	1	−1	−1	1		
E_1	2	1	−1	−2	0	0	$(x, y), (R_x, R_y)$	(xz, yz)
E_2	2	−1	−1	2	0	0		$(x^2-y^2), (xy)$

6. D_{nh}群

D_{2h}	E	$C_2(z)$	$C_2(y)$	$C_2(x)$	I	σ_{xy}	σ_{xz}	σ_{yz}	基	
A_g	1	1	1	1	1	1	1	1		x^2, y^2, z^2
B_{1g}	1	1	−1	−1	1	1	−1	−1	R_z	xy
B_{2g}	1	−1	1	−1	1	−1	1	−1	R_y	xz
B_{3g}	1	−1	−1	1	1	−1	−1	1	R_x	yz
A_u	1	1	1	1	−1	−1	−1	−1		
B_{1u}	1	1	−1	−1	−1	−1	1	1	z	
B_{2u}	1	−1	1	−1	−1	1	−1	1	y	
B_{3u}	1	−1	−1	1	−1	1	1	−1	x	

D_{3h}	E	$2C_3$	$3C_2$	σ_h	$2S_3$	$3\sigma_v$	基	
A_1'	1	1	1	1	1	1		x^2+y^2, z^2
A_2'	1	1	−1	1	1	−1	R_z	
E'	2	−1	0	2	−1	0	(x, y)	$(x^2-y^2), (xy)$
A_1''	1	1	1	−1	−1	−1		
A_2''	1	1	−1	−1	−1	1	z	
E''	2	−1	0	−2	1	0	(R_x, R_y)	(xz, yz)

D_{4h}	E	$2C_4$	C_2	$2C_2'$	$2C_2''$	I	$2S_4$	σ_h	$2\sigma_v$	$2\sigma_d$	基	
A_{1g}	1	1	1	1	1	1	1	1	1	1		x^2+y^2, z^2
A_{2g}	1	1	1	−1	−1	1	1	1	−1	−1	R_z	
B_{1g}	1	−1	1	1	−1	1	−1	1	1	−1		x^2-y^2
B_{2g}	1	−1	1	−1	1	1	−1	1	−1	1		xy
E_g	2	0	−2	0	0	2	0	−2	0	0	(R_x, R_y)	(xz, yz)
A_{1u}	1	1	1	1	1	−1	−1	−1	−1	−1		
A_{2u}	1	1	1	−1	−1	−1	−1	−1	1	1	z	
B_{1u}	1	−1	1	1	−1	−1	1	−1	−1	1		
B_{2u}	1	−1	1	−1	1	−1	1	−1	1	−1		
E_u	2	0	−2	0	0	−2	0	2	0	0	(x, y)	

D_{5h}	E	$2C_5$	$2C_5^2$	$5C_2$	σ_h	$2S_5$	$2S_5^3$	$5\sigma_v$	基	
A_1'	1	1	1	1	1	1	1	1		x^2+y^2, z^2
A_2'	1	1	1	−1	1	1	1	−1	R_z	
E_1'	2	2cos72	2cos144	0	2	2cos72	2cos144	−1	(x, y)	
E_2'	2	2cos144	2cos72	0	2	2cos144	2cos72	1		(x^2-y^2, xy)
A_1''	1	1	1	1	−1	−1	−1	−1		
A_2''	1	1	1	−1	−1	−1	−1	1	z	
E_1''	2	2cos72	2cos144	0	−2	2cos72	2cos144	1	(R_x, R_y)	xz, yz
E_2''	2	2cos144	2cos72	0	−2	2cos144	2cos72	−1		

D_{6h}	E	$2C_6$	$2C_3$	$2C_2$	$3C_2'$	$3C_2''$	I	$2S_3$	$2S_6$	σ_h	$3\sigma_d$	$3\sigma_v$	基	
A_{1g}	1	1	1	1	1	1	1	1	1	1	1	1		x^2+y^2, z^2
A_{2g}	1	1	1	1	−1	−1	1	1	1	1	1	−1	R_z	
B_{1g}	1	−1	1	−1	1	−1	1	−1	1	−1	1	−1		
B_{2g}	1	−1	1	−1	−1	1	1	−1	1	−1	−1	1		
E_{1g}	2	1	−1	−2	0	0	2	1	−1	−2	0	0	(R_x,R_y)	$(xz,$
E_{2g}	2	−1	−1	2	0	0	2	−1	−1	2	0	0		(x^2-y^2, xy)
A_{1u}	1	1	1	1	1	1	−1	−1	−1	−1	−1	−1		
A_{2u}	1	1	1	1	−1	−1	−1	−1	−1	−1	1	1	z	
B_{1u}	1	−1	1	−1	1	−1	−1	1	−1	1	−1	1		
B_{2u}	1	−1	1	−1	−1	1	−1	1	−1	1	1	−1		
E_{1u}	2	1	−1	−2	0	0	−2	−1	1	2	0	0	(x, y)	
E_{2u}	2	−1	−1	2	0	0	−2	1	1	−2	0	0		

7. D_{nd} 群

D_{2d}	E	$2S_4$	C_2	$2C_2'$	$2\sigma_d$	基	
A_1	1	1	1	1	1		x^2+y^2, z^2
A_2	1	1	1	−1	−1	R_z	
B_1	1	−1	1	1	−1		x^2-y^2
B_2	1	−1	1	−1	1	z	xy
E	2	0	−2	0	0	$(x, y), (R_x, R_y)$	(xz, yz)

D_{3d}	E	$2C_3$	$3C_2$	I	$2S_6$	$3\sigma_d$	基	
A_{1g}	1	1	1	1	1	1		x^2+y^2, z^2
A_{2g}	1	1	−1	1	1	−1	R_z	
E_g	2	−1	0	2	−1	0	(x, y)	$(x^2-y^2), (xy)$
A_{1u}	1	1	1	−1	−1	−1		
A_{2u}	1	1	−1	−1	−1	1	z	
E_u	2	−1	0	−2	1	0	(R_x, R_y)	(xz, yz)

D_{4d}	E	$2S_8$	$2C_4$	2	C_2'	$2\sigma_v$	$4\sigma_d$	基	
A_1	1	1	1	1	1	1	1		x^2+y^2, z^2
A_2	1	1	1	1	1	−1	−1	R_z	
B_1	1	−1	1	−1	1	1	−1		
B_2	1	−1	1	−1	1	−1	1	z	
E_1	2	$\sqrt{2}$	0	$-\sqrt{2}$	−2	0	0	(x, y)	
E_2	2	0	−2	0	2	0	0		(x^2-y^2, xy)
E_3	2	$-\sqrt{2}$	0	$\sqrt{2}$	−2	0	0	(R_x, R_y)	(xz, yz)

D_{5d}	E	$2C_5$	$2C_5^2$	$5C_2$	I	$2S_{10}^3$	$2S_{10}$	$5\sigma_d$	基	
A_{1g}	1	1	1	1	1	1	1	1		x^2+y^2, z^2
A_{2g}	1	1	1	−1	1	1	1	−1	R_z	
E_{1g}	2	2cos72	2cos144	0	2	2cos72	2cos144	−1	(R_x, R_y)	
E_{2g}	2	2cos144	2cos72	0	2	2cos144	2cos72	1		(x^2-y^2, xy)
A_{1u}	1	1	1	1	−1	−1	−1	−1		
A_{2u}	1	1	1	−1	−1	−1	−1	1	z	
E_{1u}	2	2cos72	2cos144	0	−2	2cos72	2cos144	1	(x, y)	(xz, yz)
E_{2u}	2	2cos144	2cos72	0	−2	2cos144	2cos72	−1		

D_{6d}	E	$2S_{12}$	$2C_6$	$2C_3$	$2S_4$	$2S_{12}^5$	C_2	$6C_2'$	$4\sigma_d$	基	
A_1	1	1	1	1	1	1	1	1	1		x^2+y^2, z^2
A_2	1	1	1	1	1	1	1	−1	−1	R_z	
B_1	1	−1	1	−1	1	−1	1	1	−1		
B_2	1	−1	1	−1	1	−1	1	−1	1	z	

续表

D_{6d}	E	$2S_{12}$	$2C_6$	$2C_3$	$2S_4$	$2S_{12}^5$	C_2	$6C_2'$	$4\sigma_d$	基	
E_1	2	$\sqrt{3}$	1	0	−1	$-\sqrt{3}$	−2	0	0	(x, y)	
E_2	2	1	−1	−2	−1	1	2	0	0		(x^2-y^2, xy)
E_3	2	0	−2	0	2	0	−2	0	0		
E_4	2	−1	−1	2	−1	−1	2	0	0		
E_5	2	$-\sqrt{3}$	1	0	−1	$\sqrt{3}$	−2	0	0	(R_x, R_y)	(xz, yz)

8. S_n 群

S_4	E	S_4	C_2	S_4^3	基	
A_1	1	1	1	1	R_z	x^2+y^2, z^2
B_1	1	−1	1	−1	z	x^2-y^2, xy
E	$\begin{Bmatrix} 1 & \mathrm{i} & -1 & -\mathrm{i} \\ 1 & -\mathrm{i} & -1 & \mathrm{i} \end{Bmatrix}$				(x, y), (R_x, R_y)	(xz, yz)

S_6	E	C_3	C_3^2	I	S_6^5	S_6	基	
A_g	1	1	1	1	1	1	R_z	x^2+y^2, z^2
E_g	$\begin{Bmatrix} 1 & \varepsilon & \varepsilon^* & 1 & \varepsilon & \varepsilon^* \\ 1 & \varepsilon^* & \varepsilon & 1 & \varepsilon^* & \varepsilon \end{Bmatrix}$						(R_x, R_y)	$(x^2-y^2), (xy)$
A_u	1	1	1	−1	−1	−1	z	(xz, yz)
E_u	$\begin{Bmatrix} 1 & \varepsilon & \varepsilon^* & -1 & -\varepsilon & -\varepsilon^* \\ 1 & \varepsilon^* & \varepsilon & -1 & -\varepsilon^* & -\varepsilon \end{Bmatrix}$						(x, y) $\varepsilon=\mathrm{e}^{2\pi\mathrm{i}/3}$	

S_8	E	S_8	C_4	S_8^3	C_2	S_8^5	C_4^3	S_8^7	基	
A	1	1	1	1	1	1	1	1	R_z	x^2+y^2, z^2
B	1	−1	1	−1	1	−1	1	−1	z	
E_1	$\begin{Bmatrix} 1 & \varepsilon & \mathrm{i} & -\varepsilon^* & -1 & -\varepsilon & -\mathrm{i} & \varepsilon^* \\ 1 & \varepsilon^* & -\mathrm{i} & -\varepsilon & -1 & -\varepsilon^* & \mathrm{i} & \varepsilon \end{Bmatrix}$								(x, y)	
E_2	$\begin{Bmatrix} 1 & \mathrm{i} & -1 & -\mathrm{i} & 1 & \mathrm{i} & -1 & -\mathrm{i} \\ 1 & -\mathrm{i} & -1 & \mathrm{i} & 1 & -\mathrm{i} & -1 & \mathrm{i} \end{Bmatrix}$								(R_x, R_y)	(x^2-y^2, xy)
E_3	$\begin{Bmatrix} 1 & -\varepsilon^* & -\mathrm{i} & \varepsilon & -1 & \varepsilon^* & \mathrm{i} & -\varepsilon \\ 1 & -\varepsilon & \mathrm{i} & \varepsilon^* & -1 & \varepsilon & -\mathrm{i} & -\varepsilon^* \end{Bmatrix}$								$\varepsilon=\mathrm{e}^{2\pi\mathrm{i}/8}$	(xz, yz)

9. 多面体群

T	E	$4C_3$	$4C_3^2$	$3C_2$	基	
A	1	1	1	1		$x^2+y^2+z^2$
E	$\begin{Bmatrix}1\\1\end{Bmatrix}$	$\begin{matrix}\varepsilon\\\varepsilon^*\end{matrix}$	$\begin{matrix}\varepsilon^*\\\varepsilon\end{matrix}$	$\begin{Bmatrix}1\\1\end{Bmatrix}$	$\varepsilon=e^{2\pi i/3}$	$2z^2-x^2-y^2, x^2-y^2$
T	3	0	0	−1	$(R_x, R_y, R_z), (x, y, z)$	(xy, xz, yz)

T_h	E	$4C_3$	$4C_3^2$	$3C_2$	I	$4S_6$	$4S_6^5$	$3\sigma_h$	基	
A_g	1	1	1	1	1	1	1	1		$x^2+y^2+z^2$
A_u	1	1	1	1	−1	−1	−1	−1		
E_g	$\begin{Bmatrix}1\\1\end{Bmatrix}$	$\begin{matrix}\varepsilon\\\varepsilon^*\end{matrix}$	$\begin{matrix}\varepsilon^*\\\varepsilon\end{matrix}$	$\begin{matrix}1\\1\end{matrix}$	$\begin{matrix}1\\1\end{matrix}$	$\begin{matrix}\varepsilon\\\varepsilon^*\end{matrix}$	$\begin{matrix}\varepsilon^*\\\varepsilon\end{matrix}$	$\begin{Bmatrix}1\\1\end{Bmatrix}$	$\varepsilon=e^{2\pi i/3}$	$2z^2-x^2-y^2$, x^2-y^2
E_u	$\begin{Bmatrix}1\\1\end{Bmatrix}$	$\begin{matrix}\varepsilon\\\varepsilon^*\end{matrix}$	$\begin{matrix}\varepsilon^*\\\varepsilon\end{matrix}$	$\begin{matrix}1\\1\end{matrix}$	$\begin{matrix}-1\\-1\end{matrix}$	$\begin{matrix}-\varepsilon\\-\varepsilon^*\end{matrix}$	$\begin{matrix}-\varepsilon^*\\-\varepsilon\end{matrix}$	$\begin{Bmatrix}-1\\-1\end{Bmatrix}$		
T_g	3	0	0	−1	1	0	0	−1	(R_x, R_y, R_z)	
T_u	3	0	0	−1	−1	0	0	1	(x, y, z)	(xy, xz, yz)

T_d	E	$8C_3$	$3C_2$	$6S_4$	$6\sigma_d$	基	
A_1	1	1	1	1	1		$x^2+y^2+z^2$
A_2	1	1	1	−1	−1		
E	2	−1	2	0	0		$(2z^2-x^2-y^2, x^2-y^2)$
T_1	3	0	−1	1	−1	(R_x, R_y, R_z)	
T_2	3	0	−1	−1	1	(x, y, z)	(xy, xz, yz)

O	E	$6C_4$	$3C_2$	$8C_3$	$6C'_2$	基	
A_1	1	1	1	1	1		$x^2+y^2+z^2$
A_2	1	−1	1	1	−1		
E	2	0	2	−1	0		$(2z^2-x^2-y^2, x^2-y^2)$
T_1	3	1	−1	0	−1	$(R_x, R_y, R_z),(x, y, z)$	
T_2	3	−1	−1	0	1		(xy, xz, yz)

O_h	E	$8C_3$	$6C'_2$	$6C_4$	$3C_2$	I	$6S_4$	$8S_6$	$3\sigma_h$	$6\sigma_d$	基	
A_{1g}	1	1	1	1	1	1	1	1	1	1		$x^2+y^2+z^2$
A_{2g}	1	1	−1	−1	1	1	−1	1	1	−1		
E_g	2	−1	0	0	2	2	0	−1	2	0		$(2z^2-x^2-y^2, x^2-y^2)$
T_{1g}	3	0	−1	1	−1	3	1	0	−1	−1	(R_x, R_y, R_z)	
T_{2g}	3	0	1	−1	−1	3	−1	0	−1	1		

续表

O_h	E	$8C_3$	$6C'_2$	$6C_4$	$3C_2$	I	$6S_4$	$8S_6$	$3\sigma_h$	$6\sigma_d$	基	
A_{1u}	1	1	1	1	1	−1	−1	−1	−1	−1		(xy, xz, yz)
A_{2u}	1	1	−1	−1	1	−1	1	−1	−1	1		
E_u	2	−1	0	0	2	−2	0	1	−2	0		
T_{1u}	3	0	−1	1	−1	−3	−1	0	1	1	(x, y, z)	
T_{2u}	3	0	1	−1	−1	−3	1	0	1	−1		

I	E	$12C_5$	$12C_5^2$	$20C_3$	$15C_2$	基	
A	1	1	1	1	1		$x^2+y^2+z^2$
T_1	3	$(1+\sqrt{5})/2$	$(1-\sqrt{5})/2$	0	−1	$(R_x, R_y, R_z), (x, y, z)$	
T_2	3	$(1-\sqrt{5})/2$	$(1+\sqrt{5})/2$	0	−1		
G	4	−1	−1	1	0		
H	5	0	0	−1	1		$(2z^2-x^2-y^2, x^2-y^2, xy, xz, yz)$

I_d	E	$12C_5$	$12C_5^2$	$20C_3$	$15C_2$	I	$12S_{10}$	$12S_{10}^3$	$20S_6$	$15\sigma_d$	基	
A_g	1	1	1	1	1	1	1	1	1	1		$x^2+y^2+z^2$
T_{1g}	3	$(1+\sqrt{5})/2$	$(1-\sqrt{5})/2$	0	−1	3	$(1-\sqrt{5})/2$	$(1+\sqrt{5})/2$	0	−1		
T_{2g}	3	$(1-\sqrt{5})/2$	$(1+\sqrt{5})/2$	0	−1	3	$(1+\sqrt{5})/2$	$(1-\sqrt{5})/2$	0	−1		$(2z^2-x^2-y^2, x^2-y^2, xy, xz, yz)$
G_g	4	−1	−1	1	0	4	−1	−1	1	0	R_x, R_y, R_z	
H_g	5	0	0	−1	1	5	0	0	−1	1		
A_u	1	1	1	1	1	−1	−1	−1	−1	−1		
T_{1u}	3	$(1+\sqrt{5})/2$	$(1-\sqrt{5})/2$	0	−1	−3	$(\sqrt{5}-1)/2$	$-(1+\sqrt{5})/2$	0	1		
T_{2u}	3	$(1-\sqrt{5})/2$	$(1+\sqrt{5})/2$	0	−1	−3	$-(1+\sqrt{5})/2$	$(\sqrt{5}-1)/2$	0	1		
G_u	4	−1	1	−1	1	−1	1	−1	1	−1	(x, y, z)	
H_u	5	0	−2	0	0	−2	0	2	0	0		

10. 线性分子

$C_{\infty v}$	E	$2C_\infty^\phi$	$2C_\infty^{2\phi}$	…	$\infty\sigma_v$	基	
A_1	1	1	1	…	1	z	x^2+y^2, z^2
A_2	1	1	1	…	−1	R_z	
E_1	2	$2\cos\phi$	$2\cos 2\phi$	…	0	$(R_x, R_y), (x, y)$	(xz, yz)
E_2	2	$2\cos 2\phi$	$2\cos 4\phi$	…	0		(x^2-y^2, xy)
E_3	2	$2\cos 3\phi$	$2\cos 6\phi$	…	0		
E_4	2	$2\cos 4\phi$	$2\cos 8\phi$	…	0		
⋮	⋮	⋮	⋮	⋮	⋮		

$D_{\infty h}$	E	$2C_{\infty}^{\phi}$	$2C_{\infty}^{2\phi}$	···	$\infty\sigma_v$	I	$2S_{\infty}^{\phi}$	···	σ_h	∞C_2	基	
A_{1g}	1	1	1	···	1	1	1	···	1	1		$x^2+y^2+z^2$
A_{2g}	1	1	1	···	−1	1	1	···	1	−1	R_z	
E_{1g}	2	$2\cos\phi$	$2\cos2\phi$	···	0	2	$-2\cos\phi$	···	−2	0	(R_x, R_y)	(xz, yz)
E_{2g}	2	$2\cos2\phi$	$2\cos4\phi$	···	0	2	$2\cos2\phi$	···	2	0		(x^2-y^2, xy)
E_{3g}	2	$2\cos3\phi$	$2\cos6\phi$	···	0	2	$-2\cos3\phi$	···	−2	0		
E_{4g}	2	$2\cos4\phi$	$2\cos8\phi$	···	0	2	$2\cos4\phi$	···	2	0		
⋮	⋮	⋮	⋮	⋮	⋮	⋮	⋮		⋮	⋮		
A_{1u}	1	1	1	···	1	−1	−1	···	1	−1	(x, y)	
A_{2u}	1	1	1	···	−1	−1	−1	···	1	1		
E_{1u}	2	$2\cos\phi$	$2\cos2\phi$	···	0	−2	$2\cos\phi$	···	2	0		
E_{2u}	2	$2\cos2\phi$	$2\cos4\phi$	···	0	−2	$-2\cos2\phi$	···	−2	0		
E_{3u}	2	$2\cos3\phi$	$2\cos6\phi$	···	0	−2	$2\cos3\phi$	···	2	0		
E_{4u}	2	$2\cos4\phi$	$2\cos8\phi$	···	0	−2	$-2\cos4\phi$	···	−2	0		
···	1	1	1	···	1	1	1	···	1	1		

附录四　常用数学公式

$$\sin(\alpha+\beta)=\sin\alpha\cos\beta+\cos\alpha\sin\beta$$

$$\sin(\alpha-\beta)=\sin\alpha\cos\beta-\cos\alpha\sin\beta$$

$$\cos(\alpha+\beta)=\cos\alpha\cos\beta-\sin\alpha\sin\beta$$

$$\cos(\alpha-\beta)=\cos\alpha\cos\beta+\sin\alpha\sin\beta$$

$$\sin\alpha\cos\beta=\frac{1}{2}[\sin(\alpha+\beta)+\sin(\alpha-\beta)]$$

$$\cos\alpha\sin\beta=\frac{1}{2}[\sin(\alpha+\beta)-\sin(\alpha-\beta)]$$

$$\cos\alpha\cos\beta=\frac{1}{2}[\cos(\alpha+\beta)+\cos(\alpha-\beta)]$$

$$\sin\alpha\sin\beta=-\frac{1}{2}[\cos(\alpha+\beta)-\cos(\alpha-\beta)]$$

$$\int x\sin ax\mathrm{d}x=\frac{1}{a^2}\sin ax-\frac{x}{a}\cos ax$$

$$\int x\mathrm{e}^{ax}\mathrm{d}x=\frac{\mathrm{e}^{ax}}{a^2}(ax-1)$$

$$\int x^2\mathrm{e}^{ax}\mathrm{d}x=\mathrm{e}^{ax}\left(\frac{x^2}{a}-\frac{2x}{a^2}+\frac{2}{a^3}\right)$$

$$\int_0^{\infty}x^n\mathrm{e}^{-ax}\mathrm{d}x=\frac{n!}{a^{n+1}},\quad n>-1, a>0$$

$$\int_0^{\infty}\mathrm{e}^{-ax^2}\mathrm{d}x=\frac{1}{2}\sqrt{\frac{\pi}{a}}$$

$$\int_0^{\infty}x\mathrm{e}^{-ax^2}\mathrm{d}x=\frac{1}{2a}$$

$$\int_0^{\infty}x^{2n}\mathrm{e}^{-ax^2}\mathrm{d}x=\frac{1\cdot 3\cdots(2n-1)}{2^{n+1}}\sqrt{\frac{\pi}{a^{2n+1}}},\quad n=1,2,3,\cdots$$

$$\int_t^{\infty}x^n\mathrm{e}^{-ax}\mathrm{d}x=\frac{n!}{a^{n+1}}\mathrm{e}^{-at}\left(1+at+\frac{at^2}{2!}+\cdots+\frac{a^nt^n}{n!}\right),\quad n=0,1,2,\cdots$$

关键词索引